国防电子信息技术丛书 先进遥感技术系列

极化雷达成像
——基础与应用

Polarimetric Radar Imaging
From Basics to Applications

[美] Jong-Sen Lee
[法] Eric Pottier 著

洪 文 李 洋 尹 嫱 译

王卫延 审校

電子工業出版社
Publishing House of Electronics Industry
北京 · BEIJING

内 容 简 介

本书由两位具有丰富极化雷达研究经验和教学经验的专家合著而成，在书中融入了他们多年积累的极化研究成果。本书专门讨论极化雷达基础及应用，注重选材的全面性与组织架构的简明性，涵盖了极化合成孔径雷达成像基础理论、极化相干斑统计特性、极化目标分解理论、极化数据处理方法、极化分类与参数反演等应用实例。本书特色鲜明，强调算法的基本原理与工程实现相结合，对专门从事极化雷达数据处理的研究人员而言具有很强的可读性和可操作性；同时采取了电磁散射基础、统计信号理论、雷达系统等专业知识与极化合成孔径雷达实际应用相结合的阐述方法，从而使本书更适合作为教材。为便于读者查阅，本书制作了带中英文对照的索引。

本书可作为极化雷达技术课程教材或从事相关学科研究必备的参考书。

Polarimetric Radar Imaging: From Basics to Applications
Jong-Sen Lee, Eric Pottier
ISBN: 9781420054972

版权贸易合同登记号　图字：01-2010-5779

图书在版编目(CIP)数据

极化雷达成像：基础与应用/(美)李仲森(Jong-Sen Lee)，(法)埃里克·鲍狄埃(Eric Pottier)著；洪文等译．北京：电子工业出版社，2022.1
(国防电子信息技术丛书)
书名原文：Polarimetric Radar Imaging: From Basics to Applications
ISBN 978-7-121-42152-5

Ⅰ.①极…　Ⅱ.①李…　②埃…　③洪…　Ⅲ.①雷达成像-高等学校-教材　Ⅳ.①TN957.52

中国版本图书馆 CIP 数据核字(2021)第 207011 号

责任编辑：马　岚
印　　刷：三河市鑫金马印装有限公司
装　　订：三河市鑫金马印装有限公司
出版发行：电子工业出版社
　　　　　北京市海淀区万寿路 173 信箱　邮编　100036
开　　本：787×1092　1/16　　印张：19.5　　字数：499 千字
版　　次：2022 年 1 月第 1 版
印　　次：2022 年 1 月第 1 次印刷
定　　价：99.00 元

凡所购买电子工业出版社图书有缺损问题，请向购买书店调换。若书店售缺，请与本社发行部联系，联系及邮购电话：(010)88254888，88258888。

质量投诉请发邮件至 zlts@phei.com.cn，盗版侵权举报请发邮件至 dbqq@phei.com.cn。

本书咨询联系方式：classic-series-info@phei.com.cn。

译 者 序

作为一种主动的航天、航空遥感手段，微波成像技术具有全天时、全天候工作的特点，在环境保护、灾害监测、海洋观测、资源勘查、精细农业、地质测绘、政府公共决策等方面有着广泛的应用，目前已成为高分辨率对地观测和全球资源管理最重要的手段之一。

极化合成孔径雷达(PolSAR)技术是高分辨率微波成像系统从单一的“影像”获取向定量化测量工具发展的不可或缺的途径。与合成孔径雷达干涉测量系统(InSAR)相似，PolSAR 系统不仅能够利用影像功率信息，其通道间的相对相位信息还可以定量地反映目标特性差异，从而在无监督地物分割分类、目标检测与识别、土壤湿度和生物量等地物参数估计方面存在重要的应用潜力和价值。

极化合成孔径雷达技术领域的研究涉及电磁矢量散射理论、多通道相干雷达系统及数据处理技术、定量化地物参数反演及应用技术等，是基础理论与实验科学紧密结合并相互促进的典型研究领域之一。受限于目前国内在极化 SAR 基础理论、系统技术及数据应用等方面相互割裂的研究现状，迫切需要系统全面地了解在极化相干系统设计、数据处理及应用等方面的国际领先研究经验和成果。

本书是一部专门讨论极化合成孔径雷达成像基础理论、目标的极化特征模型及特征量、数据处理方法和多种反演应用算法的学术论著。本书的两位作者是当前活跃在极化 SAR 研究领域的知名学者，他们具有长期专门从事极化 SAR 成像研究的经历，是分别为美国国家航空航天局喷气推进实验室(NASA-JPL)和欧洲空间局(ESA)提供技术咨询服务及数据处理支持的顶尖科学家，并拥有丰富的教学经验。

本书着重论述极化 SAR 的基本概念、数据处理原则与方法、极化 SAR 的典型应用算法等。该书注重选材的全面与组织架构的简洁，强调算法的基本原理与工程实现相结合，对专门从事极化 SAR 数据处理的研究人员而言具有较强的可读性和可操作性；同时，本书采取了电磁散射基础、统计信号理论、雷达系统等专业知识与极化合成孔径雷达图像滤波、地物目标分解分类及参数反演等应用相结合的阐述方法，从而使本书有望成为一本优秀的电子工程专业研究生教材。在整个翻译直至出版的过程中，两位作者给予了一贯的关注和支持。在阅读本书时，读者可以配合使用附录中提及的极化 SAR 数据处理软件 PolSARPro 及极化 SAR 样例数据。

本书中的翻译组织工作由北京化工大学图像解译与智能处理实验室的极化 SAR 研究团队完成。北京化工大学图像解译与智能处理实验室长期以来一直从事极化 SAR 理论与应用、SAR 星地一体化仿真、SAR/光学图像解译、高性能信号处理等方面工作，建立了一支知识面广、经验丰富的研究队伍，包括 10 余名教师和 60 余名研究生。研究团队针对 SAR 遥感数据高效处理及应用的国家重大工程难点，以及遥感图像智能解译这一国际前沿科学问题，以“极化 SAR 信息提取”、“遥感图像精确分类”、“SAR 目标智能检测与识别”、“众核异构并行计算”四项关键技术为主线进行深入研究，取得了有效的工程应用和系统的理论研究成果，已应用于“高分三号”SAR 卫星、“大科学装置”航空遥感系统等国家重大工程中，在遥感领域发表高质量学术论文 100 余篇。北京化工大学“遥感技术”学科连续两年入选“软科世界一流学科排名”的百强学科。

在极化 SAR 理论与应用方面，研究团队主持了国家自然科学基金项目（极化 SAR 建筑物散射机理精细化描述与信息提取关键技术研究，项目编号 41801236；基于散射机理的超像素模型构建及极化 SAR 图像快速精细化分类，项目编号 62171015），以及中央高校基本科研业务费项目（基于稀疏多维度特征和递归深度学习的 SAR 目标识别研究，项目编号 XK1902；人工智能交叉学科建设，项目编号 XK2020-03）等。研究团队开发的多波段全极化合成孔径雷达数据处理软件已应用于航空遥感系统。研究团队还直接参与了欧洲空间局极化软件 PolSARpro算法模块的开发工作。团队的学术水平得到了国内外同行专家的认可，曾获第四届“中科星图杯”高分遥感图像解译软件大赛“全极化 SAR 图像中地物要素自动分类”科目的全国第一名。

本书由洪文、李洋和尹嫱共同翻译完成，并由王卫延研究员进行了审校。在本书翻译过程中，翻译团队与作者进行了多次沟通和交流，对于一些内容进行了勘误和补充说明，并将在华信教育资源网（www. hxedu. com. cn）继续发布和更新一些相关内容。为了便于读者的学习，我们还认真制作了中英文对照的索引。徐洁和黄译等研究生参与了全书的校对整理工作，在此表示衷心感谢！鉴于译者的经验和时间约束，翻译过程中难免存在未尽和疏漏之处，敬请广大同行和读者批评指正。

作 者 简 介

Jong-Sen Lee(**李仲森**)于 1963 年获得台湾成功大学学士学位，并分别于 1965 年和 1969 年在哈佛大学获得硕士与博士学位。自 2006 年从华盛顿哥伦比亚特区的美国海军研究实验室(Naval Research Laboratory, NRL)退休以后，就留在那里担任顾问。目前，他还是台湾中央大学空间遥感研究中心的客座教授。30 年以来，Lee 博士一直从事与合成孔径雷达(Synthetic Aperture Radar, SAR)和极化 SAR 相关的研究工作。他的相干斑滤波算法已经在包括 ERDAS、PCI 及 ENVI 在内的许多 GIS 软件中获得了应用。Lee 博士的研究方向包括控制理论、数字图像处理、辐射传输理论、SAR 和极化 SAR 信息处理。他所从事的极化 SAR 信息处理涵盖了雷达极化理论、极化 SAR 相干斑统计、相干斑滤波、极化 SAR 海洋遥感、监督与非监督极化 SAR 地表，以及土地利用分类。他已经发表了 70 余篇期刊文章、6 部书籍及超过 160 篇会议文章。

Lee 博士因其在 SAR 与极化 SAR 图像信息处理方面的贡献而成为 IEEE 终身会士，并于 2009 年获颁 IEEE GRS-Outstanding Achievement Award。在第三届及第四届欧洲合成孔径雷达会议(EUSAR2000, EUSAR2002)上分别与 E. Pottier 一起荣获最佳论文奖，与 D. Schuler 一起荣获最佳海报展示奖。退休时获颁美国海军杰出平民服务奖(Navy Meritorious Civilian Service Award)，以表彰其在极化和干涉 SAR 研究上所获取的成就。他也担任 *IEEE Transactions on Geoscience and Remote Sensing* 的副编辑。

Eric Pottier 分别于 1987 年和 1990 年在法国雷恩一大获得信号处理与通信方向的硕士与博士学位，并于 1998 年开始在法国南特大学获得大学教职。在 1988 年至 1999 年间，他任南特大学 IRESTE 的副教授，同时担任电子与信息系统实验室极化组负责人。自 1999 年起，他在雷恩一大担任全职教授，完成此书时他是雷恩电子与通信研究所(IETR-CNRS UMR 6164)常务所长及成像与遥感组 SAPHIR 团队的负责人。他目前的研究与教学方向主要包括模拟电子学、微波理论及雷达成像，特别是雷达极化。他的研究兴趣广泛，包括雷达图像处理(SAR, ISAR)、极化散射建模、监督/非监督极化分割，以及分类、极化基础和基础理论。

自 1989 年以来，Pottier 博士已经指导从雷达极化理论到遥感应用领域的超过 60 名研究生获得了硕士及博士学位。在国际会议中担任了 31 次分会场主席，并担任 21 个国际论坛及会议的科学及技术委员会成员。在 36 次国际会议和 16 次国内会议上受邀进行了演讲。他出版了 7 部专著、38 篇期刊文章及超过 250 篇会议和论坛文章。他曾通过众多机构或组织(DLR、NASDA、JRC、RESTEC、ISAP2000、IGARSS03、EUSAR04、NATO-04、PolInSAR05、IGARSS05、JAXA06、EUSAR06、NATO-06、IGARSS07 和 IGARSS08)授课或举办过雷达极化方向的讲座。

Pottier 博士因其在 SAR 极化理论及遥感方面的贡献而成为 IEEE 会士。他与 J. S. Lee 共同获颁第三届欧洲合成孔径雷达会议(EUSAR2000)最佳论文奖。另外还获得 2007 年 IEEE GRS-S Letters 杰出论文奖。因其在地理科学和遥感学教育方面的卓越贡献，荣获 2007 年 IEEE 地学及遥感领域的 GRS-S 教学奖。

序

1983 年到 1988 年期间举办的 NATO ARWs① 是首次从雷达目标检测开始对极化雷达遥感 60 年以来曲折的历史发展脉络进行详尽评估的专题讨论会。来自西欧、北美、日本和东北亚的 120 多位顶尖专家通过纯数学建模的方式综合评估了矢量电磁散射及成像的数学物理方法，并利用 NASA-JPL AIRSAR 首次获取的极化合成孔径雷达数字图像对模型原理进行了验证。

在该阶段中缺乏相关的知识普及型教材，而一系列探索性教材正在酝酿当中。情况于 1992 年有所改变，该年度的 IEEE-GRSS IGARSS 会议专门设置了极化分会，有关极化雷达与极化 SAR 的文章数量展现出前所未有的增长趋势。该分会安排了一系列重要的活动，其规模相当于一场微型的极化专题讨论会。我们当时都致力于为先进的极化 SAR、极化干涉 SAR、多模态 SAR 层析及全息影像获取开发成像算法及工具。期间使用了在 1994 年航天飞机任务中获取的优质 SIR-C/X-SAR 极化图像，以及不断增长的机载全极化 SAR 系统所获取的图像。这些机载系统包括：NASA-JPL 的 AIRSAR 系统、CCRS 的 Convair C-580 系统、DLR 的 E-SAR 系统、ONERA 的 RAMSES 系统，以及 CRL(NICT)/NASDA(JAXA)的 PiSAR 系统。

在此之后，新教材的出版工作再次陷入了停滞。这主要是因为工作的重点集中在验证极化成像雷达体制在遥感领域中的应用潜力上，并转而推动几个知识普及型项目，例如 EU-TMR和 EU-RTN 在极化雷达方面的合作、ONR-NICOP 在宽带干涉感知及监测方面的专题讨论会、近年发展起来的两年一届的 EUSAR 和 ESA-POLINSAR 会议。本书在极化雷达成像方面极具价值，而两位作者为上述工作做出了巨大贡献，由此推动了极化雷达成像基础理论及其应用的不断发展。

对编辑并出版一本教材的需求已经迫在眉睫。这本教材应简明且全面地覆盖雷达、极化 SAR 及干涉方面的问题。国际组织接下来优先要做的是利用成功发射的新一代星载全极化 SAR 传感器进行感知、成像并监测压力变化。这三部传感器分别是日本 JAXA 于 2006 年 1 月发射的 ALOS-PALSAR(L 波段)，加拿大 CSA/MDA 于 2007 年 12 月发射的 RADARSAT-2(C 波段)，德国 DLR/Astrium 于 2007 年 6 月发射的 TerraSAR-X(X 波段)。尽管目前使用的星载全极化 SAR 传感器可以极大地改进全球影像获取及地表覆盖测图能力，并在全球变化检测方面成为了宝贵的工具，但接下来更为复杂的问题是无法通过单独部署机载或星载平台来完成实时监测自然灾害区域，以满足减灾应用的需求。由于机载及星载多模式 SAR 成像系统还不能完全满足需求，接下来必须快速发展重轨差分极化干涉 SAR 层析技术，并尽一切努力

---

① Boerner, W-M. et al. (eds.), 1985, *Inverse Methods in Electromagnetic Imaging*, Proceedings of the NATO-Advanced Research Workshop(18-24 Sept. 1983, Bad Windsheim, FR Germany), Parts 1&2, NATO-ASI C-143, (1500 pages), D. Reidel Publ. Co., Jan. 1985.

Boerner, W-M. et al. (eds.), 1992, *Direct and Inverse Methods in Radar Polarimetry*, NATO-ARW, Sept. 18-24, 1988, Proc., Chief Editor, 1987-1991, (1938 pages), NATO-ASI Series C: Math & Phys. Sciences, vol. C-350, Parts 1&2, D. Reidel Publ. Co., Kluwer Academic Publ., Dordrecht, NL, 1992. Feb. 15.

来发展载有多波段多模式全极化 SAR 传感器的高轨平台。平台应不仅限于军用，更应该用于区域性环境灾害监测和控制，并检测全球变化现象带来的冲击。

上述非凡的成就帮助我们逐渐开始了解极化雷达成像，同时也使我们对一本专门教材的需求变得紧迫起来。这样一本教材应该足够简要，且能够全面地综合基本理论及由数字运算工具辅助的处理算法。由 Jong-Sen Lee 和 Eric Pottier 撰写的这本书精准而卓越地满足了以上要求，并且用 PolSARpro 工具箱对一系列应用进行了验证。这是一本非常简明的教材，用 400 余页①覆盖了从基础到应用的全部内容，可以在未来相当长的一段时间内作为可以实际操作的基础教材。这本教材精选了 10 章内容，其中第 1 章对全书进行了详尽的总结。本书提供的基础性知识将帮助我们解决那些急迫的任务，如日益增长的大规模重复性洪水或干旱所导致的庄稼绝收、火山爆发所引起的全球变化，以及地震引发的海啸等。现在是利用本书所包含的基础方法去解决这些可怕难题的时候了。

在这里祝贺本书的两位作者，他们的远见卓识与真诚奉献汇集成这样一本姗姗来迟的优秀的极化雷达成像基础与应用教材。无论是现在还是未来，我们的星球都承受着严重的环境压力变化，而本书在解决上述挑战时所发挥的作用是无与伦比的。

Wolfgang-Martin Boerner 博士
伊利诺伊大学芝加哥分校

① 指英文原著的页数。——编者注

致　谢

感谢 Wolfgang-Martin Boerner 教授为本书撰写序，他将毕生心力都贡献于极化雷达的发展，且经常以“polarimetry co-strugglers”来鼓励其他研究同伴。近 20 年以来，极化雷达在 Wolfgang-Martin Boerner 教授的激励下取得了许多重要的进展并最终使本书得以完成。此外，还要感谢美国海军研究实验室的 Thomas Ainsworth 博士和 Boerner 教授阅读本书并提出宝贵意见。感谢法国雷恩一大的 Hab Laurent Ferro-Famil 博士为本书第 9 章的撰写所做的贡献。对于他们的帮助，我们在此呈上最诚挚的谢意。

还有许多同行为本书提供了所需的素材，他们是:美国海军研究实验室的 Thomas Ainsworth 博士、Dale Schuler 博士及 Mitchell Grune；法国雷恩一大的 Laurent Ferro-Famil 博士和 Sophie Allain-Bailhache 博士；台湾中央大学的 Kun-Shan Chen 教授和 Abel J. Chen 教授；美国伊利诺伊大学芝加哥分校的 Wolfgang-Martin Boerner 教授；意大利联合研究中心的Gianfranco de Grandi 博士；德国宇航中心的 Konstantinos Papathanassiou 博士与 Irena Hajnsek 博士；丹麦 DDRE 的 Ernst Krogager 博士；苏格兰 AELc 的 Shane Cloude 博士；意大利欧洲空间局 ESRIN 的 Yves-Louis Desnos 博士；西班牙 UPC 的 Carlos Lopez Martinez 博士。在这里要感谢他们在许多研究项目中对我们的帮助，与他们的友谊是我们最珍贵的财富。若没有他们的重要贡献，本书是无法最终完成的。

全书所用的一些极化 SAR 影像示例来自 JPL AIRSAR，特别是经常用到在美国旧金山湾区获取的数据。森林及地物分类章节采用了 DLR E-SAR 获取的影像数据，对人工目标结构进行极化特征分析的章节则采用了丹麦的 EMISAR 数据。感谢以下团队的负责人获取了如此有价值的数据:Jakob van Zyl 博士、Yunjin Kim 博士、Alberto Moreira 教授和 Soren Madsen 博士。

写作本书的计划起始于欧洲空间局在意大利 Frascati 举办的 2003 届极化干涉 SAR 专题讨论会(2003 Pol-InSAR Workshop)，在会上我们决定共同完成一本极化 SAR 的书籍。我们意识到本书的写作是一项非常棘手的任务，出版商在进度延缓时给予了我们鼓励，以使我们能按时交稿。这里要感谢 Taylor & Francis 制作了许多彩图供读者学习参考[1]。感谢美国电气和电子工程师协会允许我们使用其出版过的素材。

本书的第一作者[2] Jong-Sen Lee 要感谢 Eric Pottier 教授为本书简明完整的表述所做出的努力。Eric 获颁 2007 年度 IEEE 教育奖,以表彰其在推动雷达极化及其应用与教学方面的贡献。他是极化雷达领域的最佳资讯对象，并一直用渊博的学识及无边的热情启发我和其他研究人员。能够与我的法国挚友一起工作并完成这项事业是我最大的荣耀。我还要感谢 NRL 的管理者们，特别是 Ralph Fiedler 博士在我 2006 年退休以前一直坚定地支持我在雷达极化方面的研究。我还要感谢多年以前我研究生学习期间哈佛大学的 Larry Y. C. Ho 教授给予我的指导与帮助。最后，还要感谢我深爱的妻子 Shu-Rong 给我的爱与陪伴。以此书纪念我

---

[1] 读者可登录华信教育资源网(www. hxedu. com. cn)注册并免费下载相关资料。——编者注

[2] 此段为第一作者所写。——编者注

的母亲 Yu-Yin Hu 在困难的年代里尽其所能地将我抚养成人。

本书的第二作者[①] Eric Pottier 与 Jong-Sen Lee 博士初次会面是在 1995 年 IGARSS'95 会议期间，我从未想象过某一天能够有幸与 Jong-Sen Lee 博士合著此书。Jong-Sen Lee 博士凭借 Lee 滤波器而举世闻名，该滤波器是目前国际上相干斑滤波的参考标准。我与 Jong-Sen 从 1995 年起开始紧密合作并成为朋友。双方定期交流极化雷达方面的研究内容，共同完成了 *Wishart H/A/$\bar{\alpha}$ Unsupervised Segmentation of PolSAR Data* 一文，该文章在 EUSAR2000 会议期间获颁"SAR 领域重大贡献奖"。我与 Jong-Sen Lee 博士相处得非常愉快。无论是过去、现在还是未来，我都非常高兴能够与 Jong-Sen 合作，他无疑是当今国际上极化/极化干涉 SAR 信息处理领域的杰出专家之一。我很荣幸能够与 Jong-Sen 共同经历和分享这段著书的经历。谢谢你，*Shihan Söke Senseï Jong-Sen*。

在此，谨以此书献给三位我在极化领域中的良师益友。第一位是帮助我理解极化基本原理的 J. Richard Huynen 博士。在我早期攻读博士学位期间很荣幸得到他的个人帮助。需要特别提及的是我的好朋友 Shane R. Cloude 博士。在 1993 年 9 月到 1996 年 1 月期间，我们在法国南特大学共同度过并经历了一段极化研究的最好时光，我们的两大成就包括支持当地的足球队以及建立了 $H/A/\alpha$ 极化目标分解理论。最后，谨以我最深的谢意献给 Wolfgang-Martin Boerner 教授，*le grand migrateur*。他是我 20 年中最亲密、最严格也是最强力的支持者。感谢他一直以来的友谊、协助、永恒的热情与无尽的鼓励。最后要感谢我深爱的父母 Jacques 与 Bernadette，他们对我个人理想的永恒支持与鼓励伴随我一生。

Jong-Sen Lee
Eric Pottier

① 以下两段为第二作者所写。——编者注

目　　录

第1章 极化雷达成像概论

1.1 极化雷达成像简史

1.1.1 引言

人类发现电磁能量的极化现象最早可以追溯至公元1000年，维京人利用水晶观测雾气下的天空光线来帮助他们在没有阳光的情况下进行航海。Erasmus Bartolinus 于 1669 年发表了对光线的首次定量观测结果。此后，C. Huygens 提出了对光学领域至关重要的光的波动性理论并发现了光的偏振现象(1677 年)。E. L. Malus 证明了牛顿关于偏振是光的本征特性的假说(1808 年)。

从发现光的偏振开始，先驱科学家们为该领域的发展做出了贡献并最终建立了雷达极化学(radar polarimetry)。其中具有代表性的是(按照年代先后顺序排列)：D. Brewster(1816)，A. Fresnel(1820)，M. Faraday(1832)，G. B. Stokes(1852)，J. C. Maxwell(1873)，Helmholtz(1881)，W. O. Strutt-Lord Rayleigh(1881)，Kirchhoff(1883)，H. Hertz(1886)，P. Drude(1889)，A. Sommerfeld(1896)，H. Poincaré(1892)，Marconi(1922)，N. Wiener(1928)，R. C. Jones(1942)，V. Rumsey(1950)，Deschamps(1951)，Kales(1951)，Bohnert(1951)，E. M. Kennaugh(1952)，J. R. Huynen(1970)和 W. M. Boerner(1980)。

电场矢量的复指向可以用传播方向横截面内的椭圆来表征。这一点是理解电磁场“矢量波”、观测目标及传输媒质三者交互作用过程的关键[1, 2, 3~5]。这种可以用“偏振椭圆”来表征的偏振变换现象在光学遥感成像中被称为“椭圆偏光”(ellipsometry)。在雷达、激光雷达(lidar/ladar)及合成孔径雷达(Synthetic Aperture Radar，SAR)遥感成像领域中往往称之为“极化”(polarimetry)[1, 2, 3~5]。因此，这种对相干偏振属性进行控制的行为在可见光和无线电波中分别称为椭圆偏光和极化[1, 2, 3~5]。需要注意的是，为了避免混淆，现在通常使用“光的偏振”(optical polarimetry)代替椭圆偏光，并将极化拓展为“雷达极化”(radar polarimetry)[1, 2, 3~5]。由此可见，雷达极化研究的是极化电磁波的完全矢量特性。

极化雷达成像是本书的主要研究内容，涉及雷达图像的获取方法、处理方法及极化状态分析方法。发射的电磁波与散射媒质相互作用并返回，雷达接收回波后形成雷达图像。回波包含了各种发射及接收极化状态的组合。显而易见的是，极化雷达成像借鉴了光学偏振理论和光学遥感技术，其中有些技术可以被直接利用，有些则需要进行调整和扩充。例如，斯托克斯(Stokes)矢量需要通过极化度来描述部分极化电磁波(见第 2 章)，Kennaugh 调整了米勒(Mueller)矩阵用于研究目标的雷达后向散射现象(见第 3 章)，在星载极化成像雷达定标中利用磁场极化平面的法拉第旋转现象补偿电离层效应的影响(见第 10 章)，庞加莱(Poincaré)球在极化状态可视化应用中仍然是强大的图形化工具(见第 2 章)。

有关雷达极化详细的历史和完整的发展脉络可以参考文献[1，2，3~5]。

1.1.2 成像雷达的发展概况

自载有 SAR 传感器的 SEASAT 卫星于 1978 年成功发射以来，成像雷达系统便在对地观测领域展现出卓越的能力和不可或缺性。SAR 通过包括卫星在内的雷达平台运动合成长孔径(见 1.2 节)，在本质上是唯一可以实现高分辨率的成像雷达技术。此外，SAR 自身具备能够穿透云层的主动式微波辐射源，因此具备全天候昼夜对地成像的能力。到目前为止，多部星载和机载 SAR(AIRSAR)系统已经投入使用，它们与作为主要遥感设备的多波段辐射计(multispectra radiometer)之间既存在竞争又相互补充。作为第一颗载有 SAR 的地球轨道卫星，SEASAT 的设计目标是对宽测绘带内的海洋和海冰进行遥感观测，但在另一方面也显示出它可以对常规地物进行辨识和目标检测的能力。SEASAT 载有一部 L 波段(波长 23.5 cm)的 HH(水平发射，水平接收)单极化通道 SAR。尽管由于大规模电子系统故障，SEASAT 只工作了 105 天，但仍然证明了它拥有成像雷达的能力，并为 20 世纪 80 年代至 90 年代多部星载 SAR 系统的陆续发射开启了大门。在这些系统当中，特别值得一提的包括：美国国家航空航天局(National Aeronautics and Space Administration，NASA)分别于 1981 年和 1984 年搭载航天飞机发射的 SIR-A 和 SIR-B，欧洲分别于 1992 年和 1995 年发射的 ERS-1 和 ERS-2，日本于 1992 年发射的 JERS-1，加拿大于 1995 年发射的 RADARSAT-1。此外，SEASAT SAR 还促进了成像雷达的研究开发工作由单极化向多极化(multipolarization)和全极化成像雷达(fully polarimetric imaging radar)拓展。

1.1.3 极化雷达成像的发展概况

在 20 世纪 40 年代至 60 年代期间，早期的极化雷达成像研究专注于利用极化雷达回波来表现飞机的目标特征。Sinclair(见第 3 章)、Kennaugh(见第 3 章和第 6 章)、Huynen(见第 6 章)等人为极化雷达成像的发展做出了重要的贡献。此后，Ulaby 和 Fung 证明了极化信息在地物参数估计上的应用价值。Valenzuela、Plant 和 Alpers 的研究揭示了多极化 SAR 和散射计对海洋波浪和洋流进行遥感观测的价值。在雷达极化研究的最前沿领域，Boerner 进一步发展了 Kennaugh 和 Huynen 的目标分解理论，并且提出了包括极化比(见第 2 章和第 3 章)在内的多种极化表征(polarization descriptor)。此外，他还不断地为推动极化雷达成像的发展积极奔走，贡献自己的力量。

自喷气推进实验室(Jet Propulsion Laboratory，JPL)于 1985 年成功装配了第一部实用化的 L 波段(1.225 GHz)四极化(quad-polarizations)系统 AIRSAR 后，极化雷达成像进入了高速发展时期。AIRSAR 可以同时获取四个极化通道的数据，因此可以合成出与任意发射接收极化状态组合相匹配的后向散射功率及相对极化相位(见第 2 章)。此后，NASA-JPL 进一步完善了 AIRSAR平台并对其进行了飞行实验。该系统是当时唯一可以同时获取三个波段(P 波段、L 波段和 C 波段)数据的合成孔径雷达，并且每个波段都可以同时获取四个极化通道的数据。之后，AIRSAR 平台又增加了 C 波段干涉系统(TOPSAR)以完成地形测量任务。感谢 JPL 允许本书作者参与了实验和全球范围内诸多前沿的测量任务，并且为极化 SAR(PolSAR)研究获取了大量的数据集。AIRSAR 在近 20 年中一直是主要的极化成像雷达之一，本书中的许多极化 SAR 图像都来自这些数据。受惠于 AIRSAR 的极化 SAR 数据和后来在 1994 年4 月至 10 月之间同时获取的 C 波段和 L 波段的 SIR-C/X-SAR 数据，极化雷达成像、极化分析技术及相关的应用研究得到了进一步深化。由于可以方便地获得 AIRSAR 数据，喷气推进实验室的研究人员在 20 世纪

80 年代至 90 年代期间极大地推动了极化 SAR 遥感分析与应用技术的发展。其中最为瞩目的有 J. J. van Zyl 提出的极化特征图(polarization signature plot)技术，该技术利用同极化和交叉极化三维图形来描述媒质的散射机理(scattering mechanism)(见第 3 章)，此外他还提出了一种基于平均极化协方差矩阵特征矢量分解的极化散射分解技术(见第 6 章)。A. Freeman 以其在 SIR-C 任务中提出的极化 SAR 数据定标(calibration)技术而著称。此外，Freeman 还与 Durden 创造性地提出了一种基于模型的极化散射分解(polarimetric scattering decomposition)概念(见第 6 章)。遗憾的是，由于在遥感方面调整了注重点，喷气推进实验室在 2000 年至 2005 年期间持续地削减了与极化 SAR 相关的研究。AIRSAR 平台也因此停止了运作，至今尚未恢复。

20 世纪末，欧洲的研究人员在欧洲空间局(European Space Agency，ESA)的支持下加紧了对极化 SAR 的研究，多部机载极化 SAR 系统相继出现。德国宇航中心(German Aerospace Center，DLR)微波雷达研究所(Microwaves and Radar Institute)在 Wolfgang Keydel 的领导下先后研制了 L 波段和 P 波段 E-SAR(见 1.3 节)全极化系统并完成了飞行测量任务。E-SAR 不但比 AIRSAR 的分辨率更高，而且经过良好的定标处理后可以获得经过配准的平行航迹图像。鉴于对 SIR-C/X-SAR 重轨全极化 SAR 图像数据(C 波段和 L 波段，西伯利亚贝加尔湖区域)的巧妙利用，在这里需要特别提及极化干涉 SAR(Pol-InSAR)技术的发展概况。SIR-C 实验之后，Alberto Moreira 利用德国宇航研究中心基于 E-SAR 著名的重复轨道干涉模式开展了数次森林成像实验。S. Cloude 和 K. Papathanassiou 利用极化干涉数据验证了原创的极化干涉 SAR 森林高度测量技术(见第 9 章和第 10 章)。现在，极化干涉 SAR 仍然是一个活跃的研究领域，涉及广泛的应用方向。除了 E-SAR，欧洲机载极化 SAR 系统还包括由丹麦科技大学(Technical University of Denmark，TUD)电磁学研究所(Electro Magnetics Institute，EMI)及其下属丹麦遥感中心(Danish Centre for Remote Sensing，DCRS)联合设计制造的 EMISAR。该系统可获取 C 波段和 L 波段(两个波段不能同时工作)的正交极化数据。EMISAR 具备接近于 3 m 的高分辨率且经过细致的极化定标处理，其图像数据促进了目标特征的提取和相关应用技术的发展。基于 EMISAR 数据，E. Krogager 提出并验证了球体/二面体/螺旋体(sphere/deplane/helix)目标分解理论(见第 6 章)。在使用的其他极化 SAR 系统包括法国研发的多波段 RAMSES 系统(Ka 波段，X 波段，C 波段，S 波段，L 波段和 P 波段)。在欧洲以外，加拿大遥感中心(Canadian Centre for Remote Sensing，CCRS)研发了载有 X 波段、C 波段和 P 波段实验 SAR 系统的 CONVAIR 580 SAR；日本情报通信研究所和日本宇宙航空研究发展局分别研发了 PI-SAR 的 X 波段和 L 波段极化 SAR 系统。除了上述具有代表性的系统，更详细的介绍可以参考 1.3 节。

1994 年，装载于航天飞机上的 SIR-C/X-SAR 发射成功，这成为了星载极化 SAR 发展的起点。在 1994 年 4 月和 10 月两次为期 10 天的短期对地观测任务中，SIR-C 同时获取了 C 波段(波长 5.8 cm)全极化、L 波段(波长 23.5 cm)全极化及 X 波段单极化 SAR 数字影像。近年来，已成功发射的全极化 SAR 卫星包括 2006 年 1 月发射的先进陆地观测卫星(Advanced Land Observing Satellite，ALOS)，带有 L 波段极化 SAR 载荷和两部光学载荷(PRISM 和 AVNIR)；2007 年 6 月发射的 TerraSAR-X，可以在 X 波段实验模式下获取正交极化数据；2007 年 12 月发射的 RADARSAT-2，可以在 C 波段以全极化模式获取数据(见 1.3 节)。这三颗不同频率的极化 SAR 卫星为灾害监测、土壤湿度估计、雪覆盖和含水量估计、森林遥感、城市规划、洋流和波浪动态感知及地物压力变化评估等地球环境遥感应用提供了充足的数据。

我们正处于极化雷达成像的黄金时代。

1.1.4 极化雷达成像教学

极化雷达成像遥感在过去20年中的发展促使多所大学设立了研究教学项目。本书在此特别介绍两家研究机构。自20世纪80年代起，德国宇航研究中心的微波雷达研究所联合德国的多所大学培养了一批合成孔径雷达、雷达极化及干涉专业的博士研究生。在这些毕业生中，A. Moreira，K. Papathanassiou，A. Reigber，I. Hajnsek和C. Lopez Martinez等人已经成为雷达极化和干涉领域的顶尖专家。另一家研究机构是法国雷恩一大的雷恩电子电信研究所（Institute of Electronics and Telecommunications of Rennes，IETR-UMR CNRS 6164）。本书的作者之一Eric Pottier是该研究所成像与遥感组的负责人，培养了50余名博士和硕士研究生，并开创了多个极化SAR研究方向。该项目已培育出一批极化方面的研究人员和教师，比较突出的有L. Ferro-Famil和S. Allain-Bailhache。

在ESA的资助下，E. Pottier及其团队成员们投入大量时间和人力开展程序设计和编码工作，编译完成了一套极化SAR数据处理和教学工具箱PolSARpro。该软件、教学包及所需的极化SAR样例数据的获取方式请参见本书文前的“致谢”。软件的使用方法可参考附录B。

1.2 合成孔径雷达成像概述

1.2.1 引言

目前，合成孔径雷达成像已经是一种成熟的相干微波遥感技术，能够提供大尺度二维高分辨率地球表面反射率图像。

如图1.1所示，SAR是一种主动式雷达成像系统，通常工作于电磁波频谱中的微波谱段，即P波段到Ka波段之间。SAR成像系统通常以移动平台，如飞机、无人机（UAV）和航天飞机或卫星为载体，电磁波照射方向与航迹相垂直形成侧视观测几何。系统向地球表面发射微波脉冲并且接收被照射地物的后向散射电磁信号，并依靠信号处理技术将所接收到的信号合成出一幅二维高分辨率地球表面反射率图像。

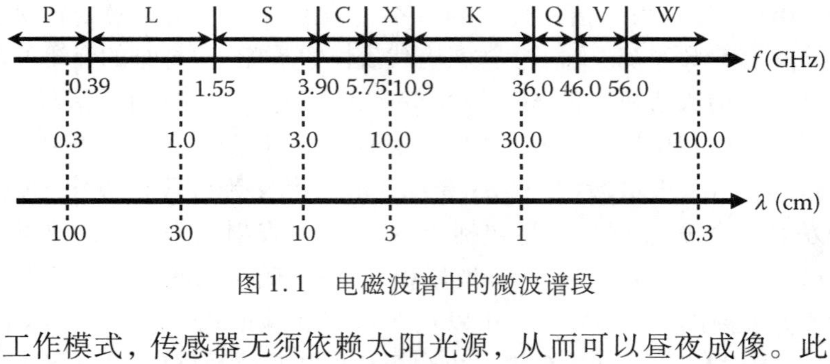

图1.1 电磁波谱中的微波谱段

凭借主动工作模式，传感器无须依赖太阳光源，从而可以昼夜成像。此外，频率低于S波段的微波谱段可以避免来自云、雾、雨、尘等物质的影响，而S波段、C波段和X波段的星载SAR系统也可以在有云雾覆盖和降雨的情况下进行成像。因此，SAR成像系统具备了几乎全天候的全球范围对地观测能力。

本节仅概略地介绍了 SAR 的基本概念，更详细的内容可参考下列专著：Elachi(1988)[6]，Curlander & McDonough(1991)[7]，Carrara，Goodman & Majewski(1995)[8]，Oliver & Quegan(1998)[9]，Franceschetti & Lanari(1999)[10]，Soumekh(1999)[11]，Cumming & Wong(2005)[12]。

1.2.2　SAR 成像几何构型

简单地说，一部单站 SAR 成像系统包含一个脉冲式微波发射模块、一个收发共用天线及一个接收端模块。SAR 系统通常以移动平台为载体形成侧视观测几何，如图 1.2 所示。

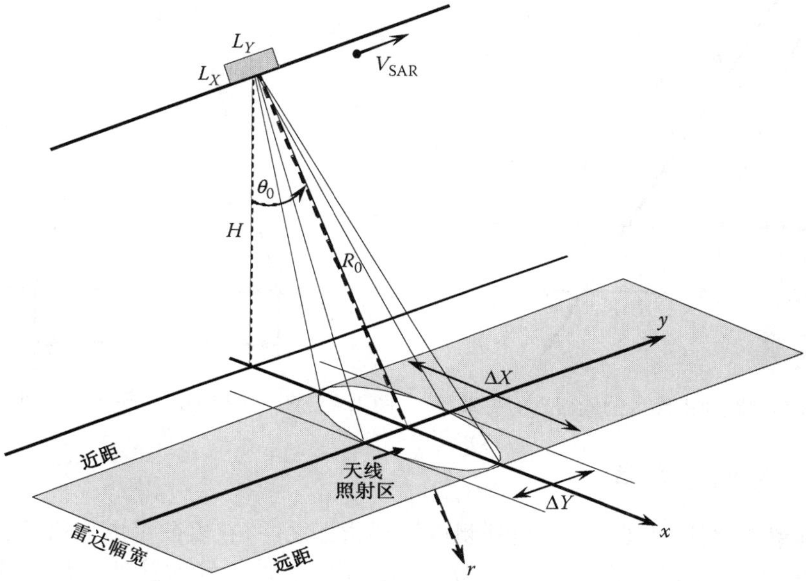

图 1.2　条带模式下的 SAR 成像几何

SAR 成像系统的高度为 H，移动速度为 V_{SAR}。天线照射方向与航迹方向即“方位向”(azimuth)(y)互相垂直。天线波束以入射角 θ_0 斜射至地面。射线轴或雷达视线(Radar-Line-Of-Sight，RLOS)为“斜距向”(slant-range)(r)。天线波束照射在由“地距向”(ground range)(x)和“方位向”(y)构成的平面上形成了“天线照射区”(antenna footprint)，伴随着平台沿航迹方向移动扫描。天线波束扫描的范围称为“雷达幅宽”(radar swath)。天线照射区需要通过天线孔径(θ_X，θ_Y)进行定义：

$$\theta_X \approx \frac{\lambda}{L_X} \quad \text{和} \quad \theta_Y \approx \frac{\lambda}{L_Y} \tag{1.1}$$

式中，L_X 和 L_Y 为天线的物理尺寸，λ 是与发射信号载频相对应的波长。

在图 1.3 和图 1.4 中，距离向(range)宽度(ΔX)和方位向宽度(ΔY)的近似表达式为

$$\Delta X \approx \frac{R_0\theta_X}{\cos\theta_0} \quad \text{和} \quad \Delta Y \approx R_0\theta_Y, \quad \text{其中 } R_0 = \frac{R_{\text{MIN}}+R_{\text{MAX}}}{2} \tag{1.2}$$

式中 R_0 是雷达到天线照射区中心处的距离。R_{MIN} 和 R_{MAX} 分别代表“近距”(near-range)[离天底点(nadir point)最近的距离]及“远距”(far-range)。

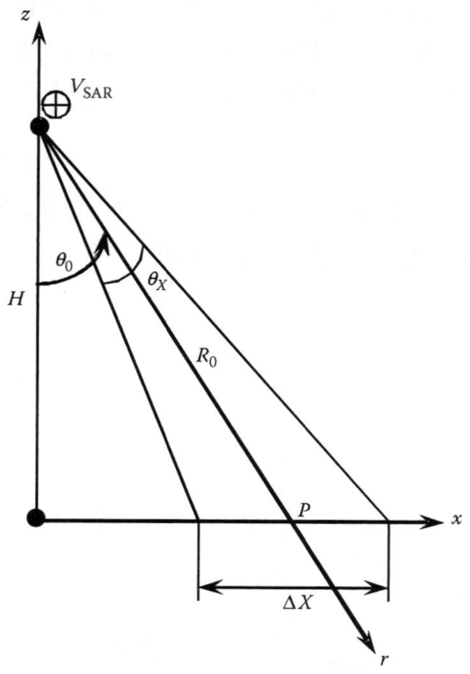

图 1.3　高度与地距向平面内的侧面几何关系图

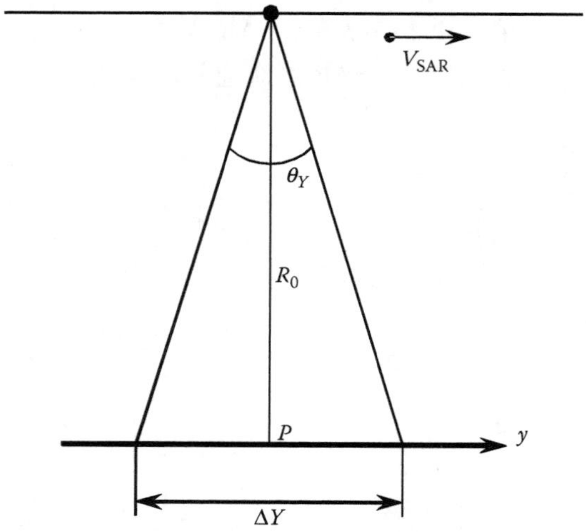

图 1.4　斜距向与方位向平面内的侧面几何关系图

1.2.3　SAR 空间分辨率

空间分辨率是评估 SAR 成像系统质量的重要指标之一,它表征了成像雷达分离两个邻近散射体的能力。为了在距离向获得高分辨率，必须保证雷达发射脉冲持续时间非常短。然而，考虑到雷达系统需要在一定的信噪比(Signal-to-Noise Ratio, SNR)条件下才能检测到反射信号，这就需要发射大功率的短脉冲信号。实际使用中受雷达硬件设备的限制，很难同时满足上述两个条件。基于以上原因，雷达设备需要在一个长脉冲内发射大功率的信号，此时能量便分布在一个更长的脉冲持续时间内。为了达到与发射短脉冲相类似的距离分辨率，需要利用“脉冲压缩”(pulse compression)技术[13]。该技术可以在脉冲持续时间 T_P 内对发射信号的频率进行线性调制，即发射信号的频率以载频 f_0 为中心，在带宽为 B 的频带范围内进行扫描。这样的信号称为“chirp”信号。接收到的长脉冲信号经过匹配滤波器后，其有效持续时间被压缩为 $1/B$[14, 15]。由此可得斜距分辨率为

$$\delta r = \frac{c}{2B} \tag{1.3}$$

式中 c 为光速。

由斜距分辨率 δr 可得地距分辨率为

$$\delta x = \frac{\delta r}{\sin\theta} \tag{1.4}$$

式中 θ 为入射角。由此可见，地距分辨率将在幅宽内发生非线性变化。

当沿方位向排列的两个目标同时出现在天线波束中时，它们所产生的反射回波将同时被接收。与此相对的是，只有当雷达继续前进，波束外的第三个目标所产生的反射回波才能被

接收到，此时前两个目标已经在照射区域以外，因此第三个目标能够被单独记录下来。对于真实孔径雷达来说，只有当两个目标沿方位向或顺轨方向的距离超过雷达波束宽度时，才能对它们进行分辨，由此可以得到距离 R_0处的瞬时方位向分辨率[16]为

$$\delta y = \Delta Y = R_0 \theta_Y = \frac{R_0 \lambda}{L_Y} \tag{1.5}$$

由上式可见，获得方位向高分辨率需要大尺寸的天线。而"合成孔径"[6, 7, 17]概念建立了一种无须大尺寸天线就可以实现高分辨能力的解决方案。其原理是利用实际传感器天线沿方位向移动，形成比其物理尺寸更长的有效天线[7]。合成孔径的最大长度不能超过散射体被照射期间的飞行距离，即天线照射区在地面上的投影尺寸(ΔY)。当对距离 R_0处的散射体沿航迹方向进行相干叠加观测时，其方位向分辨率为

$$\delta y = \frac{L_Y}{2} \tag{1.6}$$

值得一提的是，上式中方位向分辨率仅与雷达系统实际天线的物理尺寸有关，而与距离和波长无关。相应的卫星轨道 SAR 成像系统方位向分辨率为[9]

$$\delta y = \frac{R_{\mathrm{E}}}{R_{\mathrm{E}} + H} \frac{L_Y}{2} \tag{1.7}$$

式中 R_{E}为地球半径，H 为平台高度。

1.2.4 SAR 图像处理

合成孔径雷达处理的目标是利用天线所接收的大量单一散射目标(single target)反射脉冲和脉冲所对应的方位向位置来重建观测场景。SAR 图像处理是为了从所获取的原始回波数据中尽可能准确地对真实二维反射率函数进行重建。

目前已建立了多种有效的原始回波信号成像处理算法。最简单的精确成像处理技术是二维匹配滤波，即"距离多普勒"(Range-Doppler)算法[11]。"后向投影"(Back-Projection)是一种时域处理算法，需要准确地记录获取 SAR 图像数据的过程和形式，但计算代价很高[11]。

由于原始回波数据中存在徙动效应随距离位置变化的现象，因此距离单元徙动(Range Cell Migration，RCM)补偿在 SAR 成像过程中是一个重要而复杂的步骤。"线频调变标"(Chirp Scaling，CS)算法[18, 19]通过在方位向频率时间域中乘以一个二次相位函数(chirp 函数)，将 RCM 调整到一个参考距离，从而抵消距离单元徙动。

"Omega-k"是频率域处理算法中最精确的算法，又称为"距离徙动"(Range Migration)算法[8]或"波前重建"(Wavefront Reconstruction)算法[11]。该算法在二维频率域中进行操作并且可以处理方位向大孔径数据[12, 20]。参考文献[21]介绍了一种基于该算法的抛物线近似方法[22]。

此外，对于快视图像这一类中低分辨率数据来说，可以利用 SPECAN 算法来进行处理。该算法通过在压缩过程中使用单精度或短整型快速傅里叶变换，最小化所需的内存数和计算量[12]。

更为详细的成像算法介绍和相互比较可以参考已出版的 SAR 信号处理书籍[6~12]。

到目前为止，飞行航迹被近似为一条理想的直线。对于在恒定高度轨道上运行的星载传感器而言，这是一种合理的近似。然而对于机载传感器来说，飞机的不规则运动使实际的飞行轨迹总是偏离理想航迹[23]。运动误差包括：与理想航迹的平移误差、飞机横滚角、俯仰

角、偏航角及速度变化。上述平台定位误差会影响天线的位置及其视向[16]。考虑到传感器的非线性运动，在不稳定平台上进行 SAR 成像处理需要在飞行过程中准确地记录天线位置信息并且相应地调整处理方案，即运动补偿(motion compensation)[23, 24]。

1.2.5 SAR 复数图像

SAR 图像是由行列像素组成的二维矩阵，其中每一个像素代表了地球表面上的一小块区域，其尺寸仅依赖于 SAR 系统的指标。每个像素包含一个复数(幅度及相位)，该数值与 SAR 分辨单元内全部散射体的反射率总和相关。需要注意的是，表面反射率也可以用雷达后向散射系数 σ_0 来表示。雷达后向散射系数是雷达系统参数(频率 f，极化，电磁波入射角 θ_i)和地面参数(地形，局部入射角，粗糙度，媒质的电属性及湿度等)的函数。

SAR 成像系统是一种侧视雷达传感器，其照射方向垂直于航线方向。由于 SAR 图像在交轨方向是通过时间进行度量的，该时间决定于雷达到地面点的直接距离(斜距)，因此 SAR 图像存在三种固有的几何失真。这种失真是由斜距和水平地面距离(地距)之间的差异造成的，如图 1.5 所示。其中两类 SAR 特有的现象——“透视缩短”(foreshortening)和“顶底倒置”(layover)，是造成几何失真的主要原因。

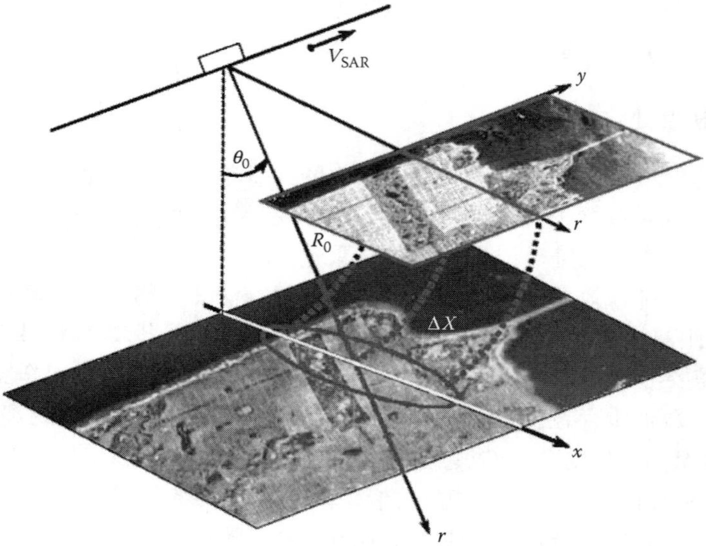

图 1.5 由地距向到斜距向投影

透视缩短现象也许是在 SAR 图像距离向上最明显的特征。在对山区成像时，透视缩短现象经常出现。特别是对入射角度较大的星载传感器来说，山体迎坡上两点在交轨斜距方向上的距离差要比它们在平地上的实际距离差更小。该效应造成迎坡区域的后向散射辐射信息在交轨方向上被压缩，如图 1.6 所示，A、B 和 C 三点在地面垂直投影方向上的间隔相等。然而由于山顶相对更接近于 SAR 传感器，因此 $A'B'$之间的距离要明显小于 $B'C'$之间的距离，从而使得山看上去“倒”向了传感器。

由于山顶散射体到 SAR 系统的距离比山谷更近，对于陡峭的山坡而言，前坡在斜距图像中是“颠倒”的。该现象称为顶底倒置，即雷达图像元素的顺序与其在实际地面上的顺序相反，如图 1.7 所示。

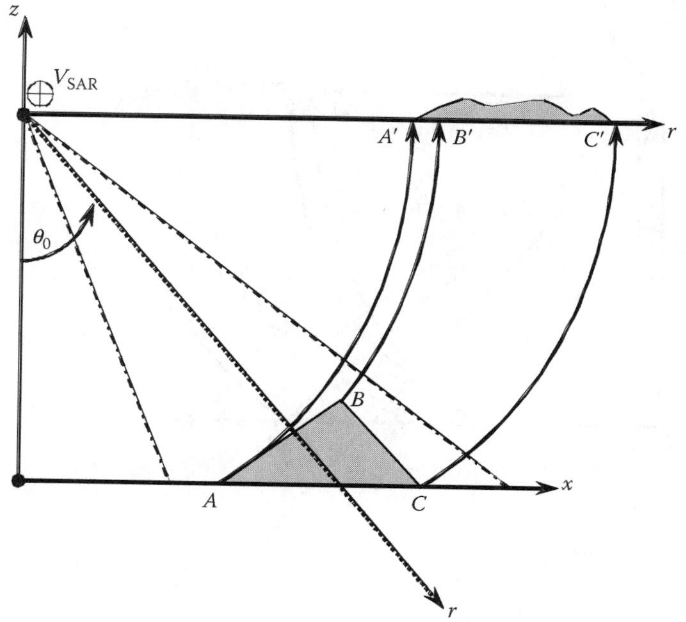

图 1.6　透视缩短失真

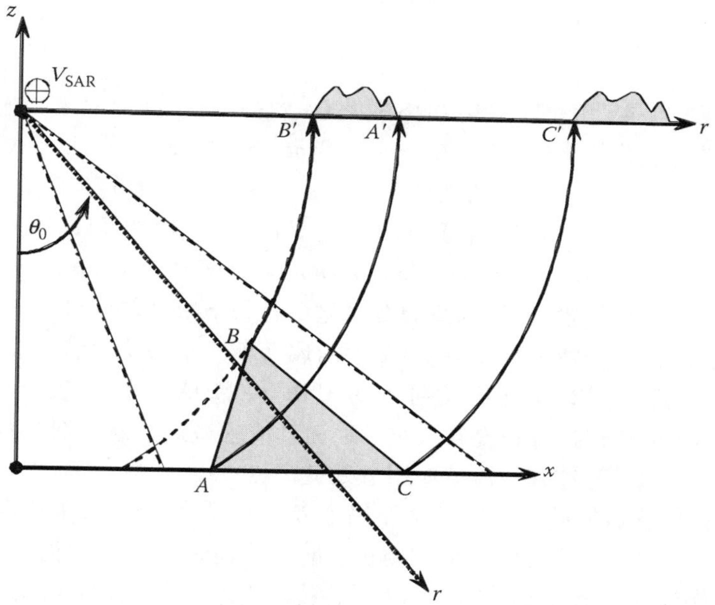

图 1.7　顶底倒置失真

最后，当背向雷达的山体坡度比擦地角(depression angle)更大时，将会引起第三种固有的失真现象——“雷达阴影”(radar shadow)，如图 1.8 所示。阴影区域在 SAR 图像中表现为暗区，代表零值信号区域，但实际值还取决于雷达传感器的系统噪声水平。在图 1.8 所示的山体几何结构下，*BC* 段内的斜距向元素为阴影区域。

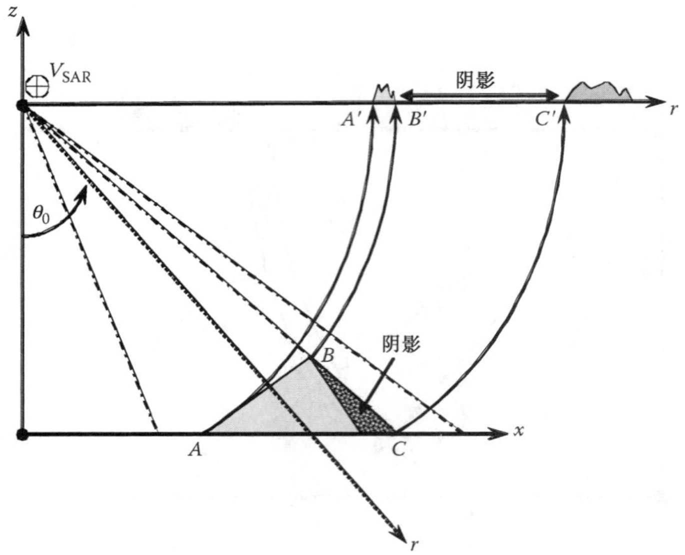

图 1.8 雷达阴影

1.3 机载和星载极化 SAR 系统

1.3.1 引言

ESA 研发的 ENVISAT 卫星于 2002 年 3 月发射，它开启了民用卫星的先河，携带了一部 C 波段双极化先进合成孔径雷达系统（Advanced Synthetic Aperture Radar，ASAR）。而首个全极化 SAR 卫星是由日本 JAXA 开发的地球观测卫星 ALOS，于 2006 年 1 月发射。该任务包含了一部主动式 L 波段极化雷达传感器（PALSAR），其高分辨率数据可以用来进行环境及灾害监测。其后，由 DLR、EADS-Astrium 及 Infoterra GmbH 联合开发的 TerraSAR-X 极化 SAR 卫星于 2007 年 6 月发射。该系统载有一部高频双极化 X 波段 SAR 传感器，具有包括正交极化在内的多种工作模式，其部分特点在星载 SAR 中尚属首例。加拿大为满足其对水路冰情的有效监测需求，于 2007 年 12 月成功发射了由 CSA 和 MDA 共同开发的极化星载传感器 RADARSAT-2。其多极化选择方式提升了对极地和其他区域进行冰边缘检测，冰型分类及结构信息提取的能力，这对海冰和河流冰应用益处良多。

上述极化雷达传感器的成功发射显著加快了极化和极化干涉 SAR 技术的发展。从局部区域到全球范围，在地表环境真值测量和验证、地球陆地表层压力评估及变化监控领域中，极化技术都具有优势。极化与极化干涉 SAR 遥感技术为地球表面生物和地物参数估计提供了有效且可靠的信息收集手段，并成功应用于农作物监控和灾害评估；森林皆伐区（clear cutting）、人为焚烧区及自然焚烧区测图；评估陆地表面结构（地质学）、土地覆盖（生物量）及土地利用；水文学（土壤湿度，洪涝区测图），海冰监控，海洋和海岸监控（石油泄漏检测，海运管制）；洪涝及地震后的灾害管理、雪覆盖监测及城市测图等方面。

在雷达遥感领域中，极化和极化干涉 SAR 图像应用已经引起了极大的关注。本节在此初步介绍了面向极化应用的 SAR 系统，下面将回顾一些重要的民用机载极化 SAR 传感器和目前正在使用的星载极化 SAR 传感器。

1.3.2 机载极化 SAR 系统

1.3.2.1 AIRSAR(NASA/JPL)

美国 NASA 喷气推进实验室于 20 世纪 80 年代初期设计制造了机载合成孔径雷达(AIRSAR)，其 L 波段相干雷达装载于 NASA Ames 研究中心的CV-990型机载实验室中。1985 年 6 月 17 日夜，CV-990 飞机在降落到加州 Riverside 的 March 空军基地时爆胎起火，导致这部早期版本的 NASA-JPL AIRSAR 系统被彻底破坏。

这次事故之后，一部全新的全极化成像雷达被喷气推进实验室装配到性能更优越的空中多用途服务机载平台 DC-8 上。这部新系统，也就是我们熟悉的那部 AIRSAR，可以同时在 P(0.45 GHz)、L(1.26 GHz)和 C(5.31 GHz)波段上以全极化模式工作。此外，AIRSAR 还具备 L 波段顺轨干涉(Along-Track Interferometer，ATI)和 C 波段交轨干涉(Cross-Track Interferometric，XTI)两种工作模式，其线性调频带宽(与距离分辨率有关)可在 20 MHz、40 MHz 或 80 MHz(L 波段)之间进行选择。

为了验证新开发的雷达技术，AIRSAR 传感器成为 NASA 的试验平台。作为 NASA 地球科学计划的一部分，AIRSAR 自 1987 年起每年至少执行一次美国国内或国际任务。

AIRSAR 系统工作在地形测量模式(TOPSAR)时，可以同时获取 C 波段交轨干涉数据(V 极化)、L 波段交轨干涉或极化数据及 P 波段极化数据。输出的数字高程模型数据在 5 m 间隔(40 MHz 带宽)或 10 m 间隔(20 MHz 带宽)下，均方根高度误差分别为 1 ~ 3 m(C 波段)和 5 ~ 10 m(L 波段)。除了数字高程模型，TOPSAR 还可以输出局部入射角图和相关系数图，并将全部图形数据配准到同一个地距投影平面中。

NASA-JPL 的 AIRSAR 机载极化传感器如图 1.9(a)所示，具体技术规格可参考文献[25 ~ 27]。

1.3.2.2 CONVAIR-580 C/X-SAR(CCRS/EC)

Convair-580 C/X-SAR 是加拿大遥感中心于 1974 年开发的一套 C 波段(5.30 GHz)和 X 波段(9.25 GHz)机载双频极化 SAR 系统，其载机为 Convair-580，隶属于加拿大政府。C/X-SAR系统主要用于包括 RADARSAT 数据应用发展在内的遥感研究，可以在四种主要配置模式下工作：X 波段和 C 波段双极化、C 波段全极化(为先进 RADARSAT-2 极化应用提供支撑)、C 波段交轨干涉和 C 波段顺轨干涉(为先进 RADARSAT-2 GMTI 应用提供支撑)。

自 1996 年起，Convair-580 C/X-SAR 由加拿大环境署(Environment Canada，EC)接管，仍然以遥感应用为主。

Convair-580 C/X-SAR 机载极化传感器如图 1.9(b)所示，具体技术规格可参考文献[25，28 ~ 30]。

1.3.2.3 EMISAR(DCRS)

丹麦科技大学(TUD)电磁学研究所(EMI)地处 Lyngby，于 1989 年起开展 EMISAR 飞行实验。EMISAR 是一部垂直极化的 C 波段(5.3 GHz)机载 SAR，后续升级为全极化的。1995 年初，该平台的 L 波段(1.25 GHz)全极化系统装配测试成功，可以获得与 C 波段相同质量的高分辨率图像。EMISAR 系统以丹麦皇家空军(Royal Danish Air Force)的 Gulfstream G3 型飞机为移动平台，其线性调频带宽在 L 波段和 C 波段都是 100 MHz，主要为丹麦遥感中心(DCRS)

开展相关研究获取数据。丹麦遥感中心是在丹麦国家研究基金会(Danish National Research Foundation)资助下由丹麦科技大学电磁学研究所建立起来的。在1994年到1995年期间，该系统为ESA开展的欧洲机载多传感器任务(European Multi-Sensor Airborne Campaigns, EMAC)获取极化数据。

EMISAR系统既可以工作于单航过交轨干涉(XTI)模式，也可以工作于重轨干涉(RTI)模式。于1996年投入使用的C波段单航过交轨干涉系统包括一对平行安装的C波段天线，基线长度为1.14 m，可以用来进行地形/高程测图。此外，该系统获取的L波段和C波段重轨干涉数据主要用于格陵兰岛冰盖测图、高分辨率高程制图及变化检测。

DCRS的EMISAR机载极化传感器如图1.9(c)所示，具体技术规格可参考文献[25, 31~33]。

(a) AIRSAR(NASA/JPL)　(b) Convair-580 C/X-SAR(CCRS/EC)

(c) EMISAR(DCRS)　(d) E-SAR(DLR)

(e) PI-SAR(JAXA-NICT)

(f) RAMSES(ONERADEMR)

图1.9 机载极化传感器(承蒙ESA[1], NASA-JPL[26], CCRS[28, 29], Carl E. Brown博士, M. BarryShipley, DCRS[31, 32], DLR[34], JAXA[36], ONERA和P. Dubois-Fernandez博士供图)

1.3.2.4 E-SAR(DLR)

多频极化实验性机载SAR系统(experimental airborne SAR, E-SAR)装载于Dornier DO-228双引擎短距离起降飞机。该系统隶属于德国宇航中心，由位于德国Oberpfaffenhofen的微波雷达研究所(Microwaves and Radar Institute, DLR-HR)和飞行设备研究所(Research

Flight Facilities, DLR-FB)协作运行。

E-SAR 系统于 1988 年发布的第一幅图像是利用基础系统配置获取的。自此以后，该系统被持续更新，逐渐成为了功能丰富且性能可靠的系统平台，在全球范围内为机载对地观测应用服务。其传感器具有四个波段：X 波段(9.6 GHz)、C 波段(5.3 GHz)、L 波段(1.3 GHz)及 P 波段(360 MHz)，包含单通道测量模式、极化 SAR 测量模式、干涉 SAR 测量模式及极化干涉 SAR 测量模式。系统在 L 波段和 P 波段进行极化定标处理。自 1996 年起，E-SAR 可在 X 波段获取顺/交轨数据，或者在 L 波段和 P 波段获取重轨干涉数据。特别值得一提的是，E-SAR 还可以获取极化干涉数据。

DLR 的 E-SAR 机载极化传感器如图 1.9(d)所示，具体技术规格可参考文献[25, 34]。E-SAR 现正被更先进的多模式 F-SAR 系统所取代，后者于 2008 年底投入使用。

1.3.2.5　PI-SAR(JAXA-NICT)

日本情报通信研究机构(National Institute of Information and Communications Technology, NICT)和日本宇宙航空研究开发机构(Japan Aerospace Exploration Agency, JAXA)合作开发了一套机载高分辨率多参数 SAR(PI-SAR)，致力于为全球环境监控和减灾活动提供服务。其双频雷达工作于 X 波段(9.55 GHz)和 L 波段(1.27 GHz)，可以获取高分辨率全极化数据。X 波段的分辨率为 1.5 m，L 波段的分辨率为 3.0 m。X 波段具有干涉测量能力，基线长度为 2.3 m，可对地表地形进行测图。其 L 波段系统和 X 波段系统由 JAXA 和 NICT 分别进行开发，于 1996 年 8 月进行了首次试飞。这两部 SAR 系统能够同时被装载于 Gulfstream-Ⅱ喷气式飞机上，可以同时运行也可以单独运行。PI-SAR 机载极化传感器如图 1.9(e)所示，具体技术规格可参考文献[25,35 ~ 37]。

1.3.2.6　RAMSES(ONERA-DEMR)

RAMSES(Radar Aéroporté Multi-spectral d'Etude des Signatures)系统是由法国宇航局(French Aerospace Research Agency, ONERA)的电磁雷达技术部(Electromagnetic and Radar Science Department, DEMR)开发的。其载机是由 CEV(Centre d'Essais en Vol)运行的 Transall C160 平台。

RAMSES 系统最初是为雷达成像实验而研发的，具有高度模块化的特征和较强的灵活性，可以为评估目标检测识别与确认(Target Detection, Recognition and Identification, TDRI)算法提供所需的数据。在每次数据获取任务中可以从 8 个备选频带中选择 3 个进行配置使用。备选频带包括：P 波段(430 MHz)、L 波段(1.3 GHz)、S 波段(3.2 GHz)、C 波段(5.3 GHz)、X 波段(9.5 GHz)、Ku 波段(14.3 GHz)、Ka 波段(35 GHz)，以及 W 波段(95 GHz)，其中6 个波段可以工作于全极化测量模式。系统带宽(75 ~ 1.2 GHz)和波形可以根据观测目标调整至最适宜的数据获取状态(例如，使观测带宽度与距离分辨率综合最优)，入射角选择范围在 30° ~ 85°之间。X 波段和 Ku 波段系统可在多基线顺轨、交轨或同时顺交轨配置下以干涉和极化干涉 SAR 模式获取图像。

RAMSES 的开发和升级费用是由 DGA(法国 MoD)资助的。ONERA 的 RAMSES 机载极化传感器如图 1.9(f)所示，具体技术规格可参考文献[25, 38, 39]。

1.3.2.7　SETHI(ONERA-DEMR)

为维持和提高机载遥感数据获取能力，ONERA 研制了新一代机载雷达和光学成像系统 SETHI，为遥感领域的科学家们展示出全新的概念。专为民用领域服务的 SETHI 系统在机翼下载有两个天线罩，能够在下列大体量载荷中选装：VHF 波段(225 ~ 475 MHz)、P 波段(440 MHz)、L 波段(1.3 GHz)、X 波段(9.6 GHz)及一部广视角光学传感器，其载机为 Falcon 20。SETHI 系统具备一个数字化核心，能够同时操作四部雷达前端和两个光学载荷，其系统结构具备"即插即用"的特征，易于集成外部设备且免除了额外的飞行稳定性认证流程。

系统原型于2007 年9 月完成了 P 波段、L 波段和 X 波段全极化模式测试，以及 X 波段单航过干涉潜力测试。ONERA 的 SETHI 机载极化传感器如图 1.10 所示。

SETHI右翼挂载天线罩及其剖视图 (L波段与X波段天线)

图 1.10 SETHI 机载极化传感器(ONERA-DEMR)(承蒙 ONERA 和 J. M. Boutry 博士供图)

1.3.3 星载极化 SAR 系统

1.3.3.1 SIR-C/X SAR(NASA/DARA/ASI)

继 SEASAT SAR(1978 年)、SIR-A(1981 年)和 SIR-B(1984 年)航天飞机任务之后，由 NASA、德国空间局(German Space Agency，DARA)及意大利空间局(Italian Space Agency，ASI)合作开展了航天飞机成像雷达(shuttle imaging radar-C，SIR-C)和 X 波段合成孔径雷达(SIR-C/X-SAR)实验。作为第一部星载全极化 SAR，SIR-C 于1994 年4 月9 日到20 日和同年9 月30 日到10 月11 日期间，两次搭载 NASA 航天飞机飞行，其雷达天线结构和配套硬件系统专为存放于航天飞机货舱而设计。对于地球观测和监控而言，SIR-C 的独特贡献不仅在于能够从太空中测量三波段地表雷达特征，该系统还在其中两个波段(L 波段和 C 波段)上具备多极化测量能力，并获取了第一套星载正交极化图像数据集。SIR-C 图像数据帮助科学家解释了蕴涵在雷达图像背后的物理特性，例如植被类型、土壤湿度含量、海洋动态变化、海洋波浪及表面风速和方向。

SIR-C/X-SAR 任务从包括 JPL AIRSAR 在内的机载 SAR 原型机传感器上获取了丰富的经验，并且在较短的时间内提供了区域尺度级数据，一举超越了机载任务所能达到的范畴。

SIR-C/X-SAR 星载极化传感器如图 1.11(a)所示，具体技术规格可参考文献[40，41]。

1.3.3.2 ENVISAT-ASAR(ESA)

2002 年3 月，欧洲空间局(ESA)发射了一颗先进极轨对地观测卫星——ENVISAT，能够对大气、海洋、陆地和冰层进行观测。ENVISAT 卫星载荷的高性能和创新性设计，可以在

ESA 的 ERS 卫星之后确保数据获取的连续性。ENVISAT 拥有 10 套遥感设备载荷：AATSR、DORIS、GOMOS、LRR、MERIS、MIPAS、MWR、RA-2、SCIAMACHY 和 ASAR。其先进合成孔径雷达（ASAR）由相干有源相控阵 SAR 构成。ASAR 以 ERS-1 和 ERS-2 所携带的 AMI 载荷为基础，通过引入多项新技术显著地提升并扩展了性能。该系统工作于 C 波段（5.331 GHz），可以对覆盖范围、入射角度范围、极化及观测模式进行灵活选择。ASAR 的交替极化模式（alternating polarization mode）可获取高分辨率数据，而部分极化（partially polarimetric）模式则包含同一场景下的两幅组合极化图像，组合方式可在（HH/VV 或 HH/HV 或 VV/VH）中进行选择，但无法选择全极化或四极化模式。

ENVISAT/ASAR 星载极化传感器如图 1.11(b)所示，具体技术规格可参考文献[40, 42]。

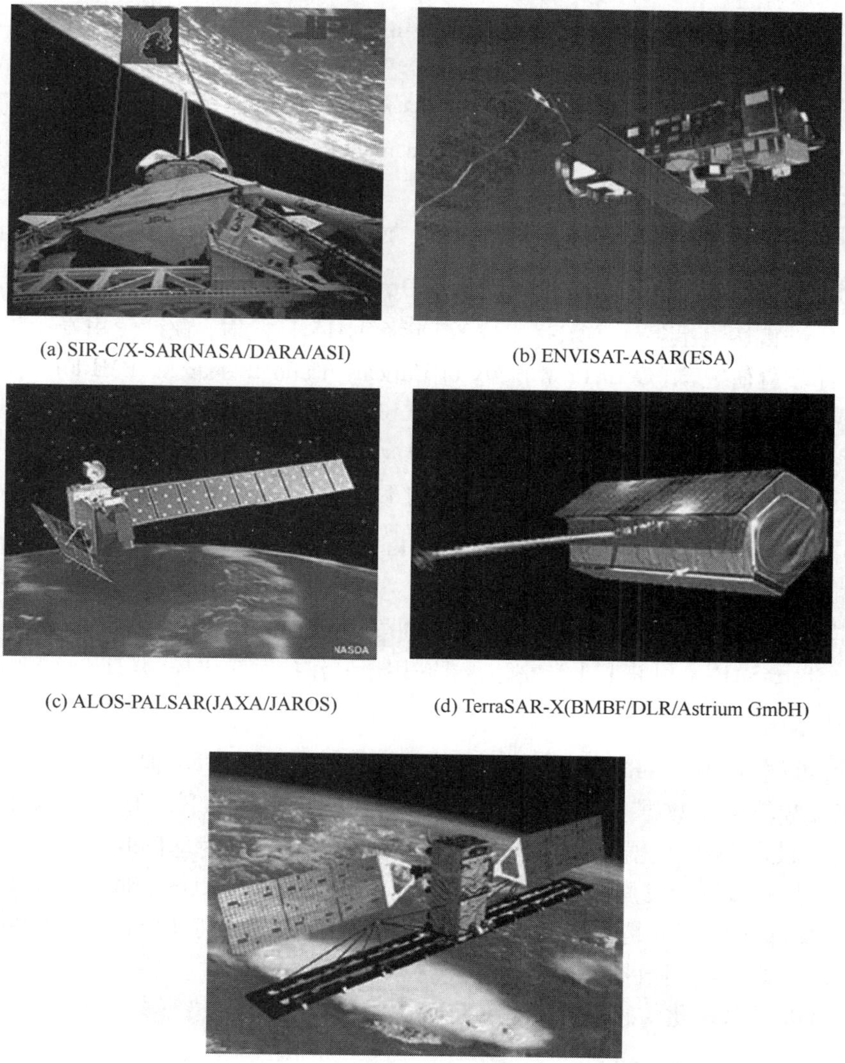

(a) SIR-C/X-SAR(NASA/DARA/ASI)　(b) ENVISAT-ASAR(ESA)

(c) ALOS-PALSAR(JAXA/JAROS)　(d) TerraSAR-X(BMBF/DLR/Astrium GmbH)

(e) RADARSAT-2(CSA/MDA)

图 1.11　星载极化传感器（承蒙 ESA[19, 42]，NASA[41]，JAXA[43, 44]，DLR[45, 46]和 CSA[47, 48]供图）

1.3.3.3 ALOS-PALSAR(JAXA/JAROS)

日本的地球观测卫星项目包含两个系列：主要用于大气和海洋观测的卫星，以及主要用于陆地观测的卫星。先进陆地观测卫星(Advanced Land Observing Satellite，ALOS)是继日本地球资源卫星-1(Japanese Earth Resources Satellite-1，JERS-1)和先进地球观测卫星(Advanced Earth Observing Satellite，ADEOS)之后投入使用的更先进的陆地观测技术，在测图、地区级陆地覆盖物精确观测、灾害监控及资源调查领域贡献良多。ALOS 于 2006 年 1 月 24 日在 Tanegashima 空间中心(TNSC)搭载 H-IIA 火箭发射升空。JAXA 已经于 2006 年 10 月 24 日开始向公众提供"ALOS 数据"。ALOS 包括三套遥感设备：一部用于制作数字高程图的全色遥感立体成像仪(PRISM)、一部用于陆地覆盖物精确观测的新型可见光和近红外辐射计 2 型(AVNIR-2)及一部用于全天候、全天时陆地观测的相控阵式 L 波段 SAR(PALSAR)。PALSAR 是一部 L 波段主动式微波传感器，可以不受云雾影响并全天时进行对地观测。PALSAR 在带有实验性质的极化模式下，可获得分辨率为 24 ~ 89 m、观测带宽为 20 ~ 65 km 的全极化(即四极化)图像；在精细分辨率模式(fine resolution mode)下，可获得分辨率为 14 m 的部分极化数据。PALSAR 项目由 JAXA 和 JAROS 共同开发。

ALOS/PALSAR 星载极化传感器如图 1.11(c)所示，具体技术规格可参考文献[40，43，44]。

1.3.3.4 TerraSAR-X(BMBF/DLR/Astrium GmbH)

德国的先进雷达卫星 TerraSAR-X 于 2007 年 6 月 15 日发射，预计使用寿命为 5 年。该任务由德国联邦教育研究部(German Ministry of Education and Research，BMBF)、德国宇航中心和 EADS Astrium GmbH 以公共-私人合伙制(Public Private Partnership，PPP)形式共同完成。从成功运行 X-SAR/SIR-C 和 SRTM SAR 任务中汲取的技术和经验成为了 TerraSAR-X 卫星设计的基础。其 X 波段 SAR 传感器可以选择多种工作模式(分辨率)：

- "聚束成像"(Spotlight)模式，10 km × 10 km 场景范围，1 ~ 2 m 分辨率
- "条带成像"(Stripmap)模式，30 km 条带宽度，3 ~ 6 m 分辨率
- "扫描 SAR"(ScanSAR)模式，100 km 条带宽度，16 m 分辨率
- 此外，TerraSAR-X 可获取干涉雷达数据，用于制作数字高程模型(Digital Elevation Model，DEM)

在日常运行模式中，TerraSAR-X 只提供单极化或双极化数据。但可以在实验性前提下获取正交极化和顺轨干涉数据。TerraSAR-X 任务的运行目标是为科学研究和应用提供多种模式的高质量 X 波段 SAR 数据，以 TerraSAR-X 提供的信息产品为基础开创对地观测业务的贸易市场，并且开发可持续发展的对地观测商用业务。DLR 和 EADS 着眼于未来，正研究后续的 TerraSAR-X tandem 任务是否有可能成为一种具有吸引力的高性价比解决方案，用于获取全球高质量数字高程模型数据。

TerraSAR-X 星载极化传感器如图 1.11(d)所示，具体技术规格可参考文献[40，45，46]。

1.3.3.5 RADARSAT-2(CSA/MDA)

加拿大空间项目重点面向两方面的挑战：环境监控和自然资源管理。RADARSAT 对地观测卫星持久耐用且功能丰富，是商业应用和遥感科学应用的主要数据源。它为海运和海岸监控、国家安全及对外政策制定等主要应用领域提供了有价值的信息，现今已经在农业、水文

学、林业、海洋学及冰层监测方面成为了不可或缺的工具。RADARSAT-2 是一次政府[加拿大空间局(Canadian Space Agency)]与企业[麦克唐纳·迪特维利联合有限公司(MacDonald, Dettwiler and Associates Ltd., MDA)]间的独特合作。继 1995 年发射的 RADARSAT-1 之后，加拿大新一代商业 SAR 卫星 RADARSAT-2 于2007 年12 月搭载俄罗斯的 Soyuz 太空舱在哈萨克斯坦的 Baikonur 人造卫星发射基地升空。除了现有的 RADARSAT-1 工作模式，RADARSAT-2 的 C 波段(5.405 GHz)SAR 载荷还增加了新的特点：高分辨率成像(3 m)、高度灵活的极化模式选择、左右视成像选择、出众的数据存储能力、精准的卫星定位及轨道测量能力。

RADARSAT-2 星载极化传感器如图 1.11(e)所示，具体技术规格可参考文献[40, 47, 48]。

1.4　内容概要

本书包含了极化成像雷达的基本原理、信息处理算法及典型应用，重点阐述了如何理解极化散射机理和相干斑(speckle)影响，以便合理地建立用于地球遥感的信息提取算法。在此基础上，大量现有的极化 SAR 系统数据集被用于验证新的理论构想并展现实际应用效果。下文是对各章节的概要性描述。

第 2 章从麦克斯韦方程组开始，推导了单色平面波传输方程并介绍了极化椭圆(polarization ellipse)等极化电磁波基本原理，为理解第 3 章中的极化散射示例奠定基础。第 2 章的要点包括：

1. 单色平面波可以由琼斯(Jones)矢量进行表征，一对正交琼斯矢量可以合成任意极化状态。
2. 特殊酉群(Special Unitary, SU)可用于简化极化状态表达方式，SU(2)可用于表达极化矢量，SU(3)则用于表达分布式目标散射波的时间或空间平均。
3. 利用经典的斯托克斯矢量解释极化度的概念。
4. 利用酉矩阵表达式可以直接完成正交极化基变换，而无须其他测量。

第 3 章介绍了点目标和分布式目标的极化雷达散射基础。从雷达方程开始，相继推导了在极化散射矩阵、单站(monostatic)及双站(bistatic)情况下，非稳定性(nonstationary)，即分布式目标的相干矩阵和协方差矩阵数据表达式。双站雷达的发射端和接收端处于不同位置，单站雷达的发射端和接收端则处于相同位置。到目前为止，极化传感器以单站为主，不过双站模式将在未来的 TerraSAR-X tandem 和其他正在开发的 tandem 任务中发挥重要的作用。第 3 章的要点包括：

1. 在后向散射(单站)情况下，根据琼斯矢量推导的目标 Sinclair 散射矩阵由 5 个参数来描述：3 个幅度值和 2 个相对相位值。
2. 介绍了重要的极化散射对称概念。特别需要注意的是，在许多极化 SAR 应用中都用到了反射对称性(reflection symmetry)假设。
3. 泡利(Pauli)旋转矩阵基和字典(Lexicographic)矩阵基被用于计算极化相干矩阵和协方差矩阵。对于非相干平均数据，相干矩阵和协方差矩阵由 9 个参数描述，比散射矩阵多4 个。
4. 介绍了雷达坐标系约定：前向散射对准(Forward Scattering Alignment, FSA)和后向散射对准(Back Scatter Alignment, BSA)。雷达工程师使用后向散射对准，但需要注意在合成任意极化基下的雷达回波时可能会引起混乱。本章阐述了前向散射对准和后向散射对准表达形式的差异并给出了极化基变换的统一描述。

5. 米勒矩阵在后向散射条件下可变换为 Kennaugh 矩阵，其矩阵项都是可测量的功率值，而散射矩阵和相干矩阵项既包含幅度值也包含相位值。

第 4 章介绍了单极化和全极化 SAR 图像的相干斑效应及其统计特性。SAR 图像中的相干斑是一种不可避免的内在自然现象，虽然看上去是一种噪声，但又与系统噪声不同。因此，理解极化 SAR 相干斑的统计特性是发展信息处理技术的必经之路。第 4 章的要点包括：

1. 在估计分布式目标的散射机理之前需要对极化协方差矩阵或相干矩阵进行多视(multi-look)处理。多视处理的视数(number of looks)，即平均窗口内包含的独立样本数量，会影响对散射机理的评估结果。
2. 复威沙特分布可以用于描述极化 SAR 协方差矩阵或相干矩阵的统计特征，并由其推导出矩阵元素相对相位和强度的概率密度函数。
3. 极化 SAR 数据中各极化通道之间的复相关系数，即相干性的幅度值，是除视数以外的影响各极化通道之间相位差和相关性统计分布的另一个重要参数。
4. 本章推导的概率密度函数被用于极化和干涉处理的误差分析，以及建立第 8 章和第 9 章中的最大似然分类(maximum likelihood classification)算法。

第 5 章介绍了相干斑滤波方法。为保持分布式目标散射机理估计的一致性，该方法对于相干斑降噪(speckle noise reduction)是必不可少的。例如，第 6 章和第 7 章中的非相干目标分解(incoherent target decomposition)需要利用经过样本平均处理后的协方差(或相干)矩阵来获得参数的无偏估计，比如 Cloude-Pottier 分解中的熵(entropy)和各向异性度(anisotropy)。然而在非均匀媒质(inhomogeneous media)中，常用的均值滤波器不加选择地对像素进行平均处理会降低分辨率。本章从单极化 SAR 图像相干斑滤波开始来构建极化 SAR 相干斑滤波准则。之后，将介绍效率与效果兼顾的极化 SAR 相干斑滤波算法。第 5 章的要点包括：

1. 从图像处理的角度来看，相干斑噪声模型表明协方差矩阵或相干矩阵对角线元素上的相干斑噪声为乘性噪声，非对角线元素上的相干斑特征可视为加性与乘性噪声的组合，具体依赖于两个极化通道之间的相关系数幅度。
2. 极化 SAR 斑噪滤波的原则是保持滤波前后极化散射特征的一致性。
3. 介绍了一种有效的极化 SAR 滤波器——精改的(refined)Lee 滤波器，该滤波器可以自适应地选择平均窗口内的像素，以保持极化散射特性。
4. 介绍了一种基于散射模型的斑噪滤波算法，该算法保留了每个像素的主要散射机理，从而完整地保留了强单一散射目标特征。

第 6 章介绍了极化目标分解(polarimetric target decomposition)理论。目标分解将极化雷达测量值分解为基本的散射机理，可分为非相干目标分解和相干目标分解两大类。非相干目标分解依赖于包含 9 个独立变量的非相干平均协方差矩阵或相干矩阵，而相干分解依赖于包含 5 个独立变量的散射矩阵。为保持散射信息和空间分辨率，建议在非相干目标分解之前先进行极化 SAR 相干斑滤波(见第 5 章)。第 6 章的要点包括：

1. Huynen 分解从现象理论(phenomenological theory)出发，将 Kennaugh 矩阵分解为单一散射目标和分布式 N 目标。Huynen 分解可提取雷达目标的物理特性和结构。Barnes、Holm 和 Yang 进一步完善了 Huynen 分解，突出了旋转不变性。

2. 特征矢量分解将非相干平均处理后的协方差矩阵（或相干矩阵）分解为三种正交的散射机理，并通过特征值和特征矢量进行表达。这里将详细介绍 Cloude、Holm 和 van Zyl 的分解方法。
3. Freeman-Durden 非相干分解是在满足对称性假设（见第 3 章）前提下，基于表面散射、二次散射和体散射三种物理散射模型建立起来的。Yamaguchi 通过增加第四种分量——螺旋导体（helix），消除了对称性假设限制，从而拓展了该方法的适用性范围。
4. 相干分解方法将测量的散射矩阵表征为与基本散射机理（见第 3 章）相关的基矩阵组合。广为人知的泡利分解是相干矩阵的基矩阵。Krogager 分解将对称化的散射矩阵分解为三种相干分量：球形目标（sphere）、二面体（deplane）［或二面角（dihedral）］目标和螺旋导体目标。Cameron 将单一散射目标的散射矩阵分解为多种基本的散射机理，包括三面角（trihedral）、二面角、偶极子（dipole）和四分之一波长器件（$\frac{1}{4}$ wave device）等。最后，本章介绍了本质上是乘性分解的“球坐标分解”（polar decomposition）。

第 7 章介绍了本书的重点内容之一，Cloude-Pottier 分解理论。以非相干平均相干矩阵的特征值和特征矢量为基础，Cloude 和 Pottier 定义了极化熵、各向异性度和平均 α 角（$\bar{\alpha}$）参数。极化熵和各向异性度可以描述媒质的非均匀散射特征，$\bar{\alpha}$ 可以表征从表面散射到偶极子散射再到二次反射的散射机理类型估计。第 7 章的要点包括：

1. 介绍了一种可用于评估散射媒质随机性的概率模型，并基于特征值定义了伪概率（pseudoprobability）。极化熵、各向异性度及 $\bar{\alpha}$ 都具有与极化基无关且旋转不变的优越特性。
2. 详细介绍了强大的 $H/A/\bar{\alpha}$ 三维分类空间和基于 $H/\bar{\alpha}$ 和 $H/A/\bar{\alpha}$ 的非监督分类方法的有效性。
3. 介绍了由 Cloude-Pottier 分解发展出来的新分解方法。
4. 多视处理对 $H/A/\bar{\alpha}$ 参数估计的影响，表明平均处理不充分将导致极化熵低估和各向异性度高估。

第 8 章介绍了极化 SAR 分类算法。土地利用分类也许是最重要的极化 SAR 应用。基于复高斯分布和复威沙特分布（见第 4 章）可建立最大似然分类器。由于相干矩阵符合复威沙特分布，因此对于极化 SAR 分类而言，通常在光学图像分类应用中冗长的特征矢量选择过程将不再是问题。将第 7 章中的 Cloude-Pottier 分解和第 6 章中的 Freeman-Durden 分解与威沙特分类器相结合后，第 8 章设计建立了有效的非监督分类算法。极化 SAR 分类的优势在于能够根据散射特性进行类型识别。JPL/AIRSAR 和 DLR/E-SAR 的部分样例数据将作为示例。第 8 章的要点包括：

1. 由复威沙特概率密度函数建立的威沙特距离估计在极化 SAR 分类应用中非常稳健并且易于使用。威沙特距离估计与视数无关，且分类结果与极化基变化无关。此外威沙特分类器不易受极化定标影响。
2. 介绍了将 $H/A/\bar{\alpha}$ 与威沙特分类器相结合的非监督分类算法。分类的结果表明算法在保持分辨率及区分精细的类别差异方面是有效的。
3. Freeman-Durden 分解与威沙特分类器相结合的分类算法。该算法的优势在于能够保持主要的散射机理并在分类结果中保持分辨率。

4. 利用 P 波段，L 波段和 C 波段的全极化、双极化及单极化 SAR 数据进行土地利用分类，并进行量化比较，以展示多波段极化 SAR 的优越性。

第 9 章介绍了极化干涉 SAR 分类算法。在过去的 15 年中已经广泛地开展了基于 SAR 数据的森林遥感研究工作。反演生物和地物参数使用了在多时态模式、多角度模式或干涉模式下获取的多种类型的 SAR 数据(单极化、双极化和正交极化，单频或多频)。研究表明 SAR 观测量(亮度、相位、相关性和相干性)在森林区域显示出特殊的性质并且可以用于分类。森林分类可以被划分为两种对准确度和计算复杂度要求不同的互补性应用：森林区域测图和植被类型辨识。第 9 章介绍了将极化与干涉相结合的数据处理技术，并以此改进森林测图和分类算法性能。第 9 章的要点包括：

1. 介绍了一种解决极化相干最优问题的新的原创性方法。该方法比 Cloude 和 Papathanassiou 在 1998 年提出的基于最大化复拉格朗日函数的方法更易于理解，并且还直接揭示了特征值最大值和极化干涉相干性之间的关系。
2. 第 4 章介绍的威沙特概率密度函数被用于建立最大似然极化干涉 SAR 分类算法。复威沙特分布被用于推导极化干涉 SAR 最优相干组合(optimal Pol-InSAR coherence set)的联合概率密度函数。
3. 对极化干涉 SAR 最优相干组合的解译和分割表明，仅依靠极化 SAR 数据并不能成功地区分不同属性的媒质。极化干涉分类结果可以更好地描述和理解同一观测场景内不同属性媒质的散射。
4. 在极化干涉 SAR 有监督统计分类框架下，根据生物和地物特征实现了对森林区域中不同类型的区分。

第 10 章介绍了多种极化 SAR 应用，基于之前章节的基本原理和处理算法，多方面展现了极化雷达成像能力。第 10 章的要点包括：

1. 在完工前后，吊桥的单次反射、偶次反射及多次反射极化特征差异明显，充分展现了 Cloude-Pottier 分解可以为人工目标极化特征解译提供有效的帮助。
2. 极化 SAR 数据可用于估计方位向坡度引起的极化方向角(polarization orientation angle)偏移。估计算法涉及圆极化基(见第 3 章)和反射对称条件，已有方位向坡度估计等有趣的用途。
3. 方向性波浪谱和海流锋面(front)坡度估计算法被用于证明极化 SAR 海洋表面遥感能力。
4. 在低频星载 SAR 数据极化定标中，圆极化基下同极化和交叉极化互相关项对估计电离层法拉第旋转是有效的。示例选用了 ALOS/PALSAR 的 L 波段极化 SAR 数据。
5. 详细介绍了相干斑滤波对基于地表和随机体散射模型(Random Volume over Ground, RVoG)的极化干涉 SAR 森林高度估计的影响。扩展后的精改的 Lee 滤波器可以用于 6×6 极化干涉 SAR 协方差矩阵滤波。示例选用了 E-SAR 极化干涉 SAR 数据。
6. 对极化 SAR 数据进行子孔径(subaperture)处理，展示了散射特性与视角和雷达频率变化间的相关性。引入二维时频分析方法分解成像后的极化 SAR 图像并变换到距离向-频率域和方位向-频率域。

本书附录分为两个部分。附录 A 介绍了作为雷达极化基础的厄米矩阵方程。这部分内容将帮助缺乏必要知识的读者更容易地理解本书的内容。附录 B 介绍了 PolSARpro 软件和教学工具箱的相关信息。软件中已经包含了本书中涉及的许多算法，而所需的极化 SAR 样例数据集可以通过下载获得。

参考文献①

[1] Boerner W-M., Mott H., Lüneburg E., Livingston C., Brisco B., Brown R. J., and Paterson J. S., with contributions by Cloude S. R., Krogager E., Lee J. S., Schuler D. L., van Zyl J. J., Randall D., Budkewitsch P., and Pottier E., Polarimetry in radar remote sensing: Basic and applied concepts, Chapter 5 in Henderson F. M. and Lewis A. J. (Eds.), *Principles and Applications of Imaging Radar*, *Vol. 2 of Manual of Remote Sensing* (Ed. Reyerson R. A.), 3rd edn., John Wiley & Sons, New York, 1998.

[2] Boerner W-M., Introduction to radar polarimetry with assessments of the historical development and of the current state of the art, *Proceedings*: *International Workshop on Radar Polarimetry*, JIPR-90, 20-22, Nantes, France, March 1990.

[3] Boerner, W-M. et al. (Eds), 1985, Inverse Methods in Electromagnetic Imaging, *Proceedings of the NATO-Advanced Research Workshop*, (September 18-24, 1983, Bad Windsheim, FR Germany), Parts 1&2, NATO-ASI C-143, D. Reidel Publ. Co., Dordrecht, the Netherlands, January 1985.

[4] Boerner W-M., et al. (Eds.), Direct and Inverse Methods in Radar Polarimetry, *Proceedings of the NATO-ARW*, September 18-24, 1988, 1987-1991, NATO-ASI Series C: Math & Phys. Sciences, vol. C-350, Parts 1&2, D. Reidel Publ. Co., Kluwer Academic Publ., Dordrecht, the Netherlands, February 15, 1992.

[5] Boerner W-M., "Recent advances in extra-wide-band polarimetry, interferometry and polarimetric interferometry in synthetic aperture remote sensing, and its applications," *IEE Proceedings-Radar Sonar Navigation*, Special Issue of the EUSAR-02, 150(3), 113, June 2003.

[6] Elachi C., *Spaceborne Radar Remote Sensing*: *Applications and Techniques*, IEEE Press, New York, 1988.

[7] Curlander J. C. and McDonough R. N., *Synthetic Aperture Radar*: *Systems and Signal Processing*, John Wiley & Sons, New York, 1991.

[8] Carrara W., Goodman R., and Majewski R., *Spotlight Synthetic Aperture Radar*, Artech House, Norwood, MA, 1995.

[9] Oliver C. and Quegan S., *Understanding Synthetic Aperture Radar Images*, Artech House, London, 1998.

[10] Franceschetti G. and Lanari R., *Synthetic Aperture Radar Processing*, CRC Press, Boca Raton, FL, 1999.

[11] Soumekh M., *Synthetic Aperture Radar Signal Processing*, John Wiley & Sons, New York, 1999.

[12] Cumming I. and Wong F., *Digital Processing of Synthetic Aperture Radar Data*, Artech House, Norwood, MA, 2005.

[13] Skolnik M. I., *Introduction to Radar Systems*, McGraw-Hill, Singapore, 1981.

[14] Carlson A. B., *Communication Systems*, 3rd edn., McGraw-Hill, Singapore, 1986.

[15] Turin G. L., An introduction to digital matched filters, *Proc. IEEE*, vol COM-30, pp. 855-884, May 1976.

[16] Reigber A., Airborne Polarimetric SAR Tomography, PhD thesis, University of Stuttgart, Germany, 15

① 所列未包含来源为网址的参考文献。完整参考文献清单的下载方式参见文前“致谢”部分。——编者注

October 2001.

[17] Brown W. M., Synthetic aperture radar, *IEEE Transactions on Aerospace and Electronic Systems*, AES-3, 2, 217-229, March 1967.

[18] Raney K., Runge H., Bamler R., Cumming I., and Wong F., Precision SAR processing using chirp scaling, *IEEE Transactions on Geoscience and Remote Sensing*, 32(4):786-799, 1994.

[19] Moreira A., Mittermayer J., and Scheiber R., Extended chirp scaling algorithm for air and spaceborne SAR data processing in stripmap and scanSAR imaging modes, *IEEE Transactions on Geoscience and Remote Sensing*, 34(5):1123-1137, 1996.

[20] Cafforio C., Prati C., and Rocca F., SAR data focusing using seismic migration techniques, *IEEE Transactions on Aerospace and Electronic Systems*, 27(2):194-205, 1991.

[21] Franceschetti G., Lanari R., Pascazio V., and Schirinzi G., WASAR: wide-angle SAR processor, *IEE Proceedings-F*, 139(2):107-114, 1992.

[22] Bamler R., Acomparison of range-Doppler and Wavenumber domain SAR focusing algorithms, *IEEE Transactions on Geoscience and Remote Sensing*, 30(4):706-713, 1992.

[23] Farrel J. L., Mims J., and Sorrel A., Effects of navigation errors in manoeuvring SAR, *IEEE Transactions on Aerospace and Electronic Systems*, 9(5):758-776, 1973.

[24] Stevens D., Cumming I., and Gray A., Options for airborne interferometric motion compensation, *IEEE Transactions on Geoscience and Remote Sensing*, 33(2):409-420, 1995.

[27] Lou Y., Review of the NASA/JPL airborne synthetic aperture radar system, *Proceedings of IGARSS 2002*, Toronto, Canada, June 24-28, 2002.

[30] Hawkins R., Brown C., Murnaghan K., Gibson J., Alexander A., and Marois, R. The SAR580 facility-system update, *Proceedings of IGARSS 2002*, Toronto, Canada, June 24-28, 2002.

[33] Christensen E. and Dall J., EMISAR: A dual-frequency, polarimetric airborne SAR, *Proceedings of IGARSS 2002*, Toronto, Canada, June 24-28, 2002.

[37] Uratsuka S., Satake M., Kobayashi T., Umehara T., Nadai A., Maeno H., Masuko H., and Shimada M., High-resolution dual-bands interferometric and polarimetric airborne SAR (Pi-SAR) and its applications, *Proceedings of IGARSS 2002*, Toronto, Canada, June 24-28, 2002.

[39] Dubois Fernandez P., Ruault du Plessis O., Le Coz D., Dupas J., Vaizan B., Dupuis X., Cantalloube H., Coulombeix C., Titin-Schnaider C., Dreuillet P., Boutry J., Canny J., Kaisersmertz L., Peyret J., Martineau P., Chanteclerc M., Pastore L., and Bruyant J., The ONERA RAMSES SAR System, *Proceedings of IGARSS 2002*, Toronto, Canada, June 24-28, 2002.

第2章　矢量电磁波与极化表征

2.1　单色平面电磁波

2.1.1　波动方程

电磁波的时间和空间变化规律可由麦克斯韦方程组统一表示为

$$\begin{gathered}\vec{\nabla}\wedge\vec{E}(\vec{r},t)=-\frac{\partial\vec{B}(\vec{r},t)}{\partial t}\quad\vec{\nabla}\wedge\vec{H}(\vec{r},t)=\vec{J}_{\mathrm{T}}(\vec{r},t)+\frac{\partial\vec{D}(\vec{r},t)}{\partial t}\\ \vec{\nabla}\cdot\vec{D}(\vec{r},t)=\rho(\vec{r},t),\qquad\vec{\nabla}\cdot\vec{B}(\vec{r},t)=0\end{gathered}\tag{2.1}$$

式中$\vec{E}(\vec{r},t)$、$\vec{H}(\vec{r},t)$、$\vec{D}(\vec{r},t)$和$\vec{B}(\vec{r},t)$分别是电场强度、磁场强度、电位移强度和磁感应强度[3~8, 15, 17, 25]。

总电流密度$\vec{J}_{\mathrm{T}}(\vec{r},t)=\vec{J}_{\mathrm{a}}(\vec{r},t)+\vec{J}_{\mathrm{c}}(\vec{r},t)$由两部分组成，其中$\vec{J}_{\mathrm{a}}(\vec{r},t)$对应于源项，$\vec{J}_{\mathrm{c}}(\vec{r},t)=\sigma\vec{E}(\vec{r},t)$对应于传导电流密度项，它与传输媒质的电导率$\sigma$有关。标量$\rho(\vec{r},t)$代表自由电荷的体密度。

$\vec{E}$和$\vec{D}$、$\vec{H}$和$\vec{B}$之间的关系为

$$\vec{D}(\vec{r},t)=\varepsilon\vec{E}(\vec{r},t)+\vec{P}(\vec{r},t)\quad\text{和}\quad\vec{B}(\vec{r},t)=\mu[\vec{H}(\vec{r},t)+\vec{M}(\vec{r},t)]\tag{2.2}$$

$\vec{P}(\vec{r},t)$和$\vec{M}(\vec{r},t)$分别是极化矢量和磁化矢量，ε和μ分别是媒质的介电常数(permittivity)和磁导率(permeability)[3~8, 15, 17, 25]。

在下文中仅考虑电磁波在无源线性媒质中的传播，即无饱和(saturation)和迟滞(hysteresis)现象，由此可得$\vec{M}(\vec{r},t)=\vec{P}(\vec{r},t)=0$和$\vec{J}_{\mathrm{a}}(\vec{r},t)=0$。

将式(2.1)和式(2.2)代入矢量方程$\vec{\nabla}\wedge[\vec{\nabla}\wedge\vec{E}(\vec{r},t)]=\vec{\nabla}[\vec{\nabla}\cdot\vec{E}(\vec{r},t)]-\Delta\vec{E}(\vec{r},t)$中，可得波动方程(wave equation)为[3~8, 15, 17, 25]

$$\Delta\vec{E}(\vec{r},t)-\mu\varepsilon\frac{\partial^2\vec{E}(\vec{r},t)}{\partial t^2}-\mu\sigma\frac{\partial\vec{E}(\vec{r},t)}{\partial t}=\frac{1}{\varepsilon}\frac{\partial\vec{\nabla}\rho(\vec{r},t)}{\partial t}\tag{2.3}$$

2.1.2　单色平面波解

式(2.3)给出的波动方程存在无穷多个解，通常采用幅度恒定的单色平面波进行极化分析[3~8, 17, 21, 25]。单色波假设隐含了传播媒质中不存在自由电荷，所以式(2.3)右端的$\frac{\partial\vec{\nabla}\rho(\vec{r},t)}{\partial t}$为零，即传播媒质内不存在自由电荷(例如，包含带电粒子的等离子体会与电磁波相互影响，因此不属于满足假设的传播媒质)。

将时空域单色波电场$\vec{E}(\vec{r},t)$用复振幅$\underline{\vec{E}}(\vec{r})$表达，如下所示：

$$\vec{E}(\vec{r},t)=\mathrm{Re}\left[\underline{\vec{E}}(\vec{r})\mathrm{e}^{\mathrm{j}\omega t}\right]\tag{2.4}$$

可以显著简化波动方程的表达。

式(2.3)中的波动方程可以写为

$$\Delta\underline{\vec{E}}(\vec{r}) + \omega^2\mu\varepsilon\left(1 - \mathrm{j}\frac{\sigma}{\varepsilon\omega}\right)\underline{\vec{E}}(\vec{r}) = \Delta\underline{\vec{E}}(\vec{r}) + \underline{\boldsymbol{k}}^2\underline{\vec{E}}(\vec{r}) = 0 \tag{2.5}$$

并且有$\underline{\boldsymbol{k}}^2 = \omega^2\mu\underline{\varepsilon}$，其中

$$\underline{\varepsilon} = \varepsilon' - \mathrm{j}\varepsilon'' = \varepsilon - \mathrm{j}\frac{\sigma}{\omega} \tag{2.6}$$

由上式可得

$$\underline{\boldsymbol{k}}^2 = \omega\sqrt{\mu\underline{\varepsilon}} = \omega\sqrt{\mu\varepsilon}\sqrt{1 - \mathrm{j}\frac{\varepsilon''}{\varepsilon}} = \beta - \mathrm{j}\alpha \tag{2.7}$$

沿波矢 $\hat{\boldsymbol{k}}$ 方向传输且幅度为复常数 $\underline{\vec{E}}_0$ 的单色平面波一般可用以下复数形式表达：

$$\underline{\vec{E}}(\vec{r}) = \underline{\vec{E}}_0\mathrm{e}^{-\mathrm{j}\underline{\vec{k}}\cdot\vec{r}}, \quad \underline{\vec{E}}(\vec{r})\cdot\hat{\boldsymbol{k}} = 0 \tag{2.8}$$

可以证明，由式(2.8)定义的电磁波满足式(2.5)给出的传播方程。不失一般性，在 $(\hat{x},\hat{y},\hat{z})$ 正交基下选择传播方向 $\hat{\boldsymbol{k}} = \hat{z}$，可以将电场表达为

$$\underline{\vec{E}}(z) = \underline{\vec{E}}_0\mathrm{e}^{-\alpha z}\mathrm{e}^{-\mathrm{j}\beta z}, \quad E_{0z} = 0 \tag{2.9}$$

在式(2.9)中，β 代表时域波数(wave number)，α 为衰减因子(attenuation factor)。由此可得电场强度的时域矢量表达形式为

$$\vec{E}(z,t) = \begin{bmatrix} E_{0x}\mathrm{e}^{-az}\cos(\omega t - kz + \delta_x) \\ E_{0y}\mathrm{e}^{-az}\cos(\omega t - kz + \delta_y) \\ 0 \end{bmatrix} \tag{2.10}$$

衰减因子在电场矢量各分量上是相同的，与波的极化特性无关，因此可假设媒质无损，即 $\alpha = 0$，于是：

$$\vec{E}(z,t) = \begin{bmatrix} E_{0x}\cos(\omega t - kz + \delta_x) \\ E_{0y}\cos(\omega t - kz + \delta_y) \\ 0 \end{bmatrix} \tag{2.11}$$

如图 2.1 所示，在 $t = t_0$ 时刻，电场强度由一对相互正交且幅度和初始相位不同的正弦波构成[3~8, 17, 21]。

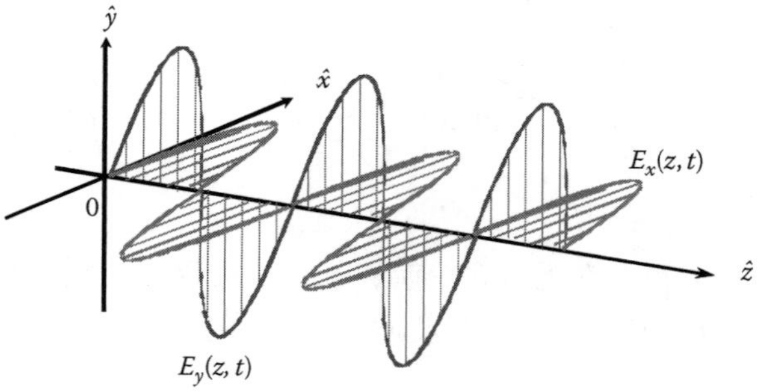

图 2.1　空间中的单色平面波分量

定义如下三种极化方式(见图 2.2 至图 2.4)：

- 线极化：$\delta = \delta_y - \delta_x = 0$

  线极化的电场是在与 $\hat{x}$ 轴方向夹角为 ϕ 的平面上振荡的正弦波，并有

$$\vec{E}(z,t_0)=\sqrt{E_{0x}^2+E_{0y}^2}\begin{bmatrix}\cos\phi\\ \sin\phi\\ 0\end{bmatrix}\cos(\omega t_0-kz+\delta_x) \tag{2.12}$$

- 圆极化：$\delta=\delta_y-\delta_x=\frac{\pi}{2}+n\pi$，$n$ 为整数且 $E_{0x}=E_{0y}$。

  这种情况下，电场矢量围绕 $\hat{z}$ 轴旋转（见图 2.3），矢量的模为常量，矢量与 $\hat{x}$ 轴的夹角为 $\phi(z)$，有

$$|\vec{E}(z,t_0)|^2=E_{0x}^2+E_{0y}^2 \quad 且 \quad \phi(z)=\pm(\omega t_0-kz+\delta_x) \tag{2.13}$$

- 椭圆极化：除线极化与圆极化以外的其他所有形式。
  椭圆极化情况下，电场矢量终点描述了一条围绕 $\hat{z}$ 轴的螺线轨迹。

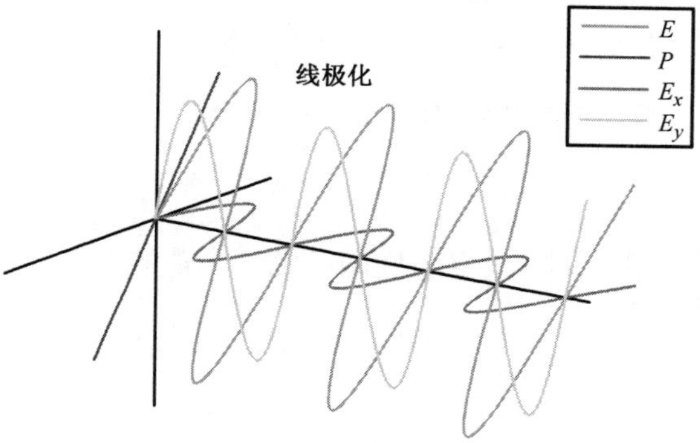

图 2.2　空间中的线极化（水平极化）平面波

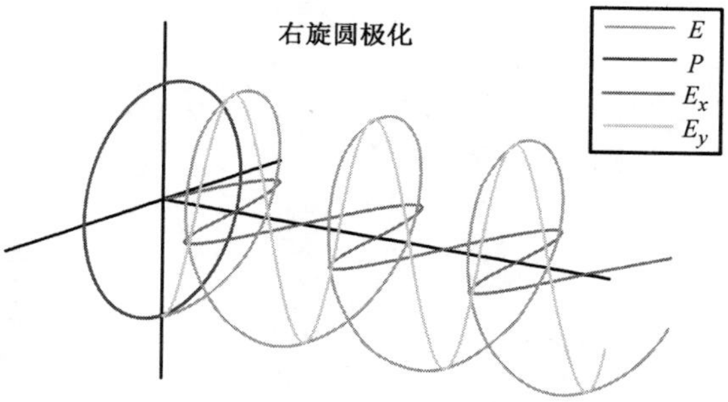

图 2.3　空间中的圆极化平面波

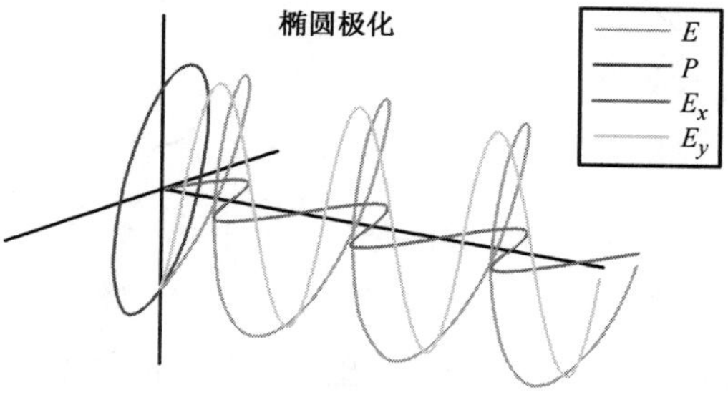

图 2.4　空间中的椭圆极化平面波

2.2 极化椭圆

上节介绍了空间中的单色平面波沿螺旋形轨迹围绕 $\hat{z}$ 轴运动。三维螺旋曲线难以在实际应用中用于描述和分析问题。因此，通常在固定位置 $z=z_0$ 处描述波的时域特征[3~8, 11, 21]。

在 $\hat{z}$ 轴某固定点上取垂直于波传播方向的等相位面，在等相位面内研究电磁波的时变特性。如图 2.4 所示，随着时间的推移，电磁波在不断"穿越"等相位面的同时形成了特征椭圆轨迹。

随时间变化的电磁波轨迹特征可由以下 $\vec{E}(z_0,t)$ 分量形成的参数关系来定义：

$$\left[\frac{E_x(z_0,t)}{E_{0x}}\right]^2 - 2\frac{E_x(z_0,t)E_y(z_0,t)}{E_{0x}E_{0y}}\cos(\delta_y-\delta_x) + \left[\frac{E_y(z_0,t)}{E_{0y}}\right]^2 = \sin^2(\delta_y-\delta_x) \tag{2.14}$$

式(2.14)是极化椭圆方程，用于定义电磁波的极化状态。

图 2.5 中的极化椭圆形状可由以下三个参数来定义。

- 椭圆幅度 A 由椭圆的长轴和短轴来确定：

$$A=\sqrt{E_{0x}^2+E_{0y}^2} \tag{2.15}$$

- 椭圆方向角 $\phi\in\left[-\frac{\pi}{2},\frac{\pi}{2}\right]$，定义为椭圆长轴与 $\hat{x}$ 轴的夹角，且

$$\tan 2\phi = 2\frac{E_{0x}E_{0y}}{E_{0x}^2-E_{0y}^2}\cos\delta, \quad \delta=\delta_y-\delta_x \tag{2.16}$$

- 椭圆孔径 $|\tau|\in\left[0,\frac{\pi}{4}\right]$，也称椭圆率角，由下式定义：

$$|\sin 2\tau| = 2\frac{E_{0x}E_{0y}}{E_{0x}^2+E_{0y}^2}|\sin\delta| \tag{2.17}$$

电磁波矢量 $\vec{E}(z_0,t)$ 随时间变化在 $(\hat{x},\hat{y})$ 平面上旋转形成极化椭圆。$\xi(t)$ 定义为 $\vec{E}(z_0,t)$ 与 $\hat{x}$ 轴随时间变化的夹角，如图 2.6 所示[22, 23]。

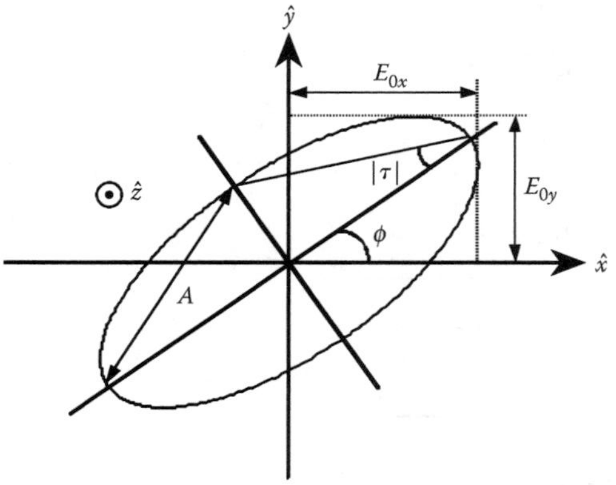

图 2.5 极化椭圆

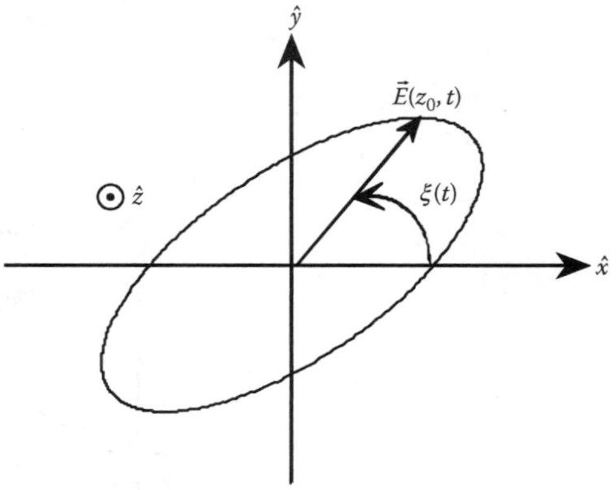

图 2.6 随时间变化而旋转的 $\vec{E}(z_0,t)$

该角可由电场强度分量定义，用于测定电磁波矢量随时间变化的旋转方向[22, 23]。

$$\tan\xi(t) = \frac{E_y(z_0,t)}{E_x(z_0,t)} = \frac{E_{0y}\cos(\omega t - kz_0+\delta_y)}{E_{0x}\cos(\omega t - kz_0+\delta_x)} \tag{2.18}$$

$\xi(t)$ 的旋转方向可由椭圆率角 τ 的符号定义：

$$\frac{\partial \xi(t)}{\partial t} \propto -\sin\delta \;\Rightarrow\; \mathrm{sign}\left(\frac{\partial \xi(t)}{\partial t}\right) = -\mathrm{sign}(\tau) \tag{2.19}$$

式中，

$$\sin 2\tau = 2\frac{E_{0x}E_{0y}}{E_{0x}^2 + E_{0y}^2}\sin\delta \tag{2.20}$$

依照惯例，旋转方向应依据电磁波传播方向定义。右手旋转对应 $\frac{\partial \xi(t)}{\partial t} > 0 \Rightarrow (\tau,\delta) < 0$，而左手旋转由 $\frac{\partial \xi(t)}{\partial t} < 0 \Rightarrow (\tau,\delta) > 0$ 表征。图 2.7 给出了旋转方向约定的示意图[22, 23]。

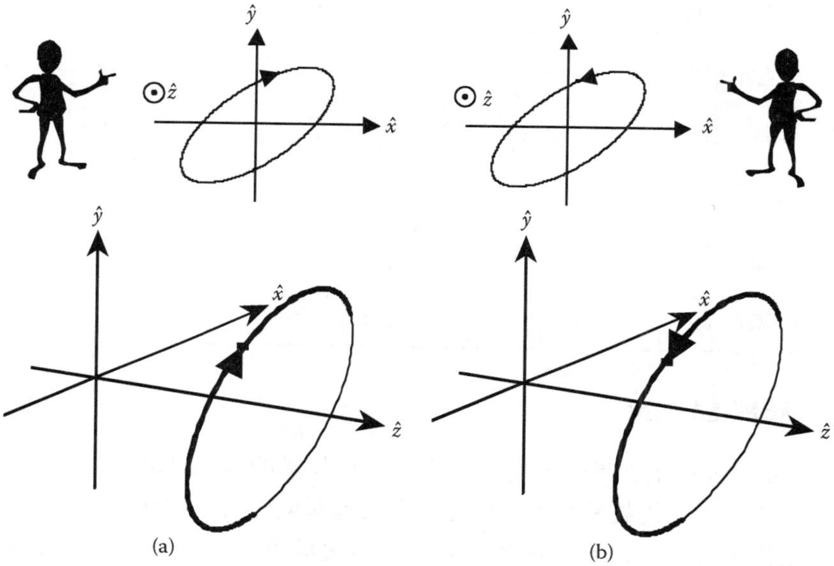

图 2.7　(a) 左旋椭圆极化；(b) 右旋椭圆极化

2.3　琼斯矢量

2.3.1　定义

为了用最少的信息量描述电磁波极化状态，可以将单色平面电场表达为琼斯矢量的形式[1, 2, 18 ~ 20]。

式(2.11)中的矢量 $\vec{E}(z,t)$ 在时间空间域中可由下式表达：

$$\begin{aligned}\vec{E}(z,t) &= \begin{bmatrix} E_{0x}\cos(\omega t - kz + \delta_x) \\ E_{0y}\cos(\omega t - kz + \delta_y) \end{bmatrix} = \mathrm{Re}\left\{\begin{bmatrix} E_{0x}\mathrm{e}^{\mathrm{j}\delta_x} \\ E_{0y}\mathrm{e}^{\mathrm{j}\delta_y} \end{bmatrix}\mathrm{e}^{-\mathrm{j}kz}\mathrm{e}^{\mathrm{j}\omega t}\right\} \\ &= \mathrm{Re}\left\{\underline{\vec{E}}(z)\mathrm{e}^{\mathrm{j}\omega t}\right\}\end{aligned} \tag{2.21}$$

琼斯矢量 $\underline{\boldsymbol{E}}$ 可由复电场强度矢量 $\underline{\vec{E}}(z)$ 定义为

$$\underline{\boldsymbol{E}} = \underline{\vec{E}}(z)\big|_{z=0} = \underline{\vec{E}}(0) = \begin{bmatrix} E_{0x}\mathrm{e}^{\mathrm{j}\delta_x} \\ E_{0y}\mathrm{e}^{\mathrm{j}\delta_y} \end{bmatrix} \tag{2.22}$$

由于极化椭圆表征定义的电磁波极化状态与琼斯矢量描述是等价的，琼斯矢量可定义为极化椭圆参数的二维复矢量函数[3~8, 15, 17]

$$\underline{\boldsymbol{E}} = A\mathrm{e}^{+\mathrm{j}\alpha}\begin{bmatrix}\cos\phi\cos\tau - \mathrm{j}\sin\phi\sin\tau \\ \sin\phi\cos\tau + \mathrm{j}\cos\phi\sin\tau\end{bmatrix} \tag{2.23}$$

式中 α 是绝对相位项。琼斯矢量的矩阵形式更加简洁，可定义为

$$\underline{\boldsymbol{E}} = A\mathrm{e}^{+\mathrm{j}\alpha}\begin{bmatrix}\cos\phi & -\sin\phi \\ \sin\phi & \cos\phi\end{bmatrix}\begin{bmatrix}\cos\tau \\ \mathrm{j}\sin\tau\end{bmatrix} \tag{2.24}$$

下表列出了几种典型极化状态的琼斯矢量和与之对应的极化椭圆参数：

极化状态	单位琼斯矢量 $\hat{\boldsymbol{u}}_{(x,y)}$	椭圆方向角 ϕ	椭圆率角 τ
水平极化(H)	$\hat{\boldsymbol{u}}_{\mathrm{H}} = \begin{bmatrix}1\\0\end{bmatrix}$	0	0
垂直极化(V)	$\hat{\boldsymbol{u}}_{\mathrm{V}} = \begin{bmatrix}0\\1\end{bmatrix}$	$\frac{\pi}{2}$	0
+45°线极化	$\hat{\boldsymbol{u}}_{+45} = \frac{1}{\sqrt{2}}\begin{bmatrix}1\\1\end{bmatrix}$	$\frac{\pi}{4}$	0
-45°线极化	$\hat{\boldsymbol{u}}_{-45} = \frac{1}{\sqrt{2}}\begin{bmatrix}1\\-1\end{bmatrix}$	$-\frac{\pi}{4}$	0
左旋圆极化	$\hat{\boldsymbol{u}}_{\mathrm{L}} = \frac{1}{\sqrt{2}}\begin{bmatrix}1\\\mathrm{j}\end{bmatrix}$	$\left(-\frac{\pi}{2}\cdots\frac{\pi}{2}\right]$	$\frac{\pi}{4}$
右旋圆极化	$\hat{\boldsymbol{u}}_{\mathrm{R}} = \frac{1}{\sqrt{2}}\begin{bmatrix}1\\-\mathrm{j}\end{bmatrix}$	$\left(-\frac{\pi}{2}\cdots\frac{\pi}{2}\right]$	$-\frac{\pi}{4}$

2.3.2 特殊酉群 SU(2)

可以证明，本节介绍的代数性质有助于简化极化矢量的复杂计算。根据群理论，通过乘性泡利矩阵群建立的极化代数是一种可以完全简洁地对电磁波极化状态进行定义的原始表达形式。本节在给出极化代数之后，将介绍琼斯矢量之间的正交性条件，定义椭圆极化正交基，并在最后介绍一般极化基变换的概念[10~15]。

首先，考虑经典的酉(Unitary)泡利矩阵群

$$\boldsymbol{\sigma}_0 = \begin{bmatrix}1 & 0\\0 & 1\end{bmatrix},\quad \boldsymbol{\sigma}_1 = \begin{bmatrix}1 & 0\\0 & -1\end{bmatrix},\quad \boldsymbol{\sigma}_2 = \begin{bmatrix}0 & 1\\1 & 0\end{bmatrix},\quad \boldsymbol{\sigma}_3 = \begin{bmatrix}0 & -\mathrm{j}\\\mathrm{j} & 0\end{bmatrix} \tag{2.25}$$

式中四个矩阵定义的四元群满足$\boldsymbol{\sigma}_i^{-1} = \boldsymbol{\sigma}_i^{\mathrm{T}*}$，$|\det(\boldsymbol{\sigma}_i)| = 1$，交换律$\boldsymbol{\sigma}_i\boldsymbol{\sigma}_j = -\boldsymbol{\sigma}_j\boldsymbol{\sigma}_i$和$\boldsymbol{\sigma}_i\boldsymbol{\sigma}_i = \boldsymbol{\sigma}_0$，以及下列乘法律表[15]：

$\overrightarrow{\otimes}$	$\boldsymbol{\sigma}_0$	$\boldsymbol{\sigma}_1$	$\boldsymbol{\sigma}_2$	$\boldsymbol{\sigma}_3$
$\boldsymbol{\sigma}_0$	$\boldsymbol{\sigma}_0$	$\boldsymbol{\sigma}_1$	$\boldsymbol{\sigma}_2$	$\boldsymbol{\sigma}_3$
$\boldsymbol{\sigma}_1$	$\boldsymbol{\sigma}_1$	$\boldsymbol{\sigma}_0$	$\mathrm{j}\boldsymbol{\sigma}_3$	$-\mathrm{j}\boldsymbol{\sigma}_2$
$\boldsymbol{\sigma}_2$	$\boldsymbol{\sigma}_2$	$-\mathrm{j}\boldsymbol{\sigma}_3$	$\boldsymbol{\sigma}_0$	$\mathrm{j}\boldsymbol{\sigma}_1$
$\boldsymbol{\sigma}_3$	$\boldsymbol{\sigma}_3$	$\mathrm{j}\boldsymbol{\sigma}_2$	$-\mathrm{j}\boldsymbol{\sigma}_1$	$\boldsymbol{\sigma}_0$

特殊酉矩阵群 SU(2)定义为[15]

$$\boldsymbol{A} = \mathrm{e}^{+\mathrm{j}\alpha\boldsymbol{\sigma}_p} = \boldsymbol{\sigma}_0\cos\alpha + \mathrm{j}\boldsymbol{\sigma}_p\sin\alpha \tag{2.26}$$

由此可将三个复旋转矩阵表示为如下特殊酉群(Special Unitary)的形式[10~15]：

$$
\begin{aligned}
\boldsymbol{U}_2(\phi) &= \begin{bmatrix} \cos\phi & -\sin\phi \\ \sin\phi & \cos\phi \end{bmatrix} = \boldsymbol{\sigma}_0\cos\phi - \mathrm{j}\boldsymbol{\sigma}_3\sin\phi = \mathrm{e}^{-\mathrm{j}\phi\boldsymbol{\sigma}_3} \\
\boldsymbol{U}_2(\tau) &= \begin{bmatrix} \cos\tau & \mathrm{j}\sin\tau \\ \mathrm{j}\sin\tau & \cos\tau \end{bmatrix} = \boldsymbol{\sigma}_0\cos\tau + \mathrm{j}\boldsymbol{\sigma}_2\sin\tau = \mathrm{e}^{+\mathrm{j}\tau\boldsymbol{\sigma}_2} \\
\boldsymbol{U}_2(\alpha) &= \begin{bmatrix} \mathrm{e}^{+\mathrm{j}\alpha} & 0 \\ 0 & \mathrm{e}^{-\mathrm{j}\alpha} \end{bmatrix} = \boldsymbol{\sigma}_0\cos\alpha + \mathrm{j}\boldsymbol{\sigma}_1\sin\alpha = \mathrm{e}^{+\mathrm{j}\alpha\boldsymbol{\sigma}_1}
\end{aligned}
\tag{2.27}
$$

这三个矩阵都满足$\boldsymbol{U}_2^{-1} = \boldsymbol{U}_2^{*\mathrm{T}}$，其中“$*\mathrm{T}$”代表共轭转置，行列式$|\boldsymbol{U}| = +1$，另外还满足[15]

$$
\begin{aligned}
&\mathrm{e}^{-\mathrm{j}\phi\boldsymbol{\sigma}_3^{\mathrm{T}}} = \mathrm{e}^{+\mathrm{j}\phi\boldsymbol{\sigma}_3},\quad \mathrm{e}^{+\mathrm{j}\phi\boldsymbol{\sigma}_2^{\mathrm{T}}} = \mathrm{e}^{+\mathrm{j}\phi\boldsymbol{\sigma}_2},\quad \mathrm{e}^{+\mathrm{j}\alpha\boldsymbol{\sigma}_1^{\mathrm{T}}} = \mathrm{e}^{+\mathrm{j}\alpha\boldsymbol{\sigma}_1} \\
&\mathrm{e}^{-\mathrm{j}\phi\boldsymbol{\sigma}_3^{*}} = \mathrm{e}^{-\mathrm{j}\phi\boldsymbol{\sigma}_3},\quad \mathrm{e}^{+\mathrm{j}\phi\boldsymbol{\sigma}_2^{*}} = \mathrm{e}^{-\mathrm{j}\phi\boldsymbol{\sigma}_2},\quad \mathrm{e}^{+\mathrm{j}\alpha\boldsymbol{\sigma}_1^{*}} = \mathrm{e}^{-\mathrm{j}\alpha\boldsymbol{\sigma}_1}
\end{aligned}
\tag{2.28}
$$

并且

$$
\begin{cases} \mathrm{e}^{+\mathrm{j}(\alpha+\beta)\boldsymbol{\sigma}_p} = \mathrm{e}^{+\mathrm{j}\alpha\boldsymbol{\sigma}_p}\mathrm{e}^{+\mathrm{j}\beta\boldsymbol{\sigma}_p} \\ \boldsymbol{\sigma}_p\mathrm{e}^{+\mathrm{j}\alpha\boldsymbol{\sigma}_q} = \mathrm{e}^{-\mathrm{j}\alpha\boldsymbol{\sigma}_q}\boldsymbol{\sigma}_p \end{cases} \quad \text{其中 } \boldsymbol{\sigma}_p, \boldsymbol{\sigma}_q \in \{\boldsymbol{\sigma}_1, \boldsymbol{\sigma}_2, \boldsymbol{\sigma}_3\} \quad \text{且} \quad \boldsymbol{\sigma}_p \neq \boldsymbol{\sigma}_q
\tag{2.29}
$$

下式定义了笛卡儿基 $(\hat{x},\hat{y})$ 下，一般椭圆极化状态 $\underline{\boldsymbol{E}}_{(\hat{x},\hat{y})}$ 的琼斯矢量形式[15]：

$$
\begin{aligned}
\underline{\boldsymbol{E}}_{(\hat{x},\hat{y})} &= A\mathrm{e}^{+\mathrm{j}\alpha}\begin{bmatrix} \cos\phi & -\sin\phi \\ \sin\phi & \cos\phi \end{bmatrix}\begin{bmatrix} \cos\tau \\ \mathrm{j}\sin\tau \end{bmatrix} \\
&= A\mathrm{e}^{+\mathrm{j}\alpha}\begin{bmatrix} \cos\phi & -\sin\phi \\ \sin\phi & \cos\phi \end{bmatrix}\begin{bmatrix} \cos\tau & \mathrm{j}\sin\tau \\ \mathrm{j}\sin\tau & \cos\tau \end{bmatrix}\begin{bmatrix} 1 \\ 0 \end{bmatrix} \\
&= A\begin{bmatrix} \cos\phi & -\sin\phi \\ \sin\phi & \cos\phi \end{bmatrix}\begin{bmatrix} \cos\tau & \mathrm{j}\sin\tau \\ \mathrm{j}\sin\tau & \cos\tau \end{bmatrix}\begin{bmatrix} \mathrm{e}^{+\mathrm{j}\alpha} & 0 \\ 0 & \mathrm{e}^{-\mathrm{j}\alpha} \end{bmatrix}\begin{bmatrix} 1 \\ 0 \end{bmatrix} \\
&= A\boldsymbol{U}_2(\phi)\boldsymbol{U}_2(\tau)\boldsymbol{U}_2(\alpha)\hat{x} = A\boldsymbol{U}_2(\phi,\ \tau,\ \alpha)\hat{x} \\
&= A\mathrm{e}^{-\mathrm{j}\phi\boldsymbol{\sigma}_3}\mathrm{e}^{+\mathrm{j}\tau\boldsymbol{\sigma}_2}\mathrm{e}^{+\mathrm{j}\alpha\boldsymbol{\sigma}_1}\hat{x}
\end{aligned}
\tag{2.30}
$$

式中 $\hat{x} = \hat{\boldsymbol{u}}_{\mathrm{H}}$，代表水平极化状态下的单位琼斯矢量。

2.3.3　正交极化状态与极化基

如果两个琼斯矢量 $\underline{\boldsymbol{E}}_1$ 和 $\underline{\boldsymbol{E}}_2$ 的厄米标量积为零，即

$$
\langle \underline{\boldsymbol{E}}_1 | \underline{\boldsymbol{E}}_2 \rangle = \underline{\boldsymbol{E}}_1^{\mathrm{T}} \cdot \underline{\boldsymbol{E}}_2^{*} = 0
\tag{2.31}
$$

则称 $\underline{\boldsymbol{E}}_1$ 与 $\underline{\boldsymbol{E}}_2$ 正交。

根据式(2.24)定义的琼斯矢量$\underline{\boldsymbol{E}}_{(\hat{x},\hat{y})}$，可直接定义与之相对应的正交琼斯矢量 $\underline{\boldsymbol{E}}_{(\hat{x},\hat{y})_\perp}$ 如下：

$$
\begin{aligned}
\underline{\boldsymbol{E}}_{(\hat{x},\hat{y})_\perp} &= A\boldsymbol{U}_2(\phi,\tau,\alpha)\hat{y} \\
&= A\begin{bmatrix} \cos\phi & -\sin\phi \\ \sin\phi & \cos\phi \end{bmatrix}\begin{bmatrix} \cos\tau & \mathrm{j}\sin\tau \\ \mathrm{j}\sin\tau & \cos\tau \end{bmatrix}\begin{bmatrix} \mathrm{e}^{+\mathrm{j}\alpha} & 0 \\ 0 & \mathrm{e}^{-\mathrm{j}\alpha} \end{bmatrix}\hat{y}
\end{aligned}
\tag{2.32}
$$

式中 $\hat{y} = \hat{\boldsymbol{u}}_{\mathrm{V}}$，代表垂直极化状态下的单位琼斯矢量。

现将正交琼斯矢量 $\underline{\boldsymbol{E}}_{(\hat{x},\hat{y})_\perp}$ 表示为单位琼斯矢量 $\hat{x} = \hat{\boldsymbol{u}}_{\mathrm{H}}$ 的函数如下[3-8, 15, 17]：

$$
\begin{aligned}
\underline{\boldsymbol{E}}_{(\hat{x},\hat{y})_\perp} &= A\begin{bmatrix} \cos\left(\phi+\frac{\pi}{2}\right) & -\sin\left(\phi+\frac{\pi}{2}\right) \\ \sin\left(\phi+\frac{\pi}{2}\right) & \cos\left(\phi+\frac{\pi}{2}\right) \end{bmatrix}\begin{bmatrix} \cos\tau & -\mathrm{j}\sin\tau \\ -\mathrm{j}\sin\tau & \cos\tau \end{bmatrix}\begin{bmatrix} \mathrm{e}^{-\mathrm{j}\alpha} & 0 \\ 0 & \mathrm{e}^{+\mathrm{j}\alpha} \end{bmatrix}\hat{x} \\
&= A\boldsymbol{U}_2(\phi_\perp,\tau_\perp,\alpha_\perp)\hat{x}
\end{aligned}
\tag{2.33}
$$

因此，由正交性条件可得，两个相互正交的琼斯矢量 $\underline{\boldsymbol{E}}_{(\hat{x},\hat{y})}$ 和 $\underline{\boldsymbol{E}}_{(\hat{x},\hat{y})\perp}$ 的极化椭圆参数满足

$$\phi_\perp=\phi+\frac{\pi}{2},\quad \tau_\perp=-\tau,\quad \alpha_\perp=-\alpha \tag{2.34}$$

需要指出的是，琼斯矢量的正交性条件不依赖于其绝对相位项，即若 $\underline{\boldsymbol{E}}$ 与 $\underline{\boldsymbol{E}}_\perp$ 正交，则对任何 ψ 都有 $\underline{\boldsymbol{E}}$ 与 $\underline{\boldsymbol{E}}_\perp \mathrm{e}^{\mathrm{j}\psi}$ 正交。

若笛卡儿基 $(\hat{x},\hat{y})$ 经如下变换得到：

$$\underline{\boldsymbol{u}}=\boldsymbol{U}_2(\phi)\boldsymbol{U}_2(\tau)\boldsymbol{U}_2(\alpha)\hat{x}\quad 和\quad \underline{\boldsymbol{u}}_\perp=\boldsymbol{U}_2(\phi)\boldsymbol{U}_2(\tau)\boldsymbol{U}_2(\alpha)\hat{y} \tag{2.35}$$

或等价地得到

$$\underline{\boldsymbol{u}}=\boldsymbol{U}_2(\phi)\boldsymbol{U}_2(\tau)\boldsymbol{U}_2(\alpha)\hat{x}\quad 和\quad \underline{\boldsymbol{u}}_\perp=\boldsymbol{U}_2\left(\phi+\frac{\pi}{2}\right)\boldsymbol{U}_2(-\tau)\boldsymbol{U}_2(-\alpha)\hat{x} \tag{2.36}$$

则这两个单位正交琼斯矢量 $\underline{\boldsymbol{u}}$ 和 $\underline{\boldsymbol{u}}_\perp$ 可组成一对椭圆极化基。

由上述内容可知，利用式(2.35)，可根据任意单位琼斯矢量 $\underline{\boldsymbol{u}}=\boldsymbol{U}_2(\phi,\tau,\alpha)\hat{x}$ 得到极化基中第二个琼斯矢量分量 $\underline{\boldsymbol{u}}_\perp$，从而唯一确定一组极化基。需要指出，在式(2.35)中定义的极化基必须保证两个琼斯矢量分量具有相同的绝对相位值 α。这并不是 $\underline{\boldsymbol{u}}$ 与 $\underline{\boldsymbol{u}}_\perp$ 相互正交的必要条件，但不满足该条件将会给极化响应分析带来严重的问题。接下来给出极化基定义的实例，设 $\hat{\boldsymbol{r}}$ 为右旋圆极化状态下的单位琼斯矢量[18~20]

$$\hat{\boldsymbol{r}}=\boldsymbol{U}_2(\phi=0)\boldsymbol{U}_2\left(\tau=-\frac{\pi}{4}\right)\boldsymbol{U}_2(\alpha=0)\hat{x}=\frac{1}{\sqrt{2}}\begin{bmatrix}1\\-\mathrm{j}\end{bmatrix} \tag{2.37}$$

那么极化基中的第二个分量必须定义为

$$\hat{\boldsymbol{r}}_\perp=\boldsymbol{U}_2\left(\phi=+\frac{\pi}{2}\right)\boldsymbol{U}_2\left(\tau=+\frac{\pi}{4}\right)\boldsymbol{U}_2(\alpha=0)\hat{x}=\frac{1}{\sqrt{2}}\begin{bmatrix}-\mathrm{j}\\1\end{bmatrix} \tag{2.38}$$

由上式可见，$\hat{\boldsymbol{r}}_\perp$ 与下式定义的左旋圆极化单位琼斯矢量 $\hat{\boldsymbol{l}}$ 的一般形式略有差别：

$$\hat{\boldsymbol{l}}=\frac{1}{\sqrt{2}}\begin{bmatrix}1\\\mathrm{j}\end{bmatrix}=\hat{\boldsymbol{r}}_\perp\mathrm{e}^{\mathrm{j}\frac{\pi}{2}} \tag{2.39}$$

$\hat{\boldsymbol{r}}_\perp$ 与 $\hat{\boldsymbol{l}}$ 都可以代表左旋圆极化状态，但在式(2.35)的定义下，只有 $\hat{\boldsymbol{r}}_\perp$ 能与 $\hat{\boldsymbol{r}}$ 构成一对极化基。

2.3.4 极化基变换

雷达极化学的主要优势之一是一旦获得了一组极化基下的目标响应，也就获得了任意其他基下的极化响应，无须额外的测量，只经过简单的数学变换即可[18~20]。

笛卡儿基 $(\hat{x},\hat{y})$ 下的琼斯矢量 $\underline{\boldsymbol{E}}_{(\hat{x},\hat{y})}=E_x\hat{x}+E_y\hat{y}$ 只需经过特殊酉变换即可得到正交极化基 $(\hat{\boldsymbol{u}},\hat{\boldsymbol{u}}_\perp)$ 下的琼斯矢量 $\underline{\boldsymbol{E}}_{(\hat{u},\hat{u}_\perp)}=E_u\hat{\boldsymbol{u}}+E_{u_\perp}\hat{\boldsymbol{u}}_\perp$。新基下的坐标 E_u 与 $E_{u_\perp}$ 可由下式确定：

$$\begin{aligned}&\underline{\boldsymbol{E}}_{(\hat{u},\hat{u}_\perp)}=E_u\hat{\boldsymbol{u}}+E_{u_\perp}\hat{\boldsymbol{u}}_\perp\\&\qquad\Rightarrow\ \underline{\boldsymbol{E}}_{(\hat{x},\hat{y})}=E_u\boldsymbol{U}_2(\phi,\tau,\alpha)\hat{x}+E_{u_\perp}\boldsymbol{U}_2(\phi,\tau,\alpha)\hat{y}=E_x\hat{x}+E_y\hat{y}\end{aligned} \tag{2.40}$$

即

$$\begin{bmatrix}E_u\\E_{u_\perp}\end{bmatrix}=\boldsymbol{U}_2(\phi,\tau,\alpha)^{-1}\begin{bmatrix}E_x\\E_y\end{bmatrix} \tag{2.41}$$

最后，椭圆极化基变换可定义为

$$\underline{\boldsymbol{E}}_{(\hat{u},\hat{u}_\perp)} = \boldsymbol{U}_{2(\hat{x},\hat{y})\to(\hat{u},\hat{u}_\perp)}\underline{\boldsymbol{E}}_{(\hat{x},\hat{y})} \tag{2.42}$$

其中

$$\boldsymbol{U}_{2(\hat{x},\hat{y})\to(\hat{u},\hat{u}_\perp)} = \boldsymbol{U}_2(\phi,\ \tau,\ \alpha)^{-1} = \boldsymbol{U}_2(-\alpha)\boldsymbol{U}_2(-\tau)\boldsymbol{U}_2(-\phi) \tag{2.43}$$

总之，对于任意椭圆极化基变换，特殊酉矩阵 SU(2)都可以定义为

$$\begin{aligned}\boldsymbol{U}_2(\phi,\tau,\alpha) &= \boldsymbol{U}_2(\phi)\boldsymbol{U}_2(\tau)\boldsymbol{U}_2(\alpha)\\ &= \begin{bmatrix}\cos\phi & -\sin\phi\\ \sin\phi & \cos\phi\end{bmatrix}\begin{bmatrix}\cos\tau & \mathrm{j}\sin\tau\\ \mathrm{j}\sin\tau & \cos\tau\end{bmatrix}\begin{bmatrix}\mathrm{e}^{+\mathrm{j}\alpha} & 0\\ 0 & \mathrm{e}^{-\mathrm{j}\alpha}\end{bmatrix}\\ &= \frac{1}{\sqrt{1+|\rho|^2}}\begin{bmatrix}1 & -\rho*\\ \rho & 1\end{bmatrix}\begin{bmatrix}\mathrm{e}^{+\mathrm{j}\xi} & 0\\ 0 & \mathrm{e}^{-\mathrm{j}\xi}\end{bmatrix}\end{aligned} \tag{2.44}$$

式中 α、ϕ 和 τ 表示由新基下主琼斯矢量描述的极化椭圆的三个几何参数。特殊酉变换矩阵 SU(2)也可以用下式的新基下主琼斯矢量的极化比参数 ρ 和 ξ 来描述，如下式所示[3~8, 17]：

$$\rho = \frac{\tan\phi + \mathrm{j}\tan\tau}{1-\mathrm{j}\tan\phi\tan\tau},\quad \xi = \alpha - \arctan\left(\tan\phi\tan\tau\right) \tag{2.45}$$

建立新极化基仅需要定义一组正交极化基中的主单位琼斯矢量。一个典型例子是由线极化基到圆极化基的变换。一直以来，线极化基(笛卡儿基)到圆极化基的酉变换矩阵定义为

$$\boldsymbol{U}_{2_{(x,y)\to(l,r)}} = \frac{1}{\sqrt{2}}\begin{bmatrix}1 & 1\\ \mathrm{j} & -\mathrm{j}\end{bmatrix} \tag{2.46}$$

遗憾的是，上式中的矩阵并不满足 $|\boldsymbol{U}_{2\ (\hat{x},\hat{y})\to(\hat{l},\hat{r})}| = +1$，因此并非特殊酉矩阵。即便正交左旋圆极化基与右旋圆极化基相当，正交右旋圆极化基与左旋圆极化基相当，本书仍将采用(左旋-正交左旋)圆极化基和(右旋-正交右旋)圆极化基分别代替(左旋-右旋)圆极化基和(右旋-左旋)圆极化基。极化基替换仅与绝对相位定义的约束有关，在上述正交极化基下可以给出以下两个特殊酉矩阵基变换公式：

$$\begin{gathered}\hat{\boldsymbol{l}} = \boldsymbol{U}_2\left(\phi=0,\tau=+\frac{\pi}{4},\alpha=0\right)\hat{x} \Rightarrow \boldsymbol{U}_2\left(\phi=0,\tau=+\frac{\pi}{4},\alpha=0\right) = \frac{1}{\sqrt{2}}\begin{bmatrix}1 & \mathrm{j}\\ \mathrm{j} & 1\end{bmatrix}\\ \Downarrow\\ \boldsymbol{U}_{2_{(x,\,y)\to(l,l_\perp)}} = \boldsymbol{U}_2\left(\phi=0,\tau=+\frac{\pi}{4},\alpha=0\right)^{-1} = \frac{1}{\sqrt{2}}\begin{bmatrix}1 & -\mathrm{j}\\ -\mathrm{j} & 1\end{bmatrix}\\ \Downarrow\\ \underline{\boldsymbol{E}}_{(\hat{l},\,\hat{l}_\perp)} = \boldsymbol{U}_{2_{(x,y)\to(l,l_\perp)}}\underline{\boldsymbol{E}}_{(\hat{x},\hat{y})}\end{gathered} \tag{2.47}$$

和

$$\begin{gathered}\hat{\boldsymbol{r}} = \boldsymbol{U}_2\left(\phi=0,\tau=-\frac{\pi}{4},\alpha=0\right)\hat{x} \Rightarrow \boldsymbol{U}_2\left(\phi=0,\tau=-\frac{\pi}{4},\alpha=0\right) = \frac{1}{\sqrt{2}}\begin{bmatrix}1 & -\mathrm{j}\\ -\mathrm{j} & 1\end{bmatrix}\\ \Downarrow\\ \boldsymbol{U}_{2(\hat{x},\hat{y})\to(\hat{r},\hat{r}_\perp)} = \boldsymbol{U}_2\left(\phi=0,\tau=-\frac{\pi}{4},\alpha=0\right)^{-1} = \frac{1}{\sqrt{2}}\begin{bmatrix}1 & \mathrm{j}\\ \mathrm{j} & 1\end{bmatrix}\\ \Downarrow\\ \underline{\boldsymbol{E}}_{(\hat{r},\hat{r}_\perp)} = \boldsymbol{U}_{2(\hat{x},\hat{y})\to(\hat{r},\hat{r}_\perp)}\underline{\boldsymbol{E}}_{(\hat{x},\hat{y})}\end{gathered} \tag{2.48}$$

2.4 斯托克斯矢量

2.4.1 平面波矢量的实数表示方法

上节介绍了用复琼斯矢量定义单色平面波电场极化状态的方法。由式(2.22)可知，琼斯矢量包含两个必须由相参雷达系统获取的复变量(每个复变量包含幅度和相位)。与使用年限还比较短的相参雷达系统相比，过去只能利用非相参系统测量入射波的功率值。因此，有必要介绍利用功率测量值(实数)定义电磁波极化状态的方法，即斯托克斯矢量特征定义方法[24]。

琼斯矢量 $\underline{\boldsymbol{E}}$ 与其共轭转置矢量的外积可以得到一个 2×2 的厄米矩阵[15]

$$\underline{\boldsymbol{E}}\cdot\underline{\boldsymbol{E}}^{*\mathrm{T}}=\begin{bmatrix}E_xE_x^* & E_xE_y^*\\ E_yE_x^* & E_yE_y^*\end{bmatrix} \tag{2.49}$$

将泡利矩阵群 $\{\boldsymbol{\sigma}_0,\boldsymbol{\sigma}_1,\boldsymbol{\sigma}_2,\boldsymbol{\sigma}_3\}$ 代入上式，可将式(2.49)分解为[15]

$$\begin{aligned}\begin{bmatrix}E_xE_x^* & E_xE_y^*\\ E_yE_x^* & E_yE_y^*\end{bmatrix}&=\frac{1}{2}\{g_0\boldsymbol{\sigma}_0+g_1\boldsymbol{\sigma}_1+g_2\boldsymbol{\sigma}_2+g_3\boldsymbol{\sigma}_3\}\\&=\frac{1}{2}\begin{bmatrix}g_0+g_1 & g_2-\mathrm{j}g_3\\ g_2+\mathrm{j}g_3 & g_0-g_1\end{bmatrix}\end{aligned} \tag{2.50}$$

式中 $\{g_0,g_1,g_2,g_3\}$ 是斯托克斯参数。根据式(2.50)，斯托克斯矢量 $\underline{\boldsymbol{g}}_{\underline{\boldsymbol{E}}}$ 可定义为[15, 16]

$$\underline{\boldsymbol{g}}_{\underline{\boldsymbol{E}}}=\begin{bmatrix}g_0\\g_1\\g_2\\g_3\end{bmatrix}=\begin{bmatrix}E_xE_x^*+E_yE_y^*\\E_xE_x^*-E_yE_y^*\\E_xE_y^*+E_yE_x^*\\\mathrm{j}(E_xE_y^*-E_yE_x^*)\end{bmatrix}=\begin{bmatrix}|E_x|^2+|E_y|^2\\|E_x|^2-|E_y|^2\\2\mathrm{Re}(E_xE_y^*)\\-2\mathrm{Im}(E_xE_y^*)\end{bmatrix} \tag{2.51}$$

由上式可得关系式

$$g_0^2=g_1^2+g_2^2+g_3^2 \tag{2.52}$$

式(2.52)表明集合 $\{g_0,g_1,g_2,g_3\}$ 中只包含三个独立参数，其中斯托克斯参数 g_0 恒等于平面电磁波的总功率(密度)；g_1 为水平或垂直线极化分量功率值；g_2 为倾斜角 $\psi=45°$ 或 $135°$ 时的线极化分量功率值；g_3 为左旋圆极化和右旋圆极化分量的功率和。如果 $\{g_0,g_1,g_2,g_3\}$ 中四个参数有任意一个不为零，则表明该平面波中包含极化分量。

斯托克斯参数可以完全定义单色平面电磁波的幅度和相对相位，进而定义单色电磁波的极化状态。由式(2.51)可知，斯托克斯参数只能由功率数据得到。因此，斯托克斯矢量能够用四个实参数表征电磁波的极化状态。式(2.51)中给出的斯托克斯矢量也可以写成极化椭圆参数(椭圆方向角 ϕ，椭圆率角 τ，椭圆幅度 A)的形式[15, 16]：

$$\underline{\boldsymbol{g}}_{\underline{\boldsymbol{E}}}=\begin{bmatrix}g_0\\g_1\\g_2\\g_3\end{bmatrix}=\begin{bmatrix}E_{0x}^2+E_{0y}^2\\E_{0x}^2-E_{0y}^2\\2E_{0x}E_{0y}\cos\delta\\2E_{0x}E_{0y}\sin\delta\end{bmatrix}=\begin{bmatrix}A^2\\A^2\cos(2\phi)\cos(2\tau)\\A^2\sin(2\phi)\cos(2\tau)\\A^2\sin(2\tau)\end{bmatrix} \tag{2.53}$$

根据式(2.34)给出的琼斯矢量正交性条件，与正交琼斯矢量 $\underline{\boldsymbol{E}}_{\perp}$ 相对应的斯托克斯矢量 $\underline{\boldsymbol{g}}_{\underline{E}_{\perp}}$ 为

$$\underline{g}_{\underline{E}_\perp} = \begin{bmatrix} A^2 \\ -A^2\cos(2\phi)\cos(2\tau) \\ -A^2\sin(2\phi)\cos(2\tau) \\ -A^2\sin(2\tau) \end{bmatrix} \tag{2.54}$$

J. R. Huynen[15, 16] 证明了在笛卡儿基 $(\hat{x},\hat{y})$ 下也可以利用式(2.27)定义的极化代数和式(2.28)和式(2.29)给出的相关性质，将斯托克斯矢量 $\underline{g}_{\underline{E}}$ 表示为

$$\underline{g}_{\underline{E}} = \begin{bmatrix} \langle \boldsymbol{\sigma}_0\underline{\boldsymbol{E}}|\underline{\boldsymbol{E}}\rangle \\ \langle \boldsymbol{\sigma}_1\underline{\boldsymbol{E}}|\underline{\boldsymbol{E}}\rangle \\ \langle \boldsymbol{\sigma}_2\underline{\boldsymbol{E}}|\underline{\boldsymbol{E}}\rangle \\ \langle \boldsymbol{\sigma}_3\underline{\boldsymbol{E}}|\underline{\boldsymbol{E}}\rangle \end{bmatrix} \tag{2.55}$$

例如，可以将斯托克斯矢量的 g_1 分量表示为[15, 16]

$$\begin{aligned} g_1 &= \langle \boldsymbol{\sigma}_1\underline{\boldsymbol{E}}|\underline{\boldsymbol{E}}\rangle = (\boldsymbol{\sigma}_1\underline{\boldsymbol{E}})^{\mathrm{T}}\underline{\boldsymbol{E}}^* \\ &= A^2\hat{x}^{\mathrm{T}}\ \mathrm{e}^{+\mathrm{j}\alpha\boldsymbol{\sigma}_1}\mathrm{e}^{+\mathrm{j}\tau\boldsymbol{\sigma}_2}\mathrm{e}^{+\mathrm{j}\phi\boldsymbol{\sigma}_3}\ \boldsymbol{\sigma}_1\mathrm{e}^{-\mathrm{j}\phi\boldsymbol{\sigma}_3}\ \mathrm{e}^{-\mathrm{j}\tau\boldsymbol{\sigma}_2}\ \mathrm{e}^{-\mathrm{j}\alpha\boldsymbol{\sigma}_1}\ \hat{x}^* \\ &= A^2\ \mathrm{e}^{+\mathrm{j}\alpha}\hat{x}^{\mathrm{T}}\mathrm{e}^{+\mathrm{j}\tau\boldsymbol{\sigma}_2}\ \mathrm{e}^{+\mathrm{j}2\phi\boldsymbol{\sigma}_3}\ \mathrm{e}^{+\mathrm{j}\tau\boldsymbol{\sigma}_2}\ \boldsymbol{\sigma}_1\hat{x}^*\mathrm{e}^{-\mathrm{j}\alpha} \\ &= A^2\cos(2\phi)\hat{x}^{\mathrm{T}}\ \mathrm{e}^{+\mathrm{j}2\tau\boldsymbol{\sigma}_2}\ \boldsymbol{\sigma}_1\hat{x}^* + \mathrm{j}A^2\sin(2\phi)\hat{x}^{\mathrm{T}}\boldsymbol{\sigma}_3\boldsymbol{\sigma}_1\hat{x}^* \\ &= A^2\cos(2\phi)\cos(2\tau) \end{aligned} \tag{2.56}$$

下表给出了几种典型极化状态下的斯托克斯矢量和相应的琼斯矢量形式[3~8, 15~17]。

极化状态	单位琼斯矢量 $\hat{u}_{(x,y)}$	单位斯托克斯矢量 $\underline{g}_{\underline{E}}$
水平极化(H)	$\hat{u}_{\mathrm{H}} = \begin{bmatrix}1\\0\end{bmatrix}$	$\underline{g}_{\hat{u}_{\mathrm{H}}} = \begin{bmatrix}1\\1\\0\\0\end{bmatrix}$
垂直极化(V)	$\hat{u}_{\mathrm{V}} = \begin{bmatrix}0\\1\end{bmatrix}$	$\underline{g}_{\hat{u}_{\mathrm{V}}} = \begin{bmatrix}1\\-1\\0\\0\end{bmatrix}$
45°线极化	$\hat{u}_{+45} = \frac{1}{\sqrt{2}}\begin{bmatrix}1\\1\end{bmatrix}$	$\underline{g}_{\hat{u}_{+45}} = \begin{bmatrix}1\\0\\1\\0\end{bmatrix}$
-45°线极化	$\hat{u}_{-45} = \frac{1}{\sqrt{2}}\begin{bmatrix}1\\-1\end{bmatrix}$	$\underline{g}_{\hat{u}_{-45}} = \begin{bmatrix}1\\0\\-1\\0\end{bmatrix}$
左旋圆极化	$\hat{u}_{\mathrm{L}} = \frac{1}{\sqrt{2}}\begin{bmatrix}1\\\mathrm{j}\end{bmatrix}$	$\underline{g}_{\hat{u}_{\mathrm{L}}} = \begin{bmatrix}1\\0\\0\\1\end{bmatrix}$
右旋圆极化	$\hat{u}_{\mathrm{R}} = \frac{1}{\sqrt{2}}\begin{bmatrix}1\\-\mathrm{j}\end{bmatrix}$	$\underline{g}_{\hat{u}_{\mathrm{R}}} = \begin{bmatrix}1\\0\\0\\-1\end{bmatrix}$

2.4.2 特殊酉群 O(3)

在上节中，琼斯矢量被表示为特殊酉群 SU(2)中三个特殊酉矩阵乘积的形式。不过，在特殊酉群 O(3)中，有三个正交旋转实矩阵与特殊酉群 SU(2)中的三个特殊酉矩阵存在相对应的同态关系(homomorphism)[10~12]：

$$\boldsymbol{O}_3(2\theta)_{(p,q)} = \frac{1}{2}\mathrm{Tr}\left(\boldsymbol{U}_2(\theta)^{*\mathrm{T}}\boldsymbol{\sigma}_p\boldsymbol{U}_2(\theta)\boldsymbol{\sigma}_q\right) \tag{2.57}$$

式中 Tr($\boldsymbol{A}$)代表矩阵 $\boldsymbol{A}$ 的迹。

由此可得 O(3)中的三个正交旋转实矩阵为[10~12]

$$\boldsymbol{U}_2(\phi) = \mathrm{e}^{-\mathrm{j}\phi\boldsymbol{\sigma}_3} = \begin{bmatrix} \cos\phi & -\sin\phi \\ \sin\phi & \cos\phi \end{bmatrix} \Rightarrow \boldsymbol{O}_3(2\phi) = \begin{bmatrix} \cos2\phi & -\sin2\phi & 0 \\ \sin2\phi & \cos2\phi & 0 \\ 0 & 0 & 1 \end{bmatrix}$$

$$\boldsymbol{U}_2(\tau) = \mathrm{e}^{+\mathrm{j}\tau\boldsymbol{\sigma}_2} = \begin{bmatrix} \cos\tau & \mathrm{j}\sin\tau \\ \mathrm{j}\sin\tau & \cos\tau \end{bmatrix} \Rightarrow \boldsymbol{O}_3(2\tau) = \begin{bmatrix} \cos2\tau & 0 & -\sin2\tau \\ 0 & 1 & 0 \\ \sin2\tau & 0 & \cos2\tau \end{bmatrix} \tag{2.58}$$

$$\boldsymbol{U}_2(\alpha) = \mathrm{e}^{+\mathrm{j}\alpha\boldsymbol{\sigma}_1} = \begin{bmatrix} \mathrm{e}^{+\mathrm{j}\alpha} & 0 \\ 0 & \mathrm{e}^{-\mathrm{j}\alpha} \end{bmatrix} \Rightarrow \boldsymbol{O}_3(2\alpha) = \begin{bmatrix} 1 & 0 & 0 \\ 0 & \cos2\alpha & \sin2\alpha \\ 0 & -\sin2\alpha & \cos2\alpha \end{bmatrix}$$

由前文可知，在笛卡儿基 $(\hat{x},\hat{y})$ 下，琼斯矢量 $\boldsymbol{E}$ 的一般表达式为

$$\underline{\boldsymbol{E}} = A\boldsymbol{U}_2(\phi,\tau,\alpha)\hat{x} = A\boldsymbol{U}_2(\phi)\boldsymbol{U}_2(\tau)\boldsymbol{U}_2(\alpha)\hat{x} \tag{2.59}$$

利用SU(2)和O(3)之间的同态关系，定义笛卡儿基 $(\hat{x},\hat{y})$ 下与之相对应的斯托克斯矢量 $\underline{\boldsymbol{g}}_{\underline{\boldsymbol{E}}}$ 如下：

$$\underline{\boldsymbol{g}}_{\underline{\boldsymbol{E}}} = A^2\boldsymbol{O}_4(2\phi,2\tau,2\alpha)\underline{\boldsymbol{g}}_{\underline{\hat{x}}} = A^2\boldsymbol{O}_4(2\phi)\boldsymbol{O}_4(2\tau)\boldsymbol{O}_4(2\alpha)\underline{\boldsymbol{g}}_{\underline{\hat{x}}} \tag{2.60}$$

式中$\underline{\boldsymbol{g}}_{\underline{\hat{x}}} = \underline{\boldsymbol{g}}_{\hat{\boldsymbol{u}}_{\mathrm{H}}}$，代表与水平极化状态的单位琼斯矢量 $\underline{\hat{x}} = \hat{\boldsymbol{u}}_{\mathrm{H}}$ 相对应的斯托克斯矢量，其特殊酉矩阵算子$\boldsymbol{O}_4(2\phi,2\tau,2\alpha)$为[15, 16]

$$\boldsymbol{O}_4(2\phi) = \begin{bmatrix} 1 & 0 & 0 & 0 \\ 0 & & & \\ 0 & & \boldsymbol{O}_3(2\phi) & \\ 0 & & & \end{bmatrix},\quad \boldsymbol{O}_4(2\tau) = \begin{bmatrix} 1 & 0 & 0 & 0 \\ 0 & & & \\ 0 & & \boldsymbol{O}_3(2\tau) & \\ 0 & & & \end{bmatrix},\quad \boldsymbol{O}_4(2\alpha) = \begin{bmatrix} 1 & 0 & 0 & 0 \\ 0 & & & \\ 0 & & \boldsymbol{O}_3(2\alpha) & \\ 0 & & & \end{bmatrix} \tag{2.61}$$

由上述各式可以得出一条带有普遍性的重要结论：虽然形式不同，但对琼斯矢量使用属于特殊酉群 SU(2)的任意椭圆变换(例如极化基变换)，都可以在庞加莱球上毫无歧义地直接等效为对相应的斯托克斯矢量使用三个属于特殊酉群 O(3)的旋转实矩阵变换组合。

2.5 电磁波协方差矩阵

"分布式目标"(distributed target)概念源自于非静态或不稳定的雷达目标会随时间变化这一事实。实际上，大部分自然目标都会在风流动、温度或气压变化期间产生一定程度的变化。这种变化指的是水面、植被及雪覆盖地表的运动，而不包括那些明显的变化，比如掠过的云和飞过的鸟群，以及掉落的灰尘和草屑。除了目标的自然运动，机载或星载雷达本身也可能会与目

标发生相对运动，并导致在不同时刻雷达照射在分布式体目标或面目标的不同位置[15, 16]。

在上述情况下，雷达接收的散射回波来自各不相同的一组单一散射目标，即“分布式雷达目标”散射回波采样的时间平均。分布式目标经固定频率和极化的单色平面电磁波照射后，雷达接收到的通常是部分极化波，波不再具有相干性、单色性及椭圆极化波完全极化的性质。电磁波协方差矩阵可定义部分极化波的极化状态，其元素由相应时变琼斯矢量分量的复相关组成。

2.5.1　电磁波极化度

电磁波协方差矩阵 $[\boldsymbol{J}]$ 是半正定的 2×2 复厄米矩阵，也称沃尔夫(Wolf)矩阵或琼斯相干矩阵，定义如下[15, 18~20]：

$$\begin{aligned}\boldsymbol{J}=\langle\underline{\boldsymbol{E}}\cdot\underline{\boldsymbol{E}}^{\mathrm{T}*}\rangle&=\begin{bmatrix}\langle E_xE_x^*\rangle & \langle E_xE_y^*\rangle\\ \langle E_yE_x^*\rangle & \langle E_yE_y^*\rangle\end{bmatrix}=\begin{bmatrix}\langle J_{xx}\rangle & \langle J_{xy}\rangle\\ \langle J_{xy}^*\rangle & \langle J_{yy}\rangle\end{bmatrix}\\&=\frac{1}{2}\begin{bmatrix}\langle g_0\rangle+\langle g_1\rangle & \langle g_2\rangle-\mathrm{j}\langle g_3\rangle\\ \langle g_2\rangle+\mathrm{j}\langle g_3\rangle & \langle g_0\rangle-\langle g_1\rangle\end{bmatrix}\end{aligned}\tag{2.62}$$

式中 $\langle\cdot\rangle$ 代表时间平均，这里假定电磁波是稳定的。

因为 $\boldsymbol{J}$ 是半正定的 2×2 复厄米矩阵，所以有 $|\boldsymbol{J}|\geqslant0$ 或 $\langle g_0\rangle^2\geqslant\langle g_1\rangle^2+\langle g_2\rangle^2+\langle g_3\rangle^2$。

协方差矩阵的对角元素表示电磁波的强度，非对角元素表示 E_x 和 E_y 的复数互相关，而 $\mathrm{Tr}(\boldsymbol{J})$ 代表电磁波的总能量。

当 $\langle J_{xy}\rangle=0$ 时，E_x 和 E_y 不相关，协方差矩阵变成对角阵，此时的电磁波是未极化(unpolarized)的或完全去极化(Completely Depolarized，CD)的。

当 $|\boldsymbol{J}|=0$ 时，有 $\langle J_{xx}\rangle\langle J_{yy}\rangle=|\langle J_{xy}\rangle|^2$，即 E_x 和 E_y 之间的相关性达到最大，此时的电磁波是完全极化(Completely Polarized，CP)的。

比较普遍的是介于以上两种极端情况之间的部分极化(partial polarization)，满足 $|\boldsymbol{J}|>0$，表明 E_x 和 E_y 之间在一定程度上具有统计相关性，并可用电磁波极化度 DoP 表达这种相关性：

$$\mathrm{DoP}=\frac{\sqrt{\langle g_1\rangle^2+\langle g_2\rangle^2+\langle g_3\rangle^2}}{\langle g_0\rangle}=\left(1-4\frac{|\boldsymbol{J}|}{\mathrm{Tr}(\boldsymbol{J})}\right)^{\frac{1}{2}}\tag{2.63}$$

式中，DoP = 0 则为完全去极化波；DoP = 1 则为完全极化波。

需要着重指出的是，协方差矩阵 $\boldsymbol{J}$ 的元素取值依赖于极化基的选择。令 $\boldsymbol{J}_{(\hat{x},\hat{y})}$ 为笛卡儿基 $(\hat{x},\hat{y})$ 下的协方差矩阵，采用特殊酉相似变换可得正交基 $(\hat{\boldsymbol{u}},\hat{\boldsymbol{u}}_\perp)$ 下的协方差矩阵 $\boldsymbol{J}_{(\hat{u},\hat{u}_\perp)}$ 为[18~20]

$$\begin{aligned}\boldsymbol{J}_{(\hat{u},\hat{u}_\perp)}&=\left\langle\underline{\boldsymbol{E}}_{(\hat{u},\hat{u}_\perp)}\cdot\underline{\boldsymbol{E}}_{(\hat{u},\hat{u}_\perp)}^{\mathrm{T}*}\right\rangle\\&=\left\langle\boldsymbol{U}_{2(\hat{x},\hat{y})\to(\hat{u},\hat{u}_\perp)}\underline{\boldsymbol{E}}_{(\hat{x},\hat{y})}\cdot\left(\boldsymbol{U}_{2(\hat{x},\hat{y})\to(\hat{u},\hat{u}_\perp)}\underline{\boldsymbol{E}}_{(\hat{x},\hat{y})}\right)^{*\mathrm{T}}\right\rangle\\&=\boldsymbol{U}_{2(\hat{x},\hat{y})\to(\hat{u},\hat{u}_\perp)}\left\langle\underline{\boldsymbol{E}}_{(\hat{x},\hat{y})}\cdot\underline{\boldsymbol{E}}_{(\hat{x},\hat{y})}^{\mathrm{T}*}\right\rangle\boldsymbol{U}_{2(\hat{x},\hat{y})\to(\hat{u},\hat{u}_\perp)}^{*\mathrm{T}}\\&=\boldsymbol{U}_{2(\hat{x},\hat{y})\to(\hat{u},\hat{u}_\perp)}\boldsymbol{J}_{(\hat{x},\hat{y})}\boldsymbol{U}_{2(\hat{x},\hat{y})\to(\hat{u},\hat{u}_\perp)}^{-1}\end{aligned}\tag{2.64}$$

式中 $\boldsymbol{U}_{2(\hat{x},\hat{y})\to(\hat{u},\hat{u}_\perp)}$ 是椭圆极化基变换 SU(2) 矩阵。在酉相似变换下，厄米矩阵的迹和行列式值都不变，这表明电磁波极化度是一种基不变参数。

2.5.2 电磁波各向异性和电磁波熵

通过对 2×2 厄米平均电磁波协方差矩阵 $\boldsymbol{J}$ 求特征值和特征矢量，可得到协方差矩阵的对角化形式。从物理上讲，对角化后的协方差矩阵可以反映一组两个电磁波分量之间的统计独立性。协方差矩阵 $\boldsymbol{J}$ 可写成如下形式[13, 14]：

$$\boldsymbol{J}=\boldsymbol{U}_2\begin{bmatrix}\lambda_1 & 0\\ 0 & \lambda_2\end{bmatrix}\boldsymbol{U}_2^{-1}=\lambda_1\underline{\boldsymbol{u}}_1\underline{\boldsymbol{u}}_1^{\mathrm{T}*}+\lambda_2\underline{\boldsymbol{u}}_2\underline{\boldsymbol{u}}_2^{\mathrm{T}*} \tag{2.65}$$

式中$\boldsymbol{U}_2=[\underline{\boldsymbol{u}}_1,\underline{\boldsymbol{u}}_2]$是属于 SU(2)群的 2×2 酉矩阵，包含一对单位正交特征矢量，$\lambda_1\geqslant\lambda_2\geqslant 0$ 为两个非负的实特征值，可由下式计算：

$$\begin{aligned}\lambda_1&=\frac{1}{2}\left\{\langle g_0\rangle+\sqrt{\langle g_1\rangle^2+\langle g_2\rangle^2+\langle g_3\rangle^2}\right\}\\ \lambda_2&=\frac{1}{2}\left\{\langle g_0\rangle-\sqrt{\langle g_1\rangle^2+\langle g_2\rangle^2+\langle g_3\rangle^2}\right\}\end{aligned} \tag{2.66}$$

除了前面提及的极化度(DoP)，还有两个估计量可用于描述电磁波协方差矩阵 $\boldsymbol{J}$ 有关的波结构：电磁波熵(wave entropy，H_{W})和电磁波各向异性度(wave anisotropy，A_{W})。定义如下[13, 14]：

$$A_{\mathrm{W}}=\frac{\lambda_1-\lambda_2}{\lambda_1+\lambda_2},\quad H_{\mathrm{W}}=-\sum_{i=1}^{2}p_i\log_2 p_i,\quad \text{其中 } p_i=\frac{\lambda_i}{\lambda_1+\lambda_2} \tag{2.67}$$

电磁波熵(H_{W})和电磁波各向异性度(A_{W})的取值范围分别是$0\leqslant A_{\mathrm{W}}\leqslant 1$ 和$0\leqslant H_{\mathrm{W}}\leqslant 1$，式中：

- 对于完全极化波，有 $\lambda_2=0:H_{\mathrm{W}}=0$ 且 $A_{\mathrm{W}}=1$；
- 对于部分极化波，有 $\lambda_1\neq\lambda_2\geqslant 0:0\leqslant H_{\mathrm{W}}\leqslant 1$ 且 $0\leqslant A_{\mathrm{W}}\leqslant 1$；
- 对于完全未极化波，有 $\lambda_1=\lambda_2:H_{\mathrm{W}}=1$ 且 $A_{\mathrm{W}}=0$。

特征值($\lambda_1\geqslant\lambda_2\geqslant 0$)对任意极化基酉相似变换具有不变性，因此电磁波熵(H_{W})和电磁波各向异性度(A_{W})这两个参数也都具有重要的基不变性质。

注意，电磁波极化度和电磁波各向异性度(A_{W})是等价参数，所反映的物理信息也相同。

2.5.3 部分极化电磁波的二分量分解理论

通过对 2×2 厄米平均电磁波协方差矩阵 $\boldsymbol{J}$ 求特征值和特征矢量，可得到一组两个电磁波非相关分量，并由此建立一个简单的统计模型。该模型将 $\boldsymbol{J}$ 分解展开成两个独立的电磁波分量和的形式，每一个分量是一个独立的协方差矩阵。该分解如下式所示[15]：

$$\boldsymbol{J}=\lambda_1\underline{\boldsymbol{u}}_1\underline{\boldsymbol{u}}_1^{\mathrm{T}*}+\lambda_2\underline{\boldsymbol{u}}_2\underline{\boldsymbol{u}}_2^{\mathrm{T}*}=\boldsymbol{J}_1+\boldsymbol{J}_2 \tag{2.68}$$

由于两个单位正交特征矢量 $\underline{\boldsymbol{u}}_1$ 和 $\underline{\boldsymbol{u}}_2$ 满足$\underline{\boldsymbol{u}}_1\underline{\boldsymbol{u}}_1^{\mathrm{T}*}+\underline{\boldsymbol{u}}_2\underline{\boldsymbol{u}}_2^{\mathrm{T}*}=\boldsymbol{I}_{\mathrm{D}2}$，电磁波的 Chandrasekhar 分解有

$$\boldsymbol{J}=(\lambda_1-\lambda_2)\underline{\boldsymbol{u}}_1\underline{\boldsymbol{u}}_1^{\mathrm{T}*}+\lambda_2\boldsymbol{I}_{\mathrm{D}2}=\boldsymbol{J}_{\mathrm{CP}}+\boldsymbol{J}_{\mathrm{CD}} \tag{2.69}$$

式中 $\boldsymbol{J}_{\mathrm{CP}}$ 和 $\boldsymbol{J}_{\mathrm{CD}}$ 分别代表电磁波中的完全极化(CP)分量和完全去极化(CD)分量的协方差矩阵[9,15]：

$$\begin{aligned}\boldsymbol{J}_{\mathrm{CP}}&=\frac{1}{2}\begin{bmatrix}\sqrt{\langle g_1\rangle^2+\langle g_2\rangle^2+\langle g_3\rangle^2}+\langle g_1\rangle & \langle g_2\rangle-\mathrm{j}\langle g_3\rangle\\ \langle g_2\rangle+\mathrm{j}\langle g_3\rangle & \sqrt{\langle g_1\rangle^2+\langle g_2\rangle^2+\langle g_3\rangle^2}-\langle g_1\rangle\end{bmatrix}\\ \boldsymbol{J}_{\mathrm{CD}}&=\frac{1}{2}\begin{bmatrix}\langle g_0\rangle-\sqrt{\langle g_1\rangle^2+\langle g_2\rangle^2+\langle g_3\rangle^2} & 0\\ 0 & \langle g_0\rangle-\sqrt{\langle g_1\rangle^2+\langle g_2\rangle^2+\langle g_3\rangle^2}\end{bmatrix}\end{aligned} \tag{2.70}$$

也可以将上述电磁波二分量分解(dichotomy)理论表达为斯托克斯矢量的形式，由此可得众所周知的 Born-Wolf 电磁波分解式[9,15]

$$\langle \underline{g} \rangle = \begin{bmatrix} \langle g_0 \rangle \\ \langle g_1 \rangle \\ \langle g_2 \rangle \\ \langle g_3 \rangle \end{bmatrix} = \begin{bmatrix} \sqrt{\langle g_1 \rangle^2 + \langle g_2 \rangle^2 + \langle g_3 \rangle^2} \\ \langle g_1 \rangle \\ \langle g_2 \rangle \\ \langle g_3 \rangle \end{bmatrix} + \begin{bmatrix} \langle g_0 \rangle - \sqrt{\langle g_1 \rangle^2 + \langle g_2 \rangle^2 + \langle g_3 \rangle^2} \\ 0 \\ 0 \\ 0 \end{bmatrix} = \underline{g}_{CP} + \underline{g}_{CD} \tag{2.71}$$

式中 $\underline{g}_{CP}$ 和 $\underline{g}_{CD}$ 分别代表电磁波中的完全极化(CP)分量和完全去极化(CD)分量的斯托克斯矢量。斯托克斯矢量 $\underline{g}_{CD}$ 还可以进一步分解成两个相互正交的电磁波完全极化分量[9,15]：

$$\underline{g}_{CD} = \frac{1}{2}\begin{bmatrix} \langle g_0 \rangle - \sqrt{\langle g_1 \rangle^2 + \langle g_2 \rangle^2 + \langle g_3 \rangle^2} \\ q_1 \\ q_2 \\ q_3 \end{bmatrix} + \frac{1}{2}\begin{bmatrix} \langle g_0 \rangle - \sqrt{\langle g_1 \rangle^2 + \langle g_2 \rangle^2 + \langle g_3 \rangle^2} \\ -q_1 \\ -q_2 \\ -q_3 \end{bmatrix} \tag{2.72}$$

需要注意，由于上式中那对相互正交的完全极化矢量处于庞加莱球的表面，因此 q_1、q_2 和 q_3 存在无穷多个解。

最后，总结部分极化电磁波的二分量分解理论如下：

$$\begin{bmatrix} \langle g_0 \rangle \\ \langle g_1 \rangle \\ \langle g_2 \rangle \\ \langle g_3 \rangle \end{bmatrix} = \begin{bmatrix} g_0' \\ \langle g_1 \rangle \\ \langle g_2 \rangle \\ \langle g_3 \rangle \end{bmatrix} + \frac{1}{2}\begin{bmatrix} \langle g_0 \rangle - g_0' \\ q_1 \\ q_2 \\ q_3 \end{bmatrix} + \frac{1}{2}\begin{bmatrix} \langle g_0 \rangle - g_0' \\ -q_1 \\ -q_2 \\ -q_3 \end{bmatrix} \tag{2.73}$$

式中，

$$g_0'^2 = \langle g_1 \rangle^2 + \langle g_2 \rangle^2 + \langle g_3 \rangle^2, \qquad (\langle g_0 \rangle - g_0')^2 = q_1^2 + q_2^2 + q_3^2 \tag{2.74}$$

参考文献

[1] Azzam, R. M. A. and N. M. Bashara, *Ellipsometry and Polarized Light*, North Holland, Amsterdam, The Netherlands, 1977.

[2] Beckmann, P., *The Depolarization of Electromagnetic Waves*, The Golem Press, Boulder, CO, 1968.

[3] Boerner, W. -M, and M. B. El-Arini, Polarization dependence in electromagnetic inverse problem, *IEEE Transactions on Antennas and Propagation*, 29(2), 262-271, 1981.

[4] Boerner, W. -M., et al. (Eds.), Inverse Methods in electromagnetic imaging, *Proceedings of the NATO-Advanced Research Workshop*, 18-24 September, 1983, Bad Windsheim, Federal Republic of Germany, Parts 1&2, NATO-ASI C-143, D. Reidel Publ. Co., Kluwer Academic Publ., Drodrecht, The Netherlands, January 1985.

[5] Boerner, W. -M., et al. (Eds.), Direct and Inverse Methods in Radar Polarimetry, *Proceedings of the NATO-Advanced Research Workshop*, 18-24 September, 1988, Chief Editor, 1987-1991, NATO-ASI Series C: Math & Phys. Sciences, Vol. C-350, Parts 1&2, D. Reidel Publ. Co., Kluwer Academic Publ., Dordrecht, The Netherlands, 1992.

[6] Boerner, W. -M., Use of Polarization in Electromagnetic Inverse Scattering, *Radio Science*, 16(6) (Special Issue: 1980 Munich Symposium on EM Waves), 1037-1045, November/December 1981b.

[7] Boerner, W.-M., H. Mott, E. Lüneburg, C. Livingston, B. Brisco, R. J. Brown and J. S. Paterson with contributions by S. R. Cloude, E. Krogager, J. S. Lee, D. L. Schuler, J. J. van Zyl, D. Randall P. Budkewitsch and E. Pottier, Polarimetry in Radar Remote Sensing: Basic and Applied Concepts, Chapter 5 in F. M. Henderson, and A. J. Lewis, (eds.), *Principles and Applications of Imaging Radar*, Vol. 2 of *Manual of Remote Sensing*, (R. A. Reyerson, Ed.), 3rd ed., John Willey & Sons, New York, 1998.

[8] Boerner W. M, Introduction to Radar Polarimetry with assessments of the historical development and of the current state-of-the-art, *Proceedings of International Workshop on Radar Polarimetry*, *JIPR-90*, 20-22 March 1990, Nantes, France.

[9] Born, M. and E. Wolf, *Principles of Optics*, 3rd ed. Pergamon Press, New York: p. 808, 1965.

[10] Cloude S. R., The application of group theory to radar polarimetry, *Proceedings of the NATO-Advanced Research Workshop*, 18-24 September, 1983, Bad Windsheim, Federal Republic of Germany, Parts 1&2, NATO-ASI C-143, D. Reidel Publ. Co., Kluwer Academic Publ., Drodrecht, The Netherlands, January 1985.

[11] Cloude S. R., Group theory and polarization algebra, *OPTIK*, 75(1), 26-36, 1986.

[12] Cloude S. R., An introduction to polarization algebra, *Proceedings of International Workshop on Radar Polarimetry*, *JIPR-90*, 20-22 March, 1990, Nantes, France.

[13] Cloude S. R., Uniqueness of Target Decomposition Theorems in Radar Polarimetry, *Proceedings of the NATO-Advanced Research Workshop*, 18-24 September, 1988, Chief Editor, 1987-1991, NATO-ASI Series C: Math & Phys. Sciences, Vol. C-350, Parts 1&2, D. Reidel Publ. Co., Kluwer Academic Publ., Dordrecht, The Netherlands, 1992.

[14] Cloude S. R., *Polarimetry in Wave Scattering Applications*, Chapter 1.6.2 in Scattering, R. Pike, and P. Sabatier(Eds.), Academic Press, New York, 1999.

[15] Huynen, J. R., Phenomenological Theory of Radar Targets, PhD. Thesis, University of Technology, Delft, The Netherlands, December 1970.

[16] Huynen, J. R., The Stokes parameters and their interpretation in terms of physical target properties, *Proceedings of the International Workshop on Radar Polarimetry*, *JIPR-90*, 20-22 March 1990, Nantes, France.

[17] Kostinski A. B. and W. M., Boerner On foundations of radar polarimetry, *IEEE Transactions on Antennas and Propagation*, 34, 1395-1404, 1986.

[18] Lüneburg, E., Radar polarimetry: A revision of basic concepts, in *Direct and Inverse Electromagnetic Scattering*, H. Serbest and S. Cloude, (Eds.), Pittman Research Notes in Mathematics Series 361, Addison Wesley Longman, Harlow, United Kingdom, 1996.

[19] Lüneburg, E., Principles of Radar Polarimetry, *Proceedings of the IEICE Transactions on the Electronic Theory*, E78-C, 10, 1339-1345, 1995.

[20] Lüneburg, E., Polarimetric target matrix decompositions and the Karhunen-Loeve expansion, *Proceedings of IGARSS'99*, Hamburg, Germany, June 28-July 2, 1999.

[21] Mott, H., *Antennas for Radar and Communications*, *A Polarimetric Approach*, John Wiley & Sons, New York, 1992.

[22] Pottier, E., *Contribution à la Polarimétrie Radar: De l'Approche Fondamentale Aux Applications*, Habilitation à Diriger des Recherches, Université de Nantes, Nantes, France, 1998.

[23] Pottier E., Radar Polarimetry: Towards a future Standardization, *Annales des Télécommunications*, 54(1-2), 1-5, January 1999.

[24] Stokes, G. G., On the composition and resolution of streams of polarized light from different sources, *Transactions of the Cambridge Philosphical Society*, 9, 399-416, 1852.

[25] Stratton, J. A., *Electromagnetic Theory*, McGraw-Hill, New York, 1941.

第 3 章　电磁矢量散射算子

3.1　Sinclair 极化后向散射矩阵 S

3.1.1　雷达方程

如图 3.1 所示，在时空中传播的电磁波能够在到达一个特定目标后与之相互作用。在该过程中，一部分入射波能量被目标本身吸收，而其余部分则被再辐射形成电磁波。由于波与目标相互作用，可能会使再辐射波的性质与入射波不同。由此产生的问题是，能否利用这种变化来表征或辨识目标，特别是极化信息的变化。下面将描述电磁波和给定目标之间的相互作用。

在介绍电磁波与物质间的相互作用之前，有必要介绍两个决定目标定义方式的重要概念。在图 3.1 描述的雷达工作体制中，可能存在目标尺寸比雷达系统照射面积小的情况。此时，从能量交换的角度可以将目标视为一个独立散射体，并可以通过雷达散射截面积(Radar Cross Section，RCS)进行表征。与之相对的另外一种情况是目标尺寸远比雷达系统的照射面积大得多。此时，可以利用与目标尺寸无关的散射系数(scattering coefficient)对目标进行描述，从而更加方便。

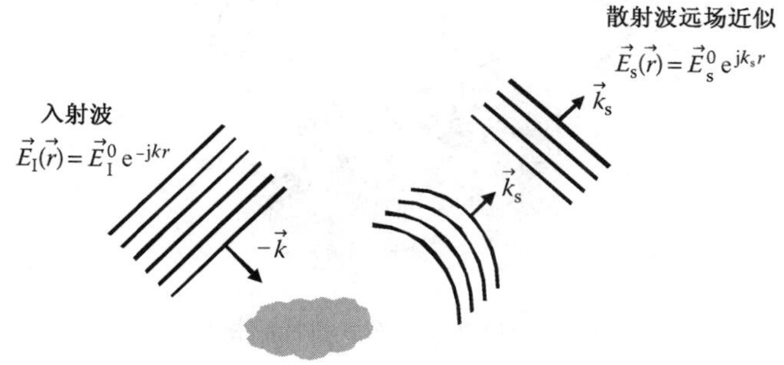

图 3.1　电磁波与点目标的相互作用

雷达方程建立了目标截取的入射电磁波 $\vec{E}_I$ 和目标再辐射电磁波 $\vec{E}_S$ 之间的功率关系，该关系描述了电磁波和目标相互作用的最基本的形式[26]，如下式所示：

$$P_R = \frac{P_T G_T(\theta,\phi)}{4\pi r_T^2}\sigma\frac{A_{ER}(\theta,\phi)}{4\pi r_R^2} \tag{3.1}$$

式中 P_R 代表雷达系统的接收功率。在式(3.1)中，P_T 为发射功率；G_T 为发射天线增益；A_{ER} 为接收天线的有效孔径；r_T 为目标与发射系统之间的距离；r_R 为目标与接收系统的间距；球坐标角 θ 和 ϕ 定义了观测方向，分别对应方位向和俯仰向的角度。

雷达散射截面 σ 决定观测对象在雷达方程功率平衡关系中的作用[26]。在定义观测对象的雷达散射截面积时，可以将其等效为理想各向同性散射体的雷达散射截面积，在同一观测方向上，观测对象与等效散射体的散射功率密度相等。由此可得雷达散射截面积定义如下：

$$\sigma = 4\pi r^2 \frac{|\vec{E}_S|^2}{|\vec{E}_I|^2} \tag{3.2}$$

目标的雷达散射截面积 σ 是大量参数的函数，很难对这些参数独立进行分析。可以将与成像系统有关的归纳为第一类参数：

- 电磁波频率 f
- 电磁波极化方式。对极化方式的依赖在下文中将做重点阐述
- 成像几何，如入射方向(θ_I,ϕ_I)和散射方向(θ_S,ϕ_S)

将与观测对象本身有关的归纳为第二类参数：

- 观测对象的几何结构
- 观测对象的介电性质

式(3.1)所定义的雷达方程只在目标物体比照射范围小(点目标)的情况下有效。当观测对象比雷达照射范围更大时，需要建立不同的模型对目标进行表征。此时，可将目标在统计意义上等效为无数个点目标散射体的集合，如图 3.2 所示。

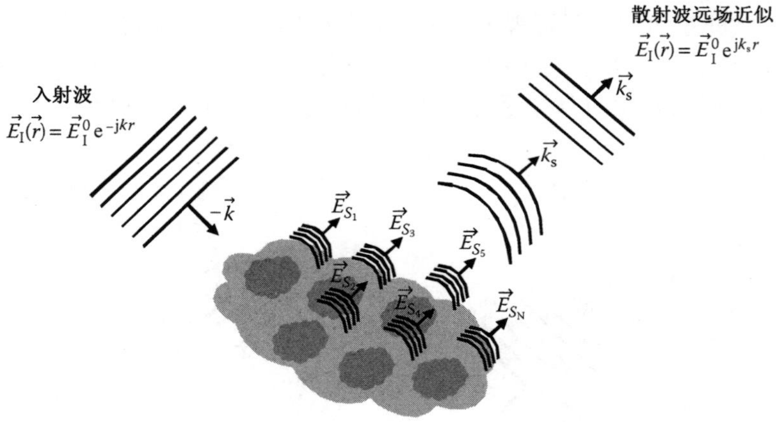

图 3.2 电磁波与分布式目标的相互作用

如图 3.2 所示，在分布式散射体模型中，散射场 $\vec{E}_S$ 由每个单一散射体的散射场相干叠加产生。在此条件下对照射区域 A_0进行积分，可建立分布式目标的总接收功率表达式

$$P_R = \iint_{A_0} \frac{P_T G_T(\theta,\phi)}{4\pi r_T^2} \sigma^0 \frac{A_{ER}(\theta,\phi)}{4\pi r_R^2} ds \tag{3.3}$$

式中 σ^0 项是单位面积下的平均雷达散射截面积，也称为散射系数或“西格玛零”(sigma-naught)，表示散射功率密度统计平均值与入射功率密度在半径为 r 的球面上的平均值之比，即

$$\sigma^0 = \frac{\langle\sigma\rangle}{A_0} = \frac{4\pi r^2}{A_0} \frac{\left\langle |\vec{E}_S|^2 \right\rangle}{|\vec{E}_I|^2} \tag{3.4}$$

散射系数 σ^0 为无量纲参数，与雷达散射截面积相同，它也被用于表征雷达成像中的散射辐射特征。散射系数依赖于频率、入射波和散射波的极化方式、入射方向(θ_I,ϕ_I)及散射方向(θ_S,ϕ_S)。

3.1.2 散射矩阵

如前文所述，用于描述散射体散射特征的雷达散射截面积或散射系数也依赖于入射场的极化方式。因此，若以 p 表示入射场极化方式，q 表示散射场极化方式，则与极化方式有关的雷达散射截面积和散射系数可分别定义为

$$\sigma_{\mathrm{qp}} = 4\pi r^2 \frac{\left|\vec{\boldsymbol{E}}_{\mathrm{S}_q}\right|^2}{\left|\vec{\boldsymbol{E}}_{\mathrm{I}_p}\right|^2} \tag{3.5}$$

和

$$\sigma_{\mathrm{qp}}^0 = \frac{\langle \sigma_{\mathrm{qp}} \rangle}{A_0} = \frac{4\pi r^2}{A_0} \frac{\left\langle \left|\vec{\boldsymbol{E}}_{\mathrm{S}_q}\right|^2 \right\rangle}{\left|\vec{\boldsymbol{E}}_{\mathrm{I}_p}\right|^2} \tag{3.6}$$

上式中定义的两个系数仅通过电磁场功率建立了同极化方式的依赖关系，而没有直接利用极化电磁波的矢量特性。因此，为了利用电磁场的极化性质带来的优势，也就是电磁场的矢量特性，必须在表征观测对象散射过程的函数中包含完整的电磁场信息。

由前文可知，单色平面电场的极化状态可以用琼斯矢量定义[1, 4, 6, 7, 20]。此外，一对正交琼斯矢量可组成一对正交极化基，以表示给定电磁波的任意极化状态。由此，若将入射电磁波和散射电磁波的琼斯矢量分别表示为 $\underline{\boldsymbol{E}}_{\mathrm{I}}$ 和$\underline{\boldsymbol{E}}_{\mathrm{S}}$，则包含观测对象影响的散射过程可由下式表达：

$$\underline{\boldsymbol{E}}_{\mathrm{S}} = \frac{\mathrm{e}^{-\mathrm{j}kr}}{r} \boldsymbol{S}\, \underline{\boldsymbol{E}}_{\mathrm{I}} = \frac{\mathrm{e}^{-\mathrm{j}kr}}{r} \begin{bmatrix} S_{11} & S_{12} \\ S_{21} & S_{22} \end{bmatrix} \underline{\boldsymbol{E}}_{\mathrm{I}} \tag{3.7}$$

式中矩阵 $\boldsymbol{S}$ 为散射矩阵[1, 4, 6, 7, 20]，S_{ij} 为复散射系数或复散射幅度。散射矩阵的对角元素代表相同极化方式的入射场和散射场关系，称为“同极化”(copolar)项。非对角元素代表正交极化方式的入射场和散射场关系，称为“交叉极化”(cross-polar)项。最后，$\frac{\mathrm{e}^{-\mathrm{j}kr}}{r}$则代表了电磁波传播本身所引起的幅度和相位变化。只有在远场区域内，即入射场和散射场满足平面波假设条件时，式(3.7)才成立，且其中的目标散射矩阵元素和雷达散射截面积的关系为

$$\sigma_{\mathrm{qp}} = 4\pi \left|S_{\mathrm{qp}}\right|^2 \tag{3.8}$$

由式(3.7)定义的极化散射方程包含了入射场和散射场的琼斯矢量，这意味着该方程是在给定坐标系下对观测对象的极化性质进行描述的。由此，如图 3.3 所示，散射矩阵 $\boldsymbol{S}$ 也必须通过特定坐标系进行定义，因而其元素 S_{ij} 也与坐标系和极化基选择有关[1, 4, 6, 7, 20]。为方便起见，常常如图 3.4 所示，将笛卡儿坐标系 $(\hat{x}, \hat{y}, \hat{z})$ 的原点定为散射目标内部中心，将发射天线和接收天线的笛卡儿坐标系的原点分别设定为 $T(x_{\mathrm{T}}, y_{\mathrm{T}}, z_{\mathrm{T}})$ 和 $R(x_{\mathrm{R}}, y_{\mathrm{R}}, z_{\mathrm{R}})$。发射端正交基可由满足右手定律的三维单位球面矢量 $\hat{\boldsymbol{u}}_r^{\mathrm{I}}$、$\hat{\boldsymbol{u}}_\theta^{\mathrm{I}}$ 和 $\hat{\boldsymbol{u}}_\phi^{\mathrm{I}}$ 进行定义。入射波在发射端正交基下的琼斯矢量可以定义为

$$\underline{\boldsymbol{E}}_{(\hat{u}_\phi^{\mathrm{I}}, \hat{u}_\theta^{\mathrm{I}})}^{\mathrm{I}} = E_\phi^{\mathrm{I}} \hat{\boldsymbol{u}}_\phi^{\mathrm{I}} + E_\theta^{\mathrm{I}} \hat{\boldsymbol{u}}_\theta^{\mathrm{I}} \tag{3.9}$$

在图 3.4 中，θ_{I}为入射角，θ_{I}'为本地入射角，$\hat{n}$ 代表目标表面的单位法向量。如图 3.5 所示，可根据上述信息先定义入射面，再建立以目标为中心的笛卡儿坐标系$(\hat{n}, \hat{p}, \hat{q})$。最后，在该坐标系内根据入射面建立局部正交基$(\hat{\boldsymbol{u}}_\perp^{\mathrm{I}}, \hat{\boldsymbol{u}}_{//}^{\mathrm{I}})$。由此可得入射波的琼斯矢量为

$$\underline{\boldsymbol{E}}^{\mathrm{I}}_{(\hat{\boldsymbol{u}}^{\mathrm{I}}_{\perp},\hat{\boldsymbol{u}}^{\mathrm{I}}_{//})} = E^{\mathrm{I}}_{\perp}\hat{\boldsymbol{u}}^{\mathrm{I}}_{\perp} + E^{\mathrm{I}}_{//}\hat{\boldsymbol{u}}^{\mathrm{I}}_{//} \tag{3.10}$$

若将目标表面视为无限大的平面，则入射波经反射后的散射琼斯矢量在局部正交基（$\hat{\boldsymbol{u}}^{\mathrm{S}}_{\perp}, \hat{\boldsymbol{u}}^{\mathrm{S}}_{//}$）下可表示为

$$\underline{\boldsymbol{E}}^{\mathrm{S}}_{\left(\hat{\boldsymbol{u}}^{\mathrm{S}}_{\perp},\hat{\boldsymbol{u}}^{\mathrm{S}}_{//}\right)} = \boldsymbol{S}_{(\perp,//)}\underline{\boldsymbol{E}}^{\mathrm{I}}_{\left(\hat{\boldsymbol{u}}^{\mathrm{I}}_{\perp},\hat{\boldsymbol{u}}^{\mathrm{I}}_{//}\right)} = E^{\mathrm{S}}_{\perp}\hat{\boldsymbol{u}}^{\mathrm{S}}_{\perp} + E^{\mathrm{S}}_{//}\hat{\boldsymbol{u}}^{\mathrm{S}}_{//} \tag{3.11}$$

式中 $\boldsymbol{S}_{(\perp,//)}$ 是在局部坐标系下的散射矩阵，如图 3.6 所示。

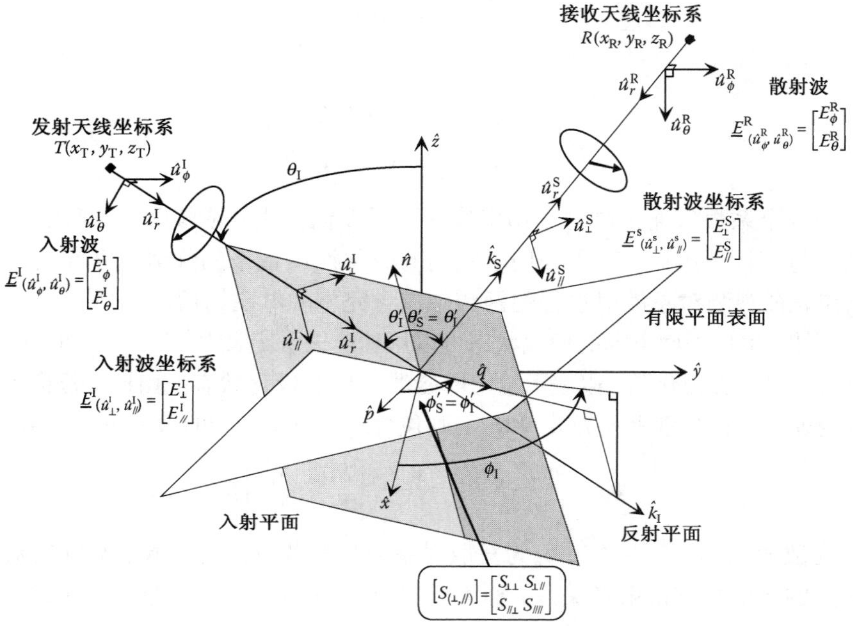

图 3.3 电磁波与无限大平板表面的相互作用

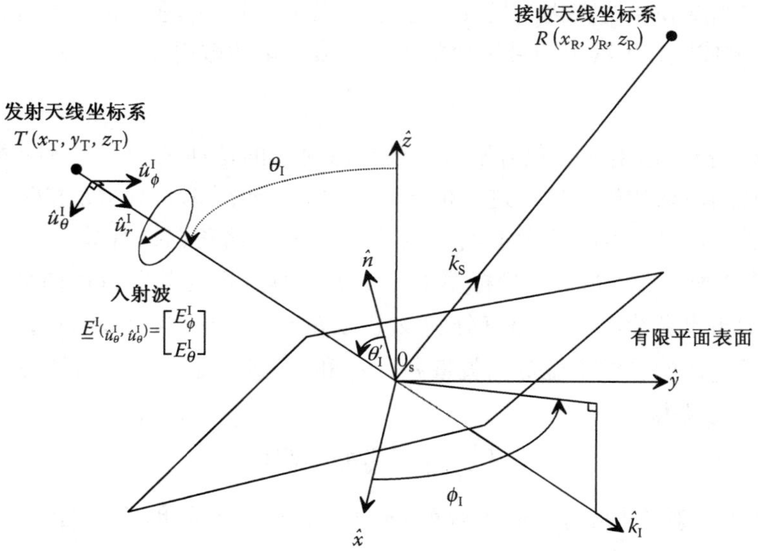

图 3.4 电磁波与无限大平板表面的相互作用，定义发射端体制

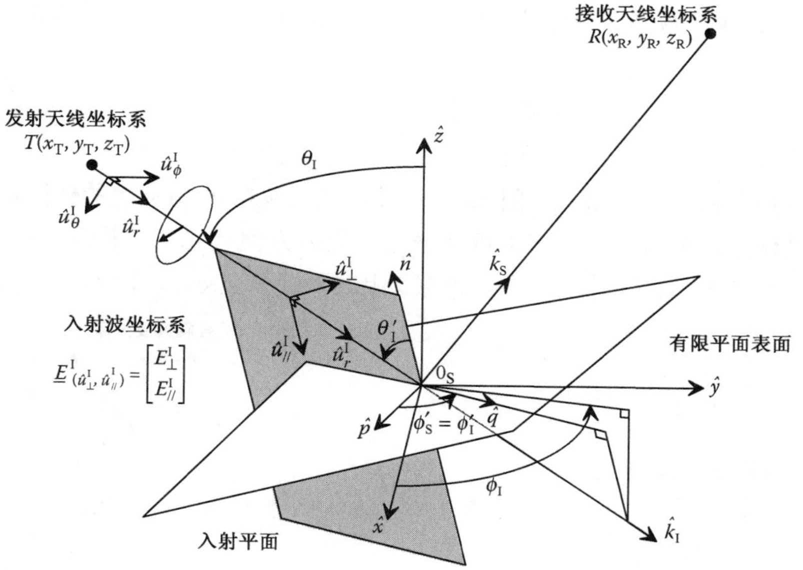

图 3.5　电磁波与无限大平板表面的相互作用，定义入射端体制

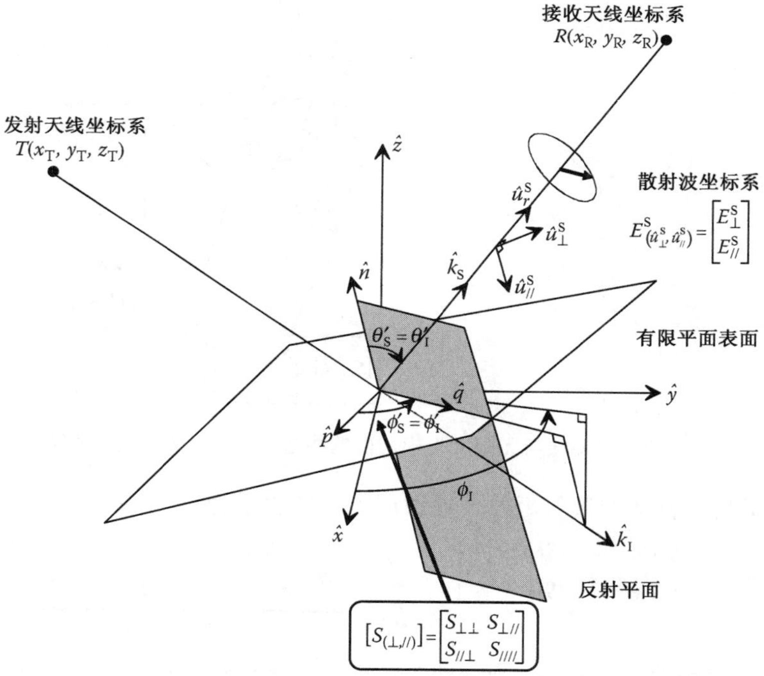

图 3.6　电磁波与无限大平板表面的相互作用，定义散射端体制

散射体制的一般形式是将发射天线 T 和接收天线 R 分开放置[1, 4, 6, 7, 20]。如图 3.7 所示，接收端正交基可由满足右手定律的三维单位球面矢量 $\hat{\boldsymbol{u}}_r^{\mathrm{R}}$、$\hat{\boldsymbol{u}}_\theta^{\mathrm{R}}$ 和 $\hat{\boldsymbol{u}}_\phi^{\mathrm{R}}$ 进行定义。散射波在接收端正交基下的琼斯矢量可以定义为

$$\underline{\boldsymbol{E}}^{\mathrm{R}}_{\left(\hat{\boldsymbol{u}}_\phi^{\mathrm{R}},\hat{\boldsymbol{u}}_\theta^{\mathrm{R}}\right)} = E_\phi^{\mathrm{R}}\hat{\boldsymbol{u}}_\phi^{\mathrm{R}} + E_\theta^{\mathrm{R}}\hat{\boldsymbol{u}}_\theta^{\mathrm{R}} \tag{3.12}$$

根据发射正交基（$\hat{\boldsymbol{u}}_r^{\mathrm{I}},\hat{\boldsymbol{u}}_\theta^{\mathrm{I}},\hat{\boldsymbol{u}}_\phi^{\mathrm{I}}$）和接收正交基（$\hat{\boldsymbol{u}}_r^{\mathrm{R}},\hat{\boldsymbol{u}}_\theta^{\mathrm{R}},\hat{\boldsymbol{u}}_\phi^{\mathrm{R}}$），可将散射过程的一般形式表示为[1, 4, 6, 7, 20]①

$$\begin{bmatrix} E_\phi^{\mathrm{R}} \\ E_\theta^{\mathrm{R}} \end{bmatrix} = \begin{bmatrix} S_{\phi_{\mathrm{S}}\phi_{\mathrm{I}}} & S_{\phi_{\mathrm{S}}\theta_{\mathrm{I}}} \\ S_{\theta_{\mathrm{S}}\phi_{\mathrm{I}}} & S_{\theta_{\mathrm{S}}\theta_{\mathrm{I}}} \end{bmatrix} \begin{bmatrix} E_\phi^{\mathrm{I}} \\ E_\theta^{\mathrm{I}} \end{bmatrix} \tag{3.13}$$

通常，单位矢量 $\hat{\boldsymbol{u}}_\theta^{\mathrm{R}}$ 和 $\hat{\boldsymbol{u}}_\phi^{\mathrm{I}}$ 并不正交，因此严格来讲，入射波在 $\hat{\boldsymbol{u}}_\phi^{\mathrm{I}}$ 方向上的极化分量和散射波在 $\hat{\boldsymbol{u}}_\theta^{\mathrm{R}}$ 方向上的极化分量并不能组成交叉极化通道。但为方便起见，一般将其视为交叉极化通道[1, 4, 6, 7, 20]。类似地，$\hat{\boldsymbol{u}}_\phi^{\mathrm{I}}$ 和 $\hat{\boldsymbol{u}}_\phi^{\mathrm{R}}$ 也并非严格意义上的平行单位矢量，不能构成一对同极化通道。

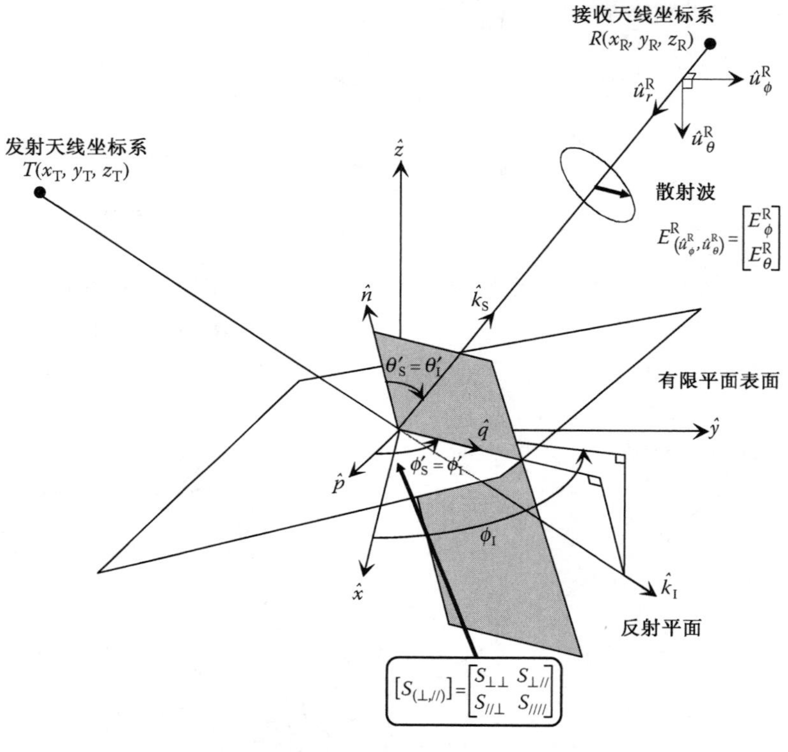

图 3.7 电磁波与无限大平板表面的相互作用，定义接收端体制

被用于定义目标特征的散射矩阵 $\boldsymbol{S}$ 可由以下参数表示为

$$\boldsymbol{S} = \begin{bmatrix} |S_{11}|\mathrm{e}^{\mathrm{j}\phi_{11}} & |S_{12}|\mathrm{e}^{\mathrm{j}\phi_{12}} \\ |S_{21}|\mathrm{e}^{\mathrm{j}\phi_{21}} & |S_{22}|\mathrm{e}^{\mathrm{j}\phi_{22}} \end{bmatrix} = \underbrace{\mathrm{e}^{\mathrm{j}\phi_{11}}}_{\text{绝对相位项}} \underbrace{\begin{bmatrix} |S_{11}| & |S_{12}|\mathrm{e}^{\mathrm{j}(\phi_{12}-\phi_{11})} \\ |S_{21}|\mathrm{e}^{\mathrm{j}(\phi_{21}-\phi_{11})} & |S_{22}|\mathrm{e}^{\mathrm{j}(\phi_{22}-\phi_{11})} \end{bmatrix}}_{\text{相对散射矩阵}} \tag{3.14}$$

式(3.14)中的绝对相位项并非一个独立参数，而是一个依赖于雷达与目标之间距离的不确定量。因此，可以认为散射矩阵可由 4 个幅度值与 3 个相对相位值这 7 个参数来描述。

在单站后向散射情况下，发射天线和接收天线处于同一位置，因此可以在同一组正交基（$\hat{\boldsymbol{u}}_\phi,\hat{\boldsymbol{u}}_\theta$）下定义入射波与散射波的琼斯矢量。为方便起见，定义本地笛卡儿基($\hat{x},\hat{y}$)，将 $\hat{\boldsymbol{u}}_\phi$ 视为水平极化单位矢量，即$\hat{\boldsymbol{u}}_\phi=\hat{\boldsymbol{u}}_{\mathrm{H}}=\hat{x}$；将 $\hat{\boldsymbol{u}}_\theta$ 视为垂直极化单位矢量，即$\hat{\boldsymbol{u}}_\theta=\hat{\boldsymbol{u}}_{\mathrm{V}}=\hat{y}$。在笛卡

① 原文中式(3.13)与式(3.7)对散射矩阵的定义不同，此处为无量纲的散射矩阵。——译者注

儿基 $(\hat{x},\hat{y})$ 或水平-垂直基 $(\hat{\boldsymbol{u}}_H,\hat{\boldsymbol{u}}_V)$ 下，复数 2×2 后向散射矩阵 $\boldsymbol{S}$ 可表示为[1, 4, 6, 7, 20]

$$\boldsymbol{S}_{(\hat{x},\hat{y})}=\begin{bmatrix} S_{XX} & S_{XY} \\ S_{YX} & S_{YY} \end{bmatrix}=\boldsymbol{S}_{(\hat{\boldsymbol{u}}_H,\hat{\boldsymbol{u}}_V)}=\begin{bmatrix} S_{HH} & S_{HV} \\ S_{VH} & S_{VV} \end{bmatrix} \tag{3.15}$$

S_{HH}和 S_{VV}项包含了同极化通道回波功率，而 S_{HV}和 S_{VH}项则包含了交叉极化通道回波功率。如果发射天线和接收天线是可交换的，且电磁波在满足互易性的媒质中传递，那么后向散射矩阵也应满足互易性理论，即 $S_{HV}=S_{VH}$[1, 4, 6, 7, 20]。因此，有

$$\begin{aligned}\boldsymbol{S}_{(\hat{x},\hat{y})}=\boldsymbol{S}_{(\hat{u}_H,\hat{u}_V)}&=\begin{bmatrix} |S_{HH}|e^{j\phi_{HH}} & |S_{HV}|e^{j\phi_{HV}} \\ |S_{HV}|e^{j\phi_{HV}} & |S_{VV}|e^{j\phi_{VV}} \end{bmatrix}\\ &=\underbrace{e^{j\phi_{HH}}}_{\text{绝对相位项}}\underbrace{\begin{bmatrix} |S_{HH}| & |S_{HV}|e^{j(\phi_{HV}-\phi_{HH})} \\ |S_{HV}|e^{j(\phi_{HV}-\phi_{HH})} & |S_{VV}|e^{j(\phi_{VV}-\phi_{HH})} \end{bmatrix}}_{\text{相对散射矩阵}}\end{aligned} \tag{3.16}$$

上文的主要结论是，在后向散射单站情况下，对给定目标仅用 3 个散射幅度和 2 个相对相位这 5 个参数来描述。

极化雷达系统测量的散射总功率称为 Span，在大部分情况下可将其定义为

$$\text{Span}=\text{Tr}(\boldsymbol{S}\,\boldsymbol{S}^{*T})=|S_{11}|^2+|S_{12}|^2+|S_{21}|^2+|S_{22}|^2 \tag{3.17}$$

式中 $\text{Tr}(\boldsymbol{A})$表示矩阵 $\boldsymbol{A}$ 的迹。在单站后向散射情况下，根据互易性可将 Span 简化为

$$\text{Span}=\text{Tr}(\boldsymbol{S}\,\boldsymbol{S}^{*T})=|S_{11}|^2+2|S_{12}|^2+|S_{22}|^2 \tag{3.18}$$

3.1.3　散射坐标系

如式(3.7)所示，散射过程可以在不同坐标系下进行定义。从这一点来看，在不同坐标系下分析散射矩阵 $\boldsymbol{S}$ 在特定方向上的定义是很重要的[1, 4, 6, 7, 20~23, 26]。

在前文中曾经强调过，雷达散射截面积和散射系数都与入射波和散射波的方向有关，且散射矩阵 $\boldsymbol{S}$ 也与入射场和散射场的极化定义方式有关，由此可见，对这种相关性的分析尤为重要。由于式(3.7)只考虑了极化电磁波本身，因此必须为定义极化矢量而设计一个体系。如图 3.8 所示，目前主要在两种约定体系中对极化散射过程进行研究：前向散射对准和后向散射对准。在这两种体系中，入射波和散射波的电场都是在局部坐标系下定义的，只不过分别以发射天线和接收天线为中心。所有的坐标系都是在以目标内部中心为原点的全局坐标系中定义的[1, 4, 6, 7, 20]。

如图 3.8 所示，$(\hat{x}_T,\hat{y}_T,\hat{z}_T)$、$(\hat{x}_S,\hat{y}_S,\hat{z}_S)$ 和 $(\hat{x}_R,\hat{y}_R,\hat{z}_R)$ 分别代表发射端、散射体和接收端的右手坐标系。入射波可在发射端右手坐标系 $(\hat{x}_T,\hat{y}_T,\hat{z}_T)$ 下表达，其中 $\hat{z}_T$ 由发射端指向目标中心。散射波可在散射体右手坐标系 $(\hat{x}_S,\hat{y}_S,\hat{z}_S)$ 下表达，其中 $\hat{z}_S$ 由散射体指向接收端。

前向散射对准又称为“与波向一致”(wave-oriented)，是一种根据电磁波传播方向定义的约定方法，通常在发射端和接收端处于不同空间位置时采用。如图 3.8(a)所示，前向散射对准右手坐标系 $(\hat{x}_R,\hat{y}_R,\hat{z}_R)$ 中的 $\hat{z}_R$ 指向接收端。在这种情况下，散射体坐标系和接收端坐标系将重合。

如图 3.8(b)所示，后向散射对准约定根据 IEEE 雷达天线标准定义。其右手坐标系 $(\hat{x}_R,\hat{y}_R,\hat{z}_R)$ 中的 $\hat{z}_R$ 轴指向散射体，这与前向散射对准是相反的。后向散射对准约定的优点在于，在单站雷达体制或“后向散射”体制下，如图 3.8(c)所示，当发射天线和接收天线处于同一位置时两个天线坐标系是重合的。

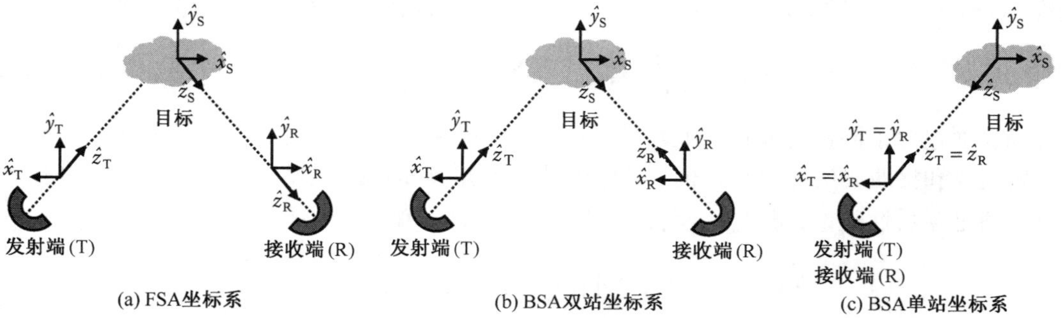

图 3.8 参考坐标系

由此可知，在 FSA 和 BSA 约定下的散射矩阵 $\boldsymbol{S}$ 形式有所不同。在单站体制下，根据 FSA 约定建立的后向散射矩阵 $\boldsymbol{S}_{\text{FSA}}$ 和根据 BSA 约定建立的后向散射矩阵 $\boldsymbol{S}_{\text{BSA}}$ 之间有以下关系[29]：

$$\boldsymbol{S}_{\text{BSA}} = \begin{bmatrix} -1 & 0 \\ 0 & 1 \end{bmatrix} \boldsymbol{S}_{\text{FSA}} \tag{3.19}$$

无论是根据 BSA 约定还是 FSA 约定，单站后向散射矩阵 $\boldsymbol{S}$ 都称为 Sinclair 矩阵。在一般双站散射体制下，散射矩阵 $\boldsymbol{S}$ 通常根据 FSA 约定建立。特别是在前向散射体制下，根据在光学遥感中广泛应用的“半透媒质前向散射”(forward scattering through translucent media)概念，散射矩阵 $\boldsymbol{S}$ 称为相干琼斯散射矩阵。

3.2 目标散射矢量 $\underline{\boldsymbol{k}}$ 与 $\underline{\boldsymbol{\Omega}}$

3.2.1 引言

构建系统矢量是从经典 2×2 Sinclair 相干矩阵 $\boldsymbol{S}$ 中提取物理信息的最佳理解方法[8~10]。将 Sinclair 矩阵表达为矢量 $\boldsymbol{V}(\cdot)$ 的形式如下：

$$\boldsymbol{S} = \begin{bmatrix} S_{XX} & S_{XY} \\ S_{YX} & S_{YY} \end{bmatrix} \quad \Rightarrow \quad \underline{\boldsymbol{k}} = \boldsymbol{V}(\boldsymbol{S}), \text{ 且有} \underline{\boldsymbol{k}_i} = \frac{1}{2}\text{Tr}(\boldsymbol{S}\boldsymbol{\Psi}_i) \tag{3.20}$$

式中 $\boldsymbol{\Psi}_i$ 是一个完备的 2×2 复数基矩阵正交集，可由厄米内积建立。

3.2.2 双站散射体制

与文献中的其他基集不同，用于建立双站极化相干矩阵或协方差矩阵的分别是由泡利矩阵或字典矩阵线性组合所构成的特殊集合[8~10]。

第一类是复泡利旋转矩阵基集 $\{\boldsymbol{\Psi}_P\}$

$$\{\boldsymbol{\Psi}_P\} = \left\{ \sqrt{2}\begin{bmatrix} 1 & 0 \\ 0 & 1 \end{bmatrix} \sqrt{2}\begin{bmatrix} 1 & 0 \\ 0 & -1 \end{bmatrix} \sqrt{2}\begin{bmatrix} 0 & 1 \\ 1 & 0 \end{bmatrix} \sqrt{2}\begin{bmatrix} 0 & -\text{j} \\ \text{j} & 0 \end{bmatrix} \right\} \tag{3.21}$$

由其可得“四维泡利特征矢量”或“四维目标矢量”$\underline{\boldsymbol{k}}$：

$$\underline{\boldsymbol{k}} = \frac{1}{\sqrt{2}}[S_{XX}+S_{YY} \quad S_{XX}-S_{YY} \quad S_{XY}+S_{YX} \quad \text{j}(S_{XY}-S_{YX})]^{\text{T}} \tag{3.22}$$

第二类是基本字典矩阵基集 $\{\boldsymbol{\Psi}_L\}$

$$\{\boldsymbol{\Psi}_{\mathrm{L}}\}=\left\{2\begin{bmatrix}1&0\\0&0\end{bmatrix}\quad 2\begin{bmatrix}0&1\\0&0\end{bmatrix}\quad 2\begin{bmatrix}0&0\\1&0\end{bmatrix}\quad 2\begin{bmatrix}0&0\\0&1\end{bmatrix}\right\} \tag{3.23}$$

由其可得“四维字典特征矢量”或“四维目标矢量” $\underline{\boldsymbol{\Omega}}$：

$$\underline{\boldsymbol{\Omega}}=[S_{\mathrm{XX}}\quad S_{\mathrm{XY}}\quad S_{\mathrm{YX}}\quad S_{\mathrm{YY}}]^{\mathrm{T}} \tag{3.24}$$

由此，可建立散射矩阵 $\boldsymbol{S}$ 与极化散射目标矢量之间的对应关系：

$$\boldsymbol{S}=\begin{bmatrix}S_{\mathrm{XX}}&S_{\mathrm{XY}}\\S_{\mathrm{XY}}&S_{\mathrm{YY}}\end{bmatrix}=\begin{bmatrix}\boldsymbol{\Omega}_1&\boldsymbol{\Omega}_2\\\boldsymbol{\Omega}_3&\boldsymbol{\Omega}_4\end{bmatrix}=\frac{1}{\sqrt{2}}\begin{bmatrix}k_1+k_2&k_3-\mathrm{j}k_4\\k_3+\mathrm{j}k_4&k_1-k_2\end{bmatrix} \tag{3.25}$$

式(3.21)和式(3.23)中的因子 2 和$\sqrt{2}$可以保证在不同的基矩阵集选择下，两个目标矢量的范数保持一致，并且与散射矩阵 $\boldsymbol{S}$ 的 Frobenius 范数(Span)相等，即满足“总功率守恒”。

$$\begin{aligned}\mathrm{Span}(\boldsymbol{S})&=\mathrm{Tr}(\boldsymbol{S}\,\boldsymbol{S}^{*\mathrm{T}})\\&=|S_{\mathrm{XX}}|^2+|S_{\mathrm{XY}}|^2+|S_{\mathrm{YX}}|^2+|S_{\mathrm{YY}}|^2\\&=\underline{\boldsymbol{k}}^{*\mathrm{T}}\cdot\underline{\boldsymbol{k}}=|\underline{\boldsymbol{k}}|^2\\&=\underline{\boldsymbol{\Omega}}^{*\mathrm{T}}\cdot\underline{\boldsymbol{\Omega}}=|\underline{\boldsymbol{\Omega}}|^2\end{aligned} \tag{3.26}$$

总功率守恒使得两种极化散射目标矢量之间存在酉变换的关系[8, 21, 22]：

$$\underline{\boldsymbol{k}}=\boldsymbol{U}_{4(\mathrm{L}\to\mathrm{P})}\underline{\boldsymbol{\Omega}},\qquad \boldsymbol{U}_{4(\mathrm{L}\to\mathrm{P})}=\frac{1}{\sqrt{2}}\begin{bmatrix}1&0&0&1\\1&0&0&-1\\0&1&1&0\\0&\mathrm{j}&-\mathrm{j}&0\end{bmatrix} \tag{3.27}$$

式中$\boldsymbol{U}_{4(\mathrm{L}\to\mathrm{P})}$是从字典目标矢量到泡利目标矢量的特殊酉变换 SU(4)，满足$|\boldsymbol{U}_{4(\mathrm{L}\to\mathrm{P})}|=+1$ 和 $\boldsymbol{U}_{4(\mathrm{L}\to\mathrm{P})}^{-1}=\boldsymbol{U}_{4(\mathrm{L}\to\mathrm{P})}^{*\mathrm{T}}$。

3.2.3　单站后向散射体制

在单站后向散射体制下，满足互易性的目标矩阵限制 Sinclair 矩阵为对称矩阵，即 $S_{\mathrm{XY}}=S_{\mathrm{YX}}$，因此四维极化目标矢量减少到三维，而相应的两类特殊正交集合的定义如下所示[8~10]。

复泡利旋转矩阵基集合 $\{\boldsymbol{\Psi}_{\mathrm{P}}\}$ 定义为

$$\{\boldsymbol{\Psi}_{\mathrm{P}}\}=\left\{\sqrt{2}\begin{bmatrix}1&0\\0&1\end{bmatrix}\quad\sqrt{2}\begin{bmatrix}1&0\\0&-1\end{bmatrix}\quad\sqrt{2}\begin{bmatrix}0&1\\1&0\end{bmatrix}\right\} \tag{3.28}$$

由此可得“三维泡利特征矢量”或“三维目标矢量”$\underline{\boldsymbol{k}}$ 为

$$\underline{\boldsymbol{k}}=\frac{1}{\sqrt{2}}[S_{\mathrm{XX}}+S_{\mathrm{YY}}\quad S_{\mathrm{XX}}-S_{\mathrm{YY}}\quad 2S_{\mathrm{XY}}]^{\mathrm{T}} \tag{3.29}$$

字典矩阵基集合 $\{\boldsymbol{\Psi}_{\mathrm{L}}\}$ 定义为

$$\{\boldsymbol{\Psi}_{\mathrm{L}}\}=\left\{2\begin{bmatrix}1&0\\0&0\end{bmatrix}\quad 2\sqrt{2}\begin{bmatrix}0&1\\0&0\end{bmatrix}\quad 2\begin{bmatrix}0&0\\0&1\end{bmatrix}\right\} \tag{3.30}$$

由此可得“三维字典特征矢量”或“三维目标矢量” $\underline{\boldsymbol{\Omega}}$ 为

$$\underline{\boldsymbol{\Omega}}=\left[S_{\mathrm{XX}}\quad\sqrt{2}S_{\mathrm{XY}}\quad S_{\mathrm{YY}}\right]^{\mathrm{T}} \tag{3.31}$$

式(3.28)和式(3.30)中引入的因子 2、$\sqrt{2}$和 $2\sqrt{2}$也是为了保证总功率守恒：

$$\mathrm{Span}(\boldsymbol{S})=|\underline{\boldsymbol{k}}|^2=|\underline{\boldsymbol{\Omega}}|^2=|S_{\mathrm{XX}}|^2+2|S_{\mathrm{XY}}|^2+|S_{\mathrm{YY}}|^2 \tag{3.32}$$

上述两类极化散射目标矢量之间的变换关系为[8, 21, 22]

$$\underline{k} = \boldsymbol{U}_{3(\mathrm{L}\to\mathrm{P})}\underline{\boldsymbol{\Omega}}, \quad 其中\boldsymbol{U}_{3(\mathrm{L}\to\mathrm{P})} = \frac{1}{\sqrt{2}}\begin{bmatrix} 1 & 0 & 1 \\ 1 & 0 & -1 \\ 0 & \sqrt{2} & 0 \end{bmatrix} \tag{3.33}$$

式中$\boldsymbol{U}_{3(\mathrm{L}\to\mathrm{P})}$是由字典目标矢量到泡利目标矢量的特殊酉变换 SU(3)，且满足$|\boldsymbol{U}_{3(\mathrm{L}\to\mathrm{P})}| = +1$和$\boldsymbol{U}_{3(\mathrm{L}\to\mathrm{P})}^{-1} = \boldsymbol{U}_{3(\mathrm{L}\to\mathrm{P})}^{*\mathrm{T}}$。

3.3 极化相干矩阵 $\boldsymbol{T}$ 与极化协方差矩阵 $\boldsymbol{C}$

3.3.1 引言

如前文所述，提出“分布式目标”概念是为了描述在实际动态变化环境中，随时间和空间改变而不稳定或不固定的雷达目标。参考部分极化波概念，这些目标称为部分散射体或分布式目标。尽管环境是动态变化的，但必须假设其满足平稳性、各向同性及各态历经性的条件。通过引入空时变随机过程概念，可以使用从极化相干矩阵或极化协方差矩阵中提取的波动量二阶矩来描述动态变化的环境和目标，从而可以对分布式目标进行更精确的分析。

3.3.2 双站散射体制

由上节定义的 Sinclair 矩阵矢量形式可以获得目标矢量，从而可以利用目标矢量与自身共轭转置矢量的外积来求得 4 ×4 极化泡利相干矩阵 $\boldsymbol{T}_4$与 4 ×4 字典协方差矩阵 $\boldsymbol{C}_4$[8, 21, 22, 24, 25, 37]

$$\boldsymbol{T}_4 = \langle \underline{k} \cdot \underline{k}^{*\mathrm{T}} \rangle \quad 和 \quad \boldsymbol{C}_4 = \langle \underline{\boldsymbol{\Omega}} \cdot \underline{\boldsymbol{\Omega}}^{*\mathrm{T}} \rangle \tag{3.34}$$

式中 $\langle\cdot\rangle$ 表示时间或空间集合平均，并假设随机媒质是各向同性的。

4 ×4 极化相干矩阵 $\boldsymbol{T}_4$如下式所示：

$$\boldsymbol{T}_4 = \langle \underline{k} \cdot \underline{k}^{*\mathrm{T}} \rangle = \left\langle \begin{bmatrix} |k_1|^2 & k_1k_2^* & k_1k_3^* & k_1k_4^* \\ k_2k_1^* & |k_2|^2 & k_2k_3^* & k_2k_4^* \\ k_3k_1^* & k_3k_2^* & |k_3|^2 & k_3k_4^* \\ k_4k_1^* & k_4k_2^* & k_4k_3^* & |k_4|^2 \end{bmatrix} \right\rangle$$

$$= \frac{1}{2}\begin{bmatrix} \left\langle |S_{XX}+S_{YY}|^2 \right\rangle & \langle (S_{XX}+S_{YY})(S_{XX}-S_{YY})^* \rangle & \cdots \\ \langle (S_{XX}-S_{YY})(S_{XX}+S_{YY})^* \rangle & \left\langle |S_{XX}-S_{YY}|^2 \right\rangle & \cdots \\ \langle (S_{XY}+S_{YX})(S_{XX}+S_{YY})^* \rangle & \langle (S_{XY}+S_{YX})(S_{XX}-S_{YY})^* \rangle & \cdots \\ \langle \mathrm{j}(S_{XY}-S_{YX})(S_{XX}+S_{YY})^* \rangle & \langle \mathrm{j}(S_{XY}-S_{YX})(S_{XX}-S_{YY})^* \rangle & \end{bmatrix} \tag{3.35}$$

$$\begin{matrix} & \langle (S_{XX}+S_{YY})(S_{XY}+S_{YX})^* \rangle & \langle -\mathrm{j}(S_{XX}+S_{YY})(S_{XY}-S_{YX})^* \rangle \\ \cdots & \langle (S_{XX}-S_{YY})(S_{XY}+S_{YX})^* \rangle & \langle -\mathrm{j}(S_{XX}-S_{YY})(S_{XY}-S_{YX})^* \rangle \\ \cdots & \left\langle |S_{XY}+S_{YX}|^2 \right\rangle & \langle -\mathrm{j}(S_{XY}+S_{YX})(S_{XY}-S_{YX})^* \rangle \\ & \langle \mathrm{j}(S_{XY}-S_{YX})(S_{XY}+S_{YX})^* \rangle & \left\langle |S_{XY}-S_{YX}|^2 \right\rangle \end{matrix}$$

4 ×4 极化协方差矩阵 C_4 如下式所示：

$$
C_4=\langle \underline{\boldsymbol{\Omega}}\cdot\underline{\boldsymbol{\Omega}}^{*\mathrm{T}}\rangle=\left\langle\begin{bmatrix}|\Omega_1|^2 & \Omega_1\Omega_2^* & \Omega_1\Omega_3^* & \Omega_1\Omega_4^*\\ \Omega_2\Omega_1^* & |\Omega_2|^2 & \Omega_2\Omega_3^* & \Omega_2\Omega_4^*\\ \Omega_3\Omega_1^* & \Omega_3\Omega_2^* & |\Omega_3|^2 & \Omega_3\Omega_4^*\\ \Omega_4\Omega_1^* & \Omega_4\Omega_2^* & \Omega_4\Omega_3^* & |\Omega_4|^2\end{bmatrix}\right\rangle
$$

$$
=\begin{bmatrix}\left\langle|S_{XX}|^2\right\rangle & \left\langle S_{XX}S_{XY}^*\right\rangle & \left\langle S_{XX}S_{YX}^*\right\rangle & \left\langle S_{XX}S_{YY}^*\right\rangle\\ \left\langle S_{XY}S_{XX}^*\right\rangle & \left\langle|S_{XY}|^2\right\rangle & \left\langle S_{XY}S_{YX}^*\right\rangle & \left\langle S_{XY}S_{YY}^*\right\rangle\\ \left\langle S_{YX}S_{XX}^*\right\rangle & \left\langle S_{YX}S_{XY}^*\right\rangle & \left\langle|S_{YX}|^2\right\rangle & \left\langle S_{YX}S_{YY}^*\right\rangle\\ \left\langle S_{YY}S_{XX}^*\right\rangle & \left\langle S_{YY}S_{XY}^*\right\rangle & \left\langle S_{YY}S_{YX}^*\right\rangle & \left\langle|S_{YY}|^2\right\rangle\end{bmatrix} \tag{3.36}
$$

必须指出，4 ×4 极化相干矩阵 T_4 和极化协方差矩阵 C_4 都是半正定的厄米矩阵，这表明两个矩阵满足 $\mathrm{Tr}(T_4)=\mathrm{Tr}(C_4)=\mathrm{Span}$，且都具有非负实特征值和正交特征矢量(见附录 A)。

如式(3.27)所示，两个目标矢量之间存在特殊酉变换，由此可得极化相干矩阵 T_4 和极化协方差矩阵 C_4 之间的关系式为[21~23]

$$
\begin{aligned}
T_4&=\langle \underline{\boldsymbol{k}}\cdot\underline{\boldsymbol{k}}^{*\mathrm{T}}\rangle\\
&=\left\langle(U_{4(\mathrm{L}\to\mathrm{P})}\underline{\boldsymbol{\Omega}})\cdot(U_{4(\mathrm{L}\to\mathrm{P})}\underline{\boldsymbol{\Omega}})^{*\mathrm{T}}\right\rangle\\
&=U_{4(\mathrm{L}\to\mathrm{P})}\left\langle\underline{\boldsymbol{\Omega}}\cdot\underline{\boldsymbol{\Omega}}^{*\mathrm{T}}\right\rangle U_{4(\mathrm{L}\to\mathrm{P})}^{*\mathrm{T}}\\
&=U_{4(\mathrm{L}\to\mathrm{P})}C_4U_{4(\mathrm{L}\to\mathrm{P})}^{-1}
\end{aligned} \tag{3.37}
$$

式中 $U_{4(\mathrm{L}\to\mathrm{P})}$ 是由式(3.27)给出的特殊酉变换矩阵 SU(4)。

3.3.3 单站后向散射体制

在单站后向散射体制下，互易性限制 Sinclair 散射矩阵为对称矩阵，即有 $S_{XY}=S_{YX}$，因此可将四维极化相干矩阵 T_4 和极化协方差矩阵 C_4 分别简化为三维极化相干矩阵 T_3[8, 21~25, 37]：

$$
T_3=\langle \underline{\boldsymbol{k}}\cdot\underline{\boldsymbol{k}}^{*\mathrm{T}}\rangle=\left\langle\begin{bmatrix}|k_1|^2 & k_1k_2^* & k_1k_3^*\\ k_2k_1^* & |k_2|^2 & k_2k_3^*\\ k_3k_1^* & k_3k_2^* & |k_3|^2\end{bmatrix}\right\rangle
$$

$$
=\frac{1}{2}\begin{bmatrix}\left\langle|S_{XX}+S_{YY}|^2\right\rangle & \langle(S_{XX}+S_{YY})(S_{XX}-S_{YY})^*\rangle & 2\left\langle(S_{XX}+S_{YY})S_{XY}^*\right\rangle\\ \langle(S_{XX}-S_{YY})(S_{XX}+S_{YY})^*\rangle & \left\langle|S_{XX}-S_{YY}|^2\right\rangle & 2\left\langle(S_{XX}-S_{YY})S_{XY}^*\right\rangle\\ 2\langle S_{XY}(S_{XX}+S_{YY})^*\rangle & 2\langle S_{XY}(S_{XX}-S_{YY})^*\rangle & 4\left\langle|S_{XY}|^2\right\rangle\end{bmatrix} \tag{3.38}
$$

和三维极化协方差矩阵 C_3[8, 21~25, 37]：

$$
C_3=\langle \underline{\boldsymbol{\Omega}}\cdot\underline{\boldsymbol{\Omega}}^{*\mathrm{T}}\rangle=\left\langle\begin{bmatrix}|\Omega_1|^2 & \Omega_1\Omega_2^* & \Omega_1\Omega_3^*\\ \Omega_2\Omega_1^* & |\Omega_2|^2 & \Omega_2\Omega_3^*\\ \Omega_3\Omega_1^* & \Omega_3\Omega_2^* & |\Omega_3|^2\end{bmatrix}\right\rangle
$$

$$
= \begin{bmatrix} \langle |S_{XX}|^2 \rangle & \sqrt{2}\langle S_{XX}S_{XY}^* \rangle & \langle S_{XX}S_{YY}^* \rangle \\ \sqrt{2}\langle S_{XY}S_{XX}^* \rangle & 2\langle |S_{XY}|^2 \rangle & \sqrt{2}\langle S_{XY}S_{YY}^* \rangle \\ \langle S_{YY}S_{XX}^* \rangle & \sqrt{2}\langle S_{YY}S_{XY}^* \rangle & \langle |S_{YY}|^2 \rangle \end{bmatrix} \tag{3.39}
$$

3×3 极化相干矩阵 $\boldsymbol{T}_3$ 和极化协方差矩阵 $\boldsymbol{C}_3$ 都是半正定的厄米矩阵。它们的转换关系式为[21~23]

$$
\boldsymbol{T}_3 = \boldsymbol{U}_{3(\mathrm{L}\to\mathrm{P})}\boldsymbol{C}_3\,\boldsymbol{U}_{3(\mathrm{L}\to\mathrm{P})}^{-1} \tag{3.40}
$$

式中的$\boldsymbol{U}_{3(\mathrm{L}\to\mathrm{P})}$为特殊酉变换矩阵 SU(3)，其定义可参考式(3.33)。

根据文献[6, 24, 25, 37]，还有一种常见的极化协方差矩阵表示法是基于极化互相关参数 $\boldsymbol{\sigma}_0$、$\boldsymbol{\rho}$、$\boldsymbol{\delta}$、$\boldsymbol{\beta}$、$\boldsymbol{\gamma}$ 和 $\boldsymbol{\varepsilon}$ 来定义的：

$$
\boldsymbol{C}_3 = \sigma\begin{bmatrix} 1 & \beta\sqrt{\delta} & \rho\sqrt{\gamma} \\ \beta^*\sqrt{\delta} & \delta & \varepsilon\sqrt{\gamma\delta} \\ \rho^*\sqrt{\gamma} & \varepsilon^*\sqrt{\gamma\delta} & \gamma \end{bmatrix} \tag{3.41}
$$

式中，

$$
\sigma = |S_{XX}|^2, \qquad \delta = 2\frac{\langle |S_{XY}|^2 \rangle}{\langle |S_{XX}|^2 \rangle}, \qquad \gamma = \frac{\langle |S_{YY}|^2 \rangle}{\langle |S_{XX}|^2 \rangle}
$$

$$
\rho = \frac{\langle S_{XX}S_{YY}^* \rangle}{\sqrt{\langle |S_{XX}|^2 \rangle \langle |S_{YY}|^2 \rangle}}, \qquad \beta = \frac{\langle S_{XX}S_{XY}^* \rangle}{\sqrt{\langle |S_{XX}|^2 \rangle \langle |S_{XY}|^2 \rangle}}, \qquad \varepsilon = \frac{\langle S_{XY}S_{YY}^* \rangle}{\sqrt{\langle |S_{XY}|^2 \rangle \langle |S_{YY}|^2 \rangle}} \tag{3.42}
$$

3.3.4 散射对称性

对于满足散射对称假设的散射体分布，可以对其散射问题进行简化并获得其量化的散射特性规律[9, 10, 27]。如果已知目标的散射矩阵 $\boldsymbol{S}$，那么在某些对称体制下，与该目标成镜面或旋转对称的目标散射矩阵也可以直接推导出来[30]。

首先考虑图 3.9 中的分布式目标，在与入射面①垂直的平面内具有反射对称性。

反射对称性的物理意义可以解释为：每当 P 点存在可以通过散射矩阵 $\boldsymbol{S}_{\mathrm{P}}$来描述的影响时，总存在与其相对应的贡献来自 P 点的镜像 Q 点，其散射矩阵为 $\boldsymbol{S}_{\mathrm{Q}}$。散射矩阵 $\boldsymbol{S}_{\mathrm{P}}$和 $\boldsymbol{S}_{\mathrm{Q}}$具有如下关系：

$$
\boldsymbol{S}_{\mathrm{P}} = \begin{bmatrix} a & b \\ b & c \end{bmatrix} \quad 和 \quad \boldsymbol{S}_{\mathrm{Q}} = \begin{bmatrix} a & -b \\ -b & c \end{bmatrix} \tag{3.43}
$$

采用泡利矩阵矢量形式后，P 和 Q 之间的关系可表达为目标矢量的形式[9]：

$$
\underline{\boldsymbol{k}}_{\mathrm{P}} \propto \begin{bmatrix} \alpha \\ \beta \\ \gamma \end{bmatrix} \quad 和 \quad \underline{\boldsymbol{k}}_{\mathrm{Q}} \propto \begin{bmatrix} \alpha \\ \beta \\ -\gamma \end{bmatrix} \tag{3.44}
$$

① 入射面：地面法线方向与入射线构成的平面。

将上式整合后，可将反射对称媒质的平均相干矩阵 $\boldsymbol{T}_3$ 的观测量表示为两个独立分量的组合：

$$\begin{aligned}\boldsymbol{T}_3 &= \boldsymbol{T}_{\mathrm{P}} + \boldsymbol{T}_{\mathrm{Q}} \\ &= \frac{1}{2}\begin{bmatrix} |\alpha|^2 & \alpha\beta^* & \alpha\gamma^* \\ \beta\alpha^* & |\beta|^2 & \beta\gamma^* \\ \gamma\alpha^* & \gamma\beta^* & |\gamma|^2 \end{bmatrix} + \frac{1}{2}\begin{bmatrix} |\alpha|^2 & \alpha\beta^* & -\alpha\gamma^* \\ \beta\alpha^* & |\beta|^2 & -\beta\gamma^* \\ -\gamma\alpha^* & -\gamma\beta^* & |\gamma|^2 \end{bmatrix} \\ &= \begin{bmatrix} |\alpha|^2 & \alpha\beta^* & 0 \\ \beta\alpha^* & |\beta|^2 & 0 \\ 0 & 0 & |\gamma|^2 \end{bmatrix}\end{aligned} \tag{3.45}$$

上式表明，如果散射体在与入射方向垂直的平面内具有反射对称性，那么其平均相干矩阵 $\boldsymbol{T}_3$ 的一般形式将如式(3.45)所示，即交叉极化散射系数将与同极化散射系数不相关。

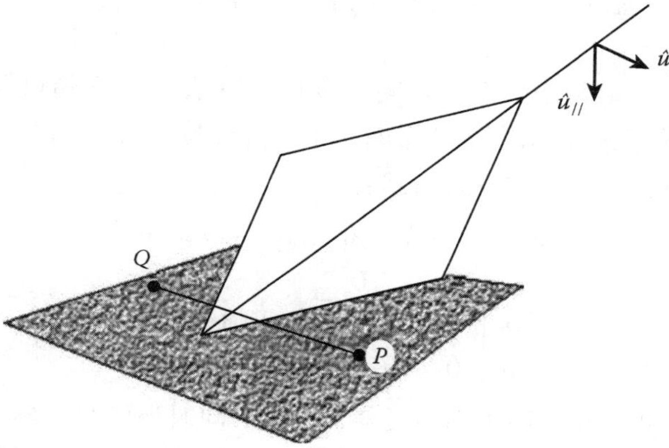

图 3.9　以入射线为中心的反射对称性

下面将研究的是绕入射线方向具有旋转对称性(rotation symmetry)的分布式目标[9]，如图 3.10所示。

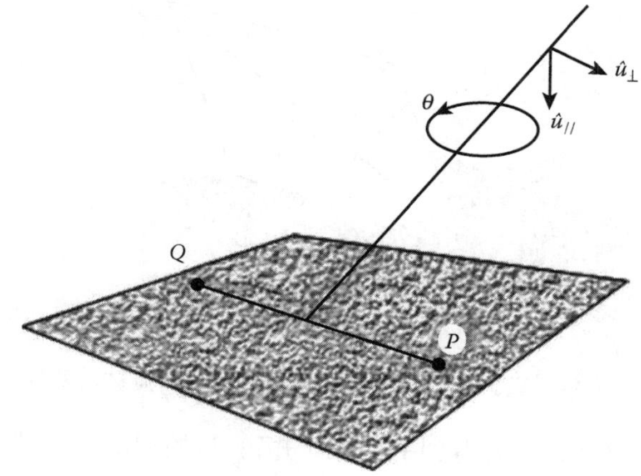

图 3.10　以入射线为中心的旋转对称性

首先对平均相干矩阵 $\boldsymbol{T}_3$ 的一般形式进行绕视线方向的旋转变换，可得到旋转的平均相干矩阵 $\boldsymbol{T}_3(\theta)$ 为

$$\boldsymbol{T}_3(\theta) = \boldsymbol{R}_3(\theta)\boldsymbol{T}_3\boldsymbol{R}_3(\theta)^{-1} \tag{3.46}$$

式中的特殊酉旋转算子$\boldsymbol{R}_3(\theta)$为

$$\boldsymbol{R}_3(\theta) = \begin{bmatrix} 1 & 0 & 0 \\ 0 & \cos 2\theta & \sin 2\theta \\ 0 & -\sin 2\theta & \cos 2\theta \end{bmatrix} \tag{3.47}$$

旋转不变性要求定向平均相干矩阵$\boldsymbol{T}_3$在经过式(3.46)中的旋转变换后仍保持不变。旋转不变性在数学上等效于要求平均相干矩阵$\boldsymbol{T}_3$包含的所有目标矢量成分都是旋转不变的。由此可推断，旋转不变平均相干矩阵$\boldsymbol{T}_3$的目标矢量$\underline{\boldsymbol{u}}$必须是旋转矩阵$\boldsymbol{R}_3(\theta)$的特征矢量，即

$$\boldsymbol{R}_3(\theta)\underline{\boldsymbol{u}} = \lambda\underline{\boldsymbol{u}} \tag{3.48}$$

由此可得3个特征矢量为[9]

$$\underline{\boldsymbol{u}}_1 = \begin{bmatrix} 1 \\ 0 \\ 0 \end{bmatrix}, \quad \underline{\boldsymbol{u}}_2 = \frac{1}{\sqrt{2}}\begin{bmatrix} 0 \\ 1 \\ \mathrm{j} \end{bmatrix}, \quad \underline{\boldsymbol{u}}_3 = \frac{1}{\sqrt{2}}\begin{bmatrix} 0 \\ \mathrm{j} \\ 1 \end{bmatrix} \tag{3.49}$$

上述3个矢量$\underline{\boldsymbol{u}}_1$、$\underline{\boldsymbol{u}}_2$和$\underline{\boldsymbol{u}}_3$都是绕入射线旋转不变的。这表明要使随机媒质的平均相干矩阵$\boldsymbol{T}_3$具有旋转不变性(即任意旋转角度下的定向相干矩阵保持不变)，则该矩阵必定是上述3个特征矢量外积的线性组合[9, 27]。如下式所示：

$$\begin{aligned} \boldsymbol{T}_3 &= \alpha\underline{\boldsymbol{u}}_1 \cdot \underline{\boldsymbol{u}}_1^{*\mathrm{T}} + \beta\underline{\boldsymbol{u}}_2 \cdot \underline{\boldsymbol{u}}_2^{*\mathrm{T}} + \gamma\underline{\boldsymbol{u}}_3 \cdot \underline{\boldsymbol{u}}_3^{*\mathrm{T}} \\ &= \frac{1}{2}\begin{bmatrix} 2\alpha & 0 & 0 \\ 0 & \beta+\gamma & -\mathrm{j}(\beta-\gamma) \\ 0 & \mathrm{j}(\beta-\gamma) & \beta+\gamma \end{bmatrix} \end{aligned} \tag{3.50}$$

最后，要研究不仅在某些特殊平面内满足反射对称性，同时还满足旋转对称性媒质的平均相干矩阵$\boldsymbol{T}_3$，因此图3.11中的所有平面都成为有效的反射平面。这种对称性通常称为方位对称性(azimuth symmetry)。

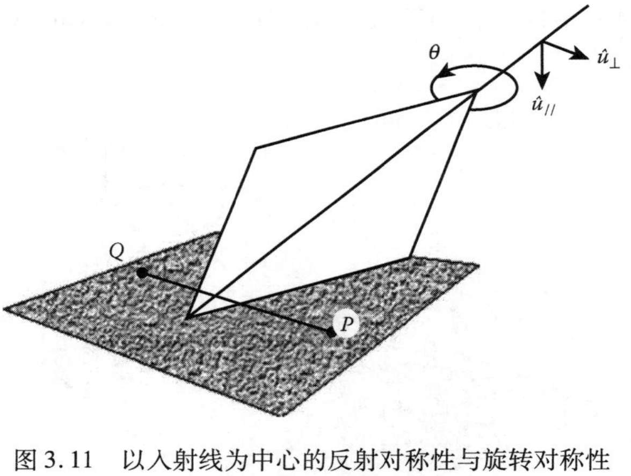

图3.11 以入射线为中心的反射对称性与旋转对称性

结合式(3.45)和式(3.50)，可得到平均相干矩阵$\boldsymbol{T}_3$的观测量形式为

$$\begin{aligned} \boldsymbol{T}_3 &= \boldsymbol{T}_{\mathrm{PR}} + \boldsymbol{T}_{\mathrm{QR}} \\ &= \frac{1}{2}\begin{bmatrix} 2\alpha & 0 & 0 \\ 0 & \beta+\gamma & -\mathrm{j}(\beta-\gamma) \\ 0 & \mathrm{j}(\beta-\gamma) & \beta+\gamma \end{bmatrix} + \frac{1}{2}\begin{bmatrix} 2\alpha & 0 & 0 \\ 0 & \beta+\gamma & \mathrm{j}(\beta-\gamma) \\ 0 & -\mathrm{j}(\beta-\gamma) & \beta+\gamma \end{bmatrix} \end{aligned}$$

$$= \begin{bmatrix} 2\alpha & 0 & 0 \\ 0 & \beta+\gamma & 0 \\ 0 & 0 & \beta+\gamma \end{bmatrix} \tag{3.51}$$

下面给出与以上 3 种散射对称相对应的平均协方差矩阵 $\boldsymbol{C}_3$ 的通式[9, 27]。

- 在反射对称情况下，

$$\boldsymbol{T}_3 = \begin{bmatrix} a & b & 0 \\ b^* & c & 0 \\ 0 & 0 & d \end{bmatrix} \Rightarrow \boldsymbol{C}_3 = \frac{1}{2}\begin{bmatrix} a+b+b^*+c & 0 & a-b+b^*-c \\ 0 & 2d & 0 \\ a+b-b^*-c & 0 & a-b-b^*+c \end{bmatrix}$$
$$= \begin{bmatrix} \alpha & 0 & \beta \\ 0 & \delta & 0 \\ \beta^* & 0 & \gamma \end{bmatrix} \tag{3.52}$$

- 在旋转对称情况下，

$$\boldsymbol{T}_3 = \begin{bmatrix} a & 0 & 0 \\ 0 & b & c \\ 0 & c^* & b \end{bmatrix} \Rightarrow \boldsymbol{C}_3 = \frac{1}{2}\begin{bmatrix} a+b & \sqrt{2}c & a-b \\ \sqrt{2}c^* & 2b & -\sqrt{2}c^* \\ a-b & -\sqrt{2}c & a+b \end{bmatrix}$$
$$= \begin{bmatrix} \alpha & \beta & \delta \\ \beta^* & \gamma & -\beta^* \\ \delta & -\beta & \eta \end{bmatrix} \tag{3.53}$$

- 在方位对称情况下，

$$\boldsymbol{T}_3 = \begin{bmatrix} a & 0 & 0 \\ 0 & b & 0 \\ 0 & 0 & b \end{bmatrix} \Rightarrow \boldsymbol{C}_3 = \frac{1}{2}\begin{bmatrix} a+b & 0 & a-b \\ 0 & 2b & 0 \\ a-b & 0 & a+b \end{bmatrix} = \begin{bmatrix} \alpha & 0 & \beta \\ 0 & \delta & 0 \\ \beta & 0 & \alpha \end{bmatrix} \tag{3.54}$$

3.3.5 特征矢量/特征值分解

通过计算 3 ×3 厄米型极化相干矩阵 $\boldsymbol{T}_3$ 和极化协方差矩阵 $\boldsymbol{C}_3$ 的特征值和特征矢量，可得到两个矩阵的对角化形式[9, 10, 21~23]：

$$\boldsymbol{T}_3 = \boldsymbol{U}_{\mathrm{P}}\boldsymbol{\Sigma}_{\mathrm{P}}\boldsymbol{U}_{\mathrm{P}}^{-1} \quad 和 \quad \boldsymbol{C}_3 = \boldsymbol{U}_{\mathrm{C}}\boldsymbol{\Sigma}_{\mathrm{C}}\boldsymbol{U}_{\mathrm{C}}^{-1} \tag{3.55}$$

式中 $\boldsymbol{\Sigma}_{\mathrm{P}}$ 和 $\boldsymbol{\Sigma}_{\mathrm{C}}$ 是 3 ×3 对角阵，由非负实数元素组成。$\boldsymbol{U}_{\mathrm{P}}$ 和 $\boldsymbol{U}_{\mathrm{C}}$ 是 3 ×3 特殊酉矩阵 SU(3)，分别由极化相干矩阵 $\boldsymbol{T}_3$ 和极化协方差矩阵 $\boldsymbol{C}_3$ 的单位正交特征矢量构成。

根据式(3.33)给出的特殊酉变换，有

$$\begin{aligned} \boldsymbol{T}_3 &= \boldsymbol{U}_{3(\mathrm{L}\to\mathrm{P})}\boldsymbol{C}_3\boldsymbol{U}_{3(\mathrm{L}\to\mathrm{P})}^{-1} \\ &= \boldsymbol{U}_{3(\mathrm{L}\to\mathrm{P})}\boldsymbol{U}_{\mathrm{C}}\boldsymbol{\Sigma}_{\mathrm{C}}\boldsymbol{U}_{\mathrm{C}}^{-1}\boldsymbol{U}_{3(\mathrm{L}\to\mathrm{P})}^{-1} \\ &= \boldsymbol{U}_{\mathrm{P}}\boldsymbol{\Sigma}_{\mathrm{P}}\boldsymbol{U}_{\mathrm{P}}^{-1} \end{aligned} \tag{3.56}$$

由上式可知，极化相干矩阵 $\boldsymbol{T}_3$ 和极化协方差矩阵 $\boldsymbol{C}_3$ 的特征值相同，其特征矢量之间的关系为 $\boldsymbol{U}_{\mathrm{P}} = \boldsymbol{U}_{3(\mathrm{L}\to\mathrm{P})}\boldsymbol{U}_{\mathrm{C}}$。

需要注意的是，仅当协方差矩阵 $\boldsymbol{C}_3$ 和相干矩阵 $\boldsymbol{T}_3$ 有一个非零特征值时，观测对象才可称为一个单一散射目标(pure target)，与单一的散射矩阵存在关系，且有

$$\boldsymbol{T}_3 = \lambda_1\underline{\boldsymbol{u}}_{\mathrm{P1}}\cdot\underline{\boldsymbol{u}}_{\mathrm{P1}}^{\mathrm{T}*} = \underline{\boldsymbol{k}}_1\cdot\underline{\boldsymbol{k}}_1^{\mathrm{T}*} \quad 和 \quad \boldsymbol{C}_3 = \lambda_1\underline{\boldsymbol{u}}_{\mathrm{C1}}\cdot\underline{\boldsymbol{u}}_{\mathrm{C1}}^{\mathrm{T}*} = \underline{\boldsymbol{\Omega}}_1\cdot\underline{\boldsymbol{\Omega}}_1^{\mathrm{T}*} \tag{3.57}$$

在没有进行空间或时间集合平均处理的情况下，极化相干矩阵 $\boldsymbol{T}_3$ 和极化协方差矩阵 $\boldsymbol{C}_3$ 的秩(rank)都为1，对应于某时刻来自空间分布散射体上的目标回波。

另一方面，如果所有特征值都不为零，并且近似相等，则协方差矩阵 $\boldsymbol{C}_3$ 和相干矩阵 $\boldsymbol{T}_3$ 由三种正交散射机制组合而成，代表未极化的随机散射结构目标。在此情况下，两个矩阵的秩都为3。

除了以上两种极端情况，协方差矩阵 $\boldsymbol{C}_3$ 和相干矩阵 $\boldsymbol{T}_3$ 还可能拥有三个不相等的非零特征值，代表部分极化散射体或分布式目标。

3.4 极化米勒矩阵 $\boldsymbol{M}$ 和 Kennaugh 矩阵 $\boldsymbol{K}$

3.4.1 引言

考虑到观测量的独立性，对单一的物理现象进行描述既可以使用散射矩阵这种经典的目标表示方法，也可以利用功率给出另一种表达。恰当的功率表达形式可以更好地刻画后向散射机理[1, 4, 6, 7, 20]。基于功率的数据表达方式之所以强大，主要在于其消去了来自目标的绝对相位，从而令其成为非相干叠加参数。

将4×4 Kennaugh 矩阵 $\boldsymbol{K}$ 定义为[1, 4, 6, 7, 20, 28]

$$\boldsymbol{K} = \boldsymbol{A}^*(\boldsymbol{S} \otimes \boldsymbol{S}^*)\boldsymbol{A}^{-1} \tag{3.58}$$

式中⊗代表矩阵张量的克罗内克(Kronecker)乘积，即有

$$\boldsymbol{S} \otimes \boldsymbol{S}^* = \begin{bmatrix} S_{XX}\boldsymbol{S}^* & S_{XY}\boldsymbol{S}^* \\ S_{YX}\boldsymbol{S}^* & S_{YY}\boldsymbol{S}^* \end{bmatrix} \tag{3.59}$$

式(3.58)中的矩阵 $\boldsymbol{A}$ 为

$$\boldsymbol{A} = \begin{bmatrix} 1 & 0 & 0 & 1 \\ 1 & 0 & 0 & -1 \\ 0 & 1 & 1 & 0 \\ 0 & \mathrm{j} & -\mathrm{j} & 0 \end{bmatrix} \tag{3.60}$$

与散射矩阵关联了发射琼斯矢量与接收琼斯矢量相似，Kennaugh 矩阵 $\boldsymbol{K}$ 建立了相应的斯托克斯矢量之间的联系

$$\underline{\boldsymbol{E}}_{\mathrm{R}} = \boldsymbol{S}\,\underline{\boldsymbol{E}}_{\mathrm{I}} \Rightarrow \underline{\boldsymbol{g}}_{\underline{E}_{\mathrm{R}}} = \boldsymbol{K}\,\underline{\boldsymbol{g}}_{\underline{E}_{\mathrm{I}}} \tag{3.61}$$

注：在前向散射体制下，Kennaugh 矩阵将转变为4×4 米勒矩阵 $\boldsymbol{M}$

$$\boldsymbol{M} = \boldsymbol{A}(\boldsymbol{S} \otimes \boldsymbol{S}^*)\boldsymbol{A}^{-1} \tag{3.62}$$

式中 $\boldsymbol{S}$ 代表前向散射对准坐标系下的相干琼斯散射矩阵表达式。

3.4.2 单站后向散射体制

Kennaugh 矩阵可表示为[14]

$$\boldsymbol{K}_\psi = \begin{bmatrix} A_0 + B_0 & C_\psi & H_\psi & F_\psi \\ C_\psi & A_0 + B_\psi & E_\psi & G_\psi \\ H_\psi & E_\psi & A_0 - B_\psi & D_\psi \\ F_\psi & G_\psi & D_\psi & -A_0 + B_0 \end{bmatrix} \tag{3.63}$$

式中的参数为“Huynen 参数”，其表达形式如下[14, 28]：

$$
\begin{aligned}
&A_0=\frac{1}{4}\left|S_{\mathrm{XX}}+S_{\mathrm{YY}}\right|^2 \\
&B_0=\frac{1}{4}\left|S_{\mathrm{XX}}-S_{\mathrm{YY}}\right|^2+\left|S_{\mathrm{XY}}\right|^2, \qquad B_\psi=\frac{1}{4}\left|S_{\mathrm{XX}}-S_{\mathrm{YY}}\right|^2-\left|S_{\mathrm{XY}}\right|^2 \\
&C_\psi=\frac{1}{2}\left|S_{\mathrm{XX}}-S_{\mathrm{YY}}\right|^2, \qquad D_\psi=\operatorname{Im}\left\{S_{\mathrm{XX}}S_{\mathrm{YY}}^*\right\} \\
&E_\psi=\operatorname{Re}\left\{S_{\mathrm{XY}}^*(S_{\mathrm{XX}}-S_{\mathrm{YY}})\right\}, \qquad F_\psi=\operatorname{Im}\left\{S_{\mathrm{XY}}^*(S_{\mathrm{XX}}-S_{\mathrm{YY}})\right\} \\
&G_\psi=\operatorname{Im}\left\{S_{\mathrm{XY}}^*(S_{\mathrm{XX}}+S_{\mathrm{YY}})\right\}, \qquad H_\psi=\operatorname{Re}\left\{S_{\mathrm{XY}}^*(S_{\mathrm{XX}}+S_{\mathrm{YY}})\right\}
\end{aligned} \tag{3.64}
$$

上式中的参数都与目标绕雷达视线的旋转角度有关。全极化数据的一个主要特点就是能消除旋转角 ψ 的影响[14]。利用参数 H_ψ 和 C_ψ 可以估计旋转角，即

$$
\begin{aligned}
&H_\psi=C\sin 2\psi, \qquad C_\psi=C\cos 2\psi \\
&B_\psi=B\cos 4\psi-E\sin 4\psi, \qquad D_\psi=G\sin 2\psi+D\cos 2\psi \\
&E_\psi=E\cos 4\psi+B\sin 4\psi, \qquad F_\psi=F \\
&G_\psi=G\cos 2\psi-D\sin 2\psi,
\end{aligned} \tag{3.65}
$$

然后有

$$
\boldsymbol{K}=O_4(2\psi)\boldsymbol{K}_\psi O_4(2\psi)^{-1}=\begin{bmatrix} A_0+B_0 & C & H & F \\ C & A_0+B & E & G \\ H & E & A_0-B & D \\ F & G & D & -A_0+B_0 \end{bmatrix} \tag{3.66}
$$

式中，

$$
O_4(2\psi)=\begin{bmatrix} 1 & 0 & 0 & 0 \\ 0 & \cos 2\psi & -\sin 2\psi & 0 \\ 0 & \sin 2\psi & \cos 2\psi & 0 \\ 0 & 0 & 0 & 1 \end{bmatrix} \tag{3.67}
$$

是实旋转矩阵群 O(4)。

需要指出的是，Kennaugh 矩阵 $\boldsymbol{K}$ 与后向散射矩阵 $\boldsymbol{S}$ 都是对称矩阵。由于目标散射矩阵在单站极化体制下的维度为 5，由此易于推断 9 个 Huynen 参数之间的联系可由(9 - 5) =4 个“单站目标结构方程”来描述。如果在任意时刻，电磁波与目标物体作用后只产生相干散射，即表明该散射过程不受任何背景杂波或时变目标的干扰，那么可以认为这种类型的散射体是“单一散射目标”。对于单一散射目标，Kennaugh 矩阵和相干矩阵 $\boldsymbol{T}_3$ 存在一一对应关系[8]，具体形式如下：

$$
\boldsymbol{T}_3=\begin{bmatrix} 2A_0 & C-\mathrm{j}D & H+\mathrm{j}G \\ C+\mathrm{j}D & B_0+B & E+\mathrm{j}F \\ H-\mathrm{j}G & E-\mathrm{j}F & B_0-B \end{bmatrix} \tag{3.68}
$$

由于相干矩阵 $\boldsymbol{T}_3$ 在这种情况下为秩 1 厄米矩阵，因此如下 9 个主子式都为零：

$$
\begin{aligned}
&2A_0(B_0+B)-C^2-D^2=0, &&2A_0(B_0-B)-G^2-H^2=0\\
&-2A_0E+CH-DG=0, &&B_0^2-B^2-E^2-F^2=0\\
&C(B_0-B)-EH-GF=0, &&-D(B_0-B)+FH-GE=0\\
&2A_0F-CG-DH=0, &&-G(B_0+B)+FC-ED=0\\
&H(B_0+B)-CE-DF=0
\end{aligned}
\tag{3.69}
$$

可以从上面9个式子中选取4个组成单站目标结构方程：

$$
\begin{aligned}
2A_0(B_0+B)&=C^2+D^2\\
2A_0(B_0-B)&=G^2+H^2\\
2A_0E&=CH-DG\\
2A_0F&=CG+DH
\end{aligned}
\tag{3.70}
$$

Huynen 分解中还存在另一个重要的关系式

$$B_0^2=B^2+E^2+F^2 \tag{3.71}$$

在不利用任何参考模型的情况下，Kennaugh 矩阵中的9个参数可用于一般的目标分析，它们都包含目标的实际物理信息[16~18]，如下所示。

- A_0：代表来自散射体规则、平滑和凸起部分的总散射功率。
- B_0：代表来自散射体不规则、粗糙和非凸起等去极化成分的散射总功率。
- A_0+B_0：大体上代表对称部分的散射总功率。
- B_0+B：代表对称和不规则部分引起的去极化总功率。
- B_0-B：代表非对称引起的去极化总功率。
- C 和 D：代表对称目标中的去极化成分。其中，C 代表目标整体外形成分(线性)之源；D 代表目标局部外形成分(曲线)之源。
- E 和 F：代表非对称目标中的去极化成分。其中，E 代表目标局部扭曲成分(扭转)之源；F 代表目标整体扭曲成分(螺旋)之源。
- G 和 H：代表目标对称性项和非对称性项之间的耦合成分。其中，G 代表目标局部耦合成分(绑定)之源；H 代表目标整体耦合成分(取向)之源。

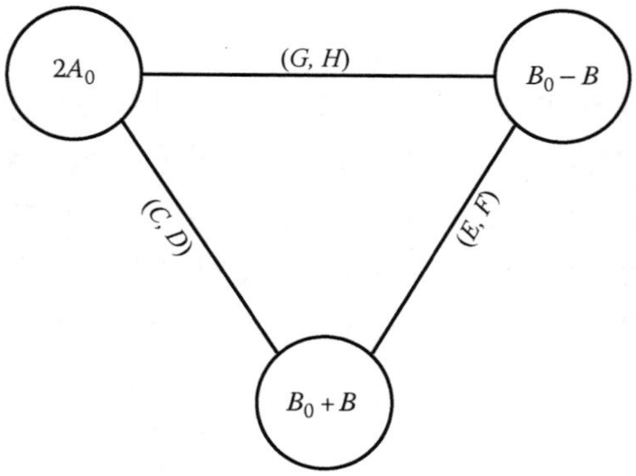

图3.12 单一散射目标在单站体制下的结构图

如图3.12所示，单一散射目标参数所代表的物理信息可以组成一幅完整的结构图，即“目标结构图”[15,28]。由图中可以看出，目标参数之间具有对称性，参数A_0生成了参数对(C,D)和(G,H)，参数B_0+B生成了参数对(C,D)和(E,F)，参数B_0-B生成了参数对(E,F)和(G,H)。鉴于此，Kennaugh 矩阵中的对角线元素被称为非对角线 Huynen 参数之源。中垂线将图分成左右两边，左边的元素描述了目标的对称性，而右边的元素描述了目标的非对称性。图上方的参数 G 和 H 描述了耦合效应。消除旋转角对 Kennaugh 矩阵的影响后，剩下的参数 G 代表了目标对称成分和非对称成分的耦合效应[15]。三个目标结构源分别为A_0(目标对称性)、B_0+B(目标不规则性)和B_0-B(目标非对称性)。从图3.13中可以得到第二类目标结构图的定义，其中目标的非对称性成分被分配到所有目标结构参数中。任何单一散射目标都可以被分解为对称部分(A_0,C,D)、非对称部分 (B_0,B,E,F)及二者之间的耦合项[19]。

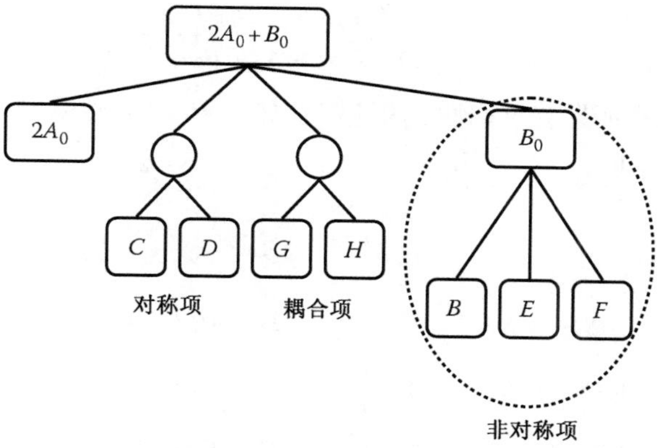

图 3.13 单一散射目标在单站体制下的第二类结构图

3.4.3 双站散射体制

在常规双站散射体制内，散射矩阵 $\boldsymbol{S}$ 在后向散射对准约定下的表达式不再具有对称性。散射矩阵 $\boldsymbol{S}$ 可以表示为对称矩阵 $\boldsymbol{S}^{\mathrm{S}}$与非对称矩阵 $\boldsymbol{S}^{\mathrm{SS}}$之和的形式[11]，即

$$\boldsymbol{S}=\begin{bmatrix} S_{\mathrm{XX}} & S_{\mathrm{XY}} \\ S_{\mathrm{YX}} & S_{\mathrm{XX}} \end{bmatrix}=\begin{bmatrix} S_{\mathrm{XX}} & S_{\mathrm{XY}}^{\mathrm{S}} \\ S_{\mathrm{XY}}^{\mathrm{S}} & S_{\mathrm{XX}} \end{bmatrix}+\begin{bmatrix} 0 & S_{\mathrm{XY}}^{\mathrm{SS}} \\ -S_{\mathrm{XY}}^{\mathrm{SS}} & 0 \end{bmatrix}=\boldsymbol{S}^{\mathrm{S}}+\boldsymbol{S}^{\mathrm{SS}} \tag{3.72}$$

式中，

$$S_{\mathrm{XY}}^{\mathrm{S}}=\frac{S_{\mathrm{XY}}+S_{\mathrm{YX}}}{2}, \quad S_{\mathrm{XY}}^{\mathrm{SS}}=\frac{S_{\mathrm{XY}}-S_{\mathrm{YX}}}{2} \tag{3.73}$$

对称矩阵 $\boldsymbol{S}^{\mathrm{S}}$代表了单站体制下的散射模型，而非对称矩阵 $\boldsymbol{S}^{\mathrm{SS}}$则代表了双站体制下的附加散射信息模型。

由此可得双站 4 ×4 Kennaugh 矩阵[12]

$$\begin{aligned} \boldsymbol{K} &= \boldsymbol{A}^*(\boldsymbol{S}\otimes\boldsymbol{S}^*)\boldsymbol{A}^{-1} \\ &= \boldsymbol{A}^*\left[\left(\boldsymbol{S}^{\mathrm{S}}+\boldsymbol{S}^{\mathrm{SS}}\right)\otimes\left(\boldsymbol{S}^{\mathrm{S}}+\boldsymbol{S}^{\mathrm{SS}}\right)^*\right]\boldsymbol{A}^{-1} \\ &= \boldsymbol{K}^{\mathrm{S}}+\boldsymbol{K}^{\mathrm{C}}+\boldsymbol{K}^{\mathrm{SS}} \end{aligned} \tag{3.74}$$

式中 $\boldsymbol{K}^{\mathrm{S}}$是对称的 Kennaugh 矩阵，等价于单站 Kennaugh 矩阵。$\boldsymbol{K}^{\mathrm{SS}}$是 Kennaugh 对角阵，与散射矩阵的非对称部分有关。Kennaugh 矩阵 $\boldsymbol{K}^{\mathrm{C}}$则对应于散射矩阵中对称和非对称部分的耦合，表达式如下：

$$\begin{aligned} \boldsymbol{K}^{\mathrm{S}} &= \boldsymbol{A}^*\left(\boldsymbol{S}^{\mathrm{S}}\otimes\boldsymbol{S}^{\mathrm{S}*}\right)\boldsymbol{A}^{-1} \\ \boldsymbol{K}^{\mathrm{SS}} &= \boldsymbol{A}^*\left(\boldsymbol{S}^{\mathrm{SS}}\otimes\boldsymbol{S}^{\mathrm{SS}*}\right)\boldsymbol{A}^{-1} \\ \boldsymbol{K}^{\mathrm{C}} &= \boldsymbol{A}^*\left(\boldsymbol{S}^{\mathrm{S}}\otimes\boldsymbol{S}^{\mathrm{SS}*}\right)\boldsymbol{A}^{-1}+\boldsymbol{A}^*\left(\boldsymbol{S}^{\mathrm{SS}}\otimes\boldsymbol{S}^{\mathrm{S}*}\right)\boldsymbol{A}^{-1} \end{aligned} \tag{3.75}$$

由此可得[12]

$$\begin{aligned} \boldsymbol{K} &= \boldsymbol{K}^{\mathrm{S}}+\boldsymbol{K}^{\mathrm{C}}+\boldsymbol{K}^{\mathrm{SS}} \\ &= \begin{bmatrix} A_0+B_0 & C & H & F \\ C & A_0+B & E & G \\ H & E & A_0-B & D \\ F & G & D & -A_0+B_0 \end{bmatrix}+\begin{bmatrix} 0 & I & N & L \\ -I & 0 & K & M \\ -N & -K & 0 & J \\ -L & -M & -J & 0 \end{bmatrix}+\begin{bmatrix} -A & 0 & 0 & 0 \\ 0 & A & 0 & 0 \\ 0 & 0 & A & 0 \\ 0 & 0 & 0 & A \end{bmatrix} \end{aligned}$$

$$
=\begin{bmatrix} A_0+B_0-A & C+I & H+N & F+L \\ C-I & A_0+B+A & E+K & G+M \\ H-N & E-K & A_0-B+A & D+J \\ F-L & G-M & D-J & -A_0+B_0+A \end{bmatrix} \tag{3.76}
$$

由于双站 Kennaugh 矩阵不具有对称性，因此需要如下 16 个参数来定义：

$$
\begin{aligned}
&A_0=\frac{1}{4}|S_{XX}+S_{YY}|^2, && A=|\,S_{XY}^{SS}|^2 \\
&B_0=\frac{1}{4}|S_{XX}-S_{YY}|^2+|S_{XY}^{S}|^2, && B=\frac{1}{4}|S_{XX}-S_{YY}|^2-|S_{XY}^{S}|^2 \\
&C=\frac{1}{2}|S_{XX}-S_{YY}|^2, && D=\mathrm{Im}\left\{S_{XX}S_{YY}^{*}\right\} \\
&E=\mathrm{Re}\left\{S_{XY}^{S*}(S_{XX}-S_{YY})\right\}, && F=\mathrm{Re}\left\{S_{XY}^{S*}(S_{XX}-S_{YY})\right\} \\
&G=\mathrm{Im}\left\{\ S_{XY}^{S*}(S_{XX}+S_{YY})\right\}, && H=\mathrm{Re}\left\{S_{XY}^{S*}(S_{XX}+S_{YY})\right\} \\
&I=\frac{1}{2}\left(|S_{YX}|^2-|S_{XY}|^2\right), && J=\mathrm{Im}\left\{S_{YX}S_{XY}^{*}\right\} \\
&K=\mathrm{Re}\left\{S_{XY}^{SS*}(S_{XX}+S_{YY})\right\}, && L=\mathrm{Im}\left\{S_{XY}^{SS*}(S_{XX}+S_{YY})\right\} \\
&M=\mathrm{Im}\left\{S_{XY}^{SS*}(S_{XX}-S_{YY})\right\}, && N=\mathrm{Re}\left\{S_{XY}^{SS*}(S_{XX}-S_{YY})\right\}
\end{aligned} \tag{3.77}
$$

式中元素 S_{XY}^{SS} 和 S_{XY}^{S} 由式(3.73)给出。

由于目标散射矩阵在双站极化体制下的维度为7，由此易于推断，16 个双站目标参数之间的联系可由(16 − 7) = 9 个“双站目标结构方程”来描述。与之相关的双站相干矩阵 $\boldsymbol{T}_4$ 可以表示为[8]

$$
\boldsymbol{T}_4=\begin{bmatrix} 2A_0 & C-\mathrm{j}D & H+\mathrm{j}G & L-\mathrm{j}K \\ C+\mathrm{j}D & B_0+B & E+\mathrm{j}F & M-\mathrm{j}N \\ H-\mathrm{j}G & E-\mathrm{j}F & B_0-B & J+\mathrm{j}I \\ L+\mathrm{j}K & M+\mathrm{j}N & J-\mathrm{j}I & 2A \end{bmatrix} \tag{3.78}
$$

值得注意的是，单站 3 × 3 相干矩阵 $\boldsymbol{T}_3$ 是 4 × 4 双站相干矩阵 $\boldsymbol{T}_4$ 的子矩阵(前三行和前三列)。由于双站相干矩阵 $\boldsymbol{T}_4$ 是秩 1 厄米矩阵，如下 36 个主子式都为零[12]：

$$
\begin{aligned}
&2A_0(B_0+B)=C^2+D^2, && 2A_0E=CH-DG, && G(B_0+B)=FC-ED \\
&2A_0(B_0-B)=G^2+H^2, && 2A_0F=CG+DH, && H(B_0+B)=CE+DF \\
&2A(B_0+B)=M^2+N^2, && 2A_0I=-HK-GL, && I(B_0+B)=-EN-FM \\
&2A(B_0-B)=I^2+J^2, && 2A_0J=HL-GK, && J(B_0+B)=EM-FN \\
&B_0^2-B^2=E^2+F^2, && 2A_0M=CL+DK, && K(B_0+B)=NC+DM \\
&4AA_0=K^2+L^2, && 2A_0N=CK-DL, && L(B_0+B)=MC-DN \\
&IC-DJ=-FL-EK, && 2AC=ML+NK, && C(B_0-B)=EH+GF \\
&IC+DJ=-GM-HN, && 2AD=MK-NL, && D(B_0-B)=FH-GE \\
&CJ-DI=HM-GN, && 2AE=JM-IN, && K(B_0-B)=-HI-JG \\
&CJ+DI=EL-FK, && 2AF=-JN-IM, && L(B_0-B)=HJ-IG \\
&HN-GM=EK-FL, && 2AG=-LI-KJ, && M(B_0-B)=EJ-IF \\
&HM+GN=EL+KF, && 2AH=LJ-IK, && N(B_0-B)=-EI-JF
\end{aligned} \tag{3.79}
$$

在 36 个主子式中选取以下 9 个方程来建立双站目标结构方程[12]：

$$\begin{array}{lll} 2A_0E = CH - DG, & 2A_0(B_0+B) = C^2+D^2, & 2AE = JM - IN \\ 2A_0F = CG + DH, & 2A_0(B_0-B) = G^2+H^2, & 2AF = -JN - IM \\ K(B_0-B) = -HI - JG, & L(B_0-B) = JH - IG, & 2A(B_0-B) = I^2+J^2 \end{array} \tag{3.80}$$

如图 3.14 所示，建立“双站目标结构图”与建立单站目标结构图的方式类似。双站目标结构图由三角平面结构（单站目标结构图）扩展到四面体结构。与前节的分析结论类似，双站目标结构图揭示了 4 个双站目标源（A_0, B_0+B, B_0-B, A）与 6 对参数（E,F）、（G,H）、（I,J）、（K,L）、（M,N）和（C,D）之间的关联性[12]。

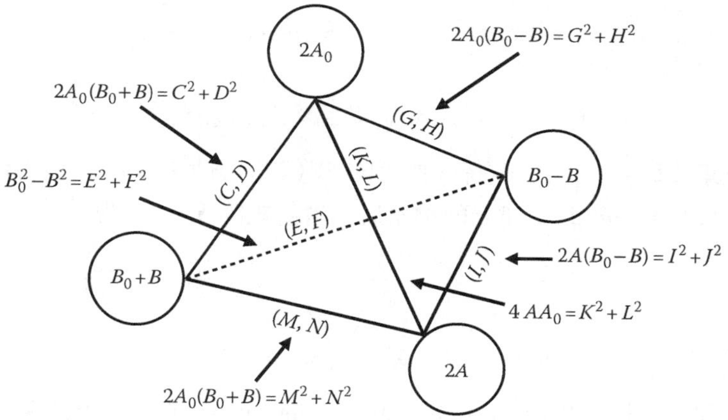

图 3.14 单一散射目标在双站体制下的结构图

3.5 极化基变换

3.5.1 单站后向散射矩阵 S

假设在单站雷达坐标系（后向散射对准约定）中基于笛卡儿基 $(\hat{x},\hat{y})$ 建立的单站后向散射矩阵为 $\boldsymbol{S}_{(\hat{x},\hat{y})}$ [1,4,6,7,20~23]，则可得

$$\underline{\boldsymbol{E}}^{\mathrm{S}}_{(\hat{x},\hat{y})} = \boldsymbol{S}_{(\hat{x},\hat{y})}\underline{\boldsymbol{E}}^{\mathrm{I}}_{(\hat{x},\hat{y})} \tag{3.81}$$

利用特殊酉变换，可将基于笛卡儿基 $(\hat{x},\hat{y})$ 建立的入射波琼斯矢量 $\underline{\boldsymbol{E}}^{\mathrm{I}}_{(\hat{x},\hat{y})}$ 变换为基于标准正交极化基 $(\hat{\boldsymbol{u}},\hat{\boldsymbol{u}}_{\perp})$ 建立的琼斯矢量 $\underline{\boldsymbol{E}}^{\mathrm{I}}_{(\hat{u},\hat{u}_{\perp})}$：

$$\underline{\boldsymbol{E}}^{\mathrm{I}}_{(\hat{u},\hat{u}_{\perp})} = \boldsymbol{U}_{(\hat{x},\hat{y})\to(\hat{u},\hat{u}_{\perp})}\underline{\boldsymbol{E}}^{\mathrm{I}}_{(\hat{x},\hat{y})} \tag{3.82}$$

且有

$$\boldsymbol{U}_{(\hat{x},\hat{y})\to(\hat{u},\hat{u}_{\perp})} = \boldsymbol{U}_2(\phi,\tau,\alpha)^{-1} = \boldsymbol{U}_2(-\alpha)\boldsymbol{U}_2(-\tau)\boldsymbol{U}_2(-\phi) \tag{3.83}$$

在单站体制下对散射琼斯矢量使用类似的极化基变换时，最需要注意的是，入射琼斯矢量 $\underline{\boldsymbol{E}}^{\mathrm{I}}_{(\hat{x},\hat{y})}$ 的方向矢量 $\hat{\boldsymbol{k}}_{\mathrm{I}}$ 与散射琼斯矢量 $\underline{\boldsymbol{E}}^{\mathrm{S}}_{(\hat{x},\hat{y})}$ 的传播方向相反，即单位传播方向矢量 $\hat{\boldsymbol{k}}_{\mathrm{S}} = -\hat{\boldsymbol{k}}_{\mathrm{I}}$。当需要在同一坐标系中表示两种极化状态时，在同一参考框架下对入射和散射琼斯矢量进行定义将会非常重要[1,4,6,7,20~23]。

在定义极化基变换时，为了体现传播方向上的差异，需要铭记同一电磁波沿 $\hat{\boldsymbol{k}}$ 方向传播的琼斯矢量与沿 $-\hat{\boldsymbol{k}}$ 方向传播的琼斯矢量之间存在如下关系[1, 4, 6, 7, 20~23]：

$$\hat{\boldsymbol{k}} \rightarrow -\hat{\boldsymbol{k}} \;\Rightarrow\; \underline{\boldsymbol{E}}_{(-\hat{k})} = \left(\underline{\boldsymbol{E}}_{(\hat{k})}\right)^* \tag{3.84}$$

由此可得琼斯散射矢量 $\underline{\boldsymbol{E}}^{\mathrm{S}}_{(\hat{x},\hat{y})}$ 的椭圆极化基变换关系式为

$$\underline{\boldsymbol{E}}^{\mathrm{S}}_{(\hat{u},\hat{u}_\perp)} = \left(\boldsymbol{U}_{(\hat{x},\hat{y})\rightarrow(\hat{u},\hat{u}_\perp)}\right)^* \underline{\boldsymbol{E}}^{\mathrm{S}}_{(\hat{x},\hat{y})} \tag{3.85}$$

将式(3.82)和式(3.85)代入式(3.81)，可得

$$\begin{gathered}
\left(\boldsymbol{U}^*_{(\hat{x},\hat{y})\rightarrow(\hat{u},\hat{u}_\perp)}\right)^{-1} \underline{\boldsymbol{E}}^{\mathrm{S}}_{(\hat{u},\hat{u}_\perp)} = \boldsymbol{S}_{(\hat{x},\hat{y})} \boldsymbol{U}^{-1}_{(\hat{x},\hat{y})\rightarrow(\hat{u},\hat{u}_\perp)} \underline{\boldsymbol{E}}^{\mathrm{I}}_{(\hat{u},\hat{u}_\perp)} \\
\Downarrow \\
\underline{\boldsymbol{E}}^{\mathrm{S}}_{(\hat{u},\hat{u}_\perp)} = \boldsymbol{U}^*_{(\hat{x},\hat{y})\rightarrow(\hat{u},\hat{u}_\perp)} \boldsymbol{S}_{(\hat{x},\hat{y})} \boldsymbol{U}^{-1}_{(\hat{x},\hat{y})\rightarrow(\hat{u},\hat{u}_\perp)} \underline{\boldsymbol{E}}^{\mathrm{I}}_{(\hat{u},\hat{u}_\perp)}
\end{gathered} \tag{3.86}$$

由于极化基变换矩阵 $\boldsymbol{U}_{(\hat{x},\hat{y})\rightarrow(\hat{u},\hat{u}_\perp)}$ 是特殊酉矩阵 SU(2)，满足 $\boldsymbol{U}^{-1}_{(\hat{x},\hat{y})\rightarrow(\hat{u},\hat{u}_\perp)} = \boldsymbol{U}^{*\mathrm{T}}_{(\hat{x},\hat{y})\rightarrow(\hat{u},\hat{u}_\perp)}$，因此基于单位正交极化基 $(\hat{\boldsymbol{u}},\hat{\boldsymbol{u}}_\perp)$ 建立的单站后向散射矩阵 $\boldsymbol{S}_{(\hat{u},\hat{u}_\perp)}$ 为[21~23]

$$\begin{gathered}
\boldsymbol{S}_{(\hat{u},\hat{u}_\perp)} = \boldsymbol{U}^*_{(\hat{x},\hat{y})\rightarrow(\hat{u},\hat{u}_\perp)} \boldsymbol{S}_{(\hat{x},\hat{y})} \boldsymbol{U}^{-1}_{(\hat{x},\hat{y})\rightarrow(\hat{u},\hat{u}_\perp)} \\
\Updownarrow \\
\boldsymbol{S}_{(\hat{u},\hat{u}_\perp)} = \boldsymbol{U}_2(\phi,\tau,\alpha)^{\mathrm{T}} \boldsymbol{S}_{(\hat{x},\hat{y})} \boldsymbol{U}_2(\phi,\tau,\alpha)
\end{gathered} \tag{3.87}$$

式(3.87)所定义的“合同变换”(con-similarity transformation)能够基于笛卡儿基 $(\hat{x},\hat{y})$ 的测量值合成出任意椭圆极化基下的单站后向散射矩阵 $\boldsymbol{S}$。

极化基变换矩阵 $\boldsymbol{U}_2(\phi,\tau,\alpha)$ [1, 4, 6, 7, 20~23]可以表示为

$$\begin{aligned}
\boldsymbol{U}_2(\phi,\tau,\alpha) &= \boldsymbol{U}_2(\phi)\boldsymbol{U}_2(\tau)\boldsymbol{U}_2(\alpha) \\
&= \begin{bmatrix} \cos\phi & -\sin\phi \\ \sin\phi & \cos\phi \end{bmatrix} \begin{bmatrix} \cos\tau & \mathrm{j}\sin\tau \\ \mathrm{j}\sin\tau & \cos\tau \end{bmatrix} \begin{bmatrix} \mathrm{e}^{+\mathrm{j}\alpha} & 0 \\ 0 & \mathrm{e}^{-\mathrm{j}\alpha} \end{bmatrix}
\end{aligned} \tag{3.88}$$

或者表示为

$$\begin{aligned}
\boldsymbol{U}_2(\phi,\tau,\alpha) &= \boldsymbol{U}_2(\rho,\xi) = \boldsymbol{U}_2(\rho)\boldsymbol{U}_2(\xi) \\
&= \frac{1}{\sqrt{1+|\rho|^2}} \begin{bmatrix} 1 & -\rho^* \\ \rho & 1 \end{bmatrix} \begin{bmatrix} \mathrm{e}^{+\mathrm{j}\xi} & 0 \\ 0 & \mathrm{e}^{-\mathrm{j}\xi} \end{bmatrix}
\end{aligned} \tag{3.89}$$

式中极化比参数 ρ 和 ξ 的表达式为

$$\rho = \frac{\tan\phi + \mathrm{j}\tan\tau}{1 - \mathrm{j}\tan\phi\tan\tau}, \qquad \xi = \alpha - \arctan\left(\tan\phi\tan\tau\right) \tag{3.90}$$

图 3.15 展示的例子利用了式(3.87)所定义的合同变换来合成不同极化基下的极化响应。极化信息由泡利伪彩色合成图表示。图 3.15(a)是在线极化基 $(\hat{h},\hat{v})$（$\hat{h}$ 代表水平极化，$\hat{v}$ 代表垂直极化）下获取的原始极化数据集。利用式(3.87)可以得到另外两组极化基下的极化响应图。图 3.15(b)展示的是正交极化基 $(\hat{a},\hat{a}_\perp)$（$\hat{a}$ 是 45°线极化，$\hat{a}_\perp$ 是与 $\hat{a}$ 正交的 -45°线极化）下的极化响应。最后，图 3.15(c)展示的是圆极化基 $(\hat{l},\hat{l}_\perp)$（$\hat{l}$ 表示左旋圆极化，$\hat{l}_\perp = \hat{r}$ 表示正交左旋圆极化或等效右旋圆极化）下的极化响应。

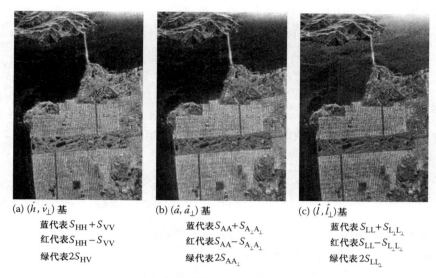

(a) $(\hat{h},\hat{v}_\perp)$ 基
蓝代表 $S_{HH}+S_{VV}$
红代表 $S_{HH}-S_{VV}$
绿代表 $2S_{HV}$

(b) $(\hat{a},\hat{a}_\perp)$ 基
蓝代表 $S_{AA}+S_{A_\perp A_\perp}$
红代表 $S_{AA}-S_{A_\perp A_\perp}$
绿代表 $2S_{AA_\perp}$

(c) $(\hat{l},\hat{l}_\perp)$ 基
蓝代表 $S_{LL}+S_{L_\perp L_\perp}$
红代表 $S_{LL}-S_{L_\perp L_\perp}$
绿代表 $2S_{LL_\perp}$

图 3.15　不同极化基下的伪彩色合成图

3.5.2　极化相干矩阵 T

遗憾的是，特殊酉群 SU(2)与单站矩阵群 SU(3)之间并没有直接的数学关系。为得到与 3×3 极化相干矩阵 T_3 相对应的特殊酉群 $SU_T(3)$，就必须先得到在 $SU_T(3)$ 群中与式(3.87)定义的极化基变换 SU(2)矩阵相对应的等价矩阵。根据推导结果[8, 21~23]有

$$
\begin{aligned}
\boldsymbol{U}_2(\phi) &= \begin{bmatrix} \cos\phi & -\sin\phi \\ \sin\phi & \cos\phi \end{bmatrix} \Rightarrow \boldsymbol{U}_{3T}(2\phi) = \begin{bmatrix} 1 & 0 & 0 \\ 0 & \cos 2\phi & \sin 2\phi \\ 0 & -\sin 2\phi & \cos 2\phi \end{bmatrix} \\
\boldsymbol{U}_2(\tau) &= \begin{bmatrix} \cos\tau & \mathrm{j}\sin\tau \\ \mathrm{j}\sin\tau & \cos\tau \end{bmatrix} \Rightarrow \boldsymbol{U}_{3T}(2\tau) = \begin{bmatrix} \cos 2\tau & 0 & \mathrm{j}\sin 2\tau \\ 0 & 1 & 0 \\ \mathrm{j}\sin 2\tau & 0 & \cos 2\tau \end{bmatrix} \\
\boldsymbol{U}_2(\alpha) &= \begin{bmatrix} \mathrm{e}^{+\mathrm{j}\alpha} & 0 \\ 0 & \mathrm{e}^{-\mathrm{j}\alpha} \end{bmatrix} \Rightarrow \boldsymbol{U}_{3T}(2\alpha) = \begin{bmatrix} \cos 2\alpha & \mathrm{j}\sin 2\alpha & 0 \\ \mathrm{j}\sin 2\alpha & \cos 2\alpha & 0 \\ 0 & 0 & 1 \end{bmatrix}
\end{aligned}
\tag{3.91}
$$

基于特殊酉变换关系可将笛卡儿基 $(\hat{x},\hat{y})$ 下的 3×3 单站极化相干矩阵 $\boldsymbol{T}_{3(\hat{x},\hat{y})}$ 变换为正交极化基 $(\hat{\boldsymbol{u}},\hat{\boldsymbol{u}}_\perp)$ 下的 3×3 极化相干矩阵 $\boldsymbol{T}_{3(\hat{u},\hat{u}_\perp)}$ [1, 4, 6, 7, 20]，如下所示：

$$
\boldsymbol{T}_{3(\hat{u},\hat{u}_\perp)} = \boldsymbol{U}_{3T}(2\phi,2\tau,2\alpha)\boldsymbol{T}_{3(\hat{x},\hat{y})}\boldsymbol{U}_{3T}(2\phi,2\tau,2\alpha)^{-1} \tag{3.92}
$$

式(3.92)所表达的相似变换关系，能够基于在笛卡儿基 $(\hat{x},\hat{y})$ 下测量的 3×3 单站极化相干矩阵 $\boldsymbol{T}_{3(\hat{x},\hat{y})}$ 合成出任意椭圆极化基下的极化相干矩阵。极化基变换矩阵 $\boldsymbol{U}_{3T}(2\phi,2\tau,2\alpha)$ 的表达式为

$$
\boldsymbol{U}_{3T}(2\phi,2\tau,2\alpha) = \boldsymbol{U}_{3T}(2\phi)\boldsymbol{U}_{3T}(2\tau)\boldsymbol{U}_{3T}(2\alpha) \tag{3.93}
$$

或者表示为

$$
\begin{aligned}
&\boldsymbol{U}_{3\mathrm{T}}(2\phi,2\tau,2\alpha)=\boldsymbol{U}_{3\mathrm{T}}(\rho,\xi)\\
&=\frac{1}{1+|\rho|^2}\begin{bmatrix}\cos(2\xi)+\mathrm{Re}(\rho^2\mathrm{e}^{+2\mathrm{j}\xi}) & \mathrm{j}\sin(2\xi)-\mathrm{jIm}(\rho^2\mathrm{e}^{+2\mathrm{j}\xi}) & 2\mathrm{jIm}(\rho\mathrm{e}^{+2\mathrm{j}\xi})\\ \mathrm{j}\sin(2\xi)+\mathrm{jIm}(\rho^2\mathrm{e}^{+2\mathrm{j}\xi}) & \cos(2\xi)-\mathrm{Re}(\rho^2\mathrm{e}^{+2\mathrm{j}\xi}) & 2\mathrm{Re}(\rho\mathrm{e}^{+2\mathrm{j}\xi})\\ 2\mathrm{jIm}(\rho) & -2\mathrm{Re}(\rho) & 1-|\rho|^2\end{bmatrix}
\end{aligned}\tag{3.94}
$$

3.5.3 极化协方差矩阵 $\boldsymbol{C}$

由于与 3×3 极化协方差矩阵 $\boldsymbol{C}_3$ 相对应的三个特殊酉矩阵 $\mathrm{SU_C}(3)$ 难以解析化，可以先定义极化基变换矩阵 $\boldsymbol{U}_{3\mathrm{C}}(\rho,\xi)$ [8, 21~23]，如下所示：

$$
\boldsymbol{U}_{3\mathrm{C}}(\rho,\xi)=\boldsymbol{U}_{3(\mathrm{P}\to\mathrm{L})}\boldsymbol{U}_{3\mathrm{T}}(\rho,\xi)\boldsymbol{U}_{3(\mathrm{P}\to\mathrm{L})}^{-1},\qquad \boldsymbol{U}_{3(\mathrm{P}\to\mathrm{L})}=\frac{1}{\sqrt{2}}\begin{bmatrix}1&1&0\\0&0&\sqrt{2}\\1&-1&0\end{bmatrix}\tag{3.95}
$$

利用特殊酉变换关系可将笛卡儿基 $(\hat{x},\hat{y})$ 下的 3×3 单站极化协方差矩阵 $\boldsymbol{C}_{3(\hat{x},\hat{y})}$ 变换为正交极化基 $(\hat{\boldsymbol{u}},\hat{\boldsymbol{u}}_\perp)$ 下的 3×3 协方差矩阵 $\boldsymbol{C}_{3(\hat{u},\hat{u}_\perp)}$ [1, 4, 6, 7, 20]，如下所示：

$$
\boldsymbol{C}_{3(\hat{u},\hat{u}_\perp)}=\boldsymbol{U}_{3\mathrm{C}}(\rho,\xi)\boldsymbol{C}_{3(\hat{x},\hat{y})}\boldsymbol{U}_{3\mathrm{C}}(\rho,\xi)^{-1}\tag{3.96}
$$

式(3.96)所表达的相似变换关系，能够基于笛卡儿基$(\hat{x},\hat{y})$下测量的 3×3 单站极化协方差矩阵$\boldsymbol{C}_{3(\hat{x},\hat{y})}$合成出任意椭圆极化基下的极化协方差矩阵。极化基变换矩阵$\boldsymbol{U}_{3\mathrm{C}}(\rho,\xi)$的表达式为

$$
\boldsymbol{U}_{3\mathrm{C}}(\rho,\xi)=\frac{1}{1+|\rho|^2}\begin{bmatrix}\mathrm{e}^{+2\mathrm{j}\xi} & \sqrt{2}\rho\mathrm{e}^{+2\mathrm{j}\xi} & \rho^2\mathrm{e}^{+2\mathrm{j}\xi}\\ -\sqrt{2}\rho^* & 1-|\rho|^2 & \sqrt{2}\rho\\ \rho^{*2}\mathrm{e}^{-2\mathrm{j}\xi} & -\sqrt{2}\rho^*\mathrm{e}^{-2\mathrm{j}\xi} & \mathrm{e}^{-2\mathrm{j}\xi}\end{bmatrix}\tag{3.97}
$$

3.5.4 极化 Kennaugh 矩阵 $\boldsymbol{K}$

如前文所述，SU(2)群中的三个特殊酉矩阵和 O(3)群中的三个正交旋转实矩阵之间存在同态关系，如下所示[8]：

$$
\boldsymbol{O}_3(2\theta)_{(p,q)}=\frac{1}{2}\mathrm{Tr}\left(\boldsymbol{U}_2(\theta)^{*\mathrm{T}}\boldsymbol{\sigma}_\mathrm{p}\boldsymbol{U}_2(\theta)\boldsymbol{\sigma}_\mathrm{q}\right)\tag{3.98}
$$

由此可得与之相对应的三个正交旋转实矩阵为

$$
\begin{aligned}
&\boldsymbol{U}_2(\phi)=\mathrm{e}^{-\mathrm{j}\phi\boldsymbol{\sigma}_3}=\begin{bmatrix}\cos\phi & -\sin\phi\\ \sin\phi & \cos\phi\end{bmatrix}\Rightarrow\boldsymbol{O}_3(2\phi)=\begin{bmatrix}\cos2\phi & -\sin2\phi & 0\\ \sin2\phi & \cos2\phi & 0\\ 0&0&1\end{bmatrix}\\
&\boldsymbol{U}_2(\tau)=\mathrm{e}^{+\mathrm{j}\tau\boldsymbol{\sigma}_2}=\begin{bmatrix}\cos\tau & \mathrm{j}\sin\tau\\ \mathrm{j}\sin\tau & \cos\tau\end{bmatrix}\Rightarrow\boldsymbol{O}_3(2\tau)=\begin{bmatrix}\cos2\tau & 0 & -\sin2\tau\\ 0&1&0\\ \sin2\tau & 0 & \cos2\tau\end{bmatrix}\\
&\boldsymbol{U}_2(\alpha)=\mathrm{e}^{+\mathrm{j}\alpha\boldsymbol{\sigma}_1}=\begin{bmatrix}\mathrm{e}^{+\mathrm{j}\alpha} & 0\\ 0 & \mathrm{e}^{-\mathrm{j}\alpha}\end{bmatrix}\Rightarrow\boldsymbol{O}_3(2\alpha)=\begin{bmatrix}1&0&0\\ 0&\cos2\alpha & \sin2\alpha\\ 0 & -\sin2\alpha & \cos2\alpha\end{bmatrix}
\end{aligned}\tag{3.99}
$$

利用特殊酉变换关系可将笛卡儿基$(\hat{x},\hat{y})$下的 4×4 Kennaugh 矩阵 $\boldsymbol{K}_{(\hat{x},\hat{y})}$ 变换到极化正交基$(\hat{\boldsymbol{u}},\hat{\boldsymbol{u}}_\perp)$下的 4×4 Kennaugh 矩阵 $\boldsymbol{K}_{(\hat{u},\hat{u}_\perp)}$ [1, 4, 6, 7, 14, 20]，如下所示：

$$
\boldsymbol{K}_{(\hat{u},\hat{u}_\perp)}=\boldsymbol{O}_4(2\phi,2\tau,2\alpha)\boldsymbol{K}_{(\hat{x},\hat{y})}\boldsymbol{O}_4(2\phi,2\tau,2\alpha)^{-1}\tag{3.100}
$$

利用式(3.100)所定义的相似变换关系可以基于笛卡儿基 $(\hat{x},\hat{y})$ 下测量的 4×4 单站 Kennaugh 矩阵合成出任意椭圆极化基下的 Kennaugh 矩阵。极化基变换矩阵 $\boldsymbol{O}_4(2\phi,2\tau,2\alpha)$ 的表达式为[14]

$$\boldsymbol{O}_4(2\phi,2\tau,2\alpha)=\boldsymbol{O}_4(2\phi)\boldsymbol{O}_4(2\tau)\boldsymbol{O}_4(2\alpha) \tag{3.101}$$

式中，

$$\boldsymbol{O}_4(2\phi)=\begin{bmatrix}1 & 0\ 0\ 0\\ 0 & \\ 0 & [\boldsymbol{O}_3(2\phi)]\\ 0 & \end{bmatrix},\quad \boldsymbol{O}_4(2\tau)=\begin{bmatrix}1 & 0\ 0\ 0\\ 0 & \\ 0 & [\boldsymbol{O}_3(2\tau)]\\ 0 & \end{bmatrix},\quad \boldsymbol{O}_4(2\alpha)=\begin{bmatrix}1 & 0\ 0\ 0\\ 0 & \\ 0 & [\boldsymbol{O}_3(2\alpha)]\\ 0 & \end{bmatrix} \tag{3.102}$$

3.6 目标的极化特征

3.6.1 引言

图 3.16 中的极化雷达体制常用于测量目标的后向散射矩阵 $\boldsymbol{S}$，以表达目标的特征。图中的琼斯矢量 $\hat{\boldsymbol{h}}_T$ 定义为发射天线的单位有效长度矢量，$\underline{\boldsymbol{E}}_I$ 定义为向目标照射的入射波，$\underline{\boldsymbol{E}}_S$ 定义为目标的散射波，$\hat{\boldsymbol{h}}_R$ 定义为接收天线的单位有效长度矢量。

天线单位有效长度矢量 $\hat{\boldsymbol{h}}(\theta,\phi)$ 是通过天线在远场区的辐射电场强度 $\underline{\boldsymbol{E}}(r,\theta,\phi)$ 来定义的[26]：

$$\underline{\boldsymbol{E}}(r,\theta,\phi)=\frac{\mathrm{j}Z_0I}{2\lambda r}\mathrm{e}^{-\mathrm{j}kr}\hat{\boldsymbol{h}}(\theta,\phi) \tag{3.103}$$

式中 Z_0 为天线特征阻抗，λ 为波长，I 是天线电流。

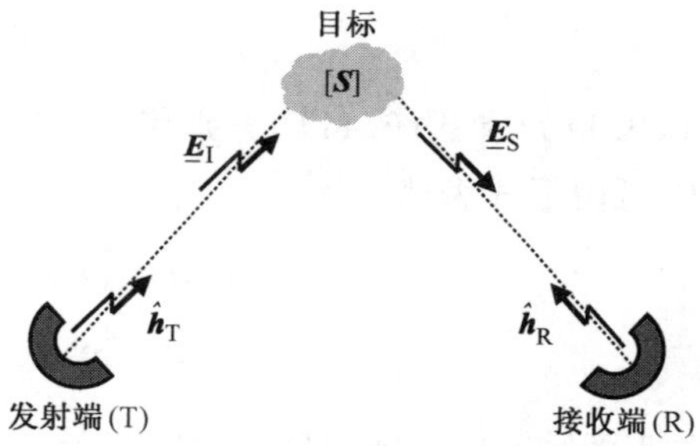

图 3.16　极化雷达系统体制

在接收机终端由任意散射波 $\underline{\boldsymbol{E}}_S$ 所激发的电压 V，可通过单站后向散射矩阵 $\boldsymbol{S}$ 和收发天线的单位有效长度矢量 $\hat{\boldsymbol{h}}_T$ 和 $\hat{\boldsymbol{h}}_R^T$ 来定义[6, 26]：

$$V=\hat{\boldsymbol{h}}_R^T\underline{\boldsymbol{E}}_S=\hat{\boldsymbol{h}}_R^T\,\boldsymbol{S}\,\hat{\boldsymbol{h}}_T \tag{3.104}$$

由此可得雷达散射截面积表达式：

$$\sigma_{RT}=V\,V^*=\left|\hat{\boldsymbol{h}}_R^T\,\mathbf{S}\,\hat{\boldsymbol{h}}_T\right|^2 \tag{3.105}$$

对应可得正比于雷达散射截面积的接收功率 P_T^R：

$$P_T^R\propto\left|\hat{\boldsymbol{h}}_R^T\,\mathbf{S}\,\hat{\boldsymbol{h}}_T\right|^2 \tag{3.106}$$

式中的下标 T 和 R 分别代表发射与接收的极化状态。

基于单站 4×4 Kennaugh 矩阵可以证明雷达接收功率 P_T^R 为

$$P_T^R\propto\frac{1}{2}\underline{\boldsymbol{g}}_{\hat{h}_R}^T\boldsymbol{K}\,\underline{\boldsymbol{g}}_{\hat{h}_T} \tag{3.107}$$

式中 $\underline{\boldsymbol{g}}_{\hat{h}_T}$ 和 $\underline{\boldsymbol{g}}_{\hat{h}_R}$ 是对应的归一化斯托克斯矢量。

由式(3.107)可定义如下两种不同的接收功率测量值[6, 26]。

- 同极化功率：在该体制下，收发天线的极化状态相同($\hat{\boldsymbol{h}}_R=\hat{\boldsymbol{h}}_T$)，由此可得

$$P_{CO}=P_T^{R=T}\propto\left|\hat{\boldsymbol{h}}_T^T\,\boldsymbol{S}\,\hat{\boldsymbol{h}}_T\right|^2 \tag{3.108}$$

- 交叉极化功率：在该体制下，发射天线极化状态与接收天线极化状态正交（$\hat{\boldsymbol{h}}_R=\hat{\boldsymbol{h}}_{T\perp}$），由此可得

$$P_X = P_T^{R=T_\perp} \propto \left|\hat{\boldsymbol{h}}_{T_\perp}^T \boldsymbol{S}\,\hat{\boldsymbol{h}}_T\right|^2 \tag{3.109}$$

3.6.2 目标的特征极化状态

如前文所述，接收功率与收发天线的极化状态有关。最优极化问题就是针对一个已知散射矩阵为$\boldsymbol{S}$的目标，选取最优的收发电磁波极化状态组合，使得在接收天线终端处的电压最大化、最小化或等于零。通过上述处理得到的极化状态称为目标的特征极化状态[2, 3, 5, 14, 34~36]。

通过极化比ρ定义的发射天线单位有效长度矢量$\hat{\boldsymbol{h}}_T$的琼斯矢量形式为

$$\hat{\boldsymbol{h}}_T = \frac{e^{+j\xi}}{\sqrt{1+|\rho|^2}}\begin{bmatrix}1\\ \rho\end{bmatrix} \tag{3.110}$$

式中$\rho=\dfrac{\tan\phi+j\tan\tau}{1-j\tan\phi\tan\tau}$，$\xi=\alpha-\arctan(\tan\phi\tan\tau)$。

对应的正交琼斯矢量为

$$\hat{\boldsymbol{h}}_T = \frac{e^{-j\xi}}{\sqrt{1+|\rho|^2}}\begin{bmatrix}-\rho^*\\ 1\end{bmatrix} \tag{3.111}$$

将式(3.110)和式(3.111)分别代入式(3.108)和式(3.109)中，同极化功率P_{CO}和交叉极化功率P_X可由下式表达[2, 3, 5, 34~36]：

$$\begin{aligned} P_{CO} &\propto \left|S_{XX}+2\rho S_{XY}+\rho^2 S_{YY}\right|^2 \\ P_X &\propto \left|\rho^* S_{XX}+\left(1-|\rho|^2\right)S_{XY}+\rho S_{YY}\right|^2 \end{aligned} \tag{3.112}$$

对上式求导可得目标的特征极化状态：

$$\frac{\partial P_{CO}}{\partial \rho}=0,\quad \frac{\partial P_X}{\partial \rho}=0 \tag{3.113}$$

已知式(3.112)具有双线性形式。因此，下面将由式(3.113)的两个解来推导目标的特征极化状态[2, 3, 5, 34~36]。

3.6.2.1 同极化体制下的目标特征极化状态

在同极化功率P_{CO}存在两种极化状态的情况下，可令接收功率最大化。这两种极化状态称为“同极化最大点”(COPOL MAX)，可以用一对正交极化状态($\underline{\boldsymbol{K}}$,$\underline{\boldsymbol{L}}$)来表示：

$$P_{\underline{K}}^{K} \Rightarrow \text{全局最大值点},\qquad P_{\underline{L}}^{L} \Rightarrow \text{局部最大值点} \tag{3.114}$$

此外，在两种特征极化状态下，同极化功率P_{CO}为零。这对极化状态称为“同极化零点”(COPOL NULL)，由一对相互非正交的极化状态($\underline{\boldsymbol{O}}_1$,$\underline{\boldsymbol{O}}_2$)来表示。由该极化状态可得

$$P_{\underline{O}_1}^{O_1}=0,\quad P_{\underline{O}_2}^{O_2}=0 \tag{3.115}$$

3.6.2.2 交叉极化体制下的目标特征极化状态

在交叉极化功率P_X测量模式下，可以利用三对彼此正交的极化状态来获得目标的特征极化状态。

第一对极化状态令接收机系统的接收功率最大化。这两种极化状态称为“交叉极化最大点”(XPOL MAX)，可以用一对正交极化状态($\underline{\boldsymbol{C}}_1,\underline{\boldsymbol{C}}_2$)来表示：

$$P_{\underline{C}_1}^{C_{1\perp}} \Rightarrow \text{全局最大值点}, \quad P_{\underline{C}_2}^{C_{2\perp}} \Rightarrow \text{局部最大值点} \tag{3.116}$$

第二对极化状态令接收功率为零。这对极化状态称为“交叉极化零点”(XPOL NULL)，用($\underline{\boldsymbol{X}}_1,\underline{\boldsymbol{X}}_2$)来表示：

$$P_{\underline{X}_1}^{X_{1\perp}} = 0, \quad P_{\underline{X}_2}^{X_{2\perp}} = 0 \tag{3.117}$$

由于克罗内克最早证实了 XPOL NULL($\underline{\boldsymbol{X}}_1,\underline{\boldsymbol{X}}_2$)和 COPOL MAX($\underline{\boldsymbol{K}},\underline{\boldsymbol{L}}$)代表同一对极化状态，因此($\underline{\boldsymbol{X}}_1,\underline{\boldsymbol{X}}_2$)也是一对正交极化状态。

最后，定义第三对极化状态令接收功率最小化。这对极化状态称为“交叉极化鞍点”(XPOL SADDLE)，用($\underline{\boldsymbol{D}}_1,\underline{\boldsymbol{D}}_2$)来表示：

$$P_{\underline{D}_1}^{D_{1\perp}} \Rightarrow \text{全局最小值点}, \quad P_{\underline{D}_2}^{D_{2\perp}} \Rightarrow \text{局部最小值点} \tag{3.118}$$

之后，Kennaugh 进一步提出了“极化雷达优化步骤”，将优化结果变换到庞加莱球上，并提出了基于同极化与交叉极化通道比的分解方法。Huynen 进一步对这些内容进行了实践[14]。Boerner 等人[2, 3, 5, 34~36]最先建议应用复极化比变换，以便于利用“临界点方法”在同极化/交叉极化通道内确定一对最大/最小后向散射功率并且优化极化相位稳定性(交叉极化鞍点处的极值)[2, 3, 5, 34~36]。在庞加莱球上，五对极化状态 ($\underline{\boldsymbol{K}},\underline{\boldsymbol{L}}$)、($\underline{\boldsymbol{O}}_1,\underline{\boldsymbol{O}}_2$)、($\underline{\boldsymbol{C}}_1,\underline{\boldsymbol{C}}_2$)、($\underline{\boldsymbol{D}}_1,\underline{\boldsymbol{D}}_2$)和($\underline{\boldsymbol{X}}_1,\underline{\boldsymbol{X}}_2$)代表了目标的特征极化状态，它们在球上的几何特性与目标的物理特征相关。利用这些对应关系可以对目标进行分辨和识别[2, 3, 5, 34~36]。

3.6.3　Sinclair 矩阵 $\boldsymbol{S}$ 的对角化

对 Sinclair 矩阵 $\boldsymbol{S}$ 的代数性质的研究表明存在不同收发特征极化状态，可使同极化通道或交叉极化通道中的接收功率最大化或为零。将 Sinclair 矩阵 $\boldsymbol{S}$ 对角化是获得零交叉极化功率 P_X 极化状态的另一种方法[1, 4, 6, 7, 20]。

有两种将 Sinclair 矩阵 $\boldsymbol{S}$ 对角化的方法，第一种是基于标准的特征分解流程来获得特征值和特征矢量。此外需要注意，后向散射对准协议中的入射波和散射波在后向散射体制下的传播方向相反。因此，将 Sinclair 矩阵 $\boldsymbol{S}$ 对角化必须使用合同变换，也就是伪特征分解[1, 4, 6, 7, 20]，具体表达如下：

$$\boldsymbol{S}\underline{\boldsymbol{X}} = \lambda \underline{\boldsymbol{X}}^* \tag{3.119}$$

式中 λ 和 $\underline{\boldsymbol{X}}$ 分别是 Sinclair 矩阵 $\boldsymbol{S}$ 的伪特征值和伪特征矢量。

第二种方法是推导 Graves 矩阵的特征矢量。基于琼斯矢量 $\underline{\boldsymbol{E}}_S$ 可定义散射波的总能量密度，

$$W = \underline{\boldsymbol{E}}_S^{*T}\underline{\boldsymbol{E}}_S = (\boldsymbol{S}\underline{\boldsymbol{E}}_I)^{*T}(\boldsymbol{S}\underline{\boldsymbol{E}}_I) = \underline{\boldsymbol{E}}_I^{*T}(\boldsymbol{S}^{*T}\boldsymbol{S})\underline{\boldsymbol{E}}_I = \underline{\boldsymbol{E}}_I^{*T}\boldsymbol{G}\underline{\boldsymbol{E}}_I \tag{3.120}$$

式中 $\boldsymbol{G}$ 称为 Graves 极化相干功率散射矩阵[13]，具有如下形式：

$$\boldsymbol{G} = \boldsymbol{S}^*\boldsymbol{S} = \begin{bmatrix} |S_{XX}|^2 + |S_{XY}|^2 & S_{XX}^*S_{XY} + S_{XY}^*S_{YY} \\ S_{XY}^*S_{XX} + S_{YY}^*S_{XY} & |S_{XY}|^2 + |S_{YY}|^2 \end{bmatrix} \tag{3.121}$$

Graves 矩阵 $\boldsymbol{G}$ 是厄米矩阵，因此有如下两个非负的实特征值[1, 4, 6, 7, 20]：

$$\lambda_{1,2}=\frac{\mathrm{Tr}(\boldsymbol{G})\pm\sqrt{\mathrm{Tr}(\boldsymbol{G})^2-4|\boldsymbol{G}|}}{2},\quad \lambda_1\geqslant\lambda_2 \tag{3.122}$$

和正交单位特征矢量

$$\underline{\boldsymbol{u}}_{1,2}=\frac{\mathrm{e}^{+\mathrm{j}\xi}}{\sqrt{1+\left|\dfrac{\lambda_{1,2}-G_{11}}{G_{12}}\right|^2}}\begin{bmatrix}1\\ \dfrac{\lambda_{1,2}-G_{11}}{G_{12}}\end{bmatrix} \tag{3.123}$$

Huynen 证明[14]，这对特征矢量相当于交叉极化零点（$\underline{\boldsymbol{X}}_1,\underline{\boldsymbol{X}}_2$）的极化状态 。并且，因为它们相互正交，故只需对其中之一进行具体定义。一般有

$$\underline{\boldsymbol{X}}_{\mathbf{1}}=\frac{\mathrm{e}^{+\mathrm{j}\xi}}{\sqrt{1+|\rho|^2}}\begin{bmatrix}1\\ \rho\end{bmatrix}=\begin{bmatrix}\cos\psi & -\sin\psi\\ \sin\psi & \cos\psi\end{bmatrix}\begin{bmatrix}\cos\tau_m & \mathrm{j}\sin\tau_m\\ \mathrm{j}\sin\tau_m & \cos\tau_m\end{bmatrix}\begin{bmatrix}\mathrm{e}^{+\mathrm{j}\alpha} & 0\\ 0 & \mathrm{e}^{-\mathrm{j}\alpha}\end{bmatrix}\hat{\boldsymbol{x}} \tag{3.124}$$

由此可得将 Graves 矩阵 $\boldsymbol{G}$ 对角化的相似变换表达式为

$$\boldsymbol{G}_{\mathrm{D}}=\boldsymbol{U}_2(\psi,\tau_m,\alpha)^{-1}\boldsymbol{G}\ \boldsymbol{U}_2(\psi,\tau_m,\alpha) \tag{3.125}$$

由此可得将 Sinclair 矩阵 $\boldsymbol{S}$ 对角化的合同变换表达式为

$$\begin{gathered}\boldsymbol{G}_{\mathrm{D}}=\boldsymbol{S}_{\mathrm{D}}^*\boldsymbol{S}_{\mathrm{D}}=\boldsymbol{U}_2^{-1}\boldsymbol{S}^*\boldsymbol{S}\ \boldsymbol{U}_2=\boldsymbol{U}_2^{-1}\boldsymbol{S}^*\boldsymbol{U}_2^*\boldsymbol{U}_2^{\mathrm{T}}\boldsymbol{S}\ \boldsymbol{U}_2\\ \Downarrow\\ \boldsymbol{S}_{\mathbf{D}}=\boldsymbol{U}_2(\psi,\tau_m,\alpha)^{\mathrm{T}}\boldsymbol{S}\ \boldsymbol{U}_2(\psi,\tau_m,\alpha)\end{gathered} \tag{3.126}$$

SU(2)特殊酉矩阵 $\boldsymbol{U}_2(\psi,\tau_m,\alpha)$ 同时也是从笛卡儿基（$\hat{x},\hat{y}$）转换到交叉极化零点正交基（$\underline{\boldsymbol{X}}_1,\underline{\boldsymbol{X}}_2$）的椭圆极化基变换矩阵，即有

$$\boldsymbol{U}_{(\hat{x},\hat{y})\to(\underline{X}_1,\underline{X}_2)}=\boldsymbol{U}_2(\psi,\tau_m,\alpha)^{-1} \tag{3.127}$$

注意：一直以来，从笛卡儿基（$\hat{x}$, $\hat{y}$）转换到交叉极化零点正交基（$\underline{\boldsymbol{X}}_1,\underline{\boldsymbol{X}}_2$）的基变换酉矩阵总是被构建为$\boldsymbol{U}_2=[\underline{\boldsymbol{X}}_1\ \vdots\ \underline{\boldsymbol{X}}_2]$的形式。但$\boldsymbol{U}_2=[\underline{\boldsymbol{X}}_1\ \vdots\ \underline{\boldsymbol{X}}_2]$并非 SU(2)特殊酉矩阵，因此经常在使用该矩阵时发生问题。为此，通常采用基（$\underline{\boldsymbol{X}}_1,\underline{\boldsymbol{X}}_{1\perp}$）或（$\underline{\boldsymbol{X}}_2,\underline{\boldsymbol{X}}_{2\perp}$），而不再采用交叉极化零点（$\underline{\boldsymbol{X}}_1,\underline{\boldsymbol{X}}_2$）的正交基（$\underline{\boldsymbol{X}}_1,\underline{\boldsymbol{X}}_2$）或（$\underline{\boldsymbol{X}}_2,\underline{\boldsymbol{X}}_1$）。虽然在某些情况下 $\underline{\boldsymbol{X}}_{1\perp}$ 与 $\underline{\boldsymbol{X}}_2$ 等价，或 $\underline{\boldsymbol{X}}_1$ 与 $\underline{\boldsymbol{X}}_{2\perp}$ 等价，但由此可以对经典特殊酉矩阵 SU(2)的基变换进行限定。

Huynen 将 Sinclair 对角矩阵 $\boldsymbol{S}_{\mathrm{D}}$进行参数化处理，如下所示[14]：

$$\boldsymbol{S}_{\mathrm{D}}=\begin{bmatrix}s_1 & 0\\ 0 & s_2\end{bmatrix}=m\mathrm{e}^{+\mathrm{j}\xi}\begin{bmatrix}\mathrm{e}^{+2\mathrm{j}\nu} & 0\\ 0 & \tan^2\gamma\mathrm{e}^{-2\mathrm{j}\nu}\end{bmatrix} \tag{3.128}$$

由此可得 Sinclair 矩阵 $\boldsymbol{S}$ 的一般表达式为

$$\begin{aligned}\boldsymbol{S}&=\boldsymbol{U}_2(\psi,\tau_m,\alpha)^*\boldsymbol{S}_{\mathrm{D}}\boldsymbol{U}_2(\psi,\tau_m,\alpha)^{-1}\\ &=m\mathrm{e}^{+\mathrm{j}\xi}\boldsymbol{U}_2(\psi,\tau_m,\alpha)^*\begin{bmatrix}\mathrm{e}^{+2\mathrm{j}\nu} & 0\\ 0 & \tan^2\gamma\mathrm{e}^{-2\mathrm{j}\nu}\end{bmatrix}\boldsymbol{U}_2(\psi,\tau_m,\alpha)^{-1}\\ &=m\mathrm{e}^{+\mathrm{j}\xi}\boldsymbol{U}_2(\psi,\tau_m,\alpha-\nu)^*\begin{bmatrix}1 & 0\\ 0 & \tan^2\gamma\end{bmatrix}\boldsymbol{U}_2(\psi,\tau_m,\alpha-\nu)^{-1}\end{aligned} \tag{3.129}$$

式中的 SU(2)特殊酉矩阵为[14]

$$\begin{aligned}\boldsymbol{U}_2(\psi,\tau_m,\alpha-\nu)&=\boldsymbol{U}_2(\psi)\boldsymbol{U}_2(\tau_m)\boldsymbol{U}_2(\alpha-\nu)\\ &=\begin{bmatrix}\cos\psi & -\sin\psi\\ \sin\psi & \cos\psi\end{bmatrix}\begin{bmatrix}\cos\tau_m & \mathrm{j}\sin\tau_m\\ \mathrm{j}\sin\tau_m & \cos\tau_m\end{bmatrix}\begin{bmatrix}\mathrm{e}^{+\mathrm{j}(\alpha-\nu)} & 0\\ 0 & \mathrm{e}^{-\mathrm{j}(\alpha-\nu)}\end{bmatrix}\end{aligned} \tag{3.130}$$

因此，J. R. Huynen 用 6 个目标欧拉参数（$m,\psi,\tau_m,\nu,\gamma,\alpha$）和一个目标绝对相位（$\xi$）来表征 Sinclair矩阵[14]。目标欧拉参数中的 5 个参数与目标的物理特征有关，如下所示。

- m：目标的最大雷达散射截面积；
- ψ：方向角，与目标参考雷达视线的取向有关；
- τ_m：螺旋角，与目标对称性有关(人工结构体的 $\tau_m=0$，自然目标的 $\tau_m=\pi/4$)；
- ν：离去角，与多次散射有关(单次散射的 $\nu=0$，二次散射的 $\nu=\pi/4$)；
- γ：概率角，与目标极化敏感度有关(线性目标如偶极子的 $\gamma=0$，球或平板的 $\gamma=\pi/4$)。

3.6.4 标准散射机制

由于实际目标错综的几何结构和反射属性，因此总是存在复杂的散射响应。对散射响应进行解释也相当困难。本节介绍的几种基本目标都具有标准的散射机理，并可以通过 Sinclair 矩阵 $\boldsymbol{S}$ 和极化特征进行描述。Sinclair 矩阵 $\boldsymbol{S}$ 将在 3 种标准正交极化基下进行表述：

- 笛卡儿极化基 $(\hat{\boldsymbol{h}},\hat{\boldsymbol{v}})$：$\hat{\boldsymbol{h}}$ 代表水平极化，$\hat{\boldsymbol{v}}$ 代表垂直极化；
- 线性旋转基 $(\hat{\boldsymbol{a}},\hat{\boldsymbol{a}}_\perp)$：$\hat{\boldsymbol{a}}$ 代表 45°线极化，$\hat{\boldsymbol{a}}_\perp$ 代表 −45°正交线极化；
- 圆极化基 $(\hat{\boldsymbol{l}},\hat{\boldsymbol{l}}_\perp)$：$\hat{\boldsymbol{l}}$ 代表左圆极化，$\hat{\boldsymbol{l}}_\perp=\hat{\boldsymbol{r}}$ 代表正交左圆极化，或等价地代表右圆极化。

van Zyl[31~33]提出的极化特征方法可以用图形表征全部极化空间内的归一化同极化功率密度与交叉极化功率密度。

3.6.4.1 球、平板和三面角

在三种极化基下，球、平板和三面角(见图 3.17)的散射矩阵分别为

笛卡儿线极化基 $(\hat{h},\hat{v})$

$$\boldsymbol{S}=\begin{bmatrix}1 & 0\\ 0 & 1\end{bmatrix}$$

旋转线极化基 $(\hat{a},\hat{a}_\perp)$

$$\boldsymbol{S}=\begin{bmatrix}1 & 0\\ 0 & 1\end{bmatrix}$$

圆极化基 $(\hat{l},\hat{l}_\perp)$

$$\boldsymbol{S}=\begin{bmatrix}0 & \mathrm{j}\\ \mathrm{j} & 0\end{bmatrix}$$

球、平板和三面角的同极化与交叉极化特征如图 3.18 所示。

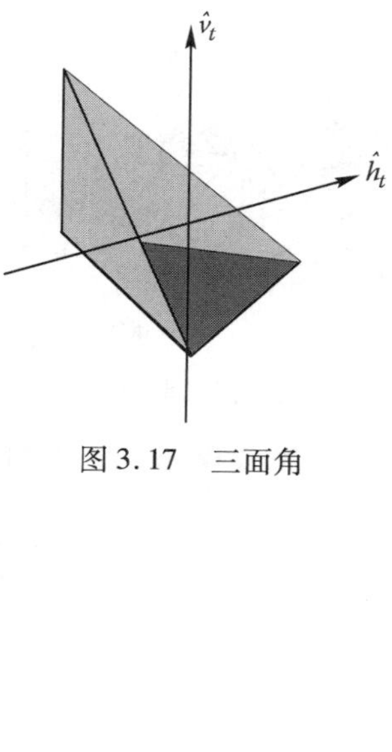

图 3.17　三面角

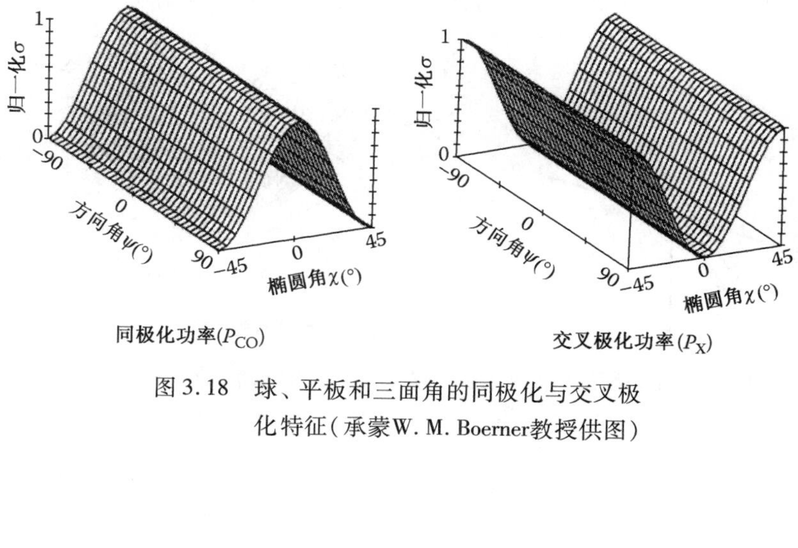

图 3.18　球、平板和三面角的同极化与交叉极化特征(承蒙W. M. Boerner教授供图)

3.6.4.2 水平偶极子

三种极化基下，水平偶极子(见图3.19)的散射矩阵分别为

笛卡儿线极化基 $(\hat{h},\hat{v})$ 旋转线极化基 $(\hat{a},\hat{a}_{\perp})$ 圆极化基 $(\hat{l},\hat{l}_{\perp})$

$$\boldsymbol{S}=\begin{bmatrix}1&0\\0&0\end{bmatrix}\qquad \boldsymbol{S}=\frac{1}{2}\begin{bmatrix}1&-1\\-1&1\end{bmatrix}\qquad \boldsymbol{S}=\frac{1}{2}\begin{bmatrix}1&-\mathrm{j}\\-\mathrm{j}&1\end{bmatrix}$$

水平偶极子的同极化与交叉极化特征如图3.20所示。

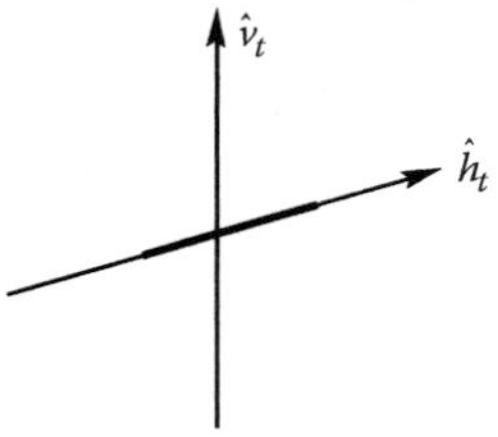

图3.19 水平偶极子

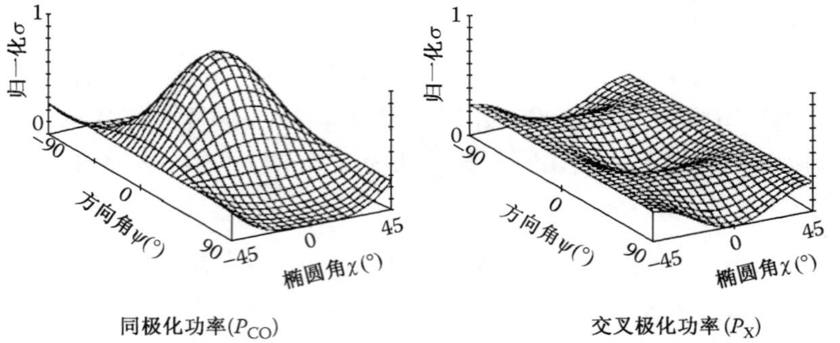

图3.20 水平偶极子的同极化与交叉极化特征(承蒙W. M. Boerner教授供图)

3.6.4.3 带方向的偶极子

三种极化基下，方向角为 ϕ 的偶极子(见图3.21)的散射矩阵分别为

笛卡儿线极化基 $(\hat{h},\hat{v})$ 旋转线极化基 $(\hat{a},\hat{a}_{\perp})$ 圆极化基 $(\hat{l},\hat{l}_{\perp})$

$$\boldsymbol{S}=\begin{bmatrix}\cos^2\phi&\frac{1}{2}\sin 2\phi\\\frac{1}{2}\sin2\phi&\sin^2\phi\end{bmatrix}\qquad \boldsymbol{S}=\begin{bmatrix}\frac{1}{2}+\cos\phi\sin\phi&\frac{1}{2}-\cos^2\phi\\\frac{1}{2}-\cos^2\phi&\frac{1}{2}-\cos\phi\sin\phi\end{bmatrix}\qquad \boldsymbol{S}=\frac{1}{2}\begin{bmatrix}\mathrm{e}^{\mathrm{j}2\phi}&-\mathrm{j}\\-\mathrm{j}&\mathrm{e}^{-\mathrm{j}2\phi}\end{bmatrix}$$

带方向的偶极子的同极化与交叉极化特征如图3.22所示。

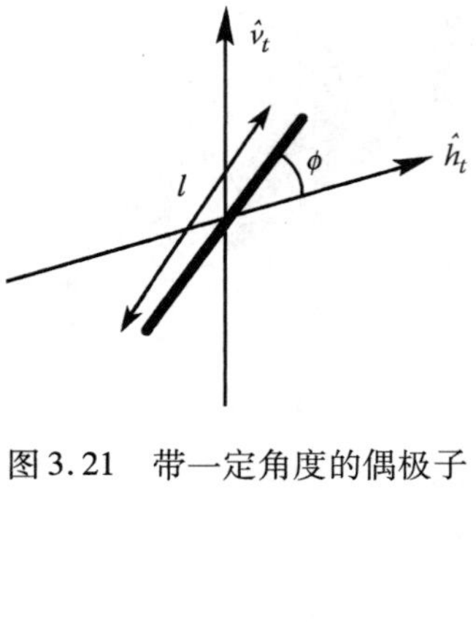

图3.21 带一定角度的偶极子

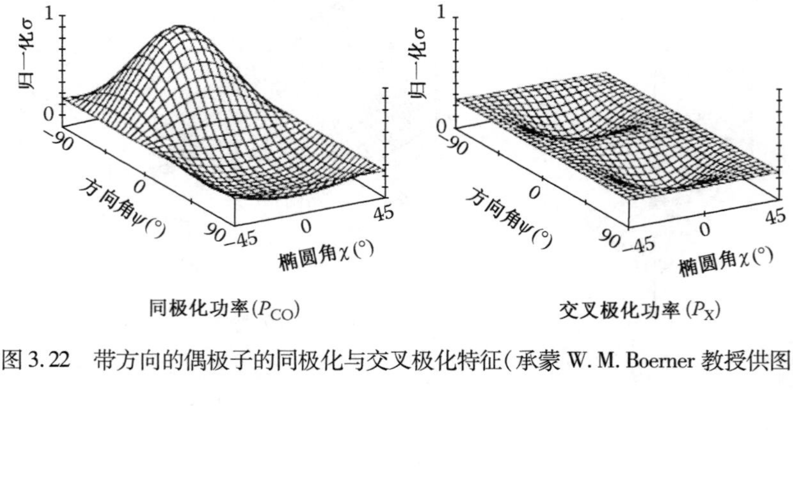

图3.22 带方向的偶极子的同极化与交叉极化特征(承蒙W. M. Boerner教授供图)

3.6.4.4　二面角

三种极化基下，水平放置的二面角(见图 3.23)的散射矩阵为

笛卡儿线极化基 $(\hat{h},\hat{v})$　　旋转线极化基 $(\hat{a},\hat{a}_{\perp})$　　圆极化基 $(\hat{l},\hat{l}_{\perp})$

$$S=\begin{bmatrix}1 & 0\\ 0 & -1\end{bmatrix}\qquad S=\begin{bmatrix}0 & -1\\ -1 & 0\end{bmatrix}\qquad S=\begin{bmatrix}1 & 0\\ 0 & 1\end{bmatrix}$$

三种极化基下，方向角为 ϕ 的二面角的散射矩阵为

笛卡儿线极化基 $(\hat{h},\hat{v})$　　旋转线极化基 $(\hat{a},\hat{a}_{\perp})$　　圆极化基 $(\hat{l},\hat{l}_{\perp})$

$$S=\begin{bmatrix}\cos 2\phi & \sin 2\phi\\ \sin 2\phi & -\cos 2\phi\end{bmatrix}\qquad S=\begin{bmatrix}\sin 2\phi & -\cos 2\phi\\ -\cos 2\phi & -\sin 2\phi\end{bmatrix}\qquad S=\begin{bmatrix}e^{j2\phi} & 0\\ 0 & e^{-j2\phi}\end{bmatrix}$$

水平二面角的同极化与交叉极化特征如图 3.24 所示。

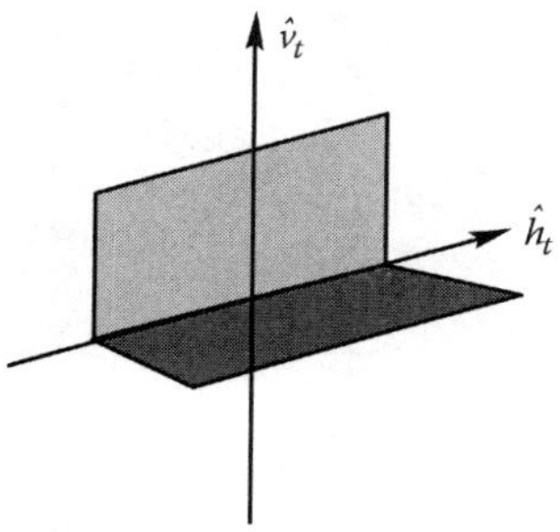

图 3.23　二面角

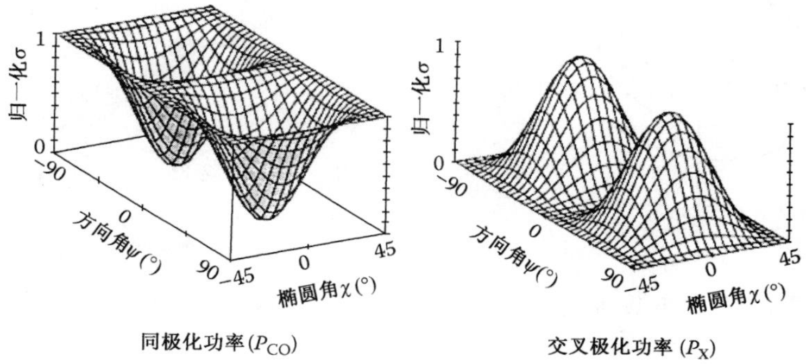

图 3.24　二面角的同极化与交叉极化特征(承蒙 W. M. Boerner 教授供图)

3.6.4.5　右螺旋曲线

三种极化基下，方位角为 ϕ 的右螺旋曲线(见图 3.25)的散射矩阵为

笛卡儿线极化基 $(\hat{h},\hat{v})$　　旋转线极化基 $(\hat{a},\hat{a}_{\perp})$　　圆极化基 $(\hat{l},\hat{l}_{\perp})$

$$S=\frac{e^{-j2\phi}}{2}\begin{bmatrix}1 & -j\\ -j & -1\end{bmatrix}\qquad S=\frac{e^{-j2\phi}}{2}\begin{bmatrix}-j & -1\\ -1 & j\end{bmatrix}\qquad S=\begin{bmatrix}0 & 0\\ 0 & -e^{-j2\phi}\end{bmatrix}$$

方向角为零的右螺旋曲线的同极化与交叉极化特征如图 3.26 所示。

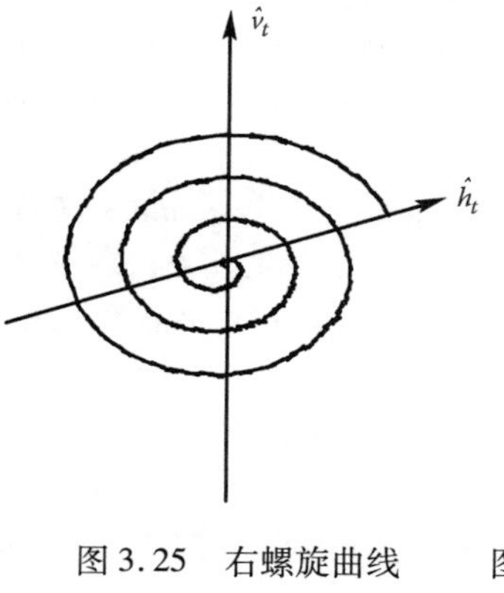

图 3.25　右螺旋曲线

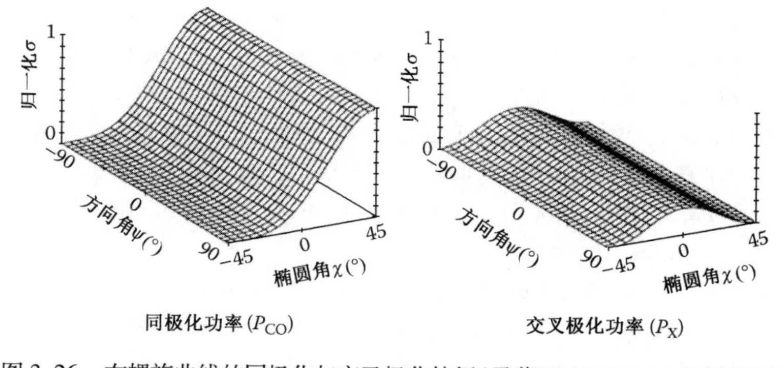

图 3.26　右螺旋曲线的同极化与交叉极化特征(承蒙 W. M. Boerner 教授供图)

3.6.4.6　左螺旋曲线

三种极化基下，方向角为 ϕ 的左螺旋曲线(见图 3.27)的散射矩阵为

笛卡儿线极化基 $(\hat{h},\hat{v})$　　旋转线极化基 $(\hat{a},\hat{a}_{\perp})$　　圆极化基 $(\hat{l},\hat{l}_{\perp})$

$$\boldsymbol{S}=\frac{\mathrm{e}^{-\mathrm{j}2\phi}}{2}\begin{bmatrix}1 & \mathrm{j}\\ \mathrm{j} & -1\end{bmatrix}\qquad \boldsymbol{S}=\frac{\mathrm{e}^{-\mathrm{j}2\phi}}{2}\begin{bmatrix}\mathrm{j} & -1\\ -1 & -\mathrm{j}\end{bmatrix}\qquad \boldsymbol{S}=\begin{bmatrix}\mathrm{e}^{-\mathrm{j}2\phi} & 0\\ 0 & 0\end{bmatrix}$$

方向角为零的左螺旋曲线的同极化与交叉极化特征如图 3.28 所示。

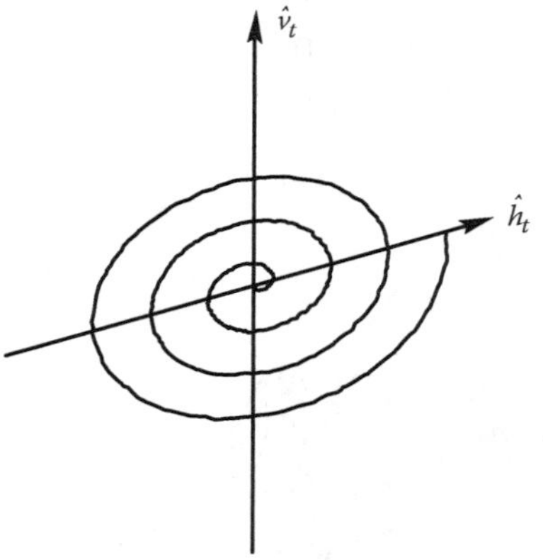

图 3.27　左螺旋曲线

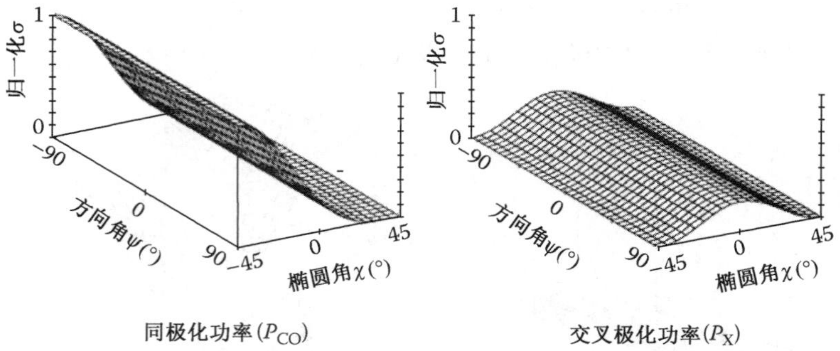

图 3.28　左螺旋曲线的同极化与交叉极化特征(承蒙 W. M. Boerner 教授供图)

参考文献

[1] Boerner, W. -M. et al. (Eds.), Inverse methods in electromagnetic imaging, *Proceedings of the NATO-Advanced Research Workshop*, (Sept 18-24. 1983, Bad Windsheim, FR Germany), Parts 1&2, NATO-ASI C-143, D. Reidel Publ. Co., Jan. 1985.

[2] Boerner, W. -M. and Xi, A. -Q., The characteristic radar target polarization state theory for the coherent monostatic and reciprocal case using the generalized polarization transformation ratio formulation, *AEU*, 44 (6): X1-X8, 1990.

[3] Boerner, W. -M., Yan, W. -L., Xi A-Q., and Yamaguchi, Y., On the principles of radar polarimetry (invited review): The target characteristic polarization state theory of Kennaugh, Huynen's polarization fork concept, and its extension to the partially polarized case, *IEEE Proceedings*, *Special Issue on Electromagnetic Theory*, 79(10), October 1991, pp. 1538-1550.

[4] Boerner, W. -M. et al. (Eds.), Direct and inverse methods in radar polarimetry, *Proccedings of the NATO-Advanced Research Workshop*, Sept. 18-24, 1988, Chief Editor, 1987-1991, *NATO-ASI Series C*: *Math & Phys. Sciences*, vol. C-350, Parts 1&2, D. Reidel Publ. Co., Kluwer Academic Publ., Dordrecht, NL, 1992.

[5] Boerner, W. -M., Liu, C. L., and Zhang, X., Comparison of optimization processing for 2 ×2 Sinclair, 2 ×2 Graves, 3 ×3 Covariance, and 4 ×4 Mueller(symmetric)matrices in coherent radar polarimetry and its application to target versus background discrimination in microwave remote sensing, *EARSeL Advances in Remote Sensing*, 2(1), 55-82, 1993.

[6] Boerner, W.-M., Mott, H., Lüneburg, E., Livingston, C., Brisco, B., Brown, R. J., and Paterson, J. S., with contributions by Cloude, S. R., Krogager, E., Lee, J. S., Schuler, D. L., van Zyl, J. J., Randall, D., Budkewitsch, P., and Pottier, E., Polarimetry in radar remote sensing: Basic and applied concepts, Chapter 5 in F. M. Henderson and A. J. Lewis, Eds., *Principles and Applications of Imaging Radar*, Vol. 2 of *Manual of Remote Sensing*, (R. A. Reyerson, Ed.), 3rd ed., John Wiley & Sons, New York, 1998.

[7] Boerner, W. M., Introduction to radar polarimetry with assessments of the historical development and of the current state-of-the-art, *Proceedings of International Workshop on Radar Polarimetry*, JIPR-90, March 20-22, 1990, Nantes, France.

[8] Cloude, S. R., Group theory and polarization algebra, *OPTIK*, 75(1), 26-36, 1986.

[9] Cloude, S. R. and Pottier, E., A review of target decomposition theorems in radar polarimetry, *IEEE Transaction on Geoscience and Remote Sensing*, 34, 2, March 1996.

[10] Cloude, S. R. and Pottier, E., An entropy based classification scheme for land applications of polarimetric SAR, *IEEE Transaction on Geoscience and Remote Sensing*, 35, 1, January 1997.

[11] Davidovitz, M. and Boerner, W. M., Extension of Kennaugh optimal polarization concept to the asymmetric scattering matrix case, *IEEE Transaction on Antenna and Propagation*, 34, 4, 1986.

[12] Germond, A. L., Pottier, E., and Saillard, J., Bistatic radar polarimetry theory, in *Ultra Wide Band Radar Technology*, (J. D. Taylor, Ed.), CRC Press LLC, Boca Raton, FL, 2001.

[13] Graves, C. D., Radar polarization power scattering matrix, *Proceedings of the IRE*, 44(5), 248-252, 1956.

[14] Huynen, J. R., Phenomenological theory of radar targets, PhD Thesis, University of Technology, Delft, The Netherlands, December 1970.

[15] Huynen, J. R., A revisitation of the phenomenological approach with applications to radar target decomposition, Department of Electrical Engineering and Computer Sciences, University of Illinois at Chicago, Research report no. EMID-CL-82-05-08-01, Contract no. NAV-AIR-N00019-BO-C-0620, May 1982.

[16] Huynen, J. R., The calculation and measurement of surface-torsion by radar, Report no. 102, P. Q. RESEARCH, Los Altos Hills, California, June 1988.

[17] Huynen, J. R., Extraction of target significant parameters from polarimetric data, Report no. 103, P. Q. RESEARCH, Los Altos Hills, California, July 1989.

[18] Huynen, J. R., The Stokes matrix parameters and their interpretation in terms of physical target properties, *Proceedings of International Workshop on Radar Polarimetry*, JIPR-90, March 20-22, 1990, Nantes, France.

[19] Huynen, J. R., Theory and applications of the *N*-target decomposition theorem, *Proceedings of International Workshop on Radar Polarimetry*, JIPR-90, March 20-22, 1990, Nantes, France.

[20] Kostinski, A. B. and Boerner, W. M., On foundations of radar polarimetry, *IEEE Transaction on Antennas and Propagation*, 34, 1986, pp. 1395-1404.

[21] Lüneburg, E., Radar polarimetry: A revision of basic concepts, in *Direct and Inverse Electromagnetic Scattering*, (H. Serbest and S. Cloude, Eds.), Pittman Research Notes in Mathematics Series 361, Addison Wesley Longman, Harlow, U. K., 1996.

[22] Lüneburg, E., Principles of radar polarimetry, *Proceedings of the IEICE Transaction on the Electronic Theory*, E78-C(10), 1339-1345, 1995.

[23] Lüneburg, E., Polarimetric target matrix decompositions and the Karhunen-Loeve expansion, *Proceedings of IGARSS'99*, June 28-July 2 1999, Hamburg, Germany.

[24] Lüneburg, E., Ziegler, V., Schroth, A., and Tragl, K., Polarimetric covariance matrix analysis of random radar targets, *Proceedings of NATO-AGARD-EPP Symposium on Target and Clutter Scattering and Their Effects on Military Radar Performance*, Ottawa, Canada, May 6-10, 1991.

[25] Lüneburg, E., Chandra, M., and Boerner, W. -M., Random target approximations, *Proceedings of PIERS Progress in Electromagnetics Research Symposium*, Noordwijk, The Netherlands, July 11-15, 1994.

[26] Mott, H., *Antennas for Radar and Communications, A Polarimetric Approach*, John Wiley & Sons, New York, 1992.

[27] Nghiem, S. V., Yueh, S. H., Kwok, R., and Li, F. K., Symmetry properties in polarimetric remote sensing, *Radio Science*, 27(5), 693-711, September 1992.

[28] Pottier, E., On Dr. J. R. Huynen's main contributions in the development of polarimetric radar technique, *Proceedings of SPIE*, 1748, San Diego, 1992.

[29] Ulaby, F. T. and Elachi, C. (Eds.), *Radar Polarimetry for Geo science Applications*, Artech House, Norwood, MA, 1990.

[30] Van de Hulst, H. C., *Light Scattering by Small Particles*, New York: Dover, 1981.

[31] van Zyl, J. J., On the Importance of polarization in radar scattering problems, PhD thesis, California Institute of Technology, Pasadena, CA, December 1985.

[32] van Zyl, J. J. and Zebker, H. A. Imaging radar polarimetry, in *Polarimetric Remote Sensing*, PIER 3, (J. A. Kong, Ed.), Elsevier, New York: 277-326, 1990.

[33] van Zyl, J. J., Zebker, H., and Elachi, C., Imaging radar polarization signatures: Theory and application, *Radio Science*, 22(4), 529-543, 1987.

[34] Xi, A. -Q. and Boerner, W. -M. Determination of the characteristic polarization states of the target scattering matrix [S(AB)] for the coherent monostatic and reciprocal propagation space using the polarization transformation ratio formulation, *JOSA-A/2*, 9(3), 437-455, 1992.

[35] Yang, J., Yamaguchi, Y., and Yamada, H., Conull of targets and conull Abelian group, *Electronics Letters*, 35(12), 1017-1019, June 1999.

[36] Yang, J., Yamaguchi, Y., Yamada, H., Sengoku, M., and Lin, S. M., Optimal problem for contrast enhancement in polarimetric radar remote sensing, *J-IEICE Transaction Communication*, E82-B, 1, January 1999.

[37] Ziegler, V., Lüneburg, E., and Schroth, A. Mean back-scattering properties of random radar targets: A polarimetric covariance matrix concept, *Proceedings of IGARSS' 92*, May 26-29, Houston Texas, 1992, pp. 266-268.

第 4 章　极化 SAR 相干斑统计特性

4.1　SAR 图像相干斑的基本性质

合成孔径雷达(SAR)图像中的相干斑是由大量散射单元反射波的相干叠加引起的[1]。相干斑使相邻像素间的信号强度发生变化，视觉上表现为颗粒状的噪声。它增加了图像解译和分析的难度，降低了图像分割和特征分类的性能。研究 SAR 图像相干斑统计特性有助于设计有效的相干斑滤波、地物参数估计、土地利用、地物覆盖分类等算法，能更好地提取所需的信息。本章首先讨论单极化 SAR 数据的相干斑统计特性，包括单视和多视处理后的数据。接下来讨论极化 SAR 数据和干涉 SAR 数据的统计特性，重点是极化协方差矩阵或相干矩阵的复威沙特分布。由于不同极化通道数据间的相位差、幅度乘积和幅度比是地物分类和地物参数估计应用中的重要参量，因此基于复威沙特分布推导出上述参量的统计分布并进行详细讨论。上述概率密度函数(Probability Density Functions, PDF)将利用 NASA/JPL AIRSAR 获取的极化 SAR 数据进行验证。此外，对于非均匀媒质(heterogeneous media)，SAR 相干斑统计特性宜采用 K 分布进行描述，对此将针对单极化和极化 SAR 数据分别进行讨论。

4.1.1　相干斑的形成

当雷达波束所照射的表面相对于雷达波长而言比较“粗糙”时，回波信号是由一个分辨单元内大量散射单元(或者小散射截面)所反射的电磁波共同作用的结果，如图 4.1 中左图所示。由于散射单元的位置随机，它们和雷达接收机的距离也是随机的，因此各散射单元反射回波的频率相同，而相位不尽相同。当这些回波的相位较为接近时，回波合成一个强信号；反之，则合成一个弱信号。在图 4.1 中，右图示意了回波合成过程，亦即复平面上的矢量和：

$$\sum_{i=1}^{M}(\boldsymbol{x}_i+\mathrm{j}\boldsymbol{y}_i)=\sum_{i=1}^{M}\boldsymbol{x}_i+\mathrm{j}\sum_{i=1}^{M}\boldsymbol{y}_i=\boldsymbol{x}+\mathrm{j}\boldsymbol{y} \tag{4.1}$$

式中，$\boldsymbol{x}_i+\mathrm{j}\boldsymbol{y}_i$ 表示第 i 个散射体的回波；$\boldsymbol{x}+\mathrm{j}\boldsymbol{y}$ 表示所有 M 个散射体回波矢量和；符号 j 表示 $\sqrt{-1}$。

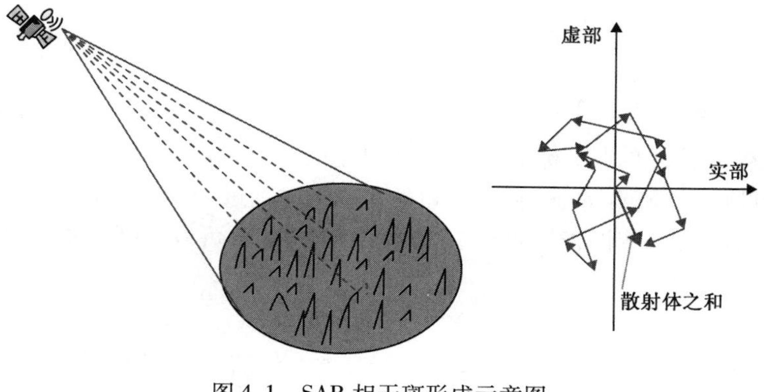

图 4.1　SAR 相干斑形成示意图

SAR 图像由连续脉冲回波的相干处理生成，这使相邻像素间的信号强度不连续，视觉上表现为颗粒状的噪声，称为相干斑。这种 SAR 图像中相邻像素间的强度不连续引起了诸多问题，其中最突出的问题是单一像素的强度值不能表征分布目标的反射率。

4.1.2 瑞利相干斑模型

当满足下列条件时，可以假设各散射单元回波的矢量和[见式(4.1)]具有在$(-\pi, \pi)$上均匀分布的相位：(1)均匀媒质(homogeneous medium)的一个分辨单元内有大量的散射单元；(2)斜距距离远大于雷达波长；(3)以雷达波长尺度衡量媒质表面非常“粗糙”。满足上述条件的相干斑称为“完全发展的相干斑”(fully developed speckle)。根据中心极限定理，矢量和的实部 x 和虚部 y 相互独立，各自服从均值为 0、方差为 $\sigma^2/2$ 的高斯(正态)分布。引入因子 2 是为了使矢量和的强度均值为 σ^2，这在后面将予以说明。

SAR 幅度图像的定义为 $A=\sqrt{x^2+y^2}$，它服从瑞利概率分布[2]。证明过程如下[3]：由于 x 和 y 相互独立且服从高斯分布，因此它们的联合概率密度函数为

$$p_{x,y}(x,y)=p_x(x)p_y(y)=\frac{1}{\sqrt{\pi}\sigma}\mathrm{e}^{-x^2/\sigma^2}\frac{1}{\sqrt{\pi}\sigma}\mathrm{e}^{-y^2/\sigma^2}=\frac{1}{\pi\sigma^2}\mathrm{e}^{-(x^2+y^2)/\sigma^2} \tag{4.2}$$

令

$$x=A\cos\theta \quad 和 \quad y=A\sin\theta \tag{4.3}$$

从(x,y)到(A,θ)的变换公式为

$$p_{A,\theta}(A,\theta)\mathrm{d}A\,\mathrm{d}\theta=p_{x,y}(x,y)\mathrm{d}x\,\mathrm{d}y \tag{4.4}$$

由式(4.3)可以推导出

$$\mathrm{d}x=\cos\ \theta\ \mathrm{d}A-A\sin\theta\ \mathrm{d}\theta,\quad \mathrm{d}y=\sin\theta\ \mathrm{d}A+A\cos\theta\ \mathrm{d}\theta \tag{4.5}$$

则其雅可比行列式为

$$\mathrm{d}x\,\mathrm{d}y=\begin{vmatrix}\cos\theta & -A\sin\theta\\ \sin\theta & A\cos\theta\end{vmatrix}\mathrm{d}A\mathrm{d}\theta=A\mathrm{d}A\ \mathrm{d}\theta \tag{4.6}$$

将式(4.2)和式(4.6)代入式(4.4)，可得联合概率密度函数为

$$p_{A,\theta}(A,\theta)=\frac{A}{\pi\sigma^2}\mathrm{e}^{-A^2/\sigma^2} \tag{4.7}$$

针对 θ，式(4.7)在区间$(-\pi, \pi)$上进行积分，可得幅度 A 的概率密度函数为

$$p_1(A)=\frac{2A}{\sigma^2}\exp\left(-\frac{A^2}{\sigma^2}\right),\quad A\geqslant 0 \tag{4.8}$$

因此幅度 A 服从均值为 $M_1(A)=\sigma\sqrt{\pi}/2$、方差为 $\mathrm{Var}_1(A)=(4-\pi)\sigma^2/4$ 的瑞利分布。下标“1”表示单视。值得注意的是，标准差与均值的比值为 $\sqrt{4/\pi-1}=0.5227$，与 σ 无关。此类常数比值是乘性噪声的基本特征，4.2 节和第 5 章将对其进一步讨论。

SAR 强度图像(或功率图像)的定义为 $I=x^2+y^2=A^2$，可以证明其服从负指数分布：

$$p_1(I)=\frac{1}{\sigma^2}\exp\left(-\frac{I}{\sigma^2}\right),\quad I\geqslant 0 \tag{4.9}$$

其均值为 $M_1(I)=\sigma^2$，方差为 $\mathrm{Var}_1(I)=\sigma^4$。标准差与均值的比值为 1，大于幅度图像 A 的标准差与均值的比值(0.5227)，这说明强度图像的相干斑噪声比幅度图像更显著。

图 4.2(a)是由 NASA/JPL AIRSAR 获取的的强度图像。图 4.2(b)所示均匀区域像素的直方图与式(4.9)所示的负指数分布一致。图 4.2(c)为幅度图像，图 4.2(d)所示均匀区域像素的直方图与式(4.8)所示的瑞利分布一致。图 4.2(e)和图 4.2(f)分别是多视幅度图像及其直方图，4.2 节将对其进行讨论。

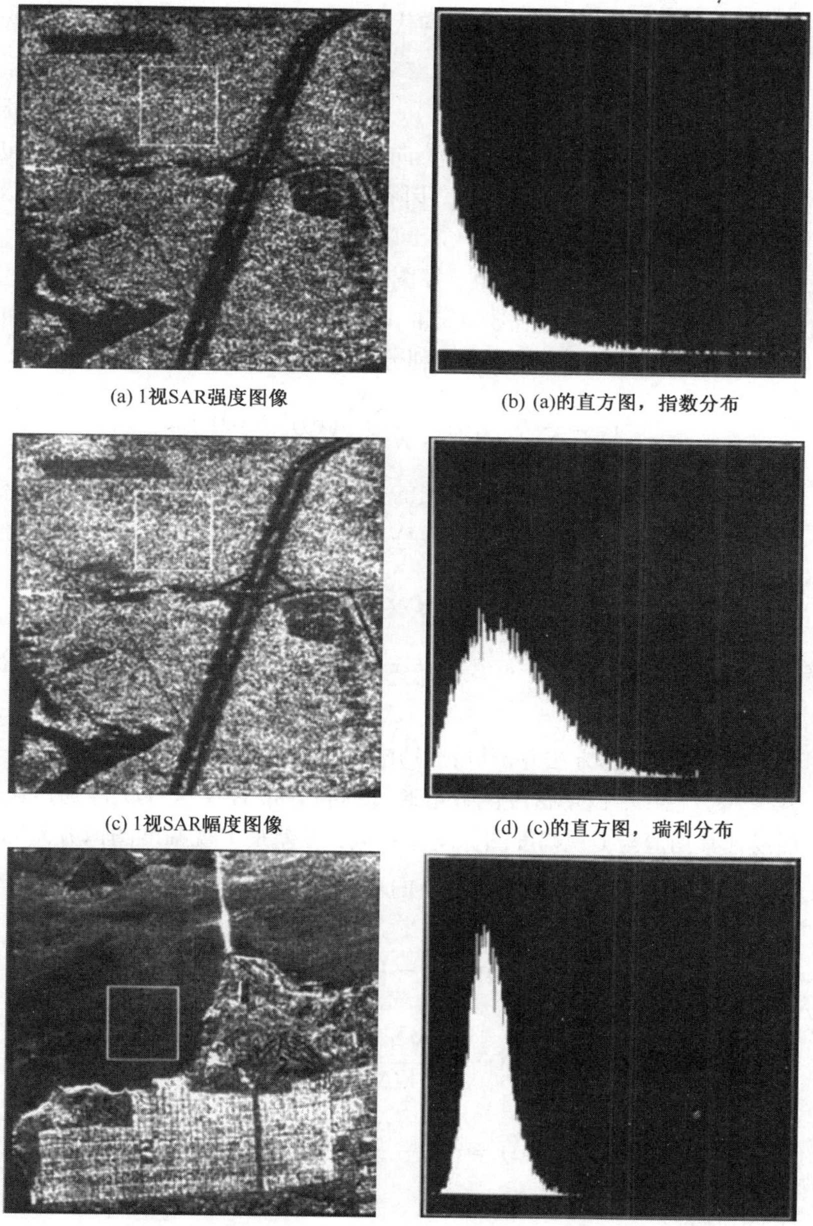

(a) 1视SAR强度图像　(b) (a)的直方图，指数分布

(c) 1视SAR幅度图像　(d) (c)的直方图，瑞利分布

(e) 4视SAR，幅度图像　(f) (e)的直方图，χ分布

图 4.2　SAR 相干斑统计分布

4.2 多视 SAR 图像相干斑统计特性

降斑(speckle reduction)的一个常用方法是对若干独立的反射率测量值进行平均。在早期的 SAR 处理技术中，首先将合成孔径长度(方位多普勒频谱)分成 N 段(或称为 N 视)，然后每一段数据分别处理以生成 SAR 强度或幅度图像，最后将 N 幅图像相加生成 N 视 SAR 图像。若假定样本统计独立，则可用样本的平均代替集合平均。N 视处理后相干斑的标准差将降为原来的 $1/\sqrt{N}$，然而其代价是方位向分辨率降为原来的 $1/N$。现今的 SAR 系统不仅能提供多视数据，也能提供单视复数据(见第 1 章)。单视复数据的方位向分辨率一般比距离向分辨率高。对于这类数据，多视处理可以对方位向相邻的 1 视(幅度或强度)像素进行平均，使方位向和距离向的像素间距相当。若需进一步降斑，则可以用均值(Boxcar)滤波器等相干斑滤波器对邻近像素进行平均。

需要注意的是，与幅度或强度图像不同，复图像的求和运算不能降斑。这是由于复图像的和等价于来自 N 幅图像的基本散射单元信号的矢量和，其统计特性与 1 视 SAR 数据相同。

1 视 SAR 幅度图像相干斑较好地服从瑞利分布。而对于多视 SAR 强度图像而言，

$$I_N = \frac{1}{N}\sum_{i=1}^{N} I_1(i) = \frac{1}{N}\sum_{i=1}^{N}\left(x(i)^2 + y(i)^2\right) \tag{4.10}$$

式中 $x(i)$ 和 $y(i)$ 分别是第 i 视(或样本)数据的实部和虚部，由于 $x(i)$ 和 $y(i)$ 相互独立且服从高斯分布，易知 NI_N 服从自由度为 $2N$ 的 χ^2 分布[3]，因此 N 视强度图像的概率密度函数为

$$p_N(I) = \frac{N^N I^{N-1}}{(N-1)!\sigma^{2N}}\exp\left(-NI/\sigma^2\right), \quad I \geqslant 0 \tag{4.11}$$

其均值和方差分别为 $M_N(I) = \sigma^2$ 和 $\mathrm{Var}_N(I) = \sigma^4/N$。标准差与均值的比值是单视强度数据的 $1/\sqrt{N}$。

多视 SAR 幅度图像的计算方法有两种：(1)求 N 个幅度图像的平均；(2) N 个强度图像求平均后开方。第一种方法中，概率密度函数可通过瑞利分布的 N 次卷积得到，但是难以表示成闭合形式。然而易知其均值与 1 视幅度图像均值相同，方差是 1 视幅度图像方差的 $1/N$。第二种方法中，由式(4.10)可知 $\sqrt{NI}$ 服从自由度为 $2N$ 的 χ 分布，因此 N 视幅度图像的概率密度函数为

$$p_N(A) = \frac{2N^N}{\sigma^{2N}(N-1)!}A^{2N-1}\mathrm{e}^{-NA^2/\sigma^2} \tag{4.12}$$

均值和方差分别为

$$M_N(A) = \frac{\Gamma(N+1/2)}{\Gamma(N)}\sqrt{\sigma^2/N} \tag{4.13}$$

$$\mathrm{Var}_N(A) = \left(N - \frac{\Gamma^2(N+1/2)}{\Gamma^2(N)}\right)\frac{\sigma^2}{N} \tag{4.14}$$

标准差与均值的比值为

$$\sqrt{\frac{N\Gamma^2(N)}{\Gamma^2(N+1/2)} - 1} \tag{4.15}$$

式中 $\Gamma(\cdot)$ 表示伽马(Gamma)函数。可以看出，多视幅度图像的标准差与均值的比值与

1 视图像的相似，也是与均值无关的常数。第 5 章将利用该性质证明相干斑符合乘性噪声模型。

表 4.1 给出了不同视数时的 SAR 图像标准差与均值的比值[4]。可以看出两种多视幅度图像计算方法的标准差与均值的比值非常接近，强度平均的方法在降斑上略有优势。表 4.1 可以作为多视处理后相干斑噪声水平的参考，第 5 章中将其作为相干斑滤波的输入参数。作为例子，考察一个 4 视处理后的幅度图像，该 4 视图像的相干斑分布比 1 视图像的瑞利分布窄。图 4.2(e)是 AIRSAR 旧金山湾区 4 视处理后的幅度图像，图 4.2(f)是其均匀区域的直方图，可以看出其相干斑分布较窄。

表 4.1　多视 SAR 图像的标准差和均值的比值

视　数	N 视强度 $(1/\sqrt{N})$	N 视幅度（幅度平均）	N 视幅度（强度平均）
1	1.000	0.5227	0.5227
2	0.707	0.3696	0.3630
3	0.577	0.3017	0.2941
4	0.500	0.2614	0.2536
6	0.408	0.2134	0.2061
8	0.352	0.1848	0.1781

相干斑噪声的乘性特性可以通过 SAR 图像中均质区域像素的标准差-均值散点图进行验证[4]。图 4.3 是一个由 SIR-B SAR 幅度数据绘制的散点图。拟合直线通过原点表明相干斑符合乘性噪声模型。1 视和 4 视 SAR 幅度图像的直线斜率分别为 0.54 和 0.26，接近于理论值 0.5227 和 0.2614。

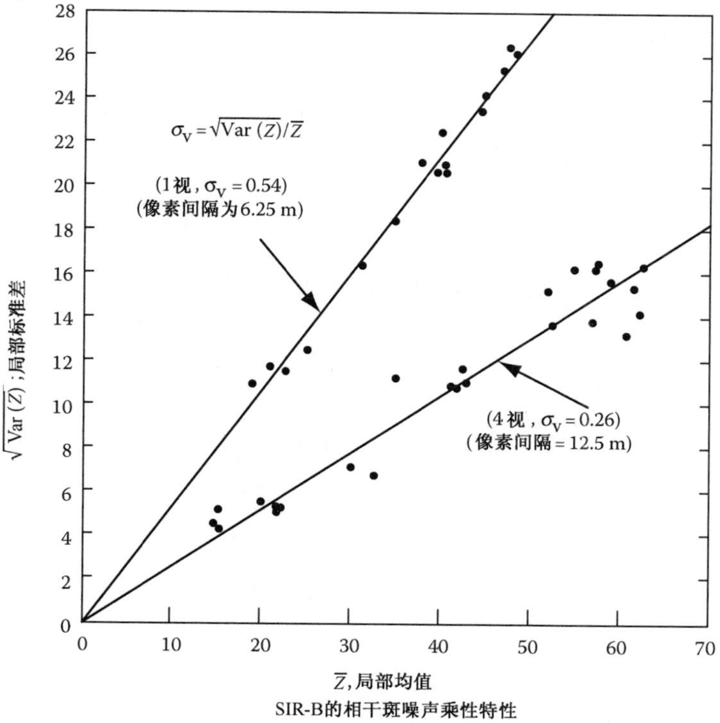

图 4.3　1 视和 4 视 SAR 幅度图像的相干斑统计特征

4.3 纹理模型和 K 分布

瑞利相干斑模型可以较好地描述均匀区域的低分辨率 SAR 图像，然而一般不适用于非均匀区域的高分辨率 SAR 图像。对于后者，适合用 K 分布、对数正态、威布尔(Weibull)等分布模型描述其幅度统计特性，其中 K 分布是基于物理散射过程推导得到的[5]，应用于均匀媒质时可退化为瑞利分布，因而具有显著的优势。对于 1 视 SAR 数据，K 分布可以通过假设分辨单元内散射单元的数目服从负二项式分布得到，也可以利用服从瑞利分布的幅度与服从伽马分布的纹理表征乘积模型得到[6]。由于基于乘积模型便于推导 SAR 强度和幅度图像的 K 分布，因此下面将基于乘积模型进行讨论。本节首先推导多视数据的 K 分布，接着再由其特例得出 1 视数据的 K 分布。

4.3.1 归一化多视强度图像的 K 分布

多视强度图像的 K 分布乘积模型可以表示为

$$\tilde{Y} = gI \tag{4.16}$$

式中 g 是一个表示纹理变化的随机变量，假设其服从伽马分布

$$p_g(g) = \frac{1}{g\Gamma(\alpha)}(\alpha g)^{\alpha-1}\exp(-\alpha g), \quad g \geqslant 0 \tag{4.17}$$

其均值和方差分别为 $E[g]=1$，$E[(g-\bar{g})^2]=1/\alpha$。可以看出参数 α 越大，方差越小，图像区域越均匀。

令归一化多视强度图像为

$$T = \frac{I}{E[I]} = \frac{I}{\sigma^2} \tag{4.18}$$

由式(4.11)可知其概率密度函数为

$$p_T(T) = \frac{N^N T^{N-1}}{(N-1)!}\exp(-NT), \quad T \geqslant 0 \tag{4.19}$$

由式(4.16)和式(4.18)，归一化 K 分布多视强度图像为

$$Y = gT \tag{4.20}$$

利用公式

$$p_Y(Y) = \int_0^{\infty} p_{Y/g}(Y|g)p_g(g)\mathrm{d}g \tag{4.21}$$

和式(4.11)

$$p_{Y/g}(Y|g) = \frac{N^N(Y/g)^{N-1}}{(N-1)!g}\exp(-NY/g), \quad Y \geqslant 0 \tag{4.22}$$

以及恒等式

$$\int_0^{\infty} x^{\nu-1}\exp\left(-\frac{\beta}{x} - \gamma x\right)\mathrm{d}x = 2\left(\frac{\beta}{\gamma}\right)^{\nu/2}K_\nu\left(2\sqrt{\beta\gamma}\right) \tag{4.23}$$

可得归一化多视强度图像 K 分布的概率密度函数为

$$p_Y(Y)=\frac{2(N\alpha)^{(\alpha+N)/2}}{(N-1)!\Gamma(\alpha)}Y^{\frac{1}{2}(\alpha+N)-1}K_{\alpha-N}(2\sqrt{N\alpha Y}),\quad Y\geqslant 0 \tag{4.24}$$

式中 $K_n(\cdot)$ 是第二类修正贝塞尔(Bessel)函数。

4.3.2 归一化多视幅度图像的 K 分布

令归一化 K 分布多视幅度图像为

$$\tilde{A}=\sqrt{Y} \tag{4.25}$$

容易推导得 $\tilde{A}$ 的概率密度函数为

$$p_{\tilde{A}}(\tilde{A})=\frac{4(N\alpha)^{(\alpha+N)/2}}{(N-1)!\Gamma(\alpha)}\tilde{A}^{(\alpha+N)-1}K_{\alpha-N}(2\sqrt{N\alpha}\,\tilde{A}),\quad \tilde{A}\geqslant 0 \tag{4.26}$$

该分布与 Ulaby 等人[6]推导的 K 分布相同。

由式(4.24)可发现，幅度四阶矩(亦即强度二阶矩)可用于计算参数 α

$$<t^4>=\left(1+\frac{1}{\alpha}\right)\left(1+\frac{1}{N}\right) \tag{4.27}$$

图 4.4 给出了 $\alpha=0.5$，1.0，2.0，3.0 时归一化 4 视幅度图像 K 分布的概率密度函数和 4 视瑞利分布概率密度函数。可以看出，参数 α 越大，K 分布越接近瑞利分布。若令 $N=1$，则单视幅度图像 K 分布的概率密度函数为

$$p_{\tilde{A}}(\tilde{A})=\frac{4\alpha^{(\alpha+1)/2}}{\Gamma(\alpha)}\tilde{A}^{\alpha}K_{\alpha-1}(2\sqrt{\alpha}\tilde{A}),\quad \tilde{A}\geqslant 0 \tag{4.28}$$

式(4.28)与 Jakeman 和 Tough[7]于 1987 年所给出的广义 K 分布相同。

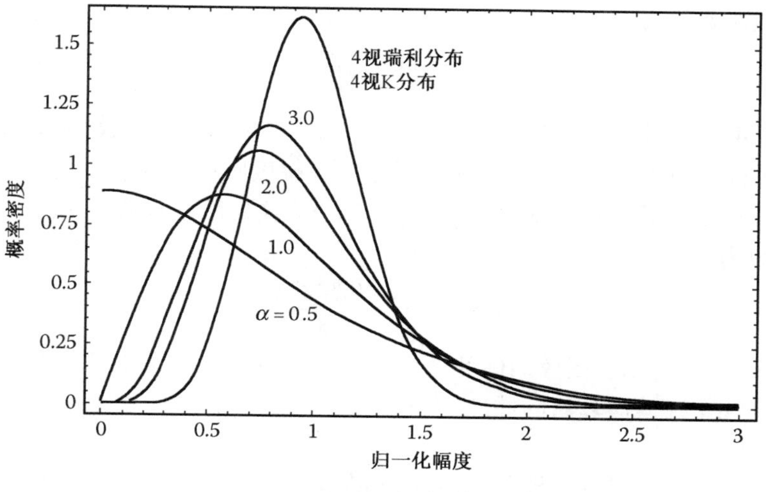

图 4.4　4 视 SAR 幅度图像的 K 分布和瑞利分布

4.4 相干斑的空间相关效应

大多数 SAR 图像存在略微过采样以避免混叠效应并保证距离向和方位向的空间分辨率。对于 N 视强度图像，相干斑的自协方差 $C(\Delta a,\Delta r)$ 是基于天线主瓣内的一个二维 sinc 函数计

算得到的[6]，即

$$C(\Delta a, \Delta r) = \text{sinc}^2(\Delta a/\Delta R_a)\text{sinc}^2(\Delta r/\Delta R_r)/N \tag{4.29}$$

式中 Δa 和 Δr 分别是方位向和距离向的像素间距，ΔR_a 和 ΔR_r 分别是方位向和距离向的分辨率。若像素间距(或采样间隔)大于空间分辨率，则可以忽略邻近像素的相关性。一般地，若像素间距介于 0.5 到 1 个空间分辨单元之间(亦即过采样)，则相邻的两像素之间相关，间隔大于 1 个像素的两像素之间不相关。例如，JPL 处理的 SEASAT SAR 图像中，方位向像素间距是 16 m，距离向像素间距是 18 m。Lee[8]于 1981 年利用 61 ×61 像素窗在均匀区域计算得到方位向相邻两像素的相关系数为 0.20，距离向相邻两像素的相关系数为 0.12，而间隔 1 像素的两像素的相关系数较小，可忽略不计。此后，Ulaby 等人[6]也计算得到类似的结论。当计算多视幅度或强度图像时，像素的空间相关性使标准差增大。例如，一幅像素空间相关的 4 视 SAR 图像的标准差与均值的比值可能接近理论的 3 视标准差与均值比值。有关空间相关 SAR 图像 4 视处理后的相干斑统计特性可参考 April 和 Harvey 的研究[27]。

4.4.1 等效视数

标准差与均值的比值能有效衡量 SAR 图像的相干斑噪声水平。如表 4.1 所示，标准差与均值的比值与视数直接相关，因此视数也能衡量 SAR 图像的相干斑噪声水平。然而，在 4.4 节中提到，当相干斑存在空间相关性时，实际的标准差与均值的比值将大于视数所对应的标准差与均值的比值。为准确衡量 SAR 图像相干斑噪声水平，引入等效视数(Equivalent Number of Looks，ENL)[9]的概念。可以针对 SAR 图像中的大片均匀区域定义相关像素的标准差与均值的比值为

$$\beta = \frac{\sqrt{<(x- <x>)^2>}}{<x>} \tag{4.30}$$

强度图像的等效视数定义为

$$\text{ENL}(I) = \frac{1}{\beta^2} \tag{4.31}$$

例如，对于一幅 4 视 SAR 强度图像，其相关像素的 $\beta = 0.6$，故等效视数为 2.78 视，若像素空间独立，则等效视数为 4 视。上述公式不能用于计算幅度图像的等效视数。例如一幅 4 视幅度图像，$\beta = 0.26$，若利用上式，则有 $\text{ENL}(I) = 14.8$，这显然不正确。为此，定义 SAR 幅度图像的等效视数为

$$\text{ENL}(A) = \left(\frac{0.5227}{\beta}\right)^2 \tag{4.32}$$

式中系数 0.5227 是 1 视幅度图像的标准差与均值的比值(σ_v)。第 5 章中将使用这两个等效视数来评估各类相干斑滤波算法的性能。

4.5 极化和干涉 SAR 相干斑统计特性

对于极化 SAR 和干涉 SAR 数据，除了强度和幅度的统计特性，各个通道(或极化)间相位差和相干性的统计特性也极为重要。对于互易性媒质目标而言，HH、HV 和 VV 极化通道的极化 SAR 数据可视为三个统计相关的相干随机过程。相干斑不仅存在于各个极化通道的强度图像中，也存在于极化通道间的复乘积项中。对于干涉 SAR，通道间的相位差统计特性

是评估地形重建应用中误差大小的重要参数，而相干性的模值则是衡量干涉 SAR 去相干影响的重要指标[14]。

本节介绍一种基于圆高斯假设计算多视极化和干涉 SAR 数据统计特性的解析方法[10]。根据极化协方差矩阵服从复威沙特分布的性质[11]，Lee 等人[12]于 1994 年推导了同极化和交叉极化的多视相位差、幅度比和强度比的概率密度函数。利用特殊函数的多重积分，获得其闭合形式，进而对各个概率密度函数计算以相关系数和视数为变量的均值、标准差等统计量。

基于本节的概率密度函数，可以计算用于地物和土地利用分类的最大似然距离度量（maximum likelihood distance measure）。Lim 等人[13]研究了 1 视数据情况，Lee 等人[16]基于极化协方差矩阵对多视数据情况进行了分析。此外，本节介绍的干涉 SAR 干涉图的统计特性可用于估计去相干效应[14]。

为了进行验证，利用 NASA/JPL AIRSAR 于 Howland 森林和旧金山湾区获取的 1 视和4 视极化数据进行对比实验。1 视数据的相位差、相干性、幅度比、强度乘积的直方图与理论的 1 视概率密度函数一致。然而，4 视数据的直方图与 4 视理论概率密度函数不一致，而与 3 视理论概率密度函数更为一致。产生该问题的原因是 4.4 节所讨论的像素空间相关性。此外还对森林、海洋、停车场、城市街区等不同场景的直方图与理论概率密度函数的一致性进行了分析，发现一致性较好。

4.5.1　复高斯分布与复威沙特分布

由第 3 章可知，对于互易媒质，复散射矢量可以表示为

$$\underline{\boldsymbol{u}} = \begin{bmatrix} S_1 \\ S_2 \\ S_3 \end{bmatrix} \tag{4.33}$$

式中 S_1、S_2 和 S_3 分别表示线性基 S_{HH}、$\sqrt{2}S_{HV}$ 和 S_{VV}，或分别表示泡利基 $S_{HH}+S_{VV}$、$S_{HH}-S_{VV}$ 和 $2S_{HV}$。对于非互易媒质或双站雷达，由于 $S_{HV}\neq S_{VH}$，矢量 $\underline{\boldsymbol{u}}$ 包含 4 个元素。当雷达波束照射一个包含大量散射单元的随机表面时，$\underline{\boldsymbol{u}}$ 服从多变量复高斯分布[11]，即

$$p_{\underline{\boldsymbol{u}}}(\underline{\boldsymbol{u}}) = \frac{1}{\pi^3|\boldsymbol{C}|}\exp\left(-\underline{\boldsymbol{u}}^{*\mathrm{T}}\boldsymbol{C}^{-1}\underline{\boldsymbol{u}}\right) \tag{4.34}$$

式中复协方差矩阵 $\boldsymbol{C}=E[\underline{\boldsymbol{u}}\,\underline{\boldsymbol{u}}^{*\mathrm{T}}]$，上标“$*\mathrm{T}$”表示复共轭转置，$|\boldsymbol{C}|$ 表示 $\boldsymbol{C}$ 的行列式。$\boldsymbol{C}$ 是厄米矩阵，亦即 $\boldsymbol{C}=\boldsymbol{C}^{*\mathrm{T}}$。假设 $\underline{\boldsymbol{u}}$ 中任意两个复元素的实部和虚部服从圆高斯分布[10]。对于 $S_i=x_i+\mathrm{j}y_i(i=1,2,3)$，圆高斯假设要求 x_i 和 y_i 服从联合高斯分布并满足下述条件：

$$\begin{aligned} E[x_i] &= E[y_i] = 0 \\ E[x_i y_i] &= 0 \\ E[x_i x_k] &= E[y_i y_k] \\ E[y_i x_k] &= -E[x_i y_k] \end{aligned} \tag{4.35}$$

已通过实验验证了圆高斯假设对于极化 SAR 数据的有效性[15]。

极化 SAR 多视处理是通过对若干独立的 1 视协方差矩阵进行平均实现的。n 视处理后的协方差矩阵为

$$\boldsymbol{Z} = \frac{1}{n}\sum_{k=1}^{n}\underline{\boldsymbol{u}}(k)\underline{\boldsymbol{u}}(k)^{*\mathrm{T}} \tag{4.36}$$

式中，n 表示视数，矢量 $\underline{\boldsymbol{u}}(k)$ 表示第 k 个 1 视数据样本。

令矩阵 $\boldsymbol{A}=n\boldsymbol{Z}$，则 $\boldsymbol{A}$ 服从复威沙特分布[3]

$$p_A^{(n)}(\boldsymbol{A})=\frac{|\boldsymbol{A}|^{n-q}\exp\left[-\mathrm{Tr}(\boldsymbol{C}^{-1}\boldsymbol{A})\right]}{K(n,q)|\boldsymbol{C}|^n} \tag{4.37}$$

式中$\mathrm{Tr}(\boldsymbol{C}^{-1}\boldsymbol{A})$表示 $\boldsymbol{C}^{-1}\boldsymbol{A}$ 的迹，

$$K(n,q)=\pi^{\frac{1}{2}q(q-1)}\Gamma(n)\ldots\Gamma(n-q+1) \tag{4.38}$$

q 表示矢量 $\underline{\boldsymbol{u}}$ 的维数，$\Gamma(\cdot)$为伽马函数。对于互易媒质的单站极化 SAR 数据，$q=3$；对于双站 SAR 数据，$q=4$；对于极化干涉 SAR 数据，$q=6$。该分布的随机变量是 $\boldsymbol{A}$ 的对角线元素和对角线上方元素的实部和虚部，共 q^2 个独立变量。由式(4.37)和 $\boldsymbol{A}=n\boldsymbol{Z}$，易得多视协方差矩阵 $\boldsymbol{Z}$ 的分布为

$$p_Z^{(n)}(\boldsymbol{Z})=\frac{n^{qn}|\boldsymbol{Z}|^{n-q}\exp\left[-n\mathrm{Tr}(\boldsymbol{C}^{-1}\boldsymbol{Z})\right]}{K(n,q)|\boldsymbol{C}|^n} \tag{4.39}$$

$\boldsymbol{A}$ 的域由 $\boldsymbol{Z}$ 的正定性限定。

对于 $q=1$，可得与式(4.11)相同的一维多视 SAR 强度分布：

$$p_{Z_{11}}^{(n)}(\boldsymbol{Z}_{11})=\frac{n^n\boldsymbol{Z}_{11}^{n-1}\exp\left[-n\boldsymbol{Z}_{11}/\boldsymbol{C}_{11}\right]}{\Gamma(n)\boldsymbol{C}_{11}^n} \tag{4.40}$$

式中，$\boldsymbol{Z}_{11}$ 为 n 视 SAR 图像强度，$\boldsymbol{C}_{11}=E[\boldsymbol{Z}_{11}]=\sigma^2$。

4.6 节至 4.9 节将分别介绍多视数据的相位差、复乘积模值、幅度比与强度比等参量的概率密度函数。这些概率密度函数有助于分析极化雷达数据或评估干涉测量的相位误差。尽管用式(4.37)与式(4.39)都可推导概率密度函数，但后者在符号表示上略微复杂，因此后面将采用式(4.37)进行讨论。

4.5.2 极化 SAR 数据的蒙特卡罗仿真

在大多数算法设计与应用中，需要仿真出给定协方差矩阵或相干矩阵的极化 SAR 数据。由 4.1 节可知，SAR 数据的实部和虚部服从均值为 0、方差为 $\sigma^2/2$ 的高斯分布，因此单极化 SAR 强度或幅度数据的仿真较易实现。对于全极化 SAR 数据，由于三个极化相关，仿真过程较为复杂。对于给定的协方差矩阵 $\boldsymbol{C}=E[\underline{\boldsymbol{u}}\,\underline{\boldsymbol{u}}^{*\mathrm{T}}]$，首先需要仿真若干组单视极化 SAR 数据 $\underline{\boldsymbol{u}}$，然后对这些数据进行平均处理，生成多视数据。Lee 等人[16]提出的仿真方法步骤如下。

1. 由给定的协方差矩阵 $\boldsymbol{C}$，计算矩阵 $\boldsymbol{C}^{1/2}$，式中

$$\boldsymbol{C}^{1/2}(\boldsymbol{C}^{1/2})^{*\mathrm{T}}=\boldsymbol{C} \tag{4.41}$$

2. 仿真一个复随机矢量 $\underline{\boldsymbol{v}}$，它服从复正态分布，均值为 0，协方差矩阵为单位阵 $\boldsymbol{I}$。具体过程是：首先独立地仿真均值为 0、方差为 0.5 的正态分布随机变量，作为 $\underline{\boldsymbol{v}}$ 的各个元素的实部和虚部，然后合成 $\underline{\boldsymbol{v}}$。
3. 生成单视复散射矢量

$$\underline{\boldsymbol{u}}=\boldsymbol{C}^{1/2}\underline{\boldsymbol{v}} \tag{4.42}$$

4. 计算 n 视协方差矩阵

$$\boldsymbol{C}_n=\frac{1}{n}\sum_{1}^{n}\underline{\boldsymbol{u}\boldsymbol{u}}^{*\mathrm{T}} \tag{4.43}$$

4.5.3　仿真方法验证

上述仿真方法较易进行验证：由于

$$E\left[\underline{\boldsymbol{u}}\underline{\boldsymbol{u}}^{\mathrm{T}*}\right]=\boldsymbol{C}^{1/2}E\left[\underline{\boldsymbol{v}}\underline{\boldsymbol{v}}^{\mathrm{T}*}\right]\left(\boldsymbol{C}^{1/2}\right)^{\mathrm{T}*}=\boldsymbol{C} \tag{4.44}$$

利用酉变换 $\boldsymbol{Z}$ 可以对角化协方差矩阵 $\boldsymbol{C}$，

$$\boldsymbol{Z}^{*\mathrm{T}}\boldsymbol{C}\boldsymbol{Z}=\boldsymbol{\Lambda} \tag{4.45}$$

式中对角阵 $\boldsymbol{\Lambda}$ 由 $\boldsymbol{C}$ 的特征值构成。将 $\boldsymbol{\Lambda}$ 的对角线元素开方后，可得矩阵 $\boldsymbol{\Lambda}^{1/2}$ 和 $\boldsymbol{C}^{1/2}$

$$\boldsymbol{C}^{1/2}=\boldsymbol{Z}\boldsymbol{\Lambda}^{1/2} \tag{4.46}$$

该方法还可用于仿真 2×2 双极化 SAR 数据、6×6 极化干涉或更多维数的 SAR 数据。

需要注意的是，Novak 和 Burl[28]基于 4.11 节将讨论的纹理乘积模型和反射对称假设(见第 3 章)提出了一种杂波仿真方法。虽然反射对称的假设可简化矩阵特征值和特征矢量的计算，但在实际应用中该假设过于苛刻。本节介绍的数据仿真方法不受上述假设的限制。该仿真方法未考虑纹理效应，但很容易把该效应加进来。

4.5.4　复相关系数

复相关系数，也称为相干性，是影响相位差等概率分布的重要参数。复相关系数的定义为

$$\rho_{\mathrm{c}}=\frac{E\left[S_iS_j^*\right]}{\sqrt{E\left[|S_i|^2\right]E\left[|S_j|^2\right]}}=|\rho_{\mathrm{c}}|\mathrm{e}^{i\theta} \tag{4.47}$$

式中 S_i 和 S_j 表示极化散射矩阵中任意两个元素或干涉 SAR 的两个通道数据。对于多视极化 SAR 数据，ρ_{c} 是由均匀区域邻近像素的协方差矩阵平均得到的。从理论上讲，ρ_{c} 的模也可以利用两组多视强度数据 Z_{ii} 和 Z_{jj} 计算得到，强度的相关系数定义为

$$\rho_{\mathrm{I}}=\frac{E\left[(Z_{ii}-\overline{Z}_{ii})(Z_{jj}-\overline{Z}_{jj})\right]}{\sqrt{E\left[(Z_{ii}-\overline{Z}_{ii})^2\right]E\left[(Z_{jj}-\overline{Z}_{jj})^2\right]}} \tag{4.48}$$

在附录 4. A 中证明得

$$\rho_{\mathrm{I}}=|\rho_{\mathrm{c}}|^2 \tag{4.49}$$

然而在实际应用中，相关系数并不能通过 SAR 数据的简单平均处理得到。这是由于邻近像素可能不属于同一块均匀区域，像素间的相位差变化可能导致通过强度[见式(4.48)]估计的 $|\rho_{\mathrm{c}}|$ 出现较大偏差。此外，对于干涉应用，在空间平均或干涉噪声滤波处理之前，应先去除平地相位和地形相位影响。

相关系数的模值随散射媒质类型的不同而变化。通过对 AIRSAR 获取于旧金山湾区和 Howland 森林的两组极化数据的分析发现：在海洋区域，HH 和 VV 极化通道的数据相关系数高达 0.9；在森林区域，相关系数仅为 0.5；在城市街区和停车场，由于其非均匀性，相关系数分别约为 0.3 和 0.25。

4.6 单视和多视极化 SAR 数据的相位差分布

本节讨论极化 SAR 数据任意两个极化通道间相位差的概率密度函数，也适用于描述干涉应用中干涉相位的统计分布。1 视相位差的定义为

$$\psi_1 = \mathrm{Arg}(S_i S_j^*) \tag{4.50}$$

多视相位差的定义为

$$\psi_n = \mathrm{Arg}\left(\frac{1}{n}\sum_{k=1}^{n} S_i(k)S_j^*(k)\right) \tag{4.51}$$

式中 ψ_n 表示协方差矩阵 $\mathbf{Z}$ 中非对角线元素的相位。需要注意的是，由于 2π 相位缠绕，不能通过 1 视相位差（ψ_1）的平均来计算多视相位差，而应通过共轭乘积的平均值来计算。为便于表示，后面将略去多视相位 ψ_n 的下标“n”。

由于待推导的所有概率密度函数仅涉及两种极化，因此对下面基于矩阵 $\boldsymbol{A}$ 的分布[见式(4.37)]进行分析。当 $q=2$ 时，有

$$\boldsymbol{A} = \begin{bmatrix} A_{11} & \alpha e^{i\psi} \\ \alpha e^{-i\psi} & A_{22} \end{bmatrix} \tag{4.52}$$

$$\boldsymbol{C} = E\left[\underline{\boldsymbol{u}}\underline{\boldsymbol{u}}^+\right] = \begin{bmatrix} C_{11} & \sqrt{C_{11}C_{22}}|\rho_c|e^{i\theta} \\ \sqrt{C_{11}C_{22}}|\rho_c|e^{-i\theta} & C_{22} \end{bmatrix} \tag{4.53}$$

式(4.52)中非对角线元素 $\alpha e^{i\psi} = A_{12R} + iA_{12I}$，式(4.53)中 $C_{ii} = E[|S_i|^2]$。为方便起见，归一化 A_{11}、A_{22} 和 α 的强度：

$$B_1 = \frac{A_{11}}{C_{11}}, \quad B_2 = \frac{A_{22}}{C_{22}}, \quad \eta = \frac{\alpha}{\sqrt{C_{11}C_{22}}} \tag{4.54}$$

通过将变量从（$A_{11}, A_{22}, A_{12R}, A_{12I}$）变到（$B_1, B_2, \eta, \psi$），式(4.37)变为

$$p(B_1, B_2, \eta, \psi) = \frac{(B_1B_2 - \eta^2)^{n-2}\eta}{\pi\left(1-|\rho_c|^2\right)^n \Gamma(n)\Gamma(n-1)} \times \exp\left(-\frac{B_1 + B_2 - 2\eta|\rho_c|\cos(\psi-\theta)}{\left(1-|\rho_c|^2\right)}\right) \tag{4.55}$$

式(4.55)并不是 C_{11} 和 C_{22} 的函数，而是复相关系数 ρ_c 的函数。将该式对 B_1、B_2 和 η 积分，可得相位差 ψ 的概率密度函数。因为相关系数模值小于等于 1，积分域由不等式 $B_1B_2 - \eta^2 \geqslant 0$ 确定。由于包含特殊函数的积分，推导过程较为复杂，为了叙述重点的连续性，将推导过程放在附录 4.B。最终推导得到的多视相位差的概率密度函数为[12, 17]

$$p_\psi^{(n)}(\psi) = \frac{\Gamma(n+1/2)\left(1-|\rho_c|^2\right)^n\beta}{2\sqrt{\pi}\,\Gamma(n)(1-\beta^2)^{n+\frac{1}{2}}} + \frac{\left(1-|\rho_c|^2\right)^n}{2\pi}\,{}_2F_1(n, 1; 1/2; \beta^2), \quad -\pi < \psi \leqslant \pi \tag{4.56}$$

式中，

$$\beta = |\rho_c|\cos(\psi - \theta) \tag{4.57}$$

${}_2F_1(n, 1; 1/2; \beta^2)$ 为高斯超几何函数。

当视数 n 较小时，超几何函数可以用代数和三角函数替代。例如 1 视（$n=1$）时，超几何函数可用下式替代[25]：

$${}_2F_1(1,1;1/2;z) = (1-z)\left[1 + \frac{\sqrt{z}\arcsin\sqrt{z}}{\sqrt{1-z}}\right] \tag{4.58}$$

利用式(4.58)，可得 1 视相位差的概率密度函数为

$$p_\psi^{(1)}(\psi) = \frac{\left(1-|\rho_c|^2\right)\left[(1-\beta^2)^{1/2} + \beta(\pi - \arccos\beta)\right]}{2\pi(1-\beta^2)^{3/2}} \tag{4.59}$$

该 1 视相位差概率密度函数表达式与 Middleton[18] 于 1960 年推导的结果相同。Kong 等人[19] 于 1987 年、Sarabandi[15] 于 1992 年也推导得到相同的结果。类似地，为了使用方便，2～4 视的相位差概率密度函数也可用代数和三角函数表示。2 视相位差概率密度函数为

$$p_\psi^{(2)}(\psi) = \frac{3}{8}\frac{\left(1-|\rho_c|^2\right)^2\beta}{(1-\beta^2)^{5/2}} + \frac{\left(1-|\rho_c|^2\right)^2}{4\pi\left(1-\beta^2\right)^2}\left[2 + \beta^2 + \frac{3\beta}{\left(1-\beta^2\right)^{1/2}}\arcsin(\beta)\right] \tag{4.60}$$

3 视相位差概率密度函数为

$$\begin{aligned} p_\psi^{(3)}(\psi) = {} & \frac{15}{32}\frac{\left(1-|\rho_c|^2\right)^3\beta}{\left(1-\beta^2\right)^{7/2}} + \frac{\left(1-|\rho_c|^2\right)^3\left(1-\beta^2\right)^{-3}}{16\pi} \times \\ & \left[8 + 9\beta^2 - 2\beta^4 + \frac{15\beta}{\left(1-\beta^2\right)^{1/2}}\arcsin(\beta)\right] \end{aligned} \tag{4.61}$$

4 视相位差概率密度函数为

$$\begin{aligned} p_\psi^{(4)}(\psi) = {} & \frac{35\left(1-|\rho_c|^2\right)^4\beta}{64\left(1-\beta^2\right)^{9/2}} + \frac{\left(1-|\rho_c|^2\right)^4}{96\pi\left(1-\beta^2\right)^4} \times \\ & \left[48 + 87\beta^2 - 38\beta^4 + 8\beta^6 + \frac{105\beta}{\left(1-\beta^2\right)^{1/2}}\arcsin(\beta)\right] \end{aligned} \tag{4.62}$$

由式(4.56)可知，多视相位差的概率密度函数仅与视数和复相关系数有关。概率密度函数的峰值位于 $\psi=\theta$ 处。图 4.5 给出了 $|\rho_c|=0.7$，$\theta=0$，视数分别为 1、2、4 和 8 的概率密度函数。可以看出，多视处理后相位差的分布更集中，相位精度提高。当 $|\rho_c|=0$ 时，相位差均匀分布于 $-\pi$ 和 π 之间；当 $|\rho_c|=1$ 时，相位差概率密度函数成为一个狄拉克 delta 函数，亦即相位差是确定的。Lee 等人[12]最先给出了图 4.6 所示的相位标准差随 $|\rho_c|$ 的变化规律，验证了 Zebker 和 Villasenor[14] 基于干涉雷达数据计算出的类似但准确性略低的相位标准差随 $|\rho_c|$ 的变化图。如图 4.6 所示，多视处理可有效地降低相位误差，尤其当视数 $n=16$ 和 32 时，相位误差明显减小。图 4.6 也常用于干涉 SAR 地形高度估计应用中的误差分析。

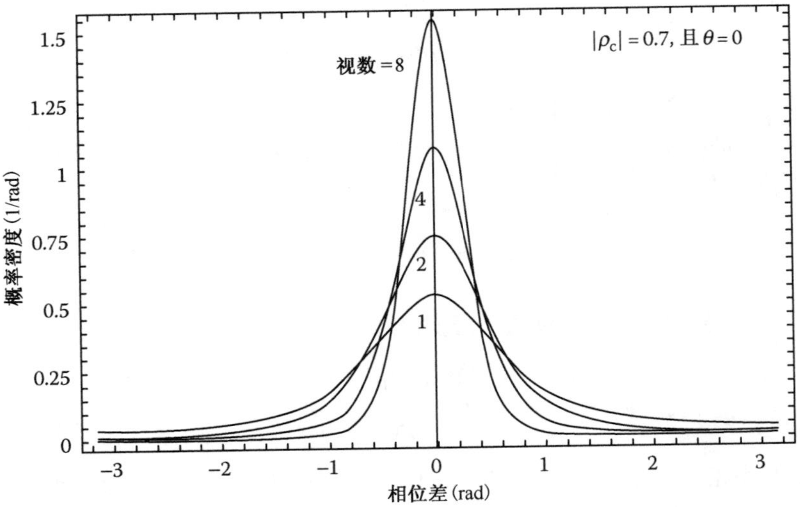

图 4.5 多视相位差的概率密度函数($|\rho_c|=0.7$, $\theta=0$)

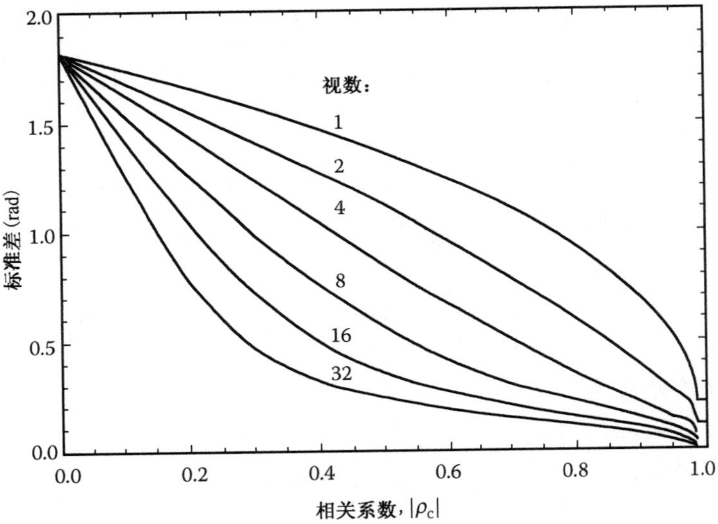

图 4.6 多视相位差的标准差与 $|\rho_c|$ 的关系

4.6.1 相位差分布的另一形式

将 $p(B_1,B_2,\eta,\psi)$ 依次对 B_2、B_1 和 η 积分，可以得到一个式(4.56)的简化分布函数。推导过程不再赘述，得到的相位差概率密度函数为

$$p(\psi)=\frac{(1-r^2)^n}{(1-\beta)^{2n}}\frac{2^{2(n-1)}}{\pi(n+1/2)}{}_2F_1\left(2n,n-\frac{1}{2};n+\frac{3}{2};-\frac{(1+\beta)}{(1-\beta)}\right) \tag{4.63}$$

数学推导已证明该分布与式(4.56)等价，同时数值验证也已表明了其正确性。等价性的证明留作读者练习。

4.7　多视乘积分布

S_i 和 S_j^* 乘积的模值是极化 SAR 应用的一个重要参数，同时它也描绘了干涉 SAR 的干涉条纹图幅度。为使其成为相干性的估计，将其除以幅度期望的乘积。这里，将归一化模值定义为

$$\xi=\frac{\frac{1}{n}\left|\sum_{k=1}^{n}S_1(k)S_2^*(k)\right|}{\sqrt{E\left[|S_1|^2\right]E\left[|S_2|^2\right]}}=\frac{g}{h} \tag{4.64}$$

ξ 可以看成干涉相干性的一个估计。将式(4.55)对 B_1、B_2 和 ψ 积分，可得 ξ 的概率密度函数为[12]

$$p(\xi)=\frac{4n^{n+1}\xi^n}{\Gamma(n)\left(1-|\rho_c|^2\right)}I_0\left(\frac{2|\rho_c|n\xi}{1-|\rho_c|^2}\right)K_{n-1}\left(\frac{2n\xi}{1-|\rho_c|^2}\right) \tag{4.65}$$

式中 $I_0(\cdot)$ 和 $K_n(\cdot)$ 为修正贝塞尔函数。利用式(4.64)，由式(4.65)易得 g 的概率密度函数为

$$p(g)=\frac{4n^{n+1}g^n}{\Gamma(n)\left(1-|\rho_c|^2\right)h^{n+1}}I_0\left(\frac{2|\rho_c|ng/h}{1-|\rho_c|^2}\right)K_{n-1}\left(\frac{2ng/h}{1-|\rho_c|^2}\right) \tag{4.66}$$

图 4.7 给出了不同视数时 ξ 的均值随相关系数 $|\rho_c|$ 的变化规律。图中对角直线表示当 $n\to\infty$ 时，ξ 为相干性(相关系数)的无偏估计。ξ 往往过高地估计真实相干性，尤其是当视数 n 和 $|\rho_c|$ 较小时。当相关系数 $|\rho_c|$ 大于 0.9 时，估计偏差较小。图 4.8 给出了 ξ 的标准差随相关系数 $|\rho_c|$ 的变化规律，可以看出多视处理降低了标准差。然而，与相位差的分布特性(见图 4.6)不同，ξ 的标准差随着相关系数的增大而增大。该现象可由施瓦茨(Schwartz)不等式进行解释[20]。

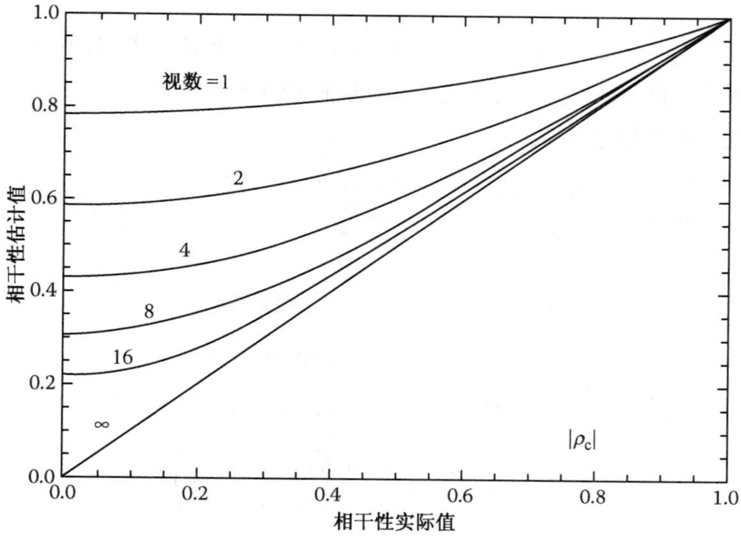

图 4.7　多视归一化共轭乘积幅度的均值与 $|\rho_c|$ 的关系，它是相干性的估计，是视数的函数

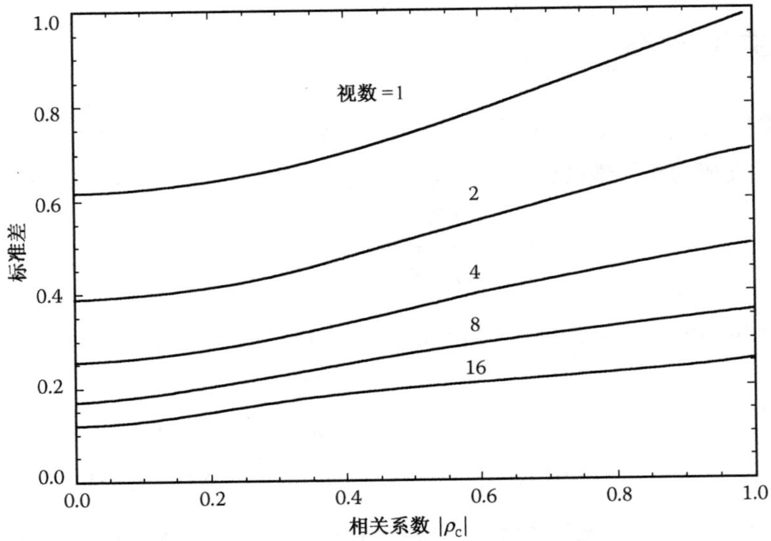

图 4.8　多视归一化共轭乘积幅度的标准差与 $|\rho_c|$ 的关系

4.8　多视强度联合分布

极化或干涉 SAR 两个相关通道的联合概率密度函数十分重要，尤其是对于双极化数据的分析，例如 NASA/JPL AIRSAR 快视处理器[21]数据和 ENVISAT ASAR 数据。此外，基于联合概率密度函数还可以进一步推导出强度比值和幅度比值的概率密度函数。由式(4.54)，令多视强度为

$$R_1 = \frac{1}{n}\sum_{k=1}^{n}|S_1(k)|^2 = \frac{B_1 C_{11}}{n},\quad R_2 = \frac{1}{n}\sum_{k=1}^{n}|S_2(k)|^2 = \frac{B_2 C_{22}}{n} \tag{4.67}$$

式中 $C_{ii} = E[|S_i|^2]$。为简单起见，首先推导 B_1 和 B_2 的联合概率密度函数，它可通过式(4.55)对 η 和 ψ 进行积分得到，详细过程参见附录 4.C。

B_1 和 B_2 的联合概率密度函数为

$$p(B_1,B_2) = \frac{(B_1 B_2)^{(n-1)/2}\exp\left(-\frac{B_1+B_2}{1-|\rho_c|^2}\right)}{\Gamma(n)\left(1-|\rho_c|^2\right)|\rho_c|^{n-1}} I_{n-1}\left(2\sqrt{B_1 B_2}\frac{|\rho_c|}{1-|\rho_c|^2}\right) \tag{4.68}$$

接着将式(4.67)代入，则可得 R_1 和 R_2 的联合概率密度函数为

$$p(R_1,R_2) = \frac{n^{n+1}(R_1 R_2)^{(n-1)/2}\exp\left[-\frac{n(R_1/C_{11}+R_2/C_{22})}{1-|\rho_c|^2}\right]}{(C_{11}C_{22})^{(n+1)/2}\Gamma(n)\left(1-|\rho_c|^2\right)|\rho_c|^{n-1}} \times I_{n-1}\left(2n\sqrt{\frac{R_1 R_2}{(C_{11}C_{22})}}\frac{|\rho_c|}{1-|\rho_c|^2}\right) \tag{4.69}$$

一些星载 SAR 系统，例如 ENVISAT ASAR 和 ALOS PALSAR，都具有双极化数据获取模式。该概率密度函数可用在基于最大似然原理的双极化数据土地利用和地物分类应用中，具体的方法参见第 8 章。

4.9 多视强度比和幅度比分布

S_{hh} 和 S_{vv} 之间的强度比和幅度比是极化雷达数据分析中的重要参数。Kong 等人[19]推导了 1 视幅度比概率密度函数。Lee 等人[12]推导了多视强度比和幅度比的归一化概率密度函数，下面将对其进行讨论。详细推导过程见附录 4. D。令 S_1 和 S_2 的归一化强度比为

$$\mu=\frac{B_1}{B_2}=\frac{\sum_{k=1}^{n}|S_1(k)|^2/C_{11}}{\sum_{k=1}^{n}|S_2(k)|^2/C_{22}}=\frac{\sum_{k=1}^{n}|S_1(k)|^2}{\tau\sum_{k=1}^{n}|S_2(k)|^2} \tag{4.70}$$

式中 $\tau=C_{11}/C_{22}$。多视归一化强度比 μ 的概率密度函数为

$$p^{(n)}(\mu)=\frac{\Gamma(2n)\left(1-|\rho_c|^2\right)^n(1+\mu)\mu^{n-1}}{\Gamma(n)\Gamma(n)\left[(1+\mu)^2-4|\rho_c|^2\mu\right]^{(2n+1)/2}} \tag{4.71}$$

令 $v=\sqrt{\mu}$，由式(4.71)可得多视归一化幅度比 v 的概率密度函数为

$$p^{(n)}(v)=\frac{2\Gamma(2n)\left(1-|\rho_c|^2\right)^n(1+v^2)v^{2n-1}}{\Gamma(n)\Gamma(n)\left[(1+v^2)^2-4|\rho_c|^2v^2\right]^{(2n+1)/2}} \tag{4.72}$$

S_1 和 S_2 的多视强度比和幅度比概率密度函数可由式(4.71)和式(4.72)得到。由式(4.70)，令

$$w=\frac{\sum_{k=1}^{n}|S_1(k)|^2}{\sum_{k=1}^{n}|S_2(k)|^2}=\tau\mu,\qquad z=\sqrt{w}=\sqrt{\tau}\,v \tag{4.73}$$

则多视强度比 w 的概率密度函数为

$$p^{(n)}(w)=\frac{\tau^n\Gamma(2n)\left(1-|\rho_c|^2\right)^n(\tau+w)w^{n-1}}{\Gamma(n)\Gamma(n)\left[(\tau+w)^2-4\tau|\rho_c|^2w\right]^{(2n+1)/2}} \tag{4.74}$$

多视幅度比 z 的概率密度函数为

$$p^{(n)}(z)=\frac{2\tau^n\Gamma(2n)\left(1-|\rho_c|^2\right)^n(\tau+z^2)z^{2n-1}}{\Gamma(n)\Gamma(n)\left[(\tau+z^2)^2-4\tau|\rho_c|^2z^2\right]^{(2n+1)/2}} \tag{4.75}$$

当 $n=1$ 时，式(4.75)变为 1 视幅度比概率密度函数，与 Kong 等人[19]的结果相同。

下面对归一化幅度比 v 的统计特性进行分析。图 4.9 所示为 $|\rho_c|=0.5$ 的不同视数时的概率密度函数。可以看出，随着视数增大，分布范围变窄，整体分布集中于 $v=1.0$ 处。换句话说，多视处理降低了统计方差。图 4.10 是不同视数时，v 的标准差随相关系数的变化规律。再次可以看出，标准差随着相关系数或视数的增大而降低。

4.10 多视概率密度函数的实验验证

本节利用 NASA/JPL AIRSAR 于 Howland 森林和旧金山湾区获取的极化数据来验证相位差、归一化乘积和归一化幅度比的概率密度函数。验证过程包括均匀区域的选取、直方图的计算及相应概率密度函数的比较。分别选取森林、海洋、停车场和城市街区的均匀区域，计算复相关系数(亦即 $|\rho_c|$ 和 θ)和直方图。

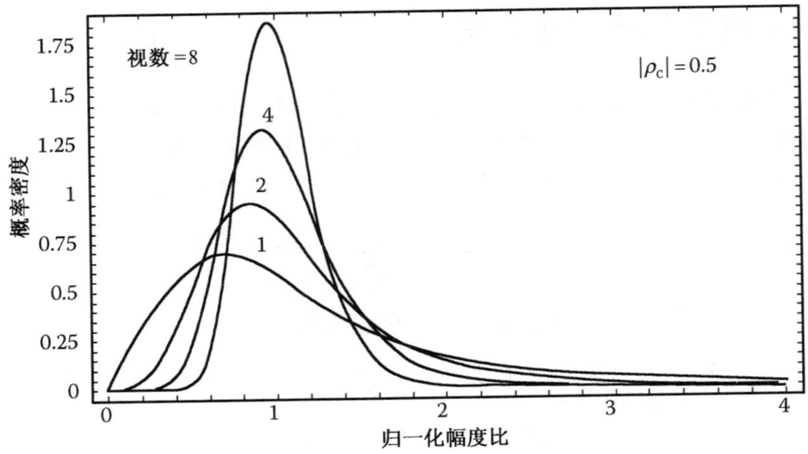

图 4.9　多视归一化幅度比的概率密度函数($|\rho_c|=0.5$)。分布随着视数增大而变窄，中心位于 1.0 处

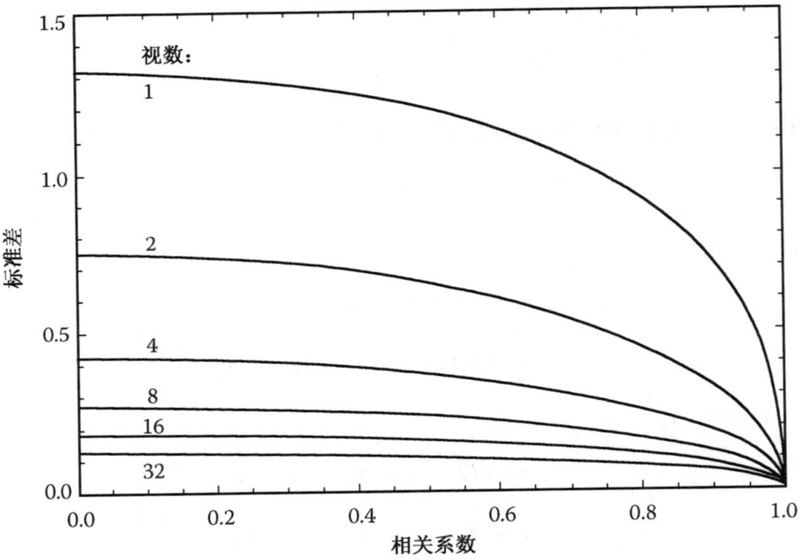

图 4.10　多视归一化幅度比的标准差与$|\rho_c|$的关系。标准差随着相关系数或视数的增大而减小

首先利用 Howland 森林 C 波段 1 视数据进行了实验，其 HH 和 VV 通道间的相关系数$|\rho_c|=0.491$。图 4.11(a)给出了 HH 和 VV 相位差的直方图(菱形符号)和理论概率密度函数(实线)，可以看出两者十分一致，概率密度函数的峰值位于 85°附近。图 4.11(b)和图 4.11(c)分别给出了归一化乘积|HH * VV|和归一化幅度比|HH|/|VV|的直方图和理论概率密度函数。可以看出实验结果与理论值也十分一致。此外也利用 Howland 森林 L 波段数据进行了实验，结果类似。然而，仔细观察图 4.11(b)的峰值区域，会发现实验值与理论值有细微偏差，这主要是由所选择的森林区域具有非均匀性且不满足模型假设条件引起的[22]。考虑纹理变化的 K 分布模型可提高一致性，详见 4.11 节。

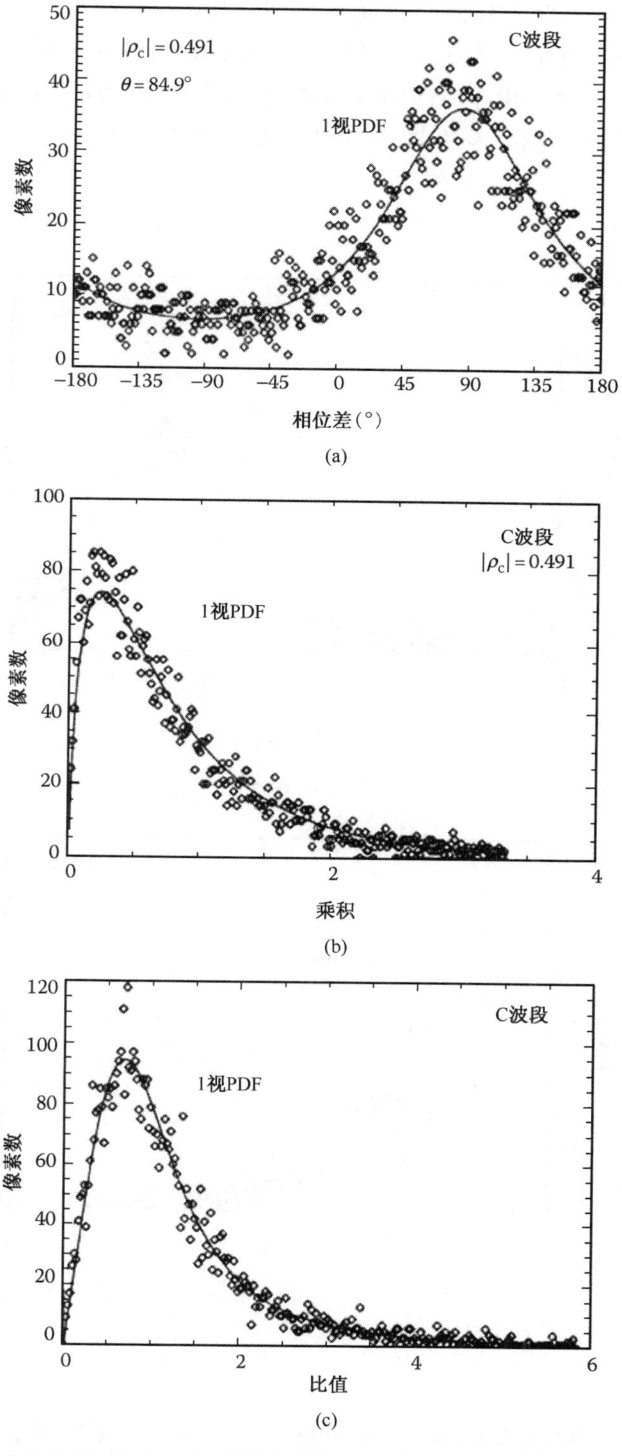

图 4.11　AIRSAR Howland 森林(HR1804C)的 1 视数据实验结果($|\rho_c|=0.491$, $\theta=84.9°$)。(a) HH 和 VV 相位差的直方图和1视理论概率密度函数,一致性较好;(b) HH和VV归一化乘积的直方图和1视理论概率密度函数,一致性较好;(c) HH和VV归一化幅度比的直方图和1视理论概率密度函数,一致性较好

接着，利用 Howland 森林 C 波段 4 视数据（CM1084）进行实验。三种概率密度函数的实验值与理论值都存在着较大偏差。图 4.12 所示的理论分布相对于真实数据的直方图在峰值区更为集中。这是由于 AIRSAR 数据为保持分辨率而过采样，造成了在多视处理中平均了空间相关的数据，最终导致其处理后的视数小于 4。4.4 节中已讨论过这问题。

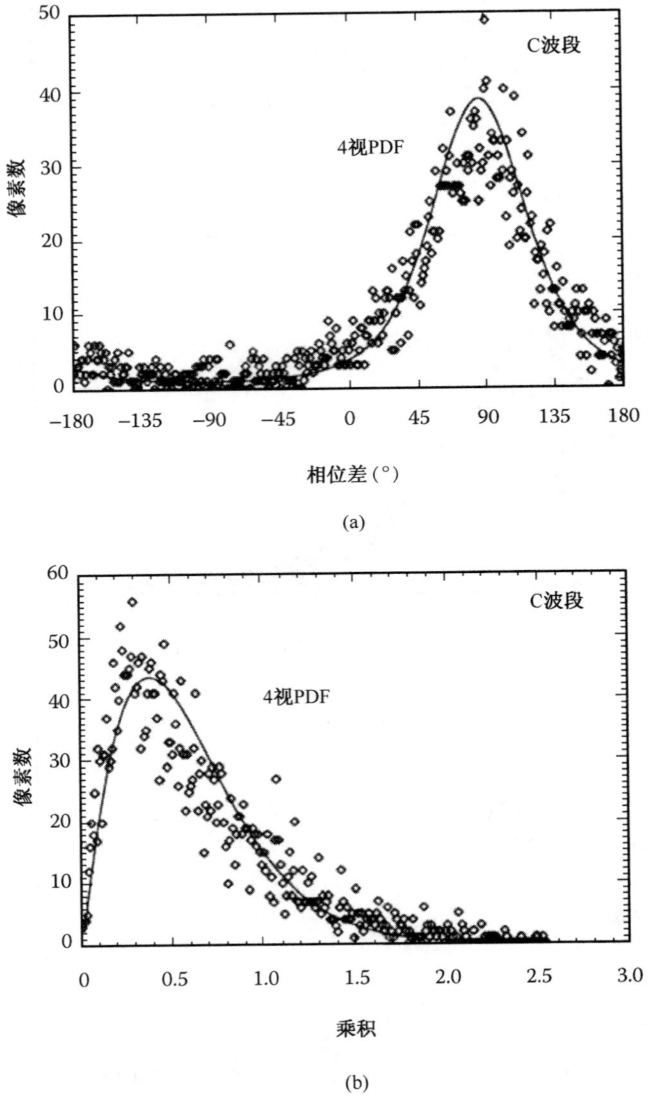

图 4.12 AIRSAR Howland 森林（CM1804C）的 4 视数据实验结果（$|\rho_c|=0.491$，$\theta=84.9°$）。（a）HH和VV相位差的直方图和4视理论概率密度函数；（b）HH和VV归一化乘积的直方图和4视理论概率密度函数

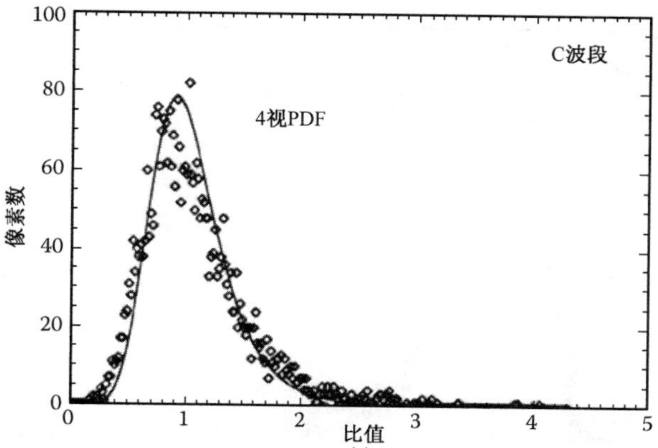

(c)

图 4.12(续)　AIRSAR Howland 森林(CM1804C)的 4 视数据实验结果($|\rho_c|=0.491$, $\theta=84.9°$)。(c) VHH 和 VV 归一化幅度比的直方图和4 视理论概率密度函数。实验值与理论值都存在较大的偏差，这是由多视处理时平均了相关的1视像素造成的

相比较而言，3 视的理论概率密度函数与实际 4 视数据的统计直方图(见图 4.13)更为一致。这就证实了空间相关数据平均处理的解释是正确的。

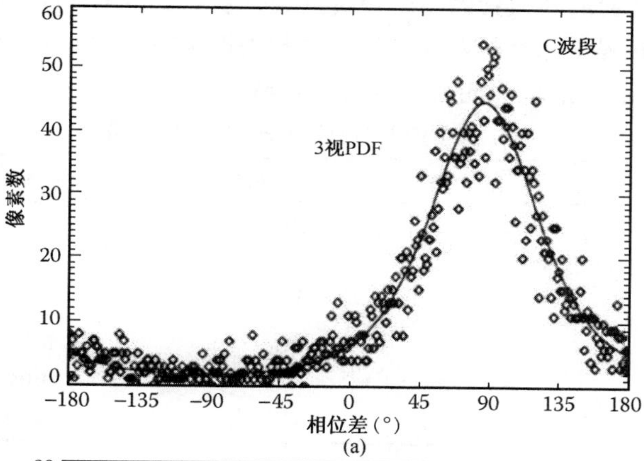

(a)

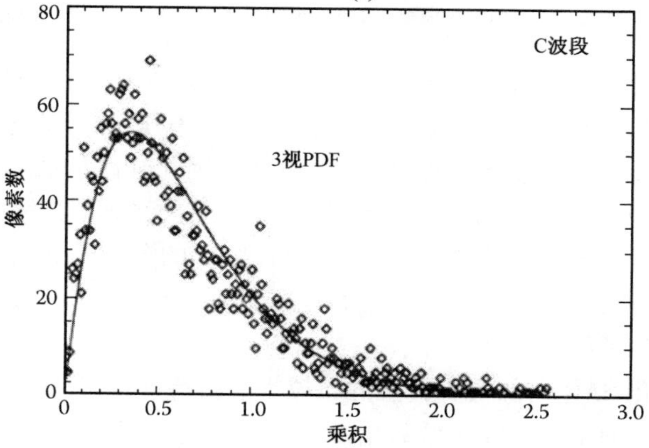

(b)

图 4.13　图 4.12 所示的直方图及相应的 3 视理论概率密度函数，两者较为一致。(a) HH 和 VV 相位差的直方图和3视理论概率密度函数；(b) HH和VV归一化乘积的直方图和3视理论概率密度函数

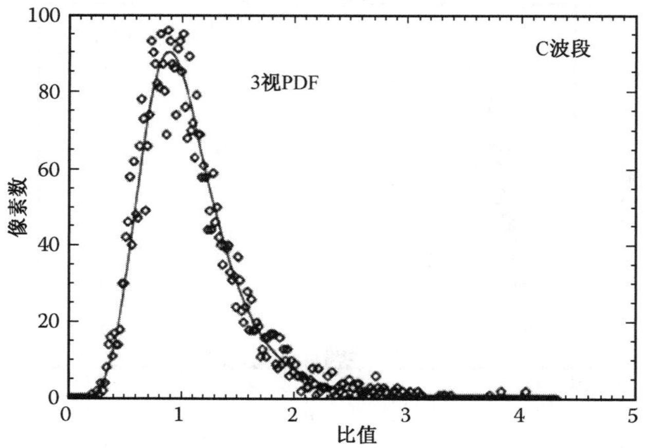

(c)

图 4.13(续) 图 4.12 所示的直方图及相应的 3 视理论概率密度函数，两者较为一致。(c) HH 和 VV 归一化幅度比的直方图和 3 视理论概率密度函数

为了说明空间相关的影响，分别计算了三种极化(HH，VV，HV)1 视数据的方位向直接相邻两像素和相隔 1 像素的两像素的空间相关性，如表 4.2 所示，直接相邻两像素的空间相关性模值约为 0.52，相隔 1 像素的两像素的空间相关性模值约为0.05，前者远高于后者。

表 4.2 相邻两像素的空间相关系数远大于间隔 1 像素的两像素的空间相关系数

	极化	空间相关系数
相邻两像素	HH	0.524
	HV	0.513
	VV	0.513
间隔 1 像素的两像素	HH	0.0592
	HV	0.0473
	VV	0.0462

注：数据采用 NASA/JPL AIRSAR 获取于 Howland 森林的 C 波段 1 视极化数据。

为进一步证实空间相关解释的正确性，在对 Howland 森林(HR1084C)的 1 视数据进行 4 视处理时，方位向每 2 个像素中选取 1 个，共选取 4 个像素进行平均。由于间隔 1 个像素距离的两像素相关性远小于直接相邻两像素的相关性，因此确保了平均处理中所用像素的统计独立性。图 4.14 给出了三种分布的实验结果，4 视理论概率密度函数与数据直方图的一致性大大提高。因此可以得出如下结论：4 视 AIRSAR 数据的分布与 3 视理论分布函数较为一致，这是由 1 视数据的像素空间相关性引起的。在其他一些研究中[9]，通过分析多视强度和幅度的等效视数也得到了相同的结论。

海洋的 L 波段极化 SAR 图像具有典型的布拉格散射特征，其 HH 和 VV 极化数据之间的相关性较高。分析 4 视旧金山海洋区域数据发现：两极化间相关性 $|\rho_c| = 0.963$。图 4.15 表明 HH 和 VV 极化的三种分布都具有较好的一致性。除了归一化乘积，相位差和归一化幅度比的分布都因 HH 和 VV 的高相关性而十分集中。

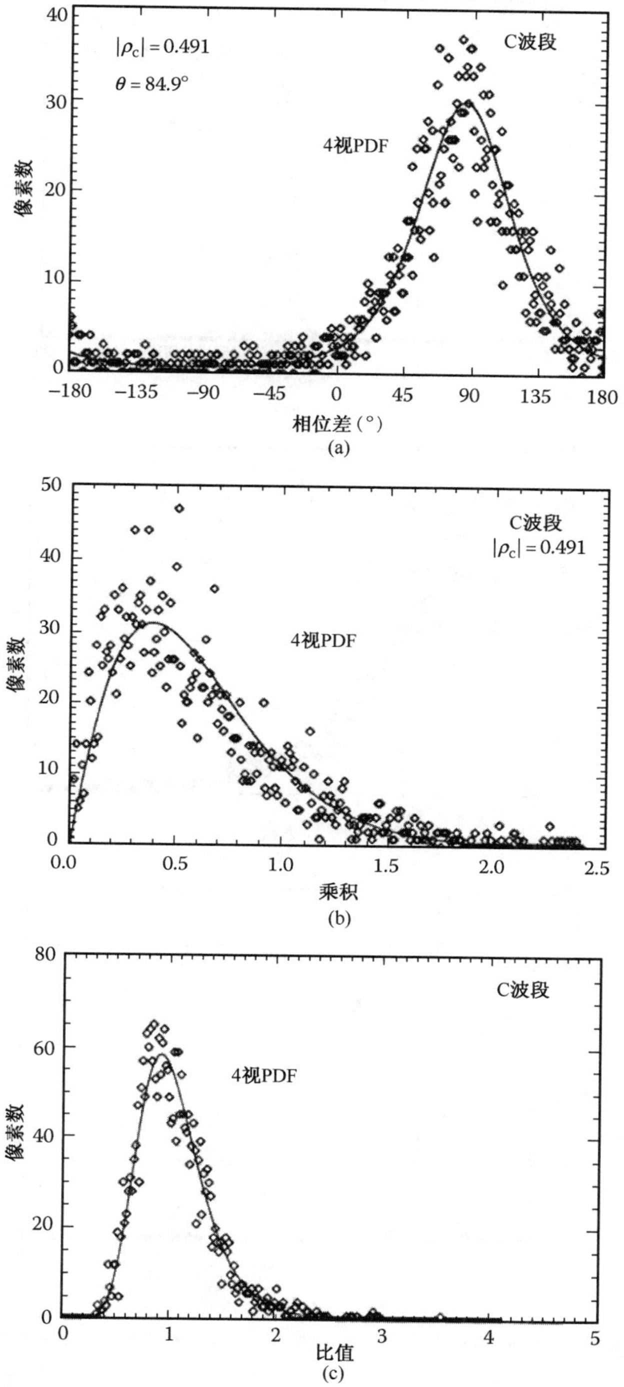

图 4.14　AIRSAR Howland 森林 1 视数据(HR1084C)的 4 视处理结果。每 2 个像素中选取 1 个进行平均。直方图与理论概率密度函数较为一致。图4.13和图4.14的结果证实4视AIRSAR数据具有3视的分布特性。(a) HH和VV相位差的直方图和4视理论概率密度函数;(b) HH和VV归一化乘积的直方图和4视理论概率密度函数;(c) HH和VV归一化幅度比的直方图和4视理论概率密度函数

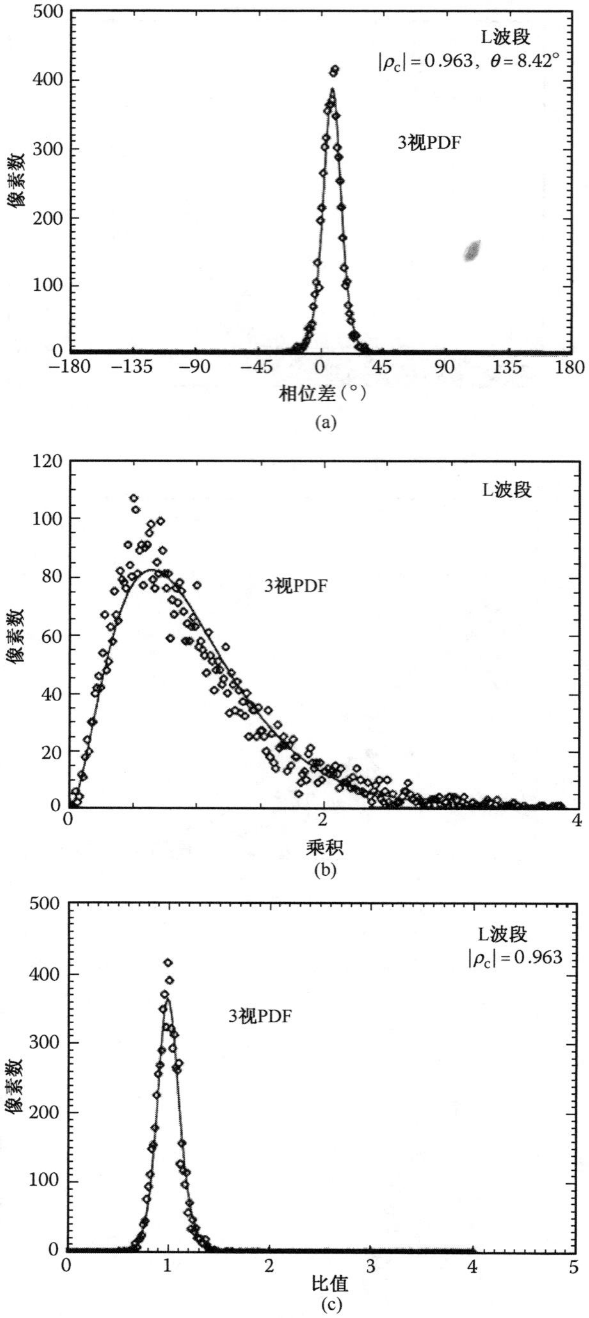

图 4.15　AIRSAR 旧金山海洋区域数据的 4 视实验结果。直方图和理论概率密度函数非常一致。(a) 相位差的直方图；(b) 归一化乘积的直方图；(c) 归一化幅度比的直方图

4.11　多视极化数据的 K 分布

4.3 节推导的单极化数据 K 分布可以推广到具有纹理效应的极化 SAR 数据中[22]。类似 4.3 节，利用乘积模型并假设三种极化中的纹理项相同，则散射矢量可以表示为

$$\underline{\boldsymbol{y}} = \sqrt{g}\begin{bmatrix} S_1 \\ S_2 \\ S_3 \end{bmatrix} = \sqrt{g}\,\underline{\boldsymbol{u}} \tag{4.76}$$

式中 g 是一个服从伽马分布的随机变量，其概率密度函数如式(4.17)所示。对于多视数据，有

$$Y = \frac{1}{n}\sum_{k=1}^{n}\underline{\boldsymbol{y}}(k)\underline{\boldsymbol{y}}(k)^{*\mathrm{T}} = \frac{1}{n}\sum_{k=1}^{n} g(k)\underline{\boldsymbol{u}}(k)\underline{\boldsymbol{u}}(k)^{*\mathrm{T}} \tag{4.77}$$

式中的纹理变量是 k 的函数。基于上式较难推导出 $\boldsymbol{Y}$ 的概率密度函数的闭合形式。进一步分析，可以发现纹理比相干斑在更广范围内具有更高的空间相关性。假设视数较小时纹理变量与 k 无关，故有

$$\boldsymbol{Y} = \frac{g}{n}\sum_{k=1}^{n}\underline{\boldsymbol{u}}(k)\underline{\boldsymbol{u}}(k)^{*\mathrm{T}} = gZ \tag{4.78}$$

式中的协方差矩阵 $\boldsymbol{Z}$ 服从式(4.39)所示的复威沙特分布。$\boldsymbol{Y}$ 的概率密度函数可由下式得到：

$$p(\boldsymbol{Y}) = \int_0^{\infty} p(\boldsymbol{Y}/g)p(g)\mathrm{d}g \tag{4.79}$$

由式(4.78)和式(4.39)易得

$$p(\boldsymbol{Y}/g) = \frac{n^{qn}|\boldsymbol{Y}|^{n-q}}{K(n,q)|\boldsymbol{C}|^{n}}g^{-qn}\exp\left[-\frac{n}{g}\mathrm{Tr}(\boldsymbol{C}^{-1}\boldsymbol{Y})\right] \tag{4.80}$$

由于分析的是单站全极化数据，$q=3$。将式(4.80)和式(4.17)代入式(4.79)并应用式(4.23)，可得

$$p(\boldsymbol{Y}) = \frac{2|\boldsymbol{Y}|^{n-q}(n\alpha)^{(\alpha+qn)/2}}{K(n,q)|C|^{n}\Gamma(\alpha)}\frac{K_{\alpha-qn}\left(2\sqrt{n\alpha\ \mathrm{Tr}(\boldsymbol{C}^{-1}\boldsymbol{Y})}\right)}{\mathrm{Tr}(\boldsymbol{C}^{-1}\boldsymbol{Y})^{-(\alpha-qn)/2}} \tag{4.81}$$

式中 $\boldsymbol{K}_{\nu}(\cdot)$ 是第二类修正贝塞尔函数，$K(n, q)$是式(4.38)定义的归一化因子。参数 α 的定义参见4.3节，利用式(4.27)可从数据中估计出其值。令式(4.81)中 $n=1$，即为 Yueh 等人[24]推导的1视极化数据 K 分布；令式(4.81)中 $q=1$，即为式(4.24)所示的多视单极化数据 K 分布。

为验证多视极化数据的 K 分布，从 Howland 森林的 C 波段4视极化数据中选取一块纹理均匀的针叶林区域(76×76)进行实验。由于相邻像素存在空间相关性，4视数据的直方图与3.3视理论概率密度函数比较一致，视数3.3是根据 HH 和 VV 极化的相位差和归一化幅度比实验得到的[22]。接着，计算归一化幅度|HH|、|HV|和|VV|的四阶矩[亦即强度二阶矩，见式(4.27)]，分别为1.415、1.389和1.415。三个值比较接近，表明式(4.76)中假设三个极化的纹理因子相同是合理的。利用平均值1.404和 $n=3.3$，由式(4.27)计算得参数 $\alpha=12.85$。图4.16是 HH、HV 和 VV 归一化幅度数据的直方图(菱形)和相应的理论概率密度函数(实线)，其中 $n=3.3$，$\alpha=12.85$。可以看出二者具有较好的一致性。为进行比较，图中给出了由瑞利分布推导的3.3视幅度概率密度函数(虚线)。对比发现，瑞利分布模型推导出的多视概率密度函数与直方图不尽一致。此外，还利用该均匀区域等效视数相同的 P 波段和 L 波段数据进行了实验，结果表明，三个波段的 α 值比较接近，这表明它们的纹理粗糙程度是相近的。此外还选取其他区域进行了实验，发现 α 值介于8~14之间。为了研究多视处理对纹理变量的影响，利用4×4窗平均的16视数据计算得 ENL=12，$\alpha=46.2$。α 的值较大，说明多视处理降低了非均匀性，减弱了纹理的影响。

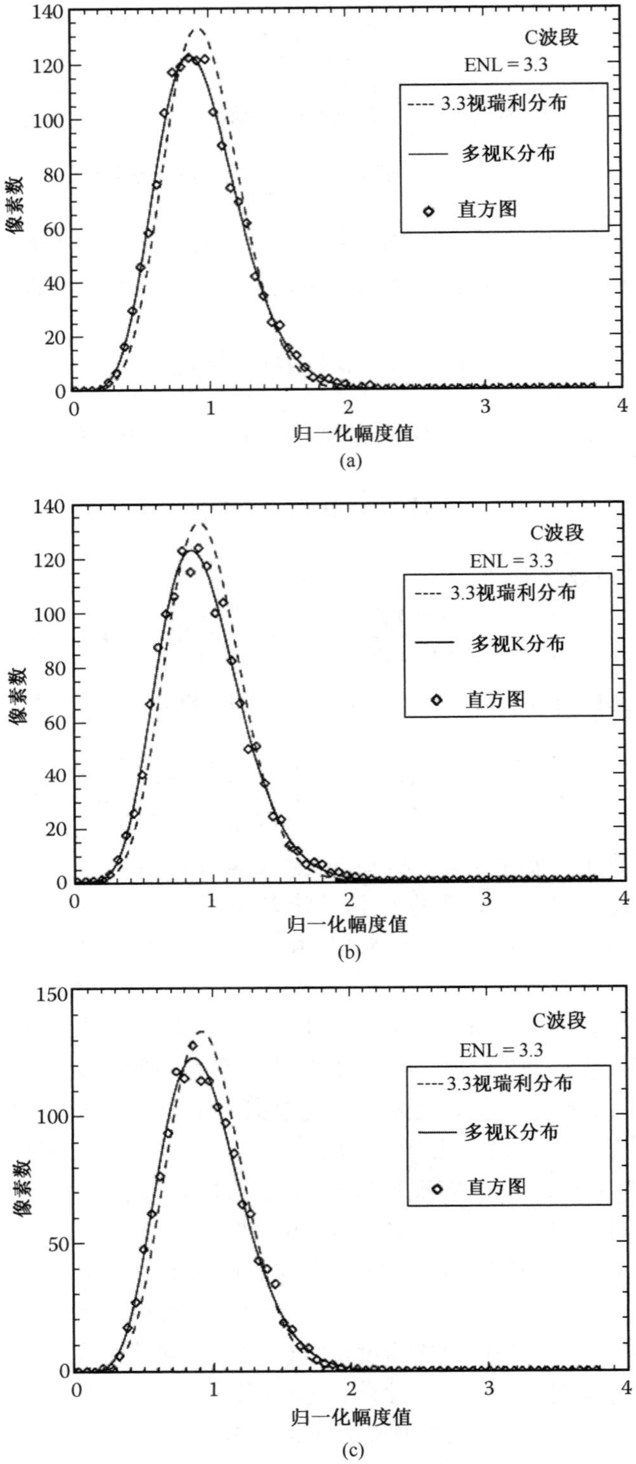

图 4.16 AIRSAR Howland 森林 C 波段 HH、HV、VV 归一化幅度数据的直方图(菱形)与 K 分布($n = 3.3, \alpha = 12.85$)、3.3 视瑞利分布概率密度函数(虚线)的比较

然而，假设三种极化数据具有相同的纹理特征并不总是合理的。某些情况下，HV 的 α 值与 HH、VV 的 α 值差别较大。HV 极化一般是由体散射或表面倾斜引起(亦即 10.2 节的极化方向角偏移)，其数据的空间相关性低于 HH 和 VV 极化，因此它可能具有不同的纹理特征。

4.12　小结

本章分析指出，对于分布式媒质的单极化数据，其相干斑服从瑞利分布，而对于单视和多视极化数据，则分别服从复高斯分布和复威沙特分布。相干斑可看成 SAR 图像中固有的乘性噪声。光学数据的噪声特征变化不定，而对于相干斑，只要知道数据是如何多视处理的，就可确定其统计特性。研究相干斑统计特性有助于设计有效的相干斑滤波、图像分割、地物和土地利用分类、地物参数估计等算法。后续章节将讨论上述算法。

极化通道间的相位差和幅度乘积是极化 SAR 的重要参数，对于描述散射机制具有重要意义。它们的概率密度函数已经应用在地物类型辨识和分类中。此外，它还可以应用在干涉 SAR 和极化干涉 SAR 中。对于干涉 SAR，基线、热噪声、时间变化等因素引起的去相干影响[14]，使相位差的分布变宽。通过多视处理[23]，即复干涉图的空间平均，能大大降低相位差的方差。复干涉图的空间平均等同于多视乘积，因此本章推导的多视相位差概率密度函数在干涉相位误差估计与分析中也具有重要的应用价值。

利用多视极化 SAR 数据的实验结果表明，对于相位差和幅度比，各种地物的直方图与理论概率密度函数比较一致。然而，对于乘积的模值，只在海洋区域比较一致，而在森林区域，由于高斯模型不能充分描述数据，其一致性较差。为了克服该问题，利用 K 分布进行了分析。本章推导的这些统计特性在极化和干涉应用中具有重要价值。

附录 4. A

本附录旨在证明式(4.49)，它建立了多视强度相关系数和复相关系数之间的关系。设散射矩阵的两个元素分别为(亦即 1 视)

$$S_i = a_{\mathrm{R}} + \mathrm{i}a_{\mathrm{I}}$$
$$S_j = b_{\mathrm{R}} + \mathrm{i}b_{\mathrm{I}} \qquad (4.\mathrm{A}.1)$$

式中 S_i 和 S_j 服从联合圆高斯分布。代入式(4.47)，复相关系数变为

$$\rho_{\mathrm{c}} = \frac{E[(a_{\mathrm{R}} + \mathrm{i}a_{\mathrm{I}})(b_{\mathrm{R}} - \mathrm{i}b_{\mathrm{I}})]}{\sqrt{E[a_{\mathrm{R}}^2 + a_{\mathrm{I}}^2]E[b_{\mathrm{R}}^2 + b_{\mathrm{I}}^2]}} \qquad (4.\mathrm{A}.2)$$

为方便起见，设 S_i 和 S_j 实部和虚部的相关系数为

$$\rho_{\mathrm{RR}} = \frac{E[a_{\mathrm{R}}b_{\mathrm{R}}]}{\sigma_a\sigma_b},\quad \rho_{\mathrm{RI}} = \frac{E[a_{\mathrm{R}}b_{\mathrm{I}}]}{\sigma_a\sigma_b}$$
$$\rho_{\mathrm{IR}} = \frac{E[a_{\mathrm{I}}b_{\mathrm{R}}]}{\sigma_a\sigma_b},\quad \rho_{\mathrm{II}} = \frac{E[a_{\mathrm{I}}b_{\mathrm{I}}]}{\sigma_a\sigma_b} \qquad (4.\mathrm{A}.3)$$

式中 σ_a 是 a_{R} 和 a_{I} 的标准差，σ_b 是 b_{R} 和 b_{I} 的标准差。

将上式代入式(4.A.2)，有

$$\rho_{\mathrm{c}} = \frac{(\rho_{\mathrm{RR}} + \rho_{\mathrm{II}}) + \mathrm{i}(\rho_{\mathrm{IR}} - \rho_{\mathrm{RI}})}{2} \qquad (4.\mathrm{A}.4)$$

由于圆高斯条件要求

$$\rho_{\mathrm{RR}} = \rho_{\mathrm{II}}, \quad \rho_{\mathrm{IR}} = -\rho_{\mathrm{RI}} \tag{4.A.5}$$

应用这一关系可得

$$|\rho_{\mathrm{c}}|^2 = \rho_{\mathrm{RR}}^2 + \rho_{\mathrm{IR}}^2 \tag{4.A.6}$$

经多视处理后，SAR 图像强度为

$$\begin{aligned} A_n &= \frac{1}{n}\sum_{k=1}^{n}\left[a_{\mathrm{R}}(k)^2 + a_{\mathrm{I}}(k)^2\right] \\ B_n &= \frac{1}{n}\sum_{k=1}^{n}\left[b_{\mathrm{R}}(k)^2 + b_{\mathrm{I}}(k)^2\right] \end{aligned} \tag{4.A.7}$$

假设样本统计独立，则式(4.A.7)的均值和标准差(Standard Deviation，SD)分别为

$$\begin{aligned} \overline{A}_n &= E[A_n] = 2\,E\left[a_{\mathrm{R}}(k)^2\right] = 2\sigma_a^2, \qquad \mathrm{SD}[A_n] = \frac{2\sigma_a^2}{\sqrt{n}} \\ \overline{B}_n &= E[B_n] = 2\,E\left[b_{\mathrm{R}}(k)^2\right] = 2\sigma_b^2, \qquad \mathrm{SD}[B_n] = \frac{2\sigma_b^2}{\sqrt{n}} \end{aligned} \tag{4.A.8}$$

多视强度相关系数[见式(4.48)]可以写为

$$\rho_{\mathrm{I}}^{(n)} = \frac{E\left[(A_n - \overline{A}_n)(B_n - \overline{B}_n)\right]}{\mathrm{SD}[A_n]\ \mathrm{SD}[B_n]} \tag{4.A.9}$$

再次假设样本统计独立，展开化简后，式(4.A.9)的分子变为

$$E\left[(A_n - \overline{A}_n)(B_n - \overline{B}_n)\right] = \frac{1}{n^2}\sum_{k=1}^{n}\left\{E\left[\left(a_{\mathrm{R}}(k)^2 + a_{\mathrm{I}}(k)^2\right)\left(b_{\mathrm{R}}(k)^2 + b_{\mathrm{I}}(k)^2\right)\right] - 4\sigma_a^2\sigma_b^2\right\} \tag{4.A.10}$$

Papoulis[3] 指出两个高斯分布随机变量 x 和 y 满足如下等式：

$$E[x^2y^2] = \sigma_x^2\sigma_y^2\left(1 + \rho_{xy}^2\right) \tag{4.A.11}$$

利用上式，以及式(4.A.3)、式(4.A.5)和式(4.A.6)，分子可进一步简化为

$$E\left[(A_n - \overline{A}_n)(B_n - \overline{B}_n)\right] = \frac{4}{n}\sigma_a^2\sigma_b^2|\rho_{\mathrm{c}}|^2$$

将上式代入式(4.A.9)，即可证明式(4.49)成立。

附录 4.B

本附录推导式(4.56)所示的多视相位差概率密度函数。为清晰起见，将式(4.55)所示的概率密度函数重写如下：

$$p(B_1, B_2, \eta, \psi) = \frac{(B_1B_2 - \eta^2)^{n-2}\eta}{\pi(1-\rho^2)^n\Gamma(n)\Gamma(n-1)}\exp\left[-\frac{B_1 + B_2 - 2\eta\rho\cos(\psi - \theta)}{(1-\rho^2)}\right] \tag{4.B.1}$$

注意，$p(B_1, B_2, \eta, \psi)$ 不是 $\boldsymbol{C}_{11}$ 和 $\boldsymbol{C}_{22}$ 的函数。多视相位差 ψ 的概率密度函数可以通过式(4.B.1)对 B_1、B_2 和 η 积分得到。由于矩阵 $\boldsymbol{A}$ 是正定的，因此积分域由不等式 $B_1B_2 - \eta^2 > 0$ 确定。首先对 η 积分可得

$$p(B_1, B_2, \psi) = \frac{\exp\left(-\frac{B_1+B_2}{1\ \rho^2}\right)}{\pi(1-\rho^2)^n\Gamma(n)\Gamma(n-1)}\int_0^{\sqrt{B_1B_2}}(B_1B_2 - \eta^2)^{n-2}\eta\exp\left[\frac{2\eta\rho\cos(\psi-\theta)}{1-\rho^2}\right]\mathrm{d}\eta \tag{4.B.2}$$

应用 Prudnikov 等人[25]给出的积分公式(1986，卷 1，326 页，式 1)，进行变量替换$\chi=\eta\sqrt{B_1B_2}$，可推导得

$$p(B_1,B_2,\psi)=\frac{(B_1B_2)^{n-1}\exp\left(-\frac{B_1+B_2}{1-\rho^2}\right)}{\pi(1-\rho^2)^n\Gamma(n)}\times\left(\frac{1}{2\Gamma(n)}{}_1F_2(1;n,1/2;\xi^2)+\frac{\xi\Gamma(3/2)}{\Gamma(n+1/2)}{}_0F_1(-;n+1/2;\xi^2)\right)\tag{4.B.3}$$

式中，

$$\xi=\frac{\rho}{1-\rho^2}\sqrt{B_1B_2}\cos(\psi-\theta)\tag{4.B.4}$$

接着，将上述结果$p(B_1,B_2,\psi)$对B_2积分，引入一个新变量

$$\omega=\frac{B_2}{1-\rho^2}\tag{4.B.5}$$

积分结果为

$$p(B_1,\psi)=\frac{B_1^{n-1}\exp\left(-\frac{B_1}{1-\rho^2}\right)}{2\pi\Gamma(n)\Gamma(n)}\int_0^\infty\omega^{n-1}\mathrm{e}^{-\omega}\,{}_1F_2\left[1;n,\frac{1}{2};\frac{\rho^2\cos^2(\psi-\theta)B_1}{1-\rho^2}\omega\right]\mathrm{d}\omega+\frac{\rho\cos(\psi-\theta)\exp\left(-\frac{B_1}{1-\rho^2}\right)B_1^{n-1/2}}{2\sqrt{\pi}\,\Gamma(n)\Gamma(n+1/2)\sqrt{1-\rho^2}}\times\int_0^\infty\omega^{n-\frac{1}{2}}\mathrm{e}^{-\omega}\,{}_0F_1\left[-;n+\frac{1}{2};\frac{\rho^2\cos^2(\psi-\theta)B_1}{1-\rho^2}\omega\right]\mathrm{d}\omega\tag{4.B.6}$$

利用 Gradshteyn 和 Ryzhik 等人[26]给出的积分公式(1965，851 页，式 9)，可得结果为

$$p(B_1,\psi)=\frac{B_1^{n-1}\exp\left(-\frac{B_1}{1-\rho^2}\right)}{2\pi\Gamma(n)}{}_1F_1\left[1;\frac{1}{2};\frac{\beta^2}{1-\rho^2}B_1\right]+\frac{\beta B_1^{n-\frac{1}{2}}\exp\left(-\frac{B_1(1-\beta^2)}{1-\rho^2}\right)}{2\sqrt{\pi}\,\Gamma(n)\sqrt{1-\rho^2}}\tag{4.B.7}$$

式中，

$$\beta=\rho\cos(\psi-\theta)\tag{4.B.8}$$

最后，将$p(B_1,\psi)$对B_1积分。经一个简单变量替换后，积分结果可写为

$$p(\psi)=\frac{(1-\rho^2)}{2\pi\Gamma(n)}\int_0^\infty\lambda^{n-1}\mathrm{e}^{-\lambda}\times{}_1F_1(1;1/2;\beta^2\lambda)\mathrm{d}\lambda+\frac{\beta(1-\rho^2)}{2\sqrt{\pi}\,\Gamma(n)}\int_0^\infty\lambda^{n-1/2}\mathrm{e}^{-(1-\beta^2)\lambda}\mathrm{d}\lambda\tag{4.B.9}$$

再次利用 Gradshteyn 和 Ryzhik 给出的积分公式[26](1965，851 页，式 9)，可得高斯超几何函数形式的多视相位差概率密度函数

$$p_\psi^{(n)}(\psi)=\frac{\Gamma(n+1/2)\left(1-|\rho_c|^2\right)^n\beta}{2\sqrt{\pi}\,\Gamma(n)(1-\beta^2)^{n+1/2}}+\frac{\left(1-|\rho_c|^2\right)^n}{2\pi}{}_2F_1(n,1;1/2;\beta^2),\quad -\pi<\psi\leqslant\pi\tag{4.B.10}$$

式(4.B.10)和式(4.56)等价。

附录 4.C

本附录推导 B_1 和 B_2 的联合概率密度函数[见式(4.68)]。根据附录 4.B 的方法，将式(4.55)的 $p(B_1,B_2,\eta,\psi)$ 对 ψ 积分，可得

$$p(B_1,B_2,\eta)=\frac{2\eta(B_1B_2-\eta^2)^{n-2}}{\Gamma(n)\Gamma(n-1)\left(1-|\rho_c|^2\right)^n}\exp\left(-\frac{B_1+B_2}{1-|\rho_c|^2}\right)I_0\left(\frac{2\eta|\rho_c|}{1-|\rho_c|^2}\right) \tag{4.C.1}$$

引入变量代换

$$\chi=\frac{\eta}{\sqrt{B_1B_2}}$$

再将式(4.C.1)对 η 积分，可得

$$p(B_1,B_2)=\frac{2(B_1B_2)\exp\left(-\frac{B_1+B_2}{1-|\rho_c|^2}\right)}{\Gamma(n)\Gamma(n-1)\left(1-|\rho_c|^2\right)}\int_0^1(1-\chi^2)^{n-2}\chi\, I_0\left(\frac{2|\rho_c|}{1-|\rho_c|^2}\sqrt{B_1B_2}\chi\right)\mathrm{d}\chi \tag{4.C.2}$$

利用 Prudnikov 等人[25]给出的积分等式(卷 2，302 页，式 5)，可得

$$p(B_1,B_2)=\frac{(B_1B_2)^{n-1}\exp\left(-\frac{B_1+B_2}{1-|\rho_c|^2}\right)}{\Gamma(n)\Gamma(n)\left(1-|\rho_c|^2\right)^n}\,{}_1F_2\left[1;n,1;B_1B_2\left(\frac{|\rho_c|}{1-|\rho_c|^2}\right)^2\right] \tag{4.C.3}$$

应用如下等式：

$$I_\mu(z)=\frac{(z/2)^\mu}{\Gamma(\mu+1)}\,{}_0F_1\left(-;\mu+1;z^2/4\right)$$

得到

$$p(B_1,B_2)=\frac{(B_1B_2)^{(n-1)/2}\exp\left(-\frac{B_1+B_2}{1-|\rho_c|^2}\right)}{\Gamma(n)\left(1-|\rho_c|^2\right)|\rho_c|^{n-1}}I_{n-1}\left(2\sqrt{B_1B_2}\frac{|\rho_c|}{1-|\rho_c|^2}\right) \tag{4.C.4}$$

附录 4.D

多视归一化强度比[见式(4.71)]的概率密度函数可由下面的积分推导得到(Papoulis[3]，第 197 页，式 7～21)：

$$p(\mu)=\int_0^\infty B_2p(\mu B_2,B_2)\mathrm{d}B_2 \tag{4.D.1}$$

式中 $p(\mu B_2,B_2)$ 是式(4.C.4)所示 B_1 和 B_2 的联合概率密度函数。将式(4.C.4)代入式(4.D.1)，可得

$$p(\mu)=\frac{\mu^{(n-1)/2}}{\Gamma(n)\left(1-|\rho_c|^2\right)|\rho_c|^{n-1}}\int_0^\infty B_2^n\exp\left(-\frac{B_2(1+\mu)}{1-|\rho_c|^2}\right)I_{n-1}\left(2B_2\sqrt{\mu}\frac{|\rho_c|}{1-|\rho_c|^2}\right)\mathrm{d}B_2 \tag{4.D.2}$$

利用 Prudnikov 等人[25]给出的积分等式(卷 2，303 页，式 2)，式(4.D.2)中的积分项变为

$$\left(\frac{1+\mu}{1-|\rho_c|^2}\right)^{2n}\left(\frac{\sqrt{\mu}|\rho_c|}{1-|\rho_c|^2}\right)^{n-1}\frac{\Gamma(2n)}{\Gamma(n)}{}_2F_1\left(n,(2n+1)/2;\ n;\ \frac{4|\rho_c|^2\mu}{(1+\mu)^2}\right) \tag{4.D.3}$$

超几何函数可以简化为

$${}_1F_0\left((2n+1)/2;\ -;\ \frac{4\mu|\rho_c|^2}{(1+\mu)}\right)=\left[(1+\mu)^2-4\mu|\rho_c|^2\right]^{(2n+1)/2}(1+\mu)^{2n+1} \tag{4.D.4}$$

利用式(4. D. 3)和式(4. D. 4)，展开化简后，式(4. D. 2)变为

$$p^{(n)}(\mu)=\frac{\Gamma(2n)\left(1-|\rho_c|^2\right)^n(1+\mu)\mu^{n-1}}{\Gamma(n)\Gamma(n)\left[(1+\mu)^2-4|\rho_c|^2\mu\right]^{n+1/2}} \tag{4.D.5}$$

参考文献

[1] J. W. Goodman, Some fundamental properties of speckle, *Journal of the Optical Society of America*, 66(11), 1145-1150, 1976.

[2] F. T. Ulaby, T. F. Haddock, and R. T. Austin, Fluctuation Statistics of millimeter-wave scattering from distributed targets, *IEEE Transactions on Geoscience and Remote Sensing*, 26(3), 268-281, May 1988.

[3] A. Papoulis, *Probability, Random Variables, and Stochastic Processes*, McGraw-Hill, New York, 1965.

[4] J. S. Lee, Speckle suppression and analysis for synthetic aperture radar images, *Optical Engineering*, 25(5), 636-643, May 1986.

[5] E. Jakeman, On the statistics of K-distributed noise, *Journal of Physics A: Mathematical and General*, 13, 31-48, 1980.

[6] F. T. Ulaby et al., Texture information in SAR images, *IEEE Transactions on Geoscience and Remote Sensing*, 24(2), 235-245, March 1986.

[7] E. Jakeman and J. A. Tough, Generalized K distribution: A statistical model for weak scattering, *Journal of the Optical Society of America*, 4(9), 1764-1772, September 1987.

[8] J. S. Lee, Speckle analysis and smoothing of synthetic aperture radar images, *Computer Graphics and Image Processing*, 17, 24-32, September 1981.

[9] J. S. Lee et al., Speckle filtering of synthetic aperture radar images: A review, *Remote Sensing Reviews*, 8, 313-340, 1994.

[10] J. W. Goodman, *Statistical Optics*, John Wiley & Sons, New York, 1985.

[11] N. R. Goodman, Statistical analysis based on a certain complex Gaussian distribution (An Introduction), *Annals of Mathematical Statistics*, 34, 152-177, 1963.

[12] J. S. Lee et al., Intensity and phase statistics of multilook polarimetric and interferometric SAR imagery, *IEEE Transactions on Geoscience and Remote Sensing*, 32(5), 1017-1028, September 1994.

[13] H. H. Lim, et al., Classification of earth terrain using polarimetric synthetic aperture radar images, *Journal of Geophysical Research*, 94(B6), 7049-7057, 1989.

[14] H. A. Zebker and J. Villasenor, Decorrelation in interferometric radar echoes, *IEEE TGARS*, 30(5), 950-959, September 1992.

[15] K. Sarabandi, Derivations of phase statistics from the Mueller matrix, *Radio Science*, 27(5), 553-560, 1992.

[16] J. S. Lee, M. R. Grunes and R. Kwok, Classification of multi-look polarimetric SAR imagery based on complex Wishart distribution, *International Journal of Remote Sensing*, 15(11), 2299-2311, 1994.

[17] J. S. Lee, A. R. Miller, and K. W. Hoppel, Statistics of phase difference and product magnitude of multi-look complex Gaussian signals, *Waves in Random Media*, 4, 307-319, July 1994.

[18] D. Middleton, *Introduction to Statistical Communication Theory*, McGraw-Hill, New York, 1960.

[19] J. A. Kong, et al., Identification of terrain cover using the optimal polarimetric classifier, *Journal of Electromagnetic Waves and Applications*, 2(2), 171-194, 1987.

[20] H. Stark and J. W. Woods, *Probability, Random Processes, and Estimation Theory for Engineers*, Prentice Hall, New Jersey, 1986.

[21] V. B. Taylor, CYLOPS: The JPL AIRSAR synoptic processor, *Proceedings of 1992 International Geoscience and Remote Sensing Symposium(IGARSS'92)*, pp. 652-654, Houston, TX, 1992.

[22] J. S. Lee, D. L. Schuler, R. H. Lang, and K. J. Ranson, K-distribution for multi-look processed polarimetric SAR imagery, *Proceedings of IGARSS'94*, pp. 2179-2181, Pasadena, CA, 1994.

[23] F. Li and R. M. Goldstein, Studies of multi-baseline spaceborne interferometric synthetic aperture radars, *IEEE Transactions on Geoscience and Remote Sensing*, 28, 88-97, January 1990.

[24] S. H. Yueh, J. A. Kong, J. K. Jao, R. T. Shin, and L. M. Novak, K-distribution and polarimetric terrain radar clutter, *Journal of Electromagnetic Waves and Applications*, 3(8), 747-768, 1989.

[25] A. P. Prudnikov, Y. A. Brychkov, and I. O. Maichev, *Integrals and Series*, Vol. 2, Gorgon and Breach, New York, 1986.

[26] Gradshteyn, I. S. and Ryzhik, I. M. , *Tables of Integrals, Series and Product*, Academic Press, New York, 1965.

[27] G. V. April and E. R. Harvey, Speckle statistics in four-look synthetic aperture radar imagery, *Optical Engineering*, 30, 375-381, 1991.

[28] L. M. Novak and M. C. Burl, Optimal speckle reduction in polarimetric SAR imagery, *IEEE Transactions on Aerospace and Electronic Systems*, 26(2), 293-305, March 1990.

第 5 章　极化 SAR 相干斑滤波

5.1　SAR 图像相干斑滤波介绍

第 4 章中已经指出，SAR 图像中的相干斑是一种散射现象。相干斑增加了图像解译的难度，降低了图像分割和分类的性能。多视处理是一种常用的降噪方法。相干斑滤波或者简单的平均处理可能会影响极化 SAR 数据内在的散射特征。特别是 Cloude-Pottier 目标分解（第 7 章将讨论）要求对数据作样本平均从而得到无偏估计，而平均处理方法会影响极化熵、各向异性度及平均 α 角的值。一般情况下，如果没有足够大的视数，就会造成极化熵过低估计，各向异性度过高估计。

SAR 成像处理后分发的数据一般为 1 ~ 4 视，这通常难以满足大多数应用的需要，需要进一步平均处理以降噪。均值滤波是一种常用的平均处理技术，它将一个 3 ×3 或更大的滑动窗的中心像素值用窗中所有元素的平均值代替。该滤波器具有如下优点：(1)使用简单；(2)能有效地对均匀区域降斑；(3)保留均值。但它的不足之处在于其不加区别地平均非均匀媒质的像素，导致空间分辨率降低。从图像处理角度来看，均值滤波会模糊边缘、强点目标和亮线特征，例如建筑和道路。除了均值滤波器，还有许多改进的图像处理算法，其中值得一提的是中值滤波，它将滑动窗的中心像素值用窗中所有元素的中值代替。中值滤波器的降噪效果中等，但会引起失真，无法保留均值。此外，还有一些基于小波变换、神经网络、数学形态学等技术的滤波器。

由于单极化 SAR 图像的相干斑统计特性可以由瑞利分布较好地描述，而极化 SAR 数据协方差或相干矩阵的相干斑统计特性可以由复威沙特分布较好地描述，因此在设计相干斑滤波算法时需要充分考虑这些统计特征。第 4 章已经简单介绍了乘性噪声模型的概念及其标准差与均值比值为常数的特点。该特点可以更直观地描述为：强(亮)后向散射区域的相干斑噪声较高，弱(暗)后向散射区域的相干斑噪声较低。

为便于介绍相干斑滤波算法，本章首先详细讨论乘性相干斑噪声模型。接着介绍若干简单有效的单极化 SAR 数据相干斑滤波算法，最后将其推广到极化 SAR 数据。推广的过程比较复杂，一般地，极化 SAR 数据相干斑滤波除了要保持空间分辨率，还要保持极化散射特性，如极化间的相位差和统计相关性。有一些极化 SAR 相干斑滤波算法[1~8]由于假设了线性极化通道间具有统计独立性，引起极化通道间串扰，难以保持滤波前的极化特征和统计特征，如通道间的相关性。极化 SAR 相干斑滤波的准则是：(1)为保留滤波前数据的极化特征，协方差矩阵的每个元素需用类似于多视处理的方式对邻近像素的协方差矩阵进行平均处理；(2)为避免滤波后引入极化通道间的串扰，协方差矩阵的每个元素应独立地进行滤波；(3)为保持滤波前的分辨率，避免边缘模糊和图像质量下降，与均值滤波器不同，应自适应地选取或加权邻近的均匀像素。本章将详细讨论其中 3 种比较有效的极化 SAR 相干斑滤波算法。

5.1.1　SAR 相干斑噪声模型

并非所有的雷达专业人士都认为相干斑具有事实上的乘性噪声特性，部分专家认为相干斑是一种散射现象，而不是乘性噪声。正如第 4 章所述，相干斑的确是一种散射现象。然而从图像处理的角度，为方便设计相干斑滤波、目标探测和SAR图像分类算法，相干斑在统计意义上可以用乘性噪声模型进行描述。单视SAR幅度图像的瑞利相干斑模型计算的标准差与均值比值为常数，可以证实相干斑具有乘性噪声的特性。实际SAR数据实验也验证了瑞利相干斑模型，表明具有乘性噪声特性的图像，其典型特征是局部标准差随局部均值线性增大。对于协方差或相干矩阵形式的极化SAR数据，对角线元素可以用乘性噪声模型描述，而非对角线元素(复相关系数)需要同时用加性和乘性噪声模型描述[9]。为便于介绍后面的极化SAR相干斑滤波算法，本节首先对单极化SAR数据和极化SAR数据的相干斑噪声模型进行介绍。

在设计相干斑滤波算法时，描述相干斑比较简便的方法是使用乘性噪声模型[10, 11]

$$y(k,l) = x(k,l)v(k,l) \tag{5.1}$$

式中，$y(k,l)$ 是SAR图像中的第 (k,l) 个像素的强度或幅度；$x(k,l)$ 是反射系数(无噪声)；$v(k,l)$ 是噪声，服从均值 $E[v(k,l)]=1$ 且标准差为 σ_v 的分布。

为便于表示，下文略去像素标志符号 (k,l)。假设式(5.1)中的 $x(k,l)$ 和 $v(k,l)$ 统计独立，根据乘性噪声模型，

$$E[y] = E[x] \text{ 或 } \bar{y} = \bar{x} \tag{5.2}$$

式(5.2)表明 $E[y]$ 是反射系数 x 的无偏估计。y 的方差为

$$\begin{aligned}\mathrm{Var}(y) &= E[(y-\bar{y})^2] = E[(x(v-1)+(x-\bar{x}))^2]\\ &= (\mathrm{Var}(x)+\bar{x}^2)\sigma_v^2 + \mathrm{Var}(x)\end{aligned} \tag{5.3}$$

式中 $\mathrm{Var}(y)$ 表示 y 的方差。

对于均匀区域像素，有 $\mathrm{Var}(x)=0$，故

$$\sigma_v = \frac{\sqrt{\mathrm{Var}(y)}}{\bar{y}} \tag{5.4}$$

由于在均匀区域中 $\bar{y}=\bar{x}$，故式(5.4)中用 $\bar{y}$ 代替了 $\bar{x}$。如式(5.4)所示，噪声标准差 σ_v 是观测值 y 的标准差与均值的比值。如前所述，标准差与均值的比值能衡量相干斑噪声水平，其值大小与SAR数据的视数有关，如表4.1所示。

相干斑的乘性噪声模型可以通过SAR图像中均匀区域数据的标准差-均值散点图进行验证。如图4.3所示，拟合直线通过原点，证实相干斑具有乘性噪声特性。1视和4视SAR幅度图像相应的直线斜率分别为0.54和0.26，接近理论值0.5227和0.261。相干斑指数(speckle index)的非监督估计步骤如下：首先，利用6×6(或更大)的滑动窗计算SAR图像数据样本的标准差与均值；接着，绘制样本标准差-均值的散点图。均匀区域样本的结果分布比较集中。由于非均匀区域样本的标准差大于均匀区域样本的标准差，非均匀区域样本的结果分布于斜线上方。后文将给出一个应用该方法评估极化SAR相干斑噪声模型的例子。该方法能准确估计标准差与均值的比值大小，同时也容易自动实现[12, 13]。

5.1.1.1 极化SAR相干斑噪声模型

单视极化SAR数据可以用散射矩阵表示。由于复数的平均不能降斑(第4章已说明)，因此不能通过平均散射矩阵来生成多视数据。正确的方法是首先将散射矩阵转换为协方差矩阵或相干矩阵，然后再求平均。下面以协方差矩阵为例回顾多视处理过程。单视极化SAR数据的协方差矩阵为

$$\boldsymbol{C} = \underline{\boldsymbol{k}}\underline{\boldsymbol{k}}^{*\mathrm{T}} = \begin{bmatrix} |S_{hh}|^2 & \sqrt{2}S_{hh}S_{hv}^* & S_{hh}S_{vv}^* \\ \sqrt{2}S_{hv}S_{hh}^* & 2|S_{hv}|^2 & \sqrt{2}S_{hv}S_{vv}^* \\ S_{vv}S_{hh}^* & \sqrt{2}S_{vv}S_{hv}^* & |S_{vv}|^2 \end{bmatrix} \tag{5.5}$$

式中 $\underline{\boldsymbol{k}} = [S_{hh} \quad \sqrt{2}S_{hv} \quad S_{vv}]^{\mathrm{T}}$。根据式(5.5)，回波强度 Span(或总功率)可以表示为

$$\mathrm{Span} = \underline{\boldsymbol{k}}^{*\mathrm{T}}\underline{\boldsymbol{k}} = |S_{hh}|^2 + 2|S_{hv}|^2 + |S_{vv}|^2 \tag{5.6}$$

为降斑或压缩数据，应对极化 SAR 数据进行多视处理，亦即平均若干邻近像素的单视协方差矩阵

$$\boldsymbol{Z} = \frac{1}{N}\sum_{i=1}^{N}\boldsymbol{C}(i) = \begin{bmatrix} \langle|S_{hh}|^2\rangle & \langle\sqrt{2}S_{hh}S_{hv}^*\rangle & \langle S_{hh}S_{vv}^*\rangle \\ \langle\sqrt{2}S_{hv}S_{hh}^*\rangle & \langle 2|S_{hv}|^2\rangle & \langle\sqrt{2}S_{hv}S_{vv}^*\rangle \\ \langle S_{vv}S_{hh}^*\rangle & \langle\sqrt{2}S_{vv}S_{hv}^*\rangle & \langle|S_{vv}|^2\rangle \end{bmatrix} \tag{5.7}$$

式中 $\boldsymbol{C}(i)$ 表示第 i 个像素的单视协方差矩阵，N 表示视数。计算得到的矩阵 $\mathbf{Z}$ 是一个厄米矩阵，其统计特性已在第 4 章进行了详细讨论，它服从复威沙特分布。

相干斑滤波要求对整个协方差矩阵或相干矩阵降斑。矩阵 $\mathbf{Z}$ 的对角线元素是线性极化数据的强度，可以用乘性噪声模型描述。非对角线元素无法仅用乘性或加性噪声模型描述。Lopez-Matinez[9]研究发现，非对角线元素可以用加性和乘性噪声模型的组合来近似描述：若相关系数为 1(完全相关)，则噪声为乘性；若相关系数为 0(不相关)，则噪声为加性；若相关系数介于 0 和 1 之间，则噪声既为加性也为乘性。为示意对角线和非对角线元素的统计特性，图 5.1 给出了基于 JPL AIRSAR Les Landes 数据、利用 6 ×6 非重叠窗计算的标准差-均值散点图。$|\mathrm{HH}|^2$ 和 $|\mathrm{HV}|^2$ 表现出典型的乘性噪声特征。$|\mathrm{VV}|^2$ 的散点图和 $|\mathrm{HH}|^2$ 类似，为节省篇幅而未给出。$\mathrm{HH}\cdot\mathrm{VV}^*$ 的实部和虚部不是典型的乘性噪声特征，而是乘性和加性噪声的组合，两者比例取决于 HH 和 VV 相关系数的大小。

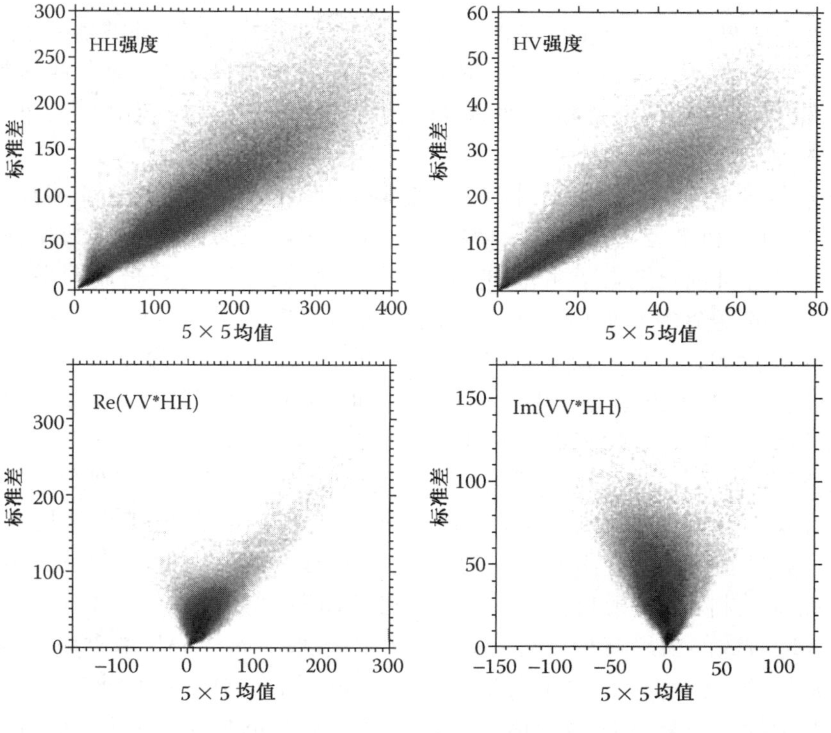

图 5.1　强度 $|\mathrm{HH}|^2$、$|\mathrm{HV}|^2$ 及 $\mathrm{VV}\cdot\mathrm{HH}^*$ 实部和虚部的标准差-均值散点图。$|\mathrm{HH}|^2$ 和 $|\mathrm{HV}|^2$ 具有乘性噪声的特征；$\mathrm{VV}\cdot\mathrm{HH}^*$ 实部和虚部具有的特征较难分辨，是乘性和加性噪声的组合

5.2 单极化 SAR 相干斑滤波

单极化 SAR 相干斑滤波是 20 多年来 SAR 领域的一个研究热点。最初的数字图像相干斑滤波方法基于傅里叶分析，即首先对图像进行二维傅里叶变换，接着进行低通滤波和傅里叶逆变换。该方法能够降斑，但是由于图像中突变的边缘、强亮目标、特征边界线等都包含着高频分量，该滤波方法会降低图像的质量，损失分辨率，不利于图像解译。相干斑滤波的首要目标是在降斑的同时不丢失信息。理想的相干斑滤波器应能自适应地平滑相干斑噪声，保持边缘和特征边界线的清晰度，保留微小但可辨识的细节，例如细线特征和点目标。一般能满足上述目标的滤波器都是基于空域而非频域设计的。

然而，经研究发现，由于相干斑噪声是乘性的，常用的数字噪声滤波技术，如均值滤波器和中值滤波器，不适用于相干斑滤波。而且这两种滤波器，尤其是均值滤波器，也不易实现自适应处理。因此需要一些改进来弥补这些不足。基于式(5.1)的乘性噪声模型，许多文献报道了改进的滤波算法[10~24]。其中，Lee[10]于 1980 年提出利用局部均值和局部方差进行图像噪声滤波的概念。受此启发，研究人员随后提出了许多基于局部统计特性的相干斑滤波方法。一些综述性的文章对此进行了总结，例如 Durand 等人[25]于 1987 年详细综述了早期的滤波算法；Lee 等人[26]于 1994 年比较分析了一些相干斑滤波算法，包括 Lee 局部统计特性滤波器[10, 11]、改进的局部统计特性滤波器[14]、Kuan 滤波器[20]、Frost 滤波器[18, 19]、sigma 滤波器[15, 16]、最大后验概率(Maximum A Posteriori, MAP)滤波器[21]及其他一些早期的滤波器；Touzi[27]于 2002 年综述了一些最新的滤波算法，如基于场景结构模型[28, 29]、模拟退火[30]等技术的滤波算法。

随着 SAR 技术的发展，许多高分辨率(如 TerraSAR-X)、多极化(如 ALOS/PALSAR 和 RadarSat-Ⅱ)的机载和星载系统已投入使用。这些 SAR 系统获取的一些数据往往高达几千乘几千像素。尽管目前已有较高性能的计算机，对数据降斑仍需采用简单、高效的滤波器。许多新提出的复杂多步骤多分辨率滤波算法都难以满足这一要求，例如模拟退火算法[30]，不仅计算量大，并且正如 Touzi[27]所指出的，该算法会人为引入偏差。Lee 等人[40]新近提出了一种改进的 sigma 滤波器[15,16]，其计算量小且能有效降斑，克服了原 sigma 滤波器过低估计和目标模糊性强的缺点。由于本书早于该文出版[40]，故在此不做详细介绍。

处理乘性噪声的过程往往比处理加性噪声更为复杂。数字图像处理领域的研究人员常用对数将乘性噪声转换为加性噪声。Arsenault 和 Levesque [31]最先提出利用这种取对数的方法对数据进行转换，然后应用 Lee[10]的基于局部统计特性的加性噪声滤波方法。然而该方法会引起偏差，抹除强散射目标，不能应用在 SAR 遥感领域。这是由于将数据取对数后求平均，再求反对数的结果与直接对数据求平均的结果不同。SAR 数据动态范围较大，取对数后范围被压缩。强信号相对于弱信号被更多地压缩。对数域计算的局部均值和局部方差并不能对应原始数据的局部均值和局部方差。对数的使用对强回波的抑制比对弱回波的抑制更为严重。

本节首先讨论最小均方误差(Minimum Mean Square Error, MMSE)滤波器，亦称为局部统计特性滤波器或 Lee 滤波器，它是 5.3 节将讨论的极化 SAR 滤波器的基础。

5.2.1　最小均方误差滤波器

根据式(5.1)所示的乘性噪声模型，令 $\hat{x}$ 为 x 的估计值，最小均方误差滤波器假设 $\hat{x}$ 是其先验均值 $\bar{x}$ 和 y 的线性组合，即

$$\hat{x} = a\bar{x} + by \tag{5.8}$$

其中 $\bar{x}$ 可由 $\bar{y}$ 计算得出，$\bar{y}$ 是 y 在局部窗内计算的均值。选择参数 a 和 b，使估计的均方误差 J 为

$$J = E\left[(\hat{x} - x)^2\right] \tag{5.9}$$

最小，将式(5.8)代入式(5.9)，参数 a 和 b 的最优值必须满足如下两式：

$$\frac{\partial J}{\partial a} = 0 \quad \text{或} \quad E[\bar{x}(a\bar{x} + by - x)] = 0 \tag{5.10}$$

$$\frac{\partial J}{\partial b} = 0 \quad \text{或} \quad E[y(a\bar{x} + by - x)] = 0 \tag{5.11}$$

由式(5.10)可得 $a = 1 - b$。在式(5.11)中用$(1 - b)$代替 a，则有

$$E[y(x - \bar{x}) + b(\bar{x} - y)y] = 0 \tag{5.12}$$

由于 x 和 v 是独立随机变量，并且 $E[\bar{x}(x - \bar{x})] = \bar{x}E[(x - \bar{x})] = 0$，式(5.12)的等号左边第一项变为

$$E[y(x - \bar{x})] = E[xv(x - \bar{x})] = E[x(x - \bar{x})] = E[x(x - \bar{x}) - \bar{x}(x - \bar{x})] = E[(x - \bar{x})^2] \tag{5.13}$$

由于 $\bar{y} = E[y] = \bar{x}$，式(5.12)的等号左边第二项变为

$$E[b(\bar{x} - y)y] = bE[(\bar{y} - y)y] = bE[(\bar{y} - y)y - \bar{y}(\bar{y} - y)] = -bE[(y - \bar{y})^2] \tag{5.14}$$

将式(5.13)和式(5.14)代入式(5.12)，可得

$$b = \frac{\mathrm{Var}(x)}{\mathrm{Var}(y)} \tag{5.15}$$

应用 $a = 1 - b$，式(5.8)的最小均方误差滤波器可以表示为

$$\hat{x} = \bar{y} + b(y - \bar{y}) \tag{5.16}$$

式(5.15)中，$\mathrm{Var}(y)$是 y 在局部窗内计算的方差，$\mathrm{Var}(x)$可由式(5.3)计算得到：

$$\mathrm{Var}(x) = \frac{\mathrm{Var}(y) - \bar{y}^2\sigma_v^2}{(1 + \sigma_v^2)} \tag{5.17}$$

需要注意的是，在一个窗中利用式(5.16)计算 $\mathrm{Var}(x)$ 时，若样本数不足或者使用了大于其正确值的 σ_v^2，则计算结果可能为负数，此时为保证加权值 b 介于 0 和 1 之间，应令 $\mathrm{Var}(x) = 0$。

加权值 b 使滤波后像素值介于局部均值和原始像素值之间。对于均匀区域，$\mathrm{Var}(x) \approx 0$，$\hat{x} = \bar{x}$，滤波后像素值等于局部窗内所有像素均值，此为完全滤波；对于具有高对比边缘或特征的非均匀区域，$\mathrm{Var}(x) \approx \mathrm{Var}(y)$，$\hat{x} \approx y$，滤波后像素值等于局部窗内中心像素值，未作滤波，故该滤波器是自适应的，滤波的程度取决于目标局部的均匀性和输入值 σ_v^2。

5.2.1.1　最小均方误差滤波器的不足

最小均方误差滤波器的主要不足之处是不能对强边缘附近的相干斑进行充分滤波，因为在边缘区域附近，$\mathrm{Var}(x) \approx \mathrm{Var}(y)$，中心像素未作滤波。精改的 Lee 滤波器[14]弥补了这一不足。为了对边缘附近的噪声进行滤波，它首先检测边缘的方向，接着在一个方向性(edge-aligned)窗口内进行滤波。

5.2.2　基于边界对齐窗的相干斑滤波：精改的 Lee 滤波器[14]

相干斑滤波的基本准则是选取与窗中心像素具有相似散射特性的邻近像素进行滤波处理。为了使滤波后图像保持边缘清晰度，一个简单、计算量小的方法是采用方向与边缘方向相同的非正方形局部窗。这类滤波器早在 25 年前就已提出，然而当时计算机的速度慢且内存昂贵，考虑到计算速度和内存消耗，滤波只能在 7×7 滑动窗中进行。随着计算机技术的发展，如今该滤波方法可以在 9×9 或更大的滑动窗中进行，因此可以获得更好的滤波效果。大的滑动窗是 7×7 窗的简单推广，将在下面进行讨论。

为了对中心像素进行滤波，选取图 5.2 所示的 8 种边界对齐窗之一，其中每个窗中白色表示该像素将用做滤波，黑色表示该像素不用做滤波。边界对齐窗包含了与中心像素具有近似辐射特性的像素，因此用它进行滤波可以获得更好的滤波效果。如果采用正方形窗，其包含的像素就可能对应不同的散射媒质，用于滤波会导致图像的模糊。

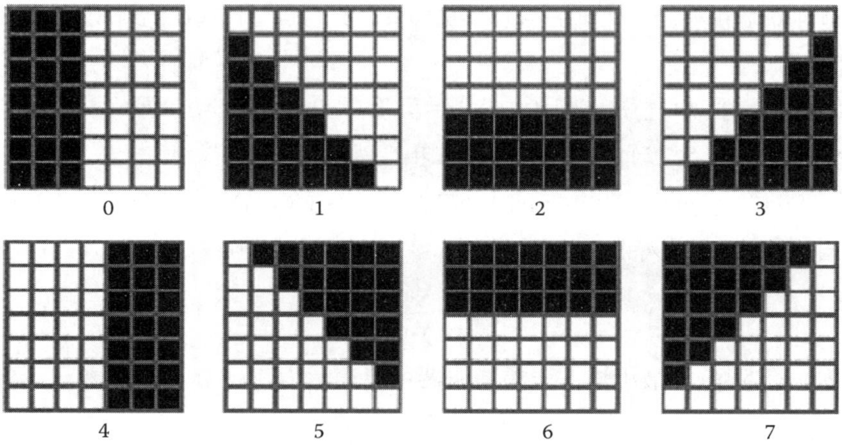

图 5.2　8 种边界对齐窗。根据边缘的方向选取其中一种。白色表示该像素用于滤波，黑色表示该像素不用于滤波

选择何种边界对齐窗进行滤波取决于边缘的方向。计算边缘方向的步骤如下：首先将 7×7 窗分成 9 个 3×3 子窗，如图 5.3(a)所示(图中仅示意了两个子窗)。然后计算各 3×3 子窗的均值，形成 3×3 阵列。计算均值是为了消除噪声对准确计算边缘方向的影响。7×7 窗中的 3×3 阵列的使用能够增大与中心像素接近的那些像素的加权值。对于 9×9 或更大的窗，使用非重叠的 3×3 子窗效果更佳。接着通过 4 种简单模板确定边缘的方向。4 种模板的形式如下：

$$\begin{bmatrix}-1 & 0 & 1\\-1 & 0 & 1\\-1 & 0 & 1\end{bmatrix}\quad\begin{bmatrix}0 & 1 & 1\\-1 & 0 & 1\\-1 & -1 & 0\end{bmatrix}\quad\begin{bmatrix}1 & 1 & 1\\0 & 0 & 0\\-1 & -1 & -1\end{bmatrix}\quad\begin{bmatrix}1 & 1 & 0\\1 & 0 & -1\\0 & -1 & -1\end{bmatrix}$$

需要注意的是，由于 Sobel 等其他边缘算子在检测含噪声的边缘方向时不够可靠，所以应避免使用。边缘方向是根据 4 种边缘模板与 3×3 阵列对应元素乘积的和的最大绝对值确定。由于每一边缘方向各对应两个方向相反的边界对齐窗，因此进一步根据 3×3 阵列的中心值和边缘方向上的两个值的接近程度确定边界对齐窗。例如，在图 5.3(b) 中，均值 m_{31} 比 m_{13} 更接近 m_{22}，所以选取了图 5.2 中的 5 号边界对齐窗用于滤波。当确定了边界对齐窗以后，利用该窗内的像素计算局部均值和局部标准差，进行最小均方误差滤波。

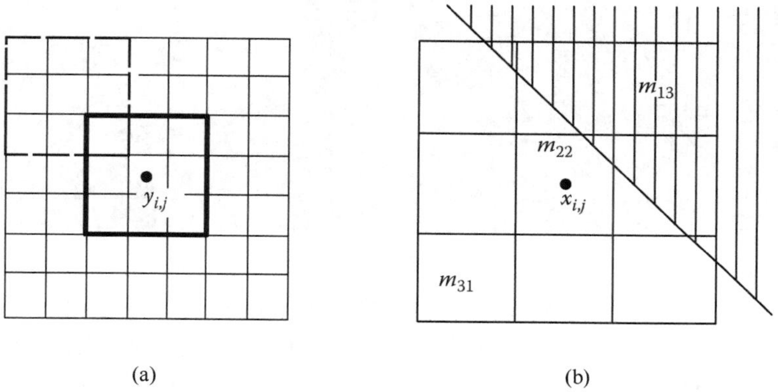

图 5.3　(a) 7×7 窗中生成用于计算边缘方向的 3×3 子窗示意图；(b) 边界对齐窗的选择示意图，m_{ij} 是 3×3 子窗均值

为证实最小均方误差滤波器和精改的 Lee 滤波器的有效性，选取 NASA JPL AIRSAR 法国 Les Landes 森林的 P 波段极化 SAR 数据进行实验。像素间距约为 10 m，数据格式为 4 视压缩斯托克斯矩阵。场景（1024×750 像素）包含皆伐区和许多块均匀的海岸松林区。在此重点考察 HH 极化数据，对 HH 幅度图像进行相干斑滤波。为便于视觉评估，截取其中一片 356×318 像素的区域。原始幅度图像如图 5.4(a) 所示，可以看出 4 视幅度数据有典型的相干斑特征。若干强点目标散布在图像的左下角。由于二次散射，图中还有若干水平亮直线。图 5.4(b) 是 5×5 均值滤波结果，可以看到有严重的模糊效应，分辨率降低。图 5.4(c) 是 9×9 最小均方误差滤波结果，降斑效果较好，但边缘附近的相干斑未被滤波。图 5.4(d) 是精改的 Lee 滤波结果，整体滤波效果较好，不仅保持了细节和强点特征，也对均匀区进行了降斑。为示意最小均方误差滤波器抑制边缘噪声的效果，放大图像并截取一片 160×129 像素的区域，如图 5.5 所示。边缘区域的相干斑噪声在黑色方块周围清晰可见，如图 5.5(c) 所示。这些噪声由精改的 Lee 滤波器滤除，如图 5.5(d) 所示。作为比较，图 5.5(a) 和图 5.5(b) 还分别给出了原始图像和 5×5 均值滤波器结果。

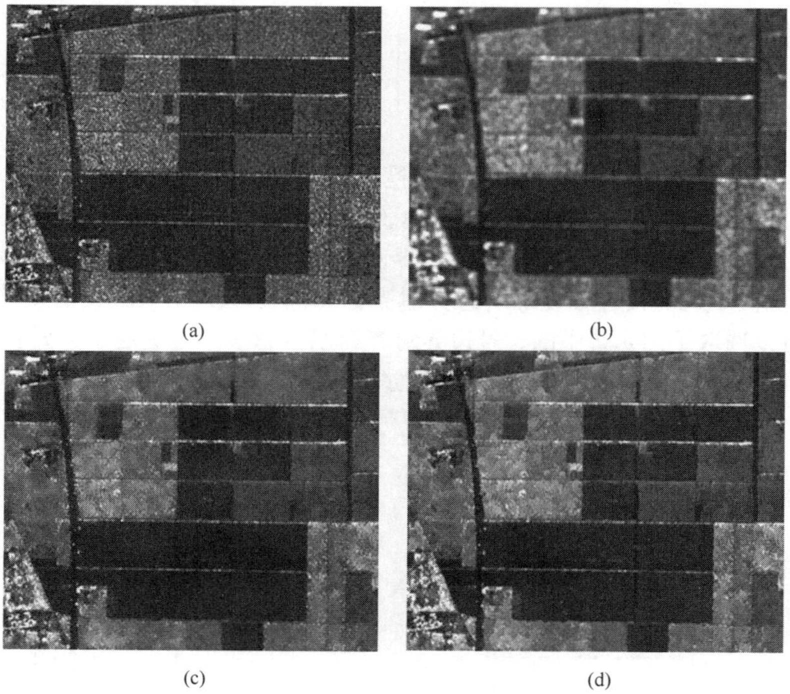

图 5.4 最小均方误差(MMSE)滤波器和精改的 Lee 滤波器实验结果。(a) AIRSAR Les Landes 森林 4 视 |HH| 图像，图像大小为385 × 318像素；(b) 5 × 5均值滤波结果，可以看出有严重的模糊效应，图像分辨率降低；(c) 最小均方误差滤波结果，输入参数$\sigma_v = 0.26$；(d) 精改的Lee滤波结果

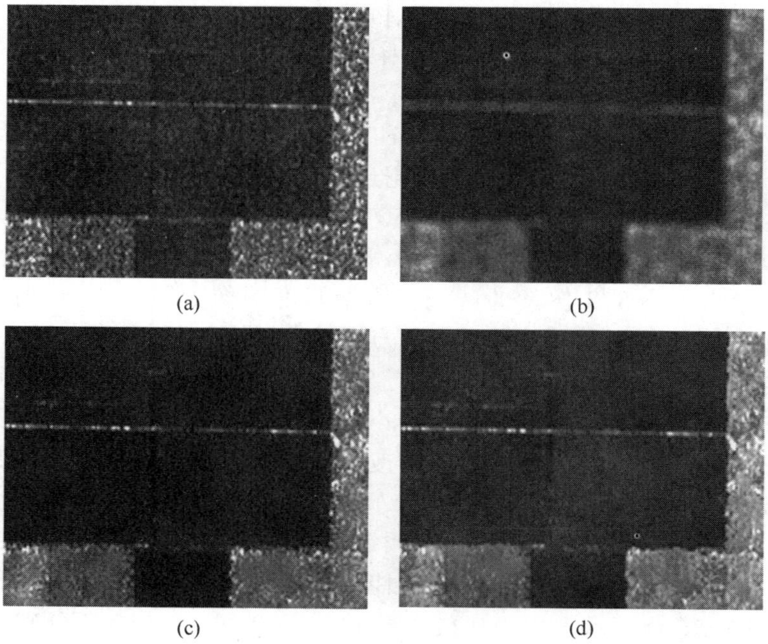

图 5.5 MMSE 滤波器的边缘噪声滤波效果。该图截取自图 5.4，大小为 160 × 129 像素

5.3　多极化 SAR 相干斑滤波算法回顾

本节对早期的基于多极化或全极化 SAR 数据的相干斑滤波算法进行简要回顾。这些算法对协方差或相干矩阵的非对角线元素未进行滤波或进行了不恰当的滤波。尽管使用了极化 SAR 数据，但未保留滤波前的极化信息，因此不是真正意义上的极化 SAR 相干斑滤波器。但这些算法推动了早期 SAR 相干斑滤波技术的发展，在处理多时相和多极化 SAR 数据中具有重要作用。Novak 和 Burl[3, 4]提出了极化白化滤波器(Polarimetric Whitening Filter, PWF)，通过最优地组合极化协方差矩阵中的所有元素，生成一幅降斑图像。Lee 等人[2]提出的滤波算法是利用乘性噪声模型和最小化均方误差，生成降斑的|HH|、|VV|和|HV|图像。在这些算法中，协方差矩阵的非对角线元素未进行滤波。Goze 和 Lopes[3]将上述方法进行推广，对单视协方差矩阵的非对角线元素也进行滤波。Lopes 和 Sery[4]通过纹理和相干斑的乘积模型，提出了若干针对纹理变化的滤波算法。根据滤波准则，通道间的统计相关性是滤波时需要保留的重要极化特征。所有这些滤波算法都利用了 HH、HV 和 VV 极化之间的统计相关性，从理论上讲，滤波后的 HH、HV 和 VV 极化数据是完全相关的。此外，这些滤波器也可能引起极化通道间的串扰，因此不能完好地保留极化特征。由于极化白化滤波器、最优加权滤波器和矢量相干斑滤波器在目标检测等应用中具有重要作用，本节将对它们进行回顾。

5.3.1　极化白化滤波器

Nova & Burl(1991)率先开展了极化相干斑滤波算法的研究[1]。通过最优地组合散射矩阵的所有元素，生成一幅降斑图像。这一滤波器称为极化白化滤波器。假设降斑后的数据可表达为二次型形式：

$$w = \underline{\boldsymbol{u}}^{*\mathrm{T}} \boldsymbol{A} \underline{\boldsymbol{u}} \tag{5.18}$$

式中 $\boldsymbol{A}$ 是正定厄米矩阵，$\underline{\boldsymbol{u}}$ 是式(4.33)所定义的极化复散射矢量。滤波要求优化矩阵 $\boldsymbol{A}$ 使 w 的标准差与均值的比值 J

$$J = \frac{\sqrt{\mathrm{Var}(w)}}{E[w]} \tag{5.19}$$

最小，式中 $\mathrm{Var}(w)$ 表示 w 的方差。矩阵 $\boldsymbol{A}$ 的优化通过矩阵特征值分析进行。上式分母可写为

$$E[w] = E\left[\underline{\boldsymbol{u}}^{*\mathrm{T}} \boldsymbol{A} \underline{\boldsymbol{u}}\right] = \mathrm{Tr}\left(E\left[\underline{\boldsymbol{u}}\underline{\boldsymbol{u}}^{*\mathrm{T}}\right] A\right) = \mathrm{Tr}(\boldsymbol{\Sigma A}) = \sum_{i=1}^{3} \lambda_i \tag{5.20}$$

式中 $\boldsymbol{\Sigma} = E[\underline{\boldsymbol{u}}\underline{\boldsymbol{u}}^{*\mathrm{T}}]$，$\lambda_i$ 是 $\boldsymbol{\Sigma A}$ 的特征值。由于 $\boldsymbol{A}$ 和 $\boldsymbol{\Sigma}$ 是厄米矩阵，故 $\boldsymbol{\Sigma A}$ 的特征值为正实数。类似地，w 的方差可以变换为

$$\mathrm{Var}(w) = \mathrm{Tr}(\boldsymbol{\Sigma A})^2 = \sum_{i=1}^{3} \lambda_i^2 \tag{5.21}$$

由式(5.19)可知，当 $\lambda_1 = \lambda_2 = \lambda_3 = \lambda$ 时，J 有最小值 $1/\sqrt{3}$，即三个独立样本的平均。令 $\boldsymbol{S}$ 为特征矢量形成的酉矩阵，则

$$S\Sigma AS^{-1}=\begin{bmatrix}\lambda & 0 & 0\\ 0 & \lambda & 0\\ 0 & 0 & \lambda\end{bmatrix}=\lambda I \tag{5.22}$$

式中 I 是单位矩阵。由上式，有 $\Sigma A=\lambda I$ 或 $A=\lambda\Sigma^{-1}$。因此，极化白化滤波器的表达式为

$$w=\underline{u}^{*\mathrm{T}}\Sigma^{-1}\underline{u} \tag{5.23}$$

使用该滤波器时，首先利用一个中心像素为待滤波像素的滑动窗来计算协方差矩阵 Σ，然后利用式(5.23)对中心像素进行滤波。尽管 Σ 由滑动窗计算得到，但滤波主要是利用极化间的复统计相关性。该滤波器的输出是一幅降斑的实图像。尽管 $|\mathrm{HH}|^2$、$|\mathrm{HV}|^2$ 和 $|\mathrm{VV}|^2$ 可能是相关的，但是相干斑噪声水平等于三个独立样本的平均，这也就是“极化白化滤波器”名称的由来。值得注意的是，式(5.23)的滤波器是复高斯分布[见式(4.34)]的指数项，这表明基于复高斯分布的最大似然估计器也可以得到相同的极化白化滤波器。

对于3.3.4节所述的反射对称情形，式(5.23)可以转化为一个简单的代数方程。对于反射对称媒质，协方差矩阵 Σ 可以写为

$$\Sigma=E[|S_{hh}|]\begin{bmatrix}1 & 0 & \rho\sqrt{\gamma}\\ 0 & 2\varepsilon & 0\\ \rho^{*}\sqrt{\gamma} & 0 & \gamma\end{bmatrix} \tag{5.24}$$

式中，$\varepsilon=\dfrac{E[\,|S_{hv}|^2\,]}{E[\,|S_{hh}|^2\,]}$，$\gamma=\dfrac{E[\,|S_{vv}|^2\,]}{E[\,|S_{hh}|^2\,]}$，$\rho$ 是 S_{hh} 和 S_{vv} 之间的复相关系数。

式(5.23)可以转化为

$$y=|S_{hh}|^2+\frac{1}{\gamma}|S_{vv}|^2+\frac{1-|\rho|^2}{\varepsilon}|S_{hv}|^2-\frac{2\mathrm{Re}(\rho S_{hh}^{*}S_{vv})}{\sqrt{\gamma}} \tag{5.25}$$

式中符号“Re”表示复数的实部。可看出 y 是强度 $|\mathrm{HH}|^2$、$|\mathrm{HV}|^2$、$|\mathrm{VV}|^2$ 和一个相关项的线性组合。极化白化滤波后的图像比Span图像的等效视数小，又不同于相干斑滤波后的Span图像。

为验证极化白化滤波效果，采用一幅丹麦EMISAR的高分辨率单视C波段极化SAR图像进行实验。在图像中利用一个5×5滑动窗估计 ρ、ε 和 γ。图5.6(a)是256×256的原始 $|\mathrm{HH}|$ 幅度图像。图5.6(b)是极化白化滤波后的结果。可以看出，降斑效果显著，并且图像无模糊。但是，极化白化滤波器降斑的程度可能不满足地物分类等应用的要求，而且它也未对整个协方差矩阵滤波。

(a) 原始单视|HH|图像　(b) PWF滤波后|HH|图像　(c) 最优加权滤波|HH|图像

图5.6　极化白化和最优加权滤波器实验结果

5.3.2　多视极化 SAR 数据的 PWF 推广

由极化白化滤波器表达式可知，它只能应用于散射矩阵形式的单视极化 SAR 数据。然而可以对它进行推广以应用于协方差或相干矩阵形式的多视数据。对于将进行多视处理的各个像素，由式(5.23)，极化白化滤波后可写为

$$w_i = \underline{\boldsymbol{u}}_i^{*\mathrm{T}} \boldsymbol{\Sigma}^{-1} \underline{\boldsymbol{u}}_i = \mathrm{Tr}\left(\boldsymbol{\Sigma}^{-1} \boldsymbol{C}_i\right) \tag{5.26}$$

式中 $\boldsymbol{C}_i$是第 i 个像素的协方差矩阵。假设均匀媒质 n 个邻近像素具有相同的协方差矩阵 $\boldsymbol{\Sigma}$，n 个极化白化滤波后像素的平均值即为基于 n 视协方差矩阵的极化白化滤波结果

$$w^{(n)} = \frac{1}{n}\sum_{i=1}^{n} w_i = \frac{1}{n}\sum_{i=1}^{n}\mathrm{Tr}\left(\boldsymbol{\Sigma}^{-1}\boldsymbol{C}_i\right) = \frac{1}{n}\mathrm{Tr}\left(\boldsymbol{\Sigma}^{-1}\sum_{i=1}^{n}\boldsymbol{C}_i\right) = \mathrm{Tr}(\boldsymbol{\Sigma}^{-1}\boldsymbol{Z}) \tag{5.27}$$

式中 $\boldsymbol{Z}$ 是由式(5.7)所定义的协方差矩阵集合平均。该方法滤波后也得到一幅降斑的新图像，但矩阵 $\boldsymbol{C}$ 的各个元素未被滤波。

5.3.3　最优加权滤波器

为了对|HH|、|HV|和|VV|的幅度或强度图像滤波，Lee 等人[12]提出了一种基于乘性噪声模型、忽略相位差信息的线性滤波器。该滤波器生成三幅滤波后的强度或幅度图像，但协方差矩阵的非对角线元素未进行滤波。该滤波器与极化白化滤波器的不同之处在于其输出三幅图像，而极化白化滤波器仅输出一幅。该滤波器也可用于多极化或多视图像的滤波。

令 z_i为一个极化通道的强度或幅度，根据乘性噪声模型

$$z_i = x_i v_i\,,\qquad i = 1,2,3 \tag{5.28}$$

式中 x_i表示待估计值，v_i表示均值为 1 且标准差为 σ_v 的噪声。在均匀区域，σ_v 等于标准差与均值的比值，而多视处理将影响 σ_v 的大小。假设 x_1的一个线性无偏估计为

$$\hat{x}_1 = (z_1 + a z_2/\varepsilon + b z_3/\gamma)/(1 + a + b) \tag{5.29}$$

式中 $\varepsilon = \dfrac{E[x_2]}{E[x_1]}$，$\gamma = \dfrac{E[x_3]}{E[x_1]}$。

选择参数 a 和 b，以使均方差 $E[(\hat{x}_1 - x_1)^2]$最小。利用最小化方法[12]可得

$$a = \frac{(1-\rho_{13})(1-\rho_{23}+\rho_{13}-\rho_{12})}{(1-\rho_{23})(1+\rho_{23}-\rho_{13}-\rho_{12})} \tag{5.30}$$

$$b = \frac{(1-\rho_{12})(1-\rho_{23}-\rho_{13}+\rho_{12})}{(1-\rho_{23})(1+\rho_{23}-\rho_{13}-\rho_{12})} \tag{5.31}$$

式中 ρ_{ij} 是相关系数，定义为

$$\rho_{ij}=\frac{E[(z_i-\bar{z}_i)(z_j-\bar{z}_j)]}{\sqrt{E\left[(z_i-\bar{z}_i)^2\right]E\left[(z_j-\bar{z}_j)^2\right]}} \tag{5.32}$$

x_2和x_3的估计值可以分别通过 $\hat{x}_2=\varepsilon\hat{x}_1$和 $\hat{x}_3=\gamma\hat{x}_1$ 计算得到。

该滤波器可以对强度和幅度图像滤波。从理论上讲，HH、HV 和 VV 通道数据经滤波后变为完全相关。协方差矩阵的非对角线元素未进行滤波。与极化白化滤波器类似，该滤波器也利用了极化通道间的统计相关性。为比较该滤波器和极化白化滤波器的性能，利用同一 EMISAR 单视极化 SAR 数据进行实验，结果如图 5.6(c)所示。比较图 5.6(b)和图 5.6(c)，两种滤波器的滤波结果非常相似。

文献[39]对最优加权滤波器进行推广，从而能对维数大于 3 的数据进行滤波。这一推广的滤波器能较好地对多时相 ERS-1 SAR 图像降斑，并已成功地用于林区雷达散射截面随季节变化的测量[41]。

5.3.4 矢量相干斑滤波器

前面所介绍的滤波器都是利用极化通道间的统计独立性来生成滤波后图像。尽管使用滑动窗来计算一些参数，但是它们仍属于极化域的滤波技术。这些方法一般在空间域的平滑效果(亦即邻近像素平均)很小。矢量相干斑滤波器[8]是最小均方误差滤波器在多维情况下的推广，它同时在空间域和极化域平滑相干斑。令 $\boldsymbol{z}=[z_1\quad z_2\quad z_3]^{\mathrm{T}}$，$\boldsymbol{x}=[x_1\quad x_2\quad x_3]^{\mathrm{T}}$，式中 z_i和 x_i是实数(非复数)，则式(5.28)可以写为如下矢量形式：

$$\boldsymbol{z}=\boldsymbol{V}\boldsymbol{x},\quad 其中\ \boldsymbol{V}=\begin{bmatrix}v_1&0&0\\0&v_2&0\\0&0&v_3\end{bmatrix} \tag{5.33}$$

采用类似 5.2.1 节最小均方误差滤波器的推导方法：设 $\hat{\boldsymbol{x}}$ 为 $\boldsymbol{x}$ 的估计值，则

$$\hat{\boldsymbol{x}}=\boldsymbol{A}\bar{\boldsymbol{x}}+\boldsymbol{B}\boldsymbol{z} \tag{5.34}$$

式中 $\boldsymbol{A}$ 和 $\boldsymbol{B}$ 是待求的使均方误差最小的 3×3 矩阵，

$$J=E\left[\|\hat{\boldsymbol{x}}-\boldsymbol{x}\|^2\right] \tag{5.35}$$

具体的推导过程如下[39]。

将式(5.33)和式(5.34)代入式(5.35)，最优的 $\boldsymbol{A}$ 和 $\boldsymbol{B}$ 应满足

$$\frac{\partial J}{\partial \boldsymbol{A}}=0\quad 或\quad E\left[\bar{\boldsymbol{x}}(\boldsymbol{x}-\boldsymbol{A}\bar{\boldsymbol{x}}-\boldsymbol{B}\boldsymbol{z})^{\mathrm{T}}\right]=0 \tag{5.36}$$

由于 $E[\boldsymbol{z}]=\bar{\boldsymbol{x}}$，可得

$$\boldsymbol{A}=\boldsymbol{I}-\boldsymbol{B} \tag{5.37}$$

式中 $\boldsymbol{I}$ 是单位矩阵，由

$$\frac{\partial J}{\partial \boldsymbol{B}}=0\quad 或\quad E\left[\boldsymbol{z}(\boldsymbol{x}-\boldsymbol{A}\bar{\boldsymbol{x}}-\boldsymbol{B}\boldsymbol{z})^{\mathrm{T}}\right]=0 \tag{5.38}$$

将式(5.37)代入，可得

$$E[(\boldsymbol{x}-\bar{\boldsymbol{x}})\boldsymbol{z}^{\mathrm{T}}+\boldsymbol{B}(\bar{\boldsymbol{x}}-\boldsymbol{z})\boldsymbol{z}^{\mathrm{T}}]=E[(\boldsymbol{x}-\bar{\boldsymbol{x}})\boldsymbol{z}^{\mathrm{T}}]+\boldsymbol{B}E[(\bar{\boldsymbol{x}}-\boldsymbol{z})\boldsymbol{z}^{\mathrm{T}}]=0 \tag{5.39}$$

对于式(5.39)中的第一项，从中减去 $E[(\boldsymbol{x}-\bar{\boldsymbol{x}})\underline{z}^{\mathrm{T}}]=0$，可得

$$\begin{aligned}E[(\boldsymbol{x}-\bar{\boldsymbol{x}})z^{\mathrm{T}}] &= E[(\boldsymbol{x}-\bar{\boldsymbol{x}})z^{\mathrm{T}}]-E[(\boldsymbol{x}-\bar{\boldsymbol{x}})\bar{z}^{\mathrm{T}}]\\ &= E[(\boldsymbol{x}-\bar{\boldsymbol{x}})(z-\bar{z})^{\mathrm{T}}]\\ &= E[(\boldsymbol{x}-\bar{\boldsymbol{x}})(\boldsymbol{x}-\bar{\boldsymbol{x}})^{\mathrm{T}}\overline{V}]\\ &= \mathrm{Cov}(\boldsymbol{x})\end{aligned} \tag{5.40}$$

式中 $\bar{\boldsymbol{V}}=\boldsymbol{I}$。

对于式(5.39)中的第二项，经推导可得

$$\begin{aligned}\boldsymbol{B}E[(\bar{\boldsymbol{x}}-z)z^{\mathrm{T}}] &= \boldsymbol{B}\{zz^{\mathrm{T}}-E[zz^{\mathrm{T}}]\}\\ &= -\boldsymbol{B}\ \mathrm{Cov}(z)\end{aligned} \tag{5.41}$$

将式(5.40)和式(5.41)代入式(5.39)，可得

$$\boldsymbol{B}=\mathrm{Cov}(\boldsymbol{x})/\mathrm{Cov}(z) \tag{5.42}$$

将式(5.37)和式(5.42)代入式(5.34)，可得矢量相干斑滤波器的表达式为

$$\hat{\boldsymbol{x}}=\bar{\boldsymbol{x}}+\boldsymbol{M}\boldsymbol{P}^{-1}(z-\bar{\boldsymbol{x}}) \tag{5.43}$$

式中 $\boldsymbol{P}=\mathrm{Cov}(z)$，$\boldsymbol{M}=\mathrm{Cov}(x)$。矢量 $\bar{\boldsymbol{x}}$ 由局部均值 $\bar{z}$ 计算得到。矩阵 $\boldsymbol{P}$ 可以利用一个滑动窗计算得到，然而矩阵 $\boldsymbol{M}$ 需要用乘性噪声模型计算。由于 v_i 和 v_j 相关，相关系数为 ρ_{ij}，根据相关系数的定义，有

$$E[v_i v_j]=1+\rho_{ij}\sigma_{v_i}\sigma_{v_j} \tag{5.44}$$

式中 σ_{v_i} 是5.1.1节由乘性噪声模型定义的相干斑标准差与均值的比值。对于大多数应用中所有极化数据的视数相同的情形，有 $\sigma_{v_i}=\sigma_{v_j}$。矩阵 $\boldsymbol{P}$ 中位置为(i,j)的元素为

$$P_{ij}=E\left[(z_i-\bar{z}_i)(z_j-\bar{z}_j)\right]=E\left[v_i v_j\right]E\left[x_i x_j\right]-\bar{x}_i\bar{x}_j \tag{5.45}$$

由式(5.44)和式(5.45)，可以推导得矩阵 $\boldsymbol{M}$ 中位置为(i,j)的元素为

$$M_{ij}=\left(P_{ij}-\rho_{ij}\sigma_{v_i}\sigma_{v_j}\bar{z}_i\bar{z}_j\right)/\left(1+\rho_{ij}\sigma_{v_i}\sigma_{v_j}\right) \tag{5.46}$$

这一算法可在尺寸为5×5或7×7或更大的滑动窗中应用。此外，还可用边界对齐窗来改进该滤波器的滤波效果。但是需要注意的是，在计算协方差矩阵 $\boldsymbol{M}$ 时，应保证方差 $M_{ii}\geqslant 0$ 并使非对角线元素满足

$$|M_{ij}|\leqslant\sqrt{M_{ii}M_{jj}} \tag{5.47}$$

该滤波器仅对协方差矩阵或相干矩阵的对角线元素进行滤波，非对角线元素保持不变。其他一些滤波器，例如Goze和Lopes[3]，通过添加非对角线元素的实部和虚部进而增加维数。然而除了单视情形，其合理性是一个问题，因为非对角线元素不能由乘性噪声模型描述。

5.4 极化SAR相干斑滤波

5.3节讨论的滤波器都利用了极化通道间的统计相关性，从理论上讲，滤波后协方差矩阵中的所有元素将完全相关。利用这些滤波器进行滤波后，HH、HV和VV强度间的统计关系和由非对角线元素计算的相关系数将发生变化，因此滤波后的协方差矩阵不能再用复威沙特分布模型(见第3章)描述。另一方面，这些滤波器还会引入通道间的串扰。为了能够像多

视处理一样保持统计特征，避免引入串扰，Lee 等人[33]提出了另一类滤波算法，对协方差矩阵进行类似于多视处理(亦即均值滤波器)的滤波，即加权平均邻近像素的协方差矩阵，但避免了均值滤波器降低空间分辨率的问题。

5.4.1 极化 SAR 相干斑滤波准则

设计极化 SAR 相干斑滤波器需遵循如下准则[33]：

- 为保留滤波前数据的极化特征，协方差矩阵的每个元素需用类似于多视处理的方式，选取相同的邻近像素，同等程度地进行滤波。Lopez-Martinez[32]提出对非对角线元素采取与对角线元素不同的滤波方法，可能导致相关系数大于 1，不能保持相关项的期望值。
- 为避免滤波后引入极化通道间的串扰，协方差矩阵的每一元素应在空间域独立地进行滤波。诸如 5.3 节的滤波算法，由于利用了协方差矩阵元素间的统计相关性，会引入极化通道间的串扰。
- 为了保持散射特征、边缘清晰度和点目标特征，滤波器应能自适应地选取或加权邻近的像素。

遵循上述滤波准则的比较有效的滤波器有：精改的 Lee 极化 SAR 相干斑滤波器[33]，Vasile等人基于区域生长技术的极化 SAR 相干斑滤波器[34]，基于散射模型的极化 SAR 相干斑滤波器[35]等。下面的 5.4.2 节至 5.5 节将对它们进行介绍。

5.4.2 精改的 Lee 极化 SAR 相干斑滤波

根据极化 SAR 相干斑滤波准则，Lee 等人[33]提出了一种基于方向性非正方形窗和最小均方误差的滤波算法。边界对齐窗和滤波加权值都根据极化总功率(Span)来确定。Span 图像是对 HH、VH + HV 和 VV 强度图像的平均，因此其相干斑噪声小于 HH、HV 或 VV 强度图像的相干斑噪声。采用 Span 图像而不采用单极化图像进行像素选择和滤波加权值计算的另一原因是，HH、HV 和 VV 可能具有不同的散射特征。目标在每个极化通道表现的不同散射特征可能都会出现在 Span 图像中。当利用 Span 选择一种边界对齐窗后，利用该窗内的像素计算它们协方差矩阵中相同位置元素的均值。最后计算滤波后的元素值时，使用相同的滤波加权值对协方差矩阵中每个元素进行独立地同等地滤波。滤波加权值是通过 Span 而非协方差矩阵元素计算，因此只需要计算 Span 图像的局部方差，计算量较小。该滤波方法既能避免通道间的串扰，又能保持均匀区域的极化信息，这是因为：对于每个像素，其协方差矩阵的各个元素都是独立地进行滤波，避免了串扰；协方差矩阵的各元素滤波时采用了相同的边界对齐窗和相同的滤波加权值，保持了极化信息。此外，边界对齐窗的使用，保持了图像的清晰度。滤波可以在一个7 ×7或 9 ×9 的滑动窗中进行，也可以类似地在更大的 11 ×11 或更小的 5 ×5 窗中进行。正如 5.2 节所述，大窗能更好地平滑相干斑，而小窗能更好地保持纹理。

该滤波器包含如下几个基本步骤：

1. 边界对齐窗的选择：对于待滤波的每个像素，利用 Span 选择一个与边缘方向接近的非正方形边界对齐窗，具体过程参见 5.2.2 节。选择的边界对齐窗将用于矩阵 **Z** 各元素的滤波。
2. 滤波加权值的计算：根据式(5.15)和式(5.17)，在 Span 图像上应用局部统计滤波器来计算加权值 b。

3. 协方差矩阵的滤波：使用相同的加权值 b(标量)和相同的边界对齐窗对协方差矩阵 $\mathbf{Z}$ 的各元素独立地同等地滤波。滤波后的协方差矩阵为

$$\hat{\mathbf{Z}} = \overline{\mathbf{Z}} + b(\mathbf{Z} - \overline{\mathbf{Z}}) \tag{5.48}$$

式中矩阵 $\overline{\mathbf{Z}}$ 中各个元素是同一边界对齐窗中的协方差矩阵元素的局部均值。

需要再次指出的是，当计算加权值 b 时，无须计算 $\mathbf{Z}$ 的各个元素的方差，只需要计算 Span 的方差，因此该滤波器计算量较小。加权值 b 由乘性噪声模型得到，但 $\mathbf{Z}$ 的非对角线元素具有加性噪声和乘性噪声的组合特征。针对加性噪声的最小均方误差滤波器，除了加权值 b 的计算方法不同，与针对乘性噪声的最小均方误差滤波器具有相同的形式[10]。为保持极化间的相关性，需要采用与对角线元素相同的滤波方法对非对角线元素进行同等地滤波，否则极化间的相关系数将会改变，严重时其值可能会大于 1。

为验证滤波效果，利用 EMISAR 单视协方差矩阵数据进行实验，选用的窗大小为7×7。对于单视复数据，根据 Span 计算的输入参数 σ_v 对应的视数应介于 2 和 3 之间。图 5.7(a)是输入参数 $\sigma_v = 0.5$ 滤波后的 |HH| 图像。对比图 5.6 可以看出，降斑效果显著，分辨率也保持得较好。对于图像分割和分类等应用，可能需要增加滤波的程度。图 5.7(b)是输入参数 $\sigma_v = 1.0$ 滤波后的 |HH| 图像。可以看出，边缘仍比较清晰，降斑的效果更好，并且没有牺牲空间分辨率。对比图 5.7(c)的 5×5 均值滤波结果可以看出，该滤波器具有显著优势。

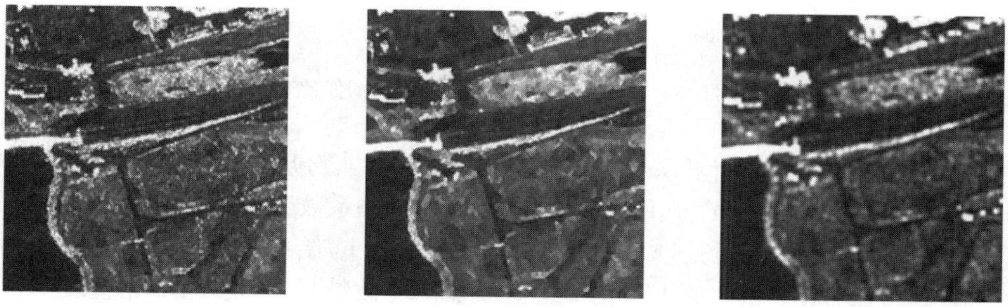

(a)　(b)　(c)

图 5.7　精改的 Lee 极化滤波结果

对于多视极化 SAR 数据，采用 NASA/JPL AIRSAR 获取自 Les Landes 的 P 波段 4 视极化 SAR 图像来验证各元素独立滤波的效果。该场景中有多片不同树龄的均匀森林和皆伐区。对于每个像素，从压缩的斯托克斯矩阵提取极化协方差矩阵，之后进行极化 SAR 相干斑滤波。图 5.8(a)和图 5.8(b)分别是原始和滤波后的 P 波段 |HH| 图像，可以看出滤波的降斑效果，图像的清晰度也保持得很好。HV 极化和 HH 极化的散射特征不同。例如，图 5.8(a)中的 |HH| 图像水平亮直线在图 5.8(c)中的 |HV| 图像里是暗直线。由于协方差矩阵各元素是独立进行滤波的，因此滤波后的图像中没有引入串扰，滤波效果较好，如图 5.8(b)和图 5.8(d)所示。若使用 5.3 节中利用通道间统计相关性的滤波器，则滤波后的 |HV| 图像将会有串扰。

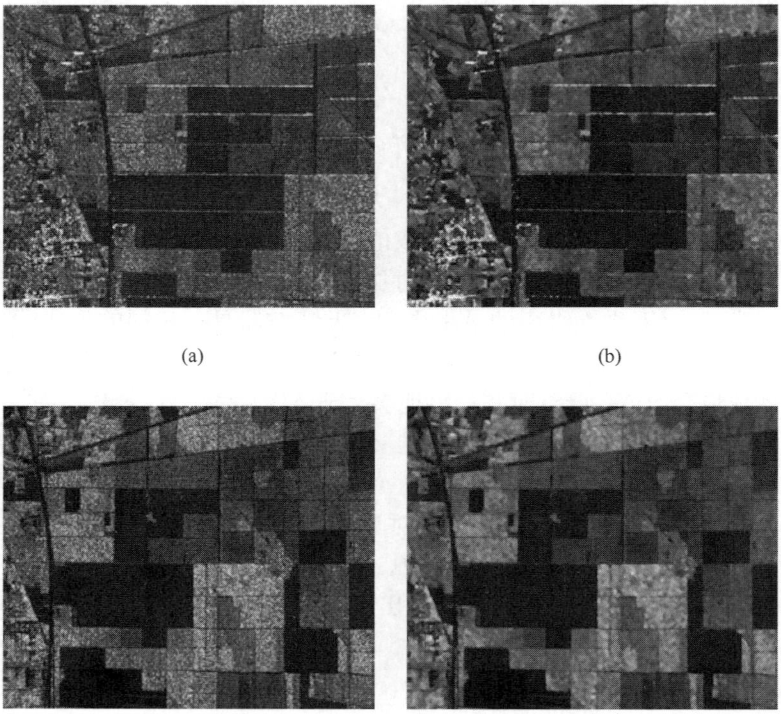

(a) (b) (c) (d)

图 5.8　|HH|和|VV|滤波前后的图像比较

为验证滤波能否保持统计相关性，利用协方差矩阵的非对角线元素计算 HH 和 VV 极化的相干性和相位差。图 5.9(a)是 HH 和 VV 极化间的相关系数，是由滤波后数据的单个像素计算得到的，并且未进行平滑处理。为进行比较，图 5.9(b)给出了 5×5 窗均值滤波后数据的相关系数。可以看出，精改的 Lee 相干斑滤波器的滤波结果模糊更少，亮直线变得更细，边界变得更尖锐，且均匀区域的总亮度相似。这表明该滤波器的降斑效果和 25 视处理的效果近似，但是模糊更少。

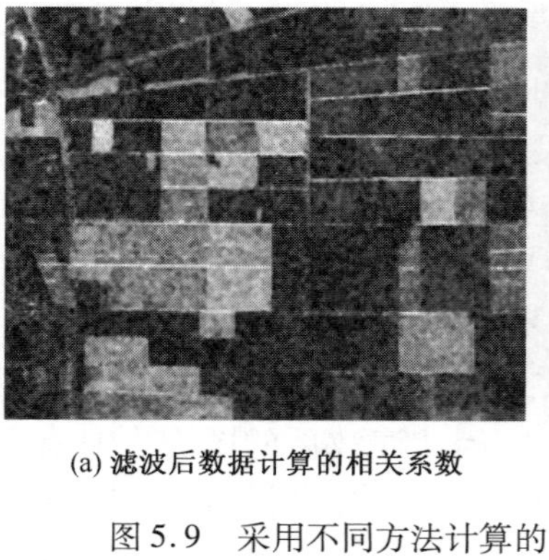

(a) 滤波后数据计算的相关系数

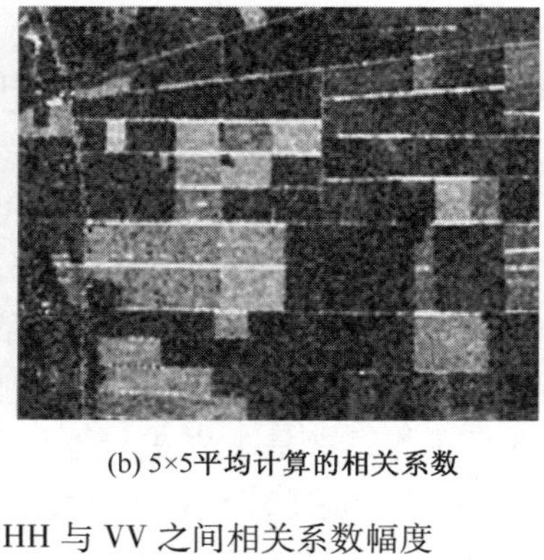

(b) 5×5平均计算的相关系数

图 5.9　采用不同方法计算的 HH 与 VV 之间相关系数幅度

相干斑滤波对 HH 和 VV 极化相位差的影响如图 5.10 所示。HH 和 VV 极化相位差是根据滤波后协方差矩阵的非对角复元素进行计算的。尽管并不直接对相位差进行滤波，但对非对角线元素的实部和虚部进行了滤波，其降噪效果显著。第 4 章已详细说明多视平均处理减小了相位差中噪声的标准差。总的来说，该滤波器的降斑效果与 5 ×5 平均处理的效果相当，然而无模糊问题。

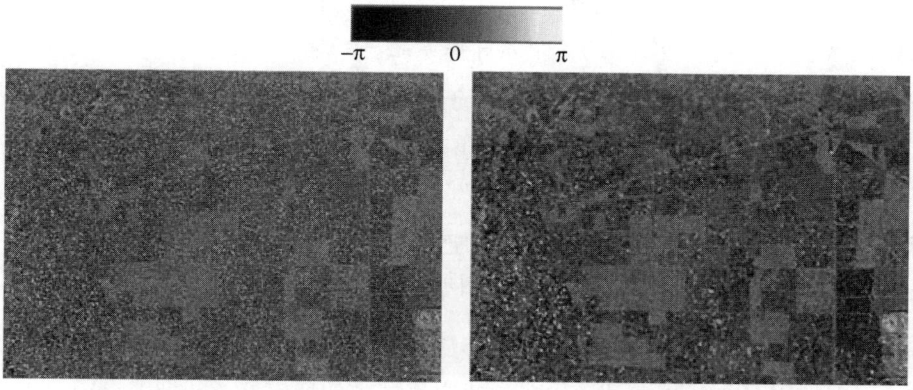

(a) 原始数据HH与VV之间的相位差　(b) 滤波后数据HH与VV之间的相位差

图 5.10　滤波前后 HH 与 VV 之间相位差的比较。相位差是由原始数据和滤波后数据的$S_{HH}S_{vv}^*$计算得到的，用两图上方的灰度颜色条表示

需要注意的是，合适的 σ_v 值对于滤波效果至关重要。如果该值太大，就会导致滤波过度；如果该值太小，图像就得不到充分滤波。在多视处理中，由于邻近像素存在空间相关性，空间平均计算的 σ_v 值将高于通过统计独立像素计算的值。计算加权值 b 所用的 Span 图像，相对于 HH、VV 或 HV 强度图包含更少的相干斑噪声。此外，一些 SAR 数据集利用内插法投影到地距（例如，JPL AIRSAR 的综合处理器数据），虽然损失了分辨率，但是降低了 σ_v。总之，为获得最好的滤波效果，最好是利用实验由 Span 图像的散点图确定 σ_v。

5.4.3　基于区域生长技术的极化 SAR 相干斑滤波

极化 SAR 相干斑滤波的基本准则之一是选取均匀区域的像素进行滤波。区域生长技术能使具有类似统计特性的像素形成一组。基于区域生长技术和 Lee 的 sigma 滤波器[16]思想，Vasile 等人[34]提出了一种极化 SAR 和极化干涉 SAR 相干斑滤波算法。该算法采用区域生长技术对每个待滤波像素确定一个适应邻域，接着根据极化 SAR 相干斑滤波准则，简单地求平均或应用最小均方误差滤波器。Lee 的 sigma 滤波器选取位于 2σ 范围（占总样本的 95%）之间的像素进行滤波。根据乘性噪声模型，2σ 范围是$[\tilde{x}-2\tilde{x}\sigma_v,\ \tilde{x}+2\tilde{x}\sigma_v]$，式中 $\tilde{x}$ 是待估计像素的先验均值，σ_v 是式(5.1)定义的相干斑噪声标准差。极化 SAR 相干斑滤波器应用于泡利矢量的强度图像上，

$$\underline{\boldsymbol{u}} = \begin{bmatrix} |\mathrm{HH}+\mathrm{VV}|^2 \\ |\mathrm{HH}-\mathrm{VV}|^2 \\ 2|\mathrm{HV}|^2 \end{bmatrix} \tag{5.49}$$

对于每一个待滤波的像素，利用区域生长技术从其 8 个直接相邻像素中选取若干像素形成适应邻域，包含如下两个阶段。

阶段 I

1. 粗略估计先验均值 $\tilde{u}$。对于待滤波的各个像素 $u(m,n)$，在以其为中心的 3×3 窗中选取中值作为其先验均值。

2. 初始区域生长。若 $u(m,n)$ 的 8 个紧邻像素之一 $u(k,\ l)$ 在 $[\tilde{u}_i-\frac{2}{3}\tilde{u}_i\sigma_v,\ \tilde{u}_i+\frac{2}{3}\tilde{u}_i\sigma_v]$ 范围内，则将其加入适应邻域，这相应于该区间内的 50% 样本满足

$$\sum_{i=1}^{3}\frac{\|u_i(k,l)-\tilde{u}_i(m,n)\|}{\|\tilde{u}_i(m,n)\|}\leqslant 2\sigma_v \tag{5.50}$$

继续区域生长，直到所有满足该条件的连接像素都包含在适应邻域内或邻域内像素数达到上限值。注意由于是 3 个比值的相加，故式(5.50)中的阈值增为原来的 3 倍。

阶段 II

1. 精确估计先验均值。对阶段 I 构造的适应邻域内的所有像素求平均，得到一个更优的先验均值估计 $\ddot{u}$。
2. 重新检验已排除的像素。为填补适应邻域的空洞，采用 2σ 范围测试在阶段 I 被排除的像素，检验其是否满足如下条件：

$$\sum_{i=1}^{3}\frac{\|u_i(k,l)-\ddot{u}_i(m,n)\|}{\|\ddot{u}_i(m,n)\|}\leqslant 6\sigma_v \tag{5.51}$$

3. 上述条件比式(5.50)宽松，因为阈值增大至 2σ 范围，相应于 95% 样本所处的区间。

各个像素的适应邻域构造出来之后，接着应用极化 SAR 相干斑滤波准则进行滤波。与 5.4.2 节的精改的 Lee 极化 SAR 相干斑滤波方法相同，利用最小均方误差滤波器从 Span 计算加权值 b，用适应邻域内的所有像素对相干矩阵滤波。如果滤波的重点不是保持细节信息，则可以使用简单的平均，以获得更好的降斑效果。

该算法的优点是所选取的像素不必像最小均方误差滤波器和精改的 Lee 滤波器那样位于一个固定的滑动窗内，因此可以获得更好的降斑效果。然而其缺点是构造各个像素的适应邻域时需要依次考察相邻的像素，计算量较大。此外，与原始的 Lee sigma 滤波器[16]一样，由于相干斑分布并非对称，而在区域生长过程中像素的选取使用的是对称的阈值，因而该滤波器也存在过低估计的偏差。最近，Lee 等人[42]将精改的 sigma 滤波器[40]用于极化 SAR 相干斑滤波。鉴于出版时间原因，本节不介绍该算法。

5.5 基于散射模型的极化 SAR 相干斑滤波

单极化 SAR 相干斑滤波的基本思想在于选取具有相同统计特性的邻近像素进行平均。对于极化 SAR 数据，这一思想应推广到选取具有相同散射机制的邻近像素进行平均。Lee 等人[35]于 2006 年提出了一种基于上述思想的滤波算法。该算法旨在保持每个像素的主要散射

机制，具有明显不同散射机制的像素则不进行滤波。目前已有许多目标分解方法可以用来描述各个像素的散射机制（见第 6 章和第 7 章）。这里选用第 6 章介绍的 Freeman-Durden[36] 的三分量散射模型分解，因为它能提供各个散射成分的散射功率。但缺点是其反射对称性假设，以及表面散射、二次散射的功率可能为负[37]。该滤波算法很容易推广至 Yamaguchi 的四成分分解[38]（见第 6 章），从而不必受限于反射对称的假设。这个基于散射模型的滤波算法只对具有相同主要散射机制的像素进行平均。

本节介绍利用分类图作为掩模的相干斑滤波算法。该算法将像素的散射类型分成 3 种：表面散射、二次散射和体散射。只对属于同一散射类型的像素进行滤波，从而保持主要散射机制。对于一个单视或多视像素，在 9 ×9 或更大窗中，选取和它属于相同散射类型（scattering category）中的像素进行平均。尝试选取 9 ×9 窗中属于相同散射类型的像素进行平均，但结果并不理想，因为引起了太多模糊。也尝试用最小均方误差滤波器代替平均，结果稍好，但仍不如精改的 Lee 极化 SAR 相干斑滤波器的结果。实验发现最好的方法是首先对极化 SAR 图像分类，接着基于分类图进行相干斑滤波。该滤波方法能有效降斑，同时保持极化 SAR 图像中的强点目标特征，保留其边缘、直线和曲线特征。需要注意的是，为便于应用，滤波前选择的分类方法应当是非监督的，而且该分类方法应保持主要散射机制。因为非监督分类是本节介绍的滤波算法中的必要步骤，请读者在阅读本节后面的内容之前，先熟悉第 8 章基于 Freeman-Durden 分解的非监督分类的内容。

极化 SAR 具有表征各种媒质的散射机制的能力。对 9 ×9 或更大窗内的中心像素进行滤波时，只使用和它具有相同散射类型的像素。得到的滤波后图像弥补了均值滤波结果的不足。分辨率下降程度最小，尤其是在具有二次散射的建筑和城市街区。该滤波方法包含下面三个步骤：（1）Freeman-Durden 分解；（2）利用能保持主要散射机制的非监督分类器将像素分成若干类；（3）基于分类图进行相干斑滤波。详细的步骤如下。

1. Freeman-Durden 分解

步骤 1：对协方差矩阵应用 Freeman-Durden 分解并将所有像素分成三种主要散射类型：表面散射（S）、体散射（V）和二次（DB）散射。主要散射类型是由分解后表面散射、体散射及二次散射中散射功率的最大者决定。Freeman-Durden 分解需用多视极化 SAR 数据。对于诸如 DLR/E-SAR 的单视数据，可以将协方差矩阵在方位向进行平均，形成正方形像素，从而提供足够的视数（2 ~4 视）。否则，需要一个 3 ×3 的平均来确定主要散射类型。

2. 非监督分类（见第 8 章）

步骤 2：在各个散射类型中，利用像素的散射功率直方图将该散射类型中的所有像素分成 30 或更多个初始聚类。各个初始聚类的像素数目近似。

步骤 3：利用距离度量［见式（8.26）］，

$$D_{ij} = \frac{1}{2}\left\{\ln(|V_i|) + \ln(|V_j|) + \mathrm{Tr}\left(V_i^{-1}V_j + V_j^{-1}V_i\right)\right\} \tag{5.52}$$

将各个散射类型中的初始聚类合并成最终的 5 个，式中 V_i和 V_j分别是第 i 类和第 j 类协方差矩阵 $\boldsymbol{C}$ 的类均值。若它们之间的距离 D_{ij}最短，则两类合并为一个新的聚类。在实验中发现

9×9 窗中 5 个最终类提供的像素数目能充分降斑，因此最终选取 5 类进行滤波是合理的。若选取更多最终聚类用于滤波，在步骤 6 和步骤 7 中则需要更大的窗(11×11)。

步骤 4：所有像素基于它们和聚类中心的威沙特距离度量大小重新分类。协方差矩阵为 $\boldsymbol{C}$ 的像素和聚类中心 V_m 的威沙特距离度量为

$$d(C, V_m) = \ln|V_m| + \mathrm{Tr}\left(V_m^{-1}\boldsymbol{C}\right) \tag{5.53}$$

若该距离在同一散射类型的所有聚类中最小，则像素分配到聚类 m 中。标记了“DB”、“V”或“S”的像素只能分配到相同散射类型的不同聚类中。这样就确保了类在主要散射机制上是一致的。

步骤 5：为获得更好的分类结果，需要在类型限制的条件下，迭代应用威沙特分类器 4 次。

3. 基于分类图的相干斑滤波

步骤 6：对 9×9 窗的中心像素进行滤波时，选取与中心像素相同散射类型中属于同类及相邻两类的像素进行平均。选取相邻两类的像素能够使滤波时有更多的相同散射类型的像素。为了有足够的像素，也可使用更大的窗(11×11)。当中心像素位于对应散射类型的最亮类和最暗类时，滤波只使用该类中的像素。为保持点目标特征，不对最亮 DB 类和最亮 S 类中的像素滤波(亦即保持它们的原始值)。

步骤 7：在协方差矩阵或相干矩阵中，利用最小均方误差滤波器进行滤波，其过程与 5.4.2 节相同。滤波后的协方差矩阵为

$$\hat{\boldsymbol{C}} = \overline{\boldsymbol{C}} + b(\boldsymbol{C} - \overline{\boldsymbol{C}}) \tag{5.54}$$

加权值 b 是根据式(5.15)和式(5.17)，通过 9×9 窗中选取的像素的 Span 的均方误差最小化计算得到的。如果滤波选择的像素数目过少(小于 5)，则加入 3×3 窗中的相邻像素。为了保持点目标特征，该 3×3 邻域方法不用于前面提到的最亮 DB 类和最亮 S 类的中心像素。滤波加权值 b 的详细计算过程可参考 5.2 节。$\overline{\boldsymbol{C}}$ 是平均 9×9 窗中选取的像素得到的 $\boldsymbol{C}$ 的均值矩阵。此外，除了使用式(5.54)，也可使用 $\hat{\boldsymbol{C}} = \overline{\boldsymbol{C}}$ 加大滤波，但该方法会损失空间分辨率。

尽管一般情况下，表面散射或体散射的像素数目大于二次散射的像素数目，但步骤 3 中对每个散射类型选取了 5 类。实际上也可以增加表面或体散射类型的类别数，但实验中根据滤波结果发现每个散射类型分成 5 类是足够的。

为保持边缘、点目标和曲线-直线特征，该滤波器只使用相同主要散射机制和相近散射功率的像素进行滤波。它没有使用边缘检测器、边界对齐窗和点目标探测器。道路和开阔的平地具有典型表面散射特征。根据分类图，容易从植被(体散射)和城市街区(二次散射)的亮回波中将它们分离出来。当对表面散射类型的像素进行滤波时，在 9×9 窗中选取和它一样属于表面散射类型并且属于相同类和相邻两类的那些像素进行平均。当对体散射类型的像素或二次散射类型的像素进行滤波时，也使用类似的选取方法。该过程比其他利用边缘和点目标探测器的滤波器能更好地保持边缘和曲线-直线特征。该算法保持点目标是通过步骤 6 中不对点目标像素进行滤波而实现的。点目标一般具有强的二次散射或强的表面(镜面)散射，它们被分类到二次散射类型或表面散射类型中的强回波类。正如步骤 6 所示，这些像素不被滤波从而保持其特征。

5.5.1　演示验证和评估

基于旧金山极化 SAR 数据说明上述滤波过程。原始数据是斯托克斯矩阵平均处理后的 4 视数据，图像尺寸是 700 ×901 像素。对数据不再进行平均或滤波，直接应用基于 Freeman-Durden 分解和威沙特分类器的非监督地物分类算法。该算法能生成一个较好的地物分类图，同时保持分辨率和散射机制不变。使用步骤 1 至 5，将地物分成 15 类（每个散射类型5 类），并使用一个 9 ×9 窗进行滤波。图 5.11 是伪彩色类标记的结果。具有表面散射特征的像素用蓝色表示，二次散射用红色表示，树木和其他植被的体散射用绿色表示。接下来利用这一分类图，根据步骤 6 和 7 进行相干斑滤波。

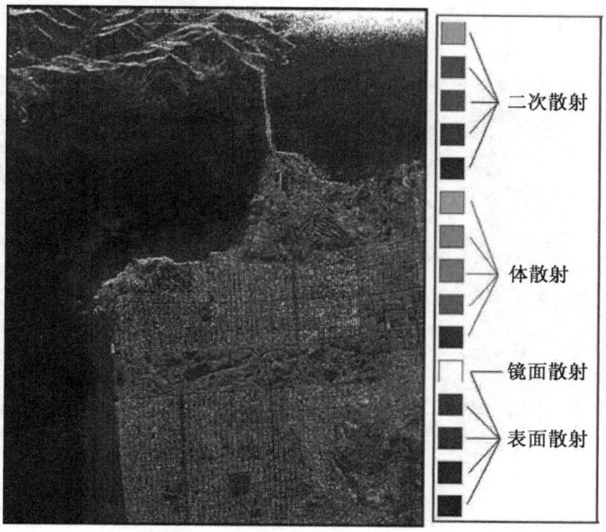

图 5.11　采用 Freeman-Durden 分解和威沙特分类器的基于散射特性的非监督分类结果。颜色表位于右侧。相干斑滤波基于该分类图以保持主要散射特性

5.5.2　降斑效果

为验证算法降斑的效果，比较基于散射模型的 5 ×5 均值滤波器和 5.4.2 节使用7 ×7 边界对齐窗的精改的 Lee 极化 SAR 相干斑滤波器结果。为更好地进行视觉比较，只显示图像中心一小片 256 ×256 像素的图像，如图 5.12 所示。图 5.12(a)是原始|HH|图像，可以看出相干斑噪声比较明显，尤其是在亮的区域。亮的区域噪声较大是由相干斑的乘性特征所致。图 5.12(b)是 5 ×5 均值滤波器平滑了的|HH|图像，它显示了典型的不加区分地进行滤波的结果：模糊和空间分辨率损失。图 5.12(c)是精改的 Lee 极化 SAR 相干斑滤波结果。相对均值滤波器，该滤波器的降斑效果有显著改善，边缘得到了保持且在某些区域得到了增强，但分辨率有一定的损失，并且由于使用了边界对齐窗，存在细微但仍可见的斑点。图 5.12(d)是基于散射模型的极化 SAR 相干斑滤波的结果。由于二次散射和表面散射类型中的最亮类是不进行滤波的，因此较好地保持了亮目标。此外也更好地保持了不同地物的细节和线状特征。

为了从保持极化特征的角度评估该滤波器的有效性，将滤波器应用到圆极化数据。圆极化是所有三个线性极化及其相位的组合，比|HH|图像更适合用于评估。

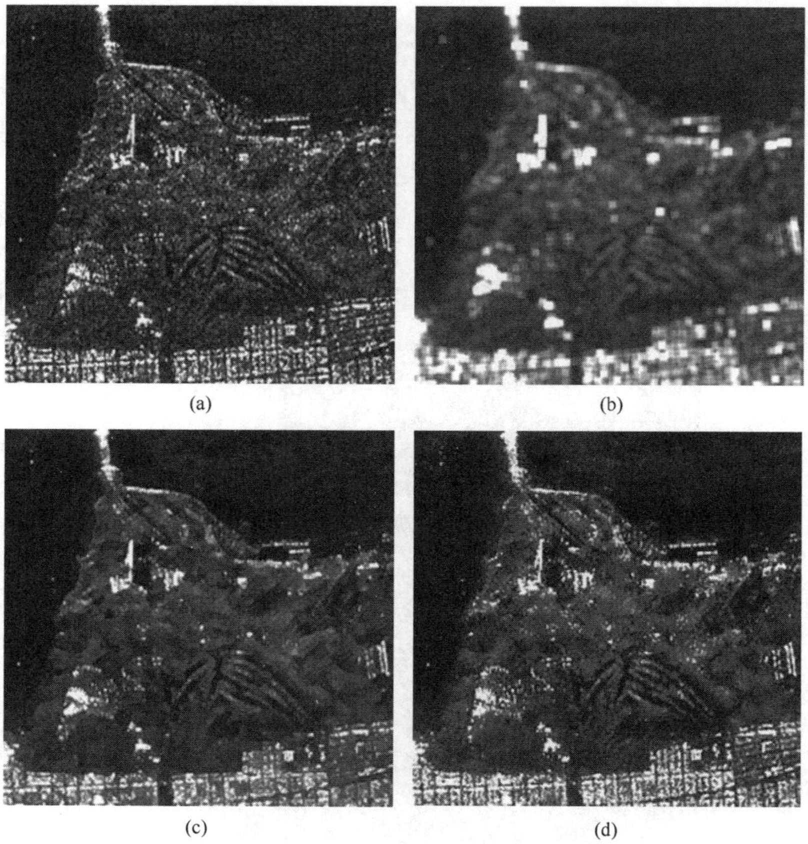

图5.12 三种滤波方法的降斑效果比较。(a) 原始4视|HH|图像，有明显的相干斑；(b) 5×5均值滤波器滤波降斑后的|HH|，但分辨率下降；(c) 精改的Lee极化滤波后的|HH|，滤波效果明显改善，但边缘可能过度增强；(d) 基于散射模型的极化滤波后的|HH|，更好地保持了散射特性，降斑的同时没有模糊

利用原始数据和基于散射模型的极化SAR相干斑滤波后的协方差矩阵分别计算得到了$<|\boldsymbol{S}_{LL}|>$和$<|\boldsymbol{S}_{RL}|>$，如图5.13所示。可以看出，图5.13(a)和图5.13(c)所示原始图像有显著的相干斑噪声，图5.13(b)和图5.13(d)所示基于散射模型相干斑滤波后的LL图像和RL图像，在有效降斑的同时保持了边缘、曲线-直线特征和点目标。

5.5.3 主要散射机制的保持效果

为分析滤波器对散射特性的保持效果，对原始数据和滤波后数据进行Freeman-Durden分解。图5.14是原始数据和滤波后数据幅度(亦即功率的平方根)的伪彩色图，其中二次散射、体散射、表面散射的幅度分别用红、绿、蓝表示。与图5.14(a)所示的原始未滤波数据相比，5×5均值滤波器的结果[见图5.14(b)]出现了模糊。强的二次散射、镜面散射目标被5×5均值滤波器过度平滑而破坏。基于边界对齐窗的精改的Lee极化SAR相干斑滤波器具有更好的滤波效果[见图5.14(c)]。基于散射模型的极化SAR相干斑滤波器的结果[见图5.14(d)]具有良好的滤波效果，并且保持了空间分辨率和主要散射特性。

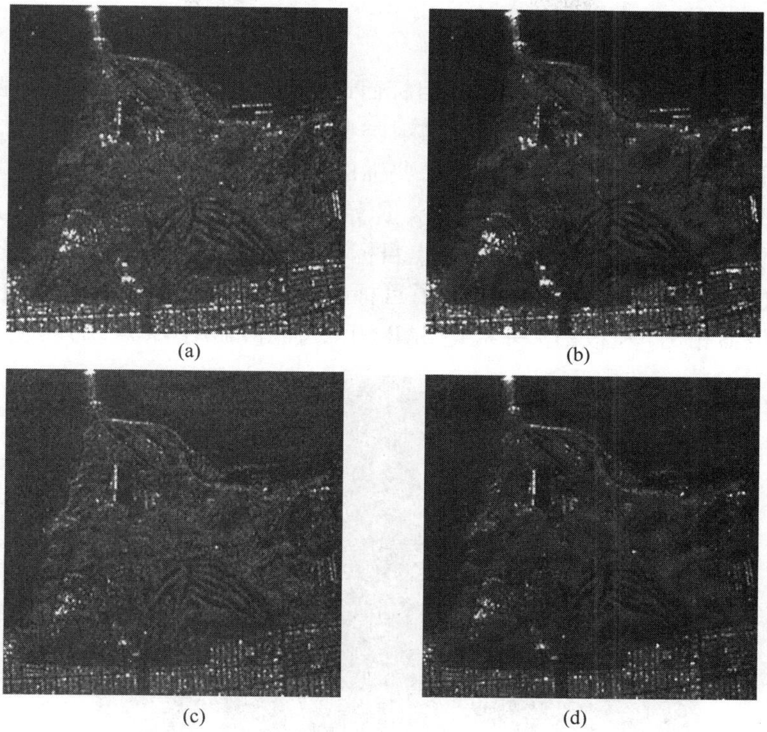

(a)　(b)　(c)　(d)

图 5.13　圆极化图像的滤波效果

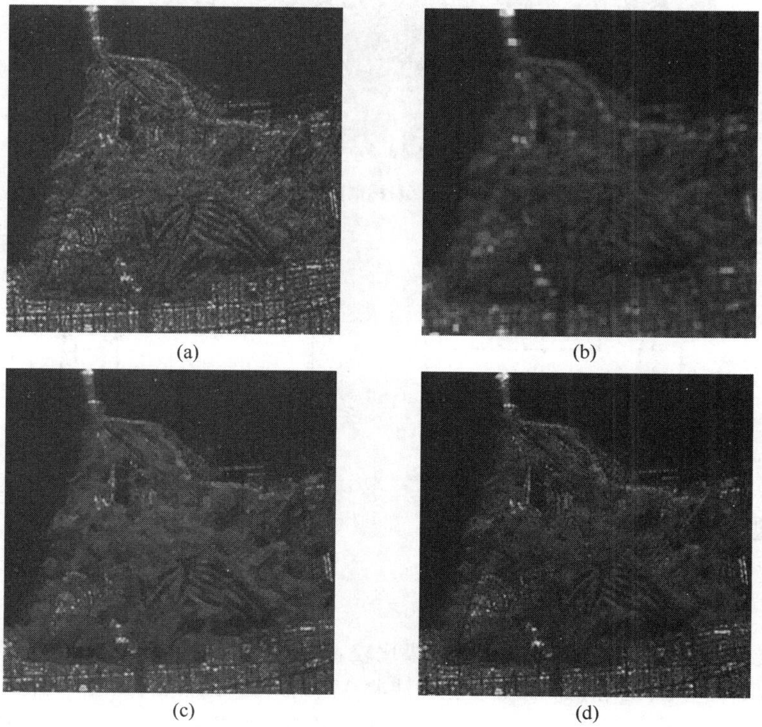

(a)　(b)　(c)　(d)

图 5.14　基于 Freeman-Durden 分解的相干斑滤波结果比较，验证保持散射特性的效果

5.5.4 点目标特征的保持效果

本节提出的滤波方法是为了保持强点目标而设计的。正如已经讨论的，强点目标没有进行滤波，因为它们被分到二次散射和表面散射类型中的最亮类中。作为范例，从图 5.15(a)中左半部分提取了一个剖面图，它横跨了一些强的二次散射目标。图 5.15(b)和图 5.15(c)分别是 HH 和 VV 幅度图。在点目标位置处，原始的幅度(细黑线)和基于散射模型相干斑滤波后的幅度(宽灰线)完全重叠。这说明强点目标得到了 100% 保持。幅度较小的背景杂波则被滤除。虚线(5 × 5 均值滤波结果)显示了目标特征模糊的问题。和基于散射模型的极化 SAR 相干斑滤波器相比，精改的 Lee 极化 SAR 相干斑滤波器结果(点线)略差。

(a) 截取点目标剖面示意图

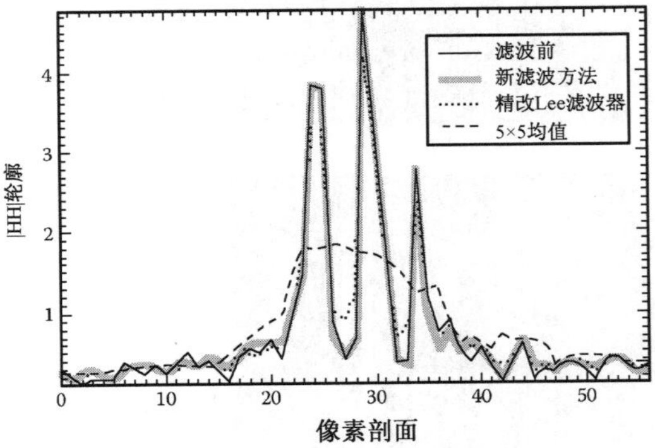

(b) |HH|剖面

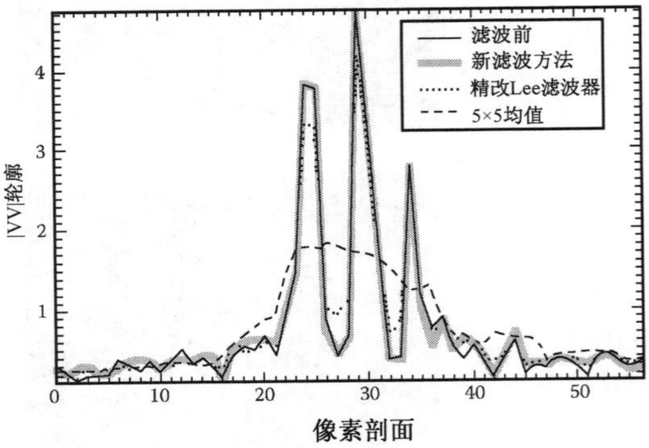

(c) |VV|剖面

图 5.15　极化滤波器保持点目标特征的效果比较。(a) 白线表示在二次散射目标区域截取剖面位置；(b)和(c) 原始及三种滤波算法结果的 |HH| 和 |VV| 剖面图。基于散射模型的极化SAR相干斑滤波器有较好地保持强二次散射和强点目标的能力。表示原始幅度的细黑曲线和表示基于散射模型相干斑滤波后幅度的粗灰曲线完全重合

参考文献

[1] Novak L. M. and M. C. Burl, Optimal speckle reduction in polarimetric SAR imagery, *IEEE Transaction on Aerospace and Electronic Systems*, 26(2), 293-305, March 1990.

[2] Lee J. S., M. R. Grunes and S. A. Mango, Speckle reduction in multi-polarization, multi-frequency SAR imagery, *IEEE Transaction on Geoscience and Remote Sensing*, 29(4), 535-544, July 1991.

[3] Goze S. and A. Lopes, A MMSE speckle filter for full resolution SAR polarimetric data, *Journal of Electromagnetic and Waves Applications*, 7(5), 717-737, 1993.

[4] Lopes A. and F. Sery, Optimal speckle reduction for the product model in multi-look polarimetric SAR imagery and the Wishart distribution, *IEEE Transactions on Geoscience and Remote Sensing*, 35(3), 632-647, May 1997.

[5] Lopes A., S. Goze and E. Nezry, Polarimetric speckle filtering for SAR data, *Proceedings of IGARSS' 92*, Houston, TX, 80-82, 1992.

[6] Lopes A. and F. Sery, The LMMSE polarimetric Wishart vector speckle filtering for multilook data and the LMMSE spatial vector filter for correlated pixels in SAR images, *Proceedings of IGARSS' 94*, 2143-2145, Pasadeba, CA, 1994.

[7] Touzi R. and A. Lopez, The principle of speckle filtering in polarimetric SAR imagery, *IEEE Transactions on Geoscience and Remote Sensing*, 32, 1110-1114, 1994.

[8] Lin Q. and J. P. Alleback, Combating speckle in SAR images: Vector filtering and sequential classification based on multiplicative noise model, *IEEE Transactions on Geoscience and Remote Sensing*, 28(4), 647-653, July 1990.

[9] Lopez-Martinez C. and X. Fabregas, Polarimetric SAR speckle noise model, *IEEE Transactions on Geoscience and Remote Sensing*, 41(10), 2232-2242, October 2003.

[10] Lee J. S., Digital image enhancement and noise filtering by use of local statistics, *IEEE Transactions on Pattern Analysis and Machine Intelligence*, 2(2), 165-168, March 1980.

[11] Lee J. S., Speckle analysis and smoothing of synthetic aperture radar images, *Computer Graphics and Image Processing*, 17, 24-32, September 1981.

[12] Lee J. S., K. Hoppel, and S. Mango, Unsupervised Speckle noise modeling of radar images, *International Journal of Imaging System and Technology*, 4, 298-305, 1992.

[13] Lee J. S., Noise modeling and estimation of remote sensed images, *Proceedings of IGARSS' 89*, pp. 1005-1008, Vancouver, Canada, July 1989.

[14] Lee J. S., Refined filtering of image noise using local statistics, *Computer Vision, Graphics, and Image Processing*, 15, 380-389, 1981.

[15] Lee J. S., Digital image noise smoothing and the sigma filter, *Computer Vision, Graphics, and Image Processing*, 24, 255-269, 1983.

[16] Lee J. S., A simple speckle smoothing algorithm for synthetic aperture radar images, *IEEE Transactions on System, Man, and Cybernetics*, SMC-13(1), 85-89, January/February 1983.

[17] Lee J. S., Speckle suppression and analysis for synthetic aperture radar images, *Optical Engineering*, 25 (5), 636-643, May 1986.

[18] Frost V. S. et. al., A model for radar images and its application to adaptive digital filtering of multiplicative noise, *IEEE Transactions on Pattern Analysis and Machine Intelligence*, PAMI-4(2), 157-166, March

1982.

[19] Frost V. S. et al., An adaptive filter for smoothing noisy radar images, *IEEE Proceedings*, 69(1), 133-135, January 1981.

[20] Kuan D. T. et. al., Adaptive noise filtering for images with signal-dependent noise, *IEEE Transactions on Pattern Analysis and Machine Intelligence*, PAMI-7(2), 165-177, March 1985.

[21] Kuan D. T. et al., Adaptive restoration of images with speckle, *IEEE Transactions on Acoustics, Speech, and Signal Processing*, 35(3), 373-383, March 1987.

[22] Lopes A., R. Touzi, and E. Nezry, Adaptive speckle filters and scene heterogeneity, *IEEE Transactions on Geoscience and Remote Sensing*, 28(6), 992-1000, November 1990.

[23] Arsenault H. H. and M. Levesque, Combined homomorphic and local-statistics processing for restoration of images degraded by signal-dependent noise, *Applied Optics*, 23(6), March 1984.

[24] Nezry E., A. Lopes, and R. Touzi, Detection of Structural and Textural Features for SAR Image Filtering, *Proceedings of IGARSS'91*, 2169-2172, Vol. IV, Espoo, Finland, May 1991.

[25] Durand J. M., et. al., SAR data Filtering for Classification, *IEEE Transactions on Geoscience and Remote Sensing*, GE-25(5), 629-637, September 1987.

[26] Lee J. S., P. Dewaele, P. Wambacq, A. Oosterlinck and I. Jurkevich, Speckle filtering of synthetic aperture radar images—a review, *Remote Sensing Reviews*, 8, 313-340, 1994.

[27] Touzi R., A review of speckle filtering in the context of estimation theory, *IEEE Transactions on Geoscience and Remote Sensing*, 40(11), 2392-2404, November 2002.

[28] Datcu M. , K. Seidel, and M. walessa, Spatial information retrieval from remote sensing images, *IEEE Transactions on Geoscience and Remote Sensing*, 36, 1431-1445, September 1998.

[29] Walessa M. and M. Datcu, Model-based despeckling and information extraction from SAR images, *IEEE Transactions on Geoscience and Remote Sensing*, 38, 2258-2269, September 2000.

[30] Oliver C. and S. Quegan, *Understanding of Synthetic Aperture Radar images*, Norwood, MA. Artech House, 1998.

[31] Arsenault H. H. and M. Levesque, Combined homomorphic and local-statistics processing for restoration of images degraded by signal-dependent noise, *Applied Optics*, 23(6), March 1984; 1150, November 1976.

[32] Lopz-Martinez C., Multidimensional Speckle noise modeling and filtering related to SAR data. PhD thesis, Universitat Politècnica de Catalunya(UPC), Barcelona, Spain, June 2003.

[33] Lee J. S., M. R. Grunes and G. De Grandi, Polarimetric SAR speckle filtering and its impact on terrain classification, *IEEE Transactions on Geoscience and Remote Sensing*, 37(5), 2363-2373, September 1999.

[34] Vasile G., E. Trouve, J. S. Lee and V. Buzuloiu, Intensity-driven-adaptive-neighborhood technique for polarimetric and interferometric parameter estimation, *IEEE Transactions on Geoscience and Remote Sensing* 44(4), 994-1003, April 2006.

[35] Lee J. S., D. L. Schuler, M. R. Grunes, E. Pottier, and L. Ferro-Famil, Scattering model based speckle filtering of polarimetric SAR data, *IEEE Transactions on Geoscience and Remote Sensing*, 44(1), 176-187, January 2006.

[36] Freeman A. and S. L. Durden, A three-component scattering model for polarimetric SAR data, *IEEE TGRS*, 36(3), 963-973, May 1998.

[37] Lee J. S., M. R. Grunes, E. Pottier, and L. Ferro-Famil, Unsupervised terrain classification preserving scattering characteristics, *IEEE Transactions on Geoscience and Remote Sensing*, 42(4), 722-731, April, 2004.

[38] Yamaguchi Y., T. Moriyama, M. Ishido, and H. Yamada, Four-component scattering model for polarimetric SAR image decomposition, *IEEE Transactions on Geoscience and Remote Sensing*, 43 (8), 1699-1706, August 2005.

[39] Lee J. S., M. Grunes and S. Mango, Speckle reduction in multipolarization and multifrequency SAR imagery, *IEEE Transactions on Geoscience and Remote Sensing*, 29(4), 535-544, July 1991.

[40] Lee J. S., J. H. Wen, T. L. Ainsworth, K. S. Chen, and A. J. Chen, Improved sigma filter for speckle filtering of SAR imagery, *IEEE Trans. on Geoscience and Remote Sensing*, 46(12), December 2008 (in press).

[41] De Grandi G. F. et al., Radar reflectivity estimation using multiple SAR scenes of the same target: techniques and applications; *Proceedings of 1997 International Geoscience and Remote Sensing*, 1047-1050, August 1997.

[42] Lee J. S., T. L. Ainsworth and K. S. Chen, Speckle filtering of dual-polarization and polarimeteric SAR data based on unproved sigma filter, *Proceedings of IGARSS' 08*, Boston, July 2008.

第 6 章　极化目标分解理论

6.1　引言

从第 5 章可以看出，在解译极化信息之前有必要对极化数据进行相干斑滤波，这个步骤可以抑制极化参数的随机性。非相干平均处理对相干矩阵 $\boldsymbol{T}_3$ 和协方差矩阵 $\boldsymbol{C}_3$ 包含的极化特性有重要影响。

相干矩阵 $\boldsymbol{T}_3$ 和协方差矩阵 $\boldsymbol{C}_3$ 均由 9 个实系数定义，其中包括 3 个对角项(实数)和 3 个复相关系数(由幅度和相位表示)。在单视情况下，3 个相关系数都有归一化的模值，并且任意一个相关系数的相位都可以由另外两个相关系数的线性组合得到，因此矩阵中仅剩 5 个自由参数。

相对散射矩阵 $\boldsymbol{S}_{\text{rel}}$ 与单视相干矩阵 $\boldsymbol{T}_3$ 或协方差矩阵 $\boldsymbol{C}_3$ 具有唯一的对应关系，如下式所示：

$$\begin{aligned}\boldsymbol{C}_3 &= \begin{bmatrix} C_{11} & C_{12} & C_{13} \\ C_{12}^* & C_{22} & C_{23} \\ C_{13}^* & C_{23}^* & C_{33} \end{bmatrix} = \begin{bmatrix} |S_{11}|^2 & \sqrt{2}S_{11}S_{12}^* & S_{11}S_{22}^* \\ \sqrt{2}S_{12}S_{11}^* & 2|S_{12}|^2 & \sqrt{2}S_{12}S_{22}^* \\ S_{22}S_{11}^* & \sqrt{2}S_{22}S_{12}^* & |S_{22}|^2 \end{bmatrix} \\ &= \begin{bmatrix} C_{11} & m_{12}\mathrm{e}^{\mathrm{j}\phi_{12}} & m_{13}\mathrm{e}^{\mathrm{j}\phi_{13}} \\ m_{12}\mathrm{e}^{-\mathrm{j}\phi_{12}} & C_{22} & m_{23}\mathrm{e}^{\mathrm{j}(\phi_{13}-\phi_{12})} \\ m_{13}\mathrm{e}^{-\mathrm{j}\phi_{13}} & m_{23}\mathrm{e}^{-\mathrm{j}(\phi_{13}-\phi_{12})} & C_{33} \end{bmatrix}\end{aligned} \tag{6.1}$$

式中，$m_{ij}=\sqrt{C_{ii}C_{jj}}$，且

$$\begin{aligned}\boldsymbol{S}_{\text{rel}} &= \begin{bmatrix} \sqrt{C_{11}} & \sqrt{C_{22}/2}\mathrm{e}^{-\mathrm{j}\phi_{12}} \\ \sqrt{C_{22}/2}\mathrm{e}^{-\mathrm{j}\phi_{12}} & \sqrt{C_{33}}\mathrm{e}^{-\mathrm{j}\phi_{13}} \end{bmatrix} \\ &= \begin{bmatrix} |S_{\mathrm{HH}}| & |S_{\mathrm{HV}}|\mathrm{e}^{\mathrm{j}(\phi_{\mathrm{HV}}-\phi_{\mathrm{HH}})} \\ |S_{\mathrm{HV}}|\mathrm{e}^{\mathrm{j}(\phi_{\mathrm{HV}}-\phi_{\mathrm{HH}})} & |S_{\mathrm{VV}}|\mathrm{e}^{\mathrm{j}(\phi_{\mathrm{VV}}-\phi_{\mathrm{HH}})} \end{bmatrix}\end{aligned} \tag{6.2}$$

将相对散射矩阵 $\boldsymbol{S}_{\text{rel}}$ 与典型目标散射矩阵比较，可能得到目标的散射机制。但是当极化数据经过相干斑滤波或多视平均处理后，匹配结果就不再准确了。一般情况下，相关系数的模值均小于等于 1，各相位项之间线性独立，即

$$\left|\langle S_{ij}S_{kl}^*\rangle\right|^2 \leqslant \langle |S_{ij}|^2\rangle\langle |S_{kl}|^2\rangle \quad \text{和} \quad \operatorname{Arg}(\langle S_{ij}S_{kl}^*\rangle) \neq \langle \operatorname{Arg}(S_{ij}S_{kl}^*)\rangle \tag{6.3}$$

这时，称相干矩阵 $\boldsymbol{T}_3$ 或协方差矩阵 $\boldsymbol{C}_3$ 是“分布”的，且没有一个相干散射矩阵能与其相对应。

如图 6.1 所示，在选定场景中，相关系数的模值是变化的，这表示相关程度可能与散射媒质自身的性质有关。极化分解理论利用交叉极化项中隐含的附加信息，可以从极化数据集中提取到更多极化特性。

3×3 相干矩阵 $\boldsymbol{T}_3$ 是极化雷达系统中最重要的观测量，该矩阵可以描述散射矩阵的局部变化，当存在加性噪声(系统噪声)和乘性噪声(相干斑噪声)时，$\boldsymbol{T}_3$ 是提取分布式散射体极化参数的最低阶算子。在雷达遥感中，由于测量值受相干斑噪声、表面散射及体散射随机矢量散射效

应的影响，需要使用多元统计量描述感兴趣的目标。对于此类目标，建立"平均"散射机制或"主导"散射机制的概念对散射数据的分类和反演有着重要意义。由平均处理又引出"分布式目标"的概念，分布式目标的结构有其自身的特点，不同于静态目标或"纯单一散射目标"[1~7]。

$$\text{单视图像}\qquad\qquad\qquad\text{滤波图像(Lee 滤波器)}$$

颜色分量：红色代表 $T_{22}=\dfrac{1}{2}\left|S_{11}-S_{22}\right|^2$，绿色代表 $T_{33}=2\left|S_{12}\right|^2$，蓝色代表 $T_{11}=\dfrac{1}{2}\left|S_{11}+S_{22}\right|^2$

$$0 \qquad\qquad 1\qquad\qquad\qquad\quad -\pi\qquad\qquad\qquad \pi$$

$$\text{幅度}\qquad\qquad\qquad\qquad\qquad\text{相位}$$

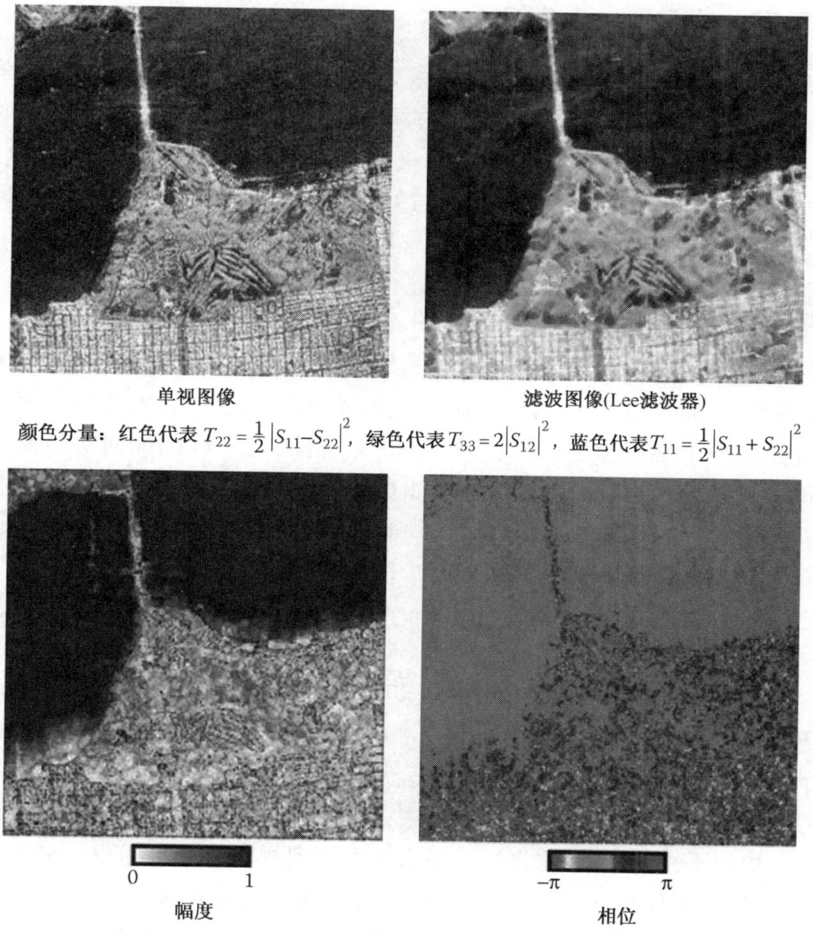

图 6.1　经 Lee 滤波后的相关系数 $\langle S_{11}S_{22}^{*}\rangle\Big/\sqrt{\langle\,|\,S_{11}\,|^2\rangle\langle\,|\,S_{22}\,|^2\rangle}$

"目标分解理论"的目的是基于切合实际的物理约束（例如平均目标极化信息对极化基变换的不变性）解译目标的散射机制。受到 Chandrasekhar 对各向异性微粒的光散射研究成果的启发，Huynen 首次明确阐述了目标分解理论。自这一独创性工作开展以来，研究人员相继提出了多个分解方法，主要分为如下四类：

- 基于 Kennaugh 矩阵 K 的二分量分解方法（Huynen，Holm & Barnes，Yang）。
- 基于散射模型分解协方差矩阵 C_3 或相干矩阵 T_3 的方法（Freeman & Durden，Yamaguchi，Dong）。
- 基于协方差矩阵 C_3 或相干矩阵 T_3 特征矢量或特征值分析的方法（Cloude，Holm，van Zyl，Cloude & Pottier）。
- 基于散射矩阵 S 相干分解的方法（Krogager，Cameron，Touzi）。

6.2 基于 Kennaugh 矩阵 $\boldsymbol{K}$ 的二分量分解

6.2.1 基于现象的 Huynen 分解

由散射矩阵可以获得所有与目标有关的重要信息。通常，散射矩阵中包含的大量信息描述了目标结构与照射电磁场间电磁相互作用的复杂现象。雷达目标是客观的，它不会因其朝向、相对雷达视线的方向、环境、雷达频率、极化状态，以及波形而改变。从这个事实出发，Huynen 提出“现象理论”[1~6]，并将其用于雷达目标物理特性和结构信息的提取。对于一个独立静止目标，可定义一张“目标结构图”和与目标物理特性有关的 9 个“Huynen 参数”。当目标随时间变化，比如存在杂波时，则需要进行统计平均。由此提出了分布式目标的概念，并将此概念推广到目标分解理论中。

雷达目标分解理论涵盖了大量统计数据的处理技术，既可以用于独立点目标，也可以用于存在杂波的随机目标。Huynen 目标分解理论的基本思想是将输入数据分解成一个平均单一散射目标分量和一个残留分量（称为“N 目标”），目的在于解决如何将所需目标从杂波环境中区分开的问题。当目标具有时变性，例如存在干扰时，需要引入分布式目标的概念。分布式目标的结构有其自身的特点，与前面提到的静态目标或纯单一散射目标不同。平均分布式目标一般由 Kennaugh 矩阵（见 3.4 节）或相干矩阵 $\boldsymbol{T}_3$ 的期望值表示：

$$\boldsymbol{T}_3=\begin{bmatrix} 2\langle A_0\rangle & \langle C\rangle-\mathrm{j}\langle D\rangle & \langle H\rangle+\mathrm{j}\langle G\rangle \\ \langle C\rangle+\mathrm{j}\langle D\rangle & \langle B_0\rangle+\langle B\rangle & \langle E\rangle+\mathrm{j}\langle F\rangle \\ \langle H\rangle-\mathrm{j}\langle G\rangle & \langle E\rangle-\mathrm{j}\langle F\rangle & \langle B_0\rangle-\langle B\rangle \end{bmatrix} \tag{6.4}$$

经过平均处理的相干矩阵 $\boldsymbol{T}_3$ 由 9 个参数定义，这些参数间的相互依赖关系不再成立，参数间相互独立。而一个单一散射目标相干矩阵的表示仅需要 5 个自由参数，比平均相干矩阵中参数的自由度少 4 个。由此可见，平均目标无法由等价的单一散射目标（可由散射矩阵表示的目标）表示。平均相干矩阵 $\boldsymbol{T}_3$ 是由非相干平均处理得到的。平均目标可以分解成一个单一散射目标 $\boldsymbol{T}_0$（由 5 个参数表示）和一个包含 4 个自由度的残留项或 N 目标 $\boldsymbol{T}_\mathrm{N}$，分解得到的所有目标相互独立，可由参数完全描述且物理可实现。N 目标残留项用来表示非对称目标参数，由于 N 目标散射特性不随目标旋转角变化，所以 Huynen 目标分解的一个基本性质就是 N 目标具有旋转不变性。换句话说，N 目标与目标绕雷达视线方向的旋转无关。

如前所述，一个纯单一散射目标可由 Kennaugh 矩阵或相干矩阵 $\boldsymbol{T}_3$ 表示。Kennaugh 矩阵和相干矩阵 $\boldsymbol{T}_3$ 均可由 9 个参数定义，参数间存在 4 个依赖关系。其中，关系式 $B_0^2=B^2+E^2+F^2$ 与完全极化波斯托克斯矢量（见 2.4 节）的定义具有相同的形式。斯托克斯矢量中各元素满足以下关系式[2~7]：

$$g_0^2=g_1^2+g_2^2+g_3^2 \tag{6.5}$$

对于部分极化波，上述关系式变为

$$g_0^2\geqslant g_1^2+g_2^2+g_3^2 \tag{6.6}$$

经 Born & Wolf 和 Chandrasekhar 证明，一个部分极化波可以分解为一个完全极化波和一个完全去极化波之和，如下式所示：

$$\begin{bmatrix} g_0 \\ g_1 \\ g_2 \\ g_3 \end{bmatrix} = \begin{bmatrix} g_0 - g \\ g_1 \\ g_2 \\ g_3 \end{bmatrix} + \begin{bmatrix} g \\ 0 \\ 0 \\ 0 \end{bmatrix} \tag{6.7}$$

式中，等价的斯托克斯矢量$(g_0 - g, g_1, g_2, g_3)$表示一个完全极化波，且满足

$$(g_0 - g)^2 = g_1^2 + g_2^2 + g_3^2 \tag{6.8}$$

类似地，Huynen 方法中将矢量(B_0, B, E, F)分解为两个矢量，分别对应于“等价的单一散射目标”和残留目标(非对称项)[2~7]，如下式所示：

$$\begin{aligned} B_0 &= B_{0\mathrm{T}} + B_{0\mathrm{N}}, \quad & B &= B_{\mathrm{T}} + B_{\mathrm{N}} \\ E &= E_{\mathrm{T}} + E_{\mathrm{N}}, \quad & F &= F_{\mathrm{T}} + F_{\mathrm{N}} \end{aligned} \tag{6.9}$$

式中，下标 T 和 N 分别表示等价的单一散射目标和 N 目标。由以上关系式可以看出，由于 N 目标仅由参数 $B_{0\mathrm{N}}$、B_{N}、E_{N} 和 F_{N} 定义，因此 N 目标对应一个严格非对称目标(因此命名为 N 目标)。参数 A_0、C、H 和 G 是确定的，参数 $B_{0\mathrm{T}}$、B_{T}、E_{T} 和 F_{T} 对应等价的单一散射目标，可由以下方程组求得唯一解：

$$\begin{aligned} 2A_0(B_{0\mathrm{T}} + B_{\mathrm{T}}) &= C^2 + D^2 \\ 2A_0(B_{0\mathrm{T}} - B_{\mathrm{T}}) &= G^2 + H^2 \\ 2A_0 E_{\mathrm{T}} &= CH - DG \\ 2A_0 F_{\mathrm{T}} &= CG + DH \end{aligned} \tag{6.10}$$

因此相干矩阵 $\boldsymbol{T}_0$ 的秩必须为 1[1~7]。根据下式，参数 $B_{0\mathrm{N}}$、B_{N}、E_{N} 和 F_{N} 可由平均的 Kennaugh 矩阵或相干矩阵 $\boldsymbol{T}_3$ 确定：

$$\boldsymbol{T}_3 = \begin{bmatrix} \langle 2A_0 \rangle & \langle C \rangle - \mathrm{j}\langle D \rangle & \langle H \rangle + \mathrm{j}\langle G \rangle \\ \langle C \rangle + \mathrm{j}\langle D \rangle & \langle B_0 \rangle + \langle B \rangle & \langle E \rangle + \mathrm{j}\langle F \rangle \\ \langle H \rangle - \mathrm{j}\langle G \rangle & \langle E \rangle - \mathrm{j}\langle F \rangle & \langle B_0 \rangle - \langle B \rangle \end{bmatrix} = \boldsymbol{T}_0 + \boldsymbol{T}_{\mathrm{N}} \tag{6.11}$$

式中，

$$\boldsymbol{T}_0 = \begin{bmatrix} \langle 2A_0 \rangle & \langle C \rangle - \mathrm{j}\langle D \rangle & \langle H \rangle + \mathrm{j}\langle G \rangle \\ \langle C \rangle - \mathrm{j}\langle D \rangle & B_{0\mathrm{T}} + B_{\mathrm{T}} & E_{\mathrm{T}} + \mathrm{j}F_{\mathrm{T}} \\ \langle H \rangle - \mathrm{j}\langle G \rangle & E_{\mathrm{T}} - \mathrm{j}F_{\mathrm{T}} & B_{0\mathrm{T}} - B_{\mathrm{T}} \end{bmatrix} \tag{6.12}$$

且

$$\boldsymbol{T}_{\mathrm{N}} = \begin{bmatrix} 0 & 0 & 0 \\ 0 & B_{0\mathrm{N}} + B_{\mathrm{N}} & E_{\mathrm{N}} + \mathrm{j}F_{\mathrm{N}} \\ 0 & E_{\mathrm{N}} - \mathrm{j}F_{\mathrm{N}} & B_{0\mathrm{N}} - B_{\mathrm{N}} \end{bmatrix} \tag{6.13}$$

N 目标矩阵 $\boldsymbol{T}_{\mathrm{N}}$ 对应一个分布式目标，矩阵的秩不等于 1，因此不存在等价的散射矩阵。

根据上述分解原理和得到的关系式，可以定义分布式目标的目标结构图，如图 6.2 所示。值得注意的是，目标结构图右侧部分表示矢量(B_0, B, E, F)的分解。由该图可以看出，等价的单一散射目标也包括相当一部分的非对称分量，可由参数 $B_{0\mathrm{T}}$、B_{T}、E_{T} 和 F_{T} 定义。

N 目标的一个主要性质是，当天线坐标系绕雷达视线方向旋转时，N 目标 $\boldsymbol{T}_{\mathrm{N}}$ 保持不变，即 $\boldsymbol{T}_{\mathrm{N}}$ 具有旋转不变性。$\boldsymbol{T}_{\mathrm{N}}$ 旋转不变性的数学表达式为

$$
\begin{aligned}
\boldsymbol{T}_{\mathrm{N}}(\theta) &= \boldsymbol{U}_3(\theta)\boldsymbol{T}_{\mathrm{N}}\boldsymbol{U}_3(\theta)^{-1} \\
&= \begin{bmatrix} 1 & 0 & 0 \\ 0 & \cos 2\theta & \sin 2\theta \\ 0 & -\sin 2\theta & \cos 2\theta \end{bmatrix}
\begin{bmatrix} 0 & 0 & 0 \\ 0 & B_{0\mathrm{N}} + B_{\mathrm{N}} & E_{\mathrm{N}} + \mathrm{j}F_{\mathrm{N}} \\ 0 & E_{\mathrm{N}} - \mathrm{j}F_{\mathrm{N}} & B_{0\mathrm{N}} - B_{\mathrm{N}} \end{bmatrix}
\begin{bmatrix} 1 & 0 & 0 \\ 0 & \cos 2\theta & -\sin 2\theta \\ 0 & \sin 2\theta & \cos 2\theta \end{bmatrix}
\end{aligned} \tag{6.14}
$$

上式可以表示为

$$
\boldsymbol{T}_{\mathrm{N}}(\theta) = \begin{bmatrix} 0 & 0 & 0 \\ 0 & B_0\ (\theta) + B_{\mathrm{N}}(\theta) & E_{\mathrm{N}}(\theta) + \mathrm{j}F_{\mathrm{N}}(\theta) \\ 0 & E_{\mathrm{N}}(\theta) - \mathrm{j}F_{\mathrm{N}}(\theta) & B_{0\mathrm{N}}(\theta) - B_{\mathrm{N}}(\theta) \end{bmatrix} \tag{6.15}
$$

可以看出，经过旋转的 N 目标的相干矩阵与原来的相干矩阵具有相同的形式，由此可以证明 N 目标具有旋转不变性[2~7]。

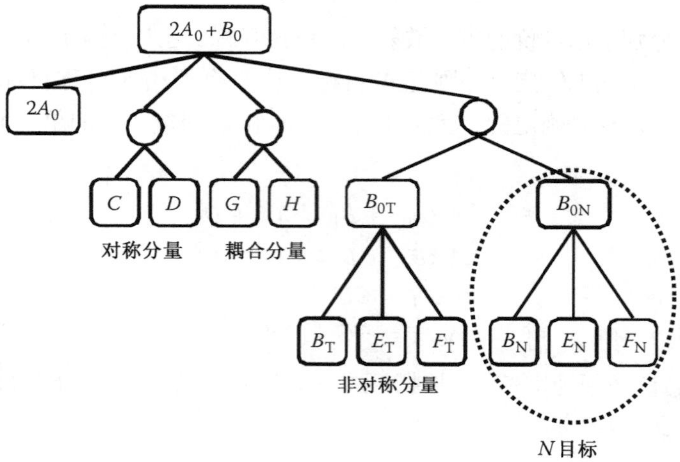

图 6.2 分布式目标结构分解图

图 6.3 是 Huynen 目标分解的结果，分别表示等价的单一散射目标 $\boldsymbol{T}_0$的三个生成因子。图 6.4 是对应的伪彩色合成图，其中颜色分量分别为红色代表 $T_{22\mathrm{T}}$，绿色代表 $T_{33\mathrm{T}}$，蓝色代表 $T_{11\mathrm{T}}$。

图 6.3 Huynen 分解的目标生成因子

图 6.4　Huynen 分解伪彩色合成图

6.2.2　Barnes-Holm 分解

Huynen 分解将测得的相干矩阵 $\boldsymbol{T}_3$分解为一个秩 $r=1$ 的单一散射目标 $\boldsymbol{T}_0$和一个秩 $r>1$ 且旋转不变的分布式目标 $\boldsymbol{T}_\mathrm{N}$之和。

在矢量空间中，$\boldsymbol{T}_\mathrm{N}$的旋转不变性可以理解为 $\boldsymbol{T}_\mathrm{N}$的矢量空间正交于单一散射目标 $\boldsymbol{T}_0$的矢量空间，且当目标绕雷达视线方向旋转时，正交性仍然得到保持。从这一角度考虑，提出了以下问题，即 Huynen 提出的目标结构是否唯一？可否基于相同结构提出其他的分解方法？

任意给定一个矢量 $\underline{\boldsymbol{q}}$，若 $\boldsymbol{T}_\mathrm{N}\underline{\boldsymbol{q}}=0$，则 $\underline{\boldsymbol{q}}$属于 N 目标的零空间。N 目标的旋转不变性要求零空间经过式(6.14)的变换仍保持不变。该条件相当于规定单一散射目标 $\boldsymbol{T}_0$包含 N 目标零空间中目标矢量的所有成分，且零空间是旋转不变的。根据文献[8]得到

$$\boldsymbol{T}_\mathrm{N}(\theta)\underline{\boldsymbol{q}}=0 \;\Rightarrow\; \boldsymbol{U}_3(\theta)\boldsymbol{T}_\mathrm{N}\boldsymbol{U}_3(\theta)^{-1}\underline{\boldsymbol{q}}=0 \tag{6.16}$$

当矢量 $\underline{\boldsymbol{q}}$ 满足下式时：

$$\boldsymbol{U}_3(\theta)^{-1}\underline{\boldsymbol{q}}=\lambda\underline{\boldsymbol{q}} \tag{6.17}$$

式(6.16)所限定的条件成立。式(6.17)表明 $\underline{\boldsymbol{q}}$ 是矩阵 $\boldsymbol{U}_3(\theta)$ 的一个特征矢量。矩阵 $\boldsymbol{U}_3(\theta)$ 的三个特征矢量[8]如下：

$$\underline{\boldsymbol{q}}_1=\begin{bmatrix}1\\0\\0\end{bmatrix}\quad \underline{\boldsymbol{q}}_2=\frac{1}{\sqrt{2}}\begin{bmatrix}0\\1\\\mathrm{j}\end{bmatrix}\quad \underline{\boldsymbol{q}}_3=\frac{1}{\sqrt{2}}\begin{bmatrix}0\\\mathrm{j}\\1\end{bmatrix} \tag{6.18}$$

式(6.16)至式(6.18)表明对应于三个不同特征矢量，Huynen 提出的将相干矩阵 $\boldsymbol{T}_3$ 分解为一个单一散射目标 $\boldsymbol{T}_0$ 和一个分布式目标 $\boldsymbol{T}_N$ 之和的方法有三种形式。对于每个特征矢量，都可以定义一个对应于 $\boldsymbol{T}_0$ 的归一化目标矢量 $\underline{\boldsymbol{k}}_0$

$$\left.\begin{aligned}\boldsymbol{T}_3\underline{\boldsymbol{q}} = \boldsymbol{T}_0\underline{\boldsymbol{q}} + \boldsymbol{T}_N\underline{\boldsymbol{q}} = \boldsymbol{T}_0\underline{\boldsymbol{q}} = \underline{\boldsymbol{k}}_0\underline{\boldsymbol{k}}_0^{T*}\underline{\boldsymbol{q}} \\ \underline{\boldsymbol{q}}^{T*}\boldsymbol{T}_3\underline{\boldsymbol{q}} = \underline{\boldsymbol{q}}^{T*}\underline{\boldsymbol{k}}_0\underline{\boldsymbol{k}}_0^{T*}\underline{\boldsymbol{q}} = \left|\underline{\boldsymbol{k}}_0^{T*}\underline{\boldsymbol{q}}\right|^2\end{aligned}\right\} \Rightarrow \underline{\boldsymbol{k}}_0 = \frac{\boldsymbol{T}_3\underline{\boldsymbol{q}}}{\underline{\boldsymbol{k}}_0^{T*}\underline{\boldsymbol{q}}} = \frac{\boldsymbol{T}_3\underline{\boldsymbol{q}}}{\sqrt{\underline{\boldsymbol{q}}^{T*}\boldsymbol{T}_3\underline{\boldsymbol{q}}}} \tag{6.19}$$

Huynen 提出的原始方法等价于特征矢量 $\underline{\boldsymbol{q}}_1$ 对应的分解形式，其中，单一散射目标 $\boldsymbol{T}_0$ 的结构由式(6.12)给出，N 目标的结构由式(6.13)给出。当选择特征矢量 $\underline{\boldsymbol{q}}_1$ 时，$\boldsymbol{T}_0$ 对应的归一化目标矢量 $\underline{\boldsymbol{k}}_{01}$ 有如下形式：

$$\underline{\boldsymbol{k}}_{01} = \frac{\boldsymbol{T}_3\underline{\boldsymbol{q}}_1}{\sqrt{\underline{\boldsymbol{q}}_1^{T*}\boldsymbol{T}_3\underline{\boldsymbol{q}}_1}} = \frac{1}{\sqrt{\langle 2A_0\rangle}}\begin{bmatrix}\langle 2A_0\rangle \\ \langle C\rangle + \mathrm{j}\langle D\rangle \\ \langle H\rangle - \mathrm{j}\langle G\rangle\end{bmatrix} \tag{6.20}$$

与特征矢量 $\underline{\boldsymbol{q}}_2$ 和 $\underline{\boldsymbol{q}}_3$ 相对应的归一化目标矢量 $\underline{\boldsymbol{k}}_{02}$ 和 $\underline{\boldsymbol{k}}_{03}$ 分别为

$$\underline{\boldsymbol{k}}_{02} = \frac{\boldsymbol{T}_3\underline{\boldsymbol{q}}_2}{\sqrt{\underline{\boldsymbol{q}}_2^{T*}\boldsymbol{T}_3\underline{\boldsymbol{q}}_2}} = \frac{1}{\sqrt{2(\langle B_0\rangle - \langle F\rangle)}}\begin{bmatrix}\langle C\rangle - \langle G\rangle + \mathrm{j}\langle H\rangle - \mathrm{j}\langle D\rangle \\ \langle B_0\rangle + \langle B\rangle - \langle F\rangle + \mathrm{j}\langle E\rangle \\ \langle E\rangle + \mathrm{j}\langle B_0\rangle - \mathrm{j}\langle B\rangle - \mathrm{j}\langle F\rangle\end{bmatrix} \tag{6.21}$$

$$\underline{\boldsymbol{k}}_{03} = \frac{\boldsymbol{T}_3\underline{\boldsymbol{q}}_3}{\sqrt{\underline{\boldsymbol{q}}_3^{T*}\boldsymbol{T}_3\underline{\boldsymbol{q}}_3}} = \frac{1}{\sqrt{2(\langle B_0\rangle + \langle F\rangle)}}\begin{bmatrix}\langle H\rangle + \langle D\rangle + \mathrm{j}\langle C\rangle + \mathrm{j}\langle G\rangle \\ \langle E\rangle + \mathrm{j}\langle B_0\rangle + \mathrm{j}\langle B\rangle + \mathrm{j}\langle F\rangle \\ \langle B_0\rangle - \langle B\rangle + \langle F\rangle + \mathrm{j}\langle E\rangle\end{bmatrix} \tag{6.22}$$

后面两个目标矢量对应的目标分解方法即是 Barnes 和 Holm 提出的目标分解理论[8,9]。

图 6.5 至图 6.8 分别是两种 Barnes-Holm 目标分解方法的结果，分别表示等价的单一散射目标 $\boldsymbol{T}_0$ 的三个生成因子，以及对应的伪彩色合成图。

$T_{11T} = \dfrac{(\langle C\rangle - \langle G\rangle)^2 + (\langle H\rangle - \langle D\rangle)^2}{2(\langle B_0\rangle - \langle F\rangle)}$　　$T_{22T} = \dfrac{(\langle B_0\rangle + \langle B\rangle - \langle F\rangle)^2 + \langle E\rangle^2}{2(\langle B_0\rangle - \langle F\rangle)}$　　$T_{33T} = \dfrac{(\langle B_0\rangle - \langle B\rangle - \langle F\rangle)^2 + \langle E\rangle^2}{2(\langle B_0\rangle - \langle F\rangle)}$

图 6.5　Barnes-Holm 第一种分解的目标生成因子

图 6.6　Barnes-Holm 第一种分解伪彩色合成图，红色代表 $T_{22\mathrm{T}}$，绿色代表 $T_{33\mathrm{T}}$，蓝色代表 $T_{11\mathrm{T}}$

$$T_{11\mathrm{T}}=\frac{\left(\langle C\rangle+\langle G\rangle\right)^2+\left(\langle H\rangle-\langle D\rangle\right)^2}{2\left(\langle B_0\rangle+\langle F\rangle\right)}\qquad T_{22\mathrm{T}}=\frac{\left(\langle B_0\rangle+\langle B\rangle+\langle F\rangle\right)^2+\langle E\rangle^2}{2\left(\langle B_0\rangle+\langle F\rangle\right)}\qquad T_{33\mathrm{T}}=\frac{\left(\langle B_0\rangle-\langle B\rangle+\langle F\rangle\right)^2+\langle E\rangle^2}{2\left(\langle B_0\rangle+\langle F\rangle\right)}$$

图 6.7　Barnes-Holm 第二种分解的目标生成因子

图 6.8 Barnes-Holm 第二种分解伪彩色合成图，红色代表 T_{22T}，绿色代表 T_{33T}，蓝色代表 T_{11T}

6.2.3 Yang 分解

在一些特殊情况下，主要是当参数 A_0 相对较小时，Huynen 分解无法从平均的 Kennaugh 矩阵或相干矩阵 $\boldsymbol{T}_3$ 中提取出预期目标。

最近，Yang 等人[10,11]针对这一问题，通过对 Kennaugh 矩阵做简单变换改进了 Huynen 分解。Huynen 目标分解理论基于以下目标结构方程(target structure equation)[见式(3.70)]：

$$\begin{aligned}2A_0(B_{0\mathrm{T}}+B_\mathrm{T})&=C^2+D^2\\2A_0(B_{0\mathrm{T}}-B_\mathrm{T})&=G^2+H^2\\2A_0E_\mathrm{T}&=CH-DG\\2A_0F_\mathrm{T}&=CG+DH\end{aligned}\tag{6.23}$$

很明显，如果参数 A_0 很小或为零，参数($B_{0\mathrm{T}}$, B_T, E_T, F_T)就会对平均 Kennaugh 矩阵的变化很敏感，从而使重建得到的矩阵 $\boldsymbol{K}_0$ 不符合预期的 Kennaugh 矩阵。

Huynen 分解的修正方法如下：

1. 如果平均 Kennaugh 矩阵 $\boldsymbol{K}$ 中的参数 A_0 不是很小(例如 $A_0 \geqslant m_{00}/10$，其中 m_{00} 是矩阵 $\boldsymbol{K}$ 的首行首列元素)，就采用标准 Huynen 目标分解方法。
2. 如果平均 Kennaugh 矩阵 $\boldsymbol{K}$ 中的参数 A_0 满足 $A_0 \leqslant m_{00}/10$，就定义

$$\boldsymbol{K}_1 = \boldsymbol{R}_1 \boldsymbol{K} \boldsymbol{R}_1^{-1}$$
$$= \begin{bmatrix} \langle A_0\rangle + \langle B_0\rangle & \langle C\rangle & \langle F\rangle & -\langle H\rangle \\ \langle C\rangle & \langle A_0\rangle + \langle B\rangle & \langle G\rangle & -\langle E\rangle \\ \langle F\rangle & \langle G\rangle & \langle A_0\rangle - \langle B\rangle & \langle D\rangle \\ -\langle H\rangle & -\langle E\rangle & \langle D\rangle & \langle A_0\rangle - \langle B_0\rangle \end{bmatrix} \tag{6.24}$$
$$= \begin{bmatrix} \langle A_{01}\rangle + \langle B_{01}\rangle & \langle C_1\rangle & \langle H_1\rangle & \langle F_1\rangle \\ \langle C_1\rangle & \langle A_{01}\rangle + \langle B_1\rangle & \langle E_1\rangle & \langle G_1\rangle \\ \langle H_1\rangle & \langle E_1\rangle & \langle A_{01}\rangle - \langle B_1\rangle & \langle D_1\rangle \\ \langle F_1\rangle & \langle G_1\rangle & \langle D_1\rangle & \langle A_{01}\rangle - \langle B_{01}\rangle \end{bmatrix}$$

和

$$\boldsymbol{K}_2 = \boldsymbol{R}_2 \boldsymbol{K} \boldsymbol{R}_2^{-1}$$
$$= \begin{bmatrix} \langle A_0\rangle + \langle B_0\rangle & \langle H\rangle & \langle F\rangle & \langle C\rangle \\ \langle H\rangle & \langle A_0\rangle - \langle B\rangle & \langle D\rangle & \langle E\rangle \\ \langle F\rangle & \langle D\rangle & \langle B_0\rangle - \langle A_0\rangle & \langle G\rangle \\ \langle C\rangle & \langle E\rangle & \langle G\rangle & \langle A_0\rangle + \langle B\rangle \end{bmatrix}$$
$$= \begin{bmatrix} \langle A_{02}\rangle + \langle B_{02}\rangle & \langle C_2\rangle & \langle H_2\rangle & \langle F_2\rangle \\ \langle C_2\rangle & \langle A_{02}\rangle + \langle B_2\rangle & \langle E_2\rangle & \langle G_2\rangle \\ \langle H_2\rangle & \langle E_2\rangle & \langle A_{02}\rangle - \langle B_2\rangle & \langle D_2\rangle \\ \langle F_2\rangle & \langle G_2\rangle & \langle D_2\rangle & \langle A_{02}\rangle - \langle B_{02}\rangle \end{bmatrix} \tag{6.25}$$

式中，

$$\boldsymbol{R}_1^{-1} = \boldsymbol{R}_1^{\mathrm{T}} = \begin{bmatrix} 1 & 0 & 0 & 0 \\ 0 & 1 & 0 & 0 \\ 0 & 0 & 0 & -1 \\ 0 & 0 & 1 & 0 \end{bmatrix}, \quad \boldsymbol{R}_2^{-1} = \boldsymbol{R}_2^{\mathrm{T}} = \begin{bmatrix} 1 & 0 & 0 & 0 \\ 0 & 0 & 0 & 1 \\ 0 & 1 & 0 & 0 \\ 0 & 0 & 1 & 0 \end{bmatrix} \tag{6.26}$$

- $A_{01} \geqslant A_{02}$时利用 Huynen 方法分解 Kennaugh 矩阵 $\boldsymbol{K}_1$，表示为

$$\boldsymbol{K}_1 = \boldsymbol{K}_{10} + \boldsymbol{K}_{1\mathrm{N}} \tag{6.27}$$

然后修改 Huynen 分解方法的表达式

$$\boldsymbol{K} = \boldsymbol{R}_1^{-1}\boldsymbol{K}_1\boldsymbol{R}_1 = \boldsymbol{R}_1^{-1}(\boldsymbol{K}_{10} + \boldsymbol{K}_{1\mathrm{N}})\boldsymbol{R}_1 \equiv \boldsymbol{K}_0 + \boldsymbol{K}_{\mathrm{N}} \tag{6.28}$$

- $A_{01} \leqslant A_{02}$时利用 Huynen 方法分解 Kennaugh 矩阵 $\boldsymbol{K}_2$，表示为

$$\boldsymbol{K}_2 = \boldsymbol{K}_{20} + \boldsymbol{K}_{2\mathrm{N}} \tag{6.29}$$

然后修改 Huynen 分解方法的表达式为

$$\boldsymbol{K} = \boldsymbol{R}_2^{-1}\boldsymbol{K}_2\boldsymbol{R}_2 = \boldsymbol{R}_2^{-1}(\boldsymbol{K}_{20} + \boldsymbol{K}_{2\mathrm{N}})\boldsymbol{R}_2 \equiv \boldsymbol{K}_0 + \boldsymbol{K}_{\mathrm{N}} \tag{6.30}$$

经过比较，当 Kennaugh 矩阵中的参数 A_0 很小或为零时，Yang 分解得到的结果与 Barnes-Holm分解和 Cloude 分解理论得到的结果一致。

6.2.4 目标的二分量分解问题

对于随机媒质问题，如矢量辐射传输理论的做法，人们并不关注目标矢量 $\underline{\boldsymbol{k}}$，而是关注对 $\underline{\boldsymbol{k}}$ 的元素起伏的平均。如果平均处理后，矢量元素间的相关性仍然存在，则在测得的相干矩阵存在时变空变的情况下，仍可以利用相关性对目标结构进行识别与分类。考虑 $\underline{\boldsymbol{k}}$ 的时变性，令 $\underline{\boldsymbol{k}}=\underline{\boldsymbol{k}}_m+\Delta\underline{\boldsymbol{k}}$，式中 $E(\Delta\underline{\boldsymbol{k}})=0$，该矢量对应的相干矩阵 $\boldsymbol{T}_3$ 如下：

$$\begin{aligned}\boldsymbol{T}_3 &= \underline{\boldsymbol{k}}\cdot\underline{\boldsymbol{k}}^{\mathrm{T}*}=(\underline{\boldsymbol{k}}_m+\Delta\underline{\boldsymbol{k}})(\underline{\boldsymbol{k}}_m+\Delta\underline{\boldsymbol{k}})^{\mathrm{T}*}\\ &= \boldsymbol{T}_{3m}+\underline{\boldsymbol{k}}_m\cdot\Delta\underline{\boldsymbol{k}}^{\mathrm{T}*}+\Delta\underline{\boldsymbol{k}}\cdot\underline{\boldsymbol{k}}_m^{\mathrm{T}*}+\Delta\underline{\boldsymbol{k}}\cdot\Delta\underline{\boldsymbol{k}}^{\mathrm{T}*}\end{aligned}\tag{6.31}$$

相干矩阵 $\boldsymbol{T}_3$ 的秩 $r=1$，即 $\boldsymbol{T}_3$ 表示单一散射目标。对目标矢量求集合平均，平均相干矩阵 $\boldsymbol{T}_3$ 如下：

$$\boldsymbol{T}_3=\left\langle\underline{\boldsymbol{k}}\cdot\underline{\boldsymbol{k}}^{\mathrm{T}*}\right\rangle=\left\langle(\underline{\boldsymbol{k}}_m+\Delta\underline{\boldsymbol{k}})(\underline{\boldsymbol{k}}_m+\Delta\underline{\boldsymbol{k}})^{\mathrm{T}*}\right\rangle=T_{3m}+\left\langle\Delta\underline{\boldsymbol{k}}\cdot\Delta\underline{\boldsymbol{k}}^{\mathrm{T}*}\right\rangle\tag{6.32}$$

这时，相干矩阵 $\boldsymbol{T}_3$ 的秩 $r>1$，而 $\boldsymbol{T}_{3m}$ 的秩仍为 $r=1$。因此，时变的相干矩阵可以定义为

$$\boldsymbol{T}_{3f}=\left\langle\Delta\underline{\boldsymbol{k}}\cdot\Delta\underline{\boldsymbol{k}}^{\mathrm{T}*}\right\rangle\tag{6.33}$$

根据 Huynen 目标分解理论，该矩阵等价于 N 目标，并且一定满足如下形式：

$$\boldsymbol{T}_{3f}=\begin{bmatrix}0&0&0\\0&\alpha&\beta\\0&\beta*&\gamma\end{bmatrix}\tag{6.34}$$

对应的协方差矩阵 $\boldsymbol{C}_{3f}$ 给出如下：

$$\boldsymbol{C}_{3f}=\frac{1}{2}\begin{bmatrix}\alpha&\sqrt{2}\beta&-\alpha\\\sqrt{2}\beta*&2\gamma&-\sqrt{2}\beta*\\-\alpha&-\sqrt{2}\beta&\alpha\end{bmatrix}\tag{6.35}$$

由式(6.35)可以看出，Huynen 分解要求散射系数 S_{HH} 和 S_{VV} 间的相关系数必须为负数。并非所有雷达信号统计量都能满足该条件，因此像 Chandrasekhar 分解一样，Huynen 分解仅仅是一类广泛问题中的特例。

目标二分量分解存在的第二个问题是该方法的形式不唯一。事实上，一个等价的单一散射点目标，有三个完全不同的秩为 1 的相干矩阵与之对应，因此存在三种不同的分解形式，这种情况无法令人满意。最好可以找到一种表示形式，与平均相干矩阵 $\boldsymbol{T}_3$ 的酉变换无关。下一节将讨论的特征矢量分解体现了这种思路。

特征矢量绕雷达视线方向旋转是无变化的，这意味着随机媒质的平均相干矩阵 $\boldsymbol{T}_3$ 是旋转不变的(即不同旋转角下的相干矩阵是相等的)，此时相干矩阵一定是各特征矢量 $\underline{\boldsymbol{q}}_1$、$\underline{\boldsymbol{q}}_2$ 和 $\underline{\boldsymbol{q}}_3$ 的外积的线性加权和，即

$$\boldsymbol{C}_3=\alpha\underline{\boldsymbol{q}}_1\cdot\underline{\boldsymbol{q}}_1^{\mathrm{T}*}+\beta\underline{\boldsymbol{q}}_2\cdot\underline{\boldsymbol{q}}_2^{\mathrm{T}*}+\gamma\underline{\boldsymbol{q}}_3\cdot\underline{\boldsymbol{q}}_3^{\mathrm{T}*}=\begin{bmatrix}\alpha&0&0\\0&\beta+\gamma&\mathrm{j}(\beta-\gamma)\\0&-\mathrm{j}(\beta-\gamma)&\beta+\gamma\end{bmatrix}\tag{6.36}$$

该矩阵的特征值分别为 $\lambda_1=\alpha$，$\lambda_2=2\beta$，$\lambda_3=2\gamma$，矩阵的秩 $r>1$，表示一个分布式目标或随机目标。Nghiem 等人[12]根据 $\boldsymbol{C}_3$ 的直接展开，首次推导出相干矩阵 $\boldsymbol{T}_3$ 对应的协方差矩阵 $\boldsymbol{C}_3$。

基于特征矢量分解的方法更加简洁明了地推导出了与前述方法相同的结果。值得注意的是，对于旋转对称媒质，相干矩阵 $\boldsymbol{T}_3$ 仅包含 3 个自由参数。

在考虑旋转矩阵 $\boldsymbol{U}_3(\theta)$ 的同时，也需要考虑其他形式的极化基变换。这些变换中包括旋转变换和形式更为复杂的变换（例如椭圆极化基的任意变换）。在 Huynen 类型的分解中，残余项 N 目标矩阵在任意基变换下不再保持不变，任意酉相似变换的特征矢量不再是 $\underline{\boldsymbol{q}}_1$、$\underline{\boldsymbol{q}}_2$ 和 $\underline{\boldsymbol{q}}_3$。之前已经看到，Huynen 分解的前提是散射系数 S_{HH} 和 S_{VV} 间的相干系数总是负数。通常，人们希望目标分解可以应用于目标矢量的多种变换形式。因此，研究人员研究了一个对于常见极化基变换保持不变的分解形式，并提出了秩为 1 的平均主导相干矩阵的概念。

6.3　基于特征矢量的目标极化分解

基于 3×3 厄米平均相干矩阵 $\boldsymbol{T}_3$ 特征值的分析是目标分解理论中非常重要的一类方法。特征值是基不变的，因此认为这类分解可以替代 Huynen 方法。利用 3×3 厄米平均相干矩阵 $\boldsymbol{T}_3$ 计算得到的特征值和特征矢量能够生成相干矩阵的一种对角化形式，从物理上讲，该形式可理解为一组目标矢量之间是统计独立的[13~15]。相干矩阵 $\boldsymbol{T}_3$ 可写成如下形式：

$$\boldsymbol{T}_3 = \boldsymbol{U}_3\ \boldsymbol{\Sigma}\ \boldsymbol{U}_3^{-1} \tag{6.37}$$

式中，$\boldsymbol{\Sigma}$ 是 3×3 的非负实对角阵（$\lambda_1 \geqslant \lambda_2 \geqslant \lambda_3 \geqslant 0$），$\boldsymbol{U}_3 = [\underline{\boldsymbol{u}}_1\quad \underline{\boldsymbol{u}}_2\quad \underline{\boldsymbol{u}}_3]$ 是酉群 SU(3) 中的一个 3×3 酉矩阵，其中 $\underline{\boldsymbol{u}}_1$、$\underline{\boldsymbol{u}}_2$ 和 $\underline{\boldsymbol{u}}_3$ 分别是三个归一化正交特征矢量。

通过求解 3×3 厄米平均相干矩阵 $\boldsymbol{T}_3$ 的特征矢量，可以获得 3 个互不相关的目标，从而构造出一个简单的统计模型。该过程对应于将 $\boldsymbol{T}_3$ 展开为 3 个相互独立的目标 $\{\boldsymbol{T}_{0i}\}_{i=1,2,3}$ 之和，每个目标对应一种确定的散射机制，可由一个等价的简单散射矩阵表示。确定的散射机制成分 i 在整个散射过程中所占的权重由特征值 λ_i 描述，而散射机制的类型则与归一化特征矢量 $\underline{\boldsymbol{u}}_i$ 有关[13, 14, 16]。该分解方法可写成如下形式（见附录 A）：

$$\boldsymbol{T}_3 = \sum_{i=1}^{3} \lambda_i \underline{\boldsymbol{u}}_i \cdot \underline{\boldsymbol{u}}_i^{*\mathrm{T}} = \boldsymbol{T}_{01} + \boldsymbol{T}_{02} + \boldsymbol{T}_{03} \tag{6.38}$$

如果只有一个非零特征值，则相干矩阵 $\boldsymbol{T}_3$ 对应单一散射目标，且对应一个简单散射矩阵。另一种情况下，如果所有特征值相等，则相干矩阵 $\boldsymbol{T}_3$ 由三个幅度相等的正交的散射机制分量组成，这时目标被称为“随机的”，与极化状态完全无关。

介于两种极限状态之间，目标是部分极化的，此时相干矩阵 $\boldsymbol{T}_3$ 的非零特征值多于一个且三个特征矢量不相等。这种情况下，对目标极化特性的分析既需要研究特征值的分布，又需要研究展开式中各种散射机制的表征。

由归一化特征矢量构成的 3×3 矩阵 $\boldsymbol{U}_3 = [\underline{\boldsymbol{u}}_1\quad \underline{\boldsymbol{u}}_2\quad \underline{\boldsymbol{u}}_3]$ 可以表示为指数函数形式，其中由 8 个角度参数构成的矢量 $\underline{\boldsymbol{\omega}}$ 是 Gell-Mann 基矩阵集合 $\underline{\boldsymbol{\beta}}$ 构造的厄米矩阵的指数[13, 14, 17]。$\boldsymbol{T}_3$ 表示为

$$\boldsymbol{T}_3 = \boldsymbol{U}_3\, \boldsymbol{\Sigma}\, \boldsymbol{U}_3^{-1} = \mathrm{e}^{\mathrm{j}\underline{\boldsymbol{\omega}}\cdot\underline{\boldsymbol{\beta}}}\, \boldsymbol{\Sigma}\, \mathrm{e}^{-\mathrm{j}\underline{\boldsymbol{\omega}}\cdot\underline{\boldsymbol{\beta}}} \tag{6.39}$$

式中，$\underline{\boldsymbol{\omega}}$ 是一个八元实矢量，$\underline{\boldsymbol{\beta}}$ 表示八个 Gell-Mann 矩阵的集合，给出如下：

$$\boldsymbol{\beta}_1=\begin{bmatrix}0&1&0\\1&0&0\\0&0&0\end{bmatrix}\quad \boldsymbol{\beta}_2=\begin{bmatrix}0&-\mathrm{j}&0\\\mathrm{j}&0&0\\0&0&0\end{bmatrix}\quad \boldsymbol{\beta}_3=\begin{bmatrix}1&0&0\\0&-1&0\\0&0&0\end{bmatrix}$$
$$\boldsymbol{\beta}_4=\begin{bmatrix}0&0&1\\0&0&0\\1&0&0\end{bmatrix}\quad \boldsymbol{\beta}_5=\begin{bmatrix}0&0&-\mathrm{j}\\0&0&0\\\mathrm{j}&0&0\end{bmatrix}\quad \boldsymbol{\beta}_6=\begin{bmatrix}0&0&0\\0&0&1\\0&1&0\end{bmatrix} \tag{6.40}$$
$$\boldsymbol{\beta}_7=\begin{bmatrix}0&0&0\\0&0&-\mathrm{j}\\0&\mathrm{j}&0\end{bmatrix}\quad \boldsymbol{\beta}_8=\frac{1}{\sqrt{3}}\begin{bmatrix}1&0&0\\0&1&0\\0&0&-2\end{bmatrix}$$

需要注意的是，尽管一个归一化 3×3 特征矢量矩阵 $\boldsymbol{U}_3$ 包含 8 个参数，但是其中两个矩阵($\boldsymbol{\beta}_3$，$\boldsymbol{\beta}_8$)在测得的相干矩阵中是不可观测的，因为相干矩阵是由共轭矩阵因子的二次积(quadratic product)得到的。这两个矩阵构成一个特殊代数，称为嘉当(Cartan)子代数，可用于一般酉变换的分类[13, 14, 17]。非互易散射时，散射矩阵 $\boldsymbol{S}$ 不再对称，需要使用 15 个修正的狄拉克(Dirac)矩阵表示 4×4 酉矩阵集合[13, 14, 17]。此时不可观测嘉当子代数是三维的，需要由 4 个特征值和12 个角度参数表示。对于大部分雷达观测问题，式(6.38)的描述是适合的。该方法中目标由9 个实元素表示，其中包括 3×3 厄米平均相干矩阵 $\boldsymbol{T}_3$ 的 3 个非负特征值和 6 个角度参数，可以描述 3 个相互独立且秩为 1 的目标分量。

计算归一化 $\underline{\boldsymbol{\omega}}$ 参数的常见步骤如下[18]。

- 步骤 1：根据 $\boldsymbol{T}_3=\boldsymbol{U}_3\boldsymbol{\Sigma}\boldsymbol{U}_3^{-1}$，将相干矩阵 $\boldsymbol{T}_3$ 进行特征分解；
- 步骤 2：根据 $\boldsymbol{U}_3=\boldsymbol{V}\boldsymbol{\Sigma}_{\mathrm{U}}\boldsymbol{V}^{-1}$，将特征矢量的 SU(3)酉矩阵 $\boldsymbol{U}_3$ 进行特征分析，其中 $\boldsymbol{V}$ 是一个酉矩阵，$\boldsymbol{\Sigma}_{\mathrm{U}}$ 是一个复对角阵，$\boldsymbol{\Sigma}_{\mathrm{U}}$ 中所有矩阵元素都有单位模值；
- 步骤 3：根据 $\boldsymbol{A}=\boldsymbol{V}\boldsymbol{\Psi}\boldsymbol{V}^{-1}$，计算厄米矩阵 $\boldsymbol{A}$，其中 $\boldsymbol{\Psi}=\mathrm{angle}(\boldsymbol{\Sigma}_{\mathrm{U}})$；
- 步骤 4：将厄米矩阵 $\boldsymbol{A}$ 展开成 Gell-Mann 基矩阵形式，计算相位角 $\underline{\boldsymbol{\omega}}$，$\boldsymbol{\omega}_i=\frac{1}{2}\mathrm{Tr}(\boldsymbol{A}\boldsymbol{\beta}_i)$。

6.3.1 Cloude 分解

Cloude 最先开展了这类基于特征矢量的目标分解问题的研究[16]，他提出的算法通过求解最大特征值(λ_1)确定地物中的主导散射机制。在这种情况下，求出的相干矩阵 $\boldsymbol{T}_{01}$ 的秩 $r=1$，相干矩阵存在一个等价的散射矩阵 $\boldsymbol{S}$，且可表示为单一散射目标矢量 $\underline{\boldsymbol{k}}_1$ 的外积：

$$\boldsymbol{T}_{01}=\lambda_1\underline{\boldsymbol{u}}_1\cdot\underline{\boldsymbol{u}}_1^{*\mathrm{T}}=\underline{\boldsymbol{k}}_1\cdot\underline{\boldsymbol{k}}_1^{*\mathrm{T}} \tag{6.41}$$

其唯一的非零特征值 λ_1 等于目标矢量 $\underline{\boldsymbol{k}}_1$ 的 Frobenius 范数的平方，它表示对应散射矩阵的散射功率。

Cloude 分解得到的相应目标矢量 $\underline{\boldsymbol{k}}_1$ 可表示为如下形式：

$$\underline{\boldsymbol{k}}_1=\sqrt{\lambda_1}\underline{\boldsymbol{u}}_1=\frac{\mathrm{e}^{\mathrm{j}\phi}}{\sqrt{2A_0}}\begin{bmatrix}2A_0\\C+\mathrm{j}D\\H-\mathrm{j}G\end{bmatrix}=\mathrm{e}^{\mathrm{j}\phi}\begin{bmatrix}\sqrt{2A_0}\\\sqrt{B_0+B}\mathrm{e}^{+\mathrm{j}\arctan(D/C)}\\\sqrt{B_0-B}\mathrm{e}^{-\mathrm{j}\arctan(G/H)}\end{bmatrix} \tag{6.42}$$

值得注意的是，目标矢量中三个元素的模值等于 Huynen 分解中的三个“Huynen 目标生成因子”。相位 $\phi\in[-\pi;\pi]$ 物理意义上等价于目标的绝对相位。不必使用地面实测数据，

目标矢量 $\boldsymbol{k}_1$ 可以表示为三种简单散射机制（表面散射、二面角散射和体散射）的组合。这三种散射机制由目标矢量中的三个元素（目标生成因子）表征如下：

- 表面散射：$A_0 \gg B_0 + B, B_0 - B$
- 二面角散射：$B_0 + B \gg A_0, B_0 - B$
- 体散射：$B_0 - B \gg A_0, B_0 + B$

图 6.9 是 Cloude 目标分解的结果，分别表示等价的单一散射目标 $\boldsymbol{T}_{01}$ 的三个生成因子。图 6.10是对应的伪彩色合成图。

图 6.9　Cloude 分解的目标生成因子

图 6.10　Cloude 分解伪彩色合成图，红色代表 T_{22}，绿色代表 T_{33}，蓝色代表 T_{11}

6.3.2 Holm 分解

Holm 提出了特征值谱的另一种物理解释[9]，他将目标理解为一个简单散射矩阵 $\boldsymbol{S}$(秩 $r=1$ 的相干矩阵)和两个噪声或残留项之和。这是一种结合了特征值分析(酉变换中保持不变)、单一散射目标概念及 Huynen 分解中噪声模型的方法。特征值矩阵分解形式如下：

$$\begin{aligned}\boldsymbol{\Sigma} &= \begin{bmatrix}\lambda_1 & 0 & 0\\ 0 & \lambda_2 & 0\\ 0 & 0 & \lambda_3\end{bmatrix}_{\lambda_1\geqslant\lambda_2\geqslant\lambda_3}\\ &= \underbrace{\begin{bmatrix}\lambda_1-\lambda_2 & 0 & 0\\ 0 & 0 & 0\\ 0 & 0 & 0\end{bmatrix}}_{\boldsymbol{\Sigma}_1} + \underbrace{\begin{bmatrix}\lambda_2-\lambda_3 & 0 & 0\\ 0 & \lambda_2-\lambda_3 & 0\\ 0 & 0 & 0\end{bmatrix}}_{\boldsymbol{\Sigma}_2} + \underbrace{\begin{bmatrix}\lambda_3 & 0 & 0\\ 0 & \lambda_3 & 0\\ 0 & 0 & \lambda_3\end{bmatrix}}_{\boldsymbol{\Sigma}_3}\end{aligned} \tag{6.43}$$

然后进行 Holm 分解，具体如下：

$$\begin{aligned}\boldsymbol{T}_3 &= \boldsymbol{U}_3\,\boldsymbol{\Sigma}\,\boldsymbol{U}_3^{-1}\\ &= \boldsymbol{U}_3\,\boldsymbol{\Sigma}_1\,\boldsymbol{U}_3^{-1} + \boldsymbol{U}_3\,\boldsymbol{\Sigma}_2\,\boldsymbol{U}_3^{-1} + \boldsymbol{U}_3\,\boldsymbol{\Sigma}_3\,\boldsymbol{U}_3^{-1}\\ &= \boldsymbol{T}_1 + \boldsymbol{T}_2 + \boldsymbol{T}_3\end{aligned} \tag{6.44}$$

$\boldsymbol{T}_1$、$\boldsymbol{T}_2$和 $\boldsymbol{T}_3$都是 3×3 的相干矩阵。$\boldsymbol{T}_1$对应于单一散射目标，表征了目标的平均形式；$\boldsymbol{T}_2$对应于混合目标，表示实际目标与其平均表达式的差异；$\boldsymbol{T}_3$对应于未极化混合状态，等价于一个噪声项。

图 6.11 是 Holm 目标分解的结果，分别表示等价的平均目标或单一散射目标 $\boldsymbol{T}_1$的三个生成因子。图 6.12 是对应的伪彩色合成图，其中颜色分量分别为红色代表 T_{22}，绿色代表 T_{33}，蓝色代表 T_{11}。

图 6.11 Holm 目标分解的目标生成因子

特征矢量间是正交的(见附录 A)，

$$\underline{\boldsymbol{u}}_1\underline{\boldsymbol{u}}_1^{*\mathrm{T}} + \underline{\boldsymbol{u}}_2\underline{\boldsymbol{u}}_2^{*\mathrm{T}} + \underline{\boldsymbol{u}}_3\underline{\boldsymbol{u}}_3^{*\mathrm{T}} = \boldsymbol{I}_{\mathrm{D}} \tag{6.45}$$

因此 Holm 分解也可以表示为

$$\boldsymbol{T}_3 = (\lambda_1-\lambda_2)\underline{\boldsymbol{u}}_1\underline{\boldsymbol{u}}_1^{*\mathrm{T}} + (\lambda_2-\lambda_3)\left(\underline{\boldsymbol{u}}_1\underline{\boldsymbol{u}}_1^{*\mathrm{T}} + \underline{\boldsymbol{u}}_2\underline{\boldsymbol{u}}_2^{*\mathrm{T}}\right) + \lambda_3\boldsymbol{I}_{\mathrm{D}} \tag{6.46}$$

特征值矩阵分解还有另一种组合方式，Holm 分解也可表示为

$$\boldsymbol{T}_3 = (\lambda_1 - \lambda_3)\underline{\boldsymbol{u}}_1\underline{\boldsymbol{u}}_1^{*\mathrm{T}} + (\lambda_2 - \lambda_3)\underline{\boldsymbol{u}}_2\underline{\boldsymbol{u}}_2^{*\mathrm{T}} + \lambda_3\boldsymbol{I}_{\mathrm{D}} \tag{6.47}$$

图 6.12　Holm 分解伪彩色合成图

6.3.3　van Zyl 分解

van Zyl 分解首先采用一般的 3 × 3 协方差矩阵 $\boldsymbol{C}_3$ 描述单站情况下方位向对称的自然地物[19]。对于自然媒质(例如土壤和森林)，反射对称性假设(见 3.3.4 节)是成立的。此时，同极化通道和交叉极化通道的相关系数可以假设为零[12, 20]。此时对应的平均协方差矩阵 $\boldsymbol{C}_3$ 给出如下：

$$\boldsymbol{C}_3 = \begin{bmatrix} \left\langle |S_{\mathrm{HH}}|^2 \right\rangle & 0 & \left\langle S_{\mathrm{HH}}S_{\mathrm{VV}}^* \right\rangle \\ 0 & \left\langle 2|S_{\mathrm{HV}}|^2 \right\rangle & 0 \\ \left\langle S_{\mathrm{VV}}S_{\mathrm{HH}}^* \right\rangle & 0 & \left\langle |S_{\mathrm{VV}}|^2 \right\rangle \end{bmatrix} = \alpha \begin{bmatrix} 1 & 0 & \rho \\ 0 & \eta & 0 \\ \rho^* & 0 & \mu \end{bmatrix} \tag{6.48}$$

式中，

$$\begin{aligned} &\alpha = \langle S_{\mathrm{HH}}S_{\mathrm{HH}}^* \rangle, &&\rho = \langle S_{\mathrm{HH}}S_{\mathrm{VV}}^* \rangle / \langle S_{\mathrm{HH}}S_{\mathrm{HH}}^* \rangle \\ &\eta = 2\langle S_{\mathrm{HV}}S_{\mathrm{HV}}^* \rangle / \langle S_{\mathrm{HH}}S_{\mathrm{HH}}^* \rangle, &&\mu = \langle S_{\mathrm{VV}}S_{\mathrm{VV}}^* \rangle / \langle S_{\mathrm{HH}}S_{\mathrm{HH}}^* \rangle \end{aligned} \tag{6.49}$$

参数 α、ρ、η 和 μ 均依赖于散射体的尺寸、形状、介电性质及统计的取向角分布。这时，可以获得对应特征值的解析式[19]，表示如下：

$$\begin{aligned} \lambda_1 &= \frac{\alpha}{2}\left\{1 + \mu + \sqrt{(1-\mu)^2 + 4|\rho|^2}\right\} \\ \lambda_2 &= \frac{\alpha}{2}\left\{1 + \mu - \sqrt{(1-\mu)^2 + 4|\rho|^2}\right\} \\ \lambda_3 &= \alpha\eta \end{aligned} \tag{6.50}$$

对应的三个特征矢量为

$$
\begin{aligned}
\underline{\boldsymbol{u}}_1 &= \sqrt{\frac{\mu-1+\sqrt{\Delta}}{\left(\mu-1+\sqrt{\Delta}\right)^2+4|\rho|^2}}\begin{bmatrix}\dfrac{2\rho}{\mu-1+\sqrt{\Delta}}\\ 0\\ 1\end{bmatrix}\\
\underline{\boldsymbol{u}}_2 &= \sqrt{\frac{\mu-1-\sqrt{\Delta}}{\left(\mu-1-\sqrt{\Delta}\right)^2+4|\rho|^2}}\begin{bmatrix}\dfrac{2\rho}{\mu-1-\sqrt{\Delta}}\\ 0\\ 1\end{bmatrix}\\
\underline{\boldsymbol{u}}_3 &= \begin{bmatrix}0\\1\\0\end{bmatrix},\qquad \Delta=(1-\mu)^2+4|\rho|^2
\end{aligned}
\tag{6.51}
$$

很容易证明 3 ×3 厄米平均协方差矩阵 $\boldsymbol{C}_3$可以表示为如下形式：

$$
\begin{aligned}
\boldsymbol{C}_3 &= \sum_{i=1}^{i=3}\lambda_i\underline{\boldsymbol{u}}_i\cdot\underline{\boldsymbol{u}}_i^{*\mathrm{T}}\\
&= \Lambda_1\begin{bmatrix}|\alpha|^2 & 0 & \alpha\\ 0 & 0 & 0\\ \alpha^* & 0 & 1\end{bmatrix}+\Lambda_2\begin{bmatrix}|\beta|^2 & 0 & \beta\\ 0 & 0 & 0\\ \beta^* & 0 & 1\end{bmatrix}+\Lambda_3\begin{bmatrix}0 & 0 & 0\\ 0 & 1 & 0\\ 0 & 0 & 0\end{bmatrix}
\end{aligned}
\tag{6.52}
$$

式中，

$$
\begin{aligned}
\Lambda_1 &= \lambda_1\left[\frac{\left(\mu-1+\sqrt{\Delta}\right)^2}{\left(\mu-1+\sqrt{\Delta}\right)^2+4|\rho|^2}\right],\qquad \alpha=\frac{2\rho}{\mu-1+\sqrt{\Delta}}\\
\Lambda_2 &= \lambda_2\left[\frac{\left(\mu-1-\sqrt{\Delta}\right)^2}{\left(\mu-1-\sqrt{\Delta}\right)^2+4|\rho|^2}\right],\qquad \beta=\frac{2\rho}{\mu-1-\sqrt{\Delta}}\\
\Lambda_3 &= \lambda_3
\end{aligned}
\tag{6.53}
$$

van Zyl 分解的前两个特征矢量分别对应两个等价的散射矩阵，其表示的散射过程可以理解为奇数次反射和偶数次反射。式(6.52)给出的 3 ×3 的厄米平均协方差矩阵 $\boldsymbol{C}_3$的表达式，是通过对其特征矢量、特征值解析推导得到的，它是另一类目标分解理论(称为基于模型的分解)的基础。

6.4 基于散射模型的目标极化分解

6.4.1 Freeman-Durden 三分量分解

Freeman-Durden 分解是一种以物理实际为基础，将三分量散射机制模型用于极化 SAR 观测量的技术，无须使用任何地面测量数据[21, 22]。该方法分别对三种基本散射机制进行建模：由随机取向偶极子组成的云状冠层散射，由一对不同介电常数的正交平面构成的偶次或二次散射，以及适度粗糙表面的布拉格(Bragg)散射。这个组合散射模型可以描述自然散射体的极化后向散射。经证明，它可以有效区分洪涝林地和非洪涝林地，林地和采伐迹地，并且可以估计森林地区的洪涝和变化对全极化雷达回波信号的影响。

在 Freeman-Durden 分解中，第一个分量为模拟描述微粗糙表面散射的一阶布拉格表面散射模型，该模型中的交叉极化项可以省略。布拉格表面散射模型中的散射矩阵 $\boldsymbol{S}$ 有如下形式：

$$\boldsymbol{S}=\begin{bmatrix} R_{\mathrm{H}} & 0 \\ 0 & R_{\mathrm{V}} \end{bmatrix} \tag{6.54}$$

水平与垂直极化的反射系数分别为

$$\begin{aligned} R_{\mathrm{H}} &= \frac{\cos\theta-\sqrt{\varepsilon_{\mathrm{r}}-\sin^2\theta}}{\cos\theta+\sqrt{\varepsilon_{\mathrm{r}}-\sin^2\theta}} \\ R_{\mathrm{V}} &= \frac{(\varepsilon_{\mathrm{r}}-1)\left\{\sin^2\theta-\varepsilon_{\mathrm{r}}\left(1+\sin^2\theta\right)\right\}}{\left(\varepsilon_{\mathrm{r}}\cos\theta+\sqrt{\varepsilon_{\mathrm{r}}-\sin^2\theta}\right)^2} \end{aligned} \tag{6.55}$$

式中，θ 是局部入射角，ε_{r} 是粗糙表面的相对介电常数。

由散射矩阵可以得到表面散射的协方差矩阵 $\boldsymbol{C}_{3\mathrm{S}}$ 为

$$\boldsymbol{C}_{3\mathrm{S}}=\begin{bmatrix} |R_{\mathrm{H}}|^2 & 0 & R_{\mathrm{H}}R_{\mathrm{V}}^* \\ 0 & 0 & 0 \\ R_{\mathrm{V}}R_{\mathrm{H}}^* & 0 & |R_{\mathrm{V}}|^2 \end{bmatrix}=f_{\mathrm{S}}\begin{bmatrix} |\beta|^2 & 0 & \beta \\ 0 & 0 & 0 \\ \beta^* & 0 & 1 \end{bmatrix} \tag{6.56}$$

式中 f_{S} 对应单次散射分量对 $|S_{\mathrm{VV}}|^2$ 的贡献，并且

$$f_{\mathrm{S}}=|R_{\mathrm{V}}|^2 \quad \text{和} \quad \beta=\frac{R_{\mathrm{H}}}{R_{\mathrm{V}}} \tag{6.57}$$

二次散射分量模拟二面角反射器（例如地表与树干构成的二面角散射体，其中反射器表面由两种不同的电介质材料构成）的散射。垂直树干表面对水平极化波和垂直极化波的反射系数分别是 R_{TH} 和 R_{TV}。水平地面的菲涅尔（Fresnel）反射系数分别是 R_{GH} 和 R_{GV}。为了使模型更加通用，引入传播因子 $\mathrm{e}^{2\mathrm{j}\gamma_{\mathrm{H}}}$ 和 $\mathrm{e}^{2\mathrm{j}\gamma_{\mathrm{V}}}$，其中复系数 γ_{H} 和 γ_{V} 代表电磁波传播过程中的各种衰减和相位变化的影响。二次散射分量的散射矩阵为

$$\boldsymbol{S}=\begin{bmatrix} \mathrm{e}^{2\mathrm{j}\gamma_{\mathrm{H}}}R_{\mathrm{TH}}R_{\mathrm{GH}} & 0 \\ 0 & \mathrm{e}^{2\mathrm{j}\gamma_{\mathrm{V}}}R_{\mathrm{TV}}R_{\mathrm{GV}} \end{bmatrix} \tag{6.58}$$

由散射矩阵可以得到二次散射的协方差矩阵 $\boldsymbol{C}_{3\mathrm{D}}$ 为

$$\begin{aligned} \boldsymbol{C}_{3\mathrm{D}} &= \begin{bmatrix} |R_{\mathrm{TH}}R_{\mathrm{GH}}|^2 & 0 & \mathrm{e}^{2\mathrm{j}(\gamma_{\mathrm{H}}-\gamma_{\mathrm{V}})}R_{\mathrm{TH}}R_{\mathrm{GH}}R_{\mathrm{TV}}^*R_{\mathrm{GV}}^* \\ 0 & 0 & 0 \\ \mathrm{e}^{2\mathrm{j}(\gamma_{\mathrm{V}}-\gamma_{\mathrm{H}})}R_{\mathrm{TV}}R_{\mathrm{GV}}R_{\mathrm{TH}}^*R_{\mathrm{GH}}^* & 0 & |R_{\mathrm{TV}}R_{\mathrm{GV}}|^2 \end{bmatrix} \\ &= f_{\mathrm{D}}\begin{bmatrix} |\alpha|^2 & 0 & \alpha \\ 0 & 0 & 0 \\ \alpha^* & 0 & 1 \end{bmatrix} \end{aligned} \tag{6.59}$$

式中 f_{D} 对应二次散射分量对 $|S_{\mathrm{VV}}|^2$ 的贡献，并且

$$f_{\mathrm{D}}=|R_{\mathrm{TV}}R_{\mathrm{GV}}|^2 \quad \text{和} \quad \alpha=\mathrm{e}^{2\mathrm{j}(\gamma_{\mathrm{H}}-\gamma_{\mathrm{V}})}\frac{R_{\mathrm{TH}}R_{\mathrm{GH}}}{R_{\mathrm{TV}}R_{\mathrm{GV}}} \tag{6.60}$$

体散射模型对来自森林冠层的散射建模，森林冠层被近似为一片由随机取向的类圆柱散射体构成的云层。水平取向的基本偶极子的散射矩阵表示为线极化正交基的形式：

$$\boldsymbol{S}=\begin{bmatrix} a & 0 \\ 0 & b \end{bmatrix}_{a\gg b} \tag{6.61}$$

式中 a 和 b 是与每个质点相关的坐标系下的复散射系数。

当水平取向的偶极子绕雷达视线方向旋转角度 θ 时，散射矩阵变为

$$\begin{aligned}\boldsymbol{S}(\theta) &= \begin{bmatrix} \cos\theta & \sin\theta \\ -\sin\theta & \cos\theta \end{bmatrix}\begin{bmatrix} a & 0 \\ 0 & b \end{bmatrix}\begin{bmatrix} \cos\theta & -\sin\theta \\ \sin\theta & \cos\theta \end{bmatrix} \\ &= \begin{bmatrix} a\cos^2\theta + b\sin^2\theta & (b-a)\sin\theta\cos\theta \\ (b-a)\sin\theta\cos\theta & a\sin^2\theta + b\cos^2\theta \end{bmatrix}\end{aligned} \tag{6.62}$$

假设散射体形状类似于细长圆柱，相对于雷达视线方向的取向角是随机分布的，则协方差矩阵 $\boldsymbol{C}_{3\mathrm{V}}$ 的二阶统计平均为

$$\begin{aligned}
\langle S_{\mathrm{HH}}S_{\mathrm{HH}}^*\rangle &= |a|^2 I_1 + |b|^2 I_2 + 2\mathrm{Re}(ab^*) I_4 \\
\langle S_{\mathrm{HH}}S_{\mathrm{HV}}^*\rangle &= (b-a)^*(aI_5 + bI_6) \\
\langle S_{\mathrm{HV}}S_{\mathrm{HV}}^*\rangle &= |b-a|^2 I_4 \\
\langle S_{\mathrm{HH}}S_{\mathrm{VV}}^*\rangle &= \left(|a|^2 + |b|^2\right) I_4 + ab^* I_1 + a^* b I_2 \\
\langle S_{\mathrm{VV}}S_{\mathrm{VV}}^*\rangle &= |a|^2 I_2 + |b|^2 I_1 + 2\mathrm{Re}(ab^*) I_4 \\
\langle S_{\mathrm{HV}}S_{\mathrm{VV}}^*\rangle &= (b-a)(a^* I_6 + b^* I_5)
\end{aligned} \tag{6.63}$$

并有

$$\begin{aligned}
I_1 &= \int_{-\pi}^{\pi} \cos^4\theta\, p(\theta)\,\mathrm{d}\theta, & I_2 &= \int_{-\pi}^{\pi} \sin^4\theta\, p(\theta)\,\mathrm{d}\theta \\
I_3 &= \int_{-\pi}^{\pi} \sin^2 2\theta\, p(\theta)\,\mathrm{d}\theta \equiv 4I_4, & I_4 &= \int_{-\pi}^{\pi} \sin^2\theta\cos^2\theta\, p(\theta)\,\mathrm{d}\theta \\
I_5 &= \int_{-\pi}^{\pi} \cos^3\theta\sin\theta\, p(\theta)\,\mathrm{d}\theta, & I_6 &= \int_{-\pi}^{\pi} \sin^3\theta\cos\theta\, p(\theta)\,\mathrm{d}\theta
\end{aligned} \tag{6.64}$$

如果方向角的概率密度函数符合均匀分布，$p(\theta) = \dfrac{1}{2\pi}$，则

$$I_1 = I_2 = \frac{3}{8},\ I_3 = \frac{1}{2},\ I_4 = \frac{1}{8},\ I_5 = I_6 = 0 \tag{6.65}$$

且

$$\begin{aligned}
\langle S_{\mathrm{HH}}S_{\mathrm{HH}}^*\rangle &= \frac{1}{4}\left(|a|^2 + |b|^2\right) + \frac{1}{8}\left(|a+b|^2\right), & \langle S_{\mathrm{HH}}S_{\mathrm{HV}}^*\rangle &= 0 \\
\langle S_{\mathrm{HV}}S_{\mathrm{HV}}^*\rangle &= \frac{1}{8}|b-a|^2, & \langle S_{\mathrm{HH}}S_{\mathrm{VV}}^*\rangle &= \frac{1}{8}\left(|a|^2 + |b|^2\right) + \frac{3}{4}\mathrm{Re}(ab^*) \\
\langle S_{\mathrm{VV}}S_{\mathrm{VV}}^*\rangle &= \frac{1}{4}\left(|a|^2 + |b|^2\right) + \frac{1}{8}\left(|a+b|^2\right), & \langle S_{\mathrm{HV}}S_{\mathrm{VV}}^*\rangle &= 0
\end{aligned} \tag{6.66}$$

假设体散射模型是一片由若干随机取向的、在水平方向上非常细的($b \mapsto 0$)类圆柱体构成的散射体云，则其平均协方差矩阵 $\langle \boldsymbol{C}_{3\mathrm{V}} \rangle_\theta$ 为

$$\langle \boldsymbol{C}_{3\mathrm{V}} \rangle_\theta = \frac{f_{\mathrm{V}}}{8}\begin{bmatrix} 3 & 0 & 1 \\ 0 & 2 & 0 \\ 1 & 0 & 3 \end{bmatrix} \tag{6.67}$$

式中 f_{V} 对应体散射分量的贡献。

假设体散射、二次散射和表面散射成分间互不相关，则总的二阶统计量是上述每个独立散射机制成分的统计量之和。因此，总的后向散射模型为

$$\begin{aligned}\boldsymbol{C}_{3\mathrm{V}} &= \boldsymbol{C}_{3\mathrm{S}} + \boldsymbol{C}_{3\mathrm{D}} + \langle \boldsymbol{C}_{3\mathrm{V}} \rangle_{\theta} \\ &= \begin{bmatrix} f_\mathrm{S}|\beta|^2 + f_\mathrm{D}|\alpha|^2 + \dfrac{3f_\mathrm{V}}{8} & 0 & f_\mathrm{S}\beta + f_\mathrm{D}\alpha + \dfrac{f_\mathrm{V}}{8} \\ 0 & \dfrac{2f_\mathrm{V}}{8} & 0 \\ f_\mathrm{S}\beta^* + f_\mathrm{D}\alpha^* + \dfrac{f_\mathrm{V}}{8} & 0 & f_\mathrm{S} + f_\mathrm{D} + \dfrac{3f_\mathrm{V}}{8} \end{bmatrix}\end{aligned} \tag{6.68}$$

由该模型可以得到 4 个等式，包含 5 个未知量。其中，体散射分量的贡献 $\dfrac{f_\mathrm{V}}{8}$、$\dfrac{2f_\mathrm{V}}{8}$ 或 $\dfrac{3f_\mathrm{V}}{8}$ 可以在 $|S_{\mathrm{HH}}|^2$、$|S_{\mathrm{VV}}|^2$ 和 $S_{\mathrm{HH}}S_{\mathrm{VV}}^*$ 三项中抵消。这时，剩余 3 个等式包含 4 个未知量：

$$\begin{aligned}\langle S_{\mathrm{HH}}S_{\mathrm{HH}}^* \rangle &= f_\mathrm{S}|\beta|^2 + f_\mathrm{D}|\alpha|^2 \\ \langle S_{\mathrm{HH}}S_{\mathrm{VV}}^* \rangle &= f_\mathrm{S}\beta + f_\mathrm{D}\alpha \\ \langle S_{\mathrm{VV}}S_{\mathrm{VV}}^* \rangle &= f_\mathrm{S} + f_\mathrm{D}\end{aligned} \tag{6.69}$$

通常，如果以上未知量中有一个可以确定，则可得到方程组的一组解。在 van Zyl 提出的算法[23]中，根据 $\langle S_{\mathrm{HH}}S_{\mathrm{VV}}^* \rangle$ 实部的正负，可以判断剩余项中的主导散射机制是二次散射还是表面散射。当 $\mathrm{Re}(\langle S_{\mathrm{HH}}S_{\mathrm{VV}}^* \rangle) \geqslant 0$ 时，认为表面散射是主导散射机制，参数 α 可以确定，即 $\alpha = -1$；当 $\mathrm{Re}(\langle S_{\mathrm{HH}}S_{\mathrm{VV}}^* \rangle) \leqslant 0$ 时，认为二次散射是主导散射机制，参数 β 可以确定，即 $\beta = +1$。

然后利用雷达实测数据，从残余项中估计出权重 f_S 和 f_D，以及参数 α 和 β。

最后，由各散射成分权重的估计，可得到总的散射功率 Span 为

$$\mathrm{Span} = |S_{\mathrm{HH}}|^2 + 2|S_{\mathrm{HV}}|^2 + |S_{\mathrm{VV}}|^2 = P_\mathrm{S} + P_\mathrm{D} + P_\mathrm{V} \tag{6.70}$$

式中，

$$\begin{aligned}P_\mathrm{S} &= f_\mathrm{S}\left(1 + |\beta|^2\right) \\ P_\mathrm{D} &= f_\mathrm{D}\left(1 + |\alpha|^2\right) \\ P_\mathrm{V} &= f_\mathrm{V}\end{aligned} \tag{6.71}$$

图 6.13 所示为 Freeman-Durden 目标分解的结果，分别表示三种散射机制成分的功率。图 6.14 所示为对应的伪彩色合成图，其中颜色分量分别为红色代表 P_D，绿色代表 P_V，蓝色代表 P_S。

Freeman-Durden 模型匹配方法的优势在于，该方法是基于雷达散射回波的物理模型，而不是单纯的数学推导。该模型可以用来初步确定哪种散射机制成分在极化 SAR 数据的后向散射中占主要地位。经过验证，三分量散射机制模型可以有效区分覆盖地表的不同地物类型，并且有助于确定当前的地表覆盖状态。

该分解方法在大多数情况下适用，但是方法中采用的两个重要假设限制了它的使用范围。第一，该方法基于三分量散射模型的假设，这并不适用于所有情况；第二，该方法假设反射对称性条件成立，从而使 $\langle S_{\mathrm{HH}}S_{\mathrm{HV}}^* \rangle = \langle S_{\mathrm{HV}}S_{\mathrm{VV}}^* \rangle = 0$。

第一个假设限制了该方法只能应用于某一类散射问题（最初，Freeman 仅试图将三分量模型应用于地表和森林的后向散射），对于其他情况，例如当表面散射的熵不为零时，该方法不适用。第二个假设与一系列散射问题有关，因此显得更加重要。它涉及散射媒质的对称性质，包括反射对称、旋转对称，以及两者性质兼有的方位对称[15, 24]。详细介绍参见3.3.4 节的散射对称性质。

$$-40\,\text{dB} \qquad 0\,\text{dB}$$
$$P_S = f_S(1 + |\beta|^2)$$

$$-40\,\text{dB} \qquad 0\,\text{dB}$$
$$P_D = f_D(1 + |\alpha|^2)$$

$$-40\,\text{dB} \qquad 0\,\text{dB}$$
$$P_V = f_V$$

图 6.13　Freeman-Durden 目标分解的各散射机制成分的功率

图 6.14　Freeman-Durden 目标分解伪彩色合成图

6.4.2　Yamaguchi 四分量分解

如前所述，Freeman 与 Durden 提出的三分量散射功率模型在满足反射对称性假设条件下，可以成功地应用于 SAR 观测数据的目标分解。然而在一幅 SAR 图像中有可能存在某些区域不满足反射对称性假设条件。2005 年，Yamaguchi 等人在三分量散射模型的基础上提出了一个四分量散射模型，其中引入了附加项$\langle S_{\mathrm{HH}}S_{\mathrm{HV}}^{*}\rangle\neq 0$ 和$\langle S_{\mathrm{HV}}S_{\mathrm{VV}}^{*}\rangle\neq 0$ 来表征反射对称假设不成立的情况[25, 26]。

为了使分解方法更广泛地适用于散射体具有复杂几何散射结构的情况，该模型中引入了第四种散射成分，等价于一个螺旋散射体的散射功率。螺旋散射体的散射功率项，对应于关系式$\langle S_{\mathrm{HH}}S_{\mathrm{HV}}^{*}\rangle\neq 0$ 和$\langle S_{\mathrm{HV}}S_{\mathrm{VV}}^{*}\rangle\neq 0$，该散射成分出现在非均匀区域(例如具有复杂形状的目标或人造建筑)，在所有分布式自然媒质的散射中几乎都不存在。螺旋散射机制的概念主要是在 Krogager 相干目标分解理论[27](见 6.5.3 节)中发展起来的。经证明，根据目标的螺旋性，对于所有线极化入射波，螺旋体目标将产生左旋或右旋圆极化回波。左手螺旋体目标和右手螺旋体目标的散射矩阵形式分别为

$$\boldsymbol{S}_{\mathrm{LH}}=\frac{1}{2}\begin{bmatrix}1 & \mathrm{j}\\ \mathrm{j} & -1\end{bmatrix}\quad \text{和}\quad \boldsymbol{S}_{\mathrm{RH}}=\frac{1}{2}\begin{bmatrix}1 & -\mathrm{j}\\ -\mathrm{j} & -1\end{bmatrix}\tag{6.72}$$

由散射矩阵可得到左手/右手螺旋体的协方差矩阵

$$\boldsymbol{C}_{3\mathrm{LH}}=\frac{f_{\mathrm{C}}}{4}\begin{bmatrix}1 & -\mathrm{j}\sqrt{2} & -1\\ \mathrm{j}\sqrt{2} & 2 & -\mathrm{j}\sqrt{2}\\ -1 & \mathrm{j}\sqrt{2} & 1\end{bmatrix}\quad \text{和}\quad \boldsymbol{C}_{3\mathrm{RH}}=\frac{f_{\mathrm{C}}}{4}\begin{bmatrix}1 & \mathrm{j}\sqrt{2} & -1\\ -\mathrm{j}\sqrt{2} & 2 & \mathrm{j}\sqrt{2}\\ -1 & -\mathrm{j}\sqrt{2} & 1\end{bmatrix}\tag{6.73}$$

在以上两种情况中，f_{C}均表示螺旋散射分量的贡献。

Yamaguchi 等人在四分量分解模型中作出的另一个重要改进是利用同极化的后向散射功率$\langle |S_{\mathrm{HH}}|^2\rangle$与$\langle |S_{\mathrm{VV}}|^2\rangle$之比，修正了体散射机制的散射矩阵[25]。在体散射的理论模型中，构成云状散射体的随机取向偶极子的方向角概率服从均匀分布。然而，在植被覆盖区域，垂直结构相对占优势，来自树干和树枝的散射回波显示散射体的方向角不服从均匀分布。于是提出一个新的概率分布

$$p(\theta)=\begin{cases}\frac{1}{2}\cos\theta, & |\theta|<\pi/2\\ 0, & |\theta|>\pi/2\end{cases}\tag{6.74}$$

式中，θ 是偶极子散射体与水平轴线方向的夹角。需要注意的是，Yamaguchi 提出的是一个正弦分布，其峰值位于$\pi/2$ 处，与此处的式(6.74)不同。式(6.64)中定义的积分等于

$$I_1=\frac{8}{15},\ I_2=\frac{3}{15},\ I_3=\frac{8}{15},\ I_4=\frac{2}{15},\ I_5=I_6=0\tag{6.75}$$

假设体散射模型是一片由若干随机取向的、在水平方向上非常细的($b\mapsto 0$)类圆柱体构成的散射体云，则其平均协方差矩阵$\langle \boldsymbol{C}_{3\mathrm{V}}\rangle_{\theta}$ 为

$$\langle \boldsymbol{C}_{3\mathrm{V}}\rangle_{\theta}=\frac{f_{\mathrm{V}}}{15}\begin{bmatrix}8 & 0 & 2\\ 0 & 4 & 0\\ 2 & 0 & 3\end{bmatrix}\tag{6.76}$$

现在假设体散射模型是一片由若干随机取向的、在垂直方向上非常细的($a\mapsto 0$)类圆柱体构成的散射体云，则其平均协方差矩阵$\langle \boldsymbol{C}_{3\mathrm{V}}\rangle_\theta$为

$$\langle \boldsymbol{C}_{3\mathrm{V}}\rangle_\theta=\frac{f_\mathrm{V}}{15}\begin{bmatrix}3&0&2\\0&4&0\\2&0&8\end{bmatrix} \tag{6.77}$$

在以上两种情况中，f_V均表示体散射分量的贡献。

上述两个体散射平均协方差矩阵的非对称形式$\langle \boldsymbol{C}_{3\mathrm{V}}\rangle_\theta$非常有利用价值。根据$10\log(\langle |S_{\mathrm{VV}}|^2\rangle/\langle |S_{\mathrm{HH}}|^2\rangle)$的大小，可以调整协方差矩阵的形式，使其符合实测数据。Yamaguchi 提出，根据不同场景，需要选择合适的体散射平均协方差矩阵$\langle \boldsymbol{C}_{3\mathrm{V}}\rangle_\theta$。如图 6.15 所示，当同极化功率之间相对差大于 2 dB 时，需要选择协方差矩阵的非对称形式；当相对差在±2 dB 之间时，需要选择协方差矩阵的对称形式[25]。结果表明，该选择过程可以使体散射模型很好地符合实测数据。

$10\log(\langle\lvert S_{\mathrm{VV}}\rvert^2\rangle/\langle\lvert S_{\mathrm{HH}}\rvert^2\rangle)$	−4 dB　−2 dB	0 dB	+2 dB　+4 dB
$\langle \mathbf{C}_{3\mathrm{V}}\rangle_\theta$	$\frac{f_\mathrm{V}}{15}\begin{bmatrix}8&0&2\\0&4&0\\2&0&3\end{bmatrix}$	$\frac{f_\mathrm{V}}{8}\begin{bmatrix}3&0&1\\0&2&0\\1&0&3\end{bmatrix}$	$\frac{f_\mathrm{V}}{15}\begin{bmatrix}3&0&2\\0&4&0\\2&0&8\end{bmatrix}$

图 6.15　体散射平均协方差矩阵$\langle \boldsymbol{C}_{3\mathrm{V}}\rangle_\theta$的选择

假设体散射、二次散射、表面散射和螺旋散射成分之间互不相关，则总的二阶统计量是上述每个独立散射机制成分的统计量之和。因此，总的散射模型为

$$\boldsymbol{C}_3=\boldsymbol{C}_{3\mathrm{S}}+\boldsymbol{C}_{3\mathrm{D}}+\boldsymbol{C}_{3\mathrm{LH/RH}}+\langle \boldsymbol{C}_{3\mathrm{V}}\rangle_\theta$$

$$=\begin{bmatrix}f_\mathrm{S}|\beta|^2+f_\mathrm{D}|\alpha|^2+\frac{f_\mathrm{C}}{4} & \pm\mathrm{j}\frac{\sqrt{2}f_\mathrm{C}}{4} & f_\mathrm{S}\beta+f_\mathrm{D}\alpha-\frac{f_\mathrm{C}}{4}\\ \mp\mathrm{j}\frac{\sqrt{2}f_\mathrm{C}}{4} & \frac{f_\mathrm{C}}{2} & \pm\mathrm{j}\frac{\sqrt{2}f_\mathrm{C}}{4}\\ f_\mathrm{S}\beta^*+f_\mathrm{D}\alpha^*-\frac{f_\mathrm{C}}{4} & \mp\mathrm{j}\frac{\sqrt{2}f_\mathrm{C}}{4} & f_\mathrm{S}+f_\mathrm{D}+\frac{f_\mathrm{C}}{4}\end{bmatrix}+f_\mathrm{V}\begin{bmatrix}a&0&d\\0&b&0\\d&0&c\end{bmatrix} \tag{6.78}$$

由该模型可得到 5 个等式，包含 6 个未知量α、β、f_S、f_D、f_C和f_V。其中，依据选择的体散射平均协方差矩阵$\langle \boldsymbol{C}_{3\mathrm{V}}\rangle_\theta$，可确定参数$a$、$b$、$c$和$d$的值。由各散射成分权重的估计，可得到总的散射功率 Span 为

$$\mathrm{Span}=|S_{\mathrm{HH}}|^2+2|S_{\mathrm{HV}}|^2+|S_{\mathrm{VV}}|^2=P_\mathrm{S}+P_\mathrm{D}+P_\mathrm{C}+P_\mathrm{V} \tag{6.79}$$

式中，

$$\begin{aligned}&P_\mathrm{S}=f_\mathrm{S}\left(1+|\beta|^2\right), && P_\mathrm{D}=f_\mathrm{D}\left(1+|\alpha|^2\right)\\ &P_\mathrm{C}=f_\mathrm{C}, && P_\mathrm{V}=f_\mathrm{V}\end{aligned} \tag{6.80}$$

四分量散射模型分解的算法流程如图 6.16 所示。

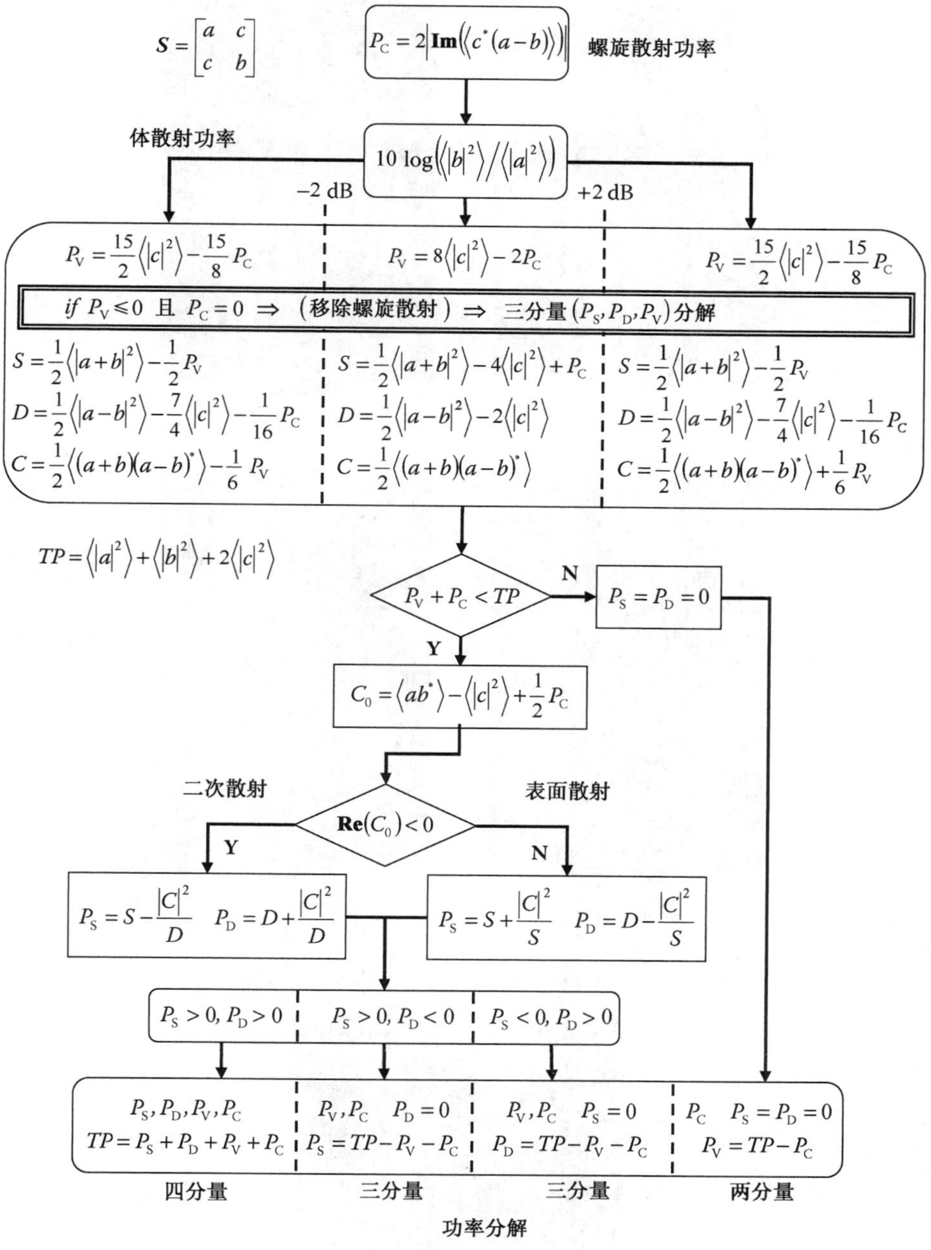

图 6.16　四分量散射功率分解的算法流程图（承蒙 Yoshio Yamaguchi 教授供图）

图 6.17 是 Yamaguchi 目标分解的结果，图中分别表示四种散射机制成分的功率。图 6.18 是对应的泡利伪彩色合成图。

尽管 Yamaguchi 四分量分解原本是为反射对称性不满足的情况而设计的，但是本身也包括了反射对称性成立的情况，因此该分解方法可以更广泛地应用于散射体具有复杂几何散射结构的情况。

图 6.17 Yamaguchi 分解各散射机制成分的功率

图 6.18 Yamaguchi 分解伪彩色合成图，红色代表 P_D，绿色代表 P_V，蓝色代表 P_S

6.4.3 Freeman 二分量分解

2007 年，Freeman 提出了一种应用于森林的极化 SAR 观测二分量散射模型[28]。该模型中的两种散射机制分别来自冠层与地面，其中冠层可以视为满足反射对称性的互易媒质。地面散射可能来自一对不同介电常数的正交表面(例如地面与树干)的二次散射，也可能来自微粗糙表面的布拉格散射，它可以被看成电磁波穿透一层垂直取向散射体层的散射过程[28]。

体散射模型是对来自森林冠层的散射回波建模，森林冠层被近似成一片由随机取向的类圆柱散射体构成的云层。满足反射对称性的互易媒质的二阶统计协方差矩阵为

$$\boldsymbol{C}_{3\mathrm{V}} = f_{\mathrm{V}} \begin{bmatrix} 1 & 0 & \rho \\ 0 & 1-\rho & 0 \\ \rho^* & 0 & 1 \end{bmatrix} \tag{6.81}$$

式中的体散射分量的贡献由 f_{V} 和 ρ 表示。

第二种散射机制是一个二次散射或表面散射。两种情况下的二阶统计协方差矩阵 $\boldsymbol{C}_{3\mathrm{G}}$ 均为

$$\boldsymbol{C}_{3\mathrm{G}} = f_{\mathrm{G}} \begin{bmatrix} 1 & 0 & \alpha \\ 0 & 0 & 0 \\ \alpha^* & 0 & |\alpha|^2 \end{bmatrix} \tag{6.82}$$

式中的二次散射或单次散射分量的贡献由 f_{G} 和 α 表示。

当地面散射项是二次散射时，参数 α 满足 $|\alpha| \leqslant 1$ 且 $\arg(\alpha) = \pm\pi$。

当地面散射项是表面散射时，参数 α 满足 $|\alpha| \geqslant 1$ 且 $\arg(\alpha) \approx 2\phi$。式中，$2\phi$ 是同极化 HH、VV 间的相位差，反映了电磁波从雷达到散射体和返程中的传播延迟。

假设体散射与二次散射或表面散射成分间互不相关，则总的二阶统计量是这两个独立散射机制成分的统计量之和。因此，总的散射模型为

$$\boldsymbol{C}_3 = \boldsymbol{C}_{3\mathrm{G}} + \boldsymbol{C}_{3\mathrm{V}} = \begin{bmatrix} f_{\mathrm{G}} + f_{\mathrm{V}} & 0 & f_{\mathrm{G}}\alpha + f_{\mathrm{V}}\rho \\ 0 & f_{\mathrm{V}}(1-\rho) & 0 \\ f_{\mathrm{G}}\alpha^* + f_{\mathrm{V}}\rho^* & 0 & f_{\mathrm{G}}|\alpha|^2 + f_{\mathrm{V}} \end{bmatrix} \tag{6.83}$$

与 Freeman-Durden 三分量分解相比，新的 Freeman 二分量分解输入和输出参数数目相等(4 个等式，4 个未知量)，因此可以很容易地求解，而无须任何先验假设[28]。

各种散射机制对 Span 的总贡献计算如下：

$$\mathrm{Span} = |S_{\mathrm{HH}}|^2 + 2|S_{\mathrm{HV}}|^2 + |S_{\mathrm{VV}}|^2 = P_{\mathrm{G}} + P_{\mathrm{V}} \tag{6.84}$$

式中，

$$\boldsymbol{P}_{\mathrm{G}} = f_{\mathrm{G}}\left(1 + |\alpha|^2\right), \qquad \boldsymbol{P}_{\mathrm{V}} = f_{\mathrm{V}}(3-\rho) \tag{6.85}$$

二分量分解散射模型的算法流程如图 6.19 所示。

判断地面散射成分是直接来自地表的回波还是二次散射，取决于参数 α 的幅度和相位特性。

图 6.20 是 Freeman 二分量目标分解的结果，图中 P_{G} 和 P_{V} 分别是两种散射机制分量的贡献。

二分量分解散射模型似乎对森林冠层结构和冠层回波与地面回波之比有一定的敏感性。参数 α 似乎受到冠层密度的影响，而参数 ρ 理论上受类圆柱散射体的统计描述的影响，换句话说，ρ 由式(6.61)中复元素的比值 $\dfrac{a}{b}$ 定义。

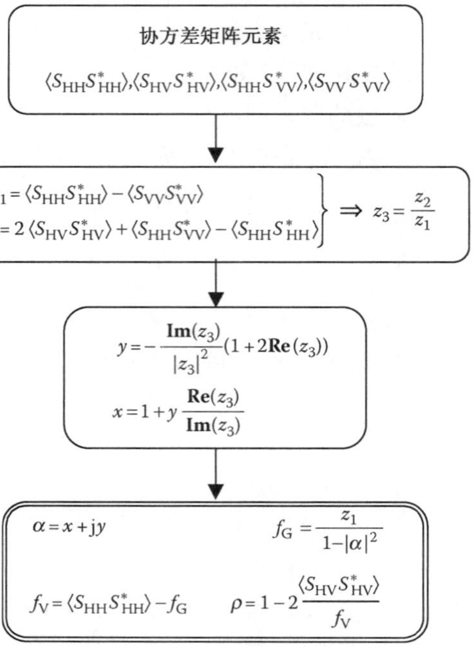

图 6.19　Freeman 二分量分解算法流程图

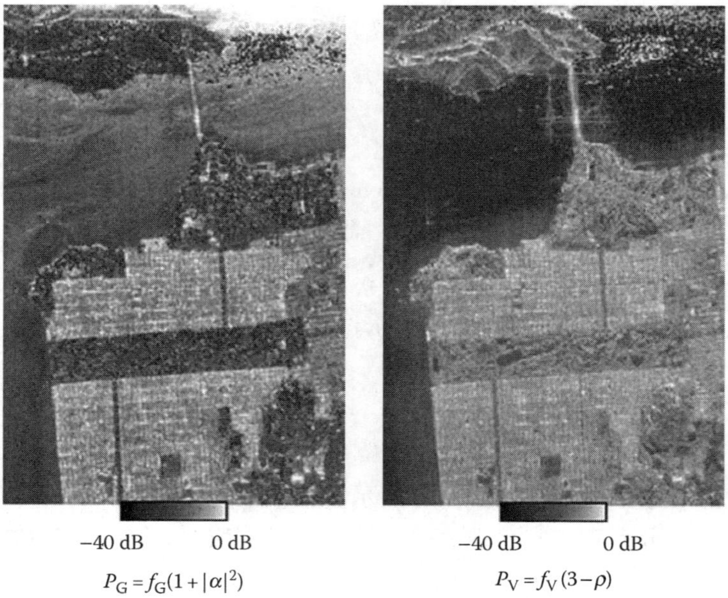

图 6.20　Freeman 二分量分解各散射机制分量的贡献

6.5 相干分解

6.5.1 引言

相干分解的目的是将测得的散射矩阵 $\boldsymbol{S}$ 表示成几个典型散射机制的组合：

$$\boldsymbol{S} = \sum_{k=1}^{N} \alpha_k \boldsymbol{S}_k \tag{6.86}$$

目标的散射矩阵 $\boldsymbol{S}$ 描述一个纯的单一散射目标的电磁散射特性，这类目标的散射回波总是相干的，此时不存在任何杂波环境或目标时变造成的外部干扰。相干目标分解存在的一个主要问题是，这类分解忽视了相干斑噪声对单视图像造成的严重影响。第 4 章中已经说明，相干斑噪声是遥感 SAR 图像处理的一个重要问题。相干斑噪声会导致相干数据的物理解译出现错误，因此必须使用相干斑滤波器对这种复乘性随机噪声进行处理，即对数据进行平均。由于散射矩阵 $\boldsymbol{S}$ 中元素的相干性，相干斑滤波器的设计是基于二阶统计量的，通常利用 3×3 相干矩阵 $\boldsymbol{T}_3$ 或协方差矩阵 $\boldsymbol{C}_3$，这与下面讨论的相干方法有所不同。

然而，相干分解理论在高分辨率和低熵散射问题中还是有一定应用的，可以用于分解 3×3 相干矩阵 $\boldsymbol{T}_3$ 或协方差矩阵 $\boldsymbol{C}_3$ 的主要特征矢量。相干目标分解在只存在一个主要的目标成分时是有效的(例如城区中或用做定标器的二面角、三面角的散射)，其他分量用于为整个目标空间构建合适的基。

相干目标分解的另一个主要问题是，对于一个给定散射矩阵 $\boldsymbol{S}$，有多个分解方法可以选择，在缺乏先验信息的情况下，很难确定使用哪种方法。下面将介绍 3 种不同的相干分解方法，分别是泡利分解、Krogager 分解和 Cameron 分解。

6.5.2 泡利分解

泡利分解将散射矩阵 $\boldsymbol{S}$ 分解为各泡利矩阵的复数形式的加权和。其中，每个泡利基矩阵对应着一种基本的散射机制。它的表示形式为

$$\boldsymbol{S} = \begin{bmatrix} S_{\mathrm{HH}} & S_{\mathrm{HV}} \\ S_{\mathrm{VH}} & S_{\mathrm{VV}} \end{bmatrix} = \frac{a}{\sqrt{2}}\begin{bmatrix} 1 & 0 \\ 0 & 1 \end{bmatrix} + \frac{b}{\sqrt{2}}\begin{bmatrix} 1 & 0 \\ 0 & -1 \end{bmatrix} + \frac{c}{\sqrt{2}}\begin{bmatrix} 0 & 1 \\ 1 & 0 \end{bmatrix} + \frac{d}{\sqrt{2}}\begin{bmatrix} 0 & -\mathrm{j} \\ \mathrm{j} & 0 \end{bmatrix} \tag{6.87}$$

式中，系数 a、b、c 和 d 都是复数。它们的值由下式给出：

$$a = \frac{S_{\mathrm{HH}} + S_{\mathrm{VV}}}{\sqrt{2}},\quad b = \frac{S_{\mathrm{HH}} - S_{\mathrm{VV}}}{\sqrt{2}},\quad c = \frac{S_{\mathrm{HV}} + S_{\mathrm{VH}}}{\sqrt{2}},\quad d = \mathrm{j}\frac{S_{\mathrm{HV}} - S_{\mathrm{VH}}}{\sqrt{2}} \tag{6.88}$$

确定性目标的泡利分解可以理解为将目标的散射过程相干分解成四种散射机制：第一种是平坦表面的单次散射(单次或奇次散射)；第二种和第三种分别对应方向角为 0°和 45°的角反射器的二面角散射(二次或偶次散射)；最后一个分量代表散射矩阵 $\boldsymbol{S}$ 的所有不对称分量。上述解释是根据电磁波的极化基变换对应的各泡利矩阵的性质得出的。

在单站条件下，满足互易定理，即 $S_{\mathrm{HV}} = S_{\mathrm{VH}}$。此时泡利基可以简化为三个基矩阵，从而使 $d = 0$。这样可以得到总功率

$$\mathrm{Span} = |S_{\mathrm{HH}}|^2 + 2|S_{\mathrm{HV}}|^2 + |S_{\mathrm{VV}}|^2 = |a|^2 + |b|^2 + |c|^2 \tag{6.89}$$

图 6.21 表示泡利分解的结果。其中，三幅图像分别表示分解得到的系数 a、b 和 c。图 6.22 是对应的泡利分解伪彩色合成图。

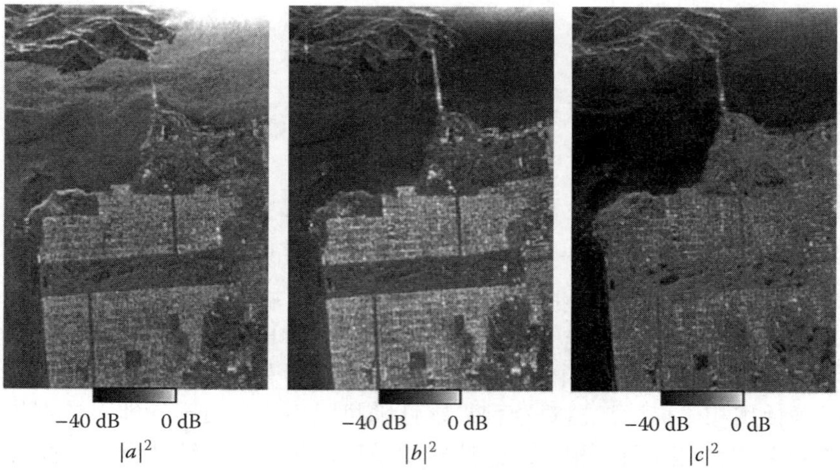

图 6.21 泡利分解的目标生成因子

图 6.22 泡利分解伪彩色合成图，红色代表 $|b|^2$，绿色代表 $|c|^2$，蓝色代表 $|a|^2$

6.5.3 Krogager 分解

Krogager 分解[29]将对称的散射矩阵 $\boldsymbol{S}$ 分解为三个有具体物理意义的相干分量之和，分别对应于球散射、旋转角度为 θ 的二面角散射和螺旋体散射，如下所示：

$$\begin{aligned}\boldsymbol{S}_{(\mathrm{H,V})} &= \mathrm{e}^{\mathrm{j}\phi}\{\mathrm{e}^{\mathrm{j}\phi_{\mathrm{S}}}k_{\mathrm{S}}\boldsymbol{S}_{\mathrm{sphere}} + k_{\mathrm{D}}\boldsymbol{S}_{\mathrm{diplane}(\theta)} + k_{\mathrm{H}}\boldsymbol{S}_{\mathrm{helix}(\theta)}\} \\ &= \mathrm{e}^{\mathrm{j}\phi}\left\{\mathrm{e}^{\mathrm{j}\phi_{\mathrm{S}}}k_{\mathrm{S}}\begin{bmatrix}1 & 0\\ 0 & 1\end{bmatrix} + k_{\mathrm{D}}\begin{bmatrix}\cos 2\theta & \sin 2\theta\\ \sin 2\theta & -\cos 2\theta\end{bmatrix} + k_{\mathrm{H}}\mathrm{e}^{\mp\mathrm{j}2\theta}\begin{bmatrix}1 & \pm\mathrm{j}\\ \pm\mathrm{j} & -1\end{bmatrix}\right\}\end{aligned} \tag{6.90}$$

式中，k_{S}、k_{D}和 k_{H}分别表示球散射、二面角散射和螺旋体散射分量的贡献；θ 是方向角；ϕ 是散射矩阵的绝对相位。

相位 ϕ_S 表示在同一分辨单元中球散射分量相对于二面角散射分量的相移。忽略绝对相位，散射矩阵中只剩两个相位角和三个幅度，因此螺旋体散射分量相对于二面角散射分量的相移无法测量。需要注意的是，在给定的分辨单元中，螺旋体分量可以等价于两个或多个二面角，由二面角间的相对方向角和相移量确定[30]。

当电磁波以左旋和右旋(RL)圆极化方式发射和接收时，Krogager 分解[31]表示为

$$\begin{aligned}\boldsymbol{S}_{(\mathrm{R,L})} &= \begin{bmatrix} S_{\mathrm{RR}} & S_{\mathrm{RL}} \\ S_{\mathrm{LR}} & S_{\mathrm{LL}} \end{bmatrix} \\ &= \mathrm{e}^{\mathrm{j}\phi}\left\{\mathrm{e}^{\mathrm{j}\phi_S} k_S \begin{bmatrix} 0 & \mathrm{j} \\ \mathrm{j} & 0 \end{bmatrix} + k_D \begin{bmatrix} \mathrm{e}^{\mathrm{j}2\theta} & 0 \\ 0 & -\mathrm{e}^{-\mathrm{j}2\theta} \end{bmatrix} + k_H \begin{bmatrix} \mathrm{e}^{\mathrm{j}2\theta} & 0 \\ 0 & 0 \end{bmatrix}\right\}\end{aligned} \tag{6.91}$$

这时可以更容易地得到 Krogager 分解的各个参数：

$$\begin{aligned} &k_S = |S_{\mathrm{RL}}|, &&\phi = \frac{1}{2}(\phi_{\mathrm{RR}} + \phi_{\mathrm{LL}} - \pi) \\ &\theta = \frac{1}{4}(\phi_{\mathrm{RR}} - \phi_{\mathrm{LL}} + \pi), &&\phi_S = \phi_{\mathrm{RL}} - \frac{1}{2}(\phi_{\mathrm{RR}} + \phi_{\mathrm{LL}}) \end{aligned} \tag{6.92}$$

如分解表达式所示，散射矩阵元素 S_{RR} 和 S_{LL} 直接表示二面角散射分量。比较 $|S_{\mathrm{RR}}|$ 与 $|S_{\mathrm{LL}}|$ 的大小，分别考虑以下两种不同情况：

$$\begin{aligned} &|S_{\mathrm{RR}}| \geqslant |S_{\mathrm{LL}}| \Rightarrow \begin{cases} k_D^+ = |S_{\mathrm{LL}}| \\ k_H^+ = |S_{\mathrm{RR}}| - |S_{\mathrm{LL}}| \ \Leftarrow \ \text{左手螺旋体} \end{cases} \\ &|S_{\mathrm{RR}}| \leqslant |S_{\mathrm{LL}}| \Rightarrow \begin{cases} k_D = |S_{\mathrm{RR}}| \\ k_H = |S_{\mathrm{LL}}| - |S_{\mathrm{RR}}| \ \Leftarrow \ \text{右手螺旋体} \end{cases} \end{aligned} \tag{6.93}$$

同样要注意的是，Krogager 分解参数 k_S、k_D 和 k_H 可由三个具有旋转不变性的 Huynen 参数 A_0、B_0 和 F 表示，因此这三个参数也是旋转不变的，表达式[31]如下：

$$\begin{aligned} k_S^2 &= 2A_0 \\ k_D^2 &= 2(B_0 - |F|) \\ k_H^2 &= 4\left(B_0 - \sqrt{B_0^2 - F^2}\right) = 2\left(\sqrt{B_0 + F} - \sqrt{B_0 - F}\right)^2 \end{aligned} \tag{6.94}$$

引入目标矢量 $\underline{\boldsymbol{k}}$ 的表示，Krogager 分解写成如下形式：

$$\begin{gathered} \boldsymbol{S}_{(\mathrm{H,V})} = \mathrm{e}^{\mathrm{j}\phi}\begin{bmatrix} \mathrm{e}^{\mathrm{j}\phi_S} k_S + k_D\cos 2\theta + k_H \mathrm{e}^{\mp\mathrm{j}2\theta} & k_D \sin 2\theta \pm \mathrm{j}k_H \mathrm{e}^{\mp\mathrm{j}2\theta} \\ k_D \sin 2\theta \pm \mathrm{j}k_H \mathrm{e}^{\mp\mathrm{j}2\theta} & \mathrm{e}^{\mathrm{j}\phi_S} k_S - k_D\cos 2\theta - k_H \mathrm{e}^{\mp\mathrm{j}2\theta} \end{bmatrix} \\ \Downarrow \\ \underline{\boldsymbol{k}} = \sqrt{2}k_S \mathrm{e}^{\mathrm{j}(\phi+\phi_S)}\begin{bmatrix} 1 \\ 0 \\ 0 \end{bmatrix} + \sqrt{2}k_D \mathrm{e}^{\mathrm{j}\phi}\begin{bmatrix} 0 \\ \cos 2\theta \\ \sin 2\theta \end{bmatrix} + \sqrt{2}k_H \mathrm{e}^{\mp\mathrm{j}2\theta}\mathrm{e}^{\mathrm{j}\phi}\begin{bmatrix} 0 \\ 1 \\ \pm\mathrm{j} \end{bmatrix} \end{gathered} \tag{6.95}$$

容易看出，球散射体与二面角的目标矢量之间，以及球散射体与螺旋体的目标矢量之间，相互都是正交的，而二面角散射体与螺旋体的目标矢量之间不是正交的。Krogager 分解建立了三类单一散射目标散射模型与实际观测量的直接对应关系，从而通过三个矩阵分量可以表示实际的物理散射过程。在这个过程中，目标矢量之间的正交性不再成立，因而各分解参数不再是基不变的。

图 6.23 是 Krogager 分解的结果，分别表示分解得到的三个分量 k_S、k_D 和 k_H。图 6.24 是对应的伪彩色合成图，其中颜色分量分别为红色代表 k_D，绿色代表 k_H，蓝色代表 k_S。

图 6.23　Krogager 分解的目标生成因子

图 6.24　Krogager 分解伪彩色合成图

6.5.4　Cameron 分解

6.5.4.1　散射矩阵的相干分解

在 Cameron 分解方法中，根据目标基不变特性，再次利用泡利基矩阵对散射矩阵 $\boldsymbol{S}$ 进行分解[32~35]。Cameron 强调了“对称目标”的重要性，这类目标在庞加莱极化球上具有线性极化特征，可以用有约束的目标矢量进行参数化表示。图 6.25 是Cameron 分解示意图。

在 Cameron 分解中，首先将散射矩阵 $\boldsymbol{S}$ 分解为互易分量和非互易分量（利用 θ_{rec} 角），具体而言是将散射矩阵 $\boldsymbol{S}$ 投影到各个泡利基矩阵，并根据散射矩阵分解得到的分量的对称性判断互易分量和非互易分量，非互易分量也是非对称的。然后将互易项进一步分解为两个分量

（利用 τ_{sym} 角）。Cameron 分解形式如下：

$$\vec{S} = a\left\{\cos\theta_{rec}\left\{\cos\tau_{sym}\hat{S}_{sym}^{max} + \sin\tau_{sym}\hat{S}_{sym}^{min}\right\} + \sin\theta_{rec}\hat{S}_{nonrec}\right\} \tag{6.96}$$

式中，a 是标量，$a = \|\vec{S}\|_2^2 = \mathrm{Span}(\boldsymbol{S})$，$\|\cdot\|$ 表示矢量的范数。角 θ_{rec} 表示散射矩阵满足互易性的程度，角 τ_{sym} 表示散射矩阵偏离对称散射体的散射矩阵集合 $\hat{S}_{sym}$ 的角度。$\hat{S}_{nonrec}$ 表示归一化非互易分量，$\hat{S}_{sym}^{max}$ 表示归一化最大对称分量，$\hat{S}_{sym}^{min}$ 表示归一化最小对称分量。

前面提到，Cameron 认为雷达散射体的两个基本物理特性是互易性和对称性。当散射体严格服从互易定理时，该散射体满足互易性，这时它的散射矩阵是对称的（$S_{HV} = S_{VH}$，$S_{RL} = S_{LR}$，…）。以雷达视线方向正交平面上的一条直线作为对称轴，当散射体关于这条轴线对称时，该散射体满足对称性。

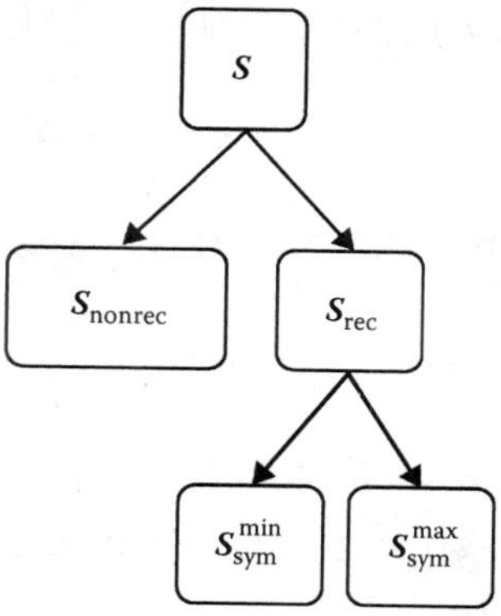

图 6.25　Cameron 分解示意图

Cameron 分解的第一步，将散射矩阵 $\boldsymbol{S}$ 表示为泡利基矩阵的加权和，有

$$\begin{aligned}\boldsymbol{S} &= \alpha\boldsymbol{S}_A + \beta\boldsymbol{S}_B + \gamma\boldsymbol{S}_C + \delta\boldsymbol{S}_D \\ &= \frac{\alpha}{\sqrt{2}}\begin{bmatrix}1 & 0\\0 & 1\end{bmatrix} + \frac{\beta}{\sqrt{2}}\begin{bmatrix}1 & 0\\0 & -1\end{bmatrix} + \frac{\gamma}{\sqrt{2}}\begin{bmatrix}0 & 1\\1 & 0\end{bmatrix} + \frac{\delta}{\sqrt{2}}\begin{bmatrix}0 & -1\\1 & 0\end{bmatrix}\end{aligned} \tag{6.97}$$

式中 α、β、γ 和 δ 均为复数。利用算符 $V(\cdot)$ 可以方便地将散射矩阵 $\boldsymbol{S}$ 转化为矢量 $\vec{S}$，

$$\boldsymbol{S} = \begin{bmatrix}S_{HH} & S_{HV}\\ S_{VH} & S_{VV}\end{bmatrix} \Rightarrow \vec{S} = V(\boldsymbol{S}) = \frac{1}{2}\mathrm{Tr}(\boldsymbol{S}\{\boldsymbol{\Psi}\}) = \begin{bmatrix}S_{HH}\\ S_{HV}\\ S_{VH}\\ S_{VV}\end{bmatrix} \tag{6.98}$$

上式相当于利用厄米内积运算将 $\boldsymbol{S}$ 中的元素按字母顺序排列为标准正交矢量，式中$\mathrm{Tr}(\boldsymbol{A})$表示矩阵 $\boldsymbol{A}$ 的迹，$\{\boldsymbol{\Psi}\}$ 是一组元素为复数的 2×2 基矩阵，

$$\{\boldsymbol{\Psi}\} = \left\{\begin{bmatrix}2 & 0\\0 & 0\end{bmatrix}, \begin{bmatrix}0 & 2\\0 & 0\end{bmatrix}, \begin{bmatrix}0 & 0\\2 & 0\end{bmatrix}, \begin{bmatrix}0 & 0\\0 & 2\end{bmatrix}\right\} \tag{6.99}$$

则矢量 $\vec{S}$ 表示为

$$\begin{aligned}\vec{S} &= \alpha\hat{S}_A + \beta\hat{S}_B + \gamma\hat{S}_C + \delta\hat{S}_D \\ &= \frac{\alpha}{\sqrt{2}}\begin{bmatrix}1\\0\\0\\1\end{bmatrix} + \frac{\beta}{\sqrt{2}}\begin{bmatrix}1\\0\\0\\-1\end{bmatrix} + \frac{\gamma}{\sqrt{2}}\begin{bmatrix}0\\1\\1\\0\end{bmatrix} + \frac{\delta}{\sqrt{2}}\begin{bmatrix}0\\-1\\1\\0\end{bmatrix}\end{aligned} \tag{6.100}$$

下一步，定义每个分量对应的投影因子 P_Q，等于各个基矢量$\hat{S}_{Q\in\{A,B,C,D\}}$ 与其转置矢量的乘积，如下式所示：

$$\boldsymbol{P}_{Q\in\{A,B,C,D\}} = \hat{S}_{Q\in\{A,B,C,D\}} \otimes \hat{S}_{Q\in\{A,B,C,D\}}^{T} \tag{6.101}$$

散射矩阵服从互易性的程度可用 θ_{rec} 表示为

$$\theta_{rec} = \arccos\left(\|\boldsymbol{P}_{rec}\hat{S}\|\right), \quad \begin{cases}\boldsymbol{P}_{rec} = \boldsymbol{I}_{D4} - \boldsymbol{P}_D \\ \hat{S} = \dfrac{\vec{S}}{\|\vec{S}\|}\end{cases} \tag{6.102}$$

当 $\theta_{rec}=0$ 时，散射矩阵 $\boldsymbol{S}$ 对应于一个严格服从互易性的散射体；当 $\theta_{rec}=\pi/2$ 时，对应一个完全非互易散射体。

定义算子 $\boldsymbol{D}\vec{\boldsymbol{X}}$ 为

$$\boldsymbol{D}\vec{\boldsymbol{X}}=(\vec{\boldsymbol{X}},\hat{\boldsymbol{S}}_{\mathbf{A}})\hat{\boldsymbol{S}}_{\mathbf{A}}+(\vec{\boldsymbol{X}},\hat{\boldsymbol{S}}')\hat{\boldsymbol{S}}' \quad \text{式中}\begin{cases}\hat{\boldsymbol{S}}'=\cos\chi\hat{\boldsymbol{S}}_{\mathrm{B}}+\sin\chi\,\hat{\boldsymbol{S}}_{\mathrm{C}}\\ \tan 2\chi=\dfrac{\beta\gamma^*+\gamma\beta^*}{|\beta|^2+|\gamma|^2}\end{cases} \tag{6.103}$$

对应于互易散射体的分量为 $\hat{\boldsymbol{S}}_{rec}=\boldsymbol{P}_{rec}\hat{\boldsymbol{S}}$，可以进一步分解成最大和最小对称分量为

$$\hat{\boldsymbol{S}}_{\mathrm{sym}}^{\max}=\frac{\boldsymbol{D}\vec{\boldsymbol{S}}}{\|\boldsymbol{D}\vec{\boldsymbol{S}}\|} \quad \text{和} \quad \hat{\boldsymbol{S}}_{\mathrm{sym}}^{\min}=\frac{(\boldsymbol{I}_{\mathrm{D4}}-\boldsymbol{D})\boldsymbol{P}_{\mathrm{rec}}\vec{\boldsymbol{S}}}{\|(\boldsymbol{I}_{\mathrm{D4}}-\boldsymbol{D})\boldsymbol{P}_{\mathrm{rec}}\vec{\boldsymbol{S}}\|} \tag{6.104}$$

最后，还剩三个 Cameron 参数未知，表达式为

$$a=\|\vec{\boldsymbol{S}}\|=\mathrm{Span}(\boldsymbol{S}),\qquad \hat{\boldsymbol{S}}_{\text{non-rec}}=\frac{(\vec{\boldsymbol{S}},\hat{\boldsymbol{S}}_{\mathbf{D}})}{|(\vec{\boldsymbol{S}},\hat{\boldsymbol{S}}_{\mathbf{D}})|}\hat{\mathbf{S}}_{\mathbf{D}},\qquad \tau_{\mathrm{sym}}=\arccos\left(\frac{|(\boldsymbol{P}_{\mathrm{rec}}\vec{\boldsymbol{S}},\boldsymbol{D}\vec{\boldsymbol{S}})|}{\|\boldsymbol{P}_{\mathrm{rec}}\vec{\boldsymbol{S}}\|\|\boldsymbol{D}\vec{\boldsymbol{S}}\|}\right) \tag{6.105}$$

当 $\tau_{sym}=0$ 时，散射矩阵 $\hat{\boldsymbol{S}}_{rec}=\boldsymbol{P}_{rec}\hat{\boldsymbol{S}}$，对应于一个对称散射体，如三面角和二面角；当 τ_{sym} 等于最大值 $\pi/4$ 时，散射矩阵 $\hat{\boldsymbol{S}}_{rec}=\boldsymbol{P}_{rec}\hat{\boldsymbol{S}}$，对应于一个完全非对称散射体，如左手和右手螺旋体。

6.5.4.2 散射矩阵的分类

将一个对称散射体的散射矩阵 $\vec{\boldsymbol{S}}_{sym}^{max}$ 分解为

$$\vec{\boldsymbol{S}}_{\mathrm{sym}}^{\max}=a\mathrm{e}^{\mathrm{j}\phi}\boldsymbol{R}_4(\psi)\hat{\boldsymbol{\Lambda}}(z) \tag{6.106}$$

式中，a 是散射矩阵的幅度；ϕ 是绝对相位；ψ 是散射体方向角；$\hat{\boldsymbol{\Lambda}}(z)$ 为

$$\hat{\boldsymbol{\Lambda}}(z)=\frac{1}{\sqrt{1+|z|^2}}\begin{bmatrix}1\\0\\0\\z\end{bmatrix} \tag{6.107}$$

其中的 z 是复数，用来确定散射体的类型。

常见的典型对称散射体包括三面角反射器、二面角反射器、偶极子散射体、圆柱体散射体、窄二面角反射器和四分之一波长器件，可以用 $\hat{\boldsymbol{\Lambda}}(z)$ 表示

$$\begin{aligned}&\textbf{三面角反射器：}\hat{S}_{\mathrm{A}}=\hat{\boldsymbol{\Lambda}}(1) && \textbf{圆柱体散射体：}\hat{S}_{\mathrm{cyl}}=\hat{\boldsymbol{\Lambda}}(+1/2)\\ &\textbf{二面角反射器：}\hat{S}_{\mathrm{B}}=\hat{\boldsymbol{\Lambda}}(-1) && \textbf{窄二面角反射器：}\hat{S}_{\mathrm{nd}}=\hat{\boldsymbol{\Lambda}}(-1/2)\\ &\textbf{偶极子散射体：}\hat{S}_{\mathrm{dip}}=\hat{\boldsymbol{\Lambda}}(0) && \textbf{四分之一波长器件：}\hat{S}_{1/4}=\hat{\boldsymbol{\Lambda}}(\pm\mathrm{j})\end{aligned} \tag{6.108}$$

散射矢量的旋转变换算子 $\boldsymbol{R}_4(\psi)$ 为

$$\boldsymbol{R}_4(\psi)=\boldsymbol{R}_2(\psi)\otimes\boldsymbol{R}_2(\psi)$$

将

$$\boldsymbol{R}_2(\psi)=\begin{bmatrix}\cos\psi & -\sin\psi\\ \sin\psi & \cos\psi\end{bmatrix}$$

代入上式得

$$\boldsymbol{R}_4(\psi)=\begin{bmatrix}\cos\psi\,\boldsymbol{R}_2(\psi) & -\sin\psi\,\boldsymbol{R}_2(\psi)\\ \sin\psi\,\boldsymbol{R}_2(\psi) & \cos\psi\,\boldsymbol{R}_2(\psi)\end{bmatrix} \tag{6.109}$$

Cameron 等人[34]提出了一个对称散射体间距离的度量，用以比较对称散射体的归一化对角散射矩阵，距离 d 的表达式如下：

$$d(z_1, z_2) = \arccos\left(\frac{\max\{|1 + z_1 z_2^*|, |z_1 + z_2^*|\}}{\sqrt{1 + |z_1|^2}\sqrt{1 + |z_2|^2}}\right) \tag{6.110}$$

对称散射体距离 d 仅度量各种对称散射体相互之间的差异程度，且必须满足 $d(z_1, z_1) = 0$。Touzi 与 Charbonneau[36, 37]定义了一个更简单的对称散射体距离 $d_{TC}(z_1, z_2)$，等于两个对角化的对称散射矩阵的内积：

$$d_{TC}(z_1, z_2) = \left|\hat{\boldsymbol{\Lambda}}(z_1) \cdot \hat{\boldsymbol{\Lambda}}^*(z_2)\right| = \left|\hat{\boldsymbol{\Lambda}}(z_1) \cdot \hat{\boldsymbol{\Lambda}}(z_2^*)\right| = \frac{|1 + z_1 z_2^*|}{\sqrt{1 + |z_1|^2}\sqrt{1 + |z_2|^2}} \tag{6.111}$$

然而，$d_{TC}(z_1, z_2)$ 是不合理的。在这个距离定义中，一个散射体与自身的距离不为零，$d_{TC}(z_1, z_1) = 1$。

Cameron 等人[32]提出的散射矩阵分类方法的流程如图 6.26 所示。

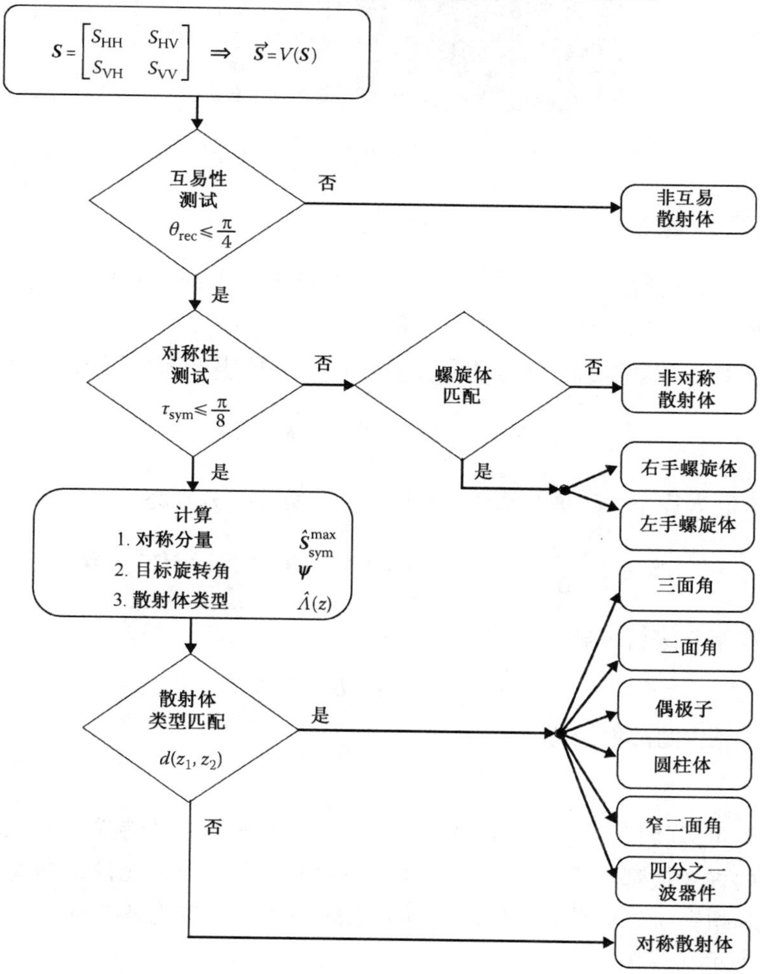

图 6.26　Cameron 散射矩阵分类方法的流程图

对于待分类的散射矢量 $\vec{S}$，首先计算角度 θ_{rec}，确定 $\vec{S}$ 服从互易性的程度。如果 $\theta_{rec} > \pi/4$，则非互易成分在散射矩阵中占最主要地位，从而判定散射矩阵对应于一个非互易散射体；如果 $\theta_{rec} < \pi/4$，则计算对称程度 τ_{sym}。当 $\tau_{sym} > \pi/8$ 时，则散射矩阵对应于一个非对称散射体；当 $\tau_{sym} < \pi/8$ 时，则散射矩阵对应一个对称散射体。接下来将散射矩阵与一组常见的典型对称散射体匹配，如果找到合适的匹配类型，则散射矩阵对应该散射体类型；否则，散射矩阵对应一个一般的对称散射体。

Cameron 分解如图 6.27 所示，该图表示由散射矩阵相干分解得到的分类结果。

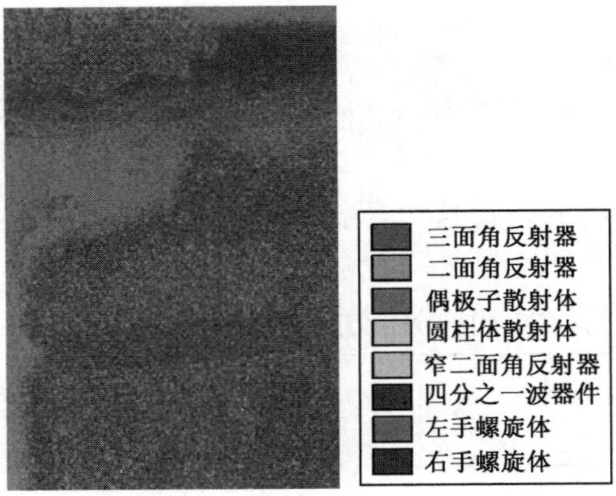

图 6.27　Cameron 相干散射矩阵分类

6.5.5　球坐标分解

前面讨论的相干分解方法都是将散射矩阵 $\boldsymbol{S}$ 分解成若干分量之和，球坐标分解方法则是将散射矩阵分解成乘积的形式，从而有助于降噪[38]。

该分解方法基于数学定理，任意非奇异算子可唯一地表示为如下球坐标分解形式[39]：

$$\boldsymbol{S} = \begin{bmatrix} S_{HH} & S_{HV} \\ S_{VH} & S_{VV} \end{bmatrix} = \boldsymbol{K}\ \boldsymbol{U}\ \boldsymbol{H} \tag{6.112}$$

式中，$\boldsymbol{H}$ 是一个厄米算子，$\boldsymbol{U}$ 是酉算子，$\boldsymbol{K}$ 是归一化算子，分别为

$$\boldsymbol{K} = \begin{bmatrix} \sqrt{|\boldsymbol{S}|} & 0 \\ 0 & \sqrt{|\boldsymbol{S}|} \end{bmatrix}, \qquad \boldsymbol{U}^{*\mathrm{T}} = \boldsymbol{U}^{-1}, \qquad \boldsymbol{H}^{*\mathrm{T}} = \boldsymbol{H} \tag{6.113}$$

对厄米矩阵和酉矩阵进行分解，

$$\boldsymbol{H} = \sqrt{\tilde{\boldsymbol{S}}^{*\mathrm{T}}\tilde{\boldsymbol{S}}},\ \ \boldsymbol{U} = \tilde{\boldsymbol{S}}\ \boldsymbol{H}^{-1} \tag{6.114}$$

式中，$\tilde{\boldsymbol{S}}$ 是“归一化”的散射矩阵，

$$\tilde{\boldsymbol{S}} = \boldsymbol{K}^{-1}\boldsymbol{S} \ \Rightarrow\ |\tilde{\boldsymbol{S}}| = 1 \tag{6.115}$$

通过球坐标分解可以将目标的散射机理作用视为对入射波的两种特殊变换，即增强变换 $\boldsymbol{H}$ 和旋转变换 $\boldsymbol{U}$。两种变换都与表示算子所选择的极化基无关，因为无论选择哪种极化基，$\boldsymbol{H}$ 和 $\boldsymbol{U}$ 仍然是厄米和酉算子。因此，球坐标分解方法的特点是与极化基的选择无关。变换过程可以用几何方法表示和分析。

旋转酉算子 $\boldsymbol{U}$ 的形式[38]为

$$U=\begin{bmatrix}\cos\frac{\theta}{2}-jn_x\sin\frac{\theta}{2} & -j(n_y-jn_z)\sin\frac{\theta}{2}\\ -j(n_y+jn_z)\sin\frac{\theta}{2} & \cos\frac{\theta}{2}+jn_x\sin\frac{\theta}{2}\end{bmatrix} \tag{6.116}$$

式中，定义旋转轴方向的单位矢量 $\hat{\boldsymbol{n}}=(n_x,n_y,n_z)^{\mathrm{T}}$，$\theta$ 是绕轴线旋转的角度。

同样，厄米增强算子 $\boldsymbol{H}$ 的形式[38]为

$$\boldsymbol{H}=\begin{bmatrix}\cosh\frac{\alpha}{2}+m_x\sinh\frac{\alpha}{2} & (m_y-jm_z)\sinh\frac{\alpha}{2}\\ (m_y+jm_z)\sinh\frac{\alpha}{2} & \cosh\frac{\alpha}{2}-m_x\sinh\frac{\alpha}{2}\end{bmatrix}① \tag{6.117}$$

式中，α 是“增强率”参数，定义增强轴方向的单位矢量 $\hat{\boldsymbol{m}}=(m_x,m_y,m_z)^{\mathrm{T}}$。

由8个自由参数(4个模值，4个相位)表示的一般非对称散射矩阵，可以由球坐标分解形式表示，包括8个独立参数：方向角 θ，单位矢量 $\hat{\boldsymbol{n}}$ 的两个球坐标(ψ_n，χ_n)，增强率 α，单位矢量 $\hat{\boldsymbol{m}}$ 的两个球坐标(ψ_m，χ_m)，散射矩阵的行列式 $|\boldsymbol{S}|$ 的复数值。

在单站条件下，满足互易定理 $S_{\mathrm{HV}}=S_{\mathrm{VH}}$，对称性条件约束了球坐标分解参数的取值，不是所有的增强变换和旋转变换都可行。如文献[38]中所示：

$$n_z=0,\qquad \tan\frac{\theta}{2}=-\frac{m_z}{n_xm_y-n_ym_x} \tag{6.118}$$

在该对称条件下，球坐标分解仅剩余6个独立参数(对应绝对后向散射矩阵的6个自由度)，包括：单位矢量 $\hat{\boldsymbol{m}}$ 的球面坐标(ψ_m，χ_m)，增强率 α，单位矢量 $\hat{\boldsymbol{n}}$ 的球面坐标 ϕ_n，散射矩阵的行列式 $|\boldsymbol{S}|$ 的复数值。

参考文献

[1] Huynen J. R., Phenomenological theory of radar targets, PhD Dissertation. Drukkerij Bronder-offset N. V., Rotterdam, 1970.

[2] Huynen J. R., A revisitation of the phenomenological approach with applications to radar target decomposition, Department of Electrical Engineering and Computer Sciences, University of Illinois at Chicago, Research Report EMID-CL-82-05-08-01, Contract no. NAV-AIR-N00019-BO-C-0620, May 1982.

[3] Huynen J. R., The calculation and measurement of surface-torsion by radar, Report no. 102, P. Q. RESEARCH, Los Altos Hills, California, June 1988.

[4] Huynen J. R., Extraction of target significant parameters from polarimetric data, Report no. 103, P. Q. RESEARCH, Los Altos Hills, California, July 1989.

[5] Huynen J. R., The Stokes matrix parameters and their interpretation in terms of physical target properties, *Journées Internationales de la Polarimétrie Radar-J. I. P. R. 90*, IRESTE, Nantes, March 1990.

[6] Huynen J. R., Theory and applications of the *N*-target decomposition theorem, *Journées Internationales de la Polarimétrie Radar-J. I. P. R. 90*, IRESTE, Nantes, March 1990.

[7] Pottier E., On Dr. J. R. Huynen's main contributions in the development of polarimetric radar technique, in *Proceedubgs SPIE*, 1992, 1748, 72-85.

① cosh 与 sinh 分别为双曲余弦函数与双曲正弦函数。

[8] Barnes R. M., Roll-invariant decompositions for the polarization covariance matrix, *Polarimetry Technology Workshop*, Redstone Arsenal, AL, 1988.

[9] Holm W. A. and Barnes R. M., On radar polarization mixed state decomposition theorems, in *Proceedings 1988 USA National Radar Conference*, April 1988.

[10] Yang J., Yamaguchi Y., Yamada H., Sengoku M., and Lin, S. M., Stable decomposition of a Kennaugh matrix, *IEICE Transaction Communications*, E81-B(6), 1261-1268, 1998.

[11] Yang J., Peng Y. N., Yamaguchi Y., and Yamada H., On Huynen's decomposition of a Kennaugh matrix, *IEEE GRS Letters*, 3(3), 369-372, July 2006.

[12] Nghiem S. V., Yueh, S. H., Kwok, R., and Li, F. K., Symmetry properties in polarimetric remote sensing, *Radio Science*, 27(5), 693-711, October 1992.

[13] Cloude S. R., Group theory and polarization algebra, *OPTIK*, 75(1), 26-36, 1986.

[14] Cloude S. R., Lie groups in electromagnetic wave propagation and scattering, *Journal of Electromechanic Waves Application*, 6(8), 947-974, 1992.

[15] Cloude S. R. and Pottier E., A review of target decomposition theorems in radar polarimetry, *IEEE Transaction on Geoscience and Remote Sensing*, 34(2), pp. 498-518, March 1996.

[16] Cloude S. R., Radar target decomposition theorems, *Institute of Electrical Engineering and Electronics Letter*, 21(1), 22-24, January. 1985.

[17] Cloude S. R. and Pottier E., Matrix difference operators as classifiers in polarimetric radar imaging, *Journal L' Onde Electrique*, 74(3), pp. 34-40, 1994.

[18] Cloude S. R. and Pottier E., The concept of polarization entropy in optical scattering, *Optical Engineering*, 34(6), 1599-1610, 1995.

[19] van Zyl J. J., Application of Cloude's target decomposition theorem to polarimetric imaging radar data, in *Proceedings SPIE Conference on Radar Polarimetry*, San Diego, CA, Vol. 1748, pp. 184-212, July 1992.

[20] Borgeaud M., Shin, R. T., and Kong J. A., Theoretical models for polarimetric radar clutter, *Journal of Electromagnetic Waves and Applications*, 1, 73-89, 1987.

[21] Freeman A. and Durden S., A three-component scattering model to describe polarimetric SAR data, in *Proceedings SPIE Conference on Radar Polarimetry*, Vol. 1748, pp. 213-225, San Diego, CA, July 1992.

[22] Freeman A. and Durden S. L., A three-component scattering model for polarimetric SAR data, *IEEE Transaction on Geoscience and Remote Sensing*, 36(3), pp. 963-973, May 1998.

[23] van Zyl, J. J., Unsupervised classification of scattering behavior using radar polarimetry data, *IEEE Transaction on Geoscience and Remote Sensing*, 27, 36-45, January 1989.

[24] Van de Hulst, H. C., *Light Scattering by Small Particles*, New York: Dover, 1981.

[25] Yamaguchi Y., Moriyama T., Ishido M., and Yamada H., Four-component scattering model for polarimetric SAR image decomposition, *IEEE Transaction on Geoscience Remote Sensing*, 43(8), August 2005.

[26] Yamaguchi Y., Yajima Y., and Yamada, H., A four-component decomposition of POLSAR images based on the coherency matrix, *IEEE Geoscience on Remote Sensing Letters*, 3(3), pp. 292-296, July 2006.

[27] Krogager, E. and Freeman, A., Three component break-downs of scattering matrices for radar target identification and classification, in *Proceedings PIERS '94*, p. 391, Noordwijk, The Netherlands, July 1994.

[28] Freeman A., Fitting a Two-component scattering model to polarimetric SAR data from forests, *IEEE Transaction on Geoscience and Remote Sensing*, 45(8), 2583-2592, August 2007.

[29] Krogager, E., A new decomposition of the radar target scattering matrix, *Electronics Letter*, 26(18), 1525-1526, 1990.

[30] Krogager, E., Aspects of Polarimetric Radar Imaging, Doctoral Thesis, Technical University of Denmark, May 1993(Danish Defence Research Establishment, PO Box 2715, DK-2100 Copenhagen).

[31] Krogager E. and Czyz, Z. H., Properties of the sphere, diplane, helix decomposition, in *Proceedings of 3rd International Workshop on Radar Polarimetry* (*JIPR'95*), IRESTE, pp. 106-114, Univ. Nantes, France, April 1995,

[32] Cameron W. L. and Leung, L. K., Feature motivated polarization scattering matrix decomposition, in *Proceedings of IEEE International Radar Conference*, Arlington, VA, May 7-10, 1990.

[33] Cameron, W. L. and Leung, L. K., Identification of elemental polarimetric scatterer responses in high resolution ISAR and SAR signature measurements, in *Proceedings of 2nd International Workshop on Radar Polarimetry*(*JIPR '92*), *IRESTE*, Nantes, France, September 1992.

[34] Cameron, W. L., Youssef N. N., and Leung, L. K., Simulated polarimetric signatures of primitive geometrical shapes, *IEEE Transaction on Geoscience Remote Sensing*, 34(3), 793-803, May 1996.

[35] Cameron, W. L. and Rais, H., Conservative polarimetric scatterers and their role in incorrect extensions of the cameron decomposition, *IEEE Transaction on Geoscience Remote Sensing*, 44(12), 3506-3516, December 2006.

[36] Touzi, R. and Charbonneau F., Characterization of symmetric scattering using polarimetric SARs, in *Proceedings IGARSS*, June 24-28, 2002, 1, 414-416.

[37] Touzi, R. and Charbonneau F., Characterization of target symmetric scattering using polarimetric SARs, *IEEE Transaction on Geoscience Remote Sensing*, 40(11), 2507-2516, November 2002.

[38] Carrea, L. and Wanielik, G., Polarimetric SAR processing using the polar decomposition of the scattering matrix, *Proceedings of IGARSS' 01*, Sydney, Australia, July 2001.

[39] Fano, G., *Mathematical methods of Quantum Mechanics*, New York: McGraw-Hill, 1971.

第7章　$H/A/\overline{\alpha}$ 极化分解理论

7.1　引言

1997 年，Cloude 和 Pottier 提出了一种利用二阶统计量的平滑算法来提取样本平均参数的方法[10]。该方法不依赖于某种特定的统计分布假设，因此也不受这种多变量模型物理约束条件的限制。它利用对 3×3 相干矩阵 $\boldsymbol{T}_3$ 的特征矢量分析，将相干矩阵分解为不同的散射过程类型（特征矢量）及其对应的相对幅度（特征值），原因是特征矢量分析可提供散射体的基不变描述。该方法最早是基于相干矩阵 $\boldsymbol{T}_3$ 的特征值分析的，它采用三层伯努利统计模型计算平均目标散射矩阵参数的估计。这种统计模型假定每个分辨单元内都存在一种主要的“平均”散射机制，进而对这一平均成分开展参数分析[10]。

7.2　单一散射目标情况

根据 3×3 厄米平均相干矩阵 $\boldsymbol{T}_3$ 计算得到的特征矢量和特征值能够获得相干矩阵的一种对角化形式，该形式从本质上可以理解为一组目标矢量之间是统计独立的[7,9]。相干矩阵 $\boldsymbol{T}_3$ 可写成如下形式：

$$\boldsymbol{T}_3 = \boldsymbol{U}_3 \boldsymbol{\Sigma} \boldsymbol{U}_3^{-1} \tag{7.1}$$

式中 $\boldsymbol{\Sigma}$ 是 3×3 对角阵，其矩阵元素均为非负实数，$\boldsymbol{U}_3 = [\underline{\boldsymbol{u}}_1\ \underline{\boldsymbol{u}}_2\ \underline{\boldsymbol{u}}_3]$ 是 SU(3) 群中的一个 3×3 酉矩阵，其中 $\underline{\boldsymbol{u}}_1$、$\underline{\boldsymbol{u}}_2$ 和 $\underline{\boldsymbol{u}}_3$ 分别是 3 个正交的单位特征矢量（见附录 A）。

通过计算 3×3 厄米平均相干矩阵 $\boldsymbol{T}_3$ 的特征矢量，可以获得 3 个互不相关的目标，根据这组目标可以进一步构造出一个简单的统计模型，其过程包括将 $\boldsymbol{T}_3$ 展开为 3 个相互独立的目标之和，每个独立目标由一个散射矩阵描述。该分解过程可写成如下形式：

$$\boldsymbol{T}_3 = \sum_{i=1}^{i=3} \lambda_i \boldsymbol{T}_{3i} = \sum_{i=1}^{i=3} \lambda_i \underline{\boldsymbol{u}}_i \cdot \underline{\boldsymbol{u}}_i^{\mathrm{T}*} \tag{7.2}$$

式中 λ_i 是实数，对应 $\boldsymbol{T}_3$ 的特征值，分别描述 3 个归一化目标分量 $\boldsymbol{T}_{3i}$ 的统计权重[7]。

如果只有一个特征值不为零，则相干矩阵 $\boldsymbol{T}_3$ 对应一个单一散射目标，只与一个简单散射矩阵相关。另一种情况，如果所有特征值均相等，则相干矩阵 $\boldsymbol{T}_3$ 由 3 个幅度相等的正交散射机制组成，该目标被称为“随机”的，完全丢失了极化状态信息。

介于这两种极端情况之间，存在着部分极化目标的情况。该情况指的是相干矩阵 $\boldsymbol{T}_3$ 的非零特征值不止一个，且特征值不完全相等。在这种情况下分析极化性质，需要研究特征值的分布和展开式中各个散射机制的特征。

相干矩阵 $\boldsymbol{T}_3$ 只存在一个等价散射矩阵 $\boldsymbol{S}$ 的条件是，相干矩阵 $\boldsymbol{T}_3$ 只有一个非零特征值（λ_1）[7,9]。在这种情况下，相干矩阵 $\boldsymbol{T}_3$ 的秩 $r=1$，并且相干矩阵 $\boldsymbol{T}_3$ 可表示为一个单一散射目

标矢量$\underline{\boldsymbol{k}}_1$ 的外积：

$$\boldsymbol{T}_3 = \lambda_1 \underline{\boldsymbol{u}}_1 \cdot \underline{\boldsymbol{u}}_1^{\mathrm{T}*} = \underline{\boldsymbol{k}}_1 \cdot \underline{\boldsymbol{k}}_1^{\mathrm{T}*} \tag{7.3}$$

其中，唯一的非零特征值 λ_1 相当于单位目标矢量 $\underline{\boldsymbol{u}}_1$ 的 Frobenius 范数，对应于相应散射矩阵的散射总功率(Span)。相应的目标矢量 $\underline{\boldsymbol{k}}_1$ 可表示如下：

$$\underline{\boldsymbol{k}}_1 = \sqrt{\lambda_1}\underline{\boldsymbol{u}}_1 = \frac{\mathrm{e}^{\mathrm{j}\phi}}{\sqrt{2A_0}}\begin{bmatrix} 2A_0 \\ C+\mathrm{j}D \\ H-\mathrm{j}G \end{bmatrix} = \mathrm{e}^{\mathrm{j}\phi}\begin{bmatrix} \sqrt{2A_0} \\ \sqrt{B_0+B}\,\mathrm{e}^{+\mathrm{j}\arctan(D/C)} \\ \sqrt{B_0-B}\,\mathrm{e}^{-\mathrm{j}\arctan(G/H)} \end{bmatrix} \tag{7.4}$$

值得注意的是，目标矢量中 3 个元素的模等于 3 个“Huynen 目标生成因子”(Huynen target generator)，见第 6 章的内容。相位 $\phi \in [-\pi;\ \pi]$实质上等于目标的绝对相位。

无须使用地面真实测量数据，该目标矢量 $\underline{\boldsymbol{k}}_1$ 极化特征的参数化过程涉及了联合三种简单散射机制进行拟合的过程。这三种简单散射机制分别是：表面散射(surface scattering)、二面角散射(dihedral scattering)和体散射(volume scattering)，其特征用单位目标矢量中的 3 个元素，即目标生成因子(target generator)表示如下：

- 表面散射：$A_0 \gg B_0+B$，B_0-B
- 二面角散射：$B_0+B \gg A_0$，B_0-B
- 体散射：$B_0-B \gg A_0$，B_0+B

7.3　随机媒质散射的概率模型

早期的文献[8 ~ 11]中提出了一种平均相干矩阵 $\boldsymbol{T}_3$特征矢量的参数化方法，该方法适用于无方位对称性[21]散射媒质的情形，其形式如下：

$$\underline{\boldsymbol{u}} = \left[\cos\alpha\mathrm{e}^{\mathrm{j}\phi} \quad \sin\alpha\cos\beta\mathrm{e}^{\mathrm{j}(\delta+\phi)} \quad \sin\alpha\sin\beta\mathrm{e}^{\mathrm{j}(\gamma+\phi)}\right]^{\mathrm{T}} \tag{7.5}$$

对应于前述的三个单位正交特征矢量，可以获得一种修正的 3 × 3 酉矩阵 $\boldsymbol{U}_3 = [\underline{\boldsymbol{u}}_1\ \underline{\boldsymbol{u}}_2\ \underline{\boldsymbol{u}}_3]$的参数化方法：

$$\boldsymbol{U}_3 = \begin{bmatrix} \cos\alpha_1\mathrm{e}^{\mathrm{j}\phi_1} & \cos\alpha_2\mathrm{e}^{\mathrm{j}\phi_2} & \cos\alpha_3\mathrm{e}^{\mathrm{j}\phi_3} \\ \sin\alpha_1\cos\beta_1\mathrm{e}^{\mathrm{j}(\delta_1+\phi_1)} & \sin\alpha_2\cos\beta_2\mathrm{e}^{\mathrm{j}(\delta_2+\phi_2)} & \sin\alpha_3\cos\beta_3\mathrm{e}^{\mathrm{j}(\delta_3+\phi_3)} \\ \sin\alpha_1\sin\beta_1\mathrm{e}^{\mathrm{j}(\gamma_1+\phi_1)} & \sin\alpha_2\sin\beta_2\mathrm{e}^{\mathrm{j}(\gamma_2+\phi_2)} & \sin\alpha_3\sin\beta_3\mathrm{e}^{\mathrm{j}(\gamma_3+\phi_3)} \end{bmatrix} \tag{7.6}$$

这种方法根据列矢量中的不同参数 α_1 和β_1 等，对 3 × 3 $\boldsymbol{U}_3$酉矩阵进行参数化，以便能对散射过程进行概率描述。通常情况下，3 × 3 $\boldsymbol{U}_3$酉矩阵的列矢量不仅是归一化矢量，而且相互正交。这就意味着实际上$(\alpha_1, \alpha_2, \alpha_3)$、$(\beta_1, \beta_2, \beta_3)$、$(\delta_1, \delta_2, \delta_3)$和$(\gamma_1, \gamma_2, \gamma_3)$这些参数并不是独立的。$(\phi_1, \phi_2, \phi_3)$这三个相位等于目标的绝对相位，并且可以认为是独立参数。

在这种情况下，散射体的统计模型可以认为是三个符号的伯努利随机过程，即将目标建模为三个 $\boldsymbol{S}$ 矩阵的和的形式。这三个 $\boldsymbol{S}$ 矩阵分别由 3 × 3 $\boldsymbol{U}_3$酉矩阵的列矢量表示，其出现的伪概率 P_i为

$$P_i = \frac{\lambda_i}{\sum\limits_{k=1}^{3}\lambda_k}, \qquad \sum_{k=1}^{3}P_k = 1 \tag{7.7}$$

这样，所有的目标参数 x 均服从一个随机序列，形式如下：

$$x = \{x_1x_2x_2x_3x_1x_2x_3x_1\ldots\} \tag{7.8}$$

并且，对参数 x 的最优估计为该随机序列的均值，可由下式简单计算得到：

$$\bar{x} = \sum_{k=1}^{3} P_k x_k \tag{7.9}$$

这样，可从 3 ×3 相干矩阵中，提取出主要散射机制所对应的平均参数，作为平均单位目标矢量$\underline{\boldsymbol{u}}_0$，见下式：

$$\underline{\boldsymbol{u}}_0 = \mathrm{e}^{\mathrm{j}\phi}\begin{bmatrix} \cos\bar{\alpha} \\ \sin\bar{\alpha}\cos\bar{\beta}\mathrm{e}^{\mathrm{j}\bar{\delta}} \\ \sin\bar{\alpha}\sin\bar{\beta}\mathrm{e}^{\mathrm{j}\bar{\gamma}} \end{bmatrix} \tag{7.10}$$

式中的 ϕ 实质上等于绝对目标相位，且 $\bar{\alpha}$、$\bar{\beta}$、$\bar{\delta}$ 和 $\bar{\gamma}$ 参数分别定义如下：

$$\bar{\alpha} = \sum_{k=1}^{3} P_k\alpha_k,\quad \bar{\beta} = \sum_{k=1}^{3} P_k\beta_k,\quad \bar{\delta} = \sum_{k=1}^{3} P_k\delta_k,\quad \bar{\gamma} = \sum_{k=1}^{3} P_k\gamma_k \tag{7.11}$$

根据平均单位目标矢量$\underline{\boldsymbol{u}}_0$，可以定义平均目标矢量$\underline{\boldsymbol{k}}_0$，该矢量$\underline{\boldsymbol{k}}_0$与一个等价的散射矩阵 $\boldsymbol{S}$ 相对应：

$$\underline{\boldsymbol{k}}_0 = \sqrt{\bar{\lambda}}\,\underline{\boldsymbol{u}}_0 = \sqrt{\bar{\lambda}}\mathrm{e}^{\mathrm{j}\phi}\begin{bmatrix} \cos\bar{\alpha} \\ \sin\bar{\alpha}\cos\bar{\beta}\mathrm{e}^{\mathrm{j}\bar{\delta}} \\ \sin\bar{\alpha}\sin\bar{\beta}\mathrm{e}^{\mathrm{j}\bar{\gamma}} \end{bmatrix} \tag{7.12}$$

式中的参数 $\bar{\lambda}$ 对应于平均目标功率，定义如下：

$$\bar{\lambda} = \sum_{k=1}^{3} P_k\lambda_k \tag{7.13}$$

值得注意的是，现在重建出来的这个平均目标由 5 个独立参数 $\bar{\alpha}$、$\bar{\beta}$、$\bar{\delta}$、$\bar{\gamma}$ 和 $\bar{\lambda}$ 表征，这 5 个独立参数代表 5 个自由度，因此可以认为重建出来的这个平均目标是单一散射目标。上述目标分解定理可用图 7.1 进行说明，其三幅图像分别展示了等价的单一散射目标 $\boldsymbol{T}_0$中的三个元素，见式(7.12)。图 7.2 给出了相应的泡利伪彩色合成图。

图 7.1 $H/A/\bar{\alpha}$ 目标分解后重构的平均目标

图 7.2　平均目标的泡利伪彩色合成图，红色代表 T_{22}，绿色代表 T_{33}，蓝色代表 T_{11}

7.4　旋转不变性

雷达极化中最重要的性质之一是旋转不变性(roll invariance)。极化雷达围绕雷达视线方向旋转的效果可在相干矩阵中表示为

$$\boldsymbol{T}_3(\theta)=\boldsymbol{R}_3(\theta)\boldsymbol{T}_3\boldsymbol{R}_3(\theta)^{-1} \tag{7.14}$$

式中，$\boldsymbol{R}_3(\theta)$是酉相似旋转矩阵(见第 3 章)可由下式给出：

$$\boldsymbol{R}_3(\theta)=\begin{bmatrix}1 & 0 & 0\\ 0 & \cos 2\theta & \sin 2\theta\\ 0 & -\sin 2\theta & \cos 2\theta\end{bmatrix} \tag{7.15}$$

基于特征矢量分解的方法，相干矩阵可以写成如下形式：

$$\boldsymbol{T}_3(\theta)=\boldsymbol{R}_3(\theta)\boldsymbol{U}_3\boldsymbol{\Sigma}\boldsymbol{U}_3^{-1}\boldsymbol{R}_3(\theta)^{-1}=\boldsymbol{U}_3'\boldsymbol{\Sigma}\boldsymbol{U}_3'^{-1} \tag{7.16}$$

式中 $\boldsymbol{\Sigma}$ 为如前所述的非负实元素 3×3 对角阵。

矩阵 $\boldsymbol{U}'_3=\boldsymbol{R}_3(\theta)\boldsymbol{U}_3=[\underline{\boldsymbol{v}}_1\quad \underline{\boldsymbol{v}}_2\quad \underline{\boldsymbol{v}}_3]$是属于 SU(3)群的新的 3×3 酉矩阵。式中，$\underline{\boldsymbol{v}}_1$、$\underline{\boldsymbol{v}}_2$ 和 $\underline{\boldsymbol{v}}_3$ 是三个新的单位正交特征矢量，由下式给出：

$$\boldsymbol{U}_3'=\begin{bmatrix}\cos\alpha_1 e^{j\phi_1'} & \cos\alpha_2 e^{j\phi_2'} & \cos\alpha_3 e^{j\phi_3'}\\ \sin\alpha_1\cos\beta_1' e^{j(\delta_1'+\phi_1')} & \sin\alpha_2\cos\beta_2' e^{j(\delta_2'+\phi_2')} & \sin\alpha_3\cos\beta_3' e^{j(\delta_3'+\phi_3')}\\ \sin\alpha_1\sin\beta_1' e^{j(\gamma_1'+\phi_1')} & \sin\alpha_2\sin\beta_2' e^{j(\gamma_2'+\phi_2')} & \sin\alpha_3\sin\beta_3' e^{j(\gamma_3'+\phi_3')}\end{bmatrix} \tag{7.17}$$

由 3×3 酉矩阵 $\boldsymbol{U}'_3$参数化的方法可知，只有 α_1、α_2 和 α_3 这三个特征矢量参数是保持不变的。同样可推出，$(\lambda_1, \lambda_2, \lambda_3)$这三个特征值和$(P_1, P_2, P_3)$这三个伪概率是旋转不变的。进而可以得到，参数 $\overline{\alpha}=P_1\alpha_1+P_2\alpha_2+P_3\alpha_3$ 和参数 $\mathrm{Span}=\lambda_1+\lambda_2+\lambda_3$ 也是旋转不变参数。图 7.3

给出了 P_1、P_2和 P_3这三个旋转不变伪概率。另外，需要注意的是，$\bar{\beta}$、$\bar{\delta}$ 和 $\bar{\gamma}$ 这三个参数是旋转变化的。

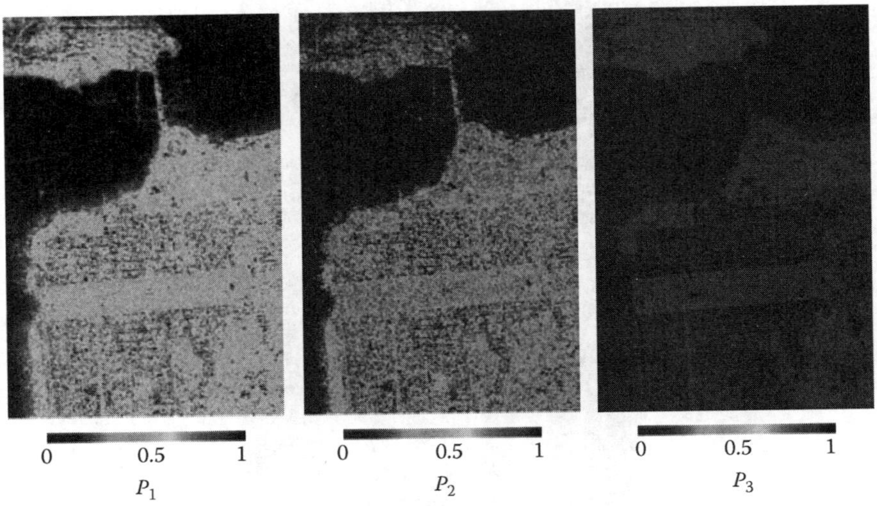

图 7.3　三个旋转不变伪概率 P_1、P_2和 P_3

7.5　极化散射参数 $\bar{\alpha}$

由 3×3 相干矩阵 $\boldsymbol{T}_3$可提取出主要散射机制的平均参数($\bar{\alpha}$、$\bar{\beta}$、$\bar{\delta}$ 和 $\bar{\gamma}$)。由上述分析可知，对于随机媒质问题，平均 α 角 ($\bar{\alpha}$) 是用来识别主要散射机制的关键参数，并且它是旋转不变的。其他($\bar{\beta}$、$\bar{\delta}$ 和 $\bar{\gamma}$)三个参数可以用来定义目标极化方向角[15, 16, 22, 23, 28~31]。

对于式(7.12)给出的散射机制的研究主要是通过分析参数 $\bar{\alpha}$ 来开展的，这是由于参数 $\bar{\alpha}$ 的值能与散射过程背后的物理性质相联系。考虑来自相同且各向异性质点云的后向散射，各质点在其质点坐标系下的散射矩阵为

$$\boldsymbol{S} = \begin{bmatrix} a & 0 \\ 0 & b \end{bmatrix} \tag{7.18}$$

式中 a 和 b 为复散射系数。在这种情况下，围绕雷达视线旋转的效果用 3×3 相干矩阵 $\boldsymbol{T}_3$可以表示为

$$\begin{aligned} \boldsymbol{T}_3(\theta) &= \boldsymbol{R}_3(\theta)\begin{bmatrix} \varepsilon & \mu & 0 \\ \mu^* & \nu & 0 \\ 0 & 0 & 0 \end{bmatrix}\boldsymbol{R}_3(\theta)^{-1} \\ &= \begin{bmatrix} \varepsilon & \mu\cos 2\theta & \mu\sin 2\theta \\ \mu^*\cos 2\theta & \nu\cos^2 2\theta & \nu\cos 2\theta\sin 2\theta \\ \mu^*\sin 2\theta & \nu\cos 2\theta\sin 2\theta & \nu\sin^2 2\theta \end{bmatrix} \end{aligned} \tag{7.19}$$

式中，$\boldsymbol{R}_3(\theta)$ 是由式(7.15)给出的酉相似旋转矩阵，$\varepsilon = \dfrac{1}{2}|a+b|^2$，$\nu = \dfrac{1}{2}|a-b|^2$，且 $\mu = \dfrac{1}{2}(a+b)(a-b)^*$。如果现在对所有的角 θ 求平均，假设角 θ 服从均匀分布，则平均 3×3

相干矩阵 $\boldsymbol{T}_3$ 可由下式给出：

$$\langle \boldsymbol{T}_3 \rangle_\theta = \int_0^{2\pi} \boldsymbol{T}_3(\theta) P(\theta) \mathrm{d}\theta = \frac{1}{2}\begin{bmatrix} 2\varepsilon & 0 & 0 \\ 0 & \nu & 0 \\ 0 & 0 & \nu \end{bmatrix} \tag{7.20}$$

需要注意的是，平均 3×3 相干矩阵 $\boldsymbol{T}_3$ 是对角阵，并且由特征矢量生成的矩阵对应为单位矩阵 $\boldsymbol{I}_{D3}$。进而参数 $\overline{\alpha}$ 可由下式给出：

$$\overline{\alpha} = \frac{\pi}{2}(P_2 + P_3), \qquad P_2 = P_3 = \frac{\nu}{\varepsilon + \nu} \tag{7.21}$$

这里有三种特殊情况需要考虑。

- $a = b$

  在这种情况下，特征值 $\nu = 0$，且第一个特征矢量的概率 $P_1 = 1$。因此，虽然对所有的角 θ 求平均，还是得到了一个完全确定性的散射机制问题。从而，主要散射机制对应于一个形式为 $\underline{\boldsymbol{u}} = [1 \quad 0 \quad 0]^{\mathrm{T}}$ 的特征矢量。这种情况出现于随机球形质点云的单次散射中，也可以对应于表面散射。
- $a = -b$

  在这种情况下，特征值 $\varepsilon = 0$，且参数 $\overline{\alpha}$ 等于 $\pi/2$。对应特征矢量 $\underline{\boldsymbol{u}} = [0 \quad 1 \quad 0]^{\mathrm{T}}$，平均散射机制可准确地识别为旋转角均匀分布的二面角（质点云）散射。
- $a \gg b$

  在这种情况下，我们认为质点是高度各向异性的（如 $b = 0$ 时的偶极子）且参数 $\overline{\alpha}$ 等于 $\pi/4$。主要散射机制对应的特征矢量为 $\underline{\boldsymbol{u}} = [0.707 \quad 0.707 \quad 0]^{\mathrm{T}}$，但目标需要对所有的旋转角求平均。

从上述几个例子可以看出，式(7.11)和式(7.21)给出的平均方法可将参数估计与基本的物理散射机制直接联系起来，进而可将观测量与媒质的物理特性联系起来。

综上所述，参数 $\overline{\alpha}$ 的有效范围对应于散射机制的连续变化，从几何光学的表面散射（$\overline{\alpha} = 0°$）开始，经物理光学的表面散射模型，变为布拉格表面散射模型，再由偶极子散射或各向异性质点云的单次散射（$\overline{\alpha} = 45°$），转变为两个介质表面的二次散射，最后变为金属表面的二面角散射（$\overline{\alpha} = 90°$）。

图 7.4 表明 $\overline{\alpha}$ 参数与平均物理散射机制直接相关，进而可将观测量与媒质的物理特性联系起来。较低的 $\overline{\alpha}$ 值出现在海洋区域，表示单次散射是主要的散射机制（$\overline{\alpha} = 0°$），中等或较高的 $\overline{\alpha}$ 值则出现在城区和园林区域（$45° < \overline{\alpha} < 90°$）。

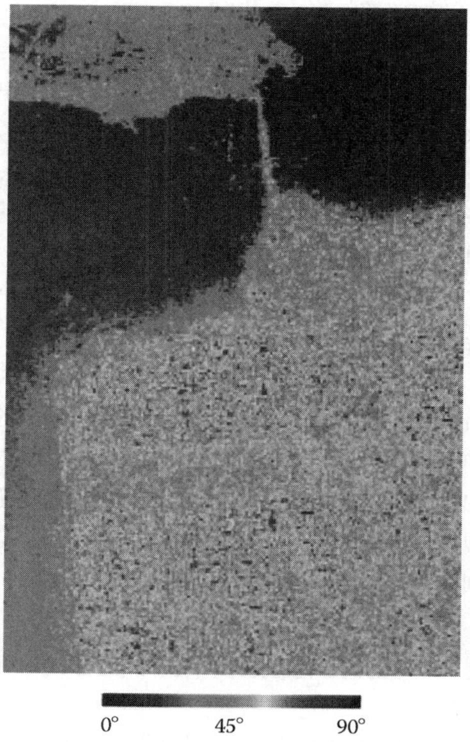

图 7.4　旋转不变 $\overline{\alpha}$ 参数

7.6 极化散射熵(H)

前面的分析已经指出，如果只有一个特征值是非零的($\lambda_1 \neq 0$，$\lambda_2 = \lambda_3 = 0$)，则统计意义上的加权就退化为Sinclair矩阵$\boldsymbol{S}$所定义的点目标的散射情况；另一种极端情况是，如果所有的特征值均不为零且均相等($\lambda_1 = \lambda_2 = \lambda_3 \neq 0$)，则平均相干矩阵$\boldsymbol{T}_3$就表示一种完全去相关且完全去极化的随机散射状态。介于这两种极端情况之间的是占绝大多数的分布式或部分极化散射体的情况。为了从整体上描述各种不同散射类型在统计意义上的无序性，根据冯·诺伊曼的论述，提出了一个有效的、合适的基不变参数——极化熵(polarimetric entropy)H，其公式如下：

$$H = -\sum_{k=1}^{N} P_k \log_N (P_k) \tag{7.22}$$

其中，P_i对应于由特征值λ_i获得的伪概率，N为对数的底数。值得注意的是，该底数的取值不是任意的，必须等于极化维度(单站情况下$N=3$，双站情况下$N=4$)。由于特征值是旋转不变的，极化熵H也是旋转不变的。

当极化熵H的值较低($H<0.3$)时，可以认为系统是弱去极化的，占主要优势的散射机制可以看成某一指定的等效点目标散射机制，据此可以选择最大特征值对应的特征矢量，而其他的特征矢量则可以被忽略。

但是，当极化熵H的值较高时，集合平均散射体呈现去极化状态，并且不再存在一个单一散射目标的情况，这需要从整个特征值分布谱考虑各种可能的点目标散射类型的混合比例。当极化熵H进一步增大，从极化测量数据中可以识别的散射机制的数目将逐渐减少。当极化熵H达到最大值$H=1$时，极化信息为零，目标散射完全是一个随机噪声过程。

图7.5表明低熵散射发生在海洋区域(小粗糙面发生的散射)，高熵散射发生在园林区域。在这种分辨率下，城区包括了低熵和高熵散射过程混合的情况，这是由于不同类别的道路和建筑沿着雷达视线方向排列，或按稍偏离天线视轴线的方向排列，或按偏离45°角排列。

图7.5 旋转不变极化熵(H)参数

7.7 极化散射各向异性度(A)

尽管极化熵H对于描述散射问题的随机性是一个有效的标量表征，但它无法完全描述特征值的比值关系，因此提出了另一个特征值参数——“极化各向异性度”(polarimetric anisotropy)A。

将特征值按 $\lambda_1>\lambda_2>\lambda_3>0$ 的顺序排列，极化各向异性度 A 可定义为

$$A=\frac{\lambda_2-\lambda_3}{\lambda_2+\lambda_3} \tag{7.23}$$

由于特征值是旋转不变的，因此极化各向异性度 A 也是旋转不变参数。

作为极化熵 H 参数的补充，极化各向异性度 A 描述了由特征分解得到的第二个和第三个特征值的相对大小。从实际应用的角度来说，一般当 $H>0.7$ 时，各向异性度 A 才会用于散射机制的识别。这是由于在低熵的情况下，第二个和第三个特征值受噪声的影响十分严重，进而导致了各向异性度 A 也受到噪声的严重影响。另外，特征分解内嵌的空间平均过程会增大极化熵 H 的值，并且会减少极化观测数据可识别出的散射机制的类别数。例如，极化熵 $H=0.9$ 这一情况可对应于两种类型的散射过程，这两种散射过程的特征值谱可由（$\lambda_1=1$，$\lambda_2=0.4$，$\lambda_3=0.4$）和（$\lambda_1=1$，$\lambda_2=1$，$\lambda_3=0.3$）给出。图 7.6 给出了极化熵 H 相对于第二个和第三个归一化特征值（λ_2/λ_1 和 λ_3/λ_1）变化的关系曲线。为了区别这两种不同类型的散射过程，就可以利用极化各向异性度 A 的信息，在这个例子中，两种散射过程对应的极化各向异性度 A 分别为 $A=0$ 和 $A=0.54$。

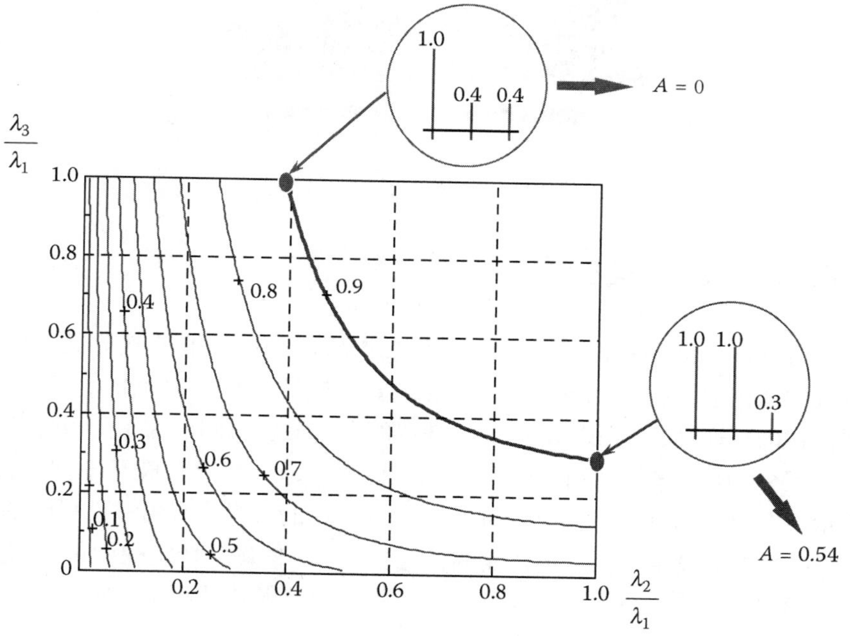

图 7.6　极化熵 H 相对于第二个和第三个归一化特征值的变化（λ_2/λ_1）和（λ_3/λ_1）

必须重点指出的是，当极化熵 H 增大到较高值时，极化各向异性度 A 成为一个非常有用的参数，它能提高不同类型散射过程的分辨能力。

图 7.7 表明各向异性度较低的散射发生在海洋和园林区域。各向异性度较低说明第二个和第三个特征值的大小相近，这有两种可能，一种是只存在一个主要散射类型，另一种是随机散射类型。另外，城区和沿海区域混合了中等和较高的各向异性度，这说明第二种散射机制的影响也需要考虑。

图 7.7 旋转不变各向异性度(A)参数

7.8 三维 $H/A/\bar{\alpha}$ 分类空间

1997 年，Cloude 和 Pottier 提出了一种基于二维 $H/\bar{\alpha}$ 平面的非监督分类方法，$H/\bar{\alpha}$ 平面可以表征所有的随机散射机制。该分类方法的主要思想是，将极化熵作为一种自然测度，衡量散射数据内在的可逆性，并且利用 $\bar{\alpha}$ 识别基本的平均散射机制。为了对极化数据中的基本散射机制进行区分，$H/\bar{\alpha}$ 平面被划分为 9 个基本区域，每个区域对应于不同散射特征的类，如图 7.8 所示。在 H 和 $\bar{\alpha}$ 值可能的组合范围内，各区域的边界位置由散射机制的整体特性确定。当然，这些边界的设定存在一定程度的任意性，但不依赖于特定的极化数据集。

图 7.8 中给出了 9 个区域，每个区域分别与特定的散射特性相关，而散射特性可由相干矩阵 $\boldsymbol{T}_3$ 来描述。

- 区域 9：低熵表面散射

  在该区域中发生的是低熵散射过程，$\bar{\alpha}$ 的值小于 42.5°。低熵散射包括几何光学(Geometrical Optics，GO)表面散射、物理光学(Physical Optics，PO)表面散射、布拉格表面散射(Bragg surface scattering)及镜面散射(specular scattering)等现象，在这些散射进程中，S_{HH} 和 S_{VV} 通道间没有 180°反相。在自然面目标中，如 L 波段和 P 波段电磁波照射下的水体、L 波段电磁波照射下的海冰及非常光滑的陆地表面，均属于这一类别。
- 区域 8：低熵偶极子散射

在该区域中发生的是强相关散射机制，该机制在 S_{HH} 和 S_{VV} 通道之间存在较大的幅度不平衡。孤立的偶极子散射体，以及各向异性散射中带有强相关方向的植被，将出现在该区域中。该区域的宽度由雷达测量比值 S_{HH}/S_{VV} 的能力决定，即取决于定标质量。

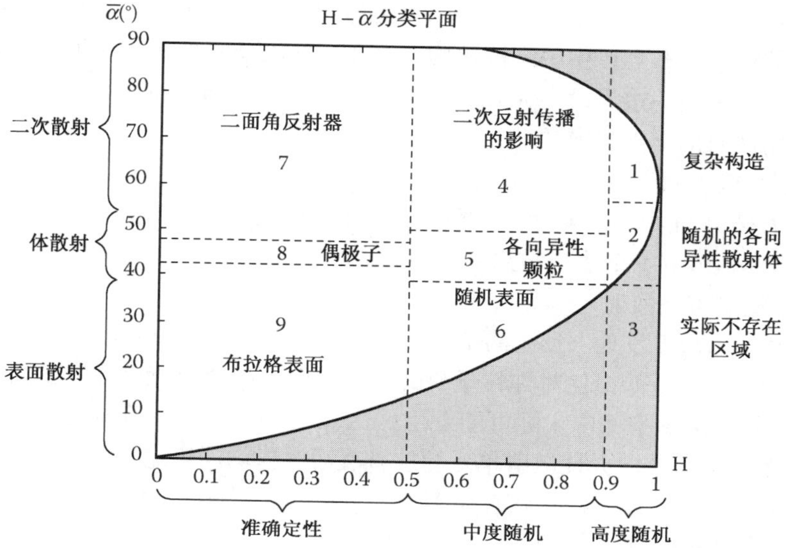

图 7.8　二维 $H/\overline{\alpha}$ 平面

- 区域 7：低熵多次散射

  该区域对应于低熵二次散射(double bounce scattering)或偶次散射(even bounce scattering)的情况，如孤立的介质或金属二面角散射体，其特征为 $\overline{\alpha}>47.5°$。该区域 $\overline{\alpha}$ 的下边界值由二面角介电常数的预估值和雷达测量的准确度来决定。例如，当 $\varepsilon_r>2$ 时，二面角的各面采用布拉格散射模型，则有 $\overline{\alpha}>50°$。区域 7 至 9 对应的极化熵的上边界值可基于一阶散射理论的扰动容差给出。通常在一阶散射情况下，所有的散射过程均生成零极化熵。通过估计二阶或高阶情况下极化熵的变化程度，将容差纳入到分类器中，就可以正确地识别出重要的一阶散射过程。值得注意的是，系统噪声将增大极化熵 H 的值。因此，在设定极化熵的边界值时，还应该考虑系统的噪声门限。综合这两方面的因素，选取 $H=0.5$ 作为通常情况下极化熵的上边界值。

- 区域 6：中熵表面散射

  该区域反映了由表面粗糙度变化和电磁波冠层传播效应引起的极化熵 H 增大的现象。在表面散射理论中，低频表面散射，如布拉格表面散射，其极化熵 H 为零。同理，高频表面散射，如几何光学表面散射，其极化熵 H 也为零。但是，介于这两种极端情况之间，极化熵 H 是增大的，这是由次要波传播和散射的物理特性造成的。因此，当表面的粗糙度/相关长度的值变化时，其极化熵 H 将增大。此外，由扁椭圆形散射体(如树叶或圆盘)组成的表面，其极化熵的取值范围为 $0.6<H<0.7$。

- 区域 5：中熵植被散射

  该区域的极化熵 H 仍为中等大小，但偶极子类型的散射机制占主要优势。极化熵 H 的增大是由方向角的中心统计分布引起的。该区域包括由各向异性且方向角中度相关的散射体组成的植被表面所发生的散射。

- 区域 4：中熵多次散射

  该区域对应中等极化熵 H 的二面角散射。该散射可能发生在森林区域，L 波段和 P 波段的雷达波束可以穿透树冠层，并与树干和地表发生二次散射。树冠层的作用会增大散射过程极化熵 H 的值。该类别的另一种重要的散射过程发生在城区，城区中局部散射中心的密集分布会产生中等极化熵 H 的值，并以低阶多次散射为主。区域 4 至 6 与区域 1 至 3 之间的边界设定为 $H=0.9$，这是根据随机分布处理之前表面散射、体散射和二面角散射的上限选取的。

- 区域 3：高熵表面散射

  该类在 H/α 平面中属于实际不存在的区域，也就是说，对于实际的极化数据，不可能存在极化熵 $H>0.9$ 的表面散射。

- 区域 2：高熵植被散射

  当 $\bar{\alpha}=45°$ 且 $H>0.9$ 时，发生的是高熵体散射。该散射可以是各向异性针状粒子云的单次散射，或者是低损耗对称粒子云的多次散射。这两种情况下极化熵 H 的值均大于 0.9，对应于 H/α 平面中实际可能发生的区域将迅速缩小。森林冠层的散射，以及一些包含随机高度各向异性散射单元的植被表面散射均属于这一区域。该类中最极端的情况是随机噪声，即与极化状态完全无关，对应于区域 2 中最右边的一点。

- 区域 1：高熵多次散射

  在高熵 $H>0.9$ 的区域内，仍有可能识别出二次散射机制，这种散射机制可能出现在森林应用中，或者出现在具有成熟的枝干和树冠结构的植被散射中。

旧金山湾区极化 SAR 数据在 H/α 平面的分布情况如图 7.9 所示。

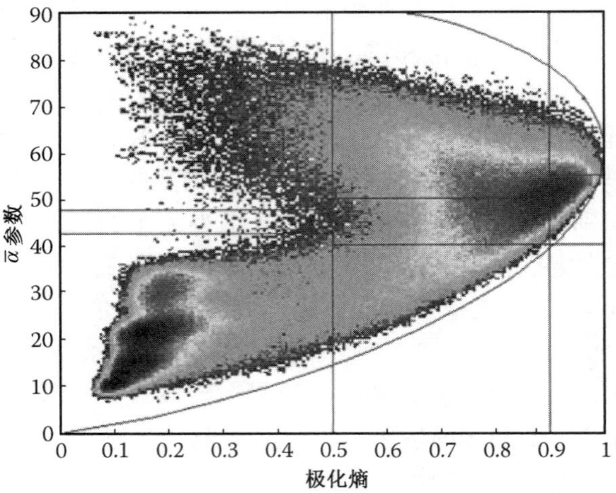

图 7.9 极化 SAR 数据在二维 H/α 平面的分布

在图 7.8 的 $H/\bar{\alpha}$ 平面中，各边界位置的设定的确存在一定程度的任意性，这就需要根据如极化 SAR 系统参数、雷达定标、测量噪声门限、参数估计方差等方面的知识来确定。

H/α 平面的分割虽然只是给出了一个简单的非监督分类策略，但是它着重于物理散射过程的几何划分，其对应的分割结果如图 7.10 所示。这是使散射特征分类问题成为非监督的并与测量数据无关的方法的关键。

固有的空间平均过程会导致极化熵 H 增大，并导致极化测量数据中可识别的类别数减少。例如，当熵值较高($H>0.7$)时，$H/\bar{\alpha}$ 平面中实际数据可能出现的区域将迅速缩小，相应 $\bar{\alpha}$ 的取值范围也迅速缩小直至等于 60°。

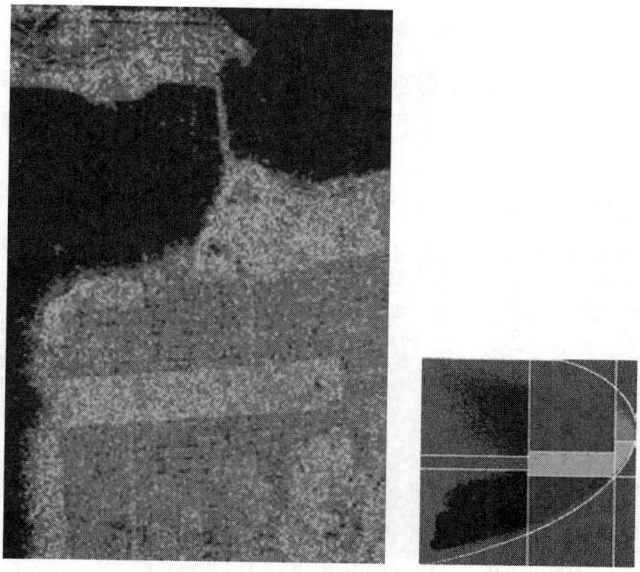

图 7.10　旧金山湾区极化 SAR 图像采用二维 $H/\bar{\alpha}$ 平面的非监督分割结果

上述分析可由旧金山湾区极化 SAR 数据在扩展的三维 $H/A/\bar{\alpha}$ 平面中的分布进行例证，如图 7.11 所示。结果表明，各向异性度参数作为 $H/\bar{\alpha}$ 的补充，有可能区分出新的类。

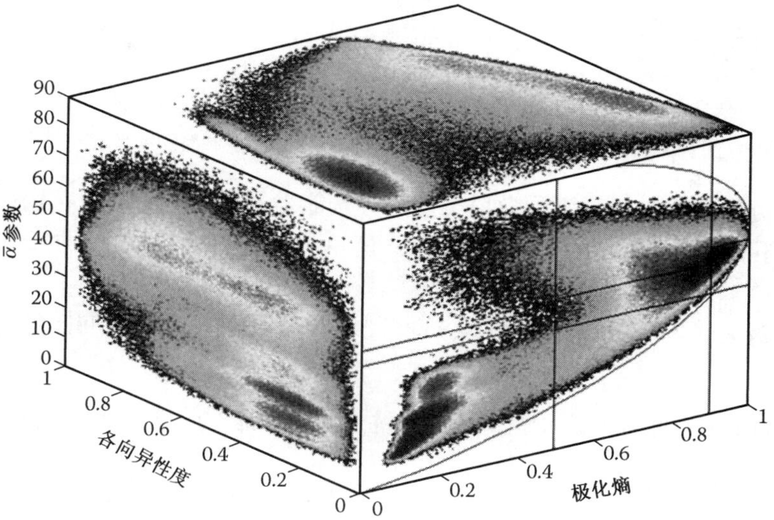

图 7.11　极化 SAR 数据在三维 $H/A/\bar{\alpha}$ 平面的分布

例如，在引入各向异性度参数后，就有可能在“低熵表面散射”区域(Z9)中识别出高各向异性度的第二类目标，这对应于存在第二种不可忽略的物理散射机制的情况。

对“中熵植被散射”区域(Z5)和“中熵多次散射”区域(Z4)可以进行同样的分析。根据极化 SAR 数据沿各向异性度轴向的分布，就有可能提高在高熵情况下不同类型散射过程的区分能力：

- 高熵低各向异性度对应于随机散射情况
- 高熵高各向异性度对应于存在两种概率相近的散射机制的情况

因此，为了将数据划分为不同的基本散射机制，可以将 $H/A/\bar{\alpha}$ 空间各平面进一步分割为表征不同散射机制类别的基本区域。这里，区域边界值的设定仍然存在一定程度的任意性，且与特定的数据集无关。

图 7.12 相应地给出了对 $H/A/\bar{\alpha}$ 空间各平面进行分割的结果。

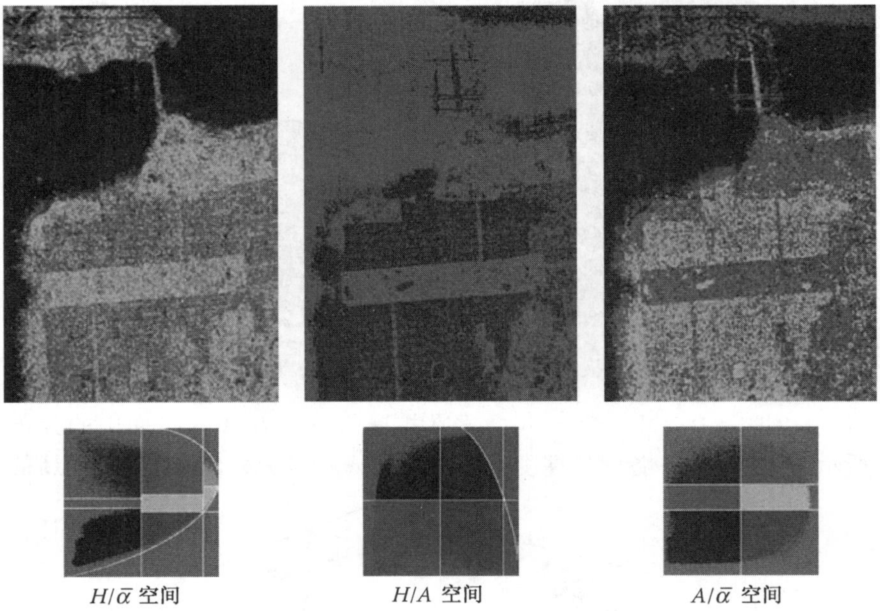

图 7.12　旧金山湾区极化 SAR 图像采用三维 $H/A/\bar{\alpha}$ 平面的非监督分割结果

为了扩展分类流程并提高不同散射类型的分辨能力，提出了采用极化熵(H)和各向异性度(A)的各种组合获取信息的方法，如图 7.13 所示。运算符(.*)表示两矩阵对应位置的元素相乘。

通过考察极化熵(H)和各向异性度(A)不同组合情况下对应的不同图像，可获得如下有意义的结论：

1. $(1-H)(1-A)$图像对应于只存在一种主要散射机制的情况(低熵，低各向异性度，且 $\lambda_2\approx\lambda_3\approx0$)。
2. $H(1-A)$图像表征随机散射过程(高熵，低各向异性度，且 $\lambda_2\approx\lambda_3\approx\lambda_1$)。
3. HA 图像对应于存在两种散射机制的情况，且这两种散射机制的概率相近(高熵，高各向异性度，且 $\lambda_3\approx0$)。
4. $(1-H)A$ 图像对应于存在两种散射机制的情况，其中一种是主要的散射机制(低熵或中熵)，另一种散射机制具有中等概率(高各向异性度，且 $\lambda_3\approx0$)。

通过分析图 7.13 中的各个图像，并结合图 7.11 中旧金山湾区极化 SAR 数据在 $H/A/\overline{\alpha}$ 分类空间里的分布情况，可以得出结论，$H/A/\overline{\alpha}$ 这 3 个参数在极化分析和(或)极化 SAR 数据反演中必须作为关键参数来考虑。

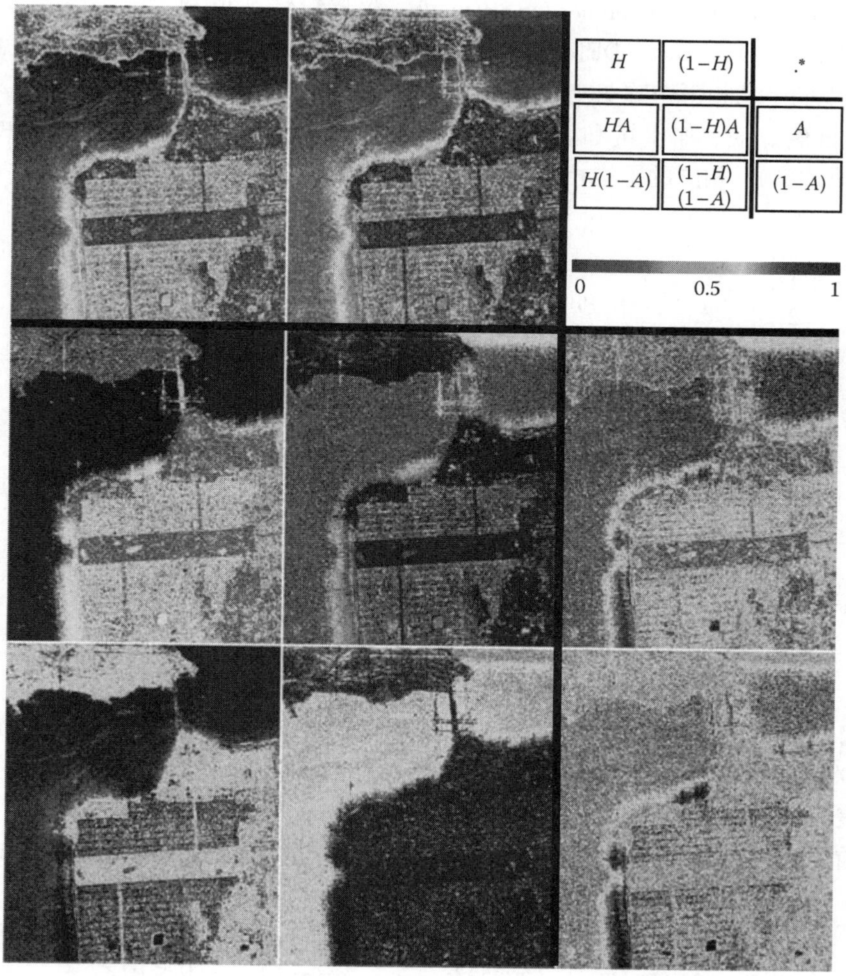

图 7.13　极化熵(H)和各向异性度(A)各种组合的结果图

由平均相干矩阵 $\boldsymbol{T}_3$ 的局部估计提取出的这 3 个旋转不变参数，不仅包含了发生在每个像素中散射过程类型的信息，可以用于像素的分类(结合极化熵 H 和各向异性度 A)，而且包含了对应的物理散射机制的信息($\overline{\alpha}$ 参数)。

7.9　基于特征值的新参数

从 1997 年提出 $H/A/\overline{\alpha}$ 分解至今，利用这一基本的分解算法，开展了大量的研究工作。在这些研究工作中，选取 6 种重要的方法进行介绍，来反映不同的科学研究重点，并作为未来研究的重要出发点。

7.9.1 SERD 和 DERD 参数

Allain 等人[1~3]提出了两个基于特征值的参数，单次反射特征值相对差异度(Single bounce Eigenvalue Relative Difference，SERD)和二次反射特征值相对差异度(Double bounce Eigenvalue Relative Difference，DERD)，用来描述自然媒质的特征。这两个参数由满足反射对称性假设条件的平均相干矩阵 $\boldsymbol{T}_3$ 计算得到。反射对称性假设(reflection symmetry hypothesis)规定，对于自然媒质，如土壤和森林，同极化和交叉极化通道之间的相关性可假设等于零[6,21](见第 3 章)，相应的平均相干矩阵 $\boldsymbol{T}_3$ 如下所示：

$$\boldsymbol{T}_3=\frac{1}{2}\begin{bmatrix}\left\langle|S_{\mathrm{HH}}+S_{\mathrm{VV}}|^2\right\rangle & \langle(S_{\mathrm{HH}}+S_{\mathrm{VV}})(S_{\mathrm{HH}}-S_{\mathrm{VV}})^*\rangle & 0\\ \langle(S_{\mathrm{HH}}-S_{\mathrm{VV}})(S_{\mathrm{HH}}+S_{\mathrm{VV}})^*\rangle & \left\langle|S_{\mathrm{HH}}-S_{\mathrm{VV}}|^2\right\rangle & 0\\ 0 & 0 & \left\langle4|S_{\mathrm{HV}}|^2\right\rangle\end{bmatrix} \tag{7.24}$$

对于这一情况，可以推导出相应的未排序特征值的解析表达式，如下所示[33]：

$$\begin{aligned}\lambda_{1_{\mathrm{NOS}}}&=\frac{1}{2}\left\{\left\langle|S_{\mathrm{HH}}|^2\right\rangle+\left\langle|S_{\mathrm{VV}}|^2\right\rangle+\sqrt{\left(\left\langle|S_{\mathrm{HH}}|^2\right\rangle-\left\langle|S_{\mathrm{VV}}|^2\right\rangle\right)^2+4\left\langle|S_{\mathrm{HH}}S_{\mathrm{VV}}^*|^2\right\rangle}\right\}\\ \lambda_{2_{\mathrm{NOS}}}&=\frac{1}{2}\left\{\left\langle|S_{\mathrm{HH}}|^2\right\rangle+\left\langle|S_{\mathrm{VV}}|^2\right\rangle-\sqrt{\left(\left\langle|S_{\mathrm{HH}}|^2\right\rangle-\left\langle|S_{\mathrm{VV}}|^2\right\rangle\right)^2+4\left\langle|S_{\mathrm{HH}}S_{\mathrm{VV}}^*|^2\right\rangle}\right\}\\ \lambda_{3_{\mathrm{NOS}}}&=2\left\langle|S_{\mathrm{HV}}|^2\right\rangle\end{aligned} \tag{7.25}$$

第一个和第二个特征值与同极化后向散射系数有关，还与垂直和水平通道之间的相关系数(ρ_{HHVV})有关。在这里，关系式 $\lambda_{1_{\mathrm{NOS}}}\geqslant\lambda_{2_{\mathrm{NOS}}}$ 总是成立的。第三个特征值对应于交叉极化通道，并与粗糙表面的多次散射有关。

利用前两个特征值 $\lambda_{1_{\mathrm{NOS}}}$ 和 $\lambda_{2_{\mathrm{NOS}}}$ 对应的前两个特征矢量 $\underline{\boldsymbol{u}}_1$ 和 $\underline{\boldsymbol{u}}_2$，可提取出 α_i 角，从 α_i 角的分析出发，可以确定出散射机制。α_i 角的表达式如下：

$$\alpha_i=\arccos(|u_{i1}|)=\arctan\left(\frac{\sqrt{|u_{i2}|^2+|u_{i3}|^2}}{|u_{i1}|}\right),\qquad 0\leqslant\alpha_i\leqslant\frac{\pi}{2} \tag{7.26}$$

式中，u_{i1}、u_{i2} 和 u_{i3} 分别对应于酉特征矢量 $\underline{\boldsymbol{u}}_i$ 中的各个元素，$\underline{\boldsymbol{u}}_i$ 的形式可由式(7.10)给出。进而，散射机制的类型可由下式确定：

$$\alpha_i\leqslant\frac{\pi}{4}\Leftrightarrow \text{单次反射},\qquad \alpha_i\geqslant\frac{\pi}{4}\Leftrightarrow\text{二次反射} \tag{7.27}$$

另外，由于两特征矢量之间是相互正交的，故有

$$\alpha_1+\alpha_2=\frac{\pi}{2} \tag{7.28}$$

据此，定义两个基于特征值的参数，单次反射特征值相对差异度和二次反射特征值相对差异度，用来比较不同散射机制之间的相对大小关系，表达式如下：

$$\mathrm{SERD}=\frac{\lambda_{\mathrm{S}}-\lambda_{3_{\mathrm{NOS}}}}{\lambda_{\mathrm{S}}+\lambda_{3_{\mathrm{NOS}}}},\qquad \mathrm{DERD}=\frac{\lambda_{\mathrm{D}}-\lambda_{3_{\mathrm{NOS}}}}{\lambda_{\mathrm{D}}+\lambda_{3_{\mathrm{NOS}}}} \tag{7.29}$$

式中，λ_S和 λ_D分别对应于单次反射和二次反射的两个特征值，且由下式给定：

$$\alpha_1 \leqslant \frac{\pi}{4}\ \text{或}\ \alpha_2 \geqslant \frac{\pi}{4} \Rightarrow \begin{cases} \lambda_S = \lambda_{1_{NOS}} \\ \lambda_D = \lambda_{2_{NOS}} \end{cases},\ \text{且}\ \alpha_1 \geqslant \frac{\pi}{4}\ \text{或}\ \alpha_2 \leqslant \frac{\pi}{4} \Rightarrow \begin{cases} \lambda_S = \lambda_{2_{NOS}} \\ \lambda_D = \lambda_{1_{NOS}} \end{cases} \tag{7.30}$$

这两个参数(SERD 和 DERD)可以覆盖整个未排序特征值谱，并且可以比较不同散射机制的大小。DERD 参数可与各向异性度 A 相比较，各向异性度 A 由平均相干矩阵 $\boldsymbol{T}_3$的第二个和第三个特征值获得。SERD 参数对于高极化熵 H 的媒质十分有用，可以确定不同散射机制的特征和大小。

对于表面粗糙的情况，单次散射主要影响平均散射机制，即使是非常粗糙的表面，其出现二次散射和多次散射现象的概率仍然较小。因此，尽管 SERD 参数的变化对于表面粗糙度非常敏感，但 SERD 参数的值仍然非常高，且接近于 1。

为了描述自然表面的特征，采用了积分方程模型(Integral Equation Model，IEM)来推导后向散射系数[13]。IEM 模型的有效范围较大，并且采用了大量的实验数据进行验证，因此获得了广泛的应用。该模型满足反射对称性假设。采用该模型，DERD 参数可以与各向异性度 A 相比较，各向异性度 A 是一种经常用到的表面粗糙度表征[14]。针对不同介电常数 ε，并采用 IEM 模型，图 7.14 分别给出极化各向异性度 A 和 DERD 参数随波数与粗糙度乘积 $k\sigma$ 的变化关系，其中 k 为雷达波数，σ 为表面均方根高度。

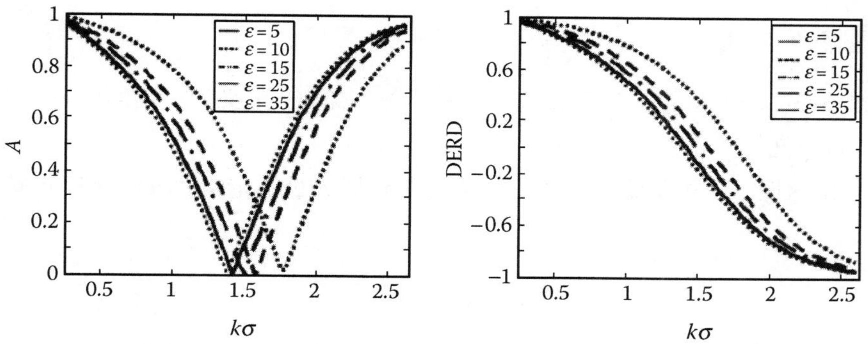

图 7.14　IEM 模型仿真得到各向异性度 A 和 DERD 参数对于粗糙度的变化情况(高斯表面谱，入射角40°，雷达频率1.3 GHz)

在小粗糙度值的情况下，DERD 参数与各向异性度 A 较为相似，但在高频情况下两者的表现则不同。这两个参数对与频率有关的表面粗糙度十分敏感，但与介电常数 ε 的相关性却不高。对于每个介电常数 ε 值，一个各向异性度 A 的值对应两个不同的 $k\sigma$ 值，这就给表面粗糙度的提取带来了不确定性，相比之下，DERD 对于 $k\sigma$ 则是严格单调的。各向异性度 A 与 DERD 参数的一个重要的区别是，DERD 参数的动态范围[−1，+1]大于各向异性度 A 的动态范围[0，+1]。由此可知，目前，DERD 参数是描述表面粗糙度的一个较优参数。

图 7.15 给出了由旧金山湾区极化 SAR 图像计算得到的 SERD 和 DERD 参数结果。

SERD 和 DERD 这两个基于特征值的参数对自然媒质特征敏感，可用于生物和地物参数的定量反演。

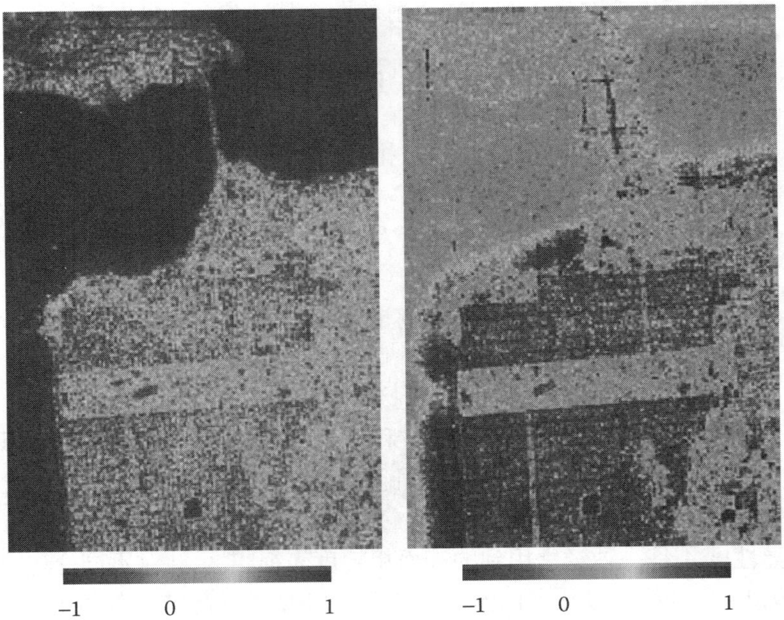

图 7.15 单次反射特征值相对差异度(左)和二次反射特征值相对差异度(右)参数

7.9.2 香农熵

香农熵(Shannon Entropy, SE)由 Morio 等人[26, 20]提出,定义为与强度(SE_I)和极化(SE_P)相关的两分量之和。

极化 SAR 图像中每个像素均可由一个复三维目标矢量 $\underline{\boldsymbol{k}}$ 定义,该矢量服从零均值、三维圆高斯分布:

$$P_{T_3}(\underline{\boldsymbol{k}}) = \frac{1}{\pi^3|\boldsymbol{T}_3|}\exp\left(\underline{\boldsymbol{k}}^{\mathrm{T}*}\boldsymbol{T}_3^{-1}\underline{\boldsymbol{k}}\right) \tag{7.31}$$

其相干矩阵 $\boldsymbol{T}_3$ 已在第 4 章中给出,并可由平均相干矩阵 $\boldsymbol{T}_3$ 定义其强度(intensity, I_T)和极化度(degree of polarization, p_T),如下所示:

$$I_T = \mathrm{Tr}(\boldsymbol{T}_3), \qquad p_T = \sqrt{1 - 27\frac{|\boldsymbol{T}_3|}{\mathrm{Tr}(\boldsymbol{T}_3)^3}} \tag{7.32}$$

对于任一给定的概率密度函数,香农熵[27]可定义为

$$S[P_{T_3}(\underline{\boldsymbol{k}})] = \int P_{T_3}(\underline{\boldsymbol{k}})\log[P_{T_3}(\underline{\boldsymbol{k}})]\mathrm{d}\underline{\boldsymbol{k}} \tag{7.33}$$

式中,$\int(\cdot)\,\mathrm{d}\,\underline{\boldsymbol{k}}$ 代表三维复积分。对于圆对称高斯过程(circular Gaussian process),香农熵可以被分解为两项的和,如下式所示:

$$\mathrm{SE} = \log(\pi^3 e^3|\boldsymbol{T}_3|) = \mathrm{SE}_I + \mathrm{SE}_P \tag{7.34}$$

式中,SE_I为与总后向散射功率相关的强度分量,SE_P为与 Barakat 极化度 p_T相关的极化分量,这两项的表达式如下:

$$\begin{aligned} \mathrm{SE_I} &= 3\log\left(\frac{\pi e I_{\mathrm{T}}}{3}\right) = 3\log\left(\frac{\pi e \mathrm{Tr}(\boldsymbol{T}_3)}{3}\right) \\ \mathrm{SE_P} &= \log\left(1-p_{\mathrm{T}}^2\right) = \log\left(27\frac{|\boldsymbol{T}_3|}{\mathrm{Tr}(\boldsymbol{T}_3)^3}\right) \end{aligned} \tag{7.35}$$

图 7.16 给出了由旧金山湾区极化 SAR 图像计算得到的香农熵强度贡献 $\mathrm{SE_I}$ 和香农熵极化贡献 $\mathrm{SE_P}$。

图 7.16　香农熵参数及其贡献

7.9.3　基于特征值的其他参数

现有的文献给出了各种基于特征值的参数，用于描述特征值谱的各个方面。值得注意的是，所有这些参数均具有旋转不变性。

7.9.3.1　目标随机性参数

Lüneburg[19] 提出了目标随机性（target randomness，p_R）参数，定义为

$$p_{\mathrm{R}} = \sqrt{\frac{3}{2}}\sqrt{\frac{\lambda_2^2+\lambda_3^2}{\lambda_1^2+\lambda_2^2+\lambda_3^2}}, \quad 0 \leqslant p_{\mathrm{R}} \leqslant 1 \tag{7.36}$$

对于一个满足 $\lambda_2 \approx \lambda_3 \approx 0$ 的确定性目标，服从 $p_R=0$；对于一个满足 $\lambda_1 \approx \lambda_2 \approx \lambda_3$ 的完全随机目标，则有 $p_R=1$。容易理解的是，目标随机性（p_R）与熵（H）非常接近，两者提供相同的信息。图 7.17 给出了由旧金山湾区极化 SAR 图像计算得到的目标随机性（p_R）参数结果。

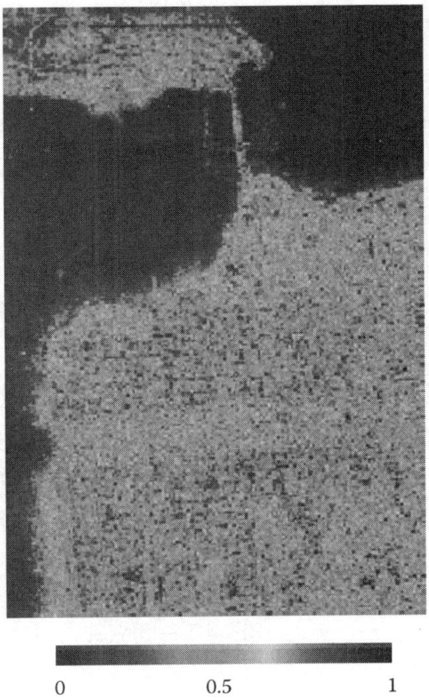

图 7.17　旋转不变目标随机性参数

7.9.3.2 极化不对称性和极化比参数

极化不对称性和极化比参数由 Ainsworth 等人[4,5]提出。前面已经给出，由协方差矩阵的特征值谱(eigenvalue spectrum)可获得有关散射机制多样性的信息。三个特征值的总和即为雷达回波的总功率(total power，Span)。Span 图像包含了与总功率相关的所有信息，但不包含总功率在各个极化通道中的分布信息。

根据 Barnes-Holm 分解算法，可将平均相干矩阵 $\boldsymbol{T}_3$分解为极化和未极化两项，有

$$\begin{aligned}\boldsymbol{T}_3 &= \boldsymbol{U}_3\begin{bmatrix}\lambda_1 & 0 & 0\\ 0 & \lambda_2 & 0\\ 0 & 0 & \lambda_3\end{bmatrix}\boldsymbol{U}_3^{-1}\\ &= \boldsymbol{U}_3\begin{bmatrix}\lambda_1-\lambda_3 & 0 & 0\\ 0 & \lambda_2-\lambda_3 & 0\\ 0 & 0 & 0\end{bmatrix}\boldsymbol{U}_3^{-1} + \boldsymbol{U}_3\begin{bmatrix}\lambda_3 & 0 & 0\\ 0 & \lambda_3 & 0\\ 0 & 0 & \lambda_3\end{bmatrix}\boldsymbol{U}_3^{-1}\end{aligned} \tag{7.37}$$

式(7.37)的第二项与发射和接收的极化状态完全无关，因此代表的是雷达回波的未极化分量。

对极化熵-各向异性度参数化的一个补充方法是，去掉雷达回波的未极化分量，对保留的极化分量进行分析。完全未极化分量在总功率(Span)中所占的百分比为$3\lambda_3/\text{Span}$，进而得到极化比(Polarization Fraction，PF)参数的定义如下：

$$\text{PF} = 1 - \frac{3\lambda_3}{\text{Span}} = 1 - \frac{3\lambda_3}{\lambda_1+\lambda_2+\lambda_3}, \qquad 0 \leqslant \text{PF} \leqslant 1 \tag{7.38}$$

极化比参数的取值范围在 0 到 1 之间。当 $\lambda_3=0$ 时，雷达回波中只有极化分量，未极化分量为0；当 $\lambda_3>0$ 且逐渐增大时，极化比下降。

式(7.37)中的第一项最多有两个非零特征值，因此，最多包含两种不同的散射机制，下面就对这两种散射机制进行极化分析。由于第三个特征值仅与未极化回波分量相关，可以不考虑。极化不对称性(Polarimetric Asymmetry，PA)等效于极化各向异性度 A，如下式所示：

$$\text{PA} = \frac{(\lambda_1-\lambda_3)-(\lambda_2-\lambda_3)}{(\lambda_1-\lambda_3)+(\lambda_2-\lambda_3)} = \frac{\lambda_1-\lambda_2}{\lambda_1+\lambda_2-2\lambda_3} = \frac{\lambda_1-\lambda_2}{\text{Span}-3\lambda_3}, \qquad 0 \leqslant \text{PA} \leqslant 1 \tag{7.39}$$

极化不对称性的定义与极化各向异性度在形式上相似，即根据极化回波中两特征值和与差的比值来表征两种极化散射机制的相对大小。

在进一步的分析中，去掉 Span 的影响，也就是将特征值归一化，仅针对纯极化自由度进行分析。归一化后的特征值用 Λ_i 表示，满足条件 $\Lambda_1+\Lambda_2+\Lambda_3=1$，据此可给出极化不对称性和极化比参数的表达式：

$$\text{PF} = 1 - 3\Lambda_3, \qquad \text{PA} = \frac{\Lambda_1-\Lambda_2}{1-3\Lambda_3} = \frac{\Lambda_1-\Lambda_2}{\text{PF}}, \qquad 0 \leqslant \text{PA}, \text{PF} \leqslant 1 \tag{7.40}$$

图 7.18 给出了由旧金山湾区极化 SAR 图像计算得到的极化不对称性和极化比参数的结果。

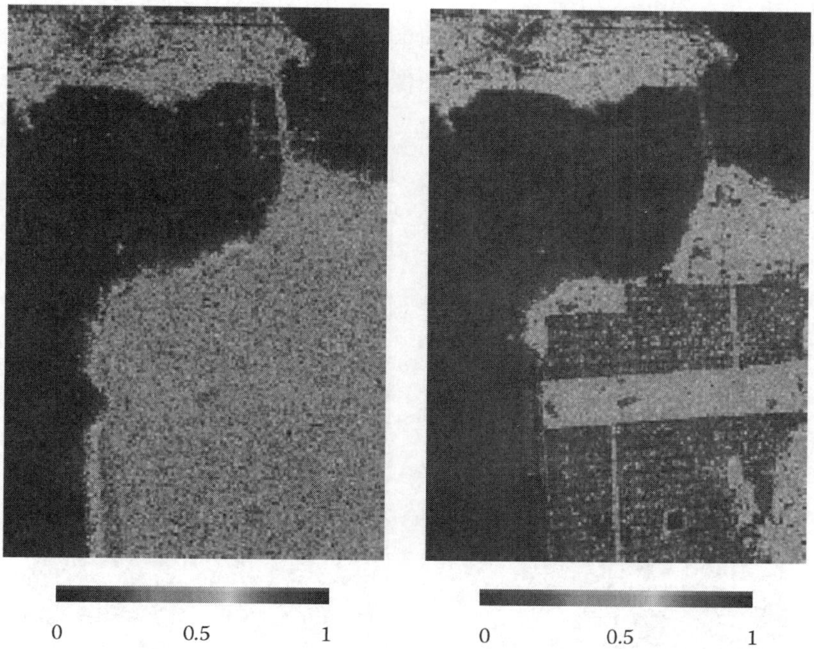

图 7.18　旋转不变极化不对称性(左)和极化比(右)参数

7.9.3.3　雷达植被指数和基准高度参数

下列参数由 van Zyl 等人[32~34]和 Durden 等人[12]提出。

通常情况下，分布式目标的平均雷达回波是部分极化波。自然目标的随机性可通过相应的平均相干矩阵 $\boldsymbol{T}_3$或协方差矩阵 $\boldsymbol{C}_3$特征值的范围进行度量。

van Zyl [33]采用了随机指向的介质圆柱体模型分析植被区散射，结果表明，对于这种模型，第二个和第三个特征值相等。进而，可定义雷达植被指数(Radar Vegetation Index，RVI)：

$$\mathrm{RVI}=\frac{4\lambda_3}{\lambda_1+\lambda_2+\lambda_3},\qquad 0\leqslant \mathrm{RVI}\leqslant\frac{4}{3}\tag{7.41}$$

雷达植被指数等于 4/3 时对应为细圆柱体，单调递减到零时对应为粗圆柱体①。

另一种测量散射过程随机性的方法是测量极化特征中的基准高度(Pedestal Height，PH)[32]。Durden 等人[12]指出，测量基准高度等效于测量最小特征值与最大特征值之比，如下所示：

$$\mathrm{PH}=\frac{\min(\lambda_1,\lambda_2,\lambda_3)}{\max(\lambda_1,\lambda_2,\lambda_3)}=\frac{\lambda_3}{\lambda_1},\qquad \lambda_3\leqslant\lambda_2\leqslant\lambda_1,\qquad 0\leqslant \mathrm{PH}\leqslant 1\tag{7.42}$$

由于特征值与最优后向散射极化状态有关，最小和最大特征值分别对应于天线在最优收发极

① $\lambda_1\approx\lambda_2\approx\lambda_3$ 时，随机程度最大，$\mathrm{RVI}=\frac{4}{3}$，对应为细圆柱体；$\lambda_1\neq 0$，$\lambda_2\approx\lambda_3\approx 0$ 时，$\mathrm{RVI}=0$，对应为粗圆柱体。

化状态下可获得的最小和最大功率值。因此，基准高度还是对平均回波中未极化分量的一种度量，对应于当发射和接收取相同极化状态时的最优极化状态。

图 7.19 给出了由旧金山湾区极化 SAR 图像计算得到的雷达植被指数和基准高度参数。

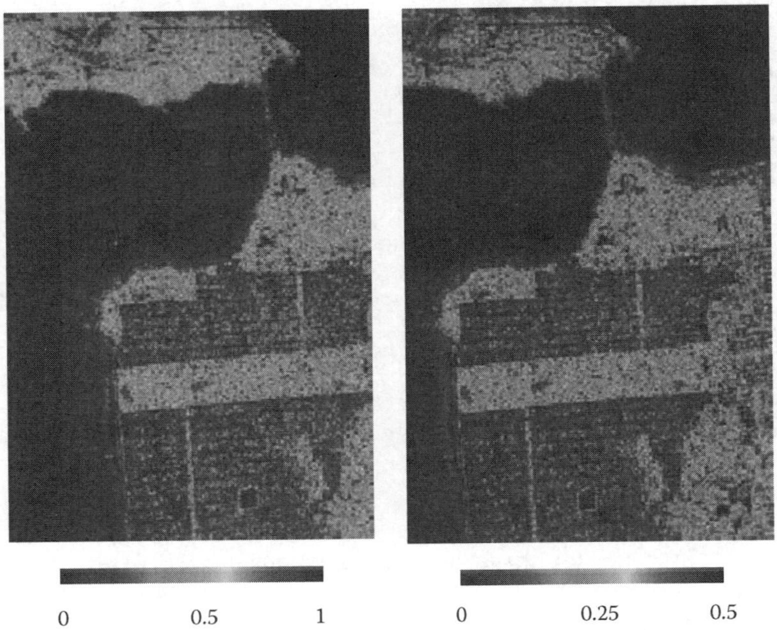

图 7.19　旋转不变雷达植被指数(左)和基准高度(右)参数

7.9.3.4　极化熵和 $\bar{\alpha}$ 参数的另一种推导

Praks 与 Hallikainen[24, 25]提出了另一种推导极化熵和 $\bar{\alpha}$ 参数的方法，直接根据归一化平均相干矩阵 $\boldsymbol{N}_3$的元素进行计算，避免了耗时的特征值/特征矢量分解。

归一化的平均相干矩阵 $\boldsymbol{N}_3$定义为[25]

$$\boldsymbol{N}_3 = \langle \underline{\boldsymbol{k}}^{\mathrm{T}*} \cdot \underline{\boldsymbol{k}} \rangle^{-1} \langle \underline{\boldsymbol{k}} \cdot \underline{\boldsymbol{k}}^{\mathrm{T}*} \rangle = \frac{\boldsymbol{T}_3}{\mathrm{Tr}(\boldsymbol{T}_3)} \tag{7.43}$$

它与平均相干矩阵 $\boldsymbol{T}_3$有相同的特征矢量，并且其归一化的特征值等于伪概率 P_i。

由于归一化的平均相干矩阵 $\boldsymbol{N}_3$是厄米矩阵，它可给出如下不变量[25]：

$$\begin{aligned} \mathrm{Tr}(\boldsymbol{N}_3) &= \sum_{i=1}^{3} p_i \\ \sum_{i=1}^{3}\sum_{j=1}^{3} \left|\langle N_{ij}\rangle\right|^2 &= \sum_{i=1}^{3} p_i^2 \\ |\boldsymbol{N}_3| &= \prod_{i=1}^{3} p_i \end{aligned} \tag{7.44}$$

这些不变量可由任意厄米矩阵通过简单计算得到。考虑到归一化相干矩阵 $\boldsymbol{N}_3$的迹等于 1，可推导出特征值是如下多项式方程的根[25]：

$$p_i^3 - p_i^2 + \frac{p_i}{2}\left(1 - \sum_{i=1}^{3}\sum_{j=1}^{3}\left|\langle N_{ij}\rangle\right|^2\right) = |\boldsymbol{N}_3| \tag{7.45}$$

这三个伪概率，即归一化相干矩阵 $\boldsymbol{N}_3$ 的特征值，可由矩阵的不变量计算得到。因此极化熵 H 可用矩阵行列式与矩阵元素平方和的函数来表示。此外 Praks 与 Hallikainen[25] 还指出，矩阵元素平方和与目标极化熵提供的信息非常相似。当极化熵最大时（等于 1），矩阵元素的平方和最小（等于 0.333）；当极化熵最小时（等于 0），矩阵元素的平方和最大（等于 1）。

通过引入“谱偏移定理”（spectral shift theorem），只需要一个简单的线性拟合即可获得对极化熵的估计[24]：

$$H \approx 2.52 + 0.78\log_3\left(|\boldsymbol{N}_3 + 0.16\boldsymbol{I}_{\mathrm{D3}}|\right) \tag{7.46}$$

式中，

$$\begin{aligned}|\boldsymbol{N}_3 + 0.16\boldsymbol{I}_{\mathrm{D3}}| = {} & (\langle N_{11}\rangle + 0.16)(\langle N_{22}\rangle + 0.16)(\langle N_{33}\rangle + 0.16) - \\ & (\langle N_{11}\rangle + 0.16)|\langle N_{23}\rangle|^2 - (\langle N_{22}\rangle + 0.16)|\langle N_{13}\rangle|^2 - \\ & (\langle N_{33}\rangle + 0.16)|\langle N_{12}\rangle|^2 + \left\langle N_{12}^*\right\rangle\langle N_{13}\rangle\left\langle N_{23}^*\right\rangle + \\ & \langle N_{12}\rangle\left\langle N_{13}^*\right\rangle\langle N_{23}\rangle\end{aligned} \tag{7.47}$$

文献[24]中指出，由于极化熵取值范围为 0 到 1，式(7.46)的估计误差小于 0.02。

文献[24, 25]中还指出，根据相干矩阵特征矢量的定义分析，归一化相干矩阵 $\boldsymbol{N}_3$ 的第一个元素和 α 角的定义在形式上相似：

$$\langle N_{11}\rangle = \sum_{i=1}^{3} p_i\cos^2\alpha_i \tag{7.48}$$

$\bar{\alpha}$ 和归一化相干矩阵 $\boldsymbol{N}_3$ 的第一个元素 $\langle N_{11}\rangle$ 都与伪随机概率 p_i 和角 α_i 相关，且在 $0 \leqslant \bar{\alpha} \leqslant \frac{\pi}{2}$ 的取值范围内 $\langle N_{11}\rangle$ 是 $\bar{\alpha}$ 的正单调递增函数[24]。考虑极化熵取值的两种极端情况，即分别为零极化熵和最大极化熵时，$\bar{\alpha}$ 与 $\langle N_{11}\rangle$ 之间的关系满足如下形式[24]：

$$\bar{\alpha}_{\mathrm{Low\ H}} = \arccos\left(\sqrt{\langle N_{11}\rangle}\right), \quad \bar{\alpha}_{\mathrm{High\ H}} = (1 - \langle N_{11}\rangle)\frac{\pi}{2} \tag{7.49}$$

为了验证这种极化熵和 α 参数的推导方法的有效性，采用了一种非监督的极化熵 α 分类方法进行实验。结果表明，所有像素中有 96%~97% 的像素被分到了与原方法相同的类中。但值得注意的是，Praks 等人提出的 α 和极化熵参数不具有旋转不变性，因此这种计算方法在某些情况下可能不适用，如方位向有较大地形起伏的情况。

7.10　相干斑滤波对 $H/A/\bar{\alpha}$ 的影响

相干斑滤波和其他平均处理过程会影响各个像素内在的散射特征。特别是极化熵，各向

异性度和 $\bar{\alpha}$ 的计算结果都与平均过程有关。一般而言，随着平均程度的增大，极化熵将增大，而各向异性度将减小。Lopez-Martinez 等人[18]建议采用 9×9 或更大的平均窗口来获得极化熵的可靠估计；对于各向异性度，则建议采用更大的平均窗口。在该理论分析中，需要假设 9×9 窗口中的所有像素都是均匀的，并且服从相同的威沙特分布。但实际上，9×9 窗口中可能存在非均匀的像素，这些像素会增大极化熵，并降低各向异性度。相对于极化熵和各向异性度而言，平均程度对 $\bar{\alpha}$ 的影响小得多。

7.10.1 极化熵(H)参数

为了举例说明，这里比较了采用不同的平均处理方法后得到的极化熵值，包括直接采用原始数据、矩形窗滤波和基于散射模型的处理方法，结果如图 7.20 所示。由原始 4 视极化 SAR 数据计算得到的极化熵[见图 7.20(a)]值偏低，这是由平均程度不够造成的，与前面的理论分析一致。由图 7.20(b)和图 7.20(c)可知，采用 5×5 和 9×9 的矩形窗滤波后，极化熵增大，空间分辨率降低。即使采用 5×5 的矩形窗滤波器，分辨率下降的现象也十分明显，并且会在图像中造成明显的方块形特征区域。图中白色部分对应于极化熵大于 0.95 的高熵区域，采用 9×9 矩形窗滤波后，特别是在公园区，极化熵的增大十分明显。可以观察到的方块形特征区域(图中的小方块)是由孤立强散射体经由矩形窗滤波后产生的。与矩形窗滤波相比，第 5 章中精改的 Lee 滤波器[见图 7.20(d)]得到的结果更为合理，其差别也十分明显。与精改的 Lee 滤波器相比，基于散射模型的滤波器(见第 5 章)提供了更高分辨率的效果[见图 7.20(e)]。可能有人会认为，对于极化熵的可靠估计，精改的 Lee 滤波器和基于散射模型的滤波器可能无法提供足够的平均处理。但是，通过实验发现，在两幅图像中都存在很多呈白色的像素(即极化熵 >0.95)。也就是说，两幅图像中的极化熵值都覆盖了整个取值范围$^{[0,1]}$。

7.10.2 各向异性度(A)参数

与极化熵相似，各向异性度的估计值也与平均程度的大小和平均过程中包含的不同散射机制的像素有关。一般而言，平均程度越高，各向异性度越低，特别是对于各向异性度原本就低的区域更是如此。图 7.21(a)给出了原始数据不经过滤波直接计算得到的各向异性度，其值非常高，说明平均程度不够。对原始 4 视数据进行平均处理，采用矩形窗滤波，精改的 Lee 滤波和基于散射模型的滤波估计出的各向异性度差别不大，结果如图 7.21(b)至图 7.21(e)所示。采用矩形窗滤波的各向异性度图中没有出现方块形特征区域，表明第二个和第三个特征值受滤波算法的影响较小。海洋表面的各向异性度较低，这是由于海面以布拉格散射为主，第二个和第三个特征值是随机的且值比较小。城区和金门大桥表现出明显的高各向异性度，这表明占主要优势的散射机制有两种，且对应的特征值都比较大。

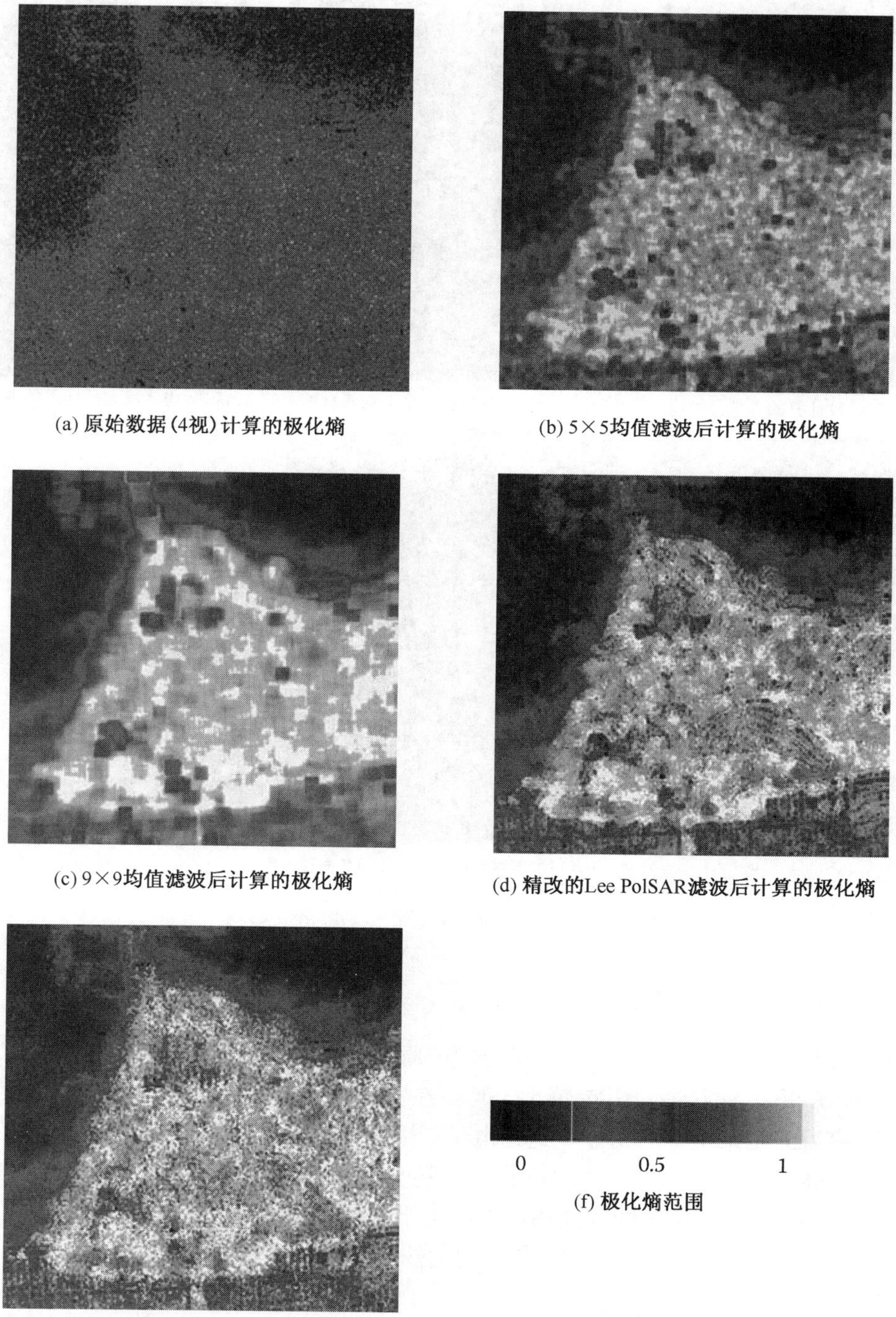

(a) 原始数据(4视)计算的极化熵

(b) 5×5均值滤波后计算的极化熵

(c) 9×9均值滤波后计算的极化熵

(d) 精改的Lee PolSAR滤波后计算的极化熵

(e) 基于散射模型滤波后计算的极化熵

(f) 极化熵范围

图 7.20　滤波器对极化熵值(H)的影响

(a) 原始数据(4视)计算的各向异性度

(b) 5×5均值滤波后计算的各向异性度

(c) 9×9均值滤波后计算的各向异性度

(d) 精改的Lee PolSAR滤波后计算的各向异性度

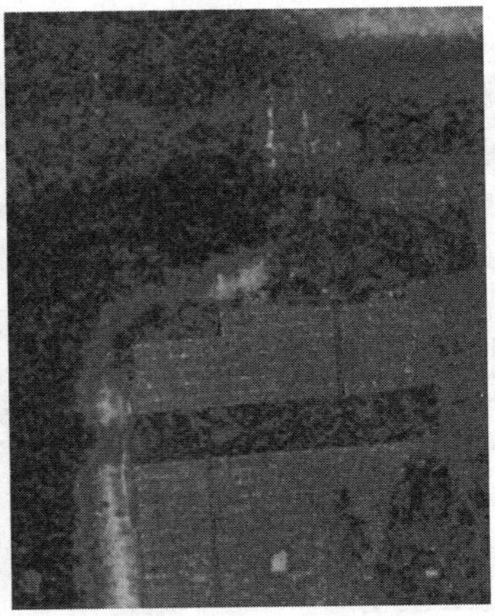

(e) 基于散射模型滤波后计算的各向异性度

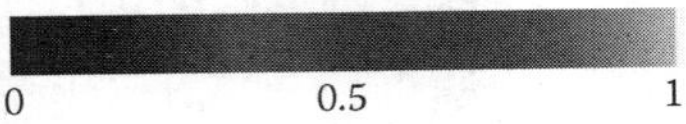

(f) 各向异性度范围

图 7.21　滤波器对各向异性度(A)值的影响

7.10.3　平均 α 角($\bar{\alpha}$)参数

不同于极化熵和各向异性度，$\bar{\alpha}$ 不仅与特征值有关，还与特征矢量有关。图 7.22给出了对比的结果。$\bar{\alpha}$ 受滤波方法的影响较小，但存在由滤波产生的方块形特征区域，特别是在 9×9的矩形窗滤波结果中更为明显。这是由于图中绝大部分区域以最大特征值对应的散射机制为主，极化熵值都较小。图 7.22(a)给出了原始数据不经过滤波直接计算得到的 $\bar{\alpha}$。与图 7.22(b)至图 7.22(e)所示的其他滤波器的结果相比，原始 4 视数据能获得相似的平均散射机制，但噪声较大。$\bar{\alpha}$ 角在[0°, 90°]范围内的伪彩色图如图 7.22(f)所示。

7.10.4　$H/A/\bar{\alpha}$ 的估计偏差

前文已举例说明：随着平均程度的增大，极化熵增大，各向异性度减小。从理论上讲，Cloude-Pottier 分解是基于视数 $N\to\infty$ 时相干矩阵 $\boldsymbol{T}_3$的期望值提出的。对于 1 视数据，极化熵 H 等于零，且各向异性度 A 没有定义。对于 2 视数据，极化熵增大，但仍是严重的过低估计，各向异性度的值为 1。为了获得极化熵、$\bar{\alpha}$ 和各向异性度的无偏估计，必须对大量相邻的像素进行非相干平均。但是，过度平均会降低空间分辨率，平均程度不够又会造成有偏估计。换句话说，多视（像素平均）过程会影响极化熵和各向异性度的估计。

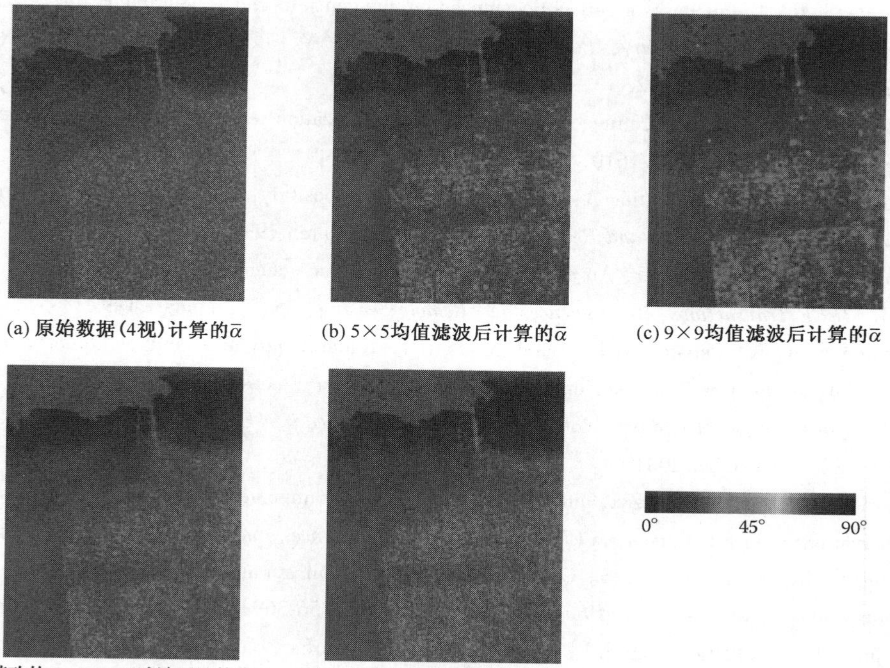

(a) 原始数据(4视)计算的$\bar{\alpha}$　(b) 5×5均值滤波后计算的$\bar{\alpha}$　(c) 9×9均值滤波后计算的$\bar{\alpha}$

(d) 精改的Lee PolSAR滤波后计算的$\bar{\alpha}$　(e) 基于散射模型滤波后计算的$\bar{\alpha}$　(f) $\bar{\alpha}$范围

图 7.22　滤波器对 α 角值的影响

为了减少估计偏差的影响，Lopez-Martinez 等人[18]建议分别采用 9×9 和 11×11 的独立样本平均来估计极化熵和各向异性度。对 $\bar{\alpha}$ 的估计偏差尚未开展研究。最近，基于第 4 章的蒙特卡罗仿真过程，Lee 等人[17]分析了对于平均样本，极化熵、各向异性度和 $\bar{\alpha}$ 的渐近性质，并给出了去除极化熵和各向异性度偏差的有效方法。他们同时发现，$\bar{\alpha}$ 的偏差可能被高估也可能被低估，这与散射机制有关。感兴趣的读者可阅读参考文献[17]。

参考文献

[1] Allain S., L. Ferro-Famil, and E. Pottier, *Two novel surface model based inversion algorithms using multi-frequency PolSAR data*, *Proceedings of IGARSS 2004*, Anchorage, AK, September 20-24, 2004.

[2] Allain S., C. Lopez, L. Ferro-Famil, and E. Pottier, New eigenvalue-based parameters for natural media characterization, *IGARSS 2005*, Seoul, South Korea, July 20-24, 2005.

[3] Allain S., L. Ferro-Famil and E. Pottier, A polarimetric classification from PolSAR data using SERD/DERD parameters, 6th European Conference on Synthetic Aperture Radar, EUSAR 2006, Dresden (Germany) May 16-18, 2006.

[4] Ainsworth T. L., J. S. Lee, and D. L. Schuler, Multi-frequency polarimetric SAR data analysis of ocean surface features, *Proceedings of IGARSS 00*, Honolulu, Hawaii, July 24-28, 2000.

[5] Ainsworth T. L., S. R. Cloude, and J. S. Lee, Eigenvector analysis of polarimetric SAR data, *Proceedings of IGARSS 2002*, 1, 626-628, Toronto, Canada, 2002.

[6] Borgeaud M., R. T. Shin, and J. A. Kong, Theoretical models for polarimetric radar clutter, *Journal Electromagnetic Waves and Applications*, 1, 73-89, 1987.

[7] Cloude S. R, Uniqueness of target decomposition theorems in radar polarimetry in *Direct and Inverse Methods in Radar Polarimetry*, *Part 1*, *NATO-ARW*, W. M. Boemer et al., (Eds.) Norwell, MA: Kluwer, pp. 267-296, 1992.

[8] Cloude S. R. and E. Pottier, The concept of polarization entropy in optical scattering, *Optical Engineering*, 34(6), 1599-1610, 1995.

[9] Cloude S. R. and E. Pottier A review of target decomposition theorems in radar polarimetry, *IEEE Transactuibs on Geosciences and Remote Sensing*, 34, 2, March 1996.

[10] Cloude S. R. and E. Pottier, An entropy based classification scheme for land applications of polarimetric SAR, *IEEE Transactions on Geosciences and Remote Sensing*, 35, 1, January 1997.

[11] Cloude S. R., K. Papathanassiou, and E. Pottier, Radar polarimetry and polarimetric interferometry, Special Issue on New Technologies in Signal Processing for Electromagnetic-wave Sensing and Imaging. *IEICE*(*Institute of Electronics*, *Information and Communication Engineers*) *Transactions*, E84-C (12), 1814-1823, December 2001.

[12] Durden S. L., J. J. van Zyl, and H. A. Zebker, The unpolarized component in polarimetric radar observations of forested areas, *IEEE Transactions on Geosciences and Remote Sensing*, 28, 268-271, 1990.

[13] Fung A. K., Z. Li and K. S. Chen, Backscattering from a randomly rough dielectric surface, *IEEE Transactions on Geosciences and Remote Sensing*, 30(2), 356-369, 1992.

[14] Hajnsek I., E. Pottier, and S. R. Cloude, Inversion of surface parameters from polarimetric SAR, *IEEE Transactions on Geosciences and Remote Sensing*, 41(4), 727-744, April 2003.

[15] Lee J. S., D. L. Schuler, and T. L. Ainsworth, polarimetric SAR data compensation for terrain Azimuth slope variation, *IEEE Transactions on Geoscience and Remote Sensing*, 38 (5), 2153-2163, September 2000.

[16] Lee J. S., D. Schuler, T. L. Ainsworth, E. Krogager, D. Kasilingam, and W. M. Boerner, On the estimation of radar polarization orientation shifts induced by terrain slopes, *IEEE Transactions on Geoscience and Remote Sensing*, 40(1), 30-41, January 2002.

[17] Lee J. S., T. L. Ainsworth, J. P. Kelly, and C. Lopez-Martinez, Evaluation and bias removal of multi-look effect on entropy/alpha/anisotropy in polarimetric SAR decomposition, IGARSS 2007 Special issue, *IEEE Transactions on Geosciences and Remote Sensing*, 46(10), 3039-3052, October 2008.

[18] Lopez-Martinez C., E. Pottier and S. R. Cloude, Statistical assessment of eigenvector-based target decomposition theorems in radar polarimetry, *IEEE Transactions on Geoscience and Remote Sensing*, 43 (9), 2058-2074, September 2005.

[19] Lüneburg E., Fundations of the mathematical theory of polarimetry, Final Report Phase I, N00014-00-M-0152, EML Consultants, July 2001.

[20] Morio J., P. Refregier, F. Goudail, P. Dubois-Fernandez, and X. Dupuis, Application of information theory measures to polarimetric and interferometric SAR images, *PSIP 2007*, Mulhouse, France, 2007.

[21] Nghiem S. V., S. H. Yueh, R. Kwok, and F. K. Li, Symmetry properties in polarimetric remote sensing, *Radio Science*, 27(5), 693-711, September 1992.

[22] Pottier E., Unsupervised classification scheme and topography derivation of POLSAR data on the H/A/α polarimetric decomposition theorem *Proceedings of the 4th International Workshop on Radar Polarimetry*, 535-548, Nantes, France, July 1998.

[23] Pottier E., W. M. Boerner, and D. L. Schuler, Estimation of terrain surface Azimuthal/range slopes using polarimetric decomposition of POLSAR data, *Proceedings of IGARSS 1999*, Hambourg, Germany, 1999.

[24] Praks J. and M. Hallikainen, A novel approach in polarimetric covariance matrix eigendecomposition, *Proceedings of IGARSS 00*, Honolulu, Hawai, July 24-28, 2000.

[25] Praks J. and M. Hallikainen, An alternative for entropy—alpha classification for polarimetric SAR image, *Proceedings POLINSAR 2003*, Frascati, January 14-16, 2003

[26] Refregier P. and J. Morio, Shannon entropy of partially polarized and partially coherent light with Gaussian fluctuations, *JOSA A*, 23(12), 3036-3044, December 2006.

[27] Shannon C. E., A mathematical theory of communication, *Bell System Technical Journal*, 27, 379-423; 623-656, 1948.

[28] Schuler D. L., J. S. Lee, and G. De Grandi, Measurement of topography using polarimetric SAR images, *IEEE Transactions on Geoscience and Remote Sensing*, 5, 1266-1277, 1996.

[29] Schuler D. L., J. S. Lee, T. L. Ainsworth, E. Pottier, and W. M. Boerner, Terrain slope measurement accuracy using polarimetric SAR data, *Proceedings of IGARSS 1999*, Hambourg, Germany, 1999.

[30] Schuler D. L., J. S. Lee, T. L. Ainsworth, E. Pottier, W. M. Boerner, and M. R. Grunes, Polarimetric DEM generation from POLSAR image information, *Proceedings of URSI-XXVIth General Assembly*, University of Toronto, Toronto, Canada, 1999.

[31] Schuler D. L., J. S. Lee, T. L. Ainsworth, and M. R. Grunes, Terrain topography measurement using multipass polarimetric synthetic aperture radar data, *Radio Science*, 35(3), 813-832, May-June 2000.

[32] van Zyl J. J., H. A. Zebker, and C. Elachi, Imaging radar polarization signatures, *Radio Science*, 22, 529-543, 1987.

[33] van Zyl J. J., Application of Cloude's target decomposition theorem to polarimetric imaging radar, *SPIE*, 127, 184-212, 1992.

[34] van Zyl J. J., An overview of the analysis of multi-frequency polarimetric SAR data, *6th European Conference on Synthetic Aperture Radar, EUSAR 2006*, Dresden(Germany), May 16-18, 2006.

第8章　极化SAR地物与土地利用分类

8.1　引言

地物与土地利用分类(terrain and land-use classification)可能是极化合成孔径雷达(Polarimetric Synthetic Aperture Radar，PolSAR)最为主要的应用。用于地物分类的监督与非监督分类算法层出不穷。在监督分类算法中，需要针对每一类地物选择相应的训练集，训练集的选取可以基于地表真实数据，也可以基于极化SAR图像中明显的散射差异。对于每个像素而言，三个实数和三个复数共9个参数能够描述全部极化SAR响应。若无法获取地表真实数据，极化SAR数据的高维度特性就会对训练集选择造成困难。另一方面，非监督分类方法可以基于特定准则寻找聚类，从而实现极化图像分类的自动化处理，但最终类别的辨识还是需要人工干预。

极化SAR图像分类在最初阶段应用了图像处理技术。其中很多方法都将极化协方差矩阵的9个参数减少，使之成为一个特征矢量，假设此特征矢量满足联合高斯分布，并将高斯分布的典型距离测量方法应用于监督或非监督分类算法，例如ISODATA和FCM(fuzzy *c*-mean)等。Rignot等人[1]基于反射对称性假设定义了5个参数，取对数处理后组成特征矢量，并将其应用于FCM算法。实际上，在极化SAR分类中是可以避免选取特征矢量这项困难工作的，这是因为多视协方差矩阵服从复威沙特分布(见第4章)。Kong等人[2]基于复高斯分布推导出了应用于单视极化SAR复数据的最大似然分类距离度量公式(见第4章)。Yueh [3]和Lim等人[4]对其进行改进并用于处理规范的极化SAR数据。van Zyl和Burnette[5]通过迭代地引入类的先验概率，进一步完善了该方法。多视数据通常利用协方差矩阵或相干矩阵形式进行表示。Lee等人[6]针对多视极化数据推导了基于复威沙特分布的距离度量方法。该方法被应用于FCM分类[7]、动态学习、模糊神经网络[8,9]及小波变换[10]技术中。此外，Ferro-Famil等人[11,12]进一步将该方法应用于极化干涉及相关的多频极化SAR数据。8.2节和8.3节分别讨论了基于复高斯分布和复威沙特分布的距离度量问题。8.4节论述了威沙特距离度量的稳健性及其特征。主要的非监督极化SAR分类方法可以归纳为三类。第一类方法仅利用SAR数据的统计特征而不涉及媒质的物理散射机理；第二类方法利用内在的物理散射特征对SAR数据进行分类，但未利用其统计特征。这类方法的优点是提供了类型辨识信息，但分类图普遍缺乏细节信息；第三类方法结合了数据的统计特征和物理散射特征，因此可以最有效地对极化SAR数据进行分类。本书将分别在8.6节和8.7节详细介绍第二类和第三类非监督分类方法。

8.2　基于复高斯分布的最大似然分类器

如第4章所述，当雷达照射区域是由许多基本散射单元组成的随机表面时，复极化矢量$\boldsymbol{u}$的概率分布模型服从多变量复高斯分布[13]，

$$p(\underline{\boldsymbol{u}})=\frac{1}{\pi^{3}|\boldsymbol{C}|}\exp\left(-\underline{\boldsymbol{u}}^{*\mathrm{T}}\boldsymbol{C}^{-1}\underline{\boldsymbol{u}}\right) \tag{8.1}$$

式中 $\boldsymbol{C}=E[\underline{\boldsymbol{u}}\,\underline{\boldsymbol{u}}^{*\mathrm{T}}]$ 为复协方差矩阵，$|\boldsymbol{C}|$ 为 $\boldsymbol{C}$ 的行列式。每个类别的特征都由该类别的协方差矩阵 $\boldsymbol{C}$ 进行表征，在后文中将称之为类的协方差矩阵。通过对训练样本进行估计，可以得到 ω_m 类的协方差矩阵并将其表示为 $\boldsymbol{C}_m$。根据 Kong 等人[2]提出的贝叶斯最大似然分类算法，若概率满足

$$P(\omega_m|\underline{\boldsymbol{u}})\geqslant P(\omega_j|\underline{\boldsymbol{u}}),\ \text{对所有}\,j\neq m \tag{8.2}$$

则矢量 $\underline{\boldsymbol{u}}$ 被划分到类 ω_m 中。应用贝叶斯准则可以得到

$$P(\omega_m|\underline{\boldsymbol{u}})=\frac{p(\underline{\boldsymbol{u}}|\omega_m)P(\omega_m)}{p(\underline{\boldsymbol{u}})} \tag{8.3}$$

由于概率密度函数 $p(\underline{\boldsymbol{u}})$ 与所选类别无关，可以被忽略，式(8.2)简化为

$$\text{若对所有}\,j\neq m\text{，都有}\,p(\underline{\boldsymbol{u}}|\omega_m)P(\omega_m)>p(\underline{\boldsymbol{u}}|\omega_j)P(\omega_j)\text{，则}\,\underline{\boldsymbol{u}}\,\text{属于}\,\omega_m\,\text{类} \tag{8.4}$$

式中 $p(\underline{\boldsymbol{u}}|\omega_m)$ 为零均值复高斯分布，其协方差矩阵期望为 $\boldsymbol{C}_m=E[\underline{\boldsymbol{u}}\,\underline{\boldsymbol{u}}^{*\mathrm{T}}|\omega_m]$，$P(\omega_m)$ 为类 ω_m 的先验概率。选择类别时，比最大化概率密度函数更加简单高效的方法是，取 $p(\underline{\boldsymbol{u}}|\omega_m)P(\omega_m)$ 的自然对数并改变符号。$\underline{\boldsymbol{u}}$ 与类 ω_m 聚类中心之间的距离为

$$d_1(\underline{\boldsymbol{u}},\omega_m)=\underline{\boldsymbol{u}}^{*\mathrm{T}}\boldsymbol{C}_m^{-1}\underline{\boldsymbol{u}}+\ln|\boldsymbol{C}_m|+3\ln(\pi)-\ln[P(\omega_m)] \tag{8.5}$$

式(8.5)右边第三项与像素的类别无关，可以被忽略，上式可以进一步简化为

$$d_1(\underline{\boldsymbol{u}},\omega_m)=\underline{\boldsymbol{u}}^{*\mathrm{T}}\boldsymbol{C}_m^{-1}\boldsymbol{u}+\ln|\boldsymbol{C}_m|-\ln[P(\omega_m)] \tag{8.6}$$

若特征矢量 $\underline{\boldsymbol{u}}$ 满足

$$d_1(\underline{\boldsymbol{u}},\omega_m)<d_1(\underline{\boldsymbol{u}},\omega_j),\ \text{对所有}\,j\neq m \tag{8.7}$$

则被划分至类 ω_m。

8.3 针对多视极化 SAR 数据的复威沙特分类器

如第 4 章和第 5 章所述，为了进行降斑和数据压缩，经常需要对 SAR 数据进行多视处理。有一些多视极化 SAR 数据，如 JPL AIRSAR 的数据本身就是以斯托克斯矩阵的形式存储的。对斯托克斯矩阵进行平均处理的结果等效于对协方差矩阵进行平均处理的结果。然而，协方差矩阵的本质优势就在于它服从多变量复威沙特分布，非常适合进行分类应用。因此，本书只涉及基于协方差矩阵或相干矩阵的分类方法。

极化 SAR 多视处理需要对若干独立的单视协方差矩阵进行平均，可以表示为

$$Z=\frac{1}{n}\sum_{k=1}^{n}\underline{\boldsymbol{u}}(k)\underline{\boldsymbol{u}}(k)^{*\mathrm{T}} \tag{8.8}$$

式中 n 为视数，矢量 $\underline{\boldsymbol{u}}(k)$ 为第 k 个单视样本。

令

$$\boldsymbol{A}=nZ=\sum_{k=1}^{n}\underline{\boldsymbol{u}}(k)\underline{\boldsymbol{u}}(k)^{*\mathrm{T}} \tag{8.9}$$

矩阵 $\boldsymbol{A}$ 服从复威沙特分布，具体内容可参考第 4 章。为便于推导，将复威沙特概率密度函数重写如下：

$$p_{\mathrm{A}}(\boldsymbol{A})=\frac{|\boldsymbol{A}|^{n-q}\exp\left[-\mathrm{Tr}(\boldsymbol{C}^{-1}\boldsymbol{A})\right]}{K(n,q)|\boldsymbol{C}|^{n}} \tag{8.10}$$

参数 q 代表矢量 $\boldsymbol{u}$的维度。对于在单站极化 SAR 体制下观测的互易性媒质而言，$q=3$；对于第 9 章中将要讨论的极化干涉应用，$q=6$。Goodman[13]证明了 Z 是协方差矩阵 $\boldsymbol{C}$ 期望的最大似然估计量，并且是其充分统计量。

在这里，推导贝叶斯最大似然分类器的过程与用于单视极化 SAR 数据的相同。用 $\boldsymbol{C}_m$ 代替 $\boldsymbol{C}$ 作为类 ω_m 的协方差矩阵，将式(8.10)重写为 $p(\boldsymbol{A}|\omega_m)$。最大似然分类器将评估 $\boldsymbol{A}$（即 Z）是否属于类 ω_m。遵循与 8.2 节中相同的推导过程，Lee 等人[6]通过最大化 $p(\boldsymbol{A}|\omega_m)P(\omega_m)$推导出一种距离测量方法。对式(8.10)取自然对数并改变其符号，有

$$d(\boldsymbol{A},\omega_m)=n\ln|\boldsymbol{C}_m|+\mathrm{Tr}(\boldsymbol{C}_m^{-1}\boldsymbol{A})-\ln[P(\omega_m)]-(n-q)\ln|\boldsymbol{A}|+\ln[K(n,q)] \tag{8.11}$$

上式后两项并非类 ω_m 的函数且对分类没有影响，因此可以忽略。删除后再将式(8.9)代入式(8.11)中，便可得到用于 n 视极化 SAR 数据分类的距离度量公式

$$d_2(Z,\omega_m)=n\ln|\boldsymbol{C}_m|+n\mathrm{Tr}\left(\boldsymbol{C}_m^{-1}Z\right)-\ln[P(\omega_m)] \tag{8.12}$$

式(8.12)表明，随着视数 n 的增加，先验概率 $P(\omega_m)$ 对分类的影响减小。值得注意的是，当 $n=1$ 时，式(8.12)所定义的多视距离度量与式(8.6)所定义的单视距离度量相等。对各类先验概率都未知的极化 SAR 数据而言，可以假设 $P(\omega_m)$ 相同，此时的距离度量与 n 无关，式(8.12)简化为

$$d_3(Z,\omega_m)=\ln|\boldsymbol{C}_m|+\mathrm{Tr}\left(\boldsymbol{C}_m^{-1}Z\right) \tag{8.13}$$

将 $d_3(Z,\omega_m)$ 定义为威沙特距离度量(Wishart distance measure)，将基于该距离度量方法的分类技术称为威沙特分类器。对于监督分类而言，利用第 m 类训练区域内的像素估计其类中心的协方差矩阵 $\boldsymbol{C}_m$，然后再逐个像素地对数据进行分类。对每个像素都计算其与各类之间的距离 $d_3(Z,\omega_m)$，并将其划分到距离最小的那一类中。应当注意，这种距离度量方法可以应用于不同维度的 SAR 相干数据。对于单极化强度数据 $q=1$；对于双极化相干数据 $q=2$；对于单站极化 SAR 数据 $q=3$；对于双站极化 SAR 数据 $q=4$；对于单基线极化干涉 SAR 数据 $q=6$；对于双基线极化干涉 SAR 数据 $q=9$。

8.4 威沙特距离度量特征

对于地物和土地利用分类而言，式(8.13)所定义的威沙特距离度量方法简单有效，并具有如下优点。

1. 兼容相干斑滤波后的数据

式(8.13)所定义的威沙特距离度量独立于视数(number of look)，这使得其适用于经多视(multilook)处理或相干斑滤波后的极化 SAR 数据。这是因为不同像素经过相干斑滤波后所经受的平均程度不同。

2. 独立于极化基(polarization basis)，具有稳健性

式(8.13)所定义的距离度量独立于极化基，因而非常稳健。无论数据表示成协方差矩阵、相干矩阵还是圆极化矩阵，都将获得相同的分类结果。此外，生成协方差矩阵前对极化矢量 $\boldsymbol{u}$和各元素的加权值也不会改变分类结果。证明如下：

假设备选极化基 $\underline{\boldsymbol{v}}$ 与 $\underline{\boldsymbol{u}}$ 的关系为

$$\underline{\boldsymbol{v}} = \boldsymbol{P}\underline{\boldsymbol{u}} \tag{8.14}$$

式中 $\boldsymbol{P}$ 为常数矩阵。由此可得多视协方差矩阵

$$\boldsymbol{Y} = \frac{1}{N}\sum_{k=1}^{N}\underline{\boldsymbol{v}}(k)\underline{\boldsymbol{v}}(k)^{\mathrm{T}*} = \boldsymbol{PZP}^{\mathrm{T}*} \tag{8.15}$$

令

$$\boldsymbol{B}_m = E[Y] = \boldsymbol{PC}_m\boldsymbol{P}^{\mathrm{T}*} \tag{8.16}$$

为了对数据 $\boldsymbol{Y}$ 进行分类，需要使用下式作为距离度量：

$$d_3(\boldsymbol{Y}, \omega_m) = \ln|\boldsymbol{B}_m| + \mathrm{Tr}\left(\boldsymbol{B}_m^{-1}\boldsymbol{Y}\right) \tag{8.17}$$

可以证明，采用式(8.17)与式(8.13)中基于 Z 的距离度量进行分类的结果相同。将式(8.15)和式(8.16)代入式(8.17)中，可得

$$d_3(Y, \omega_m) = \ln|\boldsymbol{PC}_m\boldsymbol{P}^{\mathrm{T}*}| + \mathrm{Tr}\left[(\boldsymbol{P}^{\mathrm{T}*})^{-1}\boldsymbol{C}_m^{-1}\boldsymbol{P}^{-1}\boldsymbol{PZP}^{\mathrm{T}*}\right] \tag{8.18}$$

利用 $\mathrm{Tr}(\boldsymbol{AB}) = \mathrm{Tr}(\boldsymbol{BA})$ 可以进一步得到简化形式

$$d_3(\boldsymbol{Y}, \omega_m) = \ln|\boldsymbol{PC}_m\boldsymbol{P}^{\mathrm{T}*}| + \mathrm{Tr}\left(\boldsymbol{C}_m^{-1}Z\right) \tag{8.19}$$

由于 $|\boldsymbol{AB}| = |\boldsymbol{A}||\boldsymbol{B}|$，式(8.19)变为

$$d_3(\boldsymbol{Y}, \omega_m) = \ln|\boldsymbol{C}_m| + \mathrm{Tr}\left(\boldsymbol{C}_m^{-1}Z\right) + \ln|\boldsymbol{P}| + \ln|\boldsymbol{P}^{\mathrm{T}*}| \tag{8.20}$$

由于最后两项与类 ω_m 无关且不影响分类结果，因此将后两项忽略后，式(8.20)还原为式(8.13)，这表明分类结果不随极化基的变化而变化。然而显而易见的是，要使 $\boldsymbol{Y}$ 服从复威沙特分布，$\boldsymbol{Y}$ 必须为半正定厄米矩阵，而式(8.15)中的 $\boldsymbol{Y}$ 为 $\boldsymbol{P}$ 的函数，因此对 $\boldsymbol{P}$ 必然有所限制。

3. 可以拓展到多频极化 SAR 分类

式(8.12)所定义的距离度量可以被拓展应用于多频极化 SAR 图像的分类。对于多频极化 SAR 数据，如 JPL AIRSAR 的 P 波段、L 波段和 C 波段数据，可以通过增加 $\boldsymbol{C}_m$ 和 $\boldsymbol{Z}$ 的维度来扩展距离度量式(8.12)。然而在实际应用中，若雷达不同频带宽度之间没有相互重叠的部分，则可以假设不同频段的相干斑之间统计独立。例如，Lee 等人[6]曾对 NASA/JPL 的 P 波段、L 波段和 C 波段的数据进行研究，结果证明不同波段间的极化相关性远小于各波段自身的极化相关性。对于统计独立的数据，联合概率密度函数为各波段概率密度函数的乘积，因此似然函数 $p(\boldsymbol{Z}|\omega_m)P(\omega_m)$ 可以写为

$$\begin{aligned} &p(\boldsymbol{Z}(1), \boldsymbol{Z}(2), \boldsymbol{Z}(3), \cdots, \boldsymbol{Z}(j)|\omega_m)P(\omega_m) \\ &= p(\boldsymbol{Z}(1)|\omega_m)p(\boldsymbol{Z}(2)|\omega_m)\cdots p(\boldsymbol{Z}(j)|\omega_m)P(\omega_m) \end{aligned} \tag{8.21}$$

式中 $\boldsymbol{Z}(j)$ 为第 j 个波段的协方差矩阵。取对数后将各波段定义的式(8.12)代入，得到多频极化 SAR 分类的距离度量公式

$$d_4(\boldsymbol{Z},\omega_m) = \sum_{j=1}^{J}\boldsymbol{n}_j\left[\ln|\boldsymbol{C}_m(j)| + \mathrm{Tr}\left(\boldsymbol{C}_m^{-1}(j)\boldsymbol{Z}(j)\right)\right] - \ln[P(\omega_m)] \tag{8.22}$$

式中 $\boldsymbol{C}_m(j)$ 为波段 j 中第 m 类的协方差矩阵，$\boldsymbol{Z}(j)$ 和 $\boldsymbol{n}_j$ 分别为波段 j 像素的协方差矩阵和视数，参数 J 为总的波段数。应当注意，应用此分类算法之前，需要将不同波段的数据正确配准，否则分类结果将会变差。

4. 可计算类内威沙特离散度(dispersion)和类间威沙特距离。

在非监督分类中，有必要知道每一类的密集度(compactness)或离散度(dispersion)，以及不同类别间的距离，并将它们作为对类进行分离(split)或合并(merge)的标准。可以利用 Lee 等人[14]提出的方法进行距离度量。将类 ω_i 的离散度 D_{ii} 定义为类内所有像素至类中心 C_i 的平均距离：

$$D_{ii}=\frac{1}{n_i}\sum_{k=1}^{n_i}d(Z_k,C_i)=\frac{1}{n_i}\sum_{k=1}^{n_i}\left\{\ln(|C_i|)+\mathrm{Tr}\left(C_i^{-1}Z_k\right)\right\}$$

或表示为

$$D_{ii}=\ln(|C_i|)+\frac{1}{n}\mathrm{Tr}\left(C_i^{-1}\sum_{k=1}^{n_i}Z_k\right)=\ln(|C_i|)+\mathrm{Tr}(C_i^{-1}C_i)=\ln(|C_i|)+q \tag{8.23}$$

那么，一个等效的类内离散度可以表示为

$$D_{ii}=\ln(|C_i|) \tag{8.24}$$

D_{ii} 度量了类 i 的密集度。所有类 i 的 D_{ii} 之和可以作为分类结果收敛与否的判断指标[14]。

不同类别间的距离 D_{ij} 定义为

$$D_{ij}=\frac{1}{2}\left[\frac{1}{n_j}\sum_{k=1}^{n_i}\left\{\ln(|C_i|)+\mathrm{Tr}\left(C_i^{-1}Z_k\right)\right\}+\frac{1}{n_i}\sum_{k=1}^{n_j}\left\{\ln(|C_j|)+\mathrm{Tr}\left(C_j^{-1}Z_k\right)\right\}\right] \tag{8.25}$$

或表示为

$$D_{ij}=\frac{1}{2}\left\{\ln(|C_i|)+\ln(|C_j|)+\mathrm{Tr}\left(C_i^{-1}C_j+C_j^{-1}C_i\right)\right\} \tag{8.26}$$

若 D_{ij} 较大，则表明两个聚类之间的区分度较高。在初始化威沙特分类器时，类别间距离度量 D_{ij} 用于聚类合并(见 8.7 节)。

8.5 基于威沙特距离度量的监督分类

如果有实际测量的真实地表数据作为训练集数据，则很容易进行基于威沙特距离度量的监督分类(supervised classification)。若没有真实地表数据，则需要根据极化 SAR 图像中各类别的散射特征来选取训练区域。本节将利用 JPL AIRSAR 的 P 波段、L 波段和 C 波段 4 视极化 SAR 数据作为示例对 Beaufort 海域海冰进行分类。海冰分类对于航海和气候变化研究非常重要。这项研究表明，威沙特距离度量对于各波段数据和三个波段联合数据的分类是有效的。图 8.1 显示了 512×512 像素的三波段总功率(Span)图像，红色分量代表 P 波段，绿色分量代表 L 波段，蓝色分量代表 C 波段。针对一年冰(first-year ice, FY ice)、多年冰(multiyear ice, MY ice)、“开放水域”(open water)或“水道”(leads)及“冰脊”(ice ridge)这四种类型选择训练区域。图 8.1 中右侧方框内为多年冰区域。左上角两个小方框内为开放水域和一年冰区域。附近的大方框内包含了部分冰脊区域。由于没有大片均匀的冰脊区域，因此设定一个阈值来选择冰脊像素。只有那些超过阈值的像素才被认为是冰脊像素，并被用于计算类协方差矩阵 $\boldsymbol{C}_m$。图 8.2(a)至图 8.2(c)分别展示了采用 P 波段、L 波段和 C 波段数据的分类结果。黑色代表开放水域，绿色代表一年冰，橙色代表多年冰，白色代表冰脊。分类结果显示出在不同观测频率下不同类型海冰的散射特征差异性。P 波段和 L 波段难以分辨开放水域和一年冰，

C 波段则难以分辨多年冰和冰脊。图 8.2(a)中存在的垂直条纹是由 C 波段数据缺陷造成的。总体来看，L 波段在三个波段中的分类结果最好。

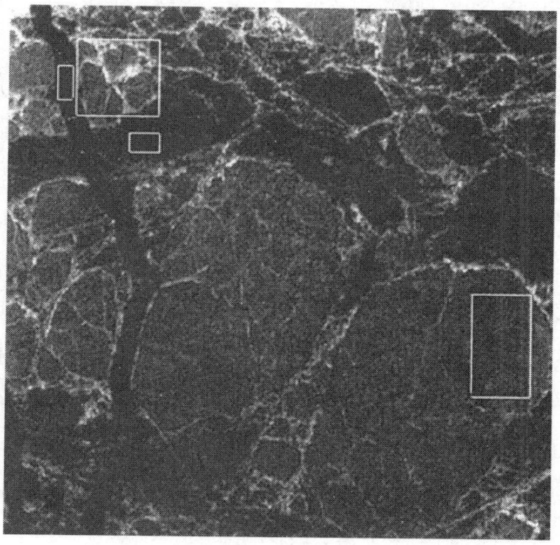

图 8.1　原始的海冰总功率图像。方框内为训练区域

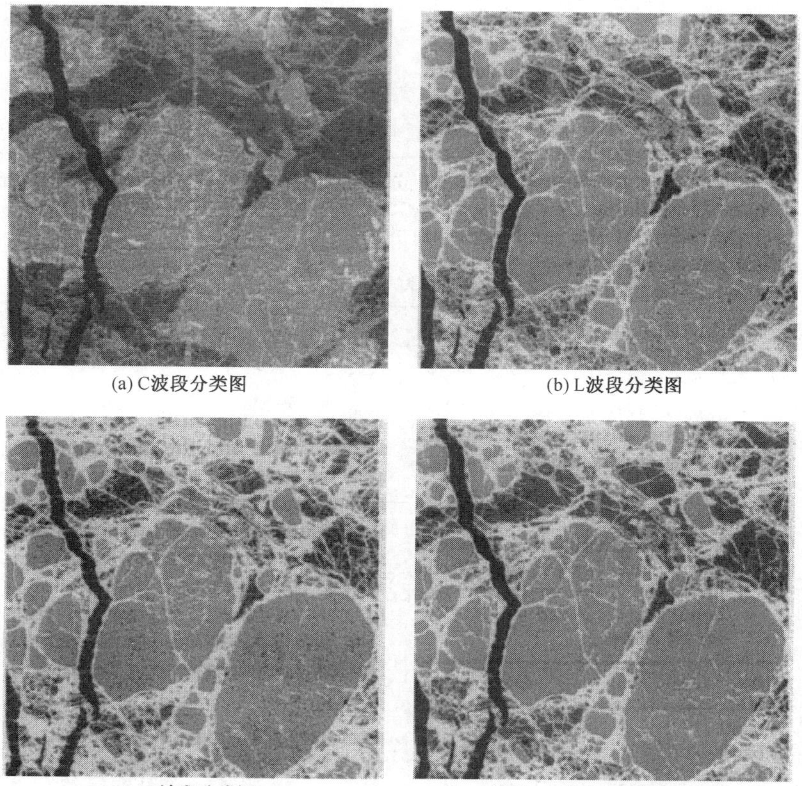

(a) C波段分类图

(b) L波段分类图

(c) P波段分类图

(d) P波段、L波段和C波段联合分类图

图 8.2　海冰极化 SAR 图像监督分类结果

图 8.2(d)展示了三波段数据联合应用式(8.22)进行分类的结果。分类结果的精度比各波段单独分类有显著的提高，四种类别都易于辨识。在对各波段数据进行融合的过程中，P 波段数据与 L 波段和 C 波段数据配准得不好。为了更好地配准，在处理时将 P 波段数据沿距离向平移一个像素。

为了对分类精度进行定量评估，可以采用第 4 章中的蒙特卡罗仿真进行理论估计。这种理论估计方法是评估各波段数据分类能力的一个很好的方法。在实际进行估计时，可以假设每个训练区域仅属于单一类别，各训练区域内的所有像素被用于评估。在应用中，实际分类精度往往比理论估计精度要差。这实际上是由于相干斑影响和类别内的变化都会导致训练区域内包含非均匀地物。表 8.1 列出了参照训练区域的分类正确率。正如预期的一样，P 波段和 L 波段难以区分开放水域和一年冰，C 波段则难于识别冰脊。三波段数据联合进行分类的结果比单独利用各波段数据有显著的提高，对四种类别的整体分类精度也相当高，平均可以达到 93.9%。为便于比较，表 8.2 列出了利用蒙特卡罗仿真的理论结果。有趣的是，实际结果与仿真值在分类概率的相对趋势上是一致的。例如，二者都显示了 P 波段用于识别一年冰时的正确率最低，C 波段数据难以正确识别冰脊。三波段数据联合分类凭借其更高的正确率证明了多频极化 SAR 在海冰监测领域中的应用潜力。

表 8.1 实际分类正确率(海冰场景)

类　型	开放水域(%)	一年冰(%)	多年冰(%)	冰脊(%)	总体(%)
P 波段	86.0	41.7	87.5	99.0	78.6
L 波段	90.4	60.2	92.0	100	85.7
C 波段	92.3	84.8	89.2	55.7	80.5
P 波段、L 波段和 C 波段	95.8	80.8	99.2	99.9	93.9

注意：P 波段和 L 波段能够区分多年冰和冰脊，但难以区分一年冰和开放水域，C 波段则难以识别冰脊。同单独利用各波段数据相比，三波段数据联合分类的正确率提高显著。

表 8.2 理论估算的分类正确率(海冰场景)

类　型	开放水域(%)	一年冰(%)	多年冰(%)	冰脊(%)	总体(%)
P 波段	91.1	84.4	95.6	100	92.8
L 波段	94.2	89.7	99.0	100	95.7
C 波段	95.6	91.6	96.9	94.7	94.7
P 波段、L 波段和 C 波段	95.5	99.0	100	100	99.5

8.6 基于散射机理和威沙特分类器的非监督分类

在非监督分类(unsupervised classification)中并不需要训练样本或地面实况信息。在 8.1 节中曾经提到非监督分类算法可以分为三种类型。第一类算法基于极化 SAR 数据不同类别的内在统计特征，这一类型的大多数非监督分类算法首先利用聚类过程寻找类中心，然后在迭代过程中应用 k-mean 或 ISODATA[15] 聚类技术(clustering technique)得到最终分类结果。第二种非监督分类算法只基于极化 SAR 数据的物理散射特征，而不考虑其统计特征。这类算法最早由 van Zyl 提出[16]，它将地物分为奇次散射类、偶次散射类及漫散射(diffuse scattering)类，这部分详细内容可以参考第 7 章。该方法将图像中的像素非监督地分为四类，包括一类不能确定散射机理的像素。对于一幅 L 波段图像而言，海洋表面和平坦地表具有典型的布拉格散射（奇次散射）特征；街区、建筑物（排列方向与方位向不一致的建筑物除外）和硬目标具有二次散射（偶次散射）特征；森林和茂盛的植被具有体散射（漫散射）特征。因此，这种分类算法提供的信息可以用于地物类型识别。为了改进分类算法以便能够区分更多的类，Cloude 和 Pottier[17] 提出了另一种目标分解理论（见第 7 章）和以该理论为基础的非监督分类算法。该方法基于极化熵 H 和平均散射角 α（$\bar{\alpha}$）所表征的散射机理来进行分类。$H/\bar{\alpha}$ 平面被划分为 8 个区域，与每个区域相对应的物理散射特征提供了识别地物类型的信息。然而遗憾的是，由于 $H/\bar{\alpha}$ 平面各区域的边界是预设的，这种独特的优势在实际中被抵消了。某些聚类可能会落在边界上，或者多个聚类可能落入同一个区域。另外，分类过程中没有利用特征值和其他参数的绝对幅度值。第 7 章详细论述了 Cloude-Pottier 分类算法和引入各向异性度的扩展算法。

极化目标分解方法可基于物理散射特征较为合理地对像素进行分类。然而，由于只利用到相干矩阵的部分极化信息，且 $H/\bar{\alpha}$ 区域边界的设置存在一定任意性，分类结果有时并不理想。某些聚类可能位于边界附近，或者没有落在一个单独的区域内部。此外，两个或多个聚类可能落入同一个区域。Lee 等人[14] 提出了一种结合非监督目标分解分类器和监督威沙特分类器［见式(8.13)］的分类算法。这种算法首先进行非监督 Cloude-Pottier 分类，然后将分类结果作为监督威沙特分类器的训练集输入。为了获得有效的 H 和 $\bar{\alpha}$，尤其是熵 H 的结果，需要对数据进行多视处理。通常情况下，4 视处理还不充分，可能会严重低估极化熵 H。在计算 H 和 $\bar{\alpha}$ 之前必须再次进行平均处理（如 5×5 均值滤波）[18~20]。均值滤波器会降低图像质量，而且不加区分地平均处理，会导致图像边缘处的极化信息发生改变。为了保持图像分辨率并降斑，可以利用精改的 Lee 极化 SAR 滤波器（见第 5 章）来代替均值滤波器。利用经相干斑滤波的相干矩阵计算 H 和 $\bar{\alpha}$，根据其在 $H/\bar{\alpha}$ 平面的 8 个区域的分布得到初始化分类后，将分类图作为迭代威沙特分类器的训练集输入。

由初始分类图计算得到各个聚类中心的相干矩阵 $\boldsymbol{V}_i$

$$\boldsymbol{V}_i=\frac{1}{n_i}\sum_{j=1}^{n_i}\langle\boldsymbol{T}\rangle_j,\quad \text{对类}\,\omega_i\,\text{中的所有像素单元成立} \tag{8.27}$$

式中 n_i 为类 ω_i 中的像素数。然后对每个像素计算其相干矩阵 $\langle\boldsymbol{T}\rangle$ 到各个类中心的威沙特距离（见 8.3 节）并重新进行分类：

$$d(\langle\boldsymbol{T}\rangle,\boldsymbol{V}_m)=\ln|\boldsymbol{V}_m|+\mathrm{Tr}\left(\boldsymbol{V}_m^{-1}\langle\boldsymbol{T}\rangle\right) \tag{8.28}$$

新的分类结果在细节保持方面有了显著的提高。利用式(8.27)与新的分类图像对 $\boldsymbol{V}_i$ 更新，之后利用式(8.28)对图像再次重新分类。重复此过程可以使分类结果进一步改善。在两次相邻迭代期间，当改变类别的像素数小于某个预设值，或者符合某个终止标准时，停止迭代过程。此迭代过程类似于 k-mean 聚类方法。本节使用的迭代过程是模糊分类中的一个特例，其收敛性已经被 Du 和 Lee 在参考文献［7］中证明。完整的非监督分类过程如下。

1. 如果极化 SAR 图像原始的等效视数（ENL）不够大，就利用极化 SAR 相干斑滤波器或均值滤波器对极化协方差矩阵进行相干斑滤波。滤波通常可以提高分类效果，但并不是必需的。

2. 将协方差矩阵转化为相干矩阵。
3. 进行目标分解，计算 H 和 $\bar{\alpha}$。
4. 在 $H/\bar{\alpha}$ 平面内根据区域将图像初步划分为 8 类。
5. 利用式(8.27)计算每个类别的初始类中心 $\boldsymbol{V}_m^{(k)}$，标号 k 表示第 k 次迭代。
6. 利用式(8.28)计算每个像素到各聚类中心的距离，将该像素标记为与其距离最近的类。
7. 检验是否满足迭代终止准则，若不满足，则令 $k=k+1$ 并返回步骤 5。

迭代终止准则可以根据下列指标进行组合：(1)发生类别交换的像素数小于某预设值；(2)类内距离之和(见后文)达到了某个最小值；(3)迭代次数达到某预设值。分类总数不一定限制为 8 类。若需要更多类别，则也可将 $H/\bar{\alpha}$ 平面划分为更多区域，然后再应用聚类的合并或分割准则(见 8.6.1 节)。

8.6.1 实验结果

本节以旧金山湾区 NASA/JPL AIRSAR 的 L 波段数据为例进行说明。该数据经过 4 视处理，包含 700×900 个像素，入射角范围是 10°至 60°。若要正确地估计极化熵和各向异性度，4 视极化 SAR 图像的平均程度仍然不够，因此利用精改的 Lee 相干斑滤波器(见第 5 章)对其进行滤波。图 7.5 给出由相干斑滤波后图像计算得到的极化熵结果。森林区域的极化熵较高是由于其极化特征的随机性，而海洋区域的极化熵较低是由于其散射接近各向同性。图 7.4 显示了 $\bar{\alpha}$ 图。由图可知，海洋区域 $\bar{\alpha}$ 低于 35°，森林区域 $\bar{\alpha}$ 约为 45°，而城区 $\bar{\alpha}$ 约为 65°。$H/\bar{\alpha}$ 平面散点图(见图 7.9)显示出在 Z9 区域(图中左下角部分)有 3 个不同的聚类，分别代表 3 个入射角差异明显的海洋区域。Cloude-Pottier 分类会将这些区域统一划分为一个类别。将威沙特分类器与 Cloude-Pottier 分类算法相结合可以弥补上述不足。图 8.3(a)显示了利用 $H/\bar{\alpha}$ 平面 8 个区域进行分类的结果，各区域的颜色表显示于图 8.3(b)中。图 8.3 显示了这种基于散射机理的分类算法在地物类型区分方面的有效性。例如，以蓝色表示的 Z9 区域具有低熵表面散射机理，主要是海洋和平坦地表区域；Z2 和 Z5 主要为植被区域；Z4 为城市街区。Cloude-Pottier 分类算法的主要缺点包括：对区域边界设置硬性阈值导致空间分辨率降低，没有利用极化数据的幅度信息。

为了将基于物理散射机理和基于统计特征的分类算法相结合，可以将 $H/\bar{\alpha}$ 平面各区域内的像素作为初始分类的训练样本。为了保持空间分辨率，以后的处理将采用未经滤波的原始 4 视数据，但是最初的 Cloude-Pottier 分类还是利用基于均值滤波后的数据。威沙特分类也可以利用滤波后的数据以降低相干斑影响，但会以牺牲细节作为代价[21]。初始化分类之后，第一次迭代得到的聚类结果将作为训练集输入第二次迭代，然后再应用威沙特分类器。图 8.4(a)和图 8.4(b)分别显示了第二次和第四次迭代的结果。在整个迭代过程中分类颜色表保持不变，然而，聚类中心在 $H/\bar{\alpha}$ 平面内的位置可能会移动并离开原来所在的区域。在迭代过程中可以观察到分类细节的改善，草地的轮廓将变得更加分明，城市街区会出现更多细节。例如，第四次迭代分类结果图[见图 8.4(b)]中马球场和高尔夫球场清晰可见，而在基于 $H/\bar{\alpha}$ 分解的分类图(见图 8.3)中却不甚明了。在分类图中可以看到相干斑的影响，为了抑制这种影响，在威沙特分类中可以应用前面提到的相干斑滤波，最终迭代结束后，可以应用 van Zyl 和 Burnette[5] 提出的算法。这种算法计算局部区域窗口中的先验概率 $P(m)$，然后应用式(8.6)中的复高斯距离度量再进行迭代分类。

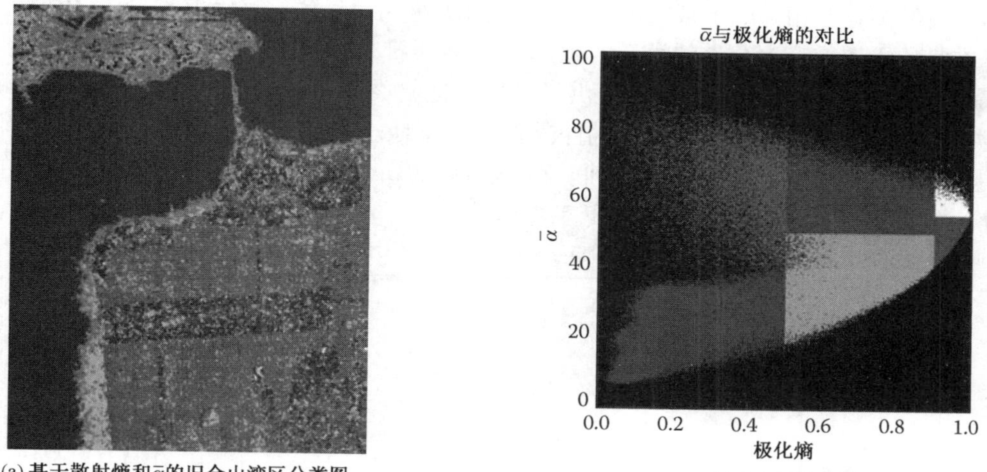

(a) 基于散射熵和$\overline{\alpha}$的旧金山湾区分类图　(b) 各区域颜色表

图 8.3　基于散射熵和 $\overline{\alpha}$ 平面目标分解的分类

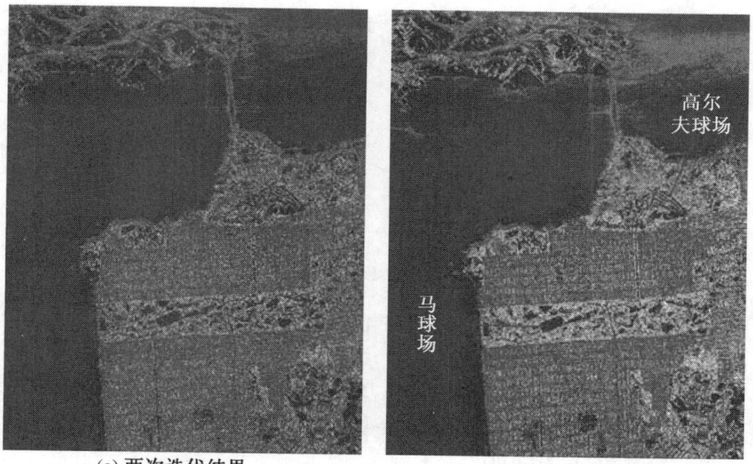

(a) 两次迭代结果　(b) 四次迭代结果

图 8.4　采用新的非监督分类算法迭代两次和四次之后的分类结果

分类过程中类的数量不必局限于 8 种，初始分类时可以将 $H/\overline{\alpha}$ 平面划分为更多的区域。在威沙特迭代分类过程中，只要两类之间的距离小于某预设值，就可以将它们合并。若某种类别的内部差异大于一定阈值，那么也可将其拆分。关于聚类中心之间的威沙特距离可参考 8.4 节。

应当注意的是，这种迭代聚类算法是在相干矩阵空间内进行的。在 $H/\overline{\alpha}$ 平面中的某些聚类可能由初始所在区域移至相邻区域，两个或多个聚类最终可能会移至同一区域。跟踪聚类中心在 $H/\overline{\alpha}$ 平面移动的轨迹可以发现一些有趣的现象。图 8.5 显示了每次迭代后聚类中心的移动。起始位置分别处于 Z8 和 Z6 区域的聚类最终移至 Z9，即低熵表面散射区域。它们分别为入射角由 10°至 60°的 3 个海洋区域。由于这 3 类都在 Z9 区域中，因此它们都属于海洋表面类型。这并不是错误的分类，只是由不同色彩设置所引起的混淆。另外，从图中可以看到，起始位置处于 Z1 和 Z7 区域的聚类最终会移至 Z4 区域边界附近。起始位置在高熵植被区域 Z2 内的类移至相邻的植被区域 Z5。经过四次迭代后，除了起始位置处于 Z6 区域的类（这一类是位于图像右上角处的海洋区域），其他各类都接近收敛。

最终各类在 $H/\bar{\alpha}$ 平面上的位置提供了可用于地物类型辨识的信息。例如，Z5 区域内的两个类别分别代表了两种不同类型的植被：灌木和草地。Z9 区域内的 3 种表面散射类别代表 3 种具有不同表面散射机理的海洋表面。Z4 区域内的 3 个类别代表了森林和街区引起的中等熵多次散射，其中街区的散射极化熵低于森林。

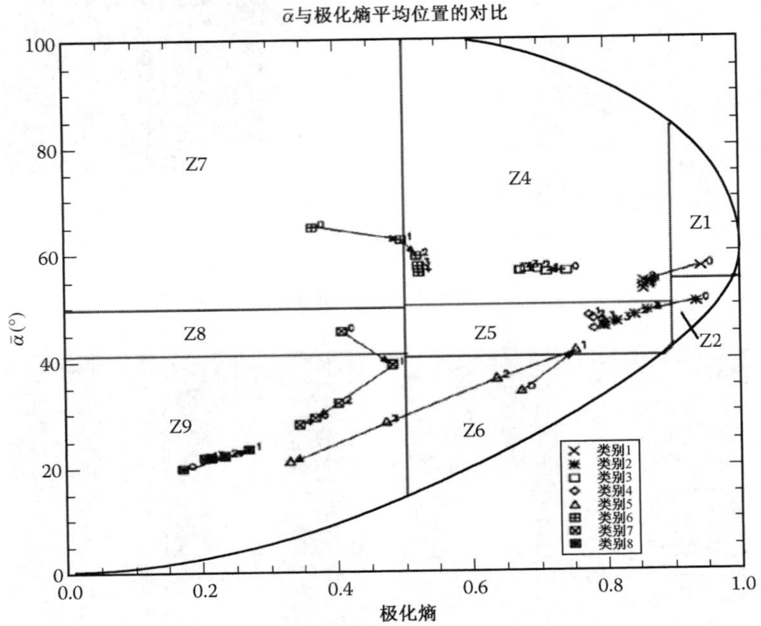

图 8.5　迭代过程中聚类中心在 $H/\bar{\alpha}$ 平面内的移动轨迹

为了获得更好的收敛性，并能区分更多的类别，且能够令分类结果包含更多细节，研究者提出了一些新的算法。2000 年 Pottier 和 Lee[22] 引入各向异性度，将分类数由 8 类扩展为 16 类，2003 年 Yamaguchi 等人[23] 提出结合散射总功率 Span 的算法以获得更好的收敛性。原则上，当所需要的分类结果多于 8 类时，$H/\bar{\alpha}$ 平面可以被划分为更多的区域（或类别），例如 50 个区域，然后利用类间距离度量公式进行类的合并，式(8.26)重新定义了相干矩阵合并类的准则，以便将分类结果合并至理想的数目。

8.6.2　改进的 $H/A/\bar{\alpha}$ 威沙特分类器

为了提高相同区域中不同类别的类中心区分能力，Pottier 和 Lee[22] 于 2000 年提出了改进的 $H/\bar{\alpha}$ 威沙特分类算法，引入各向异性度(A)信息。这种算法将分类数由 8 类扩展为 16 类，对 $H/\bar{\alpha}$ 平面中的每个区域（或类）都根据像素各向异性度值大于或小于 0.5 再划分为两个区域（或类）。这个过程将三维的 $H/A/\bar{\alpha}$ 空间投影至两个互补的 $H/\bar{\alpha}$ 平面，如图 8.6 所示。这两个互补的 $H/\bar{\alpha}$ 平面可以进一步划分为 4 个主要区域（区域 1 至区域 4）。各区域的散射机理描述如下：

1. 区域 1 代表只存在一种主要散射机理的类型，等效于图像 $(1-H)(1-A)$（见图 7.13）。

2. 区域 2 代表存在三种散射机理，且散射强度接近的情况，等效于图像 $H(1-A)$（见图 7.13）。

3. 区域 3 和区域 4 代表存在两种散射机理的情况，分别等效于图像$(1-H)A$ 和 HA（见图 7.13）。

为实现这种分类算法，可以先利用 $H/\bar{\alpha}/A$ 平面的 16 个区域进行初始化分类，然后再采用威沙特分类器。然而，更好的方法是先应用 $H/\bar{\alpha}$ 威沙特分类算法，等结果收敛时，引入各向异性度进一步划分为 16 类，再进行威沙特迭代分类。

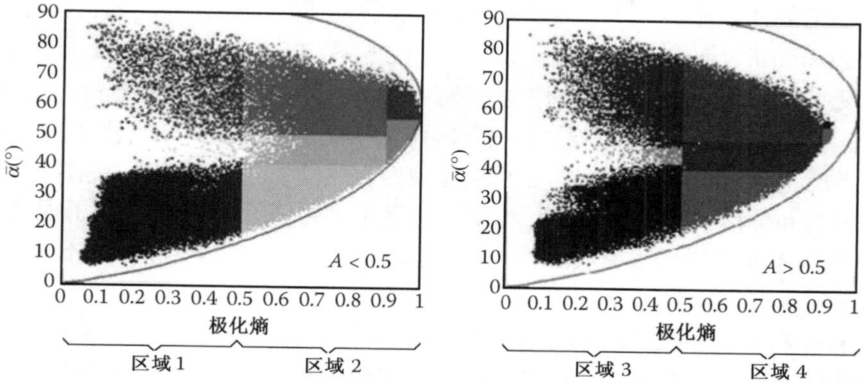

图 8.6　旧金山湾区极化 SAR 数据在 $H/\bar{\alpha}$ 平面的分布，根据其各向异性度$A<0.5$和$A>0.5$，$H/\bar{\alpha}$平面进一步划分为4个区域

为了与 $H/\bar{\alpha}$ 威沙特分类算法的结果进行比较，可以利用各向异性度将 $H/\bar{\alpha}$ 威沙特算法的分类结果划分为 16 类。然后应用威沙特分类器进行四次迭代。分类结果显示于图 8.7 中，可以观察到分类和细节的改善。街区和海洋区域的细节更丰富。对最终聚类中心在三维 $H/A/\bar{\alpha}$ 空间的位置进行分析，将有助于更精确地辨识不同的地物类型。

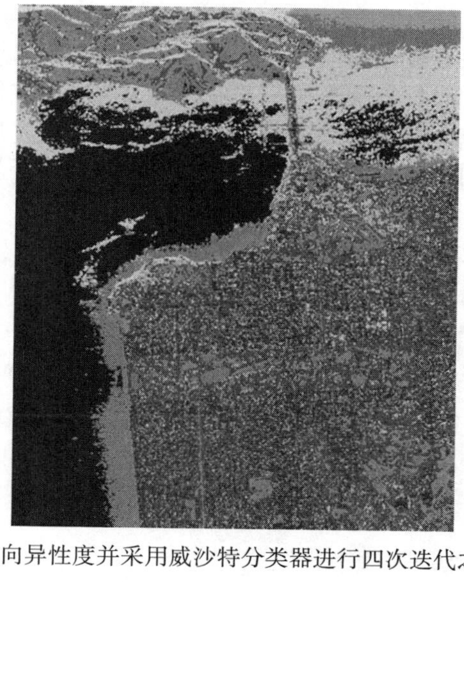

图 8.7　引入各向异性度并采用威沙特分类器进行四次迭代之后的分类结果

8.7 基于散射模型的非监督分类

本节将介绍一种新的非监督极化SAR分类算法，该算法可以保持每种类型中的均匀散射机理，且与8.6节中的算法相比具有更稳定的收敛性。该算法由Lee等人[20]在2004年提出，可以灵活地选择类别数，并保持分类结果的空间分辨率。首先，通过Freeman-Durden分解（见第6章）将像素分为三种散射类型：表面散射、体散射和二次散射。对每种类型中像素的分类都与其他类型的像素无关，以保持各分类目标散射特征的单纯性。此外，利用式(8.26)所定义的类间距离度量，新提出了一种有效的初始化方案，能够应用在最初的合并聚类（cluster merging）阶段。然后以合并后的聚类作为训练集，采用威沙特分类器对每种散射类型中的像素迭代分类。例如，属于二次散射类型的像素不能再被分入其他类型。此外，由于颜色表的选择对于制作信息量丰富的分类图而言至关重要，为此开发了一种根据散射特征（包括表面散射、二次散射和体散射）自动给分类图着色的程序。此算法经扩展增加了混合散射类型，包括主散射机制不能确定的像素类别[20]。图例采用了JPL AIRSAR和E-SAR的L波段SAR数据进行展示。

本算法首先利用Freeman-Durden分解对极化SAR图像进行分割，将像素分为三种散射类型：二次散射、体散射和表面散射类型。这种划分是根据后向散射功率中P_{DB}、P_V或P_S（分别对应于二次散射、体散射和表面散射功率）为主要成分而确定的。可以另外增加一个混合散射类型，包含散射机理不确定的像素。这种可选方案将在后面简要地论述。为简单起见，这里仅涉及三种散射类型。各像素在确定主散射机制后都要标注散射类型，以保证分类过程中其散射特征的一致性，只有相同标注类型的像素才能分为同一类别。如果没有这种限制，那么统计特性相近但不同散射类型的像素也可能被分为同一类别。图8.8中的流程图显示了基本的处理步骤，详细解释如下。

初始化聚类

1. 若原始数据视数不足，则可采用极化SAR图像滤波器（见第5章）进行滤波。为了尽可能地在降斑的同时保持分辨率，必须对3×3协方差矩阵或相干矩阵的所有元素同时滤波。尽管相干斑滤波有助于改进聚类[21]，但过度的滤波也会降低空间分辨率。本节将会证明，对于地物分类而言，经4视处理的极化SAR数据无须再进行滤波。
2. 对每个像素进行Freeman-Durden分解，并计算散射功率P_{DB}、P_V和P_S。根据主要散射机理（P_{DB}、P_V和P_S中的最大者），将其标记为三种散射类型中的一种，即二次（DB）散射、体（V）散射和表面（S）散射。
3. 根据散射功率P_{DB}、P_V或P_S将每种散射类型内的像素各划分为30（也可以更多）个聚类，并使每种聚类都包含近似相等的像素数。例如，将表面散射机理（大类）内的点根据P_S划分为30个聚类。用这种方法可以得到90个（也可以更多）初始聚类。

合并聚类

4. 计算每种聚类的平均协方差矩阵$\boldsymbol{C}_i$。

5. 根据式(8.26)的聚类间威沙特距离合并每种散射类型的初始聚类。若两个聚类间距离 D_{ij} 最短且属于同一散射类型，则将它们合并。初始聚类最终合并为分类器要求的类别数目 N_d。为了防止某一类过大从而远远超过其他类，限制每种类别的像素数量不超过

$$N_{\max} = \frac{2N}{N_d} \tag{8.29}$$

N 为图像中的总像素数。另外，应优先合并较小的聚类，并且仅合并属于同一散射类型的聚类，以保持散射特征的单一性。在地物分类中，二次散射机理占主要优势的像素数远远小于以表面散射和体散射机理为主的像素数。在二次散射类型像素单元较少的情况下，为了保证分类效果，限制每种散射类型最终的类别数不少于三类。

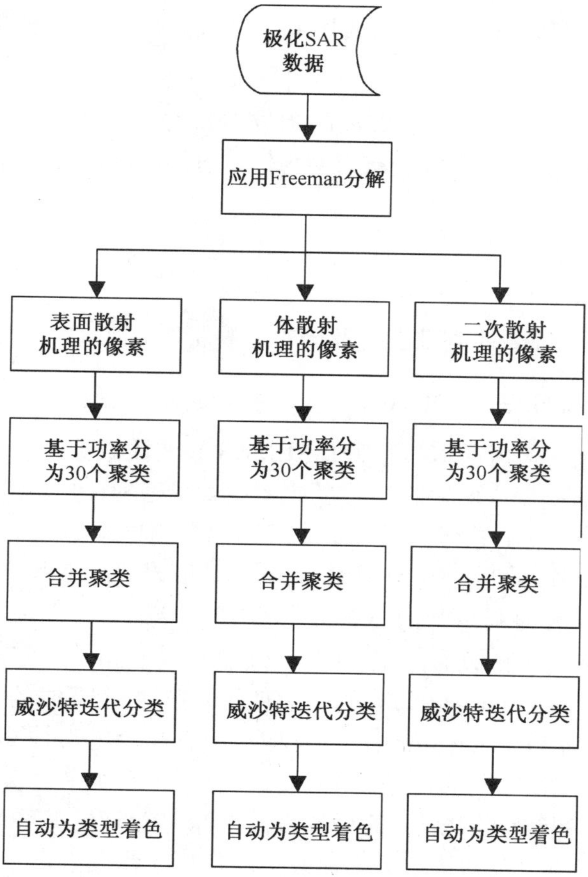

图 8.8　基于散射模型的非监督极化 SAR 分类算法流程图

威沙特分类

6. 计算这 N_d 类各自的平均协方差矩阵并将其作为相应的类中心。对所有的像素，根据其到各个类中心的威沙特距离[见式(8.13)]重新分类。标记为“DB”、“V”或“S”的像素只能被划分至与其具有相同标记的类中，这确保了每一类中的像素具有均匀散射

特征。例如，一个以二次散射机理为主的像素，即使其与表面散射类型的某一类威沙特距离最近，也不能被划分到那一类中去。

7. 在不改变像素所属散射类型的限制条件下，应用威沙特分类器迭代两到四次，以达到更好的收敛性。8.4 节证明了本算法比采用 H/α 分解(见8.6 节)进行初始化聚类的算法具有更稳定的收敛性。

自动着色(Automated Color Rendering)

8. 以伪彩色表示各个类别对于分类结果的目视评估是很重要的。对于各个类别，可以很容易地根据其所标记的散射类型进行着色。完成最终分类后，对每一类别自动分配颜色：对表面散射的各类以蓝色表示，对体散射的各类以绿色表示，对二次散射的各类以红色表示。在表面散射类型的各类中，具有最大散射功率的那一类以白色表示，以表明其近似于镜面散射。根据各类的平均功率在所属散射类型中的大小顺序设置其颜色深浅。对于内陆区域，习惯上将表面散射类以棕色而不是蓝色显示。

需要注意，应谨慎地对基于散射机理的地物分类结果进行识别。例如，在 Freeman-Durden 分解中，非常粗糙的表面可能会被误判为体散射类。对地物类型的正确识别需要额外的地理信息。

8.7.1 实验结果

本节给出两个例子以证明上述非监督算法的有效性。

8.7.1.1 旧金山湾区的 NASA/JPL AIRSAR L 波段图像

这里再次采用旧金山湾区的 NASA/JPL AIRSAR L 波段数据(原始数据为 4 视)来证明本算法在一般地物分类应用中的适用性。虽然经过 4 视处理，但在第 4 章曾经证明其等效视数为 3。为保持分辨率，不进行相干斑滤波或其他平均处理。该场景包括了具有多种不同散射机制的散射体。图 8.9(a)显示了原始极化 SAR 数据的泡利分解伪彩色合成图，红色、绿色和蓝色分别代表泡利矩阵的三个分量 $|HH-VV|$、$|HV|$和$|HH+VV|$。图 8.9(b)显示了 Freeman-Durden 分解伪彩色合成图，红色、绿色和蓝色分别代表其三个分量 $|P_{DB}|$、$|P_V|$和$|P_S|$。Freeman-Durden 分解与泡利分解具有相似的特征，但前者具有更清晰的细节。这是因为 Freeman-Durden 分解是基于表面介电特性建立的散射模型，其表达形式更接近于实际。对每个像素进行 Freeman-Durden 分解，计算其散射功率 P_{DB}、P_V 和 P_S。根据这三种散射机理当中最大的分量将像素标记为 DB、V 和 S。在图 8.10(a)显示的散射类型图中，红色、绿色和蓝色分别代表二次散射、体散射和表面散射类型。将每种散射类型内的像素根据其散射功率划分成 30 个聚类，然后应用式(8.26)定义的聚类准则将其合并为预先设定的 15 类。合并结果显示于图 8.10(b)中，利用图 8.11(b)中的颜色表可以对各类别进行伪彩色着色。到这一步为止，虽然还未进行威沙特迭代分类，所得分类结果已经优于 H/α威沙特分类结果(见 8.6 节)，这充分证明了式(8.26)所定义的聚类准则是有效的。

(a) NASA/JPL旧金山湾区极化SAR数据泡利分解图像

(b) Freeman-Durden分解图像

图8.9　Freeman-Durden特征分解

(a) 三种散射类型图

(b) 合并至15类后的初始聚类结果

图8.10　散射类型和初始聚类结果

将聚类合并为15类以后，重复地进行威沙特分类。迭代之前的分类结果[见图8.10(b)]和经过四次迭代的分类结果[见图8.11(a)]看起来很相似，这表明了本算法的收敛是稳定的。图8.11(b)显示了对这15类进行自动伪彩色着色的颜色表。由于图像中海洋面积较大，因此表面散射类较多，共有9类。与之前的分类算法相比，海洋地区的细节有所增强，如图8.11(a)所示。将表面散射类型中具有最高散射功率的一类用白色表示，以表明其具有接近镜面散射的特性。镜面散射类型包括图像右上角区域入射角较小的海洋表面和部分面向雷达照射方向的山脉和海岸。街区中也存在很多镜面散射。三个体散射类细化了树木植被的体散射。二次散射类清楚地展现出街区和街道的样貌，公园地区也存在二次散射类，这可能是由人造结构和树干与地面间的相互作用造成的。值得注意的是，与图 8.9(a)的原始图像相比，图 8.11(a)中的分类结果展示出更多的地物信息。

(a) 旧金山湾区分类图，共经过4次迭代合并至15类

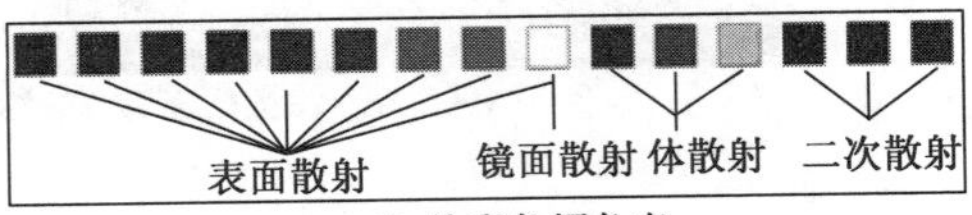

(b) 伪彩色颜色表

图 8.11　分类结果图及其自动着色表

8.7.1.2　Oberpfaffenhofen 地区的 DLR E-SAR L 波段图像

为证明本算法适用于大范围高分辨率极化 SAR 图像，将其用于 DLR E-SAR 在德国 Oberpfaffenhofen 地区获取的 L 波段图像。该图像包含 1536 × 1280 个像素，空间分辨率为 3 m×3 m，远高于上节所用的旧金山湾区图像。原始数据为单视复数格式，对数据沿方位向做4 视处理，令图像呈现为正方形。由于数据的分辨率较高，因此需要采用精改的 Lee 滤波器对其进行滤波并令相干斑的标准差与均值之比减小到 0.3，以降低局部变化。图 8.12(a)显示了 Freeman-Durden 分解的结果，红色代表二次散射幅度，绿色代表体散射幅度，蓝色代表表面散射幅度。图像中部的机场跑道和右上角的森林区域回波很弱。由于一些建筑物并未正对雷达照射的方向，产生了较高的 HV 散射分量，因而被错分为体散射类。在显示散射类型的图 8.12(b)中，蓝色代表表面散射类型，绿色代表体散射类型，红色代表二次散射类型。包括机场跑道在内的大量像素被划分为表面散射类型。然而，在这些表面散射像素区域内夹杂着体散射和二次散射噪声，这很可能是由草地的不均匀性和弱雷达回波的信噪比较低造成的。

图 8.13(a)中的分类结果包含 16 类，图 8.13(b)为颜色表。由于在本例中没有大范围的水域，因此将表面散射类型的伪彩色着色改为棕色，以便更好地表达图像的自然状态。对农作物和森林地区进行分类的效果很好，属于表面散射类型的跑道、草地及翻耕过的土地都得到了很好的区分。为了进行更细致地检查，将图像放大，并显示出跑道附近区域，如图 8.13(c)所示。可以观察到位于跑道内部三角形中的 5 个三面角反射器被清晰地划分为镜面散射类，并以白色表示。众所周知，三面角具有和镜面散射相同的极化特征。图中三角形区域附近的一些二面角反射器也得到了正确的分类。由于一些建筑物并非正对雷达照射方向，导致没有产生二次散射回波，因此没有被划分为二次散射类型 。另外还可以看到，正对

雷达照射方向的围墙被正确地划分为二次散射类型，而没有正对雷达照射方向的部分则被错误地划分为体散射类型。由于一般建筑物比植被的干涉相干性更高，因此为了对建筑物进行正确地分类并将其同植被区分开，可以利用干涉数据[12]。

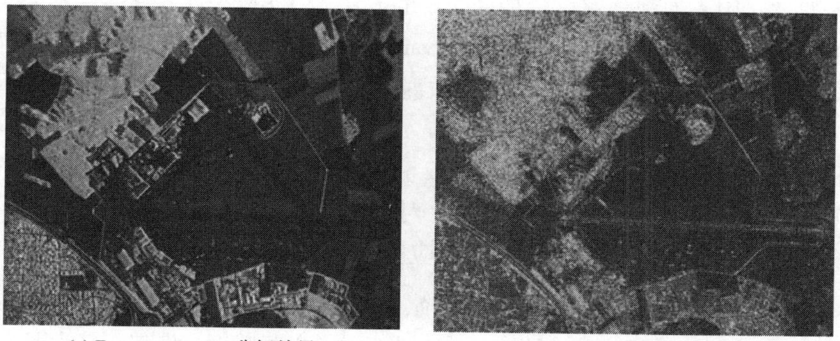

(a) Freeman-Durden分解结果　　(b) 散射类型图

图 8.12　Oberpfaffenhofen 地区的 DLR E-SAR Freeman-Durden 分解图

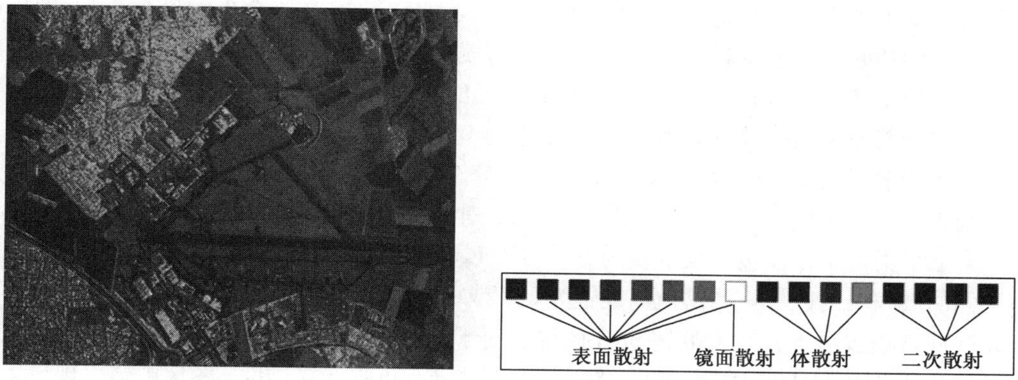

(a) 分类结果图(16类)　　(b) 伪彩色颜色表

(c) 局部放大区域，红色代表具有二次散射特性的二面角

图 8.13　DLR/E-SAR 数据分类结果

8.7.2 讨论

可以利用其他分解理论代替 Freeman-Durden 分解来将像素分为不同的散射机理(大类)以建立类似的分类算法。引入泡利分解自然是最简单的方法，但实验表明，其结果不如采用 Freeman-Durden 分解的算法好。在实验过程中也尝试了 van Zyl[16] 分解算法，基于特征值分解并利用协方差矩阵将像素区分为偶次散射、奇次散射和漫散射。实验表明，其效果不如采用基于散射模型的 Freeman-Durden 分解。另外还利用 Cloude-Pottier 分解进行尝试性实验研究，利用 $\bar{\alpha}$ 和极化熵将像素划分为不同的散射类型。在实验中遇到了为 $\bar{\alpha}$ 和极化熵设置边界的问题，极化熵的值会随着滤波和平均运算的程度不同而改变，因此不得不针对每幅图像调整边界值。Freeman-Durden 分解是基于包含介质表面的散射模型建立的，因此在应用于地物分类时遇到的问题较少。

1. 有些像素中占主要优势的散射类型不明确，这时需要定义一种新的散射类型以包含这些像素。当像素单元具有两种或三种散射功率接近的散射机理时，将其定义为混合散射类型：

$$\frac{\text{Max}(P_{\text{DB}}, P_{\text{V}}, P_{\text{S}})}{P_{\text{DB}} + P_{\text{V}} + P_{\text{S}}} \leqslant \tau \tag{8.30}$$

式中 τ 为预先设定的阈值，一般在 0.4 ~0.8 之间。一个较为合理的值为 0.5，即主散射机理的功率不大于总散射功率的 50%。分类过程与之前类似，仅仅是多了一个散射类型。为了减弱阈值 τ 的影响，对聚类合并后的迭代过程进行了少许修改。混合散射类型中携带着原来三种散射类型之一的标记。当混合散射类型中的像素与距离最近的类具有相同的散射类型标记时，可以将这一点划分至该类。因此，处于各散射类型边界附近的聚类可以被正确地划分。将 τ 设置为 0.5，对前文中的两幅图像进行了分类实验，发现混合散射类型中仅仅包含很少量的点。对于 E-SAR 数据，混合散射类型主要出现在图像左侧回波较弱的区域。当阈值 τ 设置为 0.7 或更高时，混合散射类型变得更加明显。

2. 这种算法适用于 L 波段极化 SAR 图像。对于一般的地物和土地利用分类而言，L 波段比较合适。对于 P 波段极化 SAR 图像，由于其具有更强的穿透性，图像中会出现更多属于表面散射类型的像素。而对于 C 波段图像，由于其穿透性较差，图像中会有更多体散射类型的像素。本算法已成功地应用于 PACRIM AIRSAR 在澳大利亚牧场地区进行的 P 波段、L 波段及 C 波段极化 SAR 图像分类试验[24]。对各波段和波段间的组合都进行了尝试，包括(P,L)波段组合、(L,C)波段组合及(P,L,C)波段组合。

3. 这种非监督分类算法在散射特征和分辨率保持方面的优良特性使其成为一种较好的数据压缩方法。每个像素可由其分类号编码，只需记录每一类的类协方差矩阵即可。这些具有较高压缩率的数据仍然保持着原始数据最主要的极化散射特征。

8.8 分类能力的定量比较：全极化 SAR、双极化 SAR 与单极化 SAR

本节将基于 Lee 等人在 2000 年的工作[25]，介绍 P 波段、L 波段及 C 波段的全极化，双极化与单极化 SAR 数据在土地利用分类方面的能力。雷达频率和极化状态是 SAR 任务设计中的两个最重要的参数。当然，多频全极化 SAR 系统是最好的选择，但载荷重量、数据率、经费预算、所需分辨率及覆盖范围等因素往往限制了多频全极化 SAR 系统的实现，尤其在星载系统中更是如此。对于一种特殊应用，若不能采用多频全极化系统，则需要对频率和线性极化通道组合进行优化选择，并得出在分类和地物参数精度方面的预期损失。本节定量比较了 P 波段、L 波段和 C 波段的全极化 SAR 和多极化 SAR 对农作物分类的精度。采用 NASA/JPL AIRSAR 的 P 波段、L 波段和 C 波段极化数据，对所有极化状态组合在农作物分类中的正确率进行了比较。此外，为了理解极化通道间相位差的重要性，也比较了两个同极化通道复数据(HH 和 VV)和去掉相位差之后的强度数据之间的分类正确率。这里介绍的方法应该对以后各种应用中 SAR 系统极化状态组合和频率的选择有所帮助。例如，C 波段 ENVISAT ASAR 系统具有双极化和单极化模式，C 波段 RADARSAT-2 和 L 波段 ALOS-PALSAR 除了具有全极化模式，还具有双极化和单极化模式，以获得更宽的测绘带。

为了定量评估各种极化组合的分类能力，需要谨慎地定义评估方法：(1)对所有极化组合都应该采用依据相同原理建立的最优监督分类算法；(2)必须依据可用的地表实况数据慎重选择训练集；(3)用于评估分类结果的分类参考图必须是合理的，且与真实地表数据和极化 SAR 数据保持一致。

本实验采用 Flevoland 地区的 JPL AIRSAR 数据集进行农作物分类，对 P 波段、L 波段和 C 波段的全极化，双极化及单极化 SAR 数据分类精度进行了比较。基于多频极化 SAR 数据可以对三波段多种极化组合体制的分类能力进行定量比较。此外，利用真实地表测量数据有助于选取训练集和参考数据。类似的分析已经被应用于树龄分类，细节可参考文献[25]。

8.8.1　基于最大似然分类器的监督分类评估

8.8.1.1　分类步骤

真实地表数据往往不能提供充分的细节以对分类能力进行公正地评估。必须谨慎地依据地表实况数据选取训练集。然后将训练集中的像素应用于所有的监督分类，如 8.5 节所述。如果每个训练集包含足够多的像素，就可以获得在统计上有意义的结果，还可以将训练集作为分类图参考用于评估分类精度。

分类的基本步骤如下：

1. 依据地表实况数据选取训练集。
2. 利用精改的 Lee 滤波器对极化 SAR 数据进行滤波，以降低相干斑对分类评估的影响。
3. 将最大似然分类器应用于
   a)P 波段、L 波段和 C 波段全极化数据组合，利用式(8.22)定义威沙特距离度量。
   b)单独的 P 波段、L 波段和 C 波段全极化数据，利用式(8.13)定义距离度量。
   c)带相位差的双极化联合复数据，即复数据(HH,VV)、(HH,HV)和(HV,VV)组合，将式(8.13)修改为适用于双极化数据的距离度量。
   d)不带相位差的双极化数据，即($|HH|^2$,$|VV|^2$)、($|HH|^2$,$|HV|^2$)和($|HV|^2$,$|VV|^2$)组合。相应的最大似然分类是基于式(4.69)定义的两个强度分量的概率密度函数。
   e)三波段中各单极化通道数据，$|HH|^2$、$|VV|^2$和$|HV|^2$，将式(8.13)修改为适用于单极化数据的距离度量。
4. 基于分类图参考计算分类正确率。

极化复数据的全部概率密度函数和距离度量都是基于圆高斯假设由复威沙特分布推导而来的。由于这些最佳分类器都来自同一个基础，因此可以确保对数据分类能力的比较是公正的。通常，全极化数据的总体分类正确率应该高于部分极化数据，然而由于分类过程牵涉到很多类，因而对于单独的每一类而言未必如此。一个像素在全极化 SAR 体制下可能距离某类最近，但在双极化或单极化情况下可能距离另一类最近。对比双极化复数据和不带相位差的强度数据时也会出现类似的情况。

8.8.1.2 农作物分类结果比较

利用荷兰 Flevoland 地区 JPL 的 P 波段、L 波段和 C 波段极化 SAR 数据进行农作物分类研究，场景的编号为 Flevoland-056-1，大小为 1024×750 像素。像素大小为斜距向 6.6 m，方位向 12.10 m。入射角为近距处 19.7°，远距处 44.1°，大多数被分类的农田区域入射角变化范围在 18°之内。由这种小范围入射角变化所造成的极化响应变化对分类的影响不大。图 8.14(a) 显示了由泡利分解分量构成的 L 波段伪彩色合成图：红色代表 $|HH-VV|$，绿色代表 $|HV|+|VH|$，蓝色代表 $|HH+VV|$。L 波段极化 SAR 图像中不同农田区域之间的明显差异，显示出其在农作物特征描述方面的作用。C 波段和 P 波段数据与 L 波段相比，对农作物的区分能力较差。该数据集是 1989 年 8 月中旬在 MAESTRO 1 任务[26]中采集的。JPL 对其进行了定标，以去除串扰和通道间不平衡。图像覆盖了一大块具有平坦地形和均匀土壤的农田区域。图 8.14(b) 是原始的真实地表数据，定义了包括 8 种农作物（茎豆和小麦等）和其他 3 种地物（裸土、水和森林）在内的共 11 种地物类别。图 8.14(e) 显示了分类的颜色表。

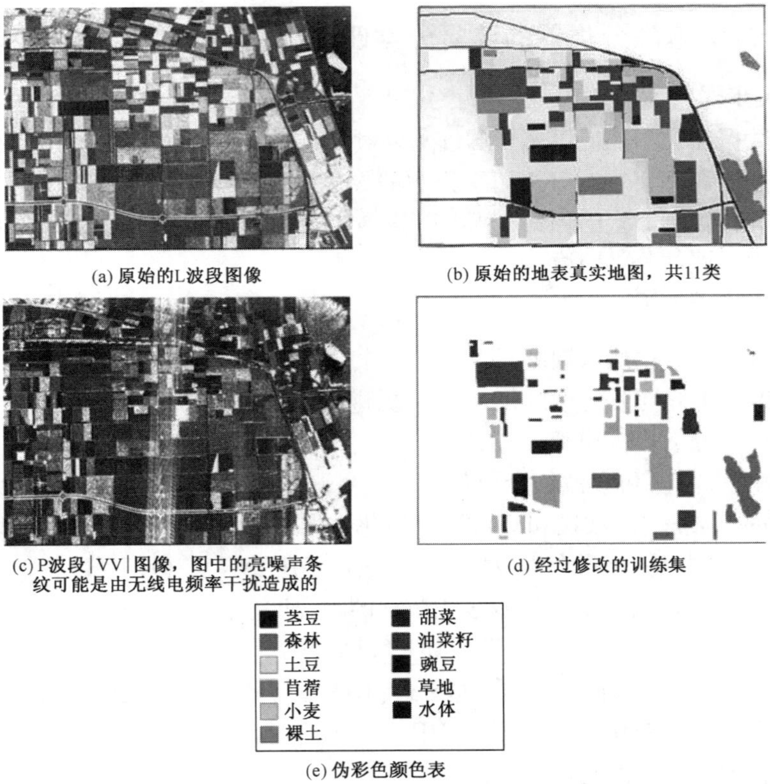

(a) 原始的L波段图像

(b) 原始的地表真实地图，共11类

(c) P波段 $|VV|$ 图像，图中的亮噪声条纹可能是由无线电频率干扰造成的

(d) 经过修改的训练集

(e) 伪彩色颜色表

图 8.14 荷兰 Flevoland 地区 L 波段极化 SAR 图像，及其用于农作物分类的地表真实地图

为了提高训练集质量，对真实地表数据进行调整，去除了道路和边界处的像素。可以观察到 P 波段 VV[见图 8.14(c)]和 HV 图像(未显示)中的噪声条纹，这可能是由无线电频率干扰造成的[27]。为了获得三波段通用的训练集，并建立通用的参考图，以便对三波段分类精度进行比较，从真实地表数据中去除了噪声条纹范围附近的像素。将图 8.14(d)中调整过的真实地表图与 SAR 图像进行配准，然后将其用于分类的训练和分类正确率的计算。

Flevoland 数据以 4 视斯托克斯矩阵形式给出。对三个波段的极化数据都使用了精改的 Lee 滤波器(见第 5 章)进行相干斑滤波，令相干斑标准差与均值比减小到 0.5 后再进行分类。表 8.3 至表 8.5 分别列出了 P 波段、L 波段及 C 波段分类的正确率。表 8.6 列出了采用单极化数据分类的正确率。利用农作物参考图对这些分类结果进行度量，讨论结果如下。

表 8.3 P 波段全极化和双极化数据的农作物分类结果

P 波段	全极化	复 HH, HV	强度 $\|HH\|^2$, $\|HV\|^2$	复 HH,VV	强度 $\|HH\|^2$, $\|VV\|^2$	复 VV,HV	强度 $\|VV\|^2$, $\|HV\|^2$
茎豆	70.72	23.70	21.51	67.43	39.57	43.89	45.53
森林	92.33	89.64	89.50	92.75	88.80	90.84	90.63
土豆	90.90	83.13	83.75	76.52	71.03	90.64	90.55
苜蓿	93.04	87.91	90.45	86.68	83.11	83.35	80.97
小麦	54.34	30.39	28.39	53.71	37.69	43.64	36.43
裸土	96.07	91.46	91.07	94.08	87.66	92.64	92.76
甜菜	89.09	47.12	39.72	85.70	70.75	60.03	55.87
油菜籽	59.13	10.80	22.85	61.60	60.27	41.22	42.80
豌豆	82.04	32.98	28.24	84.69	66.17	65.63	67.07
草地	25.01	17.77	16.19	11.35	5.59	49.77	48.95
水体	100	86.19	86.48	100	98.51	99.43	99.36
总体	71.37	46.06	46.84	69.25	59.37	61.33	59.31

注释：分类正确率是以百分数表示。单极化数据的分类结果见表 8.6。

表 8.4 L 波段全极化和双极化数据的农作物分类结果

L 波段	全极化	复 HH, HV	强度 $\|HH\|^2$, $\|HV\|^2$	复 HH,VV	强度 $\|HH\|^2$, $\|VV\|^2$	复 VV,HV	强度 $\|VV\|^2$, $\|HV\|^2$
茎豆	95.32	51.16	63.27	90.64	61.63	35.97	31.29
森林	81.07	66.73	68.39	75.75	33.83	60.05	60.91
土豆	82.89	67.53	66.36	81.52	49.35	54.40	59.15
苜蓿	97.91	39.29	38.23	99.26	65.15	67.49	65.30
小麦	64.80	49.77	44.27	68.02	53.72	49.43	41.65
裸土	99.36	90.04	82.86	98.42	93.15	90.93	63.74
甜菜	89.26	68.80	66.36	86.22	81.98	75.94	74.77
油菜籽	89.05	55.01	53.23	87.18	49.85	82.31	77.12
豌豆	86.47	50.77	39.25	84.59	65.21	81.82	79.59
草地	91.05	66.44	65.06	90.13	71.08	75.36	75.19
水体	100	90.39	87.33	100	99.86	96.30	70.53
总体	81.63	59.16	55.38	80.91	56.35	64.72	60.12

注释：分类正确率是以百分数表示。单极化数据的分类结果见表 8.6。

表 8.5 C 波段全极化和双极化数据的农作物分类结果

C 波段	全极化	复 HH，HV	强度 $\|HH\|^2$，$\|HV\|^2$	复 HH，VV	强度 $\|HH\|^2$，$\|VV\|^2$	复 VV，HV	强度 $\|VV\|^2$，$\|HV\|^2$
茎豆	66.55	24.45	12.50	57.73	22.47	53.74	55.43
森林	46.53	36.82	37.68	43.67	35.86	34.31	26.32
土豆	58.09	38.18	34.16	55.28	42.02	53.60	58.73
苜蓿	92.08	83.94	84.18	81.09	75.87	89.13	88.81
小麦	60.36	53.29	39.16	33.58	25.19	53.77	34.68
裸土	95.64	95.66	95.86	95.70	90.47	95.75	96.02
甜菜	48.32	48.54	50.78	48.47	42.50	27.20	24.70
油菜籽	77.99	67.79	68.13	67.60	23.55	73.12	74.01
豌豆	67.37	53.22	49.62	60.96	29.92	64.24	62.71
草地	97.37	96.34	96.44	94.14	75.66	89.24	97.62
水体	100	100	100	100	100	100	100
总体	66.53	56.39	51.54	55.00	37.22	59.72	53.72

注释：分类正确率是以百分数表示。单极化数据的分类结果见表 8.6。

表 8.6 P 波段、L 波段和 C 波段单极化数据农作物分类结果

	$\|HH\|^2$	$\|HV\|^2$	$\|VV\|^2$
P 波段	28.31	28.31	34.76
L 波段	32.49	44.81	25.74
C 波段	26.15	39.24	26.28

注释：分类正确率是以百分数表示。

全极化农作物分类结果

图 8.15 显示了采用全极化 SAR 数据分类的结果。利用图 8.14(e)的颜色表对分类结果进行伪彩色表示。L 波段总的分类正确率最高，达到 81.65%，如图 8.15(b)所示；P 波段次之，为 71.37%，如图 8.15(c)所示；C 波段最差，仅为 66.53%，如图 8.15(a)所示。L 波段极化 SAR 波长为 24 cm，具有适当的功率穿透量，因而对不同的类别能够产生易于区分的散射特征。C 波段穿透性不够，而 P 波段穿透性太强。当联合三个波段数据进行分类时，分类正确率增加到 91.21%，如图 8.15(d)所示。显然多频全极化 SAR 是最理想的。

双极化农作物分类结果

实验中计算了联合两个极化通道的图像在带相位差和不带相位差情况下的分类正确率。由于同极化通道 HH 和 VV 之间的相关性比交叉极化和同极化通道之间的相关性高，实验表明 HH 和 VV 之间的相位差对于农作物分类是一个重要影响因素。图 8.16(a)显示了采用 L 波段复数据 HH 和 VV 的分类结果，图 8.16(b)则显示了采用 HH 和 VV 强度数据的分类结果。采用 HH 和 VV 复数据的总分类正确率为 80.91%，仅稍次于全极化数据。当分类过程不考虑相位差时，分类正确率下降至 56.35%。HH 和 VV 通道之间的相位差是由穿透深度差异造成的。如图 8.16(c)所示，HH 和 VV 散射中心之间的差异是可以用于区分类别的重要特征。图 8.16(d)显示了各类别相位差的直方图。该图表明除了茎豆和森林，其他类别的相位差分布都高度集中于各自峰值附近，并且多数峰值之间不重合。对于茎豆和森林两类，它们的相位差峰值分别位于 $-\pi/2$ 和 $\pi/4$ 左右，这表明相位差也可以很容易地将它们区分开。

(a) C波段全极化分类结果，总体分类正确率为66.53%

(b) L波段全极化分类结果，总体分类正确率为81.63%

(c) P波段全极化分类结果。总体分类正确率为71.37%

(d) 联合P波段、L波段和C的分类结果，总体分类正确率为91.21%

图 8.15　各波段全极化 SAR 农作物分类结果的比较

(a) L波段HH和VV复数据分类结果。总体分类正确率为80.91%

(b) L波段$|HH|^2$和$|VV|^2$（不带相位差）数据分类结果。总体分类正确率下降至80.91%

(c) HH和VV之间的相位差，灰度范围为π至π

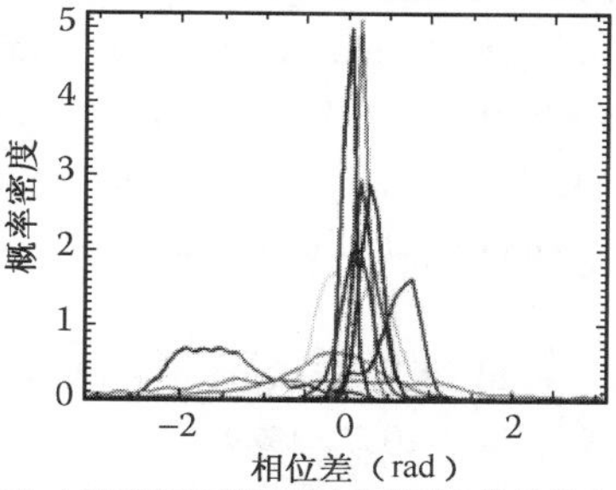

(d) 由训练集计算得到的各类别相位差的直方图

图 8.16　带相位差和不带相位差信息的双极化数据农作物分类的比较

由于分布式目标的同极化项和交叉极化项之间通常是不相关的，因此二者之间的相位差不如 HH 和 VV 之间的相位差那么重要。分类结果反映了这种特征，由表 8.4 可以看出，L 波段 VV 和 HV 复数据分类正确率为 64.72%，仅稍高于强度数据分类的正确率 60.12%。

表 8.3 列出了利用 P 波段数据分类的正确率，总体上低于 L 波段，但大致趋势与之类似。HH 和 VV 复数据的总分类正确率为 69.25%，而强度数据的分类正确率为 59.37%。P 波段对森林分类的正确率[25]远高于 L 波段和 C 波段，但它在区分草地和其他农作物时表现很差。这些结果符合预期，因为 P 波段具有较高的穿透功率。表 8.5 表明 C 波段的总分类正确率较差。HH 和 VV 之间的相位差对 C 波段分类仍然有重要影响，对森林分类的效果不如 P 波段和 L 波段，而对草地的分类效果则好于后两者。

单极化数据农作物分类结果

正如预期的一样，单极化数据分类正确性远远低于双极化数据。表 8.6 列出了 P 波段、L 波段和 C 波段的 $|HH|^2$、$|HV|^2$ 及 $|VV|^2$ 数据的总分类正确率。对于 L 波段和 C 波段，交叉极化项 HV 具有最高的正确率，而对于 P 波段，VV 具有最高的正确率。

总结：显而易见，对于农作物分类，如果没有全极化数据，那么应优先选择 HH 和 VV 联合复数据。同极化通道之间的相位差对分类有重要贡献。采用 L 波段数据的分类效果优于 P 波段和 C 波段。

这些定量分析揭示了 L 波段极化 SAR 数据对农作物分类最为有效，而 P 波段对于树龄的分类最为有效[25]，这是由于低频电磁波的穿透性较强。对于双极化数据分类，HH 和 VV 之间的相位差对农作物分类有重要作用，但对树龄分类则不太重要。对于农作物分类，L 波段 HH 和 VV 复数据分类能达到接近于全极化 SAR 数据的分类正确率，而对于树龄分类，当没有全极化数据时，应采用 P 波段 HH 和 HV 数据。实验证明了在任何情况下，多频全极化 SAR 数据都应该是首选。无论是现在还是将来，也无论是面向何种应用的 SAR 系统，这里介绍的方法对极化方式和频率的选择都有借鉴意义。

参考文献

[1] E. Rignot, R. Chellappa, and P. Dubois, Unsupervised segmentation of polarimetric SAR data using the covariance matrix, *IEEE Transactions on Geoscience and Remote Sensing*, 30(4), 697-705, July 1992.

[2] J. A. Kong, et al., Identification of terrain cover using the optimal terrain classifier, *Journal of Electromagnetic Waves and Applications*, 2, 171-194, 1988.

[3] H. A. Yueh, A. A. Swartz, J. A. Kong, R. T. Shin, and L. M. Novak, Optimal classification of terrain cover using normalized polarimetric data, *Journal of Geophysical Research*, 93 (B12), 15261-15267, 1993.

[4] H. H. Lim, et al., Classification of earth terrain using polarimetric SAR images, *Journal of Geophysical Research*, 94, 7049-7057, 1989.

[5] J. J. van Zyl and C. F. Burnette, Baysian classification of polarimetric SAR images using adaptive a apriori probability, *International Journal of Remote Sensing*, 13(5), 835-840, 1992.

[6] J. S. Lee, M. R. Grunes, and R. Kwok, Classification of multi-look polarimetric SAR imagery based on complex Wishart distribution, *International Journal of Remote Sensing*, 15(11), 2299-2311, 1994.

[7] L. J. Du and J. S. Lee, Fuzzy classification of earth terrain covers using multi-look polarimetric SAR image data, *International Journal of Remote Sensing*, 17(4), 809-826, 1996.

[8] K. S. Chen, et al., Classification of multifrequency polarimetric SAR image using a dynamic learning neural network, *IEEE Transactions on Geoscience and Remote Sensing*, 34(3), 814-820, 1996.

[9] Y. C. Tzeng and K. S. Chen, A fuzzy neural network for SAR image classification, *IEEE Transactions on Geoscience and Remote Sensing* 36(1), 301-307, January 1998.

[10] L. J. Du, J. S. Lee, K. Hoppel, and S. A. Mango, Segmentation of SAR image using the wavelet transform, *International Journal of Imaging System and Technology*, 4, 319-329, 1992.

[11] L. Ferro-Famil, E. Pottier, and J. S. Lee, Unsupervised classification of multifrequency and fully polarimetric SAR images based on H/A/Alpha-Wishart classifier, *IEEE Transactions on Geoscience and Remote Sensing*, 39(11), 2332-2342, November 2001.

[12] L. Ferro-Famil, E. Pottier, and J. S. Lee, Unsupervised classification and analysis of natural scenes from polarimetric interferometric SAR data, *Proceedings of IGARSS-01*, 2001.

[13] N. R. Goodman, Statistical analysis based on a certain multi-variate complex Gaussian distribution (an Introduction), *Annals of Mathematical Statistics*, 34, 152-177, 1963.

[14] J. S. Lee, M. R. Grunes, T. L. Ainsworth, L. J., Du, D. L. Schuler, and S. R. Cloude, Unsupervised classification using polarimetric decomposition and the complex Wishart classifier, *IEEE Transactions on Geoscience and Remote Sensing*, 37(5), 2249-2258, September 1999.

[15] G. H. Bell and D. J. Hall, A clustering technique for summarizing multi-variate data, *Behavioral Science*, 12, 153-155, 1974.

[16] J. J. van Zyl, Unsupervised classification of scattering mechanisms using radar polarimetry data, *IEEE Transactions on Geoscience and Remote Sensing*, 27(1), 36-45, 1989.

[17] S. R. Cloude and E. Pottier, An entropy based classification scheme for land applications of polarimetric SAR, *IEEE Transactions on Geoscience and Remote Sensing*, 35(1), 68-78, January 1997.

[18] J. S. Lee, T. L. Ainsworth, M. R. Grunes, and C. Lopez-Martinez, Monte Carlo evaluation of multi-look effect on entropy/alpha/anisotropy parameters of polarimetric target decomposition, *Proceedings of IGARSS 2006*, July 2006.

[19] C. Lopez-Martinez, E. Pottier, and S. R. Cloude, Statistical assessment of eigenvector-based target decomposition theorems in radar polarimetry, *IEEE Transactions on Geoscience and Remote Sensing*, 43(9), 2058-2074, September 2005.

[20] J. S. Lee, M. R. Grunes, E. Pottier, and L. Ferro-Famil, Unsupervised terrain classifiation preserving scattering characteristics, *IEEE Transactions on Geoscience and Remote Sensing*, 42(4), 722-731, April, 2004.

[21] J. S. Lee, M. R. Grunes, and G. De Grandi, Polarimetric SAR speckle fitering and its impact on terrain classification, *IEEE Transactions on Geoscience and Remote Sensing*, 37(5), 2363-2373, September 1999.

[22] E. Pottier and J. S. Lee, Unsupervised classification scheme of PolSAR images based on the complex Wishart distribution and the *H/A/$\bar{\alpha}$* Polarimetric decomposition theorem, *Proceedings of EUSAR 2000*, pp. 265-268, Munich, Germany, May 2000.

[23] K. Kimura, Y. Yamaguchi, and H. Yamada, PI-SAR image analysis using polarimetric scattering parameters and total power, *Proceedings of IGARSS 2003*, Toulouse, France, July 2003.

[24] M. J. Hill, et al., Integration of optical and radar classification for mapping pasture type in Western Australia, *IEEE Transactions on Geoscience and Remote Sensing*, 43(7), 1665-1680, July 2005.

[25] J. S. Lee, M. R. Grunes, and E. Pottier, Quantitative comparison of classifiation capability: Fully polarimetric versus dual-and single-polarization SAR, *IEEE Transactions on Geoscience and Remote Sensing*, 39(11), 2343-2351, November 2001.

[26] P. N. Churchill and E. P. W. Attema, The MAESTRO 1 European airborne polarimetric synthetic aperture radar campaign, *International Journal of Remote Sensing*, 15(14), 2707-1717, 1994.

[27] G. G. Lemoine, G. F. de Grandi, and A. J. Sieber, Polarimetric contrast classification of agricultural fields using MAESTRO 1 AIRSAR data, *International Journal of Remote Sensing*, 15(14), 2851-2869, 1994.

第9章　极化干涉SAR森林制图与分类

9.1　引言

森林作为一种自然资源，在碳［生物量（biomass）］储量和碳循环圈中发挥着重要作用。遥感数据和技术已用于生物量的估计，其中L波段和P波段雷达后向散射强度数据的应用已取得了一定的成功[1]。基于P波段极化SAR数据的分类实验表明：威沙特分类结果和均匀森林的树龄之间具有较好的相关性[2]。近年来，基于地表和随机体散射模型（Random Volume over Ground，RVoG）的极化SAR干涉测量（Polarimetric SAR Interferometry）技术逐渐显示出在森林高度估计领域的应用潜力[3]。森林高度和生物量的关系目前虽已逐步明确，但仍是未来研究的一个重要领域[4]。

对于生物量很高且具有不同树种、树高和结构的非均匀森林而言，仅用极化SAR分类技术是难以区分典型的森林类别的。随着植被高度和密度的增加，L波段和P波段的非相干极化信息［即幅度（amplitude）］，以及相干极化信息［即相位差（phase difference）和相关系数（correlation）］，相继趋于饱和，不再随地物而变化。为了扩展极化SAR分类的观测空间，一个比较可行的方法是引入干涉观测量。然而，干涉相干性对植被高度和密度的空间变化比较敏感，这给森林结构参数的分类带来了挑战，即使是微小的植被特征（高度和密度）或地面散射特性的变化（几个百分点），也会引起等效散射中心位置的变化，产生不同的相干值。但是干涉相干性不易受到幅度饱和效应的影响，因此即使是利用高频段（C波段或L波段）数据，也能实现对生物量较高的森林进行分类。

近年来，极化干涉SAR（Pol-InSAR）森林分类技术受到了持续关注[5,6]。森林的准确分类有助于森林监测和森林管理。结合森林高度估计，森林分类还能改善生物量估计和森林制图精度。

本章介绍基于极化干涉SAR数据的监督和非监督森林制图技术。使用极化干涉SAR数据可以提高森林制图和分类的性能。分类过程主要包含如下两个步骤。

1. 森林区域制图：由极化SAR图像提取森林覆盖的区域，这可以通过第8章介绍的地物分类技术实现。
2. 区分植被类型：区分对应不同植被类型的图像像素。基于极化干涉SAR最优干涉相干系数和6×6极化干涉SAR矩阵的最大似然统计量，将与植被相对应的体散射类型进一步划分成不同类别。

极化SAR数据不能区分的自然媒质，可以利用基于最优干涉相干系数集合（optimized interferometric coherence set）的分类技术进行区分。为了验证该技术的有效性，采用德国DLR E-SAR于2003年自Traunstein实验区获取的重轨L波段极化干涉SAR数据进行实

验。空间基线(spatial baseline)为5 m，时间基线(temporal baseline)为10 min。通过对照地面实测数据，可检验森林分类的实验结果。Traunstein 实验区位于德国东南部，是一个地形平缓的高生物量(生物量高达450 t/ha①)森林实验区。该实验区包含各种农作物、森林及部分城区。极化伪彩色合成图如图9.1(a)所示，根据泡利矢量，红色、绿色和蓝色分别代表|HH - VV|、|HV|和|HH + VV|。根据8.7节中基于散射模型的非监督分类算法，很容易提取出森林区域，如图9.1(b)所示。以绿色表示的四种体散射类表明：仅用极化SAR数据就能提取出森林区域，但是森林类型和生长阶段很难区分。由于强度较低，图9.1(b)中最暗的体散射类不能认为是森林，它可能是由低矮植被或系统噪声产生的。基于极化SAR数据提取出森林区域以后，再根据森林种类、森林高度和生物量进一步分类。

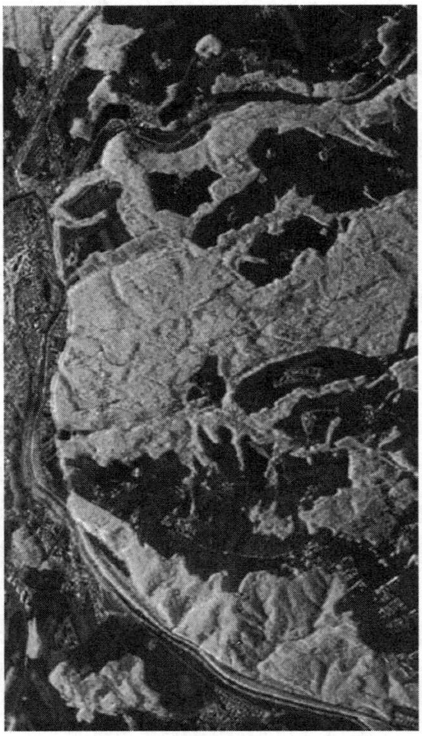

(a) 泡利矢量伪彩色合成图

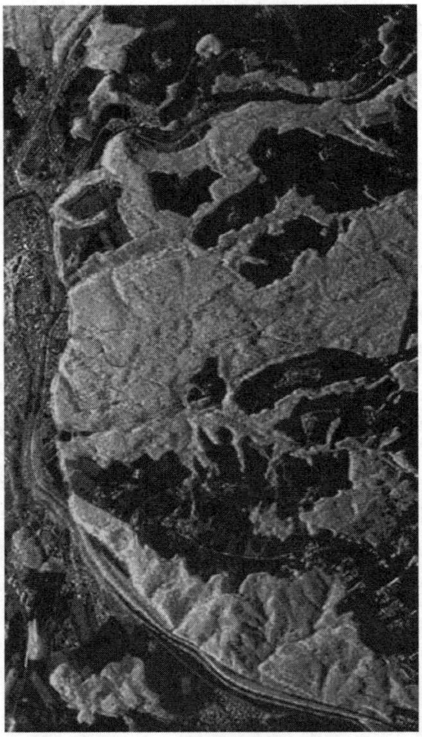

(b) 仅用极化SAR数据的基于散射模型的非监督分类结果，表现出森林区域的体散射类的分割情况

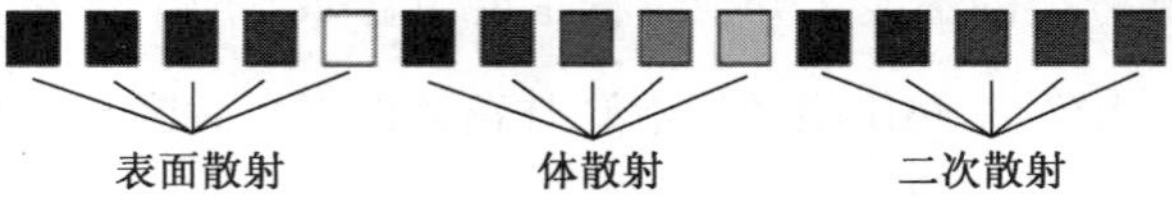

(c) 基于散射机理的类别颜色标记

图9.1 Traunstein 实验区的E-SAR L波段数据

① 1 ha(公顷) = 1×10^4 m^2(平方米)。——编者注

图9.2的左图中部和顶部所示地区有相应的地面实测数据(ground truth measurement map)。图9.2的左图是6种不同生长阶段和种类的实测森林分类图，图9.2的右图是该区域经地理校正后的光学正射影像。图9.3是简化的生物量地面实测图，其中生物量分成了3级。图9.4是与地面实测区域相对应的极化干涉SAR数据生成的泡利矢量伪彩色合成图和干涉相干系数图(interferometric coherence image)。可以看出，森林区域的极化特征比较一致，但干涉相干系数存在明显的变化。一般而言，低相干系数是由高生物量区域的高大树木引起的。另一方面，裸地、草地、建筑等不同媒质在极化图像中表现出不同的散射机制，它们的干涉相干性都较高，但在极化图像中易于区分。因此，极化干涉SAR森林分类的目标是综合运用极化和干涉信息的优势，获取精细的分类结果，并提供其特征的解释。

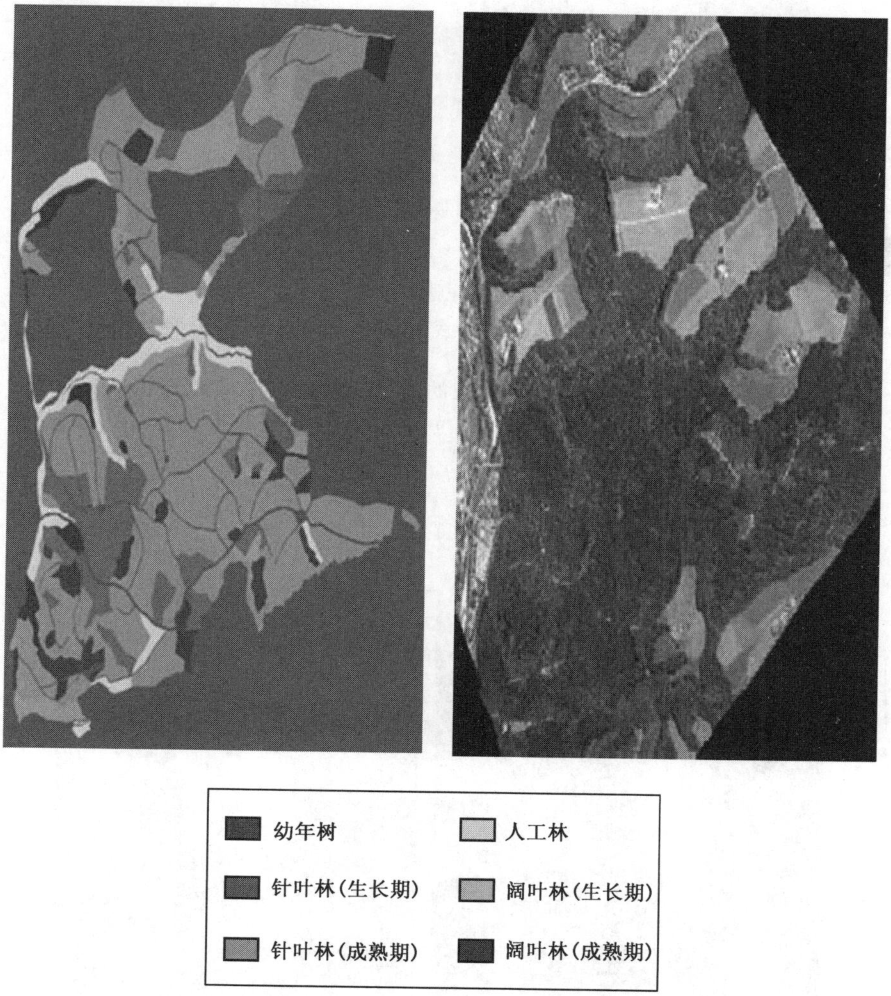

图9.2　Traunstein实验区的地面实测和光学正射影像
(承蒙DLR-HF的K. P. Papathanassiou博士供图)

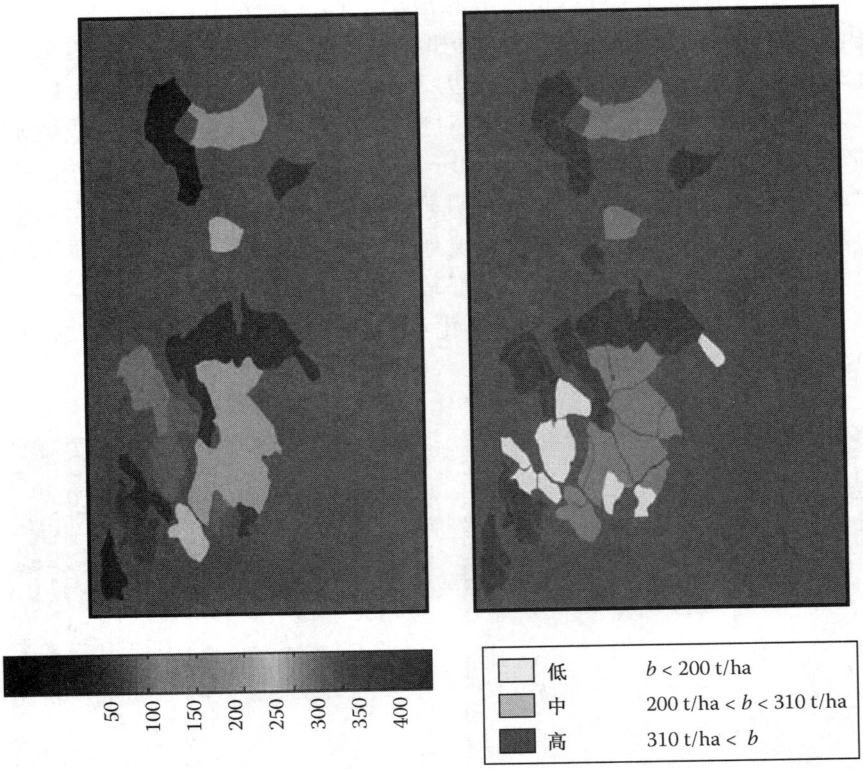

图 9.3 Traunstein 实验区的简化生物量地面实测图
（承蒙DLR-HF的K. P. Papathanassiou博士供图）

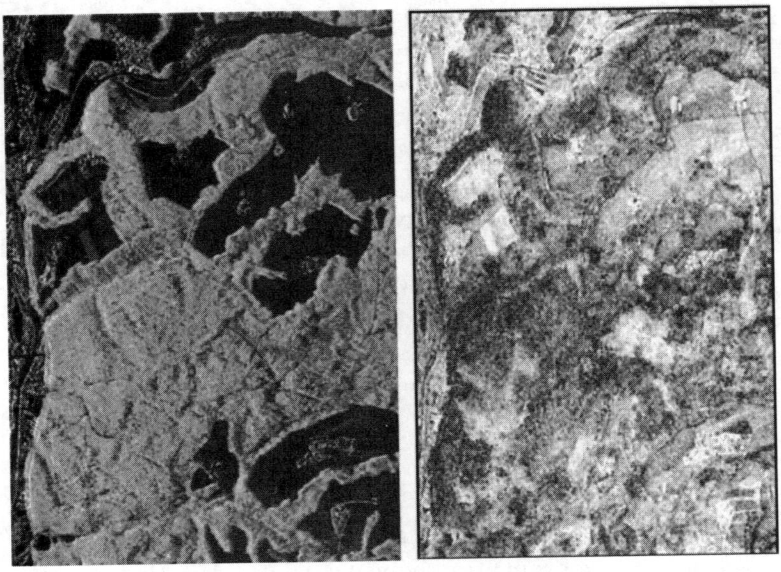

图 9.4 Traunstein 实验区的极化泡利矢量伪彩色合成图和干涉相干系数图

9.2　极化干涉 SAR 的散射表征

9.2.1　极化干涉相干矩阵 T_6

Cloude 和 Papathanassiou[3,7]最早开展了极化干涉 SAR 技术的研究。极化干涉 SAR 数据可以用一个 6×6 相干矩阵表示。如图 9.5 所示，单站全极化干涉 SAR 系统从略微不同的两个视角，即重轨(repeated-pass)或单航过(single-pass)干涉体制(interferometric configuration)对每个分辨单元(resolution cell)进行观测。获取的两个 Sinclair 后向散射矩阵 $\boldsymbol{S}_1$和 $\boldsymbol{S}_2$分别为

$$\boldsymbol{S}_1 = \begin{bmatrix} S_{\mathrm{HH}_1} & S_{\mathrm{HV}_1} \\ S_{\mathrm{VH}_1} & S_{\mathrm{VV}_1} \end{bmatrix} \quad \text{和} \quad \boldsymbol{S}_2 = \begin{bmatrix} S_{\mathrm{HH}_2} & S_{\mathrm{HV}_2} \\ S_{\mathrm{VH}_2} & S_{\mathrm{VV}_2} \end{bmatrix} \tag{9.1}$$

假设散射过程满足互易性,相应可得三维泡利散射目标矢量 $\underline{\boldsymbol{k}}_1$ 和 $\underline{\boldsymbol{k}}_2$ 为

$$\underline{\boldsymbol{k}}_1 = \frac{1}{\sqrt{2}} \begin{bmatrix} S_{\mathrm{HH}_1} + S_{\mathrm{VV}_1} \\ S_{\mathrm{HH}_1} - S_{\mathrm{VV}_1} \\ 2S_{\mathrm{HV}_1} \end{bmatrix} \quad \text{和} \quad \underline{\boldsymbol{k}}_2 = \frac{1}{\sqrt{2}} \begin{bmatrix} S_{\mathrm{HH}_2} + S_{\mathrm{VV}_2} \\ S_{\mathrm{HH}_2} - S_{\mathrm{VV}_2} \\ 2S_{\mathrm{HV}_2} \end{bmatrix} \tag{9.2}$$

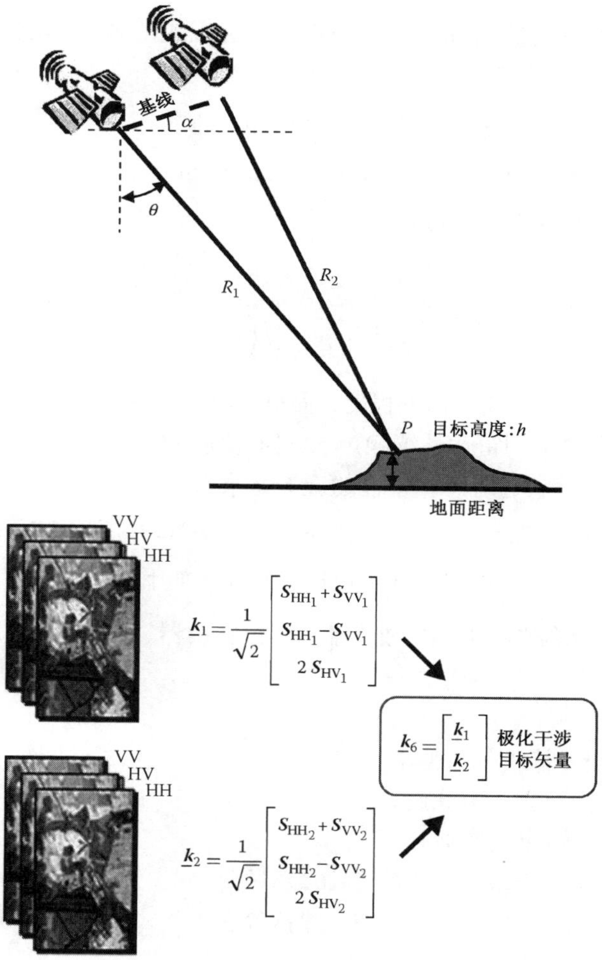

图 9.5　极化干涉 SAR 成像几何

将上述两个目标矢量顺序排列，可得到六维复散射目标矢量 $\underline{\boldsymbol{k}}_6$ 为

$$\underline{\boldsymbol{k}}_6=\begin{bmatrix}\underline{\boldsymbol{k}}_1\\ \underline{\boldsymbol{k}}_2\end{bmatrix} \tag{9.3}$$

计算目标矢量与自身共轭转置的外积，可得 6×6 泡利相干矩阵 $\boldsymbol{T}_6$ 为

$$\boldsymbol{T}_6=\left\langle\underline{\boldsymbol{k}}_6\cdot\underline{\boldsymbol{k}}_6^{*\mathrm{T}}\right\rangle=\begin{bmatrix}\left\langle\underline{\boldsymbol{k}}_1\cdot\underline{\boldsymbol{k}}_1^{*\mathrm{T}}\right\rangle & \left\langle\underline{\boldsymbol{k}}_1\cdot\underline{\boldsymbol{k}}_2^{*\mathrm{T}}\right\rangle\\ \left\langle\underline{\boldsymbol{k}}_2\cdot\underline{\boldsymbol{k}}_1^{*\mathrm{T}}\right\rangle & \left\langle\underline{\boldsymbol{k}}_2\cdot\underline{\boldsymbol{k}}_2^{*\mathrm{T}}\right\rangle\end{bmatrix}=\begin{bmatrix}\boldsymbol{T}_{11} & \boldsymbol{\Omega}_{12}\\ \boldsymbol{\Omega}_{12}^{*\mathrm{T}} & \boldsymbol{T}_{22}\end{bmatrix} \tag{9.4}$$

式中 $\langle\cdot\rangle$ 表示均匀随机媒质数据的时间或空间集合平均。

矩阵 $\boldsymbol{T}_{11}$ 和 $\boldsymbol{T}_{22}$ 是传统的 3×3 极化厄米复相干矩阵，分别用于描述各图像的极化特性。矩阵 $\boldsymbol{\Omega}_{12}$ 是 3×3 非厄米复相干矩阵，它包含两个目标矢量 $\underline{\boldsymbol{k}}_1$ 和 $\underline{\boldsymbol{k}}_2$ 之间的极化和干涉相关性信息。值得注意的是，该 6×6 极化干涉相干矩阵 $\boldsymbol{T}_6$ 是半正定厄米矩阵，若 $\boldsymbol{T}_{11}$ 和 $\boldsymbol{T}_{22}$ 相同，则 $\mathrm{Tr}(\boldsymbol{T}_6)=2\times\mathrm{Span}$，并且 $\boldsymbol{T}_6$ 矩阵具有实数非负特征值和正交的特征矢量（见附录 A）。

9.2.2 极化干涉复相干性

通过将两个散射目标矢量 $\underline{\boldsymbol{k}}_1$ 和 $\underline{\boldsymbol{k}}_2$ 分别投影到定义极化的两个单位复矢量 $\underline{\boldsymbol{w}}_1$ 和 $\underline{\boldsymbol{w}}_2$ 上，可以定义两个复图像 I_1 和 I_2：

$$I_1=\underline{\boldsymbol{w}}_1^{*\mathrm{T}}\cdot\underline{\boldsymbol{k}}_1\quad\text{和}\quad I_2=\underline{\boldsymbol{w}}_2^{*\mathrm{T}}\cdot\underline{\boldsymbol{k}}_2 \tag{9.5}$$

由式(9.5)可知，两个复图像 I_1 和 I_2 是 Sinclair 矩阵 $\boldsymbol{S}_1$ 和 $\boldsymbol{S}_2$ 元素的线性组合。极化干涉复相干性 $\gamma(\underline{\boldsymbol{w}}_1,\underline{\boldsymbol{w}}_2)$ 是两个复图像的函数：

$$\gamma(\underline{\boldsymbol{w}}_1,\underline{\boldsymbol{w}}_2)=\frac{\left\langle I_1I_2^*\right\rangle}{\sqrt{\left\langle I_1I_1^*\right\rangle\left\langle I_2I_2^*\right\rangle}}=\frac{\underline{\boldsymbol{w}}_1{}^{*\mathrm{T}}\boldsymbol{\Omega}_{12}\underline{\boldsymbol{w}}_2}{\sqrt{\left(\underline{\boldsymbol{w}}_1^{\mathrm{T}*}\boldsymbol{T}_{11}\underline{\boldsymbol{w}}_1\right)\left(\underline{\boldsymbol{w}}_2{}^{\mathrm{T}*}\boldsymbol{T}_{22}\underline{\boldsymbol{w}}_2\right)}} \tag{9.6}$$

$\gamma(\underline{\boldsymbol{w}}_1,\underline{\boldsymbol{w}}_2)$ 的模表示这两幅图像的相关程度，辐角对应干涉相位差或干涉图。

一般而言，相干性会受到雷达系统噪声、成像几何（例如基线、斜视角）、媒质非均匀性、时间差等因素影响。假设它们对总相干性的影响是乘性的，则有[8]

$$\gamma(\underline{\boldsymbol{w}}_1,\underline{\boldsymbol{w}}_2)=\gamma_{\mathrm{SNR}}\gamma_{\mathrm{quant}}\gamma_{\mathrm{amb}}\gamma_{\mathrm{geo}}\gamma_{\mathrm{az}}\gamma_{\mathrm{rg}}\gamma_{\mathrm{vol}}\gamma_{\mathrm{temp}}\gamma_{\mathrm{proc}}\gamma_{\mathrm{pol}} \tag{9.7}$$

式中等号右侧各项的下标表示不同因素造成的去相干，如下所示。

- SNR：热噪声或系统噪声（SAR 放大器、模数转换器、天线等）
- quant：量化噪声
- amb：雷达模糊
- geo：几何去相干（基线、斜视等）
- az：多普勒去相干（方位向滤波）
- rg：距离去相干（距离向滤波）
- vol：体散射去相干（体散射媒质，例如森林等）
- temp：时间去相干（风、耕作或灌溉、建造等）
- proc：处理误差（配准、插值等）
- pol：极化效应

需要注意的是，单位复矢量 $\underline{\boldsymbol{w}}_1$ 和 $\underline{\boldsymbol{w}}_2$ 可以用来计算任意发射-接收极化基下每个极化通道的干涉复相干性，在计算时需要区分下面两种情况：

- $\underline{\boldsymbol{w}}_1=\underline{\boldsymbol{w}}_2$，即利用极化方式相同的图像计算复相干性。在这种情况下，干涉图只包含地形和距离变化引起的干涉相位。相干性幅度表示干涉相关性。
- $\underline{\boldsymbol{w}}_1\neq\underline{\boldsymbol{w}}_2$，即利用不同极化的图像计算复相干性。在这种情况下，干涉图不仅包含地形和距离变化引起的干涉相位，也包含两种极化间的相位差。相干性幅度同时受干涉相关性和两种极化间相关性的影响。

复相干性(complex coherence)[即干涉相位图(interferogram)和相干性幅度]可以由极化通道或极化通道的组合进行计算。图9.6分别给出了HH、HV和VV极化的复相干性，同时给出了描述各线性极化的投影矢量 $\underline{\boldsymbol{w}}_1$ 和 $\underline{\boldsymbol{w}}_2$。改变 $\underline{\boldsymbol{w}}_1$ 和 $\underline{\boldsymbol{w}}_2$ 可以得到其他极化的复相干性。在利用集合平均计算极化干涉相干性之前的一个重要步骤是对极化干涉数据进行距离向滤波和地形相位去除，否则密集的干涉相位条纹将引起相干性估计的不准确。距离向滤波校正了干涉测量中固有的波数偏移。

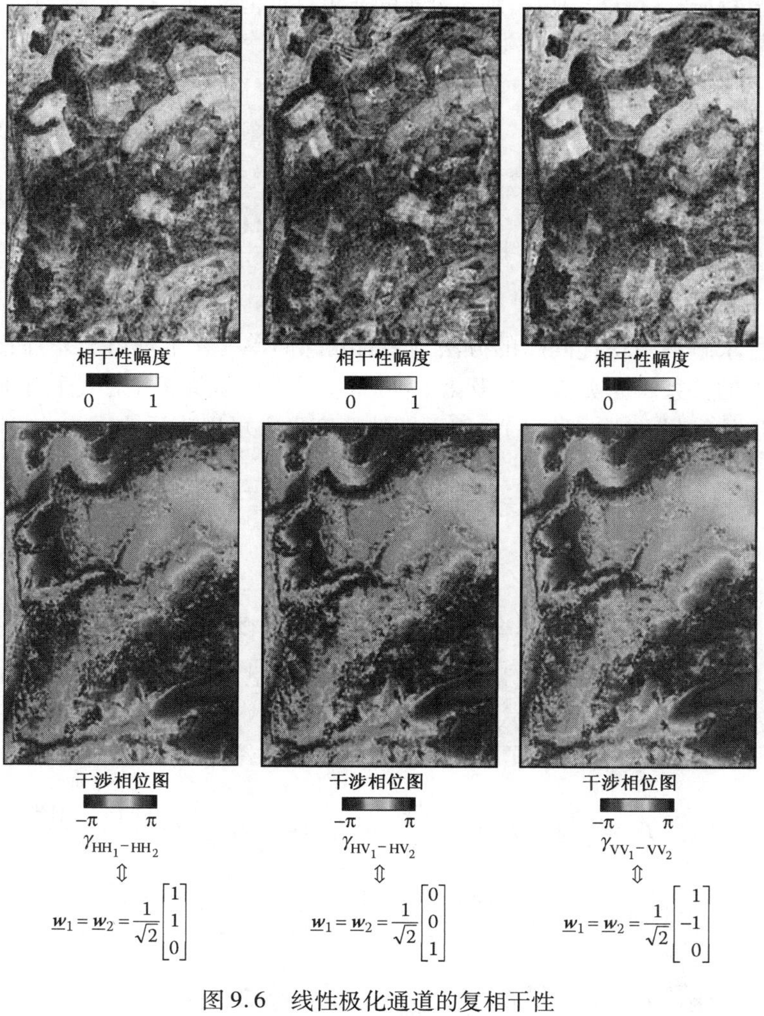

图9.6　线性极化通道的复相干性

9.2.3 极化干涉相干最优

由于干涉相干性是 $\underline{w}_1$ 和 $\underline{w}_2$ 的函数，与极化方式密切相关，因此接下来的问题是寻求在何种极化方式组合下可以获得最高的相干性。为解决该极化干涉相干的最优问题，Cloude 和 Papathanassiou[3, 8] 提出了最大化复拉格朗日函数的方法，

$$L = \underline{w}_1^{*\mathrm{T}}\boldsymbol{\Omega}_{12}\underline{w}_2 + \lambda_1\left(\underline{w}_1^{*\mathrm{T}}\boldsymbol{T}_{11}\underline{w}_1 - C_1\right) + \lambda_2\left(\underline{w}_2^{*\mathrm{T}}T_{22}\underline{w}_2 - C_2\right) \tag{9.8}$$

式中，C_1 和 C_2 为常数，λ_1 和 λ_2 是为最大化式(9.6)的分子和为保持其分母为常数而引入的拉格朗日乘子。

经若干推导步骤，最优问题可以转化为求解具有共同特征值 $\nu = \lambda_1\lambda_2^*$ 的两个 3×3 矩阵的复特征值问题

$$\begin{cases}\boldsymbol{T}_{11}^{-1}\boldsymbol{\Omega}_{12}\boldsymbol{T}_{22}^{-1}\boldsymbol{\Omega}_{12}^{*\mathrm{T}}\underline{w}_1 = \lambda_1\lambda_2^*\underline{w}_1 \\ \boldsymbol{T}_{22}^{-1}\boldsymbol{\Omega}_{12}^{*\mathrm{T}}\boldsymbol{T}_{11}^{-1}\boldsymbol{\Omega}_{12}\underline{w}_2 = \lambda_1\lambda_2^*\underline{w}_2\end{cases} \Leftrightarrow \begin{cases}\boldsymbol{AB}\underline{w}_1 = \nu\underline{w}_1 \\ \boldsymbol{BA}\underline{w}_2 = \nu\underline{w}_2\end{cases} \tag{9.9}$$

由这两个 3×3 复特征矢量方程可以得到 3 个实的非负特征值 $\nu_i(i=1, 2, 3)$，$0\leqslant\nu_3\leqslant\nu_2\leqslant\nu_1\leqslant1$。最优极化干涉复相干性的幅度可由相应特征值的平方根计算得到：

$$1 \geqslant \left|\gamma_{\mathrm{opt\_1}}\right| = \sqrt{\nu_{\mathrm{opt\_1}}} \geqslant \left|\gamma_{\mathrm{opt\_2}}\right| = \sqrt{\nu_{\mathrm{opt\_2}}} \geqslant \left|\gamma_{\mathrm{opt\_3}}\right| = \sqrt{\nu_{\mathrm{opt\_3}}} \geqslant 0 \tag{9.10}$$

每个特征值对应一对特征矢量 $\{\underline{w}_{\mathrm{opt1\_}k}, \underline{w}_{\mathrm{opt2\_}k}\}$。第一对矢量 $\{\underline{w}_{\mathrm{opt1\_1}}, \underline{w}_{\mathrm{opt2\_1}}\}$ 表示在散射矢量三维复空间中得到的最优极化，对应于最大的特征值。3 组最优极化干涉复相干性可由下式得到：

$$\gamma_{\mathrm{opt\_}k}\left(\underline{w}_{\mathrm{opt1\_}k}, \underline{w}_{\mathrm{opt2\_}k}\right) = \frac{\underline{w}_{\mathrm{opt1\_}k}\boldsymbol{\Omega}_{12}\underline{w}_{\mathrm{opt2\_}k}^{*\mathrm{T}}}{\sqrt{\left(\underline{w}_{\mathrm{opt1\_}k}\boldsymbol{T}_{11}\underline{w}_{\mathrm{opt1\_}k}^{*\mathrm{T}}\right)\left(\underline{w}_{\mathrm{opt2\_}k}\boldsymbol{T}_{22}\underline{w}_{\mathrm{opt2\_}k}^{*\mathrm{T}}\right)}} \tag{9.11}$$

下面介绍另一种求解相干最优问题的方法，它的概念简单，易于理解，并且直接给出了最大特征值和相干性的关系，证实了早期极化干涉 SAR 研究中认为相干性是特征值的平方根，而不是最大特征值的结果。由式(9.6)，相干性的幅度平方可以表示为

$$|\gamma|^2 = \frac{(\underline{w}_1{}^{*\mathrm{T}}\boldsymbol{\Omega}_{12}\underline{w}_2)(\underline{w}_1{}^{*\mathrm{T}}\boldsymbol{\Omega}_{12}\underline{w}_2)^*}{(\underline{w}_1{}^{\mathrm{T}*}\boldsymbol{T}_{11}\underline{w}_1)(\underline{w}_2{}^{\mathrm{T}*}\boldsymbol{T}_{22}\underline{w}_2)} \tag{9.12}$$

上式可转化为

$$|\gamma|^2(\underline{w}_1{}^{\mathrm{T}*}\boldsymbol{T}_{11}\underline{w}_1)(\underline{w}_2^{\mathrm{T}*}\boldsymbol{T}_{22}\underline{w}_2) = \left(\underline{w}_1^{*\mathrm{T}}\boldsymbol{\Omega}_{12}\underline{w}_2\right)\left(\underline{w}_1^{*\mathrm{T}}\boldsymbol{\Omega}_{12}\underline{w}_2\right)^* \tag{9.13}$$

根据附录 A 的厄米二次乘积对复矢量求偏导的方法，将式(9.13)等式左边对 $\underline{w}_1$ 求偏导，可得

$$\begin{aligned}&\frac{\partial|\gamma|^2(\underline{w}_1^{\mathrm{T}*}\boldsymbol{T}_{11}\underline{w}_1)(\underline{w}_2^{\mathrm{T}*}\boldsymbol{T}_{22}\underline{w}_2)}{\partial\underline{w}_1} \\ &= (\underline{w}_1^{\mathrm{T}*}\boldsymbol{T}_{11}\underline{w}_1)(\underline{w}_2^{\mathrm{T}*}\boldsymbol{T}_{22}\underline{w}_2)\frac{\partial|\gamma|^2}{\partial\underline{w}_1} + |\gamma|^2(\underline{w}_2^{\mathrm{T}*}\boldsymbol{T}_{22}\underline{w}_2)\frac{\partial(\underline{w}_1{}^{\mathrm{T}*}\boldsymbol{T}_{11}\underline{w}_1)}{\partial\underline{w}_1} + \\ &\quad |\gamma|^2(\underline{w}_1^{\mathrm{T}*}\boldsymbol{T}_{11}\underline{w}_1)\frac{\partial(\underline{w}_2^{\mathrm{T}*}\boldsymbol{T}_{22}\underline{w}_2)}{\partial\underline{w}_1} \\ &= (\underline{w}_1^{\mathrm{T}*}\boldsymbol{T}_{11}\underline{w}_1)(\underline{w}_2^{\mathrm{T}*}\boldsymbol{T}_{22}\underline{w}_2)\frac{\partial|\gamma|^2}{\partial\underline{w}_1} + |\gamma|^2(\underline{w}_2^{\mathrm{T}*}\boldsymbol{T}_{22}\underline{w}_2)\underline{w}_1^{\mathrm{T}*}\boldsymbol{T}_{11}\end{aligned} \tag{9.14}$$

将式(9.13)等号右边对$\underline{\boldsymbol{w}}_1$求偏导，可得

$$\begin{aligned}\frac{\partial\left(\underline{\boldsymbol{w}}_1^{*\mathrm{T}}\boldsymbol{\Omega}_{12}\underline{\boldsymbol{w}}_2\right)\left(\underline{\boldsymbol{w}}_1^{*\mathrm{T}}\boldsymbol{\Omega}_{12}\underline{\boldsymbol{w}}_2\right)^*}{\partial\underline{\boldsymbol{w}}_1} &= \left(\underline{\boldsymbol{w}}_1^{*\mathrm{T}}\boldsymbol{\Omega}_{12}\underline{\boldsymbol{w}}_2\right)\frac{\partial\left(\underline{\boldsymbol{w}}_1^{*\mathrm{T}}\boldsymbol{\Omega}_{12}\underline{\boldsymbol{w}}_2\right)^*}{\partial\underline{\boldsymbol{w}}_1}+\\ &\quad\left(\underline{\boldsymbol{w}}_1^{*\mathrm{T}}\boldsymbol{\Omega}_{12}\underline{\boldsymbol{w}}_2\right)^*\frac{\partial\left(\underline{\boldsymbol{w}}_1^{*\mathrm{T}}\boldsymbol{\Omega}_{12}\underline{\boldsymbol{w}}_2\right)}{\partial\underline{\boldsymbol{w}}_1}\\ &= \left(\underline{\boldsymbol{w}}_1^{*\mathrm{T}}\boldsymbol{\Omega}_{12}\underline{\boldsymbol{w}}_2\right)\frac{\partial\left(\underline{\boldsymbol{w}}_2^{*\mathrm{T}}\boldsymbol{\Omega}_{12}^{*\mathrm{T}}\underline{\boldsymbol{w}}_1\right)}{\partial\underline{\boldsymbol{w}}_1}+\underline{0}\\ &= \left(\underline{\boldsymbol{w}}_1^{*\mathrm{T}}\boldsymbol{\Omega}_{12}\underline{\boldsymbol{w}}_2\right)\underline{\boldsymbol{w}}_2^{*\mathrm{T}}\boldsymbol{\Omega}_{12}^{*\mathrm{T}}\end{aligned} \tag{9.15}$$

求解极化干涉SAR相干最优要求$|\gamma|^2$的偏导为零，从而有

$$|\gamma|^2\left(\underline{\boldsymbol{w}}_2^{\mathrm{T}*}\boldsymbol{T}_{22}\underline{\boldsymbol{w}}_2\right)\underline{\boldsymbol{w}}_1^{\mathrm{T}*}\boldsymbol{T}_{11}=\left(\underline{\boldsymbol{w}}_1^{*\mathrm{T}}\boldsymbol{\Omega}_{12}\underline{\boldsymbol{w}}_2\right)\underline{\boldsymbol{w}}_2^{*\mathrm{T}}\boldsymbol{\Omega}_{12}^{*\mathrm{T}} \tag{9.16}$$

类似地，式(9.13)等式两边对$\underline{\boldsymbol{w}}_2$求偏导，有

$$|\gamma|^2\left(\underline{\boldsymbol{w}}_1^{*\mathrm{T}}\boldsymbol{T}_{11}\underline{\boldsymbol{w}}_1\right)\underline{\boldsymbol{w}}_2^{*\mathrm{T}}\boldsymbol{T}_{22}=\left(\underline{\boldsymbol{w}}_1^{\mathrm{T}}\boldsymbol{\Omega}_{12}^{*\mathrm{T}}\underline{\boldsymbol{w}}_2^{*}\right)\underline{\boldsymbol{w}}_1^{*\mathrm{T}}\boldsymbol{\Omega}_{12} \tag{9.17}$$

根据式(9.16)，可将$\underline{\boldsymbol{w}}_1$表示为

$$\underline{\boldsymbol{w}}_1^{\mathrm{T}*}=\frac{\left(\underline{\boldsymbol{w}}_1^{*\mathrm{T}}\boldsymbol{\Omega}_{12}\underline{\boldsymbol{w}}_2\right)}{|\gamma|^2\left(\underline{\boldsymbol{w}}_2^{\mathrm{T}*}\boldsymbol{T}_{22}\underline{\boldsymbol{w}}_2\right)}\underline{\boldsymbol{w}}_2^{*\mathrm{T}}\boldsymbol{\Omega}_{12}^{*\mathrm{T}}\boldsymbol{T}_{11}^{-1} \tag{9.18}$$

将式(9.18)代入式(9.17)，可得

$$|\gamma|^2\underline{\boldsymbol{w}}_2^{\mathrm{T}*}=\frac{\left(\underline{\boldsymbol{w}}_1^{*\mathrm{T}}\boldsymbol{\Omega}_{12}\underline{\boldsymbol{w}}_2\right)\left(\underline{\boldsymbol{w}}_1^{\mathrm{T}}\boldsymbol{\Omega}_{12}^{*\mathrm{T}}\underline{\boldsymbol{w}}_2^{*}\right)}{|\gamma|^2\left(\underline{\boldsymbol{w}}_1^{*\mathrm{T}}\boldsymbol{T}_{11}\underline{\boldsymbol{w}}_1\right)\left(\underline{\boldsymbol{w}}_2^{\mathrm{T}*}\boldsymbol{T}_{22}\underline{\boldsymbol{w}}_2\right)}\underline{\boldsymbol{w}}_2^{*\mathrm{T}}\boldsymbol{\Omega}_{12}^{*\mathrm{T}}\boldsymbol{T}_{11}^{-1}\boldsymbol{\Omega}_{12}\boldsymbol{T}_{22}^{-1} \tag{9.19}$$

用式(9.12)代替$|\gamma|^2$，式(9.19)变为

$$|\gamma|^2\underline{\boldsymbol{w}}_2^{\mathrm{T}*}=\underline{\boldsymbol{w}}_2^{*\mathrm{T}}\boldsymbol{\Omega}_{12}^{*\mathrm{T}}\boldsymbol{T}_{11}^{-1}\boldsymbol{\Omega}_{12}\boldsymbol{T}_{22}^{-1} \tag{9.20}$$

利用相同的方法，可得$\underline{\boldsymbol{w}}_1$的特征方程为

$$|\gamma|^2\underline{\boldsymbol{w}}_1^{\mathrm{T}*}=\underline{\boldsymbol{w}}_1^{*\mathrm{T}}\boldsymbol{\Omega}_{12}\boldsymbol{T}_{22}^{-1}\boldsymbol{\Omega}_{12}^{*\mathrm{T}}\boldsymbol{T}_{11}^{-1} \tag{9.21}$$

对上面两个方程求共轭转置，并利用$\boldsymbol{T}_{11}$和$\boldsymbol{T}_{22}$是厄米矩阵的特性，可得

$$\begin{cases}|\gamma|^2\underline{\boldsymbol{w}}_1=\boldsymbol{T}_{11}^{-1}\boldsymbol{\Omega}_{12}\boldsymbol{T}_{22}^{-1}\boldsymbol{\Omega}_{12}^{*\mathrm{T}}\underline{\boldsymbol{w}}_1\\ |\gamma|^2\underline{\boldsymbol{w}}_2=\boldsymbol{T}_{22}^{-1}\boldsymbol{\Omega}_{12}^{*\mathrm{T}}\boldsymbol{T}_{11}^{-1}\boldsymbol{\Omega}_{12}\underline{\boldsymbol{w}}_2\end{cases} \tag{9.22}$$

除了特征值$\lambda_1\lambda_2^*$由$|\gamma|^2$替换，式(9.22)与Cloude和Papathanassiou提出的[见式(9.9)]的相同。由于$|\gamma|$被定义为最优相干性，特征值($|\gamma|^2$)的平方根是最优相干性(optimized coherence)，而非特征值本身。式(9.22)表明这两个方程具有相同的特征值和不同的特征矢量。

Ferro-Famil等人[5, 9]提出了另一种求解极化干涉最优问题的方法，Colin等人[10]也提出一个假设$\boldsymbol{T}_{11}$和$\boldsymbol{T}_{22}$矩阵相同的求解方法，详细内容请参阅相应文献。

为说明最优复干涉相干性的特性，图9.7给出了最优复干涉相干性幅度及其干涉相位图。它们反映了不同最优相干性对比度的增强。在最大相干性(第一个相干性值)结果中，图像的大部分区域都接近于1，森林覆盖区和低SNR目标的值为中等。在最小相

干性（第三个相干性值）结果中，去相干媒质（例如森林和平滑表面）区域显示了最小的值，有限数量的强相干点目标处可能出现较大值。值得注意的是，尽管第二个和第三个相干性值比第一个小，但它们在森林覆盖区域的对比度更高，更有利于森林的分类。经过完全优化的相干性集合可以对自然媒质的极化干涉特征进行详细的表征，这种特性可以有效地应用于分类过程中。

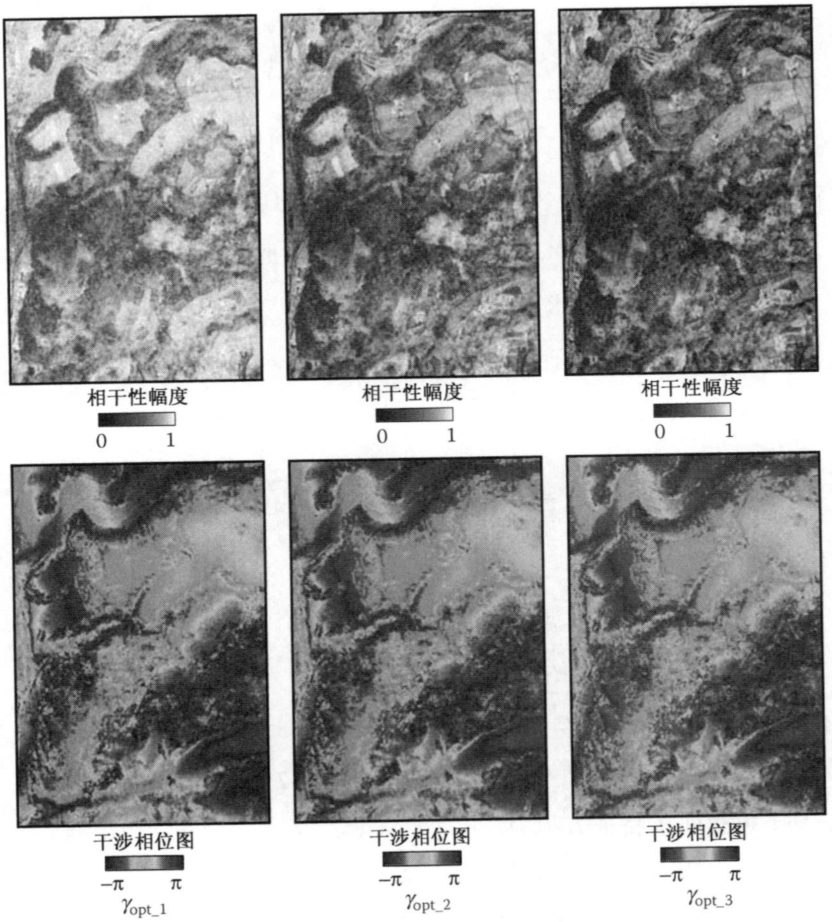

图 9.7 最优复干涉相干性。第一行为复相干性的幅度，第二行为干涉相位

9.2.4 极化干涉 SAR 数据统计特性

正如第 4 章所述，散射矢量 $\boldsymbol{k}_6$［见式(9.3)］服从复高斯分布［见式(4.34)］，多视相干矩阵 $\boldsymbol{T}_6$ 服从维度为 6 的复威沙特分布［见式(4.39)］。对于极化干涉 SAR 分类，很容易将第 8 章推导的威沙特距离度量应用于矩阵 $\boldsymbol{T}_6$［见式(8.28)］。为清晰起见，利用本节的符号将 T_6 距离度量重写如下：

$$d(\boldsymbol{T}_6,\omega_m)=\ln|\boldsymbol{\Sigma}_{6m}|+\mathrm{Tr}\left(\boldsymbol{\Sigma}_{6m}^{-1}\boldsymbol{T}_6\right) \tag{9.23}$$

式中，$\boldsymbol{\Sigma}_{6m}=E[\boldsymbol{T}_6\,|\,\omega_m]$。

利用第 8 章的方法，将一个样本相干矩阵 $\boldsymbol{T}_6$ 划分到一个由 6×6 复相干矩阵 $\boldsymbol{\Sigma}_{6m}$ 描述的聚类中心 ω_m 所对应的类别，这时该距离度量可以用于 k-mean 聚类算法之中。

式(9.23)的威沙特距离度量随极化和干涉相干性的变化而变化，但是正如 9.1 节所述，极化参数对于森林高度和生物量的变化并不十分敏感。极化观测量 $\boldsymbol{T}_{11}$ 和 $\boldsymbol{T}_{22}$ 的存在可能降低对森林参数的敏感度。因此，为了更有效地进行森林分类，需要去除极化分量，设计一个对森林参数更敏感的最大似然分类器。Ferro-Famil 等人[5]设计了一种基于最优相干组合的距离度量：

$$d(\bar{\boldsymbol{R}},\omega_m)=n\log(|\bar{\boldsymbol{P}}_m-I_{\mathrm{D3}}|)-\log\left({}_2\tilde{F}_1(n,n;3;\bar{\boldsymbol{P}}_m,\bar{\boldsymbol{R}})\right) \tag{9.24}$$

式中，n 代表视数；${}_2\tilde{F}_1(n,n;3;\bar{\boldsymbol{P}}_m,\bar{\boldsymbol{R}})$ 是超几何函数。

式(9.24)的矩阵定义为

$$\bar{\boldsymbol{R}}=\begin{bmatrix}|\gamma_{\mathrm{opt\_1}}|^2 & 0 & 0\\ 0 & |\gamma_{\mathrm{opt\_2}}|^2 & 0\\ 0 & 0 & |\gamma_{\mathrm{opt\_3}}|^2\end{bmatrix} \tag{9.25}$$

而 $\bar{\boldsymbol{P}}_m=E[\bar{\boldsymbol{R}}\,|\,\omega_m]$ 是类 ω_m 的中心。本节中的分类步骤类似于第 8 章中的威沙特分类。基于训练集或一个初始化方案计算类中心 $\bar{\boldsymbol{P}}_m$。像素将根据其最优相干性 $\bar{\boldsymbol{R}}$ 与所有类中心的距离[见式(9.24)]分配至距离最小的那一类。距离度量[见式(9.24)]推导参见附录 9.A。

9.3　森林制图与森林分类

9.3.1　森林区域分割

在 9.1 节的引言部分曾经提到，对于一般的地物分类，利用 SAR 极化信息可以比较准确地区分不同散射机制，但是对于茂密的森林，L 波段的 SAR 极化参数趋于饱和。而干涉 SAR 测量的信息可以进一步将体散射媒质(例如森林)划分为不同类别，但是分类结果很难与一般地物分类的类别相对应。

如图 9.1(b)所示，8.7 节介绍的基于散射模型的非监督分类方法能够比较准确地从场景中提取森林覆盖区域。8.6 节介绍的基于 $H/A/\bar{\alpha}$ 分解的非监督分类也是很有效的分类方法[11]。这类方法可将体散射地物与其他散射机制的地物区分开，从而实现精确的森林制图，其准确率可达到 90%。建筑物的散射机制主要为偶次散射，被划分为城区。但是，部分建筑物和结构复杂的目标与森林散射特性比较接近，因此被划分到体散射类别中，仅利用极化信息与功率信息无法将这类目标与森林区分开。这种情况下，由于建筑物一般不沿方位向排列，也可能由于屋顶特别粗糙，后向散射回波为随机极化波，从而造成交叉极化回波功率较强。极化干涉相干性分析可以通过干涉相干性差异来区分目标与杂波，从而解决该问题[11]。

9.3.2　体散射类型地物的非监督极化干涉 SAR 分类

森林区域被提取后可以进一步划分为更精细的类别。图 9.8 描述了两种分别基于不同的极化干涉数据统计量的非监督极化干涉分类过程。两种分类方法都基于 3 组最优干涉相干系数(将在本节中讨论)获得初始类中心。相干最优使不同目标最优相干系数间的差异更加明显。完整的最优干涉相干系数集合描述符具有高度的可区分性，可以用于森林分类的初始化过程。

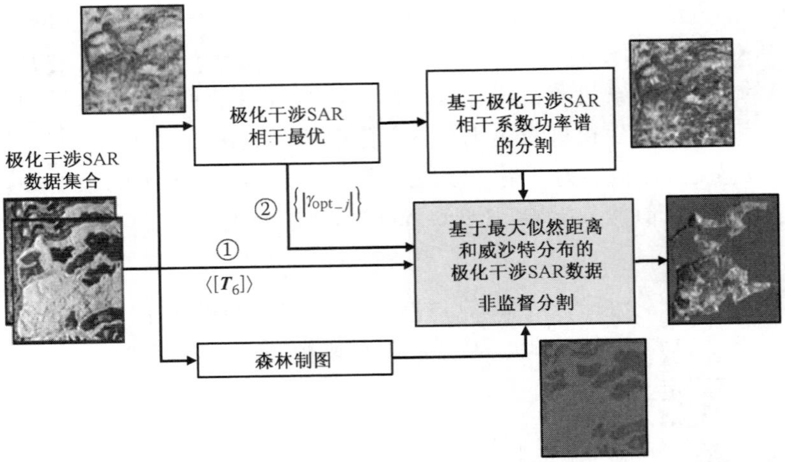

图 9.8 极化干涉 SAR 数据非监督分割过程。① 基于 6×6 复相干矩阵 $\boldsymbol{T}_6$；② 基于最优相干集合 $\{|\gamma_{\text{opt}\_j}|\}$

图 9.9(a)是最优干涉相干系数的伪彩色合成图，其中绿色代表 γ_{opt_1}，红色代表 γ_{opt_2}，蓝色代表 γ_{opt_3}。该图可说明相干最优对森林分类的影响。图中，白色区域的目标显示出较高的相干系数，且不受极化方式的影响，代表点目标散射体和裸土特征。绿色区域在分辨单元内存在单一的主要相干机理，明显高于与红色和蓝色通道有关的次要相干系数。该区域代表低信噪比区域和某些特殊地表。森林覆盖区域由深绿色表示，表明存在相干系数较低的主要散射特征。图 9.4 所示泡利伪彩色合成图表明裸露地表和农田区域的极化和极化干涉特性有明显差异。干涉信息可以辨别极化信息无法区分的建筑物与森林区域。森林覆盖区域在极化伪彩色合成图中表现为均匀区域，但干涉数据显示皆伐区与稀疏林区对应的散射相干系数与其他区域相比存在很大差异。

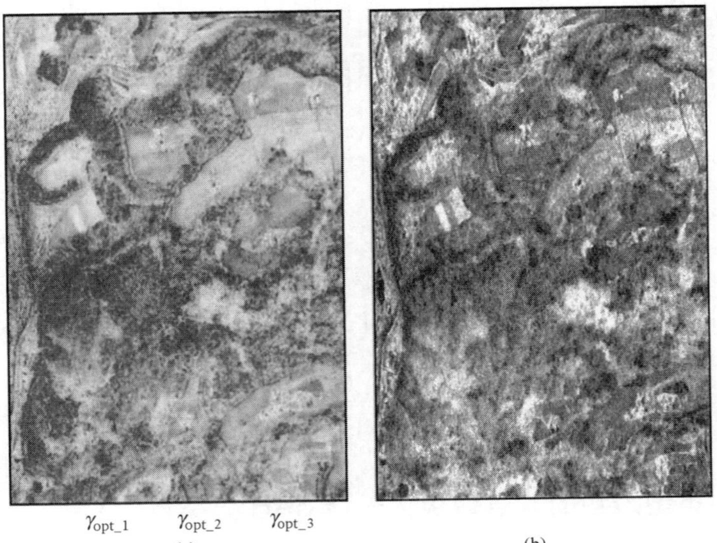

(a) (b)

图 9.9 (a) 最优相干系数的伪彩色合成图；(b) 基于最优相干系数 A_1-A_2 平面划分的森林区域分类。按照图9.10中对3个最优相干系数的相对关系 A_1-A_2 定义的二维特征平面进行划分，将森林区域划分为9类，类别的颜色与 A_1-A_2 平面中相应区域的颜色相同

为了将最优干涉相干系数中依赖极化方式的部分分离出来，定义其相对值：

$$\tilde{\gamma}_{\text{opt}\_i}=\frac{|\gamma_{\text{opt}\_i}|}{\sum_{j=1}^{3}|\gamma_{\text{opt}\_j}|},\qquad \tilde{\gamma}_{\text{opt}\_1}\geqslant\tilde{\gamma}_{\text{opt}\_2}\geqslant\tilde{\gamma}_{\text{opt}\_3} \tag{9.26}$$

可以用两个参数 A_1 和 A_2 完整地描述相对最优相干谱，定义如下[11, 12]：

$$A_1=\frac{\tilde{\gamma}_{\text{opt}\_1}-\tilde{\gamma}_{\text{opt}\_2}}{\tilde{\gamma}_{\text{opt}\_1}}\quad 且\quad A_2=\frac{\tilde{\gamma}_{\text{opt}\_1}-\tilde{\gamma}_{\text{opt}\_3}}{\tilde{\gamma}_{\text{opt}\_1}} \tag{9.27}$$

这两个参数表示了不同优化通道间的相对幅度差异。如图 9.10 中左侧图所示，将不同最优干涉相干系数划分为 6 个区域。对角线上的 3 个区域对应 $\tilde{\gamma}_{\text{opt}\_2}=\tilde{\gamma}_{\text{opt}\_3}$ 的情况，第二和第三干涉相干系数相对于第一干涉相干系数 $\tilde{\gamma}_{\text{opt}\_1}$ 的归一化比值分别用红色与绿色长条的高度表示。如图 9.10 中右侧图所示，为了提高分类精度，将 A_1-A_2 平面划分为 9 个区域。基于 9 个区域分割的分类结果如图 9.9(b)所示，对于图中所示场景和不同基线下观测的其他场景，这种初步的非监督分割都可以达到较为理想的结果[13]。该过程同时利用了相干最优与归一化干涉相干系数集合。

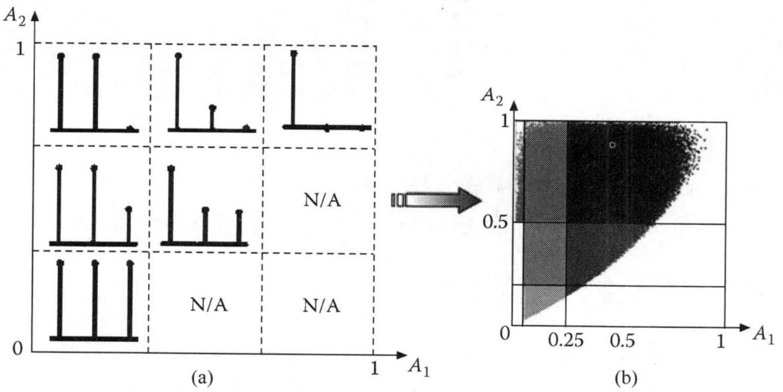

图 9.10　(a) 由 A_1 和 A_2 定义的最优相干组合(左)；(b) A_1-A_2 平面选择(右)

一方面，分类结果可以利用式(9.23)，用于初始化威沙特迭代分类，分类过程与第 8 章所述过程相同。另一方面，也可以利用式(9.24)，同最优干涉相干系数集合 $\{|\gamma_{\text{opt}\_j}|\}$ 一起用于统计分类。森林覆盖区域的分类结果如图 9.11 所示。上述分类过程中，根据平均相干系数的大小，对不同类别着色，颜色越深代表相干系数越低，颜色越浅代表相干系数越高。可以看出，极化干涉信息可以有效地将具有相似极化和干涉特性的散射体划分为同一类，可以将茂密林地、稀疏林地和皆伐区分为不同类别。

如图 9.11 所示，两幅分类影像存在相似之处，特别是对于相干系数很低或很高的区域。对于具有中度相干系数的区域，基于威沙特距离的分类器将其分割为均匀区域，而基于最优干涉相干系数的方法将展现出更多非均匀特征，表现为分散的深绿色聚类。一项参考部分地面实况信息的细致研究证明，实际森林区域在均匀程度上确实与威沙特迭代分割结果不一致。如图 9.4(a)中的泡利伪彩色合成图所示，这种过度平滑特征是由与距离相关的后向散射功率引起的。作为特定的外部因素，由地形起伏或距离向位置所引起的入射角变化对该分类结果的影响也很大。尽管在远距离位置处的相干系数也受到影响，但对分类结果的影响较弱[5]。

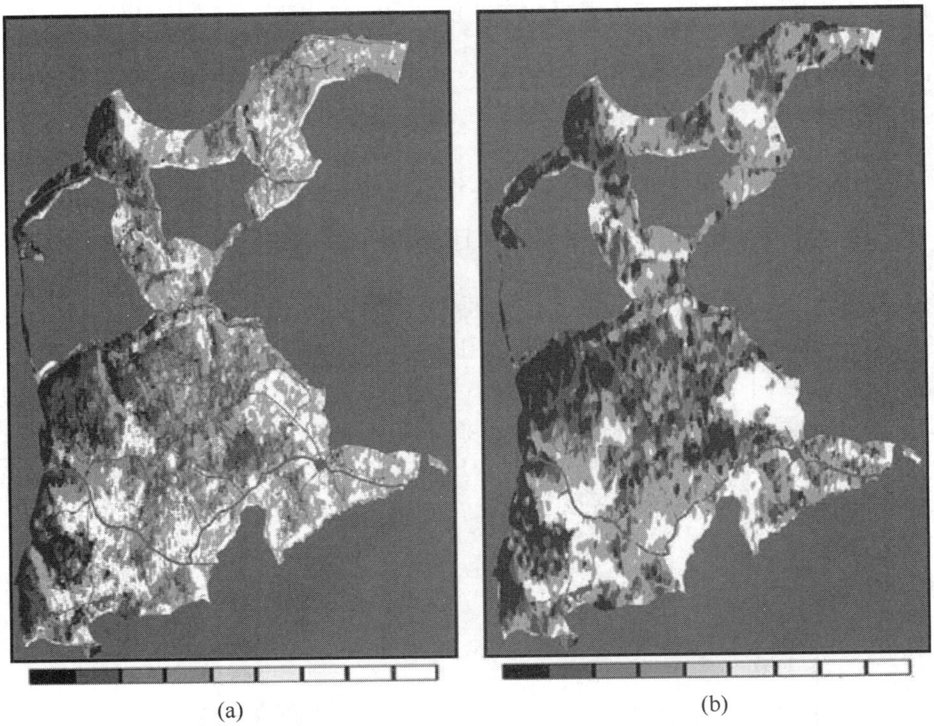

图 9.11 森林区域极化干涉数据非监督分类结果。(a) 基于相干矩阵 $\boldsymbol{T}_6$ 的统计分布;(b) 基于最优相干系数 $\{|\gamma_{opt\_j}|\}$ 的统计分布(空间基线为5 m,时间基线为10 min)

9.3.3 极化干涉 SAR 森林监督分类

基于威沙特距离和最优干涉相干系数的分类器均可应用于监督分类。森林的监督分类可以利用第 8 章介绍的经典二阶段统计算法。在初始阶段,分类器通过用户定义的训练集计算 6×6 平均相干矩阵 $\boldsymbol{T}_6$ 或最优干涉相干系数集合 $\{|\gamma_{opt\_j}|\}$ 以获得统计参数。在分类阶段,依据最近的最大似然距离来判断观测场景中的元素属于哪种类别。前文介绍的两类最大似然距离计算方法可任选一种。为抑制散射过程变化造成的影响,提高分类效率,可以在极化图像分割结果基础上实施监督分类。这种方法首先对极化图像实施非监督极化干涉分割,得到空间上独立的聚类,然后计算各类的样本统计量,之后即可将初始分类结果作为训练样本实施监督分类流程。分类结果如图 9.12 所示,上述两种分类方法相应的混淆矩阵由表 9.1 和表 9.2 给出,表 9.1 是基于训练集的结果,表 9.2 是基于全部生物量图的结果。

分类结果显示两种方法在低生物量区域均得到较为满意的结果,并可以明显地与高生物量区域区分。对于高生物量区域,基于最优干涉相干系数集合 $\{|\gamma_{opt\_j}|\}$ 的统计分类器比基于 6×6 平均相干矩阵 $\boldsymbol{T}_6$ 统计量的威沙特分类器精度高约 15%。威沙特分类器准确率较差的原因是极化信息受入射角变化的影响。在威沙特方法中起主要作用的极化信息,即后向散射回波的总功率(Span)信息比相干极化特性更容易受统计距离的影响。值得注意的是,在远距端干涉基线减小同样对分类性能有影响。

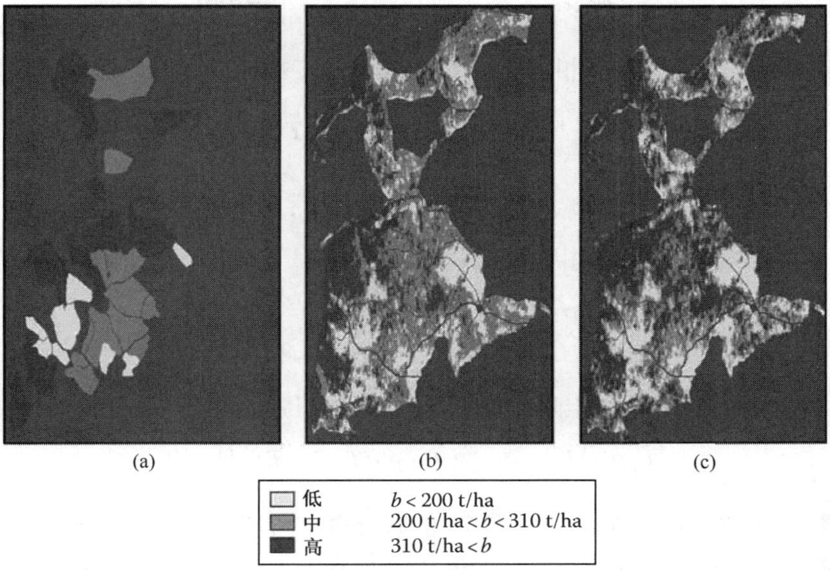

图 9.12　森林区域极化干涉数据监督分类结果。(a) 生物量的真实分布；(b) 基于相干矩阵 $\boldsymbol{T}_6$ 的统计分布；(c) 基于最优相干系数 $\{|\gamma_{\mathrm{opt}\_j}|\}$ 的统计分布(空间基线为 5 m，时间基线为 10 min)

表 9.1　基于训练集评估的混淆矩阵(%)

	基于统计量 T_6			基于统计量 $\{\lvert\gamma_{\mathrm{opt}\_j}\rvert\}$		
	低	中	高	低	中	高
低	**78.3**	20.0	1.7	**78.5**	20.0	1.5
中	14.6	**78.1**	7.3	17.9	**66.6**	15.5
高	0.9	4.0	**95.1**	0.0	6.1	**93.9**

表 9.2　基于全部分类图评估的混淆矩阵(%)

	基于统计量 T_6			基于统计量 $\{\lvert\gamma_{\mathrm{opt}\_j}\rvert\}$		
	低	中	高	低	中	高
低	**64.5**	28.2	7.3	**64.9**	29.6	5.5
中	16.9	**70.2**	12.9	17.5	**56.3**	26.2
高	5.8	38.0	**56.2**	2.1	26.9	**71.0**

附录 9.A　最优干涉相干系数集合的统计量推导

本附录介绍了最优干涉相干系数集合的联合概率密度函数推导过程。在分类过程中，利用最优干涉相干系数的概率密度函数可以获得分类过程需要使用的样本距离，如式(9.28)所示。利用下面的变量代换关系：

$$\tilde{\underline{\boldsymbol{w}}}_i = \alpha \boldsymbol{T}_{ii}^{\frac{1}{2}} \underline{\boldsymbol{w}}_i, \qquad \tilde{\underline{\boldsymbol{w}}}_i^{*\mathrm{T}} \tilde{\underline{\boldsymbol{w}}}_i = 1 \tag{9.28}$$

极化干涉相干系数的表达式(9.6)可以重新表达为

$$\gamma(\tilde{\boldsymbol{w}}_1,\tilde{\boldsymbol{w}}_2)=\tilde{\boldsymbol{w}}_1^{*\mathrm{T}}\boldsymbol{T}_{11}^{-\frac{1}{2}}\boldsymbol{\Omega}_{12}\boldsymbol{T}_{22}^{-\frac{1}{2}}\tilde{\boldsymbol{w}}_2=\tilde{\boldsymbol{w}}_1^{*\mathrm{T}}\tilde{\boldsymbol{T}}_{12}\tilde{\boldsymbol{w}}_2 \tag{9.29}$$

经变量代换后，6×6 复极化干涉相干矩阵 $\boldsymbol{T}_6$ 的表达式变换为极化信息经过白化滤波的形式：

$$\tilde{\boldsymbol{T}}_6=\begin{bmatrix}\boldsymbol{I}_{\mathrm{D3}} & \tilde{\boldsymbol{T}}_{12}\\ \tilde{\boldsymbol{T}}_{21} & \boldsymbol{I}_{\mathrm{D3}}\end{bmatrix},\qquad \tilde{\boldsymbol{T}}_{12}=\boldsymbol{T}_{11}^{-\frac{1}{2}}\boldsymbol{\Omega}_{12}\boldsymbol{T}_{22}^{-\frac{1}{2}}=\tilde{\boldsymbol{T}}_{21}^{*\mathrm{T}} \tag{9.30}$$

该变换将服从复威沙特分布且概率密度函数分别为 $W_{\mathrm{C}}(n,\boldsymbol{\Sigma}_6)$ 和 $W_{\mathrm{C}}(n,\tilde{\boldsymbol{\Sigma}}_6)$ 的样本相干矩阵 $\tilde{\boldsymbol{T}}_6$ 联系起来，且样本的最优干涉相干系数保持不变[5]，

$$\tilde{\boldsymbol{\Sigma}}_6=\begin{bmatrix}\boldsymbol{I}_{\mathrm{D3}} & \boldsymbol{P}\\ \boldsymbol{P}^{*\mathrm{T}} & \boldsymbol{I}_{\mathrm{D3}}\end{bmatrix},\qquad \tilde{\boldsymbol{T}}_6=\begin{bmatrix}\tilde{\boldsymbol{T}}_{11} & \tilde{\boldsymbol{T}}_{12}\\ \tilde{\boldsymbol{T}}_{12}^{*\mathrm{T}} & \tilde{\boldsymbol{T}}_{22}\end{bmatrix} \tag{9.31}$$

式中 $\boldsymbol{P}$ 表示 $\tilde{\boldsymbol{\Sigma}}_6$ 的最优干涉相干矩阵，$\tilde{\boldsymbol{T}}_6$ 的最优干涉相干系数集合满足[5]

$$\left|\tilde{\boldsymbol{T}}_{12}\tilde{\boldsymbol{T}}_{22}^{-1}\tilde{\boldsymbol{T}}_{12}^{*\mathrm{T}}-|r_i|^2\left(\tilde{\boldsymbol{T}}_{11.2}+\tilde{\boldsymbol{T}}_{12}\tilde{\boldsymbol{T}}_{22}^{-1}\tilde{\boldsymbol{T}}_{12}^{*\mathrm{T}}\right)\right|=0 \tag{9.32}$$

式中 $\tilde{\boldsymbol{T}}_{11.2}=\tilde{\boldsymbol{T}}_{11}-\tilde{\boldsymbol{T}}_{12}\tilde{\boldsymbol{T}}_{22}^{-1}\tilde{\boldsymbol{T}}_{12}^{*\mathrm{T}}$。$\tilde{\boldsymbol{T}}_{11.2}$、$\tilde{\boldsymbol{T}}_{12}$与 $\tilde{\boldsymbol{T}}_{22}$的联合概率密度函数是 $W_{\mathrm{C}}(n,\tilde{\boldsymbol{\Sigma}}_6)$。$\tilde{\boldsymbol{T}}_{11.2}$项独立且服从的概率密度函数为 $W_{\mathrm{C}}(n-q,\boldsymbol{I}_{\mathrm{D3}}-\boldsymbol{P}\boldsymbol{P}^{*\mathrm{T}})$，但是取决于 $\tilde{\boldsymbol{T}}_{22}$，$\tilde{\boldsymbol{T}}_{12}$的分布满足圆高斯分布 $N_{\mathrm{c}}(\boldsymbol{P}\tilde{\boldsymbol{T}}_{22},(\boldsymbol{I}_{\mathrm{D3}}-\boldsymbol{P}\boldsymbol{P}^{*\mathrm{T}})\otimes\boldsymbol{I}_{\mathrm{D3}})$。

根据上一个表达式，可以推导出式(9.32)等号左边项符合非中心威沙特分布 $W_{\mathrm{C}}(q,\boldsymbol{I}_{\mathrm{D3}}-\boldsymbol{P}\boldsymbol{P}^{*\mathrm{T}},(\boldsymbol{I}_{\mathrm{D3}}-\boldsymbol{P}\boldsymbol{P}^{*\mathrm{T}})^{-1}\boldsymbol{P}\tilde{\boldsymbol{T}}_{22}\boldsymbol{P}^{*\mathrm{T}})$。

根据式(9.32)中各项的分布，在正定矩阵空间中可计算 $\boldsymbol{R}\boldsymbol{R}^{*\mathrm{T}}=\mathrm{diag}(|r_1|^2,|r_2|^2,|r_3|^2)$的分布，参见式(9.29)，该项的分布依赖于 $\tilde{\boldsymbol{T}}_{22}$。$\tilde{\boldsymbol{T}}_{22}$ 的概率密度函数与最终整合项的乘积可以表示样本 6×6 相干矩阵 $\tilde{\boldsymbol{T}}_6$ 的最优干涉相干系数集合模值平方的联合概率密度函数[5]

$$\begin{aligned}p(\bar{\boldsymbol{R}})=&\frac{\tilde{\Gamma}_3(n)\pi^6}{\tilde{\Gamma}_3(n-3)\tilde{\Gamma}_3(3)^2}|\boldsymbol{I}_{\mathrm{D3}}-\bar{\boldsymbol{P}}|^n|I_{\mathrm{D3}}-\bar{\boldsymbol{R}}|^{n-6}\ {}_2\tilde{\boldsymbol{F}}_1(n,n;3;\bar{\boldsymbol{P}},\bar{\boldsymbol{R}})\\&\times\prod_{i<j}^{3}\left(|r_i|^2-|r_j|^2\right)^2\end{aligned} \tag{9.33}$$

式中 ${}_2\tilde{\boldsymbol{F}}_1(\cdot)$ 代表复高斯超几何分布函数的参数，且有 $\bar{\boldsymbol{P}}=\boldsymbol{P}\boldsymbol{P}^{*\mathrm{T}}$，$\bar{\boldsymbol{R}}=\boldsymbol{R}\boldsymbol{R}^{*\mathrm{T}}$。对等式两端取对数，抵消与 $\boldsymbol{P}$ 无关的项，则可能定义一个距离函数，表示样本的最优相干系数集合 $\bar{\boldsymbol{R}}$ 与类中心 $\boldsymbol{X}_m$ 的最优相干系数集合 $\bar{\boldsymbol{P}}_m$ 的距离，表达式为

$$d(\bar{\boldsymbol{R}},\omega_m)=n\log(|\boldsymbol{P}_m-\boldsymbol{I}_{\mathrm{D3}}|)-\log\left({}_2\tilde{F}_1(n,n;3;\boldsymbol{P}_m,\bar{\boldsymbol{R}})\right) \tag{9.34}$$

式(9.34)与式(9.28)是一致的。

参考文献

[1] T. Le Toan, et al., On the relationship between forest structure and biomass, *The 3rd Symposium on the Retrieval of Biophysical Parameters from SAR Data for Land Applications*, Sheffield, United Kingdom, September 2001.

[2] Lee, J. S., Grunes, M. R., and Pottier, E., Quantitative comparison of classification capability: Fully

polarimetric versus dual- and single-polarization SAR, *IEEE Transactions on Geoscience and Remote Sensing*, 39(11), 2343-2351, November 2001.

[3] Papathanassiou, K. P. and Cloude, S., Single-baseline polarimetric SAR interferometry, *IEEE Transactions on Geoscience and Remote Sensing*, 3(11), 2352-2363, November 2001.

[4] Mette, T., Hajnsek, I., and Papathanassiou, K., Height-biomass allometry in temperate forests, *Proceedings of IGARSS 2003*, Toulouse, France, July 2003.

[5] Farro-Famil, L., Pottier, E., Kugler, F., and Lee, J. S., Forest mapping and classification at L-band using Pol-InSAR optimal coherence set statistics, *Proceedings of EUSAR 2006*, Dresden, Germany, 16-18, May 2006.

[6] Lee, J. S., Grunes, M. R., Ainsworth, T., Papathanassiou, K., Hajnsek, I., Mette, T., and Farro-Famil, L., Forest classification based on multi-baseline interferometric and polari-metric E-SAR data, *Proceedings of EUSAR 2006*, Dresden, Germany, May 16-18, 2006.

[7] Cloude, S. R. and Papathanassiou, K., Polarimetric SAR Interferometry, *IEEE Transactions on Geoscience and Remote Sensing*, 36(5), 1551-1565, September 1998.

[8] Papathanassiou, K. P., Polarimetric SAR Interferometry, 1999, PhD Thesis, Tech. Univ. Graz (ISSN 1434-8485 ISRN DLR-FB-99-07).

[9] Ferro-Famil, L. and Neumann, M., Recent advances in the derivation of POL-InSAR statistics: Study and applications, *7th European Conference on Synthetic Aperture Radar*, Graf-Zeppelin-Haus, Friedrichshafen, Germany, June 02-05, 2008.

[10] Colin, E., Titin-Schnaider, C., and Tabbara, W., An interferometric coherence optimization method in radar polarimetry for high resolution imagery, *IEEE Transactions on Geoscience and Remote Sensing*, 44, 1, January 2006.

[11] Ferro-Famil, L., Pottier, E., and Lee, J. -S., Unsupervised classification of natural scenes from polarimetric interferometric SAR data, in *Frontiers of Remote Sensing Information Processing*, C. H. Chen (Ed.), Singapore: World Scientific Publishing, pp. 105-137, 2003.

[12] Ferro-Famil, L., Pottier, E., and Lee, J. -S., Unsupervised classification of multi-frequency and fully polarimetric SAR images based on the H/A/Alpha Wishart classifier, *IEEE Transactions on Geoscience and Remote Sensing*, 39, 11, November 2001.

[13] Ferro-Famil, L., Pottier, E., and Lee, J. -S., Classification and interpretation of polarimetric interferometric SAR data, *Proceedings of IGARSS*, Toronto, Canada, June 2002.

第 10 章　极化 SAR 应用示例

在过去的 20 年里，由于获得了大量机载和星载极化 SAR 数据，极化合成孔径雷达在地球遥感和监测领域中的应用蓬勃发展起来。本书已经在第 8 章和第 9 章中分别介绍了极化 SAR 土地和森林分类技术。除此之外，极化 SAR 信息提取算法还在其他应用领域有所发展，例如生物量和森林高度估计，雪地湿度和厚度测量，雪覆盖测图，表面地物参数估计（土壤湿度和表面粗糙度），冰川监测和测量，灾害监测和损失评估（地震、滑坡、洪水、森林火灾等），海浪、洋流及海面活性物质遥感，湿地保护，森林采伐监测，等等。本书限于篇幅，不能涵盖上述所有内容，在本章中仅选择了少数几个应用来进一步展示全极化 SAR 与单极化 SAR 和光学传感器相比所具有的优势。

10.1　人造建筑物极化特征分析

尽管目前的高分辨率 SAR 技术能够提供精细的目标特征，但解译图像中的人造建筑物或目标仍然是一个挑战，特别是在使用单极化数据的时候。相对而言，识别目标和建筑物所需的散射机理细节信息正是全极化 SAR 能够提供的。人造建筑物各部分产生的单次、二次，以及三次和更高次反射回波的集合仍然令物理解释工作面临极大的挑战。然而，第 7 章中的 Cloude 和 Pottier 目标分解[1]可以用来区分极化 SAR 图像中的多次反射回波现象。在文献[2]中，Lee 等人通过一个有趣的例子来展示极化 SAR 在分析人造建筑物的雷达特征时所表现出来的能力。示例中使用的是 EMISAR 在丹麦 Great Belt 大桥所获取的 C 波段全极化数据。数据分两次获取，第一次是在桥梁的建造过程中，第二次是在桥梁竣工之后。从这两次获取的数据中提取出了桥板、桥梁缆索及支撑结构的散射特征。桥梁在建设时表现出相对简单的散射特征。但在其完工之后，桥板、桥梁缆索、支撑结构及各独立散射体之间的复合交互作用在 SAR 图像中表现出更为复杂的散射特征。图 10.1 展示了 EMISAR 数据的泡利矢量伪彩色合成图，图中的桥梁正在施工，桥板尚未安装。EMISAR 由图像右侧飞向左侧并由图像的顶端向桥梁进行照射。桥梁在图像中显示出来的彩色雷达特征主要是由单次、二次及三次反射回波造成的，详细内容将在后文中进行解释。

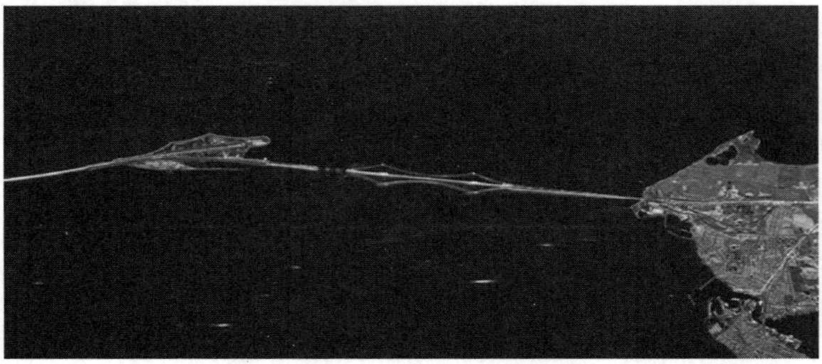

图 10.1　建设中的丹麦 Great Belt 大桥 EMISAR 泡利矢量伪彩色合成图

人造建筑物的后向散射信号通常是由建筑物各个部分产生的单次、二次及多次反射回波形成的，这与随机媒质如植被区所产生的漫散射有所不同。因此在理想状态下，交叉极化 HV 项的回波功率较弱。然而，图中的 HV 后向散射功率主要来自倾斜的桥梁缆索和其他引入方向角偏移的[3~6]目标。Great Belt 大桥的极化 SAR 特征所展现出来的单次反射回波与多次反射回波混合作用效果将在后文进行论述。

10.1.1　斜距向多次反射回波

在第 1 章中已经介绍过，雷达信号从传感器出发经过与目标的多次反射并返回所经过的全部距离，决定了其在 SAR 图像中的斜距向位置。图 10.2 画出了单次反射回波和多次反射回波的示意图，图中所示的光滑表面导电圆柱体轴线正交于纸面，这种结构产生了单次、二次及三次反射回波。假设雷达平台与目标的距离足够远，从而保证所有的雷达收发传输路径都是平行的。圆柱体距离地面的高度为 d，其直径比 d 小得多。为便于说明，图 10.2中圆柱体尺寸被放大了，它与高度的比例并不能代表真实的情况。将垂线和平面的交点“P” 与雷达之间的距离表示为 L。由此可得单次反射回波的收发路径长度为 $2(L-d\cos\theta)$，二次反射回波的收发路径长度为 $2L$，三次反射回波的收发路径长度为 $2(L+d\cos\theta)$。式中参数 θ 为局部入射角。有趣的是，二次反射回波的距离与目标的高度无关，单次反射回波与二次反射回波之间的收发距离差为 $2d\cos\theta$，二次反射回波与三次反射回波之间的收发距离差也是 $2d\cos\theta$。

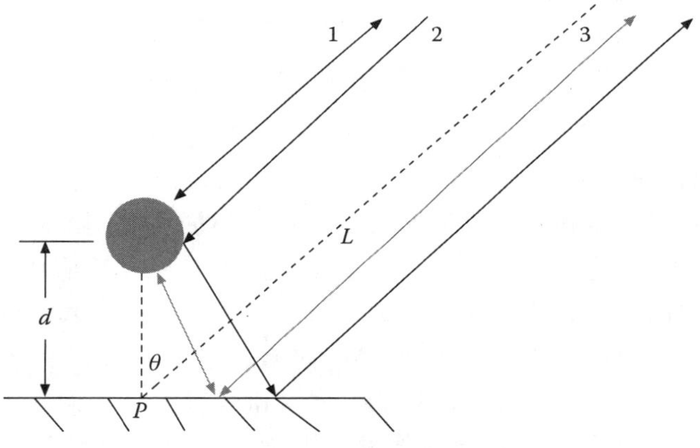

图 10.2　路径“3”代表三次反射回波，路径“1”和路径“2”分别是单次反射回波和二次反射回波。很容易证明单次反射回波的收发路径长度为$2(L-d\cos\theta)$，二次反射回波的收发路径长度为$2L$，三次反射回波的收发路径长度为$2(L+d\cos\theta)$。式中参数θ为局部入射角

10.1.2　在建桥梁的极化特征

在这座吊桥尚未完工时，EMISAR 获得了该区域的 C 波段极化 SAR 图像。雷达视角在 28°到 64°之间，距离向与方位向分辨率皆为 3 m 左右。图 10.3 显示了 |HH|、|HV|和 |VV|通道的成像结果。图像顶部为雷达近距端。一眼看去，图中顶端的两条平行弧线极易被认为是桥梁的两条巨大缆索产生的回波，中间的两条亮线代表了桥板的回波，而其下的两条弧线是由两条缆索产生的二次反射回波。然而图 10.4(a)中的光学图像表明桥板当时尚未安装，因此上述分析并不成立。

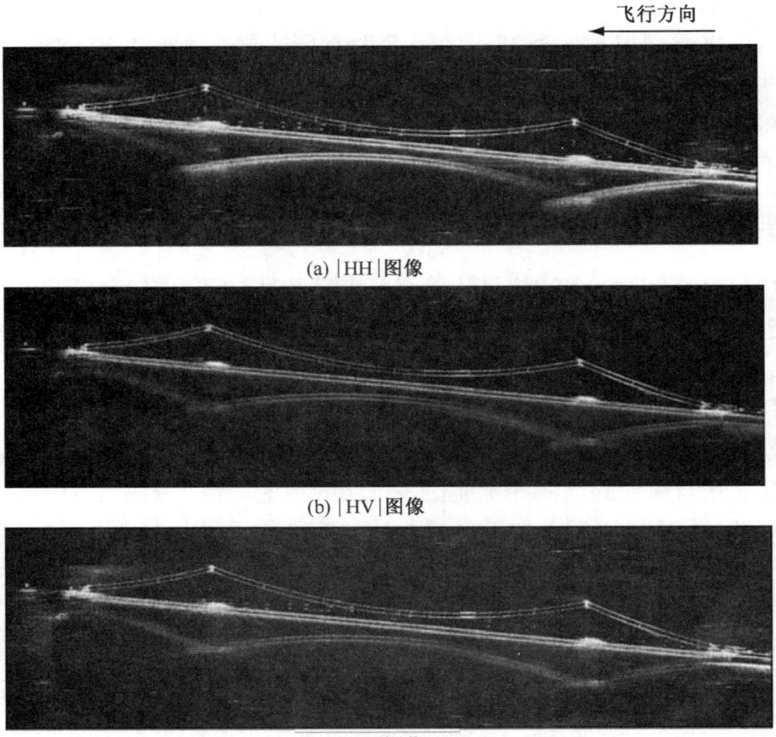

(a) |HH|图像

(b) |HV|图像

(c) |VV|图像

图 10.3　在建桥梁的特征，图像顶部为近距端

对图 10.3 中几条亮线之间的距离进行详细分析表明，中间的两条亮线是缆索引起的二次反射回波造成的，较低的弧线是由缆索产生的三次反射回波造成的。单次反射回波与二次反射回波之间的距离差和二次反射回波与三次反射回波之间的距离差相等，即前面提到的 $2d\cos\theta$。在已知入射角的前提下，巨大缆索的高度 d 可以被估计出来。这两条大缆索是由几百条缆索装配而成的，在获取数据时尚未用包线束扎在一起。因此松散的缆索具有比完工之后更大的雷达散射截面积。极化 SAR 数据的泡利矢量表示方法[见图 10.4(b)]分别用 $|HH-VV|$、$|HV|$ 和 $|HH+VV|$ 作为红、绿和蓝来区分二面角散射、交叉极化散射和表面散射。倾斜的缆索会引入方向角偏移，从而导致较高的 $|HV|$ 后向散射功率(详见 10.2 节)。在图 10.4(b)中，倾斜缆索的后向散射令其呈现出彩虹般的颜色特征。

单次反射回波

海洋表面的单次反射回波呈现出典型的布拉格(Bragg)谐振散射特征，在泡利表示法[见图 10.4(b)]中用蓝色表示。图 10.4(b)中缆索引起的单次反射回波用绿色表示，这是由于倾斜缆索引起的极化方向角效应使得 $|HV|$ 通道中的回波功率变得更强。缆索的颜色随方向角的变化而变化。当缆索接近于水平位置时，方向角旋转变为零，回波总功率也相应变得更强。由于桥塔的表面对于 C 波段来说是非常光滑的，因此由其引起的表面后向散射非常微弱且不易辨识。

(a)

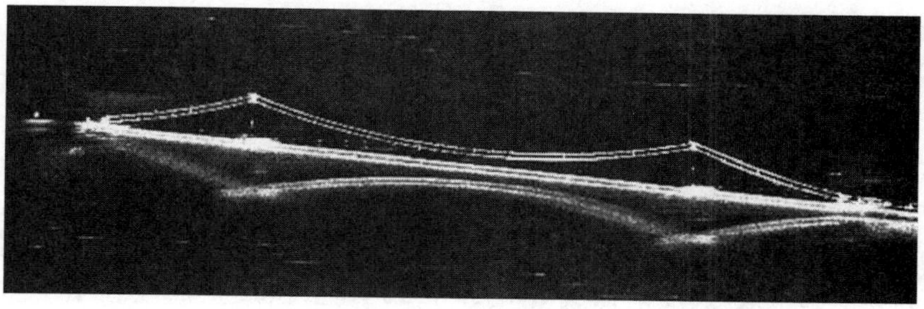

(b)

图 10.4 桥梁在建设中时，如航拍图(a)所示，桥板尚未安装；(b)为极化SAR数据的泡利矢量表示，红色、绿色和蓝色分别代表|HH－VV|、|HV|和|HH＋VV|，以分辨二面角散射、交叉极化散射和表面散射

二次反射回波

图 10.4(b)中部的两条直线是由较强的二次反射回波产生的。前面已经提到，雷达二次反射回波的双程距离就等于雷达至目标在海面垂点的双程距离。由于海洋表面是水平的，因此缆索造成的二次反射回波为直线。由于粗糙海洋表面反射，二次回波的聚焦质量要逊于单次回波。对于三个线极化通道(HH、HV 和 VV)来说，图 10.3 中的二次反射回波功率要高于单次和三次反射回波。有两点因素导致二次反射回波具有更高的回波功率：(1)二次反射回波包含两条传播路径(雷达→海洋表面→缆索→雷达和雷达→缆索→海洋表面→雷达)，而单次反射回波仅有一条传播路径(雷达→缆索→雷达)；(2)由于粗糙海洋表面的散射，二次反射回波在缆索上的散射面积要大于单次反射回波。从理论上讲，0°方向角旋转的二次反射回波|HV|项应该为零。因此，|HV|中较强的二次反射回波功率来自倾斜的未缠绕缆索。大桥的走向并未严格地与顺轨方向平行，因此图 10.3 中的|HV|回波功率并不是以缆索的跨度中心对称的，而是右侧的回波功率更强。新近研究表明建筑物的排列方向与 SAR 的飞行方向不平行会引起二次反射的极化方向角偏移，从而使得 HV 通道的回波功率更强[3~6]。从图 10.4(b)中也可以观测到两座支撑塔的二次反射回波极强，

这是由于二次反射回波经塔身的各个部分投射到海洋表面后产生的。这些回波的总和增加了接收端的总功率。在城区的雷达图像中，经建筑物投射于地面的二次反射回波是最明显的，其回波功率较大。

三次反射回波

倾斜缆索在图 10.4(b) 中的三次反射回波展现出彩虹般的色彩，其局部显露出来的绿色产生于较大方向角所引起的较强的 HV 回波功率。其余部分由于与方位向比较一致，故方位角较小，从而 HH 和 VV 的回波功率更高。图 10.3 中 HH 回波功率高于 VV 的部分在图 10.4(b) 中接近于紫色。三次反射回波的幅度通常与单次反射回波幅度相当。此外，我们还观测到由海洋表面张力波(capillary wave)所引起的三次反射回波特征模糊现象。

Cloude-Pottier 分解的应用

由于分解的参数具有旋转不变性(见第 7 章)，Cloude-Pottier 分解成为能够描述散射机理特征的优势技术。极化熵对于描述分布式媒质的散射机理多样性是非常有效的。从获得的极化熵图像中发现：在描述吊桥这类人造建筑物的散射机理特征时，极化熵并不像平均 α 角 ($\bar{\alpha}$) 那样有用。这是由于 $\bar{\alpha}$ 能够区分表面、偶极子及二面角这三种不同的散射机理。

图 10.5 显示了 $\bar{\alpha}$，右侧的颜色标尺显示范围在 0° ~ 90°之间。缆索产生的单次反射回波展现出偶极子散射特征，由接近 45°的绿色来表示。众多红色斑点交织在单次反射回波特征当中，它们代表了松散的缆索、束缚缆索的装置及垂直的缆索之间产生的局部二次反射回波。中间的两条红线展示了典型的二次反射回波特征，其 $\bar{\alpha}$ 在 70° ~ 90°之间。两座支撑塔产生的二次反射回波 $\bar{\alpha}$ 接近于 90°。三次反射回波在图中呈现绿色，即偶极子散射。我们还发现在三次反射回波特征之间存在局部的二次反射回波现象。Cloude-Pottier 分解与方向角无关，因此全部缆索都被归类为偶极子散射。然而，桥两端的大片红斑标志着偶次反射回波。我们认为那是由塔顶建筑[图 10.4(a) 中可见到工程吊车]的局部二次反射和海洋表面的二次反射造成的。四次反射回波的传输路径从雷达到海洋表面再到塔顶，经塔顶二次反射后再次到达海洋表面，最终回到雷达，其散射特征与二次反射回波相类似，但其传输路径距离接近于三次反射回波。此外从图像中还可以观测到其他特征。海洋表面的蓝色是典型的表面散射标志，其间夹杂着不少浮标与海面构成的二次反射回波。浮标的数量和位置与该区域的航海图相匹配。图像中也包含少量的船只。

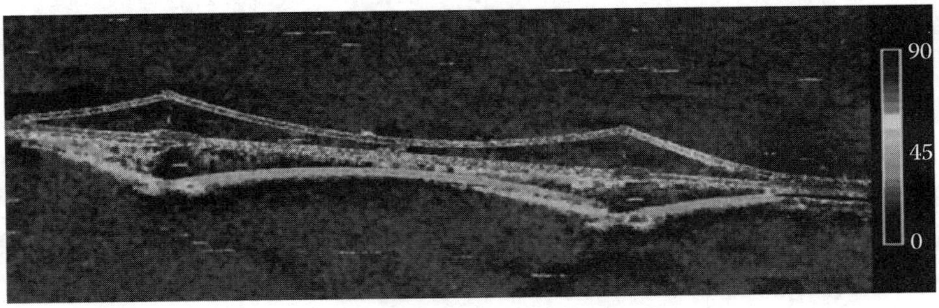

图 10.5　经 Cloude-Pottier 分解得到的 $\bar{\alpha}$ 图，右侧的颜色标尺显示范围在 0° ~ 90°之间

10.1.3　桥梁建成后的极化特征

在完工之后，桥梁的极化特征变得更加复杂。桥板已经被安装完毕，两条粗大的缆索也被缠绕起来，减小了它们的雷达散射截面积。图 10.6 中包含了 |HH + VV|、|HH − VV| 和 |HV| 通道的桥梁图像。这时的特征比尚未完工时复杂得多，也很难针对单一的极化通道进行解释。桥板与缆索的多次反射回波重叠在一起。完工后的桥梁参见图 10.7(a)。从图中可以看到，桥板并不是水平的，而是向吊索和桥板的连接处即整个跨度的中间部分微微上倾。

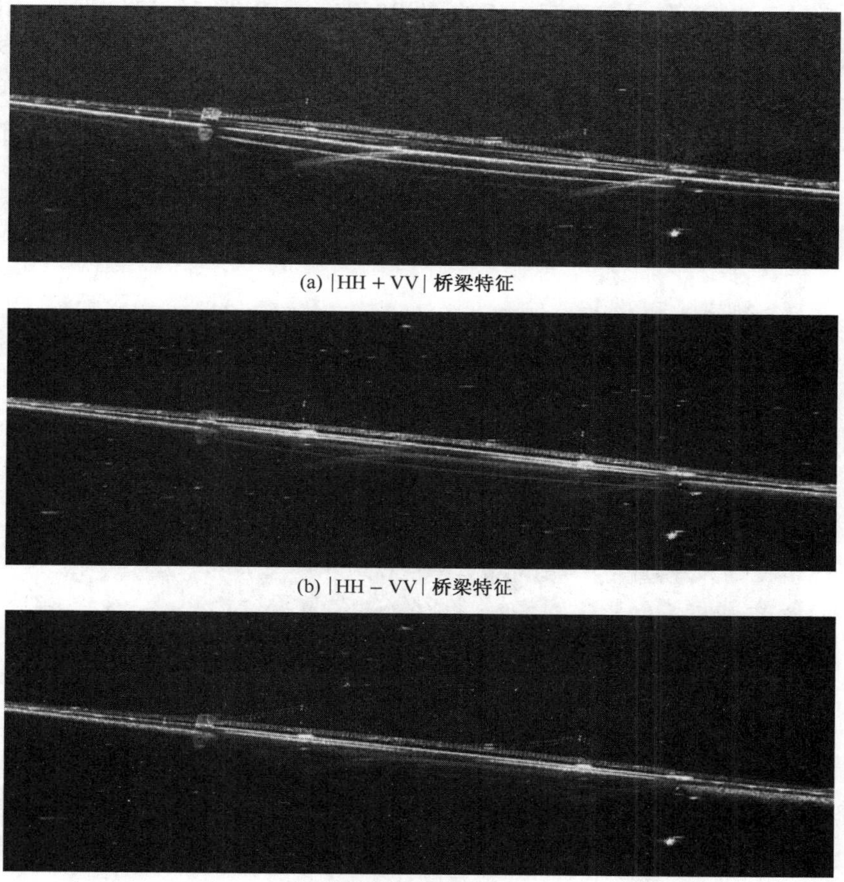

(a) |HH + VV| 桥梁特征

(b) |HH − VV| 桥梁特征

(c) |HV| 桥梁特征

图 10.6　完工后桥梁的极化特征

单次、二次和三次反射回波

泡利分解伪彩色合成图[见图 10.7(b)]表明桥梁的极化特征在完工前后差异很大。缆索的单次反射回波要比其在图 10.4(b)中弱得多，这是由于捆束后的缆索雷达散射截面积更小。与理论预计相一致，桥板的单次反射回波不是一条直线而是一条微弯的曲线，但由于桥板上存在大量的结构体，使得其回波非常强。缆索和桥板的二次反射回波所构成的两条直线由于都投射到海洋表面上，因此完全交叠在一起。缆索的三次反射回波比桥板上的回波更弱，并且受到后者的影响而使有些部分显得模糊。桥板的三次反射回波与直达的单次反射回波相比，曲率相反。除此之外，还能在桥板的三次反射回波特征下观测到另外两条线，那是由桥板下的支撑建筑引起的多次（多于三次）奇数次反射回波。下面将以 $\bar{\alpha}$ 为基础详细地讨论这一罕见的反射回波特征。

图 10.7(c)是通过 Cloude-Pottier 分解计算的 $\bar{\alpha}$ 图。图中缆索和桥板的多次反射回波机理要比在泡利矢量表示图［见图 10.7(b)］中的效果更加明显。图 10.7(c)中的特征和桥梁在建时获取的图 10.5 中的特征是相似的，但缠绕的缆索特征减弱，并且桥板产生的多次反射回波使三次反射回波特征变得模糊不清。桥板的高强度二次反射回波（用红色表示）完全覆盖了缆索的二次反射回波。桥板的三次反射回波［图 10.7(c)中用"A"标记的曲线，用蓝色表示］对应的 $\bar{\alpha}$ 在 0°～30°之间，该现象表明单次反射回波中的主要成分是表面散射而不是偶极子散射。这是由于三次反射回波包含两次海洋表面反射，因此主要表现为表面散射特征。我们也注意到，由于超出吊桥的桥板是连续的，因此三次反射特征超出了吊桥，达到引桥的范围。

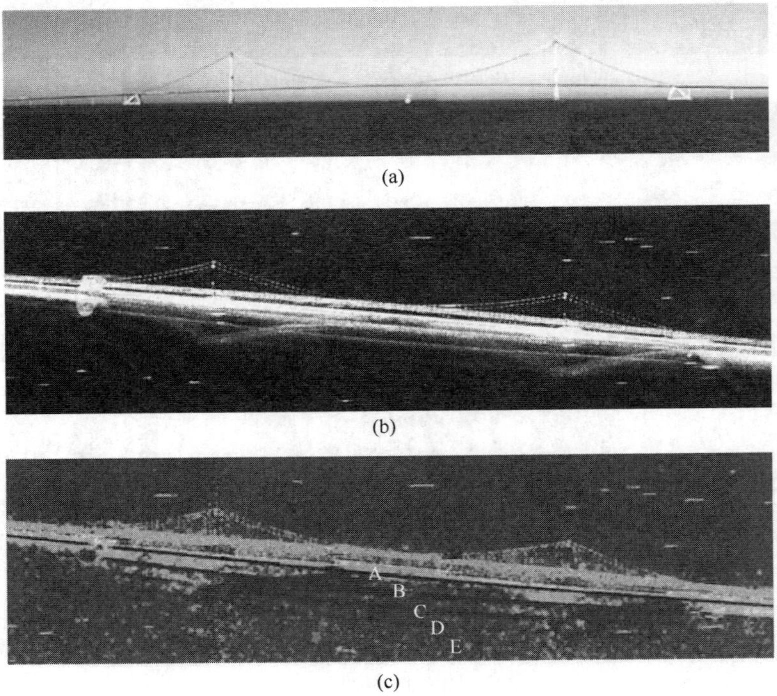

图 10.7 桥梁完工后的图像。(a) 航拍图；(b) 泡利分解伪彩色合成图，桥梁完工前后的极化特征差异巨大；(c) Cloude-Pottier分解的 $\bar{\alpha}$ 图。桥板的三次反射回波在图中用"A"标记。其他被平行标记为"B"、"C"、"D"和"E"的是由桥板和海洋表面产生的更高阶的多次反射回波

更高阶的多次反射回波散射

在桥板引起的三次反射回波特征（标记为"A"）之下，有两条曲线［在图 10.7(c)中标记为"B"和"C"］在 $\bar{\alpha}$ 图中也显示为蓝色，这表明它们是奇数次反射回波。由于它们对应的斜距长于三次反射回波，故反射次数必定大于 3。图 10.8 揭示了一种可能的解释，即三次反射回波下方的曲线"B"可以通过以下路径来实现：雷达→海洋表面→桥板的底部→海洋表面（垂直向下）→桥板的底部（垂直向上）→海洋表面→雷达。反射次数累计为 5 次，若桥板底

部为二次反射回波，那么总反射次数将达到 7 次。遗憾的是，由于缺乏桥板下支撑建筑的详细资料，因此无法验证上述结论。在桥板底部垂直向下的反射中可能发生过一次局部二次反射，并且在从海洋表面返回桥板底部和经过海面返回雷达这两个过程之间可能又发生了一次相同的局部二次反射，此时累计反射次数达到了 7 次。若忽略那两段微小的局部二次反射距离，从雷达出发再回到雷达的总距离则为 $2(L+d\cos\theta)+2d$，式中 d 为桥板到海洋表面的高度。在图 10.7(c)中，根据刚刚分析的二次反射特征、三次反射特征和五次反射特征所对应的斜距长度，这个解释看上去还是比较合理的。在这条线下方的曲线“C”还包含两次桥板到海洋表面再返回桥板的反射特征。在粗糙海洋表面作用下，上述特征的回波强度更加微弱，其收发距离为 $2(L+d\cos\theta)+4d$。在 $\bar{\alpha}$ 图中，这些特征曲线之间的距离为上述解释提供了支持。此外，我们还观测到两条有些破碎但仍可以在 $\bar{\alpha}$ 图中识别出来的曲线[在图 10.7(c)中标记为“D”和“E”]。它们可能是由更多的桥板和海洋表面反射造成的。一般来说，雷达信号的收发距离为 $2(L+d\cos\theta)+2nd$，式中 n 代表海洋表面垂直反射的次数。由于粗糙海洋表面的散射效应，每经过一次海洋表面反射，回波强度都将衰减一些。海洋表面和桥板下层结构共同形成了一种类似于“谐振腔”的组合体。延迟量为雷达回波在腔体中总的传输路径长度(桥梁和水面之间的总反射次数)，这一现象在 Cloude-Pottier 分解的 $\bar{\alpha}$ 图中尤为明显。

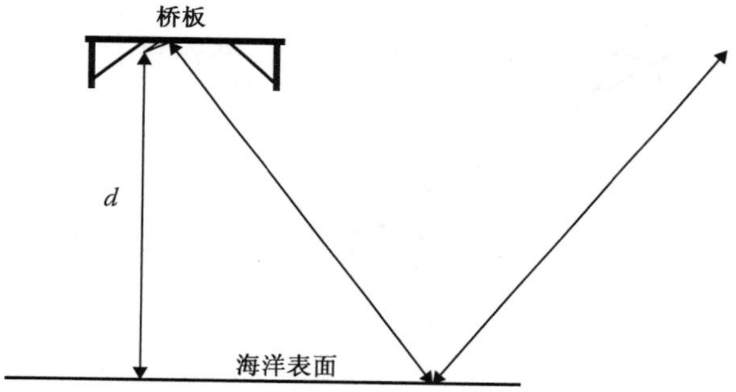

图 10.8　图 10.7(c)中的更多次散射现象的示意图

10.1.4　小结

在本节中，我们用一个实例展示了极化 SAR 数据和极化分析技术在解释人造建筑物雷达特征时的优势，并阐明了多次散射在复杂目标特征分析中的重要性。虽然仅围绕完工前后的大桥进行了研究，但这个例子展示了极化 SAR 和极化分解在人造建筑物分析领域中的作用。

致谢：本节的研究是以丹麦大学的丹麦遥感中心(DCRS)提供的 EMISAR 数据为基础的。感谢 EMISAR 团队能够提供如此有价值的数据。

10.2　极化方向角估计及其应用

在对全极化 SAR 数据进行分析的时候，极化方向角是一个拥有丰富极化信息却最少被利用到的极化参数之一。在第 2 章中讨论过，电磁波的极化状态可以用极化方向角 θ 和椭圆率角 χ 来表示。本节将介绍因方位向坡度而产生的极化方向角变化。在一般应用中，经过定标处理的极化 SAR 系统令 H 极化指向水平方向，此时方位向倾斜平面的后向散射将与水平平面形成的后向散射有所差异。散射响应差异与天线绕雷达视线旋转的角度相关。这对于分布媒质十分有效。通常认为极化方向角偏移是对方位向坡度的直接度量。遗憾的是，这并不正确。Lee 等人[6]和 Pottier[7]经研究发现方向角偏移还与雷达视角和距离向坡度有关。本节将以圆极化和包括方位向坡度、地距向坡度在内的雷达几何为基础，介绍方向角的估计方法[5,6]。此外，本节还包括地物参数估计和海洋表面特征观测方面的应用。

10.2.1 雷达几何和极化方向角

极化方向角变化与地形坡度和雷达视角之间存在一个散射几何关系[5]，如图 10.9 所示。单位矢量对 $(\hat{x},\hat{y})$ 定义了一个水平平面，$(\hat{y},\hat{z})$ 定义了雷达入射平面，雷达视线与 $\hat{\boldsymbol{I}}_1$ 轴反向。$\hat{\boldsymbol{I}}_1$ 与 $\hat{z}$ 之间的夹角 ϕ 为雷达视角。$\hat{x}$ 轴为方位向，$\hat{y}$ 轴为地距向，$\hat{\boldsymbol{N}}$ 为地表面元的法向量。若极化 SAR 经过定标，则水平极化(H)将与水平平面 $(\hat{x},\hat{y})$ 相平行，而垂直极化(V)将在入射平面中。

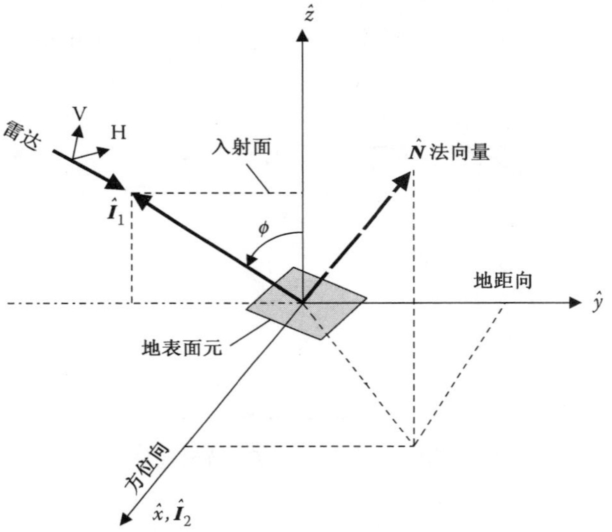

图 10.9 雷达成像几何、方向角和地面坡度的几何关系示意图

若地表面元是水平的，则其表面法向量 $\hat{\boldsymbol{N}}$ 在入射平面中，方向角偏移为零。然而当地表面元沿方位向发生倾斜时，其表面法向量 $\hat{\boldsymbol{N}}$ 将离开入射平面。该平面引发的极化方向角偏移(polarization orientation angle shift) θ 是入射平面 $(\hat{y},\hat{z})$ 绕雷达视线旋转直到与表面法向量再次重合所转过的角度，如下式所示[5]：

$$\tan\theta = \frac{\tan\omega}{-\tan\gamma\cos\phi + \sin\phi} \tag{10.1}$$

式中，$\tan\omega$ 为方位向坡度，$\tan\gamma$ 为地距向坡度。式(10.1)的详细推导过程可参考文献[5]的附录。式(10.1)表明方位向坡度是引起方向角偏移的主要因素，但它也和地距向坡度及雷达视角相关。在地距向坡度较小的情况下，例如海洋表面，方向角在 $(1/\sin\phi)$ 乘子的作用下会表现出大于方位向坡度的趋势。当地距向坡度为正值时(朝向雷达方向)，方向角测量值通常比实际的方位向坡度更大，当地距向坡度为负值时则相反。当雷达视角较大时，方向角和对应的方位向坡度之间的差异将变小。若想准确地估计方位向坡度，那么地距向坡度信息是不可或缺的。这个条件可以通过获取同一区域的两条正交（或近似正交）航迹的极化 SAR 图像来满足[8]。

10.2.2　圆极化协方差矩阵

在介绍方向角估计算法之前，有必要先了解极化矩阵旋转和圆极化基变换（见第 3 章）的相关知识。如前所述，在方向角偏移为 θ 的情况下，满足互易性假设的媒质所产生的后向散射可由下式表述：

$$\tilde{\boldsymbol{S}}=\begin{bmatrix}\cos(\theta) & \sin(\theta)\\ -\sin(\theta) & \cos(\theta)\end{bmatrix}\begin{bmatrix}S_{\mathrm{HH}} & S_{\mathrm{HV}}\\ S_{\mathrm{HV}} & S_{\mathrm{VV}}\end{bmatrix}\begin{bmatrix}\cos(\theta) & -\sin(\theta)\\ \sin(\theta) & \cos(\theta)\end{bmatrix}\tag{10.2}$$

式中顶部带有“～”的 $\boldsymbol{S}$ 矩阵表示经过 θ 角旋转的矩阵，为方便起见，本书后文将延续使用这一约定。

如第 3 章所示，从散射矩阵容易得到对应的圆极化分量：右-右圆极化（RR）、左-左圆极化（LL）及右-左圆极化（RL），如下式所示：

$$\begin{aligned}S_{\mathrm{RR}}&=(S_{\mathrm{HH}}-S_{\mathrm{VV}}+\mathrm{i}2S_{\mathrm{HV}})/2\\ S_{\mathrm{LL}}&=(S_{\mathrm{VV}}-S_{\mathrm{HH}}+\mathrm{i}2S_{\mathrm{HV}})/2\\ S_{\mathrm{RL}}&=\mathrm{i}(S_{\mathrm{HH}}+S_{\mathrm{VV}})/2\end{aligned}\tag{10.3}$$

将第 3 章中的散射矩阵旋转代入，可获得方向角旋转后的表达式：

$$\begin{aligned}\tilde{S}_{\mathrm{RR}}&=S_{\mathrm{RR}}\,\mathrm{e}^{-\mathrm{i}2\theta}\\ \tilde{S}_{\mathrm{LL}}&=S_{\mathrm{LL}}\,\mathrm{e}^{\mathrm{i}2\theta}\\ \tilde{S}_{\mathrm{RL}}&=S_{\mathrm{RL}}\end{aligned}\tag{10.4}$$

定义圆极化基矢量为

$$\underline{\boldsymbol{c}}=\begin{bmatrix}S_{\mathrm{RR}}\\ \sqrt{2}S_{\mathrm{RL}}\\ S_{\mathrm{LL}}\end{bmatrix}\tag{10.5}$$

式中乘子 $\sqrt{2}$ 是为了保持总功率不变。将矢量 $\underline{\boldsymbol{c}}$ 代入可获得圆极化基协方差矩阵 $\boldsymbol{G}$

$$\begin{aligned}\boldsymbol{G}&=\langle\underline{\boldsymbol{c}}\,\underline{\boldsymbol{c}}^{*\mathrm{T}}\rangle\\ &=\begin{bmatrix}\left\langle|S_{\mathrm{RR}}|^2\right\rangle & \sqrt{2}\left\langle\left(S_{\mathrm{RR}}S_{\mathrm{RL}}^*\right)\right\rangle & \left\langle\left(S_{\mathrm{RR}}S_{\mathrm{LL}}^*\right)\right\rangle\\ \sqrt{2}\left\langle\left(S_{\mathrm{RL}}S_{\mathrm{RR}}^*\right)\right\rangle & 2\left\langle|S_{\mathrm{RL}}|^2\right\rangle & \sqrt{2}\left\langle\left(S_{\mathrm{RL}}S_{\mathrm{LL}}^*\right)\right\rangle\\ \left\langle\left(S_{\mathrm{LL}}S_{\mathrm{RR}}^*\right)\right\rangle & \sqrt{2}\left\langle\left(S_{\mathrm{LL}}S_{\mathrm{RL}}^*\right)\right\rangle & \left\langle|S_{\mathrm{LL}}|^2\right\rangle\end{bmatrix}\end{aligned}\tag{10.6}$$

将式（10.4）代入，可得经过旋转的圆极化协方差矩阵

$$\tilde{\boldsymbol{G}}=\begin{bmatrix}\left\langle|S_{\mathrm{RR}}|^2\right\rangle & \sqrt{2}\left\langle\left(S_{\mathrm{RR}}S_{\mathrm{RL}}^*\right)\mathrm{e}^{-\mathrm{i}2\theta}\right\rangle & \left\langle\left(S_{\mathrm{RR}}S_{\mathrm{LL}}^*\right)\mathrm{e}^{-\mathrm{i}4\theta}\right\rangle\\ \sqrt{2}\left\langle\left(S_{\mathrm{RL}}S_{\mathrm{RR}}^*\right)\mathrm{e}^{\mathrm{i}2\theta}\right\rangle & 2\left\langle|S_{\mathrm{RL}}|^2\right\rangle & \sqrt{2}\left\langle\left(S_{\mathrm{RL}}S_{\mathrm{LL}}^*\right)\mathrm{e}^{-\mathrm{i}2\theta}\right\rangle\\ \left\langle\left(S_{\mathrm{LL}}S_{\mathrm{RR}}^*\right)\mathrm{e}^{\mathrm{i}4\theta}\right\rangle & \sqrt{2}\left\langle\left(S_{\mathrm{LL}}S_{\mathrm{RL}}^*\right)\mathrm{e}^{\mathrm{i}2\theta}\right\rangle & \left\langle|S_{\mathrm{LL}}|^2\right\rangle\end{bmatrix}\tag{10.7}$$

其中，非对角项发生了改变。矩阵中的对角项与 θ 无关，因此是旋转不变的。由式（10.7）可

知，若平均窗口内的像素满足均匀性假设，那么方向角的变化仅影响非对角项的相位。矩阵中的 $\tilde{G}_{13}$ 项与后文将介绍的圆极化算法具有紧密的联系。

10.2.3 圆极化算法

方向角偏移会引起散射矩阵和圆极化基协方差矩阵围绕雷达视线虚拟旋转。由于方向角信息包含于极化 SAR 数据当中，为了从中提取方位向坡度造成的方向角偏移量而开发了若干种算法。经过实际数据检验，极化特征法(polarization signature method)[9]和圆极化算法(circular polarization method)[5,6]是有效的。除此之外，文献[10～12]还介绍了包括目标分解法在内的其他算法。极化特征法[9]是以测量同极化响应最大值所对应的方向角偏移为基础的。van Zyl(见第 6 章)的研究表明，极化特征图能够在方向角和椭圆率角平面中表征极化响应，并确定同极化响应的最大值。鉴于圆极化算法以理论推导为基础，本节将主要对它进行讨论。此外，圆极化算法的运算过程比极化特征法更简单，准确性也更高。

反射对称(见第 3 章)概念在推导方向角估计算法方面起到了重要的作用。在式(10.7)中，尽管 $\tilde{G}_{12}$ 和 $\tilde{G}_{23}$ 项在旋转后仅改变了各自的相位信息，具有用于估计方向角偏移的潜力，但上述两项并不适宜用于估计方向角偏移。在反射对称媒质处于水平姿态时，它们的非零相位将影响方向角旋转估计的准确性[6]。圆极化算法选用由单视或多视复数据计算的右-右和左-左圆极化相关项 $\tilde{G}_{13}$ 来估计极化方向角偏移。该算法利用加利福尼亚州 Camp Roberts 地区的 L 波段全极化 SAR 数据进行了实验并与 C 波段 TopSAR 干涉数据进行了对照检验，结论证明该算法是有效的。

方向角偏移提取方程与第 6 章介绍的 Krogager 分解的右旋和左旋圆极化相位差方程形式相同[见式(6.92)]。该算法经 Lee 等人[5,6]改进后，式(10.7)所示圆极化协方差矩阵中的右-右和左-左圆极化相关项(即 $\tilde{G}_{13}$ 项)被用于进行方向角偏移估计。若平均窗口内的像素属于均匀媒质，那么方位向坡度引起的方向角偏移可表示为

$$<\tilde{S}_{RR}\tilde{S}_{LL}^{*}> = < S_{RR}S_{LL}^{*}> \mathrm{e}^{-\mathrm{i}4\theta} \tag{10.8}$$

$<\tilde{S}_{RR}\tilde{S}_{LL}^{*}>$ 项在水平表面反射对称媒质情况下应为实数(即相位值为零)，否则将破坏相位项 $\mathrm{e}^{-\mathrm{i}4\theta}$ 与方向角偏移之间的对应关系。如果 $<\tilde{S}_{RR}\tilde{S}_{LL}^{*}>$ 项在水平表面反射对称媒质情况下为实数，那么实际观测的 $<\tilde{S}_{RR}\tilde{S}_{LL}^{*}>$ 相位值只能来自方向角旋转。在反射对称媒质情况下，交叉极化和同极化项的相关性为零。将式(10.3)代入 $<\tilde{S}_{RR}\tilde{S}_{LL}^{*}>$，并将式中包含 S_{HV} 的相关项设为零(除 $<|S_{HV}|^2>$ 项以外)，可得

$$<S_{RR}S_{LL}^{*}> = \left(-<|S_{HH}-S_{VV}|^2> + 4<|S_{HV}|^2>\right)/4 \tag{10.9}$$

由上式可知，该项为实数，即相位项为零。因此，S_{HH} 和 S_{VV} 之间的相位差并不会在方向角偏移估计过程中引入误差。由式(10.8)可知，4θ 反正切算子的值域范围在$(-\pi, \pi]$之间，因此 θ 的值域范围相应被限定在$(-\pi/4, \pi/4]$之间。

为了得到一般的表达形式，将式(10.3)代入 $<\tilde{S}_{RR}\tilde{S}_{LL}^{*}>$ 可得

$$<\tilde{S}_{RR}\tilde{S}_{LL}^{*}> = \frac{1}{4}\left\{<-|\tilde{S}_{HH}-\tilde{S}_{VV}|^2 + 4|\tilde{S}_{HV}|^2> -\mathrm{i}4\,\mathrm{Re}\left(<(\tilde{S}_{HH}-\tilde{S}_{VV})\tilde{S}_{HV}^{*}>\right)\right\} \tag{10.10}$$

由式(10.8)和式(10.10)可得

$$-4\theta = \mathrm{Arg}\left(<\tilde{S}_{RR}\tilde{S}_{LL}^{*}>\right) = \arctan\left(\frac{-4\ \mathrm{Re}\left(<(\tilde{S}_{HH}-\tilde{S}_{VV})\tilde{S}_{HV}^{*}>\right)}{-<|\tilde{S}_{HH}-\tilde{S}_{VV}|^2>+4<|\tilde{S}_{HV}|^2>}\right) \tag{10.11}$$

若直接利用上式进行方向角偏移计算，就会不可避免地引入误差。其原因在于方位向对称媒质在大部分情况下所对应的($<|\tilde{S}_{HH}-\tilde{S}_{VV}|^2>$)项大于$4<|\tilde{S}_{HV}|^2>$项，此时分母为负值。因此，当分子接近于零时反正切值接近$\pm\pi$，方向角偏移量接近于$\pm\pi/4$，而实际应接近于零。为了使方向角偏移与方位向坡度角相一致，应当加π以去除偏差。圆极化算法如下式所示：

$$\theta = \begin{cases} \eta, & \eta < \pi/4 \\ \eta - \pi/2, & \eta > \pi/4 \end{cases} \tag{10.12}$$

式中，

$$\eta = \frac{1}{4}\left[\arctan\left(\frac{-4\ \mathrm{Re}\left(<(\tilde{S}_{HH}-\tilde{S}_{VV})\tilde{S}_{HV}^{*}>\right)}{-<|\tilde{S}_{HH}-\tilde{S}_{VV}|^2>+4<|\tilde{S}_{HV}|^2>}\right)+\pi\right] \tag{10.13}$$

文献[6]表明该算法可以有效地估计极化方向角偏移。本节利用加利福尼亚州 Camp Roberts 地区的 JPL AIRSAR L 波段数据作为示例。在图 10.10 中，Camp Roberts 地区的光学图像显示地表被棕色的草本植物所覆盖，橡树的分布较为稀疏，但山谷中的植被较为茂盛。

图 10.11 的上图为 Camp Roberts 地区的全极化图像。本节利用基于泡利矩阵的伪彩色编码来混合各极化通道的数据：红色通道代表|HH - VV|，绿色通道代表|HV|，蓝色通道代表|HH + VV|。Y 形山谷中的矩形目标即为 Camp Roberts。图 10.11 中显示的是将全极化数据代入圆极化算法所获得的极化方向角偏移图，其上部的条纹来自系统噪声。

图 10.10　加利福尼亚州 Camp Roberts 地区地形和植被的光学图像

JPL AIRSAR 在获取极化数据的同时还利用 C 波段 TopSAR 系统获得了成像区域内的干涉数据。这样就可以用干涉生成的 DEM 和式(10.1)得到一个方向角偏移，并用它验证极化 SAR 导出的方向角偏移，由 DEM 推导出的方向角偏移示于图 10.11 下部。两幅子图间的相似性也证明了估计算法的有效性。凭借极化方向角偏移估计技术可以测量方位向坡度，并针对地形坡度变化来补偿极化 SAR 数据。补偿后的数据可以使地物参数估计及土地利用和地物分类的精度得到改善。

为便于说明，在原图中选择了一块 600×600 像素的区域，包含多种复杂散射体、崎岖的山丘地带及一条山谷，其全功率图像如图 10.12(a)所示。该极化 SAR 图像中出现了一些虚假水平亮线。为进行比较，将由圆极化算法导出的方向角偏移示于图 10.12(b)，由干涉 DEM 计算的方向角偏移示于图 10.12(c)。圆极化方法导出的方向角偏移与 DEM 导出的方向角偏移非常一致。然而在图 10.12(a)中，后向散射功率较强的区域所对应的方向角偏移估计结果表现为噪声。此外，这片区域带有陡峭的正地距向坡度，也造成了更高的雷达回波功率，表现近似于镜面散射，且 $\tilde{S}_{\mathrm{HH}} \approx \tilde{S}_{\mathrm{VV}}$。在此情况下，系统对方位向坡度引起的方向角偏移测量敏感度降低，因此对于植被的变化非常敏感。圆极化算法计算的极化方向角偏移量直方图示于图 10.12(d)。直方图分布呈现出钟形曲线，这表明极化方向角偏移估计量是准确的。

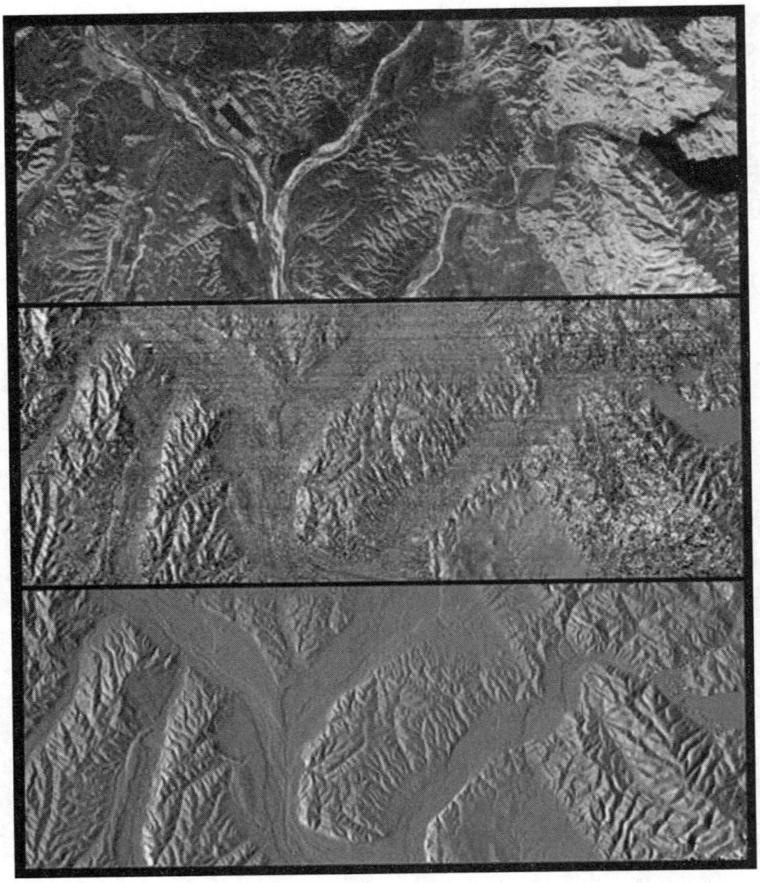

图 10.11　上图为 Camp Roberts 地区的全极化 SAR 图像；中图为圆极化算法计算的极化方向角偏移量。为了进行比较，下图是由C波段干涉SAR数字高程模型计算的方向角偏移。这两幅子图除了在图像中部由系统噪声引起的带状条纹造成的差异，其他部分都非常相似

(a) L波段全功率图像，包含了多种复杂散射体

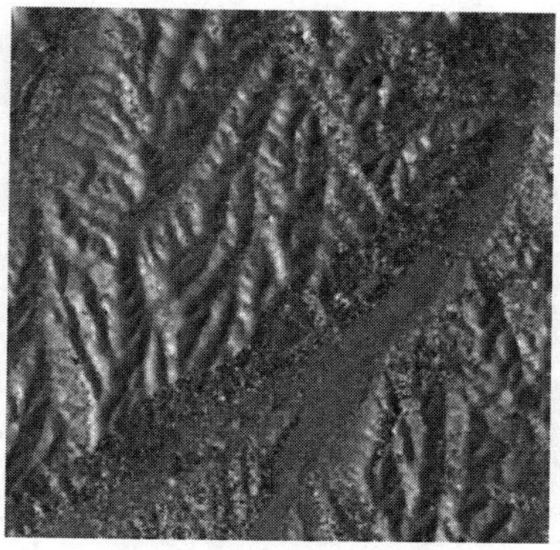

(b) 圆极化算法计算的极化方向角偏移图

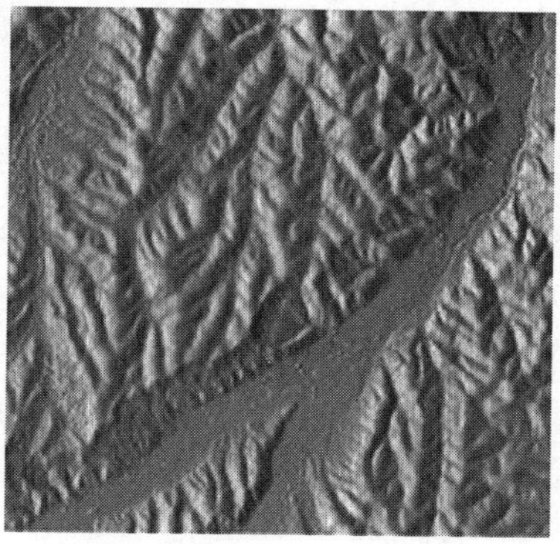

(c) 为了进行比较，由C波段干涉SAR数字高程模型计算的方向角偏移

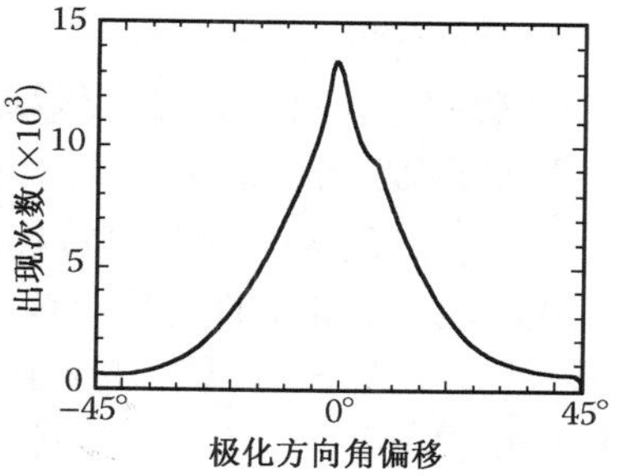

(d) 圆极化算法计算的极化方向角偏移直方图

图 10.12　加利福尼亚州 Camp Roberts 地区中一块 600×600 像素区域的极化方向角偏移估计

10.2.4　讨论

1. 雷达频率的影响

用 L 波段和 P 波段的全极化 SAR 数据可以获得较好的方向角偏移估计结果，但在利用 C 波段或更高频率数据时却并不成功。由于较短波长的电磁波穿透性较弱且对较小的散射体更加敏感，因此高频全极化 SAR 响应对方位向坡度的变化不够敏感。较小尺寸的散射体所引起的方向角变化将淹没地表坡度所引起的方向角变化，这使得 C 波段数据对应的方向角偏移图带有大量噪声。另外，较长波长的雷达(例如工作于 P 波段)穿透性更强且对较小的散射体不够敏感，因此其结果比 L 波段的更好。然而，P 波段数据会受到无线电频率干扰的影响而产生伪迹并导致不可接受的结果。

本节利用德国 Freiburg 地区的 JPL AIRSAR 数据展示雷达频率对方向角偏移估计的影响，处理结果示于图 10.13。图 10.13(a)为该地区的泡利伪彩色合成图，该图显示观测区域覆盖有浓密的森林。由 P 波段数据提取的方向角偏移[见图 10.13(b)]明显地揭示出 P 波段电磁波的穿透强度。由 L 波段数据提取的方向角偏移[见图 10.13(c)]充满了噪声，这意味着 L 波段对植被冠层下的地形变化不如 P 波段的敏感。C 波段数据的结果比 L 波段的更差。

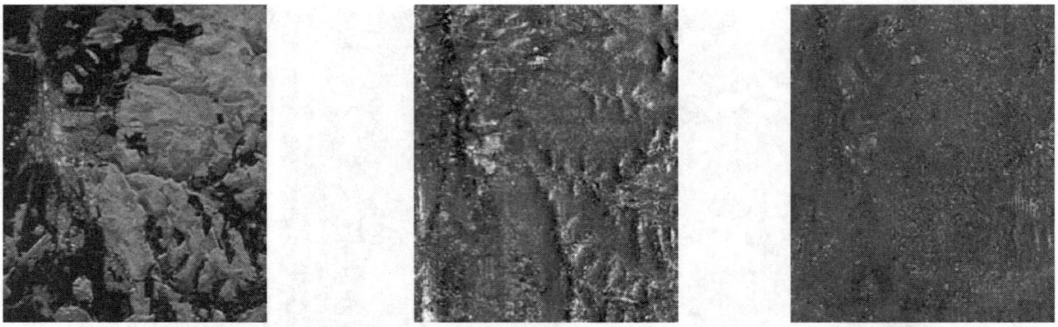

(a) P波段|HH−VV|、|HV|和|HH+VV|泡利伪彩色合成图 (b) P波段数据得到的方向角偏移图 (c) 由L波段数据得到的方向角偏移图

图 10.13 在密林区要用 P 波段进行方向角偏移提取，而不能用 L 波段或更高频率的数据。德国Freiburg地区的JPL AIRSAR P波段和L波段数据被用于提取方向角偏移

2. 极化定标的重要性

极化 SAR 数据定标对于准确地估算方向角偏移至关重要。幅度和相位定标的准确性都将影响方向角偏移估计结果。特别是对 $|S_{HV}|^2$ 项及交叉极化和同极化项之间相位差的准确性影响较大。许多极化 SAR 定标算法都是以 Quegan 定标算法[13]为基础的，该算法假设同极化和交叉极化项之间的相关性为零。该假设将在方向角偏移估计过程中引入误差。Ainsworth 等人提出了一种改进算法可以克服这个缺陷[14, 41]。此外，雷达平台的非零俯仰角也将在方向角偏移估计过程中引入误差，需要在应用提取算法之前对其进行补偿。

3. 雷达响应的动态范围

雷达接收端的极化通道隔离度动态范围对于能否成功地获得方向角偏移量非常关键。圆极化算法的关键是测量 $<(\tilde{S}_{HH}-\tilde{S}_{VV})\tilde{S}_{HV}^{*}>$ 项的准确程度，它比 $<|\tilde{S}_{HH}|^2>$ 或 $<|\tilde{S}_{VV}|^2>$ 的值小得多。当动态范围较小时，相关项会存在大量噪声。此外在必要的情况下，应该谨慎地进行极化 SAR 数据压缩，以保持动态范围不变。较小的系统动态范围和较差的通道间极化隔离度，都无法用于方向角偏移提取。

10.2.5 方向角偏移应用

除了前文涉及的地形方位向坡度估计的应用，本节将介绍方向角估计在其他方面应用的潜力，如海洋坡度测量、基于正交航迹全极化 SAR 数据的数字高程模型测量、针对地物参数反演的数据补偿和建筑物方向测量。

1. 海洋表面遥感

海洋表面坡度测量或许是对方向角偏移估计最为直接的应用。与地表覆盖物不同，海洋表面的后向散射机理较为一致，并且在大多数情况下都可以由一个双尺度倾斜表面布拉格模型来描述。本书稍后将在 10.3 节中介绍几种与海洋学相关的应用。

2. 极化数据补偿

崎岖地形区域的坡面在 SAR 图像响应中主要表现出两种现象：一种是单位图像面积内的雷达散射截面积发生变化；另一种是极化状态发生了变化。为了更准确地反演土壤湿度、表面粗糙度、雪覆盖、生物量等地物参数，方向角偏移估计值可直接用于崎岖地形区域全极化 SAR 数据的补偿。Lee 等人研究了极化 SAR 数据补偿问题[5]。本节使用

了 Camp Roberts 地区的数据作为示例。图 10.14 中选择了一条 200 个像素的剖面曲线来展示方向角偏移补偿结果。图中的方向角偏移范围在 −25° ~ 23°。由极化数据计算的方向角偏移估计通过旋转变换[见式(3.46)和式(3.47)]来补偿相干矩阵。图中给出了相干矩阵的各独立元素，细线为原始值，粗线为补偿后的值。经方向坡度补偿后的数据显示，除了旋转不变的 $<|\tilde{S}_{HH}+\tilde{S}_{VV}|^2>$ 项，相干矩阵的所有元素都被修改了。与式(10.11)所描述的规律相一致，其中衰减最大的是 $<(\tilde{S}_{HH}-\tilde{S}_{VV})\tilde{S}_{HV}^*>$ 的实部，此外 $<|\tilde{S}_{HV}|^2>$ 的衰减也非常明显。

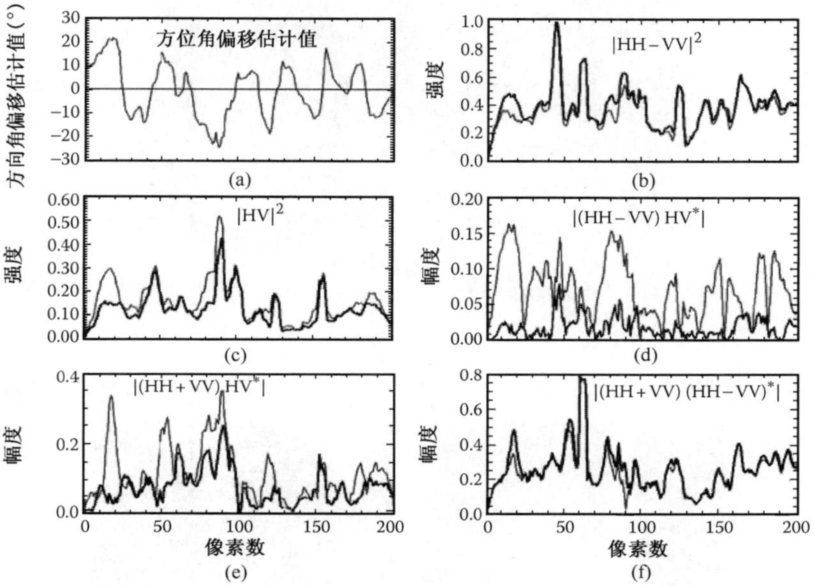

图 10.14　针对方向角偏移的数据补偿。粗线条代表经过方向角偏移效应补偿后的各相干矩阵分量幅度值

3. 数字高程模型测量

方向角偏移估计值可用于测量地形(参考 Schuler 等人的工作[8,9])。该应用需要从两条正交的全极化 SAR 飞行轨迹上获取垂直方向上的方向角偏移值。将它们代入式(10.1)便可获得两个方向上的地距向坡度估计值，从而可以进一步利用泊松方程来估计高程表面。解泊松方程的算法类似于在干涉 SAR 处理中用到的全局最小二乘相位展开算法。图 10.15 中展示了利用 Camp Roberts 地区的数据所获得的数字高程图。在对两幅正交航迹图像进行配准的过程中，需要解决由雷达图像中存在的顶底倒置现象所造成的问题。到目前为止，利用本算法所获得的数字高程模型在准确性方面仍不如干涉 SAR。

4. 城区的极化方向角偏移现象

不仅地形坡度的变化会引起极化方向角偏移，倾斜的建筑物屋顶和与方位向不平行的建筑物外立墙，同样会造成极化方向角偏移。通过对本节介绍的右-右和左-左圆极化算法进行研究并结合式(10.1)中的几何关系，Kimura 等人[3]分析了墙体和屋顶引起的方向角偏移，并推导了建筑物与方位向的夹角和方向角偏移量之间的数值关系。以德国 Dresden 地区的 E-SAR L 波段数据为例进行方向角偏移估计。图 10.16(a)为该地区的泡利矢量伪彩色合成图，图 10.16(b)为方向角偏移图，其颜色编码所对应的方向角偏移值如图 10.16(c)所示。图像的左边沿为方位向。这两幅图像表明在排列方向上与方位向不平行的建筑物将会引起较大的方向角偏移量。针对方向角偏移的研究分析将有助于加深对城市区域散射现象的理解，同时也有利于开发面向目标和建筑物的自动检测和特征提取技术。

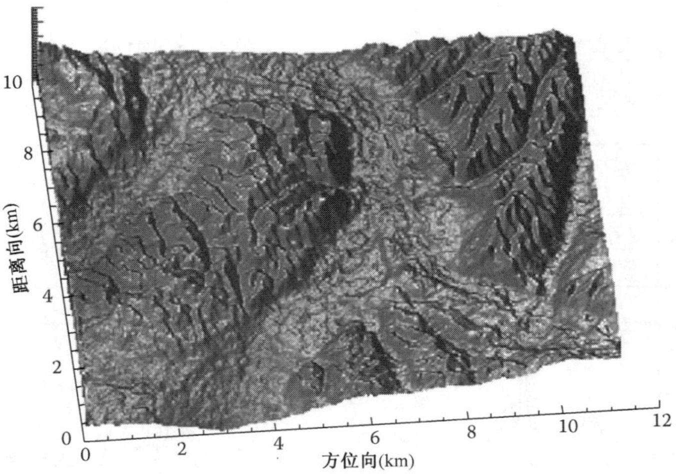

图 10.15　利用两幅正交航迹全极化 SAR 数据集获取的方向角偏移量所计算的数字高程模型

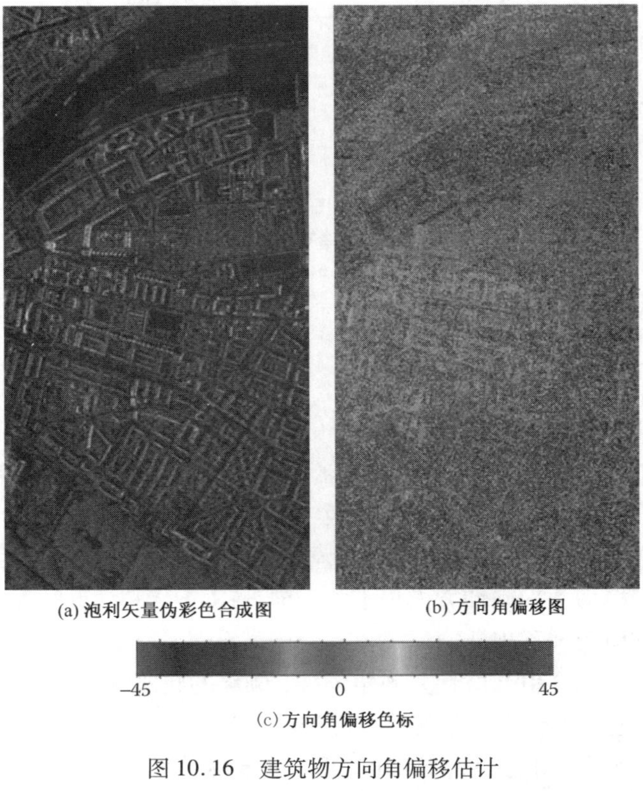

图 10.16　建筑物方向角偏移估计

10.3 极化 SAR 海洋表面遥感

本节选择的应用是 Schuler 及 Lee 和 Kasilingam[15]提出的利用全极化 SAR 图像数据进行海洋表面遥感的相关研究。本节中的算法包括定向海浪谱测量、海流锋面坡度测量及海流引起的表面特征测量。

10.3.1 冷水界面检测

研究表明，利用 Cloude-Pottier 分解所得的各向异性度测量海洋表面粗糙度[16]是有效的。以北加利福尼亚海岸 Gualala 城(Mendocino 郡)和 Gualala 河附近区域的 NASA/JPL/AIRSAR L 波段数据(1994 年)为例。图 10.17(a)为该区域的泡利伪彩色合成图。图中陆地区域色彩饱和，是由于为海洋表面遥感设计的高增益天线所致。图像右下角为 Gualala 河的入海口。在图 10.17(b)所示的各向异性度图中可以清晰地观测到明显不同的沿岸水体，该特征是很难在泡利矢量伪彩色合成图中观测到的。图像展现出在低风速条件下海岸沿线上一条冷水细流所引起的各向异性度变化(参考 Cloude-Pottier 分解，第 7 章)。由于冷水界面(cold water filament)区域的空气和海洋表面热交换相对缓和，因此该区域的水体表面更加平缓，小尺度表面粗糙度可以近似为 $ks = 1 - A$，式中 k 为雷达波数，s 为表面均方根高度，A 为各向异性度。各向异性度越大则表面越平缓。由此可见，各向异性度可用于表面粗糙度测量。

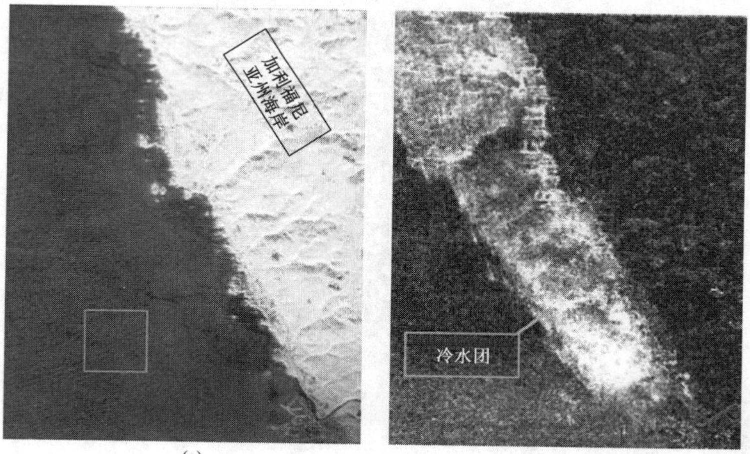

(a)　(b)

图 10.17　加利福尼亚州 Gualala 河区域的 AIRSAR 样例数据(1224×1279 像素)。(a) 标注的海洋区域可用于海洋坡度谱研究；(b) 明亮水体区域表明海洋表面粗糙度与各向异性度之间存在相关性。冷水团具有较为平缓的表面并可由各向异性度清晰地检测出来

10.3.2 海洋表面坡度测量

在 10.2 节介绍的方向角偏移估计应用中，测量海洋表面坡度是热点之一。如前面章节所示，来自海洋表面的 L 波段和 P 波段全极化后向散射信号呈现出典型的均匀低熵散射机理。对于方向角偏移估计来说，此类成像环境的条件非常理想。此外，由于海洋表面的坡度变化尺度很小，式(10.1)可以简化为

$$\tan\theta = \frac{\tan\omega}{\sin\phi} \tag{10.14}$$

Lee 等人对湾流中辐聚形成的锋面的研究，证明了方向角偏移估计的有效性[17]。图 10.18(a)所示另一天的 AVHRR 卫星海洋表面温度图像可以作为参考数据，显示了沿海岸分布的暖湾流(红色)及其朝向外海的旋涡状延伸。湾流中温度较高的部分显示为红色，温度最高点为暗红色。在本研究中，JPL AIRSAR 同时获取了湾流北边缘区域的 P 波段、L 波段和 C 波段全极化数据。图 10.18(b)是从北向南航迹上获取的 P 波段|HV|和|VV|极化 SAR 图像。在|HV|图像中，锋面表现出明亮的线状特征，但在|VV|图像中的特征要比预期弱得多。在实验过程中，Cape Henlopen 号考察船正在穿越辐聚锋面。该船连同其产生的尾迹一起在两幅图中都显示为明亮的点。图 10.19(a)中的 P 波段方向角偏移图显示出在辐聚锋面存在由正到负的突变。针对海洋表面坡度在锋面处的幅度变化情况，将考察船下方 50 条方向角偏移剖面线的平均值曲线绘制于图 10.19(b)中。该图表明在视角约 40°条件下，平均曲线由正到负的变化范围在 2°以内。由式(10.14)可知，辐聚锋面处的方位向坡度变化在 1.28°左右。此外，图 10.19(b)表明方向角偏移量在辐聚锋面处发生了变化，其幅度值随入射角的增加而减小。此现象与式(10.14)所表达的规律相一致，即当方位向坡度为常数时，方向角偏移将随入射角的增大而减小。

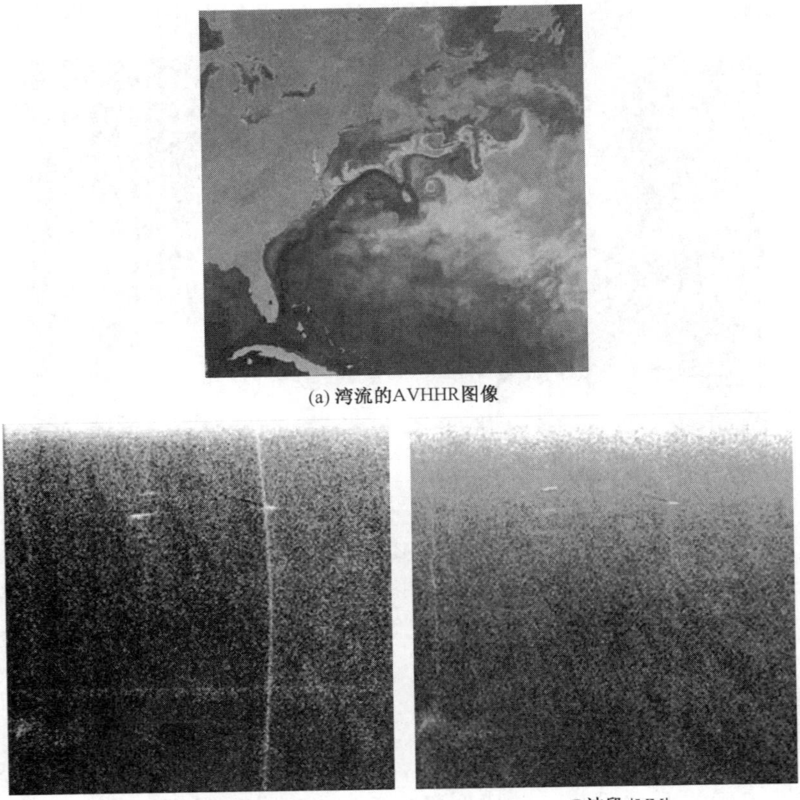

图 10.18　AVHRR 大范围海洋表面温度图像

研究表明，方向角偏移具有估计小尺度海洋表面坡度的潜力，其精度有望达到几分之一度。Schuler 等人[18, 19]和 Kasilingam，以及 Shi[20]的研究进一步将其应用于海浪坡度谱估计和海洋内波雷达特征的研究[21]。此外，Ainsworth 等人[22]将该技术应用于研究海洋表面特征。

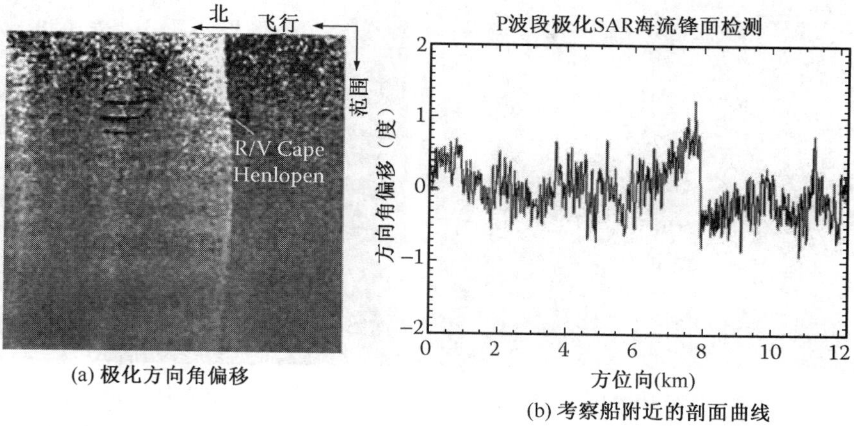

图 10.19　湾流海流锋面的极化方向角偏移

10.3.3　定向海浪坡度谱测量

传统的坡度矢量和定向海浪谱[23, 24]的测量需要在两条正交航迹上获取单极化后向散射截面积，并利用 SAR 的复调制传递函数(Modulation Transfer Function，MTF)。本节将介绍全极化 SAR 海浪谱(wave spectra)测量算法(参考 Schuler 等人的文章[15])。在方位向上，海浪引起的极化方向角扰动可以用于测量海浪坡度的方位向分量。在与其正交的距离向上，利用 Cloude-Pottier $H/A/\bar{\alpha}$ 极化分解理论获取的 $\bar{\alpha}$，可以用来测量坡度的距离向分量。上述两种测量方式都对海浪坡度的大小和方向较为敏感。将两者相结合可利用全极化 SAR 图像数据完整地测量定向海浪坡度和坡度谱。

1. 方位向海浪坡度谱测量

本节利用 10.3.1 节中在 Gualala 河区域获取的数据集来验证海浪谱方位向分量是否能用方向角调制效应来测量。图 10.17(a)中的 512×512 像素矩形框被选为测量研究区域。利用圆极化算法来获得海浪沿方位向运动所引起的极化方向角偏移估计值，如图 10.20(a)所示。图 10.20(b)给出研究海域的方向角谱与方位向波浪传播波数的关系。图中的一系列白色圆环分别对应于 50 m、100 m、150 m 和 200 m 的海浪波长。其中最主要的 157 m 波长海浪向 306°方向传递。

2. 距离向海浪坡度谱测量

第二种测量技术主要用于在距离向上包含明显传播分量的海浪遥感。该技术比目前以亮度为基础的斜面和水动力调制技术更为敏感。极化 SAR 从物理特征出发，经 Cloude-Pottier 分解计算 $\bar{\alpha}$，从而达到测量距离向海浪坡度的目的。

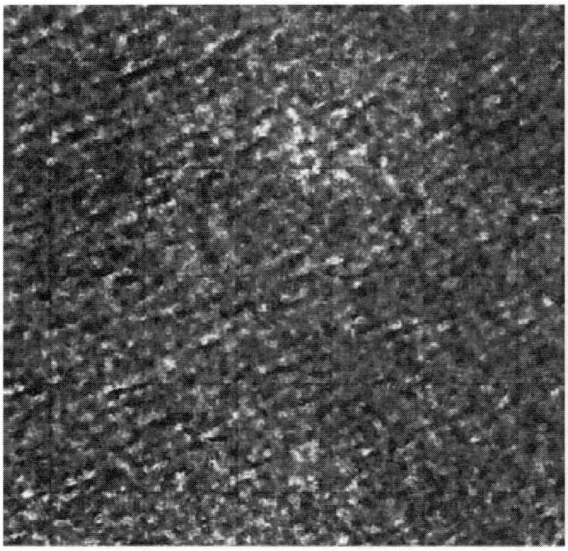

(a) 极化方向角偏移图

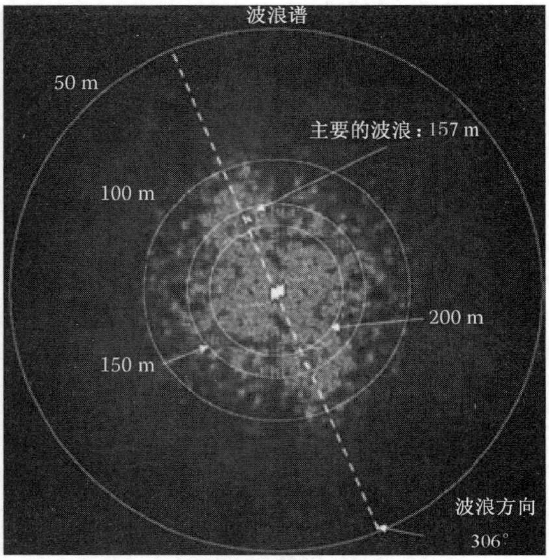

(b) 方向角海浪谱

图 10.20 方向角谱与研究区域的海浪方位向传递波数。一系列白色圆环分别对应于50 m、100 m、150 m和200 m的海浪波长。其中最主要的157 m波长海浪向306°方向传递。研究地点为图10.17(a)中的标注区域

基于小扰动散射模型(Small Perturbation scattering Model, SPM)可以估计 $\bar{\alpha}$ 对沿距离向传播海浪的敏感性。布拉格散射系数 S_{VV} 和 S_{HH} 分别为

$$
\begin{aligned}
S_{\mathrm{HH}} &= \frac{\cos\phi_i - \sqrt{\varepsilon_r - \sin^2\phi_i}}{\cos\phi_i + \sqrt{\varepsilon_r - \sin^2\phi_i}} \\
S_{\mathrm{VV}} &= \frac{(\varepsilon_r - 1)\left(\sin^2\phi_i - \varepsilon_r\left(1+\sin^2\phi_i\right)\right)}{\left(\varepsilon_r\cos\phi_i + \sqrt{\varepsilon_r - \sin^2\phi_i}\right)^2}
\end{aligned} \tag{10.15}
$$

式中 ϕ_i 为入射角。在布拉格散射条件下，可以假设仅有一种主要的特征矢量[忽略去极化(depolarization)]，如下式所示：

$$
\underline{\boldsymbol{k}} = \begin{bmatrix} \boldsymbol{S}_{\mathrm{VV}} + \boldsymbol{S}_{\mathrm{HH}} \\ \boldsymbol{S}_{\mathrm{VV}} - \boldsymbol{S}_{\mathrm{HH}} \\ 0 \end{bmatrix} \tag{10.16}
$$

对于一个水平的轻微粗糙分辨单元，在满足 Cloude-Pottier 分解角 $\beta=0$，$\delta=0$ 等限制条件时可得

$$
\tan\alpha = \frac{S_{\mathrm{VV}} - S_{\mathrm{HH}}}{S_{\mathrm{VV}} + S_{\mathrm{HH}}} \tag{10.17}
$$

若 $\varepsilon_r \to \infty$，则有

$$
S_{\mathrm{VV}} = 1 + \sin^2\phi_i \quad \text{和} \quad S_{\mathrm{HH}} = \cos^2\phi_i \tag{10.18}
$$

由此可得

$$
\tan\alpha = \sin^2\phi_i \tag{10.19}
$$

图 10.21(a)以入射角的函数形式给出 $\bar{\alpha}$，其中海水的介电常数分别为 $\varepsilon_r \to \infty$（蓝色)和

$\varepsilon_r = 80 - 70\text{j}$(红色)。$\bar{\alpha}(\phi_i)$曲线的斜率,即灵敏度足够大,从而可以利用实际极化 SAR 海洋后向散射数据开展相关研究。

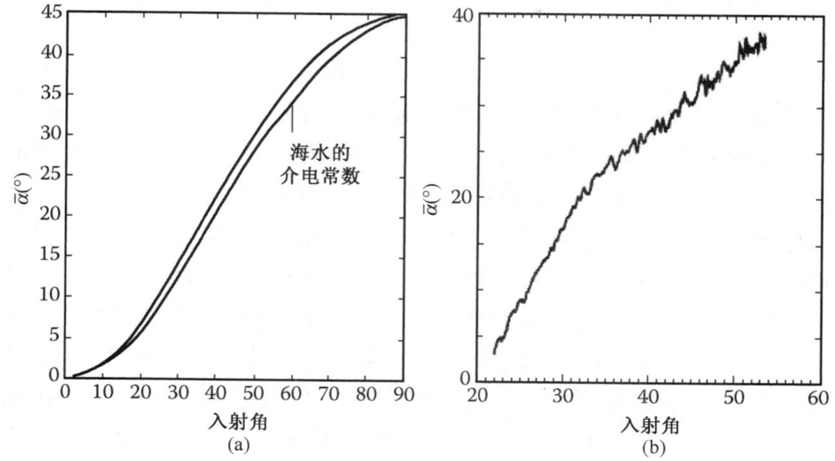

图 10.21　Cloude-Pottier 分解的 $\bar{\alpha}$ 与入射角关系图。(a) 红色曲线代表纯介质海水,蓝色曲线代表良好导体海面;(b) 由 Gualala 河区域数据实际确定的 $\bar{\alpha}$ 参数对雷达入射角的敏感度

图 10.21(b)用 Gualala 区域内一个距离向条带的数据,给出了方位向 10 视处理后 $\bar{\alpha}$ 随入射角(ϕ_i)的变化曲线。该图表明曲线 $\bar{\alpha}(\phi_i)$对坡度的变化较为敏感。之后,通过最小二乘可将 $\bar{\alpha}(\phi_i)$数据拟合为一条平滑的三阶多项式函数曲线。利用拟合曲线可以通过 $\bar{\alpha}$ 来获得对应的入射角 ϕ_i 扰动值。Pottier[7] 基于模型算法对图 10.21(a)中的红色 $\bar{\alpha}(\phi_i)$曲线进行三阶多项式拟合,来代替经过平滑处理的实际 $\bar{\alpha}(\phi_i)$图像数据。由此可得 ϕ_i 值的分布特征及距离向坡度的均方根值。为测量 $\bar{\alpha}$ 海浪谱,产生一幅研究区域的逐距离线扣除 $\bar{\alpha}(\phi_i)$均值的图像;对这幅图像进行 FFT 运算,最后得到图 10.22 所示的距离向 $\bar{\alpha}$ 谱。通过将平滑处理的 $\bar{\alpha}(\phi_i)$值变换为坡度值,可将距离向 $\bar{\alpha}$ 谱转换为距离向海浪坡度谱。

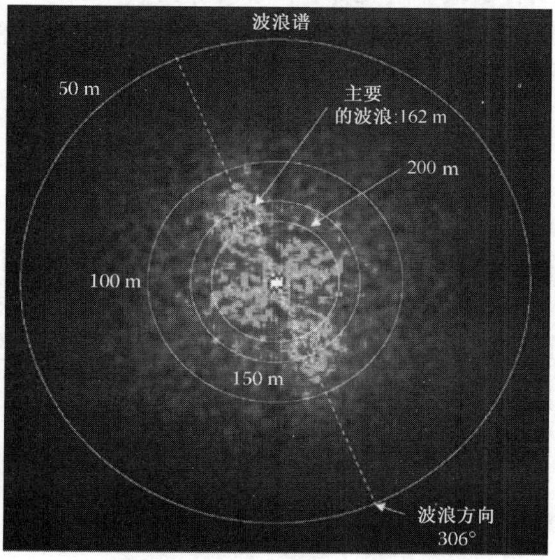

图 10.22　利用 Cloude-Pottier 分解算法获得的 $\bar{\alpha}$ 参数所计算的距离向海浪谱。其中最主要的162 m波长海浪向306°方向传播

10.4 电离层法拉第旋转估计

本节将介绍一类特殊的应用方向：极化 SAR 数据的电离层失真校正。本节的研究将展示圆极化用于低频星载 SAR 数据的电离层法拉第旋转校正(ionospheric Faraday rotation correction)是有效的。在电磁波穿越电离层的过程中，电离层的不均匀性和闪烁会引起明显的 SAR 信号相位延迟和幅度变化。当穿越电离层之后，下行的 SAR 电磁波信号经过地面散射作用后产生的上行电磁波也会受到电离层的折射和衍射影响。当电离层中的总电子含量(Total Electron Content, TEC)较高且不均匀时，上述影响都将使得 L 波段和 P 波段星载 SAR 系统在进行聚焦处理时面临困难，例如先进陆地观测卫星，相控阵 L 波段合成孔径雷达(ALOS PALSAR)(见第 1 章)就可能遇到这种情况。除了折射和衍射效应，另一个电离层引起的问题是，电磁波两次穿越电离层时，法拉第旋转将会导致 SAR 的极化状态随之旋转。法拉第失真将妨碍极化 SAR 定标并使其过程更为复杂。若极化 SAR 数据没有经过准确地定标，则 SAR 数据中的极化特征质量将大为降低。

10.4.1 法拉第旋转估计

法拉第旋转角(Faraday rotation angle)与总电子含量的数值关系可由下式描述[25, 26]：

$$\Omega = \frac{K}{f^2} H \cos\eta \sec\phi \,(\mathrm{TEC}) \tag{10.20}$$

式中，Ω 为电磁波单程穿越电离层的法拉第旋转角。H 为地球磁场(Earth magnetic field)强度，K 为常数，f 为雷达频率，ϕ 为电磁波传播方向，η 为磁场和雷达视线的夹角。

赤道附近的 $\cos\eta$ 值较小，但南北极点附近的 $\cos\eta$ 值接近于 1。在阿拉斯加等高纬度地区，即使典型的总电子含量值相对较低，较小的 η 角(即 $\cos\eta\approx1$)仍然将引起可观的法拉第旋转角。文献中已经介绍了几种利用全极化 SAR 数据估测法拉第旋转角的方法[26~28]。PALSAR 的全极化数据经过良好的定标处理，通道间的串扰较弱。在幅度和相位已定标的假设下，接收到地面互易媒质的散射矩阵可以表示为[28]

$$\begin{bmatrix} Z_{hh} & Z_{hv} \\ Z_{vh} & Z_{vv} \end{bmatrix} = \begin{bmatrix} \cos\Omega & \sin\Omega \\ -\sin\Omega & \cos\Omega \end{bmatrix} \begin{bmatrix} S_{hh} & S_{hv} \\ S_{hv} & S_{vv} \end{bmatrix} \begin{bmatrix} \cos\Omega & \sin\Omega \\ -\sin\Omega & \cos\Omega \end{bmatrix} \tag{10.21}$$

需要特别注意的是，式(10.21)所描述的法拉第旋转与第 3 章中介绍的散射矩阵围绕视线旋转有所差异，这是由于回波的旋转方向相反，从而 Z 为非对称矩阵($Z_{hv} \neq Z_{vh}$)。文献[26, 29]中介绍的以圆极化基交叉极化相关项为核心的算法的稳健性较好。由电磁波极化基础理论(见第 3 章)可以较容易地推导出右-左和左-右圆极化表达式。在非互易情况下，圆极化基表达式可由下式获得：

$$\begin{bmatrix} Z_{RR} & Z_{RL} \\ Z_{LR} & Z_{LL} \end{bmatrix} = \begin{bmatrix} 1 & \mathrm{j} \\ \mathrm{j} & 1 \end{bmatrix} \begin{bmatrix} Z_{hh} & Z_{hv} \\ Z_{vh} & Z_{vv} \end{bmatrix} \begin{bmatrix} 1 & \mathrm{j} \\ \mathrm{j} & 1 \end{bmatrix} \tag{10.22}$$

由此可得

$$Z_{\mathrm{RL}}=\frac{1}{2}[Z_{\mathrm{hv}}-Z_{\mathrm{vh}}+\mathrm{j}(Z_{\mathrm{hh}}+Z_{\mathrm{vv}})] \tag{10.23}$$

和

$$Z_{\mathrm{LR}}=\frac{1}{2}[Z_{\mathrm{vh}}-Z_{\mathrm{hv}}+\mathrm{j}(Z_{\mathrm{hh}}+Z_{\mathrm{vv}})] \tag{10.24}$$

基于式(10.21)所含的假设条件可以得到

$$\boldsymbol{Z}_{\mathrm{RL}}=\frac{1}{2}[(S_{\mathrm{hh}}+S_{\mathrm{vv}})\sin 2\Omega+\mathrm{j}(S_{\mathrm{hh}}+S_{\mathrm{vv}})\cos 2\Omega] \tag{10.25}$$

$$Z_{\mathrm{LR}}=\frac{1}{2}[-(S_{\mathrm{hh}}+S_{\mathrm{vv}})\sin 2\Omega+\mathrm{j}(S_{\mathrm{hh}}+S_{\mathrm{vv}})\cos 2\Omega] \tag{10.26}$$

和

$$\begin{aligned}Z_{\mathrm{RL}}Z_{\mathrm{LR}}^{*}&=\frac{1}{4}\left[|S_{\mathrm{hh}}+S_{\mathrm{vv}}|^{2}(\cos^{2}2\Omega-\sin^{2}2\Omega)-\mathrm{j}|S_{\mathrm{hh}}+S_{\mathrm{vv}}|^{2}2\cos 2\Omega\sin 2\Omega\right]\\&=\frac{1}{4}|S_{\mathrm{hh}}+S_{\mathrm{vv}}|^{2}(\cos 4\Omega-\mathrm{j}\sin 4\Omega)\\&=\frac{1}{4}|S_{\mathrm{hh}}+S_{\mathrm{vv}}|^{2}\mathrm{e}^{-\mathrm{j}4\Omega}\end{aligned} \tag{10.27}$$

法拉第旋转角可由下式得到：

$$\Omega=-\frac{1}{4}\arg(Z_{\mathrm{RL}}Z_{\mathrm{LR}}^{*}),\quad -\frac{\pi}{4}<\Omega<\frac{\pi}{4} \tag{10.28}$$

以二阶统计量平均值为基础的估算式可以减弱相干斑的影响，

$$\Omega=-\frac{1}{4}\arg(<Z_{\mathrm{RL}}Z_{\mathrm{LR}}^{*}>) \tag{10.29}$$

通常认为 $Z_{\mathrm{RL}}Z_{\mathrm{LR}}^{*}$ 是旋转不变的，所以式(10.29)有确定解。因此也可以预计，Ω 的估算值对方位向坡度引起的极化方向角变化不敏感。

10.4.2　ALOS PALSAR 数据的法拉第旋转角估计

我们利用大量 2007 年获取的 ALOS PALSAR 数据集测试并验证了上述法拉第旋转估计算法的性能。由于在数据获取期间太阳处于低活动周期，总电子含量值相对较低。为了降斑并压缩数据，对协方差矩阵进行方位向 4 视处理，然后将每 4 ×4 个像素平均为 1 个像素。本节将以 Alaska Gakona 地区(62.282°N，144.643°W)的 ALOS PALSAR 极化干涉数据作为示例。

第一景的 PALSAR 数据获取于 2007 年 5 月 17 日，如图 10.23(a)所示，其颜色分量为泡利矢量：红色代表|HH – VV|，绿色代表|HV| + |VH|，蓝色代表|HH + VV|。图像中崎岖的地表和地势平缓的区域都呈现为蓝色(表面散射)。由式(10.29)计算的法拉第旋转角示于图 10.23(b)中，其数值的分布集中于均值 2.6167°附近，标准方差为 0.297°。如此小的标准方差表明利用圆极化算法[见式(10.29)]获取的法拉第旋转角估计值非常一致。上述现象表明法拉第旋转估计值与方位向坡度无关。由于存在热噪声，雷达阴影区域中包含噪声像元。

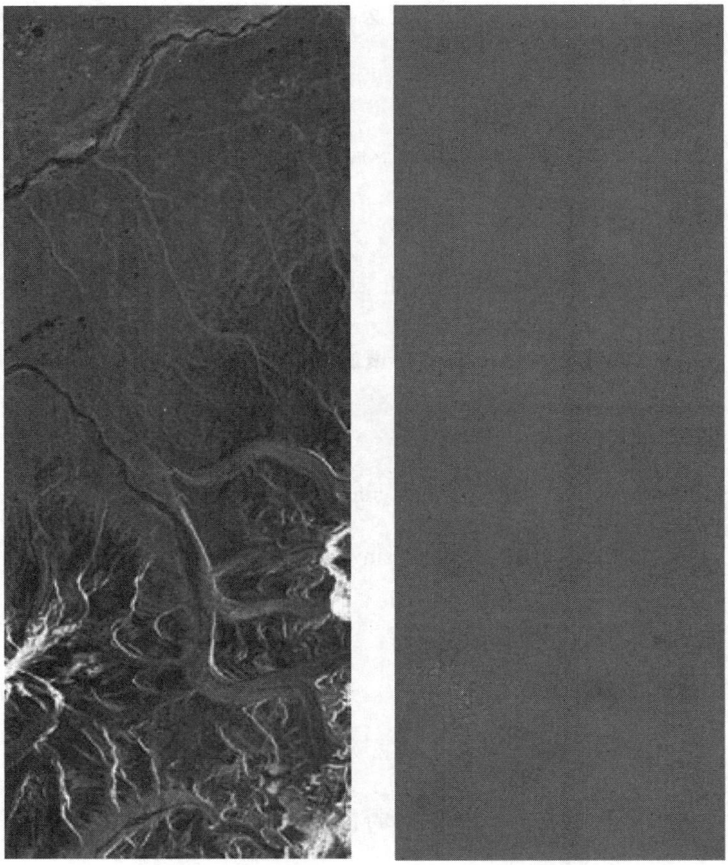

(a) (b)

图 10.23 由阿拉斯加 Gakona 地区的 PALSAR 数据获得的法拉第旋转角估计图

第二景的 PALSAR 数据获取时间比第一景的早 46 天，位置也比第一景的略微偏向东侧，两者形成干涉对。估计结果示于图 10.24(a)中，覆盖山区的积雪显示为黄色，代表较强的体散射(|HV|较强)和更强的二次散射回波(|HH - VV|更强)特征。由圆极化算法计算的法拉第旋转角示于图 10.24(b)中，该图显示出一条亮带横贯法拉第旋转图像中部。我们认为这一特殊的现象是由电离层的不规则性造成的，但由于缺乏在同一时间内独立获取的电离层测量值，因此难以验证上述结论。图 10.25(a)是图 10.24(b)的统计直方图。该图表明法拉第旋转角的统计分布集中于 2.9°，由于电离层的不规则性，直方图在 5°附近有一个凸变。图 10.25(b)显示了图 10.24(b)中部的垂直向剖面曲线。该图也显示出，白色条带的峰值约为 5.5°，比均值高出约 2.5°。条带区域内的总电子含量值约是其周围像素总电子含量值的两倍。

实验结果证明了利用圆极化基表达式可以计算法拉第旋转角。在计算出法拉第旋转角后，全极化 SAR 数据经过简单的补偿处理便可以获得准确的极化信息。高分辨率 PALSAR 数据可以作为分辨率差几个数量级的电离层探测雷达的定标工具。

(a)　　　　(b)

图 10.24　由阿拉斯加 Gakona 地区的 PALSAR 数据获得的法拉第旋转角估计图，与图10.23组成干涉对。(a) 场景由红色代表的 |HH - VV|，绿色代表的 |HV| + |VH| 以及蓝色代表的 |HH + VV| 组成；(b) 由圆极化算法计算的法拉第旋转角。注意图像中部的明亮特征可能是由电离层不规则性造成的

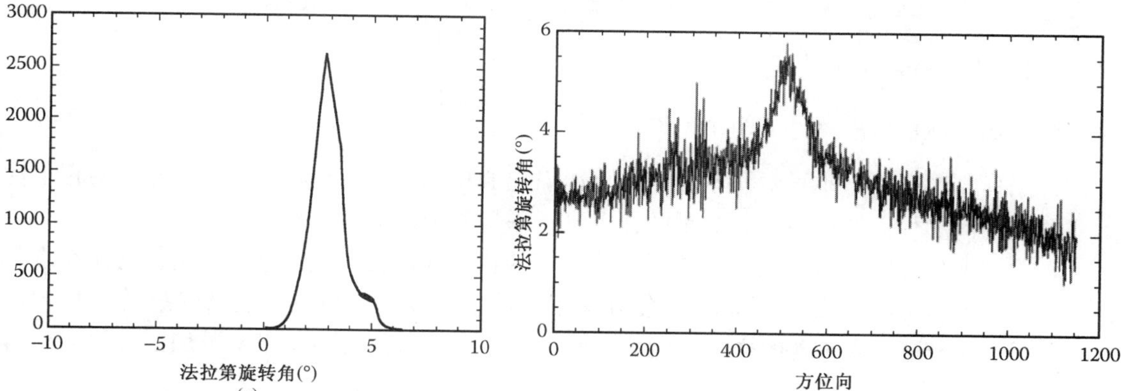

图 10.25　(a) 统计直方图；(b) 图 10.24(b) 中的法拉第旋转剖面曲线表明，即使如此小的法拉第旋转不规则性也可以被测量到

10.5 极化干涉 SAR 在森林高度估计中的应用

第 9 章中介绍了极化 SAR 干涉技术应用于森林分类的情况。本节将说明以干涉相干性为基础，通过 RVoG 相干混合模型[30, 31]可以获得森林高度估计值。在该模型中，干涉相干性估计值对森林高度估计的精度至关重要。相干性(或相关系数)是通过在散射特征相似的相邻像元范围内进行统计平均获得的。最常用到的是均值滤波器，该滤波器的不足之处在于不加选择地对临近范围内的像元进行平均。其结果是相干性比实际值低，从而导致对森林高度的估计值过高。

在早期工作中，与相干最优(见第 9 章)有关的干涉相位中心被用于估算森林高度[30]。该算法因为对树高的估计值过低而被淘汰了。在将极化干涉 SAR 技术应用于森林参数反演时，Cloude 和 Papathanassiou 采用了简单的 RVoG 模型[31]估计出各种极化状态下的干涉相干性，以测算森林高度和植被下地形。RVoG 模型最初由 Treuhaft 等人[32, 33]提出，并以极化干涉相干性[31]为基础，应用于森林高度(forest height)提取和消光系数(extinction coefficient)估计[31]。极化干涉相干性表达式为

$$\gamma_c(\underline{w}) = e^{i\phi_0}\frac{\gamma_v + m(w)}{1 + m(w)} \tag{10.30}$$

式中参数 γ_v 为体干涉相干性(volume interferometric coherence)；m 为给定极化状态下的地体幅度比(ground-to-volume amplitude ratio)；ϕ_0 为地面干涉相位。有效的地体幅度比参数 $m(\underline{w})$ 可以表征电磁波穿过植被体层时引起的衰减，也可以理解为衰减系数和随机体厚度(森林高度)的函数。体干涉相干性复数值 γ_v 也是上述两个未知量的函数。需要注意的是，在式(10.30)中，仅有地体幅度比 $m(\underline{w})$ 是极化状态的函数，当参数 m 为实数时，式(10.30)在复平面上为一条直线。在实际应用中，利用不同极化的相干性(包括上述最优相干组合)值在复平面上拟合出一条直线，以提取森林高度及其他参数。上述最优相干组合值对获得较好的拟合是必要条件。第 9 章介绍了最优相干的具体细节。总而言之，森林高度和衰减系数值[31, 34]反演精确度与干涉相干性和地体幅度比的估计准确度直接相关。

10.5.1 相干性估计的相关问题

影响相干性估计准确性的两个因素包括：

1. 采样窗口尺寸过小导致样本数量不足而引起的相干性高估现象。第 4 章介绍的相干性高估问题可以通过对足够数量的样本进行平均处理来抑制。
2. 由对非均匀分布区域的样本求平均值引起的相干性低估现象。常用的均值滤波在森林边界或分布不一致的植被区将会引入相干性估计误差。例如，边缘附近的非均匀区域，一个窗口内包含的样本可能来自两个或更多不同种类的分布。不加区分地对所有像素进行平均，将导致边界上的相干性估计值比真实值低。

本节使用一幅经过 5×5 均值滤波器处理的 Glen Affric 地区 E-SAR 极化干涉数据作为示例。图 10.26(a)显示了尺寸为 257×257 像素的一小片森林区域的|HH|图像。图中右上角的黑色区域是一片水体，中心处是一个小池塘。森林区域的雷达响应变化非常大。经过 5×5

均值滤波器处理后，两次重复飞行获取的 S_{HH1} 和 S_{HH2} 之间的相干性示于图 10.26(b)。深色圆环是不加区分地对非均匀小块内的像素平均所致，可以看到这些小块内像素的相干幅度和相位差别很大。因此，为了准确地估计相干性，Lee 等人[35]将第 4 章中精改的 Lee 极化 SAR 滤波器扩展到极化干涉 SAR 图像的森林应用中。极化干涉 SAR 应用中的最优相干处理涉及整个 6×6 极化干涉 SAR 的相干矩阵(见第 9 章)，需要同等地对所有矩阵元素滤波。原则上，每个被滤波的像素都要用到其周围有同样散射特征的像素信息，并用相同的因子对其 6×6 复数矩阵滤波。

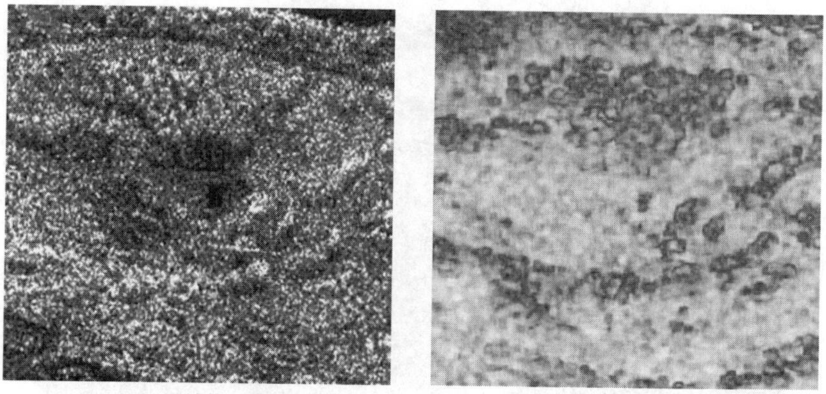

(a) Glen Affric区域的原始|HH|图像　　(b) S_{HH1}和S_{HH2}经5×5均值滤波后的相干性图

图 10.26 均值滤波器在低相干性区域[(b)中的黑色圆环]引入了估计偏差

10.5.2 自适应的极化干涉相干斑滤波算法

第 5 章中介绍的精改的 Lee 极化 SAR 滤波器由处理 3×3 极化协方差矩阵拓展为处理 6×6 极化干涉 SAR 矩阵。对这两种矩阵进行滤波的主要差异在于 3×3 的泡利基 Ω_{12} 矩阵[见式(9.4)]需要在像元 (k,l) 处去除平地干涉相位 $\phi(k,l)$ 。该过程令矩阵中全部元素乘以相位项 $\exp(-\mathrm{i}\phi(k,l))$。对于地形变化较强的区域，需要参考数字高程模型或利用某一个极化状态下经过低通滤波的展开相位来去除地形相位影响。如果不去除地形变化剧烈区域的平地相位和地形相位，它们就会影响相干性估计并减弱滤波的效果。可以从 8 种边缘窗中选择用于计算均匀像素的平均窗口，该边缘窗口与极化 SAR 滤波器使用的相同。滤波后，需要恢复 Ω_{12} 矩阵中去除了的地形干涉相位，才能进行相干最优处理。

10.5.3 利用 Glen Affric 地区 E-SAR 数据的极化干涉实验

本节对 DLR E-SAR 在 Glen Affric 实验区获取的 L 波段数据分别使用精改的 Lee 滤波器和均值滤波器计算相干性和反演树高，并比较两种结果的差异。实验区位于苏格兰西北部的高地。图 10.27(a)为林场实验区图像，该地区所处的山地地形起伏较大，包含 1～25 m 高的苏格兰松林。Glen Affric 项目的详细信息可以参考 Woodhouse 等人的文献[36]。该数据集包含 10 m 和 20 m 两种基线长度的极化干涉 SAR 数据。本研究为了在森林高度估计的过程中避免相位展开问题而选用了 10 m 基线的图像对。20 m 基线数据对高度估计的敏感度更好，且可以用于较矮小植被的高度估计。图 10.27(b)为|HH|图像，其距离向从图像上端指向下端。图中的矩形框为研究区域。

(a)

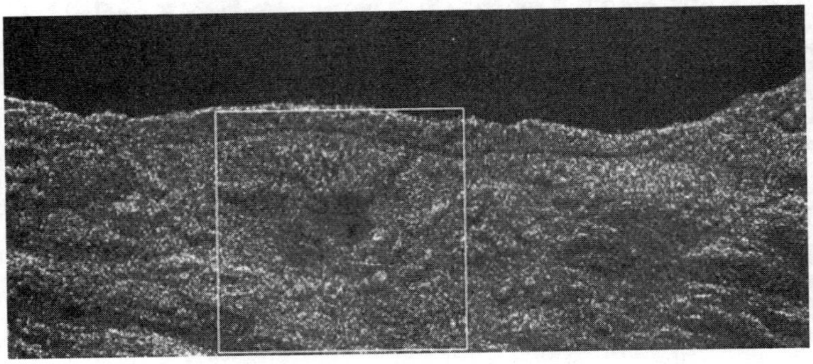

(b)

图 10.27 Glen Affric 项目图。(a) 显示出高大树冠的苏格兰松林和起伏很大的地形(承蒙爱丁堡大学地球观测实验室供图); (b) E-SAR 数据的 |HH| 图像,实验区在矩形框的中上部, 紧邻道路的下侧

对未经处理的 1 视 6×6 极化干涉 SAR 相干矩阵沿方位向进行 2 视平均。随后,为了获得相干性无偏估计,再利用精改的 Lee 滤波器对该数据进行两次自适应滤波,滤波后的相干斑标准差-均值比分别为 0.5 和 0.2。

接下来,对滤波后的数据进行相干最优处理[30]。依循相同的步骤,利用 5×5 均值滤波器对 2 视极化相干矩阵元素进行两次滤波并进行相干最优处理。图 10.28(a)是经过均值滤波的三幅最优相干组合图,它们都显现出深色的环状效应。在图 10.28(b)中,经过自适应滤波的相干最优处理结果在三幅相干组合图中并未出现这种环状效应。由于重轨干涉获取的水体表面雷达回波功率较小,图像中部的小型池塘和右上角的湖区相干性很低,并导致森林高度估计错误。此类区域的雷达后向散射功率往往极低,凭借这一特点可对其以掩膜去除。本节留下这些未做特殊处理的区域是为了展示与此相关的森林高度估计问题。

为了评估滤波器对森林高度估计的影响,采用 RVoG 模型,并分别从精改的 Lee 滤波器和均值滤波器得到的数据提取树高[见式(10.30)]。图 10.29(a)和图 10.29(b)分别显示了经过均值滤波和自适应滤波后提取的森林高度图。这两幅图的灰度代表了 0~26 m 间的森林高度。如图 10.29(b)所示,两幅图像的显著差异反映了深色圆环处低相干性的影响。低相干性往往导致对森林高度的过高估计。图像中部的小池塘错误地覆盖了较高的树林,表现为较大的白色斑点。图 10.29(c)是利用自适应滤波处理后的数据提取的森林高度三维视图。为了更好地展示三维效果，从图 10.29(b)的左侧进行透视并将其旋转了 90°。三维森林高度图也把小池塘错误地显示为高大的树林。经过两种滤波器处理后所得到的树高结果差异很大，特别是在森林的边界附近。图 10.30(a)展示了利用均值和自适应滤波处理后的数据得到的森林高度差异。图 10.30(b)展示了图 10.30(a)中白线处的树高差异剖面，可见差异最高达到了 23 m，因此不应该忽略由均值滤波导致的森林高度估计错误。总之，本节说明了相干斑滤波是极化干涉 SAR 应用中的一个重要流程。

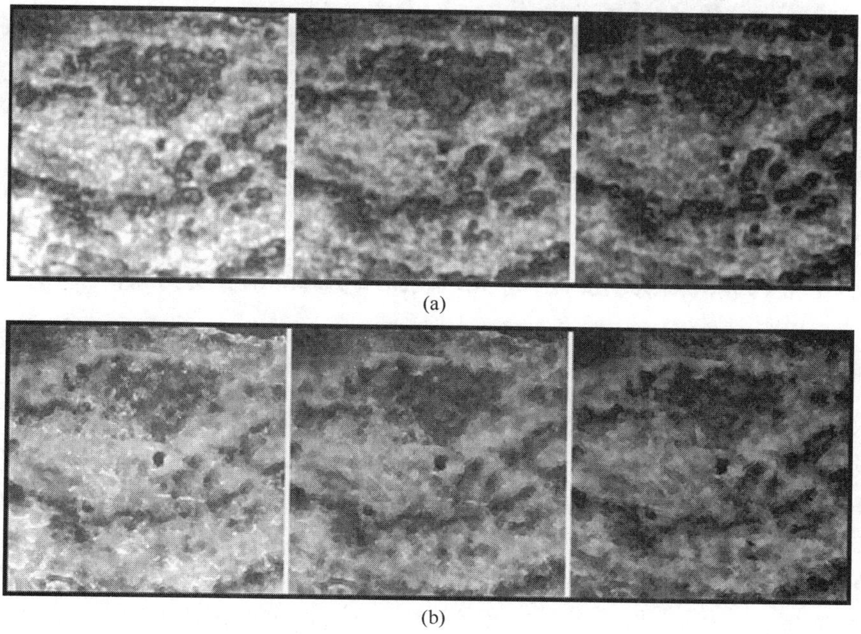

图 10.28　最优相干性比较。(a) 经过均值滤波后的最优相干性；(b) 经过自适应极化干涉SAR相干斑滤波后的最优相干性。从左至右依次是最优相干的最大值、次大值和最小值。深色环状现象在经均值滤波处理后的相干性图像中清晰可见，但却未见于经自适应滤波器处理后所得的相干性图像

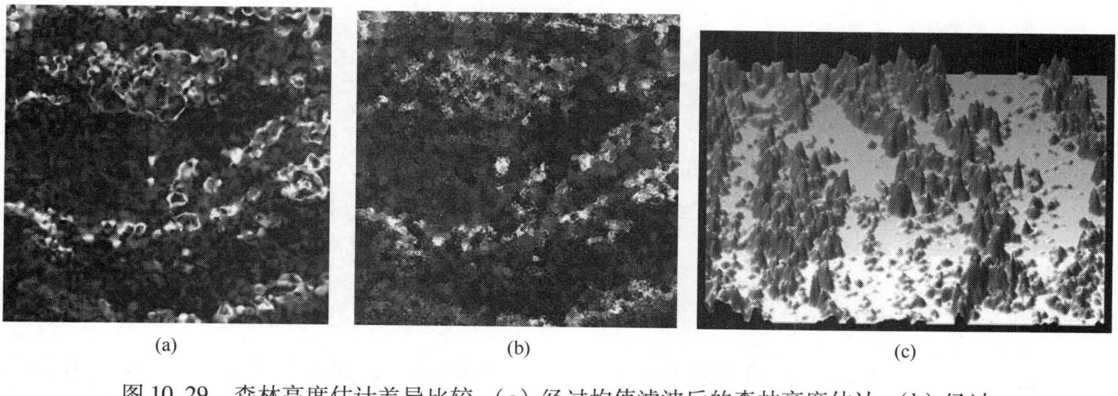

图 10.29　森林高度估计差异比较。(a) 经过均值滤波后的森林高度估计；(b) 经过自适应滤波后的森林高度估计；(c) 经过自适应滤波后所得的森林高度三维视图。为了更好地展示三维效果，从(b)图左侧透视并将其旋转90°

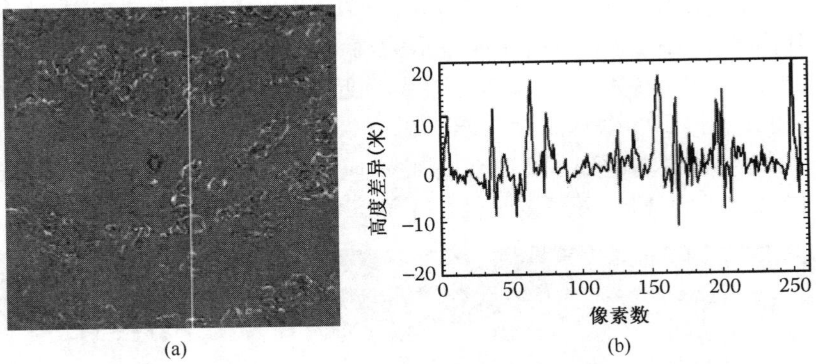

图 10.30 (a)展示了利用均值和自适应滤波处理后的数据所得到的森林高度差异。(b)展示了(a)中白线处的树高差异剖面，可见差异最高达到了23 m

10.6 非平稳自然媒质极化 SAR 数据的二维时频分析

10.6.1 引言

在合成孔径雷达极化测量中,通常假设传感器相对目标保持一个固定视角，并以单色波照射观测场景。然而，现代高分辨率 SAR 传感器具有很宽的方位向波束和很大的距离向带宽。在 SAR 成像中，通过对不同斜视角和波长下的回波积分，综合形成全分辨率的 SAR 图像，一般都忽略不同方位向视角和波长引起的目标极化特征的变化。

本节介绍了一种全极化二维时频分析方法，用于将经过成像处理的极化 SAR 图像分解为距离向-频率域和方位向-频率域。利用二维频率域分解可以描述不同方位向视角下的场景反射率频响特征。以农田区域的布拉格谐振散射类型为例，细致地指出各向异性散射和频率选择性对极化描述的影响，并将其与准周期表面模型理论计算值进行了比较。最后，介绍了极化参数统计特性分析的相关工作，该分析方法可以将媒质在距离向-频率域和方位向-频率域中的非平稳行为[38]清晰地表现出来。

10.6.2 SAR 数据时频分析原理

10.6.2.1 时频分解

本节介绍的时频分析方法(time-frequency approach)是以二维加窗傅里叶变换或二维Gabor变换为基础的。该方法利用二维信号 $\mathrm{d}(\boldsymbol{l})$（式中 $\boldsymbol{l}=[x,y]$）和分析函数 $g(\boldsymbol{l})$ 的卷积，将二维信号分解为不同的频谱分量，如下式所示[39]：

$$d(\boldsymbol{l}_0;\boldsymbol{\omega}_0)=\int \mathrm{d}(\boldsymbol{l})g(\boldsymbol{l}-\boldsymbol{l}_0)\mathrm{e}^{\mathrm{j}\boldsymbol{\omega}_0\cdot(\boldsymbol{l}-\boldsymbol{l}_0)}\mathrm{d}\boldsymbol{l} \tag{10.31}$$

$d(\boldsymbol{l}_0;\boldsymbol{\omega}_0)$代表了在空间位置 $\boldsymbol{l}_0$ 和频率位置 $\boldsymbol{\omega}_0$ 处的分解结果。式(10.31)经傅里叶变换后可得 $d(\boldsymbol{l};\boldsymbol{\omega}_0)$的频谱，即原信号频谱与经矢量平移 $\boldsymbol{\omega}_0$ 的分析函数频谱的乘积：

$$D(\boldsymbol{\omega};\boldsymbol{\omega}_0)=D(\boldsymbol{\omega})G(\boldsymbol{\omega};\boldsymbol{\omega}_0) \tag{10.32}$$

式中 $\boldsymbol{\omega}=[\omega_{az},\omega_{rg}]$ 为二维频率域坐标，大写字母代表傅里叶域变量。由式(10.31)和

式(10.32)可知，这种时频分析方法可以用于描述分析函数 $g(\boldsymbol{l})$ 所选择信号的特殊谱分量在空间域中的特性。此外，空间域和频率域的分辨率并不独立，它们的乘积满足 Heisenberg-Gabor 不确定关系[39]：

$$\Delta\boldsymbol{\omega}\Delta\boldsymbol{l} = u \tag{10.33}$$

该式表明空间域和频率域分辨率的乘积为常数 u。若分析函数 $g(\boldsymbol{l})$ 的带宽非常窄，那么其频率域分辨率将非常高。但是，这同时也可能导致在空间域中的分辨率过低，从而令空间域的分析没有意义。所选择的分析函数特征通常是在保持空间分辨率的同时还可以维持足够低的旁瓣幅度。图 10.31 中给出了一个分析函数在频率域中的例子。

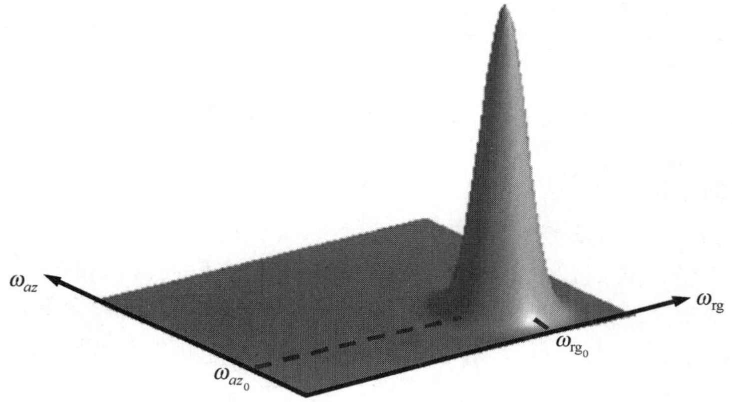

图 10.31　时频分析函数示例

10.6.2.2　SAR 图像距离向和方位向分解

本节介绍的时频分析方法适用于经过成像处理的 SAR 图像数据，而不是原始回波数据(raw data)。用户通常使用的单视复数据(Single-Look Complex，SLC)，为了抑制获取过程中的误差影响，通常都经过一定的补偿校正处理。在理想情况下，SAR 图像是原始回波、系统内参考函数信号及与天线方向图(antenna pattern)和旁瓣抑制函数(side lobe reduction function)相关的加权函数的卷积结果。原始回波数据也可以被视为观测场景反射率和发射信号间的卷积结果。在傅里叶域中，SAR 图像信号可以通过下式进行分解[37, 38]：

$$D_{\mathrm{SAR}}(\boldsymbol{\omega}) = R(\boldsymbol{\omega})H_{\mathrm{e}}(\boldsymbol{\omega})H_{\mathrm{r}}(\boldsymbol{\omega})W(\boldsymbol{\omega}) = R(\boldsymbol{\omega})H(\boldsymbol{\omega})W(\boldsymbol{\omega}) \tag{10.34}$$

式中 $R(\boldsymbol{\omega})$、$H_{\mathrm{e}}(\boldsymbol{\omega})$、$H_{\mathrm{r}}(\boldsymbol{\omega})$ 和 $W(\boldsymbol{\omega})$ 分别代表了场景的相干反射率、SAR 发射信号，以及用于聚焦的参考函数和权重函数的频率域形式。

时频分解的第一步是对原始的全分辨率 SAR 图像中潜在的不平衡频谱 $W(\boldsymbol{\omega})$ 进行校正，即在距离向和方位向上计算平均图像频谱。频谱校正后，计算全分辨率频谱 $D_{\mathrm{SAR}}(\boldsymbol{\omega})$ 和二维权重估计函数的反函数的乘积，如图 10.32 所示。

通过二维傅里叶逆变换可获得频率矢量 $\boldsymbol{\omega}_0$ 处的频率响应[37, 38]：

$$d_{\mathrm{SAR}}(\boldsymbol{l};\boldsymbol{\omega}_0) = \mathrm{FT}_{\mathrm{2D}}^{-1}\{R(\boldsymbol{\omega})\,H(\boldsymbol{\omega})\,G(\boldsymbol{\omega}-\boldsymbol{\omega}_0)\} \tag{10.35}$$

$d_{\mathrm{SAR}}(\boldsymbol{l};\boldsymbol{\omega}_0)$ 仍然是聚焦的 SAR 图像，但分辨率比原图有所降低。该图像描述了二维频域内 $\boldsymbol{\omega}_0$ 邻域的场景特性。通过比较 SAR 图像中所有像素在不同频点的响应，可以描述观测媒质的散射特性。使用处理数据会将考察的频率范围限制在原始回波数据处理和成像所使用的参考函数设定的频率范围内[37, 38]。

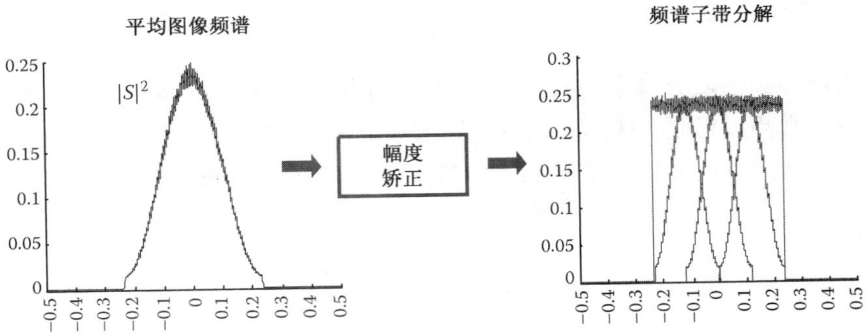

图 10.32 方位向权重函数和频谱分解

10.6.2.3 方位向分析

在 SAR 成像过程中，全分辨率图像是由在不同斜视角下获取的目标低分辨率回波通过叠加形成的。因此在 SAR 图像中，一个像素代表的是和方位向天线方向图相关的一定观测角度范围内一个观测区域的综合响应结果。特别是在 L 波段和 P 波段等低频波段上进行 SAR 成像时，为了获得良好的图像分辨率，往往需要更宽的观测角度。此时，方位向视角 ϕ 与方位向频率 ω_{az} 之间的关系[37, 38]为

$$\omega_{az} = 2\omega_c \frac{V_{SAR}}{c} \sin\phi \tag{10.36}$$

式中 ω_c 为雷达工作频率。将 SAR 图像在方位向上进行时频分解，就可以得到一组对应于不同方位向视角、不同 SAR 多普勒谱段的低分辨率图像。该分析过程可以应用于目标或媒质的各向异性行为检测，包括具有复杂几何结构的散射体、人工目标或在农田区域中具有周期性结构的自然媒质及线性排列的强散射体[37, 38]。此外，时频分解还可以通过分析不同方位向上的回波响应恢复某些目标的各向异性的散射方向图(anisotropic scattering pattern)[37, 38]。

10.6.2.4 距离向分析

对于高分辨率数据，SAR 系统一般发射接收的线性频率调制信号带宽都比较大。因此，接收到的信号可以被认为是多频的，并包含了场景目标在多个频率上的响应特征。根据式(10.35)表达的时频分解原理，通过在距离-频率域上移动分析函数就可以获得不同观测频率处的场景反射特性。此类频率分析的有效范围受限于成像带宽，因此高分辨率图像具有比低分辨率图像更大的分析潜力。

距离向频谱分析可应用于检测和描述频响敏感媒质，如谐振球体、柱体目标、周期性结构或相互耦合的散射体[37, 38]。

10.6.3 非平稳媒质极化 SAR 响应离散时频分解

10.6.3.1 各向异性的极化特性

10.6.2 节介绍的时频分解方法可以用于成像函数 $H(\boldsymbol{\omega})$ 定义的距离向-方位向频率间隔内的任意频率位置。但在此之前应首先对有限频率位置集合(离散点)进行分析，这是为了：

- 重视观测场景的整体特征
- 弱化子频谱图像间的相关性以突出变化
- 控制输出结果文件的大小

本节利用 DLR E-SAR L 波段传感器在德国 Alling 实验区获取的全极化 SAR 数据作为离散时频分解的用例。原始图像的分辨率是距离向 2 m，方位向 1 m，方位向视角变化范围约为 7.5°，线性调频带宽为 75 MHz。图 10.33 为全分辨率泡利伪彩色合成图。场景中主要包含农田、森林和一些城市区域。

每个极化通道的相干散射系数 $\boldsymbol{S}_{pq}(\boldsymbol{l})$ 应在不同的频率矢量 $\boldsymbol{\omega}_i$ 处分解，频点选择要保证不同的频域分析函数 $G(\boldsymbol{\omega}-\boldsymbol{\omega}_i)$ 彼此间互不重叠。从得到的极化数据集 $\boldsymbol{S}_{pq}(\boldsymbol{l};\boldsymbol{\omega}_i)$ 计算极化表征量，并从应用角度定量地评估非静态性的大小。利用 N 视样本点的 3×3 相干 $\boldsymbol{T}_3$ 矩阵可提取的极化特征如极化熵(H)和平均 α 角($\bar{\alpha}$)，它们与观测场景的地物属性和结构密切相关(详见第 7 章)。

图 10.33　Alling 实验区的泡利伪彩色合成图

10.6.3.2　方位向分解

在维持距离向分辨率不变的同时，利用独立的子带频谱沿方位向进行分解。图 10.35 显示了对图 10.34 中犁耕区域(○)进行处理的结果，图中分别展示了全功率图像、极化熵 H 和 $\bar{\alpha}$ 参数在不同视角下和全分辨率情况下的结果。

由图 10.35 可以观测到，在方位向视角由最小值(负方向)到中间值再到最大值(正方向)的过程中，$\bar{\alpha}$ 和 H 发生了较大的变化。在某些特定的方位向视角下，一些农田区域显示出突变性。当极化指标 H 和 $\bar{\alpha}$ 的值较低时，相应像素的极化总功率(Span)达到最大。单个像素内的相干叠加和相消干扰令 Span 图像产生高亮度的条纹，这是典型的周期表面布拉格谐振散射特征[37, 38]。

其他类型的媒质在方位向叠加过程中也可能包含非平稳的极化特征。可以观测到一些点目标和线性结构，例如绕射(diffracting)边缘，在随视角变化时后向散射方向图变化很大。特别是，连接栅栏的金属链条在不同方位向视角下的散射机理同时包含单次散射和二次散射。非平稳目标通常都具有明显的各向异性形状，或类似定向散射体的表面，包含了内在的散射机理变化和总后向散射功率变化。

与非平稳目标相反，森林区域在合成孔径期间内具有稳定的散射行为。现有研究表明，森林区域在 L 波段的后向散射以随机分布的各向异性结构所产生的体散射为主。通过相干合成处理所得到的随机散射波响应具有亮度高、极化度低但各向同性的特点[37, 38]。

10.6.3.3　距离向分解

为了忽略前述的方位向对极化参数变化的影响，需要在固定且充分小的方位向子频带和不同的距离向子频带内进行距离向的频率分解。

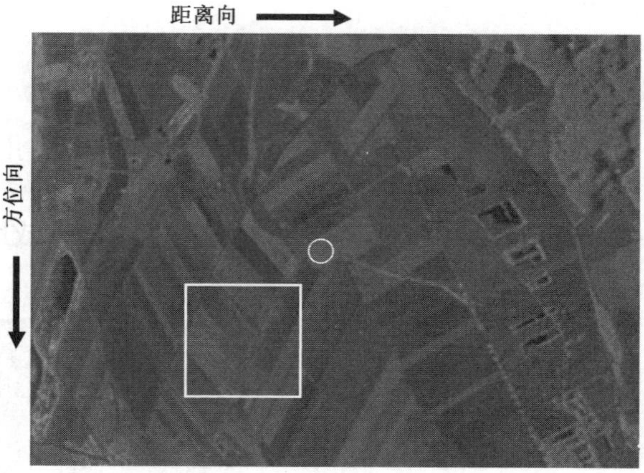

图 10.34 Alling 实验区的全功率图像

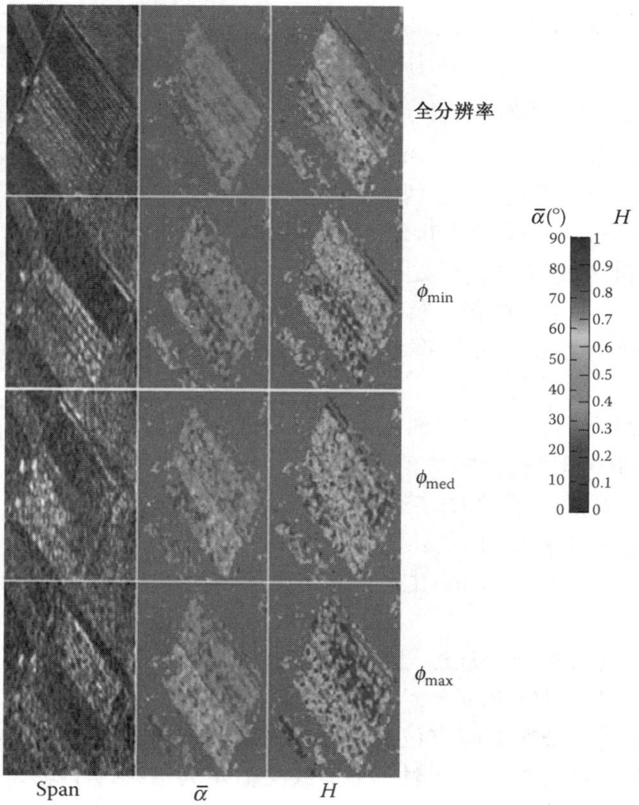

图 10.35 分割区域内的全分辨率和沿方位向分解后的极化参数

图 10.36 为距离向分解结果，该图表明自然表面上的极化散射特性对入射频率非常敏感。全功率图像、极化熵 H 和 $\bar{\alpha}$ 参数随入射波频率的改变发生了明显变化。从图中可观测到在研究区域中明亮条纹的位置随频率而变化的现象，即布拉格谐振散射特征[37, 38]。

在方位向和距离向时频分析结果中，图 10.36 和图 10.37 清晰地用实例证明了常用于描述自然媒质属性特征的极化参数都发生了明显变化。图 10.38 和图 10.39 对上述特征进行了集中展示。

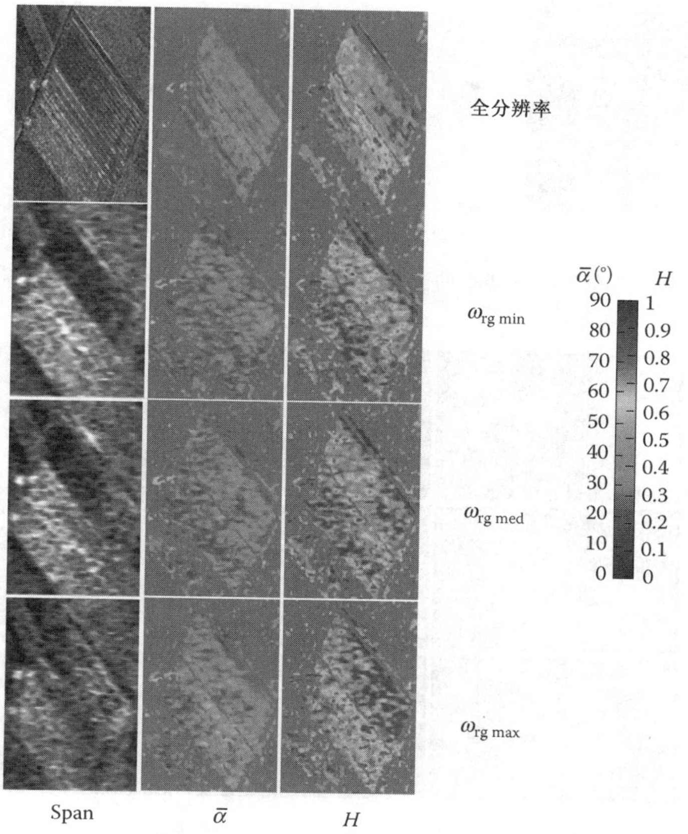

图 10.36 分割区域内的全分辨率和沿距离向分解后的极化参数

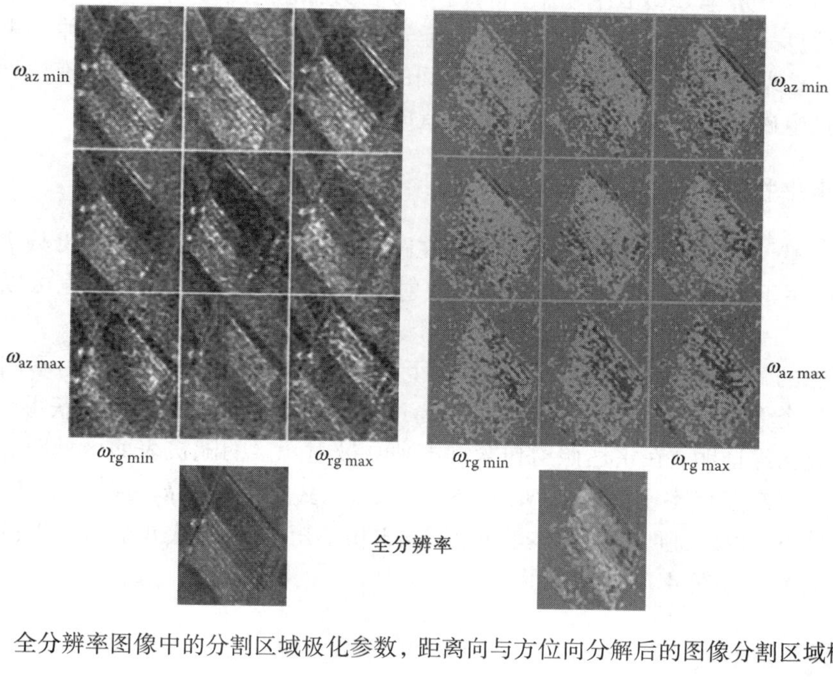

图 10.37 全分辨率图像中的分割区域极化参数，距离向与方位向分解后的图像分割区域极化参数

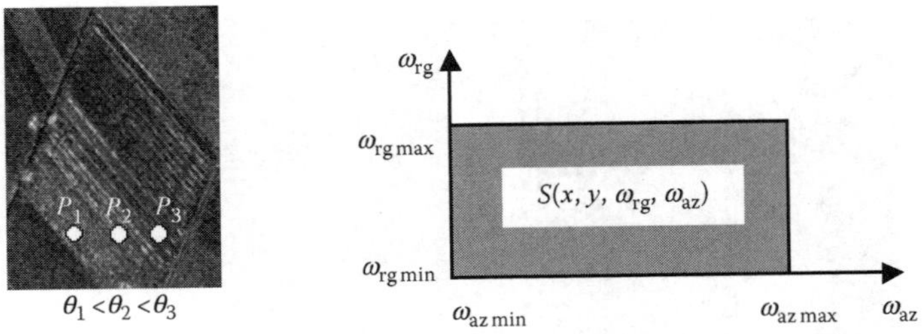

图 10.38 测试点在 SAR 图像中的位置(左图)，距离向-方位向频率平面示意图(右图)

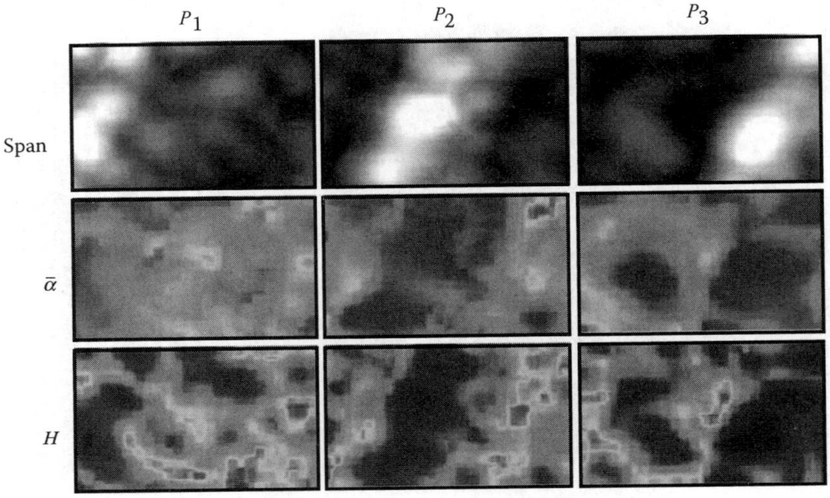

图 10.39 距离向-方位向频率域中的极化特征示意图

与经典的全分辨率 SAR 图像相比，将时频分析方法应用于相干 SAR 数据可以获得大量重要的附加信息。该技术可以被进一步应用于分析点目标或自然媒质在各种观测角度和频率下的散射行为；或通过测试 SAR 信号获取期间的易变性来评估极化参数的有效性；也可以用于校正由包括电磁场谐振在内的扰动现象所造成的潜在图像伪迹。

10.6.4 非平稳媒质检测和分析

与参考文献[37]中介绍的方法相类似，在距离向和方位向上独立的子带频谱中进行时频分析，既可以用于检测各向异性目标，以及散射特征对频率敏感的目标，也可以用于在距离向-方位向频谱中查找具有非平稳行为特征的区域。

SAR 图像的每个像素都对应一个从不同距离方位向子带频谱中提取的不同相干矩阵样本的集合。每个像素的平稳散射特征都可以通过测试相干矩阵的统计量来获得[40]。

现有研究已经证明，在雷达照射包含许多独立散射元素的随机表面区域时，散射矢量 $\underline{\boldsymbol{k}}_3$ 可以用多变量复高斯概率密度函数 $N_C(0,\boldsymbol{\Sigma})$ 来表征，式中 $\boldsymbol{\Sigma}=E(\underline{\boldsymbol{k}}_3\cdot\underline{\boldsymbol{k}}_3^{T*})$ 是 $\underline{\boldsymbol{k}}_3$ 的协方差矩阵。在此条件下，可以证明相应样本的 n 视 3×3 相干矩阵 $\boldsymbol{T}_3$ 服从 n 个自由度的复威沙特概率函数 $W_C(n,\boldsymbol{\Sigma})$，在第 4 章中定义了

$$P(\boldsymbol{T}_3/\boldsymbol{\Sigma}) = \frac{n^{qn}|\boldsymbol{T}_3|^{n-q}\exp\left(-\mathrm{Tr}\left(n\boldsymbol{\Sigma}^{-1}\boldsymbol{T}_3\right)\right)}{K(n,q)|\boldsymbol{\Sigma}|^n} \tag{10.37}$$

若某像素的 R 个子带频谱样本对应的相干矩阵 $\boldsymbol{T}_{3i}$，$i=1$，…，R，服从同一个分布且满足以下假设：

$$\boldsymbol{\Sigma}_1 = \boldsymbol{\Sigma}_2 = \boldsymbol{\Sigma}_3 = \cdots = \boldsymbol{\Sigma}_R \tag{10.38}$$

则可以认为该像素具有平稳的各向同性频谱行为特征。引入各独立相干矩阵计算的最大似然比 Λ，如下所示[37, 38]：

$$\Lambda = \frac{\prod_{i=1}^{R}|\boldsymbol{T}_{3i}|^{n_i}}{|\boldsymbol{T}_{3t}|^{n_t}}, \quad n_t = \sum_{i=1}^{R} n_i, \quad \boldsymbol{T}_{3t} = \frac{1}{n_t}\sum_{i=1}^{R} n_i\boldsymbol{T}_{3i} \tag{10.39}$$

验证上述假设的有效性。变量 n_i 表示散射矢量的数目。散射矢量用于计算样本的 3×3 相干矩阵 $\boldsymbol{T}_{3i}$。对于任意选择的虚警概率 $P_{\mathrm{fa}}(c_\beta)$，如果

$$\Lambda > c_\beta, \quad P_{\mathrm{fa}}(c_\beta) = P(\Lambda < c_\beta) = \beta \tag{10.40}$$

假设成立，就认为目标是各向同性的，检测需要计算最大似然比统计量 $P_{\mathrm{fa}}(c_\beta)$ 的表达式。该表达式以参考文献[37]附录中介绍的平稳性假设为基础，从最大似然比的矩量函数判决式推导而来。在拉普拉斯域中进行一系列推导和简化后，原始检测 $\Lambda > c_\beta$ 可等价为 $\log\Lambda > \log(c_\beta)$，具体见参考文献[37]。此时虚警概率密度函数可近似表达为

$$\begin{aligned} P_{\mathrm{fa}}(c_\beta) = 1 - \gamma_{\mathrm{inc}}\left(\frac{f}{2}, -\rho\log(c_\beta)\right) - \omega_2\Bigg[\gamma_{\mathrm{inc}}\left(2+\frac{f}{2}, -\rho\log(c_\beta)\right) \\ -\gamma_{\mathrm{inc}}\left(\frac{f}{2}, -\rho\log(c_\beta)\right)\Bigg] \end{aligned} \tag{10.41}$$

式中，$\gamma_{\mathrm{inc}}(a, b)$ 表示阶数为 a 和 b 的不完全伽马函数，变量 f、ρ 和 ω_2 与 c_β 无关，具体内容见参考文献[37]。

将 Alling 数据集作为该统计检测算法的实验用例，将整个距离向-方位向频谱范围在方位向上分为 6 块，距离向上分为 2 块。图 10.40 中的最大似然比对数图和非平稳像素图表明有大量像素在 SAR 图像获取期间具有非平稳的散射行为[37, 38]。

大部分农田区中发生变化的散射体是受到了布拉格谐振的影响。对于散射特征高度依赖于观测位置的复杂目标和绕射边缘，其特征与城区是有所区别的。有一些线性排列的散射体也表现出各向异性散射行为，然而森林区域却在相干叠加过程中表现出稳定的极化特征。

与参考文献[37]中介绍的方位向分解方法相比，将距离向时频分析引入目标辨识程序可以明显地改进检测结果。在距离向频域内进行分析可以进一步针对媒质的谐振特征进行辨识。这类特征通常对观测频率较为敏感，并会超出绕射目标，在一般情况下还可以增强最大似然比图像对比度。在参考文献[37]中对 6 个方位向子带频谱结果进行了比较。该研究表明，本节中介绍的将频谱分解为 6 个方位向子带和 2 个距离向子带的分析方法，对非平稳媒介的检测效果更好。

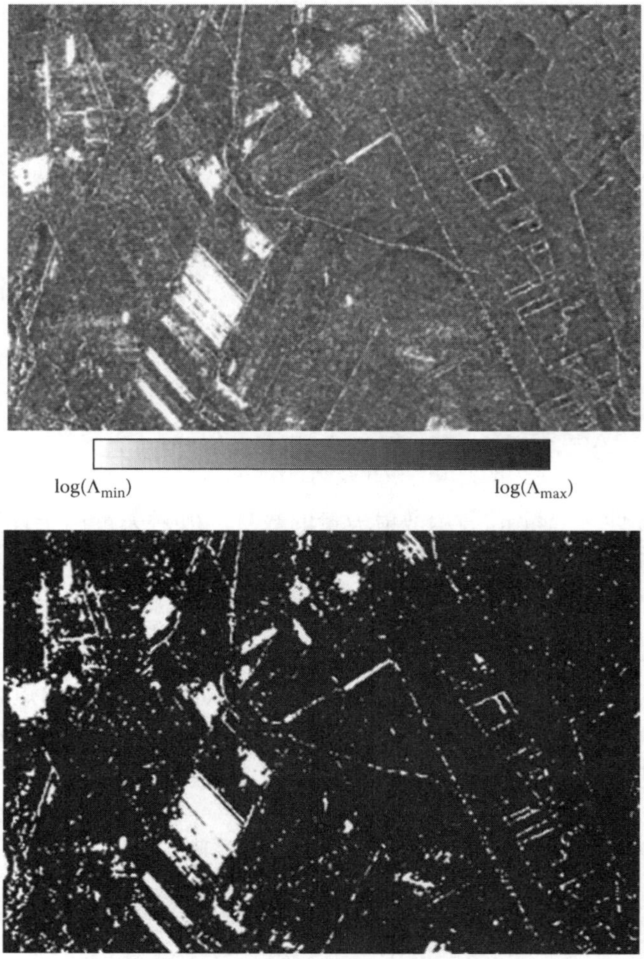

图 10.40　最大似然比对数图(顶部)；非平稳像素图(底部)

通过在全局最大似然比信息中比较每个子带频谱图像的贡献，可以进一步开发基于最大似然比的检测方法，以获取非平稳散射特征在距离-多普勒频域上的位置[37]。若一个像素在 SAR 信号叠加过程中展现出非平稳的行为特征，则说明相干矩阵序列并未满足式(10.38)中的假设条件。这意味着 R 个样本矩阵中至少有一个矩阵并不属于全局统计量。针对每一个像素，sub_j 对应于频率矢量空间 $\boldsymbol{\omega}_j$ 集合(式中 $j \in [1,\cdots,R]$)中特征最不平稳的子带频谱，且满足下面的关系：

$$\text{sub}_j = \arg\max \Omega_{R-1}(\text{sub}_j) \tag{10.42}$$

式中 $\Omega_{R-1}(\text{sub}_j)$是由不包括子带频谱 sub_j 在内的其余 $R-1$ 幅图像计算的最大似然比，可由下式定义[37, 38]：

$$\Omega_{R-1}(\text{sub}_j) = \frac{\prod\limits_{\substack{i=1\\ i/j}}^{R} |\boldsymbol{T}_{3i}|^{n_i}}{|\boldsymbol{T}_{3t}|^{n_t}}, \qquad n_t = \sum_{\substack{i=1\\ i/j}}^{R} n_i, \qquad \boldsymbol{T}_{3t} = \frac{1}{n_t}\sum_{\substack{i=1\\ i/j}}^{R} n_i \boldsymbol{T}_{3i} \tag{10.43}$$

随后针对每个像素从最初的 R 个子孔径集合中迭代地辨别出属于非平稳特征的集合。下面是一个可实际操作的检测算法：

步骤 1：利用式(10.40)在 R 个子孔径集合中测试像素的稳定性特征。
　　如果满足 $\Lambda > c_\beta$，则该像素是稳定的，执行步骤 5；否则 $N_{\text{sub}} = R$。
步骤 2：利用式(10.42)寻找非平稳的子孔径。
　　在可用的子带频谱集合内去除 sub_j，令 $N_{\text{sub}} = N_{\text{sub}} - 1$。
步骤 3：利用式(10.40)在 N_{sub} 个子孔径集合中测试像素的稳定性特征。
步骤 4：如果条件 $\Lambda_{N_{\text{sub}}} > c_{\beta N_{\text{sub}}}$ 成立或者达到了终止条件，则执行步骤 5；否则执行步骤 2。
步骤 5：终止。

本算法针对每个像素迭代地去除经子孔径处理后包含不属于全局统计量的相干矩阵样本。只有当剩余的子孔径表现出稳定的特征或达到了终止条件时，该程序才会结束。假如使用者希望保持一定的原始分辨率，那么需要在终端判据中加入目前的平稳子孔径数量和任意设定常数之间的比较环节。

之后，利用非平稳散射特征定位算法来检测符合条件的像素，检测结果示于图 10.41。图像中使用的颜色编码代表大部分各向异性子带频谱的索引。由图 10.41 中的定位结果可以观测到许多受布拉格谐振影响的区域。其中部分在同一区域中的像素在不同的子带频谱中具有的各向异性特征最明显。这是由重复性结构引起的布拉格谐振的不稳定效应造成的。定位算法成功地判定出受布拉格谐振影响的子带频谱范围。重复使用定位算法显示出针对同一个像素的其他子带频谱也符合条件。在此情况下必然需要一个以上的子带频谱才能对问题进行完整的描述[37, 38]。

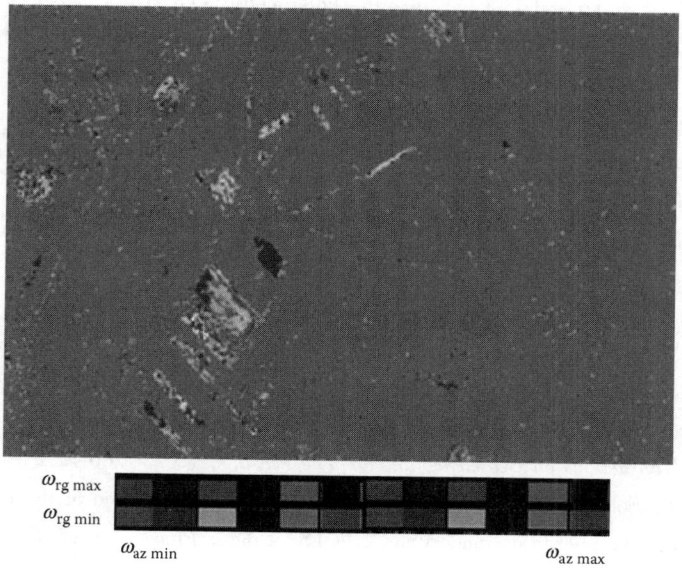

图 10.41　在每个非平稳像素对应的 12 个距离向-方位向频谱中可能性最低的频谱分量位置分布图

针对全极化 SAR 数据的时频分析是一种具有吸引力且重要的手段，可用于描述目标或媒质的散射特征。在距离向和方位向上的频域分析，可清晰地表明各种在 SAR 信号相干叠加过程中表现出非平稳特征的自然媒质，甚至包括具有各向异性形状和极化散射特征及伪周期性结构的复杂目标，这类目标在不同的SAR传感器观测位置上的响应特征变化很大[37, 38]。

利用极化统计量时频测试流程，实验证明了距离-方位向联合分析方法能够提供这类媒介散射特征和频率敏感度等更多的信息，而且明显增强了目标的概率特征。农田区的准周期性表面所引起的布拉格谐振是非平稳特征的重要来源。机载和星载全分辨率SAR数据的幅度和相位信息都受其影响[37, 38]。由方位向合成孔径长度和距离向频率域带宽决定的系统分辨率与上述现象的出现密切相关。这些指标有望在下一代高性能SAR传感器研制过程中得到增强。即便是应用于方位向天线孔径较小的星载数据，算法对非平稳现象在距离向-方位向频率域中优秀的定位能力，依然有助于将其从原始数据中分离出来。这类信息可有效应用于校正相干SAR数据，以此最小化非平稳特征对传统极化SAR数据分析方法的影响[37, 38]。

参考文献

[1] S. R. Cloude and E. Pottier, A review of target decomposition theorems in radar polarimetry, *IEEE Transactions on Geoscience and Remote Sensing*, 34(2), 498-518, March 1996.

[2] J.-S. Lee, E. Krogager, T. L. Ainsworth, and W.-M. Boerner, Polarimetric analysis of radar signature of a manmade structure, *IEEE Remote Sensing Letters*, 3(4), 555-559, October 2006.

[3] H. Kimura, K. P. Papathanassiou, and I. Hajnsek, Polarization orientation angle effects in urban areas on SAR data, *Proceedings of IGARSS* 2005, Seoul, South Korea, July 2005.

[4] G. Franceschetti, A. Iodice and D. Riccio, A canonical problem in electromagnetic backscattering from building, *IEEE Transactions on Geoscience and Remote Sensing*, 40(8), 1787-1801, January 2002.

[5] J.-S. Lee, D. L. Schuler and T. L. Ainsworth, Polarimetric SAR Data Compensation for terrain azimuth slope variation, *IEEE Transactions on Geoscience and Remote Sensing*, 38(5), 2153-2163, September 2000.

[6] J.-S. Lee, D. L. Schuler, T. L. Ainsworth, E. Krogager, D. Kasilingam, and W.-M. Boerner, On the estimation of radar polarization orientation shifts induced by terrain slopes, *IEEE Transactions on Geoscience and Remote Sensing*, 40(1), 30-41, January 2002.

[7] E. Pottier, Unsupervised classification scheme and topography derivation of POLSAR data on the $H/A/\alpha$ polarimetric decomposition theorem, *Proceedings of the Fourth International Workshop on Radar Polarimetry*, pp. 535-548, Nantes, France, July 1998.

[8] D. L. Schuler, J.-S. Lee, T. L. Ainsworth, and M. R. Grunes, Terrain topography measurement using multipass polarimetric synthetic aperture radar data, *Radio Science*, 35(3), 813-832, May-June 2000.

[9] D. L. Schuler, J.-S. Lee, and G. De Grandi, Measurement of topography using polarimetric SAR Images, *IEEE Transactions on Geoscience and Remote Sensing*, (5), 1266-1277, 1996.

[10] E. Pottier, D. L. Schuler, J.-S. Lee, and T. L. Ainsworth, Estimation of the terrain surface azimuth/range slopes using polarimetric decomposition of POLSAR data, *Proceedings of IGARSS'99*, pp. 2212-2214, July 1999.

[11] E. Krogager and Z. H. Czyz, Properties of the sphere, diplane, and helix decomposition, *Proceedings of the Third International Workshop on Radar Polarimetry*, IRESTE, pp. 110-114, University of Nantes, Nantes, France, April 1995.

[12] D. Kasilingam, H. Chen, D. L. Schuler and J.-S. Lee, Ocean surface slope spectra from polarimetric

SAR images of the ocean surface, *Proceedings of International Geoscience and Remote Sensing Symposium 2000*, pp. 1110-1112, Honolulu, Hawaii, July 2000.

[13] S. Quegan, A unified algorithm for phase and cross-talk calibration for radar polarimeters, *IEEE Transactions on Geoscience and Remote Sensing*, 32(1), 89-99, 1994.

[14] T. L. Ainsworth and J. -S. Lee, A new method for a posteriori polarimetric SAR calibration, *Proceeding of IGARSS 2001*, Sydney, Australia, 9-13 July 2001.

[15] D. L. Schuler J. -S. Lee, and D. Kasilingam, Polarimetric SAR techniques for remote sensing of ocean surface, Signal and Image Processing for Remote Sensing, C. H. Chen, Editor, Chapter 13, 267-304, Taylor and Francis, 2006.

[16] D. L. Schuler, D. Kasilingam, J. -S. Lee, and E. Pottier, Studies of ocean wave spectra and surface features using polarimetric SAR, *Proceedings of International Geoscience and Remote Sensing Symposium* (IGARSS' 03), Toulouse, France, IEEE, 2003.

[17] J. -S. Lee, R. W. Jansen, D. L. Schuler, T. L. Ainsworth, G. Marmorino, and S. R. Chubb, Polarimetric analysis and modeling of multi-frequency SAR signatures from Gulf Stream fronts, *IEEE Journal of Oceanic Engineering*, 23, 322, 1998.

[18] D. L. Schuler and J. -S. Lee, A microwave technique to improve the measurement of directional ocean wave spectra, *International Journal of Remote Sensing*, 16(2), 199-215, 1995.

[19] D. L. Schuler, Measurement of ocean wave spectra using polarimetric AIRSAR data, *The Fourth Annual JPL AIRSAR Geoscience Workshop*, Arlington, VA. 1993.

[20] D. Kasilingam and J. Shi, Artificial neural network based-inversion technique for extracting ocean surface wave spectra from SAR images, *Proceedings of IGARSS 97*, Singapore, 1997.

[21] D. L. Schuler et al., Polarimetric SAR measurements of slope distribution and coherence change due to internal waves and current fronts, *Proceedings of IGARSS 2002*, Toronto, Canada, June 2002.

[22] T. L. Ainsworth, J. -S. Lee, and D. L. Schuler, Multi-frequency polarimetric SAR data analysis of ocean surface features, *Proceedings of International Geoscience and Remote Sensing Symposium 2000*, Honolulu, Hawaii, July 2000.

[23] W. Alpers, D. B. Ross, and C. L. Rufenach, On the detectability of ocean surface waves by real and synthetic aperture radar, *Journal of Geophysical Research*, 86(C-7), 6481, 1981.

[24] K. Hasselmann and S. Hasselmann, On the nonlinear mapping of an ocean wave spectrum into a synthetic aperture radar image spectrum and its inversion, *Journal of Geophysical. Research*, 96(10), 713, 1991.

[25] O. K. Garriott, F. L. Smith, and P. C. Yuen, Observation of ionospheric electron content using a geostationary satellite, *Planet Space Science*, 13, 829-835, 1965.

[26] A. Freeman and S. S. Saatchi, On the detection of Faraday rotation in linearly polarized L-Band SAR backscatter signatures, *IEEE Transactions on Geoscience and Remote Sensing*, 42(8), 1607-1616, August 2004.

[27] S. H. Bickel and B. H. T. Bates, Effects of magneto-ionic propagation on the polarization scattering matrix, *Proceedings IRE*, 53, 1089-1091, 1965.

[28] A. Freeman, Calibration of linearly polarized polarimetric SAR data subject to Faraday rotation, *IEEE Transactions on Geoscience and Remote Sensing*, 42(8), 1617-1624, August 2004.

[29] J. Nicoll, F. Meyer, and M. Jehle, Prediction and detection of Faraday rotation in ALOS PALSAR data, *Proceedings of IGARSS 2007*, Barcelona, Spain, July 2007.

[30] S. R. Cloude and K. P. Papathanassiou, Polarimetric SAR interferometry, *IEEE Transactions on*

Geoscience and Remote Sensing, 36(5), 1551-1565, September 1998.

[31] K. P. Papathanassiou, and S. R. Cloude, Single-baseline polarimetric SAR interferometry, *IEEE Transactions on Geoscience and Remote Sensing*, 39(11), 2352-2363, November 2001.

[32] R. N. Treuhaft, S. N. Madsen, M. Moghaddam, and J. J. van Zyl, Vegetation characteristics and underlying topography from interferometric data, *Radio Science*, 31, 1449-1495, 1996.

[33] R. N. Treuhaft and P. R. Siqueira, The vertical structure of vegetated land surfaces from interferometric and polarimetric radar, *Radio Science*, 35, 141-177, 2000.

[34] S. R. Cloude, K. P. Papathanassiou, and W.-M. Boerner, A fast method for vegetation correction in topographic mapping using polarimetric radar interferometry, *Proceedings of EUSAR 2000*, pp. 261-264, Munich, Germany, May 2000.

[35] J.-S. Lee, S. R. Cloude, K. P. Papathanassiou and I. H. Woodhouse, Speckle filtering and coherence estimation of polarimetric SAR interferometric data for forest applications, *IEEE Transactions on Geoscience and Remote Sensing*, 41(10), 2254-2293, October 2003.

[36] J. H. Woodhouse et al., Polarimetric interferometry in the Glen Affric project: Results & conclusions, *Proceedings of IGARSS'2002*, Toronto, Canada, June 2002.

[37] L. Ferro-Famil, A. Reigber, E. Pottier and W.-M. Boerner, Scene characterization using subaperture polarimetric SAR data, *IEEE Transactions on Geoscience and Remote Sensing*, 41(10), 2264-2276, 2003.

[38] L. Ferro-Famil, A. Reigber and E. Pottier, Non-stationary natural media analysis from polarimetric SAR data using a 2-D Time-Frequency decomposition approach, *Canadian Journal of Remote Sensing*, 31, 1, 2005.

[39] P. Flandrin, Temps-Fréquence, *Série Traitement du signal*, Editions Hermes, Paris, 1993.

[40] R. J. Muirhead, *Aspects of Multivariate Statistical Theory*, John Wiley & Sons, New York, May 1982.

[41] T. L. Ainsworth, L. Ferro-Famil and J.-S. Lee, Orientation angle preserving *a posteriori* polarimetric SAR calibration, *IEEE Transactions on Geoscience and Remote Sensing*, 44, 994-1003, 2006.

附录 A　厄米矩阵的本征特性

本附录内容为雷达极化理论基础。对于缺乏基本厄米矩阵知识的读者，本附录有助于降低理解难度。第 3 章中的极化协方差矩阵和相干矩阵都被定义为半正定厄米矩阵。第 7 章中的 Cloude-Pottier 非相干分解也是以相干矩阵特征分解为基础的。从数学上讲，若 $\boldsymbol{A}^{*\mathrm{T}}=\boldsymbol{A}$，则 $\boldsymbol{A}$ 可以定义为厄米矩阵。“半正定”(positive semidefinite)特指所有特征值都是非负实数，并且部分特征值可能为零。本附录将给出厄米矩阵特征值和特征矢量的性质，以及对厄米二次积进行复矢量微分运算的相关内容。

1. 若 $\boldsymbol{A}$ 为厄米矩阵，则其特征值为实数

厄米矩阵 $\boldsymbol{A}$ 的特征值 λ 和特征矢量 $\underline{\boldsymbol{u}}$ 满足以下关系式：

$$\boldsymbol{A}\underline{\boldsymbol{u}}=\lambda\underline{\boldsymbol{u}} \tag{A.1}$$

对式(A.1)两边取共轭转置有

$$\underline{\boldsymbol{u}}^{*\mathrm{T}}\boldsymbol{A}^{*\mathrm{T}}=\lambda^{*}\underline{\boldsymbol{u}}^{*\mathrm{T}} \tag{A.2}$$

对式(A.2)右乘式(A.1)可得

$$\lambda\,\underline{\boldsymbol{u}}^{*\mathrm{T}}\boldsymbol{A}^{*\mathrm{T}}\underline{\boldsymbol{u}}=\lambda^{*}\underline{\boldsymbol{u}}^{*\mathrm{T}}\boldsymbol{A}\underline{\boldsymbol{u}} \tag{A.3}$$

由于 $\boldsymbol{A}$ 为厄米矩阵，$\boldsymbol{A}^{*\mathrm{T}}=\boldsymbol{A}$，由式(A.3)可得 $\lambda=\lambda^{*}$，由此证明厄米矩阵 $\boldsymbol{A}$ 的特征值都是实数。

2. $\boldsymbol{A}$ 的特征矢量相互正交

厄米矩阵 $\boldsymbol{A}$ 的两个特征矢量 $(\underline{\boldsymbol{u}}_1,\underline{\boldsymbol{u}}_2)$ 满足

$$\boldsymbol{A}\underline{\boldsymbol{u}}_1=\lambda_1\underline{\boldsymbol{u}}_1 \tag{A.4}$$

$$\boldsymbol{A}\underline{\boldsymbol{u}}_2=\lambda_2\underline{\boldsymbol{u}}_2 \tag{A.5}$$

由式(A.4)可得

$$\lambda_1\boldsymbol{A}^{-1}\underline{\boldsymbol{u}}_1=\underline{\boldsymbol{u}}_1 \tag{A.6}$$

对式(A.5)两边取共轭转置有

$$\underline{\boldsymbol{u}}_2^{*\mathrm{T}}\boldsymbol{A}^{*\mathrm{T}}=\lambda_2\underline{\boldsymbol{u}}_2^{*\mathrm{T}} \tag{A.7}$$

对式(A.6)左乘式(A.7)可得

$$\lambda_1\underline{\boldsymbol{u}}_2^{*\mathrm{T}}\boldsymbol{A}^{*\mathrm{T}}\boldsymbol{A}^{-1}\underline{\boldsymbol{u}}_1=\lambda_2\underline{\boldsymbol{u}}_2^{*\mathrm{T}}\underline{\boldsymbol{u}}_1 \tag{A.8}$$

由于 $\boldsymbol{A}^{*\mathrm{T}}=\boldsymbol{A}$，于是有

$$\lambda_1\underline{\boldsymbol{u}}_2^{*\mathrm{T}}\underline{\boldsymbol{u}}_1=\lambda_2\underline{\boldsymbol{u}}_2^{*\mathrm{T}}\underline{\boldsymbol{u}}_1 \tag{A.9}$$

又由于 $\lambda_1\neq\lambda_2$，于是有 $\underline{\boldsymbol{u}}_2^{*\mathrm{T}}\underline{\boldsymbol{u}}_1=0$，由此证明厄米矩阵 $\boldsymbol{A}$ 的特征矢量是相互正交的。

3. 矩阵 $\boldsymbol{U}=[\underline{\boldsymbol{u}}_1\quad\underline{\boldsymbol{u}}_2\quad\underline{\boldsymbol{u}}_3]$ 为酉矩阵

由于 $\underline{\boldsymbol{u}}_i^{*\mathrm{T}}\underline{\boldsymbol{u}}_j=0$(正交性)和 $\underline{\boldsymbol{u}}_i^{*\mathrm{T}}\underline{\boldsymbol{u}}_i=1$(归一性)，因此有

$$U^{*T}U = \begin{bmatrix} \underline{u}_1^{*T} \\ \underline{u}_2^{*T} \\ \underline{u}_3^{*T} \end{bmatrix} \begin{bmatrix} \underline{u}_1 & \underline{u}_2 & \underline{u}_3 \end{bmatrix} = I \tag{A.10}$$

式中 I 是单位矩阵。由式(A.10)可证明 U 为酉矩阵。

4. 厄米矩阵 A 可以分解成秩 1 矩阵之和

由于 $\underline{u}_i$ 是 A 的特征矢量，因此满足

$$A\underline{u}_i = \lambda_i \underline{u}_i, \qquad i = 1,2,3 \tag{A.11}$$

根据式(A.11)可得

$$A[\underline{u}_1 \quad \underline{u}_2 \quad \underline{u}_3] = [\underline{u}_1 \quad \underline{u}_2 \quad \underline{u}_3] \begin{bmatrix} \lambda_1 & 0 & 0 \\ 0 & \lambda_2 & 0 \\ 0 & 0 & \lambda_3 \end{bmatrix} \tag{A.12}$$

式(A.12)可改写成对角阵的形式，式中 Λ 为对角阵：

$$AU = U\Lambda \tag{A.13}$$

由于 U 为酉矩阵，式(A.13)可变为

$$\begin{aligned} A &= U\Lambda U^{*T} \\ &= \begin{bmatrix} \underline{u}_1 & \underline{u}_2 & \underline{u}_3 \end{bmatrix} \begin{bmatrix} \lambda_1 & & \\ & \lambda_2 & \\ & & \lambda_3 \end{bmatrix} \begin{bmatrix} \underline{u}_1^{*T} \\ \underline{u}_2^{*T} \\ \underline{u}_3^{*T} \end{bmatrix} \\ &= \begin{bmatrix} \underline{u}_1 & \underline{u}_2 & \underline{u}_3 \end{bmatrix} \begin{bmatrix} \lambda_1 \underline{u}_1^{*T} \\ \lambda_2 \underline{u}_2^{*T} \\ \lambda_3 \underline{u}_3^{*T} \end{bmatrix} \end{aligned} \tag{A.14}$$

经矩阵相乘可得

$$A = \lambda_1 \underline{u}_1 \underline{u}_1^{*T} + \lambda_2 \underline{u}_2 \underline{u}_2^{*T} + \lambda_3 \underline{u}_3 \underline{u}_3^{*T} \tag{A.15}$$

式(A.15)中，矩阵 $\underline{u}_i\,\underline{u}_i^{*T}$ 的秩为 1。厄米矩阵被分解为三个独立散射目标和的形式，如式(7.2)所示，每个散射目标都由一个单一的散射矩阵来表示。

5. 对厄米矩阵进行酉变换不改变特征值

以下将证明对任意酉矩阵 V，厄米矩阵 A 的特征值与其酉变换矩阵 VAV^{*T} 的特征值相同。

令 λ 和 $\underline{u}$ 代表 A 的特征值和特征矢量，ξ 和 $\underline{y}$ 代表 VAV^{*T} 的特征值和特征矢量

$$A\underline{u} = \lambda \underline{u} \tag{A.16}$$

$$VAV^{*T}\underline{y} = \xi \underline{y} \tag{A.17}$$

式(A.16)和式(A.17)可以变换为

$$\underline{u}^{*T}A^{*T} = \lambda^* \underline{u}^{*T} \tag{A.18}$$

$$AV^{*T}\underline{y} = \xi V^{-1}\underline{y} \tag{A.19}$$

对式(A.18)右乘式(A.19)可得

$$\xi \underline{\boldsymbol{u}}^{*\mathrm{T}} \boldsymbol{A}^{*\mathrm{T}} \boldsymbol{V}^{-1} \underline{\boldsymbol{y}} = \lambda^* \underline{\boldsymbol{u}}^{*\mathrm{T}} \boldsymbol{A} \boldsymbol{V}^{*\mathrm{T}} \underline{\boldsymbol{y}} \tag{A.20}$$

由于 $\boldsymbol{V}$ 是酉矩阵，$\boldsymbol{V}^{*\mathrm{T}} = \boldsymbol{V}^{-1}$，$\boldsymbol{A}$ 是厄米矩阵，$\boldsymbol{A}^{*\mathrm{T}} = \boldsymbol{A}$，且有厄米矩阵的实特征值 $\lambda = \lambda^*$，于是根据式(A.20)有

$$\xi \underline{\boldsymbol{u}}^{*\mathrm{T}} \boldsymbol{A} \boldsymbol{V}^{*\mathrm{T}} \underline{\boldsymbol{y}} = \lambda \underline{\boldsymbol{u}}^{*\mathrm{T}} \boldsymbol{A} \boldsymbol{V}^{*\mathrm{T}} \underline{\boldsymbol{y}} \tag{A.21}$$

即

$$(\xi - \lambda) \underline{\boldsymbol{u}}^{*\mathrm{T}} \boldsymbol{A} \boldsymbol{V}^{*\mathrm{T}} \underline{\boldsymbol{y}} = 0 \tag{A.22}$$

由式(A.22)可知 $\xi = \lambda$，证明了厄米矩阵的特征值在酉变换下具有不变性。式(7.14)定义的酉相似旋转矩阵也是酉矩阵，因此上述过程也可以用于证明极化熵和各向异性度具有旋转不变性，并进一步证明了极化熵和各向异性度在任意酉变换下都将保持不变。

6. 基于相干矩阵 $\boldsymbol{T}_3$ 的特征值及特征矢量解析推导[1]

将 3×3 复相干矩阵 $\boldsymbol{T}_3$ 进行参数化并用下式进行表达：

$$\begin{aligned}\langle \boldsymbol{T}_3 \rangle &= \frac{1}{2}\begin{bmatrix} \langle |S_{\mathrm{HH}}+S_{\mathrm{VV}}|^2\rangle & \langle (S_{\mathrm{HH}}+S_{\mathrm{VV}})(S_{\mathrm{HH}}-S_{\mathrm{VV}})^*\rangle & 2\langle (S_{\mathrm{HH}}+S_{\mathrm{VV}})S_{\mathrm{HV}}^*\rangle \\ \langle (S_{\mathrm{HH}}-S_{\mathrm{VV}})(S_{\mathrm{HH}}+S_{\mathrm{VV}})^*\rangle & \langle |S_{\mathrm{HH}}-S_{\mathrm{VV}}|^2\rangle & 2\langle (S_{\mathrm{HH}}-S_{\mathrm{VV}})S_{\mathrm{HV}}^*\rangle \\ 2\langle (S_{\mathrm{HH}}+S_{\mathrm{VV}})^* S_{\mathrm{HV}}\rangle & 2\langle (S_{\mathrm{HH}}-S_{\mathrm{VV}})^* S_{\mathrm{HV}}\rangle & 4\langle |S_{\mathrm{HV}}|^2\rangle \end{bmatrix} \\ &= \begin{bmatrix} a & z_1 & z_2 \\ z_1^* & b & z_3 \\ z_2^* & z_3^* & c \end{bmatrix}\end{aligned} \tag{A.23}$$

计算矩阵特征值的解析表达式为

$$\begin{aligned}\lambda_1 &= \frac{1}{2}\left\{\frac{1}{3}\mathrm{Tr}(\langle \boldsymbol{T}_3\rangle) + \frac{2^{\frac{1}{3}}B}{3\cdot C^{\frac{1}{3}}} + \frac{C^{\frac{1}{3}}}{3\cdot 2^{\frac{1}{3}}}\right\} \\ \lambda_2 &= \frac{1}{2}\left\{\frac{1}{3}\mathrm{Tr}(\langle \boldsymbol{T}_3\rangle) - \frac{(1+\mathrm{i}\sqrt{3})B}{3\cdot 2^{\frac{2}{3}}\cdot C^{\frac{1}{3}}} - \frac{(1-\mathrm{i}\sqrt{3})C^{\frac{1}{3}}}{6\cdot 2^{\frac{1}{3}}}\right\} \\ \lambda_3 &= \frac{1}{2}\left\{\frac{1}{3}\mathrm{Tr}(\langle \boldsymbol{T}_3\rangle) - \frac{(1-\mathrm{i}\sqrt{3})B}{3\cdot 2^{\frac{2}{3}}\cdot C^{\frac{1}{3}}} - \frac{(1+\mathrm{i}\sqrt{3})C^{\frac{1}{3}}}{6\cdot 2^{\frac{1}{3}}}\right\}\end{aligned} \tag{A.24}$$

中间参数 A、B 和 C 可利用下式进行计算：

$$\begin{aligned}A &= ab + ac + bc - z_1 z_1^* - z_2 z_2^* - z_3 z_3^* \\ B &= a^2 - ab + b^2 - ac - bc + c^2 + 3z_1 z_1^* + 3z_2 z_2^* + 3z_3 z_3^* \\ C &= 27|\langle \boldsymbol{T}_3\rangle| - 9A\cdot\mathrm{Tr}(\langle \boldsymbol{T}_3\rangle) + 2\mathrm{Tr}(\langle \boldsymbol{T}_3\rangle)^3 + \\ &\quad \sqrt{\left(27|\langle \boldsymbol{T}_3\rangle| - 9A\cdot\mathrm{Tr}(\langle \boldsymbol{T}_3\rangle) + 2\mathrm{Tr}(\langle \boldsymbol{T}_3\rangle)^3\right)^2 - 4B^3}\end{aligned} \tag{A.25}$$

式中，

$$\begin{aligned}\mathrm{Tr}(\langle \boldsymbol{T}_3\rangle) &= a + b + c \\ |\langle \boldsymbol{T}_3\rangle| &= abc - cz_1 z_1^* - bz_2 z_2^* + z_1 z_2^* z_3 + z_1^* z_2 z_3^* - az_3 z_3^*\end{aligned} \tag{A.26}$$

其特征矢量可由 3×3 酉矩阵 $\boldsymbol{U}_3 = [\underline{\boldsymbol{u}}_1 \quad \underline{\boldsymbol{u}}_2 \quad \underline{\boldsymbol{u}}_3]$ 计算，其中

$$\underline{u}_i = \begin{bmatrix} \dfrac{\lambda_i - c}{z_2^*} + \dfrac{\left((\lambda_i - c)z_1^* + z_2^* z_3\right)z_3^*}{\left((b-\lambda_i)z_2^* - z_1^* z_3^*\right)z_2^*} \\ \dfrac{(\lambda_i - c)z_1^* + z_2^* z_3}{(b-\lambda_i)z_2^* - z_1^* z_3^*} \\ 1 \end{bmatrix} \tag{A.27}$$

7. 对厄米二次积进行复矢量微分运算

令 $\underline{\boldsymbol{X}}$ 为 $m \times 1$ 复矢量，其矢量微分运算存在下列关系：

$$\frac{\partial \underline{\boldsymbol{X}}}{\partial \underline{\boldsymbol{X}}} = \boldsymbol{I}_{\mathrm{D}} \quad 与 \quad \frac{\partial \underline{\boldsymbol{X}}^*}{\partial \underline{\boldsymbol{X}}} = \frac{\partial \underline{\boldsymbol{X}}}{\partial \underline{\boldsymbol{X}}^*} = \underline{\boldsymbol{0}} \tag{A.28}$$

对厄米二次积进行复矢量微分运算可得

$$\partial(\boldsymbol{A}\underline{\boldsymbol{X}} + \underline{\boldsymbol{b}})^{\mathrm{T}*}\boldsymbol{C}(\boldsymbol{D}\underline{\boldsymbol{X}} + \underline{\boldsymbol{e}}) = (\boldsymbol{A}\underline{\boldsymbol{X}} + \underline{\boldsymbol{b}})^{\mathrm{T}*}\boldsymbol{C}\boldsymbol{D}\partial\underline{\boldsymbol{X}} + (\boldsymbol{D}\underline{\boldsymbol{X}} + \underline{\boldsymbol{e}})^{\mathrm{T}}\boldsymbol{C}^{\mathrm{T}}\boldsymbol{A}^*\partial\underline{\boldsymbol{X}}^* \tag{A.29}$$

式中 $\boldsymbol{A}$、$\boldsymbol{C}$ 和 $\boldsymbol{D}$ 为($m \times m$)厄米矩阵，$\underline{\boldsymbol{X}}$、$\underline{\boldsymbol{b}}$ 和 $\underline{\boldsymbol{e}}$ 都是($m \times 1$)复矢量，因此有

$$\partial(\underline{\boldsymbol{X}}^{\mathrm{T}*}\boldsymbol{C}\underline{\boldsymbol{X}}) = \underline{\boldsymbol{X}}^{\mathrm{T}*}\boldsymbol{C}\partial\underline{\boldsymbol{X}} + \underline{\boldsymbol{X}}^{\mathrm{T}}\boldsymbol{C}^{\mathrm{T}}\partial\underline{\boldsymbol{X}}^* \tag{A.30}$$

且有

$$\partial(\underline{\boldsymbol{X}}^{\mathrm{T}*}\boldsymbol{C}\underline{\boldsymbol{Y}}) = \underline{\boldsymbol{X}}^{\mathrm{T}*}\boldsymbol{C}\partial\underline{\boldsymbol{Y}} + \underline{\boldsymbol{Y}}^{\mathrm{T}}\boldsymbol{C}^{\mathrm{T}}\partial\underline{\boldsymbol{X}}^* \tag{A.31}$$

上述微分运算规则应用于第 9 章中的相干最优推导过程。

参考文献

[1] Cloude S. R., Papathanassiou K., and Pottier E., Radar polarimetry and polarimetric interferometry, Special issue on new technologies in signal processing for electromagnetic-wave sensing and imaging. *IEICE (Institute of Electronics, Information and Communication Engineers) Transactions*, E84-C, 12, 1814-1823, December 2001.

附录 B　PolSARpro 软件：极化 SAR 数据处理和教学工具箱

B.1　引言

本附录介绍了 PolSARpro 软件，即极化 SAR 数据处理和教学工具箱（Polarimetric SAR Data Processing and Educational Toolbox）的概况。这款教学软件为极化 SAR 和极化干涉 SAR 数据分析和应用开发领域提供了自学工具。

本书的读者可以下载 PolSARpro v3.0 软件来实际体验书中介绍的星载、机载极化 SAR 与极化干涉 SAR 数据及相关的概念和技术①。

B.2　概念和主要目标

鉴于 ESA 希望增加 Envisat 工具箱这样的系列套装软件，以及在 2003 年 1 月 14 日至 16 日意大利 Frascati ESA-ESRIN 举行的“SAR 极化和极化干涉应用”研讨会上获得的相关反馈，提出了扩展当时的 PolSARpro 软件的建议，使其能够处理现有和未来的星载数据（也包括那些已经可以处理的机载任务数据），并为此提供广泛的函数集，以满足利用全极化和部分极化数据进行科学探索和应用开发的需求。

在 ESA 合同框架内参与开发 PolSARpro v3.0 的机构和个人有：

- I. E. T. R（法国雷恩一大）：Eric Pottier 教授，Laurent Ferro-Famil 博士，Sophie Allain 博士，以及 Stéphane Méric 博士
- DLR-HR（德国）：Irena Hajnsek 博士，Kostas Papathanassiou 博士，Alberto Moreira 教授
- AELc（苏格兰）：Shane R. Cloude 教授
- 澳大利亚：Mark L. Williams 博士
- ESA-ESRIN（意大利）：M. Yves-Louis Desnos，Andrea Minchella 博士

在 PolSARpro 软件开发过程中获得了 ESA、NASA-JPL、CSA 和 JAXA 国际空间局的协助并与下列组织和个人进行了合作：

- CNES（法国）：Jean-Claude Souyris 博士
- DLR（德国）：Martin Hellmann 博士
- 新泻大学（日本）：Yoshio Yamagushi 教授
- N. R. L（美国）：Jong-Sen Lee 博士，Thomas Ainsworth 博士

---

① 登录华信教育资源网（www.hxedu.com.cn）可注册并免费下载该软件新版的相关资料。——编者注

- Resources Naturelles Canada(加拿大)：Ridha Touzi 博士
- 伊利诺伊大学芝加哥分校(美国)：Wolfgang M. Boerner 教授
- U. P. C Barcelona(西班牙)：Carlos Lopez 博士
- IECAS-MITL(中国)：洪文博士，曹芳博士

本项目的当前目标是提供一套教学软件，可以在极化 SAR 数据分析领域为大学课程提供自学的工具，以及可用于全极化及部分极化数据集进行科学探索和应用开发的广泛函数集。PolSARpro v3.0 软件为科学地研究极化技术、促进极化 SAR 和极化干涉 SAR 数据的研究和应用奠定了基础。图 B.1 展示了 PolSARpro 自 2003 年首个版本至 v3.0 版的主启动界面。

2003 2004 2005 2007

图 B.1 各版本 PolSARpro 主界面入口

PolSARpro v3.0 软件包含了一整套公认的算法和工具集。这些工具内建有专门的函数，可以对全极化和部分极化数据进行深入分析和应用开发。图 B.2 为该软件的主菜单。

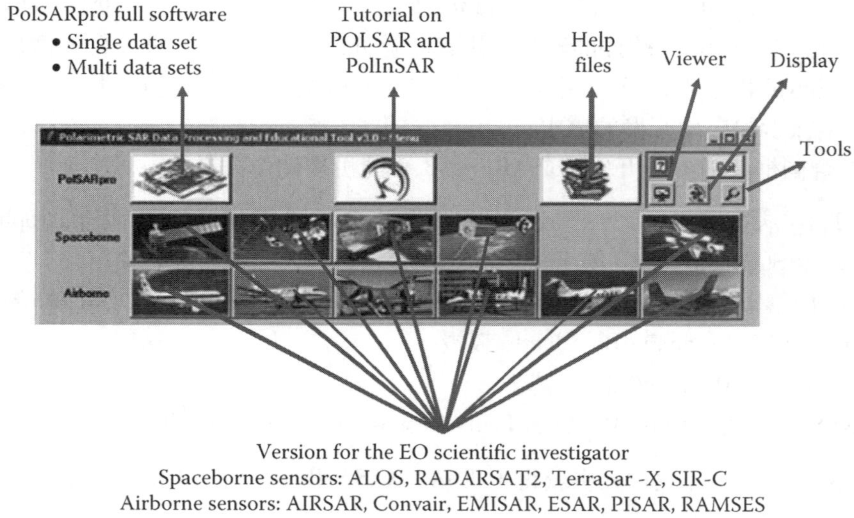

图 B.2 PolSARpro v3.0 主菜单窗口

PolSARpro v3.0 软件可用于处理和转换已有机载极化 SAR 平台和星载任务所获取的极化数据集。软件专门为下列星载极化 SAR 数据准备了接口：ALOS-PALSAR，ENVISAT-ASAR，RADARSAT-2，TerraSAR-X，SIR-C。此外，软件专门为下列机载极化 SAR 数据准备了接口：AIRSAR，TOPSAR，Convair，EMISAR，E-SAR，PISAR，RAMSES。通过在主菜单中点击相应的 SAR 传感器按钮即可进行数据处理。

PolSARpro v3.0 软件可支持下列数据源：

任务名	传感器	极化数据类型
ALOS	PALSAR(精细模式，下行直达链路模式)	双极化
	PALSAR(极化模式)	全极化
ENVISAT ASAR	ASAR-APS 模式 ASAR-APP 模式 ASAR-APG 模式	双极化
TerraSAR-X	TSX-SAR	双极化
	TSX-SAR(实验模式)	全极化
RADARSAT-2	SAR(可选极化模式)	双极化
	SAR(标准全极化模式，精细全极化模式)	全极化

最后，通过在主菜单中点击相应的按钮即可实现专门的辅助功能，例如教学文档、帮助文档、工具、BMP 图片生成器及查看器。

B.3　软件可移植性和开发语言

PolSARpro v3.0 软件面向的用户范围很广，下至初学者(在培训方面)，上至极化和极化 SAR 干涉数据处理领域的专家都可以使用。灵活的环境、友好而直观的图形用户接口(GUI)使用户可以选择相应的功能，设置所需的参数并且运行软件。PolSARpro v3.0 软件可以在 Windows 98+、Windows 2000、Windows NT 4.0、Windows XP、Linux I386、Unix-Solaris 和 Macintosh 操作系统中运行。

由于本软件遵循开源软件开发(OSSD)方法，软件包含的 C 程序源代码可以从互联网上免费下载，用户可以在灵活的环境结构下开发新的模块。用户可以轻松地了解到如何从工具中提取出相应的模块，对其进行调整并嵌入自己的系统中。上述开放式软件环境方法允许用户不安装 PolSARpro 软件就可以在自己的系统中选择所需的功能、设置相应的参数并且运行该程序。这个方法也允许用户调整程序以符合自身的个性化要求，并与其他用户共同分享工作的成果。

B.4　展望

PolSARpro v3.0 软件源代码和软件包组件自 2003 年起不断丰富并对公众开放，可免费下载。ESA 官方网站提供了：

- 项目的详细介绍
- 教学文档和软件链接
- 软件的开发信息和状态
- 样例数据集
- 最新成果

极化 SAR 数据集仅用于验证研究的目的，使用户可以使用 PolSARpro 软件实际操作，从而加深对极化和极化干涉 SAR 技术的理解。

索　　引

N

O

P

Q

R

S

T

U

V

W